CAMBRIDGE LIBRARY COLLECTION

Books of enduring scholarly value

Darwin, Evolution and Genetics

More than 150 years after the publication of On the Origin of Species, Darwin's 'dangerous idea' continues to spark impassioned scientific, philosophical and theological debates. This series includes key texts by precursors of Darwin, his supporters and detractors, and the generations that followed him. They reveal how scholars and philosophers approached the evidence in the fossil record and the zoological and botanical data provided by scientific expeditions to distant lands, and how these intellectuals grappled with topics such as the origins of life, the mechanisms that produce variation among life forms, and heredity, as well as the enormous implications of evolutionary theory for the understanding of human identity.

Le monde avant la création de l'homme

French astronomer Camille Flammarion (1842–1925) won acclaim for bringing science to a general readership. His *Astronomie populaire* (1880) and its translation into English as *Popular Astronomy* (1894) are both reissued in this series. The present work, on the origins of the Earth and humankind, sold tens of thousands of copies. Flammarion's original purpose was to update Zimmermann's *Le monde avant la création de l'homme*, published a quarter of a century earlier. However, scientific understanding had progressed so much that he decided to rewrite the work completely. First published in 1886, it contains some 400 wood engravings depicting dramatic landscapes, dinosaurs, fossils and much more. Ranging from early chapters on the universe and solar system, through to later discussion of the emergence of humankind after aeons of evolution, this book will prove an absorbing read for those interested in a nineteenth-century perspective on the origins of life.

Cambridge University Press has long been a pioneer in the reissuing of out-of-print titles from its own backlist, producing digital reprints of books that are still sought after by scholars and students but could not be reprinted economically using traditional technology. The Cambridge Library Collection extends this activity to a wider range of books which are still of importance to researchers and professionals, either for the source material they contain, or as landmarks in the history of their academic discipline.

Drawing from the world-renowned collections in the Cambridge University Library and other partner libraries, and guided by the advice of experts in each subject area, Cambridge University Press is using state-of-the-art scanning machines in its own Printing House to capture the content of each book selected for inclusion. The files are processed to give a consistently clear, crisp image, and the books finished to the high quality standard for which the Press is recognised around the world. The latest print-on-demand technology ensures that the books will remain available indefinitely, and that orders for single or multiple copies can quickly be supplied.

The Cambridge Library Collection brings back to life books of enduring scholarly value (including out-of-copyright works originally issued by other publishers) across a wide range of disciplines in the humanities and social sciences and in science and technology.

Le monde avant la création de l'homme

Origines de la terre, origines de la vie, origines de l'humanité

Camille Flammarion

CAMBRIDGE
UNIVERSITY PRESS

CAMBRIDGE
UNIVERSITY PRESS

University Printing House, Cambridge, CB2 8BS, United Kingdom

Published in the United States of America by Cambridge University Press, New York

Cambridge University Press is part of the University of Cambridge.
It furthers the University's mission by disseminating knowledge in the pursuit of
education, learning and research at the highest international levels of excellence.

www.cambridge.org
Information on this title: www.cambridge.org/9781108067836

© in this compilation Cambridge University Press 2014

This edition first published 1886
This digitally printed version 2014

ISBN 978-1-108-06783-6 Paperback

This book reproduces the text of the original edition. The content and language reflect
the beliefs, practices and terminology of their time, and have not been updated.

Cambridge University Press wishes to make clear that the book, unless originally published
by Cambridge, is not being republished by, in association or collaboration with, or
with the endorsement or approval of, the original publisher or its successors in title.

The original edition of this book contains a number of colour plates,
which have been reproduced in black and white. Colour versions of these
images can be found online at www.cambridge.org/9781108067836

LE MONDE

AVANT LA

CRÉATION DE L'HOMME

Pl. 1

LE MONDE AVANT LA CRÉATION DE L'HOMME.

SCÈNE DU MONDE PRIMITIF PENDANT LA PÉRIODE SECONDAIRE

Chromotypie Sgap

CAMILLE FLAMMARION

LE MONDE

AVANT LA

CRÉATION DE L'HOMME

ORIGINES DE LA TERRE

ORIGINES DE LA VIE. — ORIGINES DE L'HUMANITÉ

OUVRAGE ILLUSTRÉ DE 400 GRAVURES SUR BOIS
8 CARTES GÉOLOGIQUES ET 5 AQUARELLES

Quarantième mille

PARIS

C. MARPON ET E. FLAMMARION, ÉDITEURS

RUE RACINE, 26, PRÈS L'ODÉON

1886

AVERTISSEMENT DES ÉDITEURS

S'il est une question qui ait toujours intrigué et même passionné la curiosité humaine, c'est assurément celle de l'origine du Monde, de l'origine des Êtres et de l'origine de l'Humanité elle-même. La science a dans tous les siècles interrogé la nature dans l'espérance de déchiffrer l'énigme du grand mystère. Buffon a sondé les époques de la création. Laplace a découvert la loi générale qui a présidé à la formation des mondes. Lamarck a mis en lumière la parenté et la filiation des êtres. Cuvier a ressuscité les fossiles ensevelis depuis des millions d'années. Darwin a montré comment les espèces se sont succédé et et comment elles se transforment. Depuis un quart de siècle surtout, les efforts de tous les naturalistes semblent concentrés sur cette question de l'origine des Êtres et des premières manifestations de la vie sur notre planète. Il semble aujourd'hui qu'à l'ordre du génie humain tous les monstres antédiluviens aient tressailli dans leurs tombeaux et qu'ils se soient levés pour venir reconstituer eux-mêmes les scènes grandioses des âges disparus et montrer à l'Homme ses lointains ancêtres.

Ce tableau du Monde avant la création de l'Homme, Zimmermann avait entrepris de le tracer dans un ouvrage qui est resté célèbre, mais qui est depuis longtemps épuisé en librairie. Depuis un quart de siècle que cette œuvre a été écrite, la science a fait d'ailleurs des pas de géant. Aussi, les nouveaux Éditeurs de cet ouvrage ont-ils prié M. Camille Flammarion de l'examiner avec soin et d'en donner une édition élevée au niveau des progrès actuels de la science. Le savant astronome, auquel ces études de cosmogonie ont toujours été familières par la parenté qu'elles offrent avec les bases mêmes de la doctrine de la Pluralité des Mondes, avait à peine commencé ce travail de revision qu'il s'est aperçu que l'œuvre de Zimmermann méritait d'être *entièrement refondue*. En fait, il se trouve que pas une seule page de l'ouvrage original n'est restée.

L'œuvre de la création se déroule ici, pour la première fois, sans lacunes, depuis la formation de la nébuleuse solaire jusqu'à l'apparition de l'humanité elle-même. L'auteur a voulu aborder de face le problème des origines de l'humanité : aux yeux des plus éminents critiques, sa solution est établie sur des bases absolues et incontestables, et au lieu d'être grossière ou humiliante, comme on le craignait, cette solution radicale se trouve être à la plus grande gloire de l'humanité, et en même temps éminemment spiritualiste.

Pour satisfaire à tous les désirs déjà exprimés, les Éditeurs ont cru devoir donner à cette nouvelle publication la forme populaire — mais relativement luxueuse — qui a été accueillie avec tant d'enthousiasme par les innombrables lecteurs de l'*Astronomie populaire* et des *Terres au Ciel*.

Paris, mars 1886.

LE MONDE

AVANT

LA CRÉATION DE L'HOMME

CHAPITRE PRÉLIMINAIRE

LES PREMIERS JOURS DE LA TERRE

Il fut un temps où l'humanité n'existait pas. La Terre offrait alors un aspect tout différent de celui qu'elle présente de nos jours. Au lieu de la vie intelligente, laborieuse et active qui circule à sa

surface ; au lieu de ces villes populeuses, de ces villages, de ces
habitations ; de ces champs cultivés, de ces vignes, de ces jardins ; de
ces routes, de ces chemins de fer, de ces navires, de ces usines, de
ces ateliers ; de ces palais, de ces monuments, de ces temples ; au
lieu de cette incessante activité humaine qui exploite actuellement
toutes les forces de la nature, pénètre les profondeurs du sol,
interroge les énigmes du ciel, étudie les événements de l'univers
et semble concentrer sur elle-même l'histoire entière de la création ; il n'y avait que des forêts sauvages et impénétrables, des
fleuves coulant silencieusement entre des rives solitaires, des
montagnes sans spectateurs, des vallées sans chaumières, des soirs
sans rêveries, des nuits étoilées sans contemplateurs. Ni science,
ni littérature ; ni arts, ni industrie ; ni politique, ni histoire ; ni
parole, ni intelligence, ni pensée. Alors, les drames et les comédies
de la vie humaine étaient inconnus sur notre planète. L'affection
comme la haine, l'amour comme la jalousie, la bonté comme la
méchanceté, l'enthousiasme, le dévouement, le sacrifice, tous les
sentiments, nobles ou pervers, qui constituent la trame de l'étoffe
humaine, n'étaient pas encore nés ici-bas. Les citoyens de la patrie
terrestre existaient sans le savoir et travaillaient sans but. C'étaient
le lourd mastodonte écrasant sous ses pas les fleurs déjà écloses
dans les clairières, le colossal megatherium fouillant de son
museau les racines des arbres, le mylodon robustus rongeant les
branches basses des cèdres, le dinotherium giganteum, le plus
grand des mammifères terrestres qui aient jamais vécu, plongeant
ses longues défenses au fond des eaux pour en arracher les plantes
féculentes ; c'étaient aussi les singes mesopithèques et dryopi-
thèques, qui gambadaient avec agilité sur les collines de la Grèce
antédiluvienne, et commençaient la famille sur les hauteurs du
Parthénon.

En ces temps reculés, Paris sommeillait dans l'inconnu de
l'avenir. Une antique forêt avait étendu son manteau sombre sur la
France entière, la Belgique et l'Allemagne. La Seine, dix fois plus
large que de nos jours, inondait les plaines où la grande capitale
développe aujourd'hui ses splendeurs ; des poissons qui n'existent
plus se poursuivaient dans ses ondes ; des oiseaux qui n'existent
plus chantaient dans les îles ; des reptiles qui n'existent plus circu-

laient parmi les rochers. Autres espèces animales et végétales, autre température, autres climats, autre monde.

En remontant plus loin encore dans l'histoire de la Terre, nous rencontrerions une époque où Paris et la plus grande partie de la France étaient plongés au fond des eaux, où la mer s'étendait de Cherbourg à Orléans, à Lyon et à Nice, où la surface de l'Europe ne ressemblait en rien à ce qu'elle est actuellement, où la faune et la flore différaient si étrangement de celles qui leur ont succédé, que sans doute, les habitants de Vénus ou de Mars nous ressemblent davantage D'épouvantables ptérodactyles aux larges ailes sautaient dans le ciel, vespertillons des rêves de la Terre, et ces dragons volants, ces chauves-souris géantes, étaient alors les souverains de l'atmosphère. Le dimorphodon macronyx, le crassirostris et le ramphorynchus, aussi barbares que leurs noms, perchaient sur les arbres, s'aidaient des pieds et des mains pour grimper sur le haut des rochers, s'élançaient dans les airs en ouvrant leurs parachutes membraneux et se précipitaient dans les eaux comme des amphibies. En même temps, les sauriens gigantesques, l'ichthyosaure et le plésiosaure se combattaient au sein des flots agités, remplissant l'air de leurs hurlements féroces, monstres macrocéphales aux larges mâchoires, dont la taille ne mesurait pas moins de dix et douze mètres de longueur. (On a compté jusqu'à deux mille soixante-douze dents dans la tête de quelques-uns de ces dinosauriens.) L'iguanosaure et le mégalosaure animaient la solitude des forêts, au sein desquelles des arbres gigantesques, des fougères arborescentes, des sigillaires, des cycadées et mille conifères, élevaient leurs cimes pyramidales, ou arrondissaient leurs dômes de verdure. Des iguanodons, de la forme du kangourou, atteignaient quatorze mètres de longueur : en appuyant leurs pattes sur l'une de nos plus hautes maisons, ils auraient pu manger au balcon d'un cinquième étage... Quelles masses prodigieuses! quels animaux et quelles plantes, relativement à notre monde actuel! Ces êtres fantastiques valent bien ceux que l'imagination humaine a inventés, dans les centaures, les faunes, les griffons, les hamadryades, les chimères, les goules, les vampires, les hydres, les dragons, les cerbères; et ils sont réels : ils ont vécu, au sein des primitives forêts ; ils ont vu les Alpes, les Pyrénées, sortir lentement de la mer, s'élever au-dessus des nues et redescendre. Ils ont marché dans les avenues ombreuses de fougères et d'araucarias. Paysages grandioses des âges disparus ! nul regard humain ne vous a comtemplés, nulle oreille n'a compris vos harmonies, nulle pensée n'était éveillée devant vos magiques panoramas. Pendant le jour, le soleil n'éclairait que les combats et les jeux de la vie animale. Pendant la nuit, la lune brillait silencieuse au-dessus du sommeil de la nature inconsciente.

Depuis la naissance de la Terre, depuis l epoque reculée où, détachée de la nébuleuse solaire, elle exista comme planète, où elle se condensa en globe, se refroidit, se solidifia et devint habitable, tant de millions et de millions d'années se sont succédées, que l'histoire tout entière de l'humanité s'évanouit devant ce cycle immense. Quinze ou vingt mille ans d'histoire humaine ne représentent certainement qu'une faible partie de la période géologique contemporaine. En accordant (ce qui est un minimum) cent mille ans d'âge à l'époque actuelle, que ses caractères vitaux signalent comme étant la quatrième depuis le commencement de notre monde, et qui porte en géologie le nom d'époque quaternaire, l'âge tertiaire aurait duré trois cent mille ans, l'âge secondaire douze cent mille, et l'époque primaire plus de trois millions d'années. C'est, au minimum, un total de quatre millions sept cent mille années depuis les origines des espèces animales et végétales relativement supérieures. Mais ces époques avaient été précédées elles-mêmes d'un âge primordial, pendant lequel la vie naissante n'était représentée que par ses rudiments primitifs, par les espèces inférieures, algues, crustacés, mollusques, invertébrés ou vertébrés sans têtes, et cet âge primordial paraît occuper les cinquante-trois centièmes de l'épaisseur des formations geologiques, ce qui lui donnerait à l'échelle précédente cinq millions trois cent mille ans pour lui seul !

Ces dix millions d'années du calendrier terrestre peuvent représenter l'âge de la vie. Mais la genèse des préparatifs avait été incomparablement plus longue encore. La période planétaire antérieure à l'apparition du premier être vivant a surpassé considérablement en durée la période de la succession des espèces. Des expériences judicieuses conduisent à penser que pour passer de l'état liquide à l'état solide, pour se refroidir de 2 000° à 200°, notre globe n'a pas demandé moins de trois cent cinquante millions d'années !

Forêts sauvages et impénétrables..... le lourd mastodonte écrasait sous ses pas
les fleurs déjà éclose dans les clairières.....

Quelle histoire que celle d'un monde! Essayer de la concevoir, c'est avoir la noble ambition de s'initier aux plus profonds et plus importants mystères de la nature, c'est désirer pénétrer dans le conseil des dieux antiques qui s'étaient partagé le gouvernement de l'univers. Et comment ne pas s'intéresser à ces merveilleuses conquêtes de la science moderne, qui, en fouillant les tombeaux de la Terre, a su ressusciter nos ancêtres disparus! A l'ordre du génie humain, ces monstres antédiluviens ont tressailli dans leurs noirs sépulcres, et, depuis un demi-siècle surtout, ils se sont levés de leurs tombeaux, un à un, sont sortis des carrières, des puits de mine, des tunnels, de toutes les fouilles, et ont reparu à la lumière du jour. De toutes parts, péniblement, lourdement, léthargiques, brisés en morceaux, la tête ici, les jambes plus loin, souvent incomplets, ces vieux cadavres, déjà pétrifiés au temps du déluge, ont entendu la trompette du jugement, du jugement de la science, et ils sont ressuscités, se sont réunis comme une armée de légions étrangères de tous les pays et de tous les siècles, et les voici qui vont défiler devant nous, étranges, bizarres, inattendus, gauches, maladroits, monstrueux, paraissant venir d'un autre monde, mais forts, solides, satisfaits d'eux-mêmes, semblant avoir conscience de leur valeur et nous disant dans leur silence de statues : « Nous voici, nous, vos aïeux; nous, vos ancêtres; nous, sans lesquels vous n'existeriez pas. Regardez-nous et cherchez en nous l'origine de ce que vous êtes, car c'est nous qui vous avons faits. Vos yeux, avec lesquels vous sondez l'infiniment grand et l'infiniment petit, en voici les premiers essais, modestes, rudimentaires, mais bien importants, car si ces premiers essais n'avaient pas réussi chez nous, vous seriez aveugles Vos mains, si élégantes, si savantes, voici de quelles pattes elles sont le perfectionnement . ne riez pas trop de nos pattes si vous trouvez vos mains utiles et agréables. Votre bouche, votre langue, vos dents, tout cela est délicat, charmant, très gentil, mais ce sont nos gueules, nos museaux, nos crocs, nos becs, qui sont devenus votre bouche Vos cœurs battent doucement, mystérieusement, et ces palpitations humaines, que nous ne connaissons pas, vous procurent, dit-on, des émotions si profondes, si intimes, que parfois vous donneriez le monde entier pour satisfaire la moindre d'entre elles; eh bien, voici comment la circulation du sang a commencé, voici le premier cœur qui a battu. Et votre cerveau,.vous vous admirez en lui, vous saluez en lui le siège de l'âme et de la pensée, vous en appréciez à ce point l'incomparable sensibilité, que c'est à peine si vous osez en approfondir la délicate structure; or, votre cerveau, c'est notre moelle, la moelle de nos vertèbres, qui s'est développée, perfectionnée, épurée, et sans nous le géologue, l'astronome, le naturaliste, l'historien, le philosophe, le poète, n'existeraient pas. Oui, nous voici : saluez vos pères! »

Ainsi parleraient tous ces fossiles, les singes, les prosimiens, les marsupiaux, les oiseaux, les reptiles, les serpents, les amphibies, les poissons, les mollusques, et ils diraient vrai, car l'homme est la plus haute branche de l'arbre de la nature, ses racines plongent dans la terre commune, et l'arbre qui porte ce beau fruit est formé par toutes ces espèces, en apparence si différentes, en réalité voisines, parentes, sœurs. — Ils sont ressuscités, et le naturaliste les classe.

Et quel est l'être intelligent et curieux, quel est le penseur, quel est même le simple lecteur de feuilletons et de romans populaires, qui ne préférerait, un instant au moins, a une lecture inutile, celle de ce grand livre de la nature, ouvert pour tous les yeux, si intéressant par ses révélations, si captivant par ses surprises, si supérieur à toutes les fictions et à tous les contes? qui ne préférerait cet admirable livre de la nature à tous les autres? qui n'aimerait s'initier directement à ce grand mystère de l'origine de l'homme, de la Genèse de la Terre et du berceau de l'univers? Est-il un sujet qui nous touche de plus près, qui puisse intéresser davantage notre curiosité intelligente?

Etudier l'histoire de la Terre, c'est étudier à la fois l'univers et l'homme, car la Terre est un astre dans l'univers, et l'homme est la résultante de toutes les forces terrestres. Il n'est pas un produit du miracle : il est l'enfant de la nature.

Personne ne peut plus croire aujourd'hui que le monde ait été créé en six jours il y a six mille ans, que les animaux soient subitement sortis de terre à la voix d'un Créateur, tout formés, adultes, et associés par couples de mâles et femelles, depuis l'éléphant jusqu'à la puce et jusqu'aux microbes microscopiques; que le premier cheval ait bondi d'une colline; que le premier chêne ait été créé séculaire. Personne ne peut plus admettre non plus que l'humanité ait

commencé par un couple de deux jeunes gens créés de toutes pièces
à l'âge viril, placés dans un jardin préparé pour les recevoir, au
milieu des fleurs et des fruits mûrs. Sans doute, c'était là une
mythologie à la fois charmante et terrible. Adam naissant à l'âge
de vingt ou trente ans, s'ennuyant bientôt d'être seul, Jéhovah lui
détachant une côte pendant son sommeil et en formant le corps de

Au lieu de Paris, c'était la mer... des ptérodactyles aux larges ailes sautaient dans le ciel.

la première jeune fille. Dieu se promenant dans le jardin pendant
les chaleurs de l'après-midi et les grondant d'avoir succombé à la
tentation pour laquelle il venait de créer Ève, les enfants de ce premier couple étant maudits dès leur naissance et le déluge arrivant
pour les punir de leurs prévarications. Noé enfermant dans un
bateau un couple de toutes les espèces d'animaux, etc. Tout cela est
original, mais naïf, et les amis du miracle doivent regretter que ce

Au sein des mines profondes, le houilleur rencontre avec étonnement les vieilles forêts ensevelies.

LE MONDE AVANT LA CRÉATION DE L'HOMME

ne puisse pas être vrai. Mais nul n'ignore aujourd'hui que Dieu n'a pas créé les animaux qui existent actuellement et qu'ils ont été précédés par des espèces primitives, différentes, mais non étrangères, inconnues du temps de Moïse ; nul n'ignore que notre globe est très ancien et que ses couches géologiques renferment les fossiles des âges disparus ; nul n'ignore qu'anatomiquement le corps de l'homme est le même que celui des mammifères ; nul n'ignore que nous possédons encore des organes atrophiés, qui ne nous servent à rien, et qui sont les vestiges de ceux qui existent encore chez nos ancêtres animaux ; nul n'ignore que chacun de nous a été, avant de naître, pendant les premiers mois de la conception dans le sein de sa mère, mollusque, poisson, reptile, quadrupède, la nature résumant en petit sa grande œuvre des temps antiques ; nul n'ignore enfin que toutes les espèces vivantes se tiennent entre elles comme les anneaux d'une même chaîne, que l'on passe de l'une à l'autre par des degrés intermédiaires insensibles, que la vie a commencé sur la Terre par les êtres les plus simples et les plus élémentaires, par des plantes qui n'ayant ni feuilles, ni fleurs, ni fruits, peuvent à peine porter le titre de plantes, par des animaux qui n'ayant ni tete, ni sens, ni muscles, ni estomac, ni moyens de locomotion, méritent à peine le nom d'animaux, et que lentement, insensiblement, par gradation, suivant l'état de l'atmosphère et des eaux, la température, les conditions de milieux et d'alimentation, les êtres sont devenus plus vivants, plus sensibles, plus personnels, mieux spécifiés, plus perfectionnés, pour aboutir finalement à ces fleurs brillantes et parfumées qui sont l'ornement des modernes campagnes, aux oiseaux qui chantent dans les bois... pour aboutir surtout à l'être humain, le plus élevé de tous dans l'ordre de la vie. Oui, nous avons nos racines dans le passé, nous avons encore du minéral dans nos os, nous avons hérité du meilleur patrimoine de nos aïeux de la série zoologique, et nous sommes encore un peu plantes par certains aspects : ne le sentons-nous pas au printemps, aux jours ensoleillés où la sève circule avec plus d'intensité dans les artères des petites fleurs et des grands arbres?

L'être humain, le roi de la création terrestre, n'est pas, d'ailleurs, aussi isolé, aussi nettement détaché de ses ancêtres, aussi personnel, aussi intellectuel qu'il le paraît Il est, au contraire, très varié lui-même dans ses manifestations. Sur les quatorze cent millions d'êtres humains qui existent autour de ce globe (et qui se reproduisent sans un seul instant d'arrêt, afin de donner à la nature près de cent mille naissances par jour), combien n'en est-il pas qui vivent sans faire jamais œuvre d'intelligence?

En fait, il y a, non seulement dans les contrées sauvages, non seulement chez les tribus de l'Afrique centrale, chez les Samoyèdes ou les habitants de la Terre-de-Feu, mais encore chez les peuples civilisés, des millions d'êtres humains qui ne pensent pas, qui ne se sont jamais demandé pourquoi ils existent sur la Terre, qui ne s'intéressent à rien, ni à leurs propres destinées, ni à l'histoire de l'humanité, ni à celle de la planète, qui ne savent pas où ils sont et ne s'en inquiètent pas, en un mot qui vivent absolument comme des brutes. Les hommes qui pensent, qui existent par l'esprit, sont une minorité dans notre espèce. Leur nombre néanmoins s'accroît de jour en jour. Le sentiment de la curiosité scientifique s'est éveillé et se développe. Le progrès qui s'est manifesté avec lenteur dans le perfectionnement des sens et du cerveau de la série animale se continue, et nous le voyons à l'œuvre dans notre propre espèce, autrefois rude, grossière, barbare, aujourd'hui plus sensible, plus délicate, plus intellectuelle. L'homme change, plus rapidement peut-être que nulle autre espèce. Celui qui reviendrait sur la Terre dans cent mille ans n'en reconnaîtrait plus l'humanité.

Déjà, si nous comparions aujourd'hui l'un des boulevards de Paris, la salle de l'Opéra un soir de brillante représentation, une nuit de bal, un harmonieux concert, une séance de l'Institut, une armée en campagne, etc., avec les réunions primitives de nos ancêtres de l'âge de pierre, nous ne pourrions nous empêcher de reconnaître un progrès manifeste en faveur de notre époque, non seulement au moral, mais encore au physique. Ce ne sont plus les mêmes hommes ni les mêmes femmes. L'élégance de l'esprit et celle du corps se sont affinées. Les muscles sont moins forts, les nerfs sont plus développés. L'homme moderne est moins massif, moins rude; insensiblement, le cerveau domine. La femme moderne est plus artiste, plus fine; elle est aussi plus blanche, sa chevelure est plus longue et plus soyeuse, son regard est plus clair, sa main plus petite, son indolence plus voluptueuse. De temps à autre,

des invasions barbares bouleversent tout et arrêtent l'énerve-
ment. Mais ce n'est qu'un arrêt et un tourbillon. L'ensemble est
emporté vers l'inconscient désir du mieux, vers l'idéal, vers le
rêve. On cherche. Quoi? Nul ne le sait. Mais on aspire, et
l'aspiration entraîne l'humanité vers un état intellectuel toujours
plus avancé, jamais satisfait. Le crâne moule le cerveau, et le corps
moule l'esprit.

L'exercice des membres développe ceux qui agissent le plus ;
ceux qu'on oublie diminuent, finissent même par s'atrophier. On
pourrait juger des mœurs d'une époque par la stature des individus. Quoique, de nos jours, on puisse encore soutenir, avec une
vraisemblance apparente, que « la force prime le droit », les esprits
sont déjà assez avancés pour sentir que c'est là un axiome complètement faux. Le jour viendra où il n'y aura plus ni armées, ni
guerres, où l'homme se sentira couvert de honte en voyant qu'il ne
travaille que pour nourrir des régiments, et où la France, l'Europe, le monde entier délivré, respirera librement en secouant et
jetant au fumier ce manteau de lèpre, de sottise et d'infamie qui
s'appelle le budget de la guerre.

Non, celui qui reviendrait sur la Terre dans cent mille ans n'en
reconnaîtrait plus l'humanité. Aucune de nos langues n'aura sub-
sisté : on parlera un tout autre langage. Aucune de nos nations.
Aucune de nos capitales. Une civilisation brillante aura éclairé
l'Afrique centrale. L'Europe aura passé par-dessus l'Amérique pour
aller retrouver la Chine. L'atmosphère sera sillonnée d'aéronefs
supprimant les frontières et semant la liberté sur les États-Unis de
l'Europe et de l'Asie. De nouvelles forces physiques et naturelles
auront été conquises... et peut-être quelque télégraphe photopho-
nique nous fera-t-il converser avec les habitants des planètes voisines.

La Terre change sans cesse, — lentement, car sa vie est longue,
— mais perpétuellement. Ici la mer ronge les falaises et s'avance
dans l'intérieur des terres ; là, au contraire, les fleuves charrient du
sable, forment des deltas, des estuaires et voient avancer leurs rives
dans la mer ; les pluies et les vents font descendre les montagnes
dans les fleuves et dans l'Océan ; les forces souterraines en soulèvent
d'autres ; les volcans détruisent et créent ; les courants de la mer et

La trompette du jugement de la science a sonné. Ils sont ressuscités, et le naturaliste les classe.

de l'atmosphère modifient les climats ; les saisons varient périodiquement; les plantes se transforment, non seulement par la culture humaine, mais encore par les variations de milieux ; les oiseaux des villes construisent aujourd'hui leurs nids avec les débris des manufactures ; les cités humaines naissent, vivent et meurent; un mouvement prodigieux emporte toute chose en son cours ; en ces heures charmantes du soir où, sur le penchant des collines solitaires, nous fuyons les bruits du monde pour nous associer aux mystérieux spectacles de la nature, à l'heure où le soleil vient de descendre dans son lit de pourpre et d'or, où le croissant lunaire se détache, céleste nacelle, sur l'océan d'azur, et où les premières étoiles s'allument dans l'infini, alors il nous semble que tout est en repos, en repos absolu, autour de nous, et que la nature commence à s'endormir d'un profond sommeil ; cet aspect est trompeur ; dans la nature, jamais de repos, toujours le travail, le travail harmonieux, vivant et perpétuel ; la Terre semble immobile : elle nous emporte dans l'espace avec une vitesse de 26 500 lieues à l'heure ; onze cent fois la vitesse d'un train express ; la Lune paraît arrêtee : elle nous suit dans notre cours autour du Soleil et tourne autour de nous en raison de plus de mille mètres par seconde; en agissant à chaque instant par son attraction pour déranger notre globe, le tirer en avant ou en arrière, produire les marées, etc.; les étoiles nous paraissent fixes : chacune d'elles vogue avec une rapidité vertigineuse, inconcevable, parcourant jusqu'à deux et trois cent mille lieues à l'heure ; le Soleil semble couché, il brille toujours, sans avoir jamais connu la nuit, s'enveloppe de flamboiements intenses et lance incessamment autour de lui, avec ses effluves de lumière et de chaleur, des explosions de feu s'élevant à quatre et cinq cent mille kilomètres de hauteur et retombant en flammes d'incendie sur l'océan solaire qui toujours brûle; le fleuve qui est à nos pieds est calme comme un miroir : il coule, coule toujours, ramenant sans cesse à l'Océan l'eau des pluies qui toujours tombe, des nuages qui toujours se forment, des vapeurs de l'Océan qui toujours s'élèvent; l'herbe sur laquelle nous sommes assis paraît n'être qu'un tapis inerte : elle pousse, elle croît, elle grandit, et jour et nuit, sans un instant de repos, les molécules d'hydrogène, d'oxygène, d'acide carbonique, s'y combattent ou s'y com-

binent dans une activité perpétuelle; l'oiseau se tait dans les bois:
sous le chaud duvet de la couveuse les œufs sont en vibration
profonde et bientôt les petits vont éclore; et nous-mêmes, qui
contemplons en rêvant ce grand spectacle de la nature, nous
nous croyons en repos et nous sommes portés à croire que
pendant notre propre sommeil la nature se repose en nous :
erreur, erreur profonde : notre cœur bat, envoyant à chaque
battement la circulation du sang jusqu'aux extrémités des artères,
nos poumons fonctionnent, régénérant sans cesse ce fluide de vie,
les molécules constitutives de chaque millimètre de notre corps
se poussent, se juxtaposent, se marient, se chassent, se substituent sans un instant d'arrêt, et si nous pouvions étudier au
microscope les tissus de nos organes, nos muscles, nos nerfs,
notre sang, notre moelle, et surtout la fermentation de chaque
parcelle de notre cerveau, nous assisterions a un travail intime
permanent, faisant vibrer nuit et jour chaque point de notre
être, depuis le moment de notre conception jusqu'à notre dernier
soupir — et au delà, car, l'âme envolée, ce corps retourne,
molécule par molécule, à la nature terrestre, aux plantes, aux animaux et aux hommes qui nous succèdent : rien ne se perd, rien
ne se crée, nous sommes composés de la poussière de nos ancêtres,
nos petits-fils le seront de la nôtre.

Tout change, tout se métamorphose. Il n'y a jamais eu plus de
création qu'aujourd'hui. La Cause première ne s'est pas éveillée un
beau jour, après une éternité d'inaction, pour créer le monde : elle
est la force initiale même de la nature; dès le premier moment de
son existence, elle agit. L'Univers est coéternel à Dieu et infini
comme lui. En vain mille religions diverses ont eu l'audace naïve d'inventer des dieux à l'image de l'homme, en vain l'une d'entre elles
ose-t-elle prétendre que l'homme peut créer Dieu à son tour et le
manger ou le mettre dans sa poche : ce sont là d'inqualifiables extra-
vagances. Dieu est l'Infini et l'Inconnaissable. L'Univers est en création perpétuelle. Des geneses de mondes s'allument actuellement
dans les cieux; des agonies s'éteignent autour des vieux soleils, et des
cimetières de planètes défuntes circulent dans la profondeur des
nuits étoilées. Les comètes vagabondes qui gravitent de systemes en
systèmes sement sur leur passage les etoiles filantes, cendres de

mondes détruits, et le carbone, germe des organismes à venir. Toute
planète a son enfance, sa jeunesse, son âge mûr, sa vieillesse, sa
mort. Le jour viendra où le voyageur errant sur les rives de la
Seine, de la Tamise, du Tibre, du Danube, de l'Hudson, de la Néva,
cherchera la place où Paris, Londres, Rome, Vienne, New-York,
Saint-Pétersbourg auront, pendant tant de siècles, brillé capitales
de nations florissantes, comme l'archéologue cherche la place où

Dieu avait tiré Eve de la côte du premier homme

(Tableau de Michel-Ange. Rome : Chapelle Sixtine).

Ninive, Babylone, Tyr, Sidon, Memphis, Ecbatane resplendissaient
autrefois au sein de l'activité, du luxe et des plaisirs. Le jour viendra où l'humanité, plusieurs fois transformée, descendra la courbe
de son progrès, s'éteindra avec les derniers éléments vitaux de la
planète, et s'endormira du dernier sommeil sur une Terre désormais déserte et solitaire, où l'oiseau ne chantera plus, où la fleur ne
fleurira plus, où l'eau ne coulera plus, où le vent ne soufflera plus,
où le blanc suaire des dernières neiges et des dernières glaces s'al-

Paysages grandioses des âges disparus ! nul regard humain ne vous a contemplés,
nulle oreille n'a compris vos harmonies...

longera sinistrement depuis les pôles jusqu'à l'équateur. Et le Soleil, notre grand, notre puissant, notre beau, notre bon Soleil, s'éteindra lui-même au centre de son système. Nul tombeau, nulle pierre mortuaire, nulle épitaphe ne marquera la place où l'humanité tout entière aura vécu, la place où tant de nations puissantes, tant de gloires, tant de travaux, tant de bonheurs et tant de malheurs se seront succédé... et cette place même n'existe pas, car la Terre, depuis sa naissance, emportée dans son tourbillon autour du Soleil qui vogue lui-même avec tout son système parmi les étoiles, la Terre où nous sommes n'est pas passée deux fois par le même chemin depuis qu'elle existe, et le sillage éthéré que nous venons de parcourir ensemble depuis une heure, ce sillage de 26 500 lieues se referme derrière nous pour ne jamais, jamais se rouvrir devant nos pas.

La loi suprême du PROGRÈS régit tout, emporte tout. Nous n'y songeons pas, mais nous marchons en avant avec rapidité, et loin de nous désoler en certaines époques de défaillance, nous devons être satisfaits du chemin parcouru. Qu'est-ce que deux siècles, trois siecles, dans l'histoire? C'est six, huit, dix générations ; c'est un jour. Or, en France même, en 1619, au XVII° siècle encore, sous Louis XIII et sous Richelieu (c'est d'hier), le philosophe Vanini n'a-t-il pas été brûlé vif à Toulouse pour ses opinions religieuses, peu différentes de celles que nous venons d'émettre tout à l'heure? On le promena par la ville, en chemise et la corde au cou (c'était par une froide journée d'hiver) ; on voulut le forcer à abjurer ses idées, ce qu'il refusa ; on le fit monter sur l'échafaud, au milieu d'une populace vociférante ; le bourreau enfonça de force les tenailles dans sa bouche, lui arracha la langue jusqu'à la racine et la jeta au feu, et la douleur lui fit pousser un cri si déchirant que tous les assistants en frémirent ; enfin on le brûla et l'on jeta ses cendres au vent. Est-ce que de telles exécutions pourraient encore se produire de nos jours ? Peut-être, dans les violentes commotions politiques, sous l'exacerbation des guerres civiles ou internationales, mais non de sang froid, tranquillement, légalement, pour des opinions philosophiques ou religieuses. La liberté de conscience est une conquête définitive acquise au progrès. A la même époque, Jordano Bruno montait sur le bucher en pleine Rome, au milieu d'une fête publique, pour avoir proclamé une doctrine absolument conforme à la nôtre : la Pluralité des Mondes et l'inconnaissabilité de Dieu; en 1634, Urbain Grandier, curé de Loudun, était brûlé vif *comme sorcier;* en cette époque d'intolérance, des milliers de victimes expirèrent sur les bûchers, Jeanne d'Arc en tête, et le peuple, le peuple ignorant et stupide applaudissait. Ce temps-là est passé, et bien passé. L'Inquisition (quoiqu'elle existe toujours) ne condamnerait plus aujourd'hui Galilée à abjurer l'*hérésie* du mouvement de la

Fig. 8. — ... On retrouve la trace de leurs pas... (Empreintes fossiles du Labyrinthodon.)

Terre. La science, l'agrandissement de la pensée humaine, l'affranchissement des consciences, la liberté, emportent l'humanité dans l'apothéose de la lumière.

Oui, le monde marche vers un idéal sans cesse plus élevé ; les mœurs s'adoucissent, les esprits s'éclairent, l'humanité progresse dans son ensemble comme dans chacun de ses membres. Pouvons-nous admettre que cette loi universelle du progrès chez tous les êtres soit sans but, que l'existence même des choses soit sans but, que l'humanité terrestre marche vers un apogée idéal pour ne rien laisser du tout après elle, et que chacun de nous ne

soit qu'un accident fortuit, un feu follet qui s'éteindra comme il est
venu ; que l'Univers entier, en un mot, et tous les êtres, éminents
ou obscurs, heureux ou malheureux, sages ou fous, bons ou
méchants, vertueux ou criminels qui le composent, depuis notre
infime planète jusqu'aux profondeurs les plus reculées de l'espace
infini, pouvons-nous admettre que tout existe sans cause et sans
but? Nous ne le pensons pas. Ce serait triste, ce serait noir. Dans
cette conception mécanique de l'univers, tout ne serait qu'illusion,
fantasmagorie, mensonge, il y aurait plus de logique dans la
moindre pensée humaine que dans l'ensemble de la nature, et nous
n'aurions plus qu'à cesser de penser pour nous rendre dignes de
notre fin. Quelle étrange doctrine ! Mais non : toute âme doit vivre
éternellement, en progressant toujours.

L'histoire de la Terre porte en elle-même le plus magnifique,
le plus éloquent témoignage en faveur de la loi du Progrès qui soit
accessible à nos observations. Elle est en quelque sorte le progrès
lui-même incarné dans la vie, depuis le minéral jusqu'à l'homme.
Notre planète a commencé par être une nébulosité informe, qui
graduellement s'est condensée en globe. Cette nébulosité gazeuse,
d'une densité incomparablement plus faible que l'air que nous respirons, cette immense boule de vent, était formée d'un gaz sans
doute primitivement homogène, plus léger que l'hydrogène même.
L'attraction mutuelle de toutes les molécules vers le centre, la condensation progressive qui en résulta, les frottements et la transformation de cette chute centripète en chaleur, les premières combinaisons chimiques naissant de ce développement de calorique,
l'influence de l'électricité, l'action multiple et diverse des forces de
la nature dérivant en quelque sorte les unes des autres, amenèrent
la formation des premiers éléments, de l'hydrogène, de l'oxygène,
du carbone, de l'azote, du sodium, du fer, du calcium, du silicium,
de l'aluminium, du magnésium, et des divers autres minéraux qui
paraissent tous formés géométriquement comme s'ils étaient des
multiples de l'élément primitif dont l'hydrogène semble être la
première condensation. Les espèces minérales se sont séparées successivement.

Ces mêmes substances qui constituaient notre planète primitive
lorsqu'elle brillait, étoile nébuleuse; cet oxygène, cet hydrogène, ce

... En appuyant leurs pattes sur une de nos plus hautes maisons, ils auraient pu manger
au balcon d'un cinquième étage...

sodium qui brûlaient, feux ardents, comme ils brûlent aujourd'hui dans les flammes du Soleil, se sont combinés d'une tout autre façon après l'extinction de la Terre comme étoile. Le feu est devenu l'eau. Physiquement, ce sont les extrêmes ; chimiquement, c'est le même élément. L'Océan qui roule encore aujourd'hui ses flots tout autour du globe, est formé d'hydrogène, d'oxygène et de sodium.

L'observateur de l'espace aurait pu voir notre planète briller d'abord à l'état de pâle nébuleuse, resplendir ensuite comme un soleil, devenir étoile rouge, étoile sombre, étoile variable aux fluctuations d'éclat, et perdre insensiblement sa lumière et sa chaleur pour arriver à l'état dans lequel nous observons aujourd'hui Jupiter.

Déjà la Terre tournait sur elle-même et autour du Soleil. Lorsque la température de l'éclosion fut abaissée, lorsque les vapeurs atmosphériques se condensèrent, lorsque la mer primitive s'étendit tout autour du globe, au sein des convulsions volcaniques de l'enfance terrestre, parmi les déchirements de la foudre et les éclats du tonnerre, dans les eaux tièdes et fécondes, les premières plantes, les premiers animaux se formèrent par des combinaisons du carbone, semi-solides, semi-liquides, pâteuses, malléables, dociles, mobiles et changeantes. Ces premiers êtres sont des cellules primitives ou de simples associations de cellules, des algues, des fucus, des annélides, des objets gélatineux, des mollusques : ce sont encore des minéraux, autant que des plantes et des animaux, ce sont des zoophytes, des coraux, des éponges, des madrépores, des crustacés. Les premiers animaux ne sont que des plantes sans racines. Par le perfectionnement séculaire des conditions organiques de la planète, par le développement graduel de quelques organes rudimentaires, la vie s'améliore, s'enrichit, se perfectionne. Pendant l'époque primordiale, on ne voit que des invertébrés flottant dans les eaux encore tièdes des mers primitives. Vers la fin de cette époque, pendant la période silurienne, on voit apparaître les premiers poissons, mais seulement les cartilagineux : les poissons osseux ne viendront que longtemps après. Pendant la période primaire commencent les grossiers amphibies et les lourds reptiles, les lents crustacés. Des îles s'élèvent du sein des ondes et se couvrent d'une végétation splendide. Mais le règne animal est encore bien pauvre. Pendant des millions d'années tous les habitants de la Terre ont été sourds et muets ; les premiers animaux apparus sur ce globe, ceux qui occupent aujourd'hui le bas de la série, sont tous dépourvus de voix ; la voix ne commence qu'au milieu de l'âge secondaire, et l'oreille ne s'est formée que beaucoup plus tard. Pendant des millions d'années aussi, animaux et plantes ont été sans sexe. Les premières manifestations de cet ordre sont pauvres, mal définies, sans ardeurs (amours de poissons). Mais graduellement la vie progresse, se perfectionne. Bientôt le règne animal se diversifie en espèces distinctes et nombreuses. Les reptiles se sont développés : l'aile porte l'oiseau dans les airs ; les premiers mammifères, les marsupiaux, habitent les forêts. Pendant l'âge tertiaire, les serpents se détachent tout à fait des reptiles en perdant leurs pattes (dont les soudures primitives sont encore visibles aujourd'hui), le reptile-oiseau, archéoptérix, disparaît aussi, les ancêtres des simiens se développent sur les continents en même temps que toutes les fortes espèces animales. Mais la race humaine n'existe pas encore. L'homme va apparaître, semblable à l'animal par sa constitution anatomique, mais plus élevé dans l'échelle du progrès et destiné à dominer un jour le monde par la grandeur de son intelligence. L'esprit humain brille enfin sur la Terre, contemple, perçoit, réfléchit, pense, raisonne. Dans l'histoire de la planète, l'homme a été le premier entretien de la Nature avec Dieu.

Chaque couche de terre dans les champs et les bois, sur le versant des montagnes ou au fond des vallées, chaque banc de pierre dans les carrières, chaque dépôt de la mer ou des fleuves nous montre la succession *lente* des époques de la nature et l'œuvre *séculaire* de la vie terrestre. Il n'y a pas bien longtemps encore, on croyait le monde créé littéralement en six jours, et des écrivains, tels que Bernardin de Saint-Pierre entr'autres, pensaient sérieusement que les êtres dont nous voyons les débris dans les entrailles de la Terre n'ont réellement pas vécu et que le monde a été fait tout vieux. Des forêts seraient nées en pleine croissance, abritant des animaux qui n'auraient pas eu d'enfance ; les oiseaux de proie auraient dévoré des cadavres qui n'avaient point eu de vie. « On y a vu des jeunesses d'un matin et des décrépitudes d'un jour. » Quelle différence de grandeur, entre cette mesquine conception du monde et celle qui vient d'être résumée ! En tenant compte seulement de la vie à ciel découvert, dans les intervalles de submersions océaniques, les habitants de Londres ne sont que les seconds locataires de leur contrée, les Parisiens n'en sont que les troisièmes occupants, et les Autrichiens de Vienne ont été précédé par trois espèces d'êtres appartenant pour ainsi dire à trois créations différentes.

Les couches géologiques du globe terrestre, que nous retournons

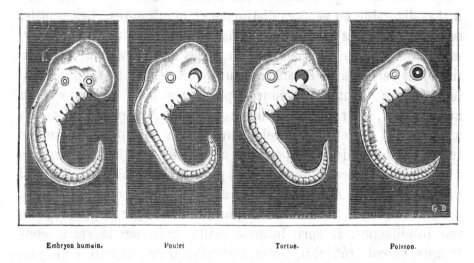

| Embryon humain. | Poulet. | Tortue. | Poisson. |

Fig. 10. — ... Chacun de nous a été, dans le sein de sa mère, mollusque, poisson, reptile, quadrupède. (Embryons comparés).

aujourd'hui comme les feuillets d'un livre, nous montrent ainsi cette succession de fossiles ensevelis. Les espèces se sont succédées en se développant graduellement, comme les rameaux d'un même arbre. Elles dérivent d'une même source ; elles se rattachent entre elles comme les anneaux d'une même chaîne ; elles appartiennent au même ordre de choses ; elles réalisent le même programme.

Mais n'anticipons pas sur les spectacles qui vont se dérouler devant nos yeux. Il importe, maintenant que nous avons pris un avant-goût de ces grandioses problèmes, d'entrer immédiatement dans le cœur de notre sujet. Comment la Terre où nous sommes s'est-elle formée ? Quelle fée a veillé sur son berceau ? Est-elle vraiment fille du Soleil ? Est-elle vraiment mère de la Lune ? Quels

Durant ces millions d'années, les premiers habitants du globe étaient muets, sourds et sans sexe.

liens de parenté rattachent notre planète à ses sœurs? Comment les forces de la Nature ont-elles pu donner naissance à toutes ces merveilleuses espèces d'animaux et de plantes qui animent et embellissent la surface de notre monde? Quel est le plus ancien de l'œuf ou de la poule? Qu'est-ce que l'œuf humain? Quel sein l'a reçu? Quelle virilité l'a fécondé? Quelle Ève a conçu le premier enfant? Sous quel soleil a-t-il grandi? Quelles harmonies ont bercé ses premiers rêves? Quels tableaux, quels paysages, quelles scènes ont orné les jours de la Terre, depuis les antiques et fabuleuses périodes de la genèse primordiale jusqu'à la première association de familles humaines dans les cavernes de l'âge de pierre, jusqu'aux premières chasses du rhinocéros tychorinus, de l'ours spelæus, du cerf à bois gigantesque; jusqu'au premier duel, jusqu'au premier crime, jusqu'aux premiers combats à l'aide de bâtons noueux, de massues grossières, d'armes en silex taillés et de flèches d'obsidienne? Quels déluges, quels volcans, quels effondrements, quelles transformations ont changé la face du globe dans les vieux temps préhistoriques?... Autant de questions, autant de captivants sujets d'études pour tous les amis de la Science et de la Nature.

Le voile du temple est déchiré. Pénétrons dans l'auguste sanctuaire de la Création.

LIVRE PREMIER

LE COMMENCEMENT DU MONDE

CHAPITRE PREMIER

LA GENÈSE DES MONDES. — LES NÉBULEUSES.

Porté par les apparences à considérer la Terre comme représentant le monde entier, et à ne voir dans le Soleil, la Lune, les planètes et les étoiles que des astres lointains, moins importants que la Terre, et tournant autour d'elle comme des satellites subalternes, l'homme s'est accoutumé à donner le titre dè *monde* au globe que nous habitons et à associer aux destinées de ce globe celles de l'univers tout entier. Pour lui, « le commencement du monde » ou « le commencement de la Terre » constituaient un seul et même fait, exprimaient une seule et même idée; « la fin du monde » ou « la fin de la Terre » représentaient également le même acte cosmologique. L'univers avait commencé avec la Terre et devait finir avec elle; mieux encore : il avait été créé et mis au monde exprès pour elle; la Terre était faite uniquement pour l'homme; l'homme était le souverain de l'univers et les périodes de la nature etaient indissolublement associées aux destinées de la race humaine.

Les conquêtes de l'Astronomie ont radicalement transformé cette étroite interprétation du spectacle de la nature; elles l'ont agrandie, éclairée et transfigurée. Nous savons aujourd'hui que la Terre où nous sommes est loin de constituer à elle seule l'univers tout entier; nous savons qu'elle n'est qu'une province du système solaire; qu'elle est la troisième des planètes qui circulent autour du Soleil; qu'entre elle et le Soleil il y a deux globes, Mercure et Vénus, gravitant comme elle autour de l'astre illuminateur; qu'au delà d'elle, on connaît encore cinq planètes importantes: Mars, Jupiter, Saturne, Uranus et Neptune, sans compter toute une république de petits mondes situés entre Mars et Jupiter, et sans compter aussi les satellites qui, tels que la Lune, qui accompagne la Terre, les deux lunes de Mars, les quatre de Jupiter, les huit de Saturne, celles d'Uranus et de Neptune, complètent la grande famille du Soleil.

L'histoire de la Terre, quelque importante qu'elle nous paraisse, et quelque intéressante qu'elle soit pour nous, n'est qu'un chapitre, qu'une page, qu'un paragraphe de l'histoire générale de l'univers. Si la Terre et son humanité n'existaient pas, l'univers suivrait son cours comme il le fait; avant l'existence de notre monde, les étoiles brillaient déjà dans les profondeurs de l'espace, et, chacune étant un soleil, ces innombrables flambeaux versaient déjà dans l'étendue leurs rayons de lumière et de chaleur; nous recevons seulement aujourd'hui des rayons de lumière partis de ces sources lointaines longtemps avant la naissance du premier homme terrestre; après la mort de notre planète et de son humanité, les étoiles continueront de briller au ciel, les soleils de l'avenir continueront d'éclairer d'autres terres et d'autres cieux, et l'univers marchera comme de nos jours.

C'est l'histoire de la Terre que nous venons d'entreprendre dans cet ouvrage; mais elle touche par son origine et par ses ramifications à celle du système solaire tout entier. Il est impossible de considérer notre planète isolément, au moins en ce qui concerne ses origines, car en réalité elle n'est pas isolée, et si nous voulions en imagination la créer tout d'une pièce, sans nous occuper du Soleil ni des autres planètes, nous serions certainement à côté de la vérité. Or, que cherchons-nous? La vérité. Personne n'a assisté à la création de la Terre. Aucun témoin oculaire ne peut raconter comment ces grandioses événements se sont passés. Il faut donc, si nous voulons savoir quelque chose, que nous nous entourions de toutes les données, de tous les documents, de toutes les sources d'informations qu'il nous est possible de recueillir. Comme le fruit vient de la fleur, la fleur de l'arbre, comme la vie de l'arbre a ses racines dans le terrain qui le porte, ainsi les origines de la Terre ne peuvent se découvrir que par l'étude de sa situation dans le système auquel elle appartient.

Le premier coup d'œil jeté sur cette situation et sur l'ensemble du système solaire met en évidence des faits bien significatifs. Considérons avec attention l'ensemble de ce système (*fig.* 13). Ce plan est tracé à l'échelle de 1 millimètre pour 10 millions de lieues. Le Soleil est au centre ; mais il n'a pu être dessiné, parce que, mesurant 345 500 lieues de diamètre, il n'aurait à cette échelle qu'un trentième de millimètre. La planète la plus proche de l'éblouissant foyer, Mercure, tourne dans sa lumière à la distance de 15 millions de lieues, — Vénus à 26 millions, — la Terre à 37 millions, — Mars à 56 millions, — les petites planètes vers 100 millions, — Jupiter à 192 millions, — Saturne à 355 millions, — Uranus à 710 millions, et Neptune, la plus éloignée que nous connaissions, à la distance de 1 150 millions de lieues du même centre.

Toutes ces planetes voguent autour du Soleil, dans le même sens (en sens contraire du mouvement des aiguilles d'une montre) comme on le voit sur la figure, et le Soleil tourne également sur lui-même, et *dans le même sens*. Ce premier fait est très important dans la question qui nous occupe. Il nous montre tout d'abord qu'il y a une unité d'origine et de plan dans le système solaire et une certaine parenté à découvrir entre les différents membres de cette famille. Le Soleil régit tout ce groupe de planètes qui gravite autour de lui. Il ne les a pas rencontrées et conquises au passage et au hasard, car dans ce cas elles circuleraient, comme les comètes, dans tous les sens et dans toutes les directions. Mais elles ont la même origine que lui, elles lui restent assujetties, elles roulent dans le même plan, dans la même surface, pour ainsi dire, comme des billes qui tourneraient sur une table autour d'un boulet central.

Le Soleil les domine toutes par sa masse et sa grandeur, et il pèse sept cent fois plus que toutes les planètes ensemble et trois cent vingt-quatre mille fois plus que la Terre seule. Il est un million deux cent quatre-vingt mille fois plus gros que notre planète, ce qui lui donne une densité beaucoup moindre, puisqu'il ne pèse que trois cent vingt-quatre mille fois plus. Cette densité est environ le quart de la nôtre : il faudrait qu'il se condensât quatre fois

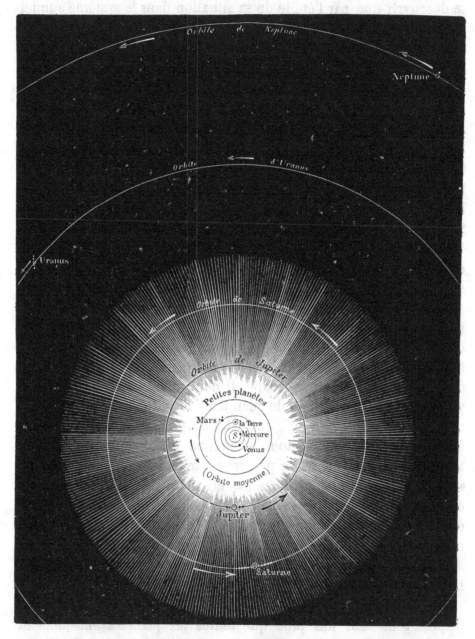

Fig. 13. — PLAN GÉNÉRAL DU SYSTÈME SOLAIRE, tracé à l'échelle de 1ᵐᵐ pour 10 millions de lieues.

plus qu'il ne l'est pour qu'un mètre cube de sa substance constitu-
tive, par exemple, eût la même densité qu'un mètre cube de terre.

On jugera de l'importance du Soleil comparativement aux différentes planètes par l'examen de la figure suivante, sur laquelle
nous avons représenté la grandeur relative des principaux globes du

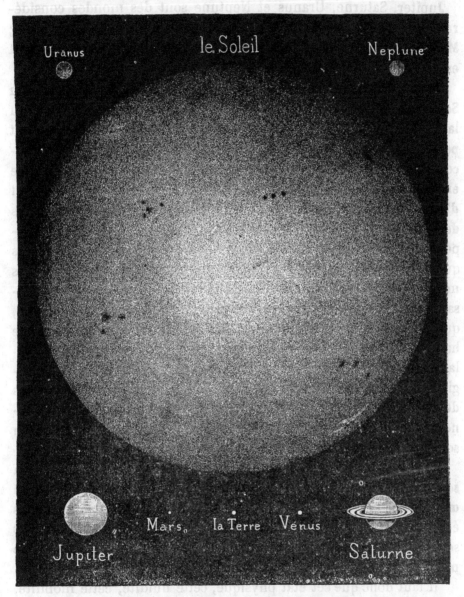

Fig. 14. — Grandeur comparée du Soleil et des principaux mondes de son système.

système solaire. On peut remarquer que Jupiter est environ onze
fois plus large que la Terre en diamètre et le Soleil, à son tour, onze
fois plus grand que Jupiter :

	Terre.	Jupiter.	Soleil.
Diamètre.	1	11	108
— en kilomètres . .	12 742	140 000	1 382 000

Jupiter, Saturne, Uranus et Neptune sont des mondes considérables. La Terre, Vénus et Mars sont beaucoup moins importants; Mercure est plus petit encore, et les petites planètes qui gravitent entre Mars et Jupiter sont très exiguës.

Les phénomènes que nous observons chaque jour à la surface du Soleil prouvent que ce n'est pas un corps solide, comme la Terre ou la Lune, mais liquide ou gazeux. Cette surface est en mouvement perpétuel, comme un précipité chimique, et l'on remarque au télescope qu'elle est composée d'une granulation mobile qui se déplace en obéissant à des courants et qui change incessamment de forme et d'éclat. Ici naissent des taches dont les dimensions surpassent parfois de beaucoup le diamètre de la Terre, qui s'agrandissent, se développent, se brisent, se modifient de mille façons pour s'évanouir après quelques semaines, parfois quelques jours — parfois aussi plusieurs mois, — en se fondant dans l'intensité lumineuse de l'astre éblouissant. Là se forment des nuages plus brillants que le Soleil lui-meme, qui généralement entourent les taches et les dominent à une grande hauteur. Ailleurs encore on assiste à des explosions de vapeurs brûlantes et de gaz lumineux, si violentes, si gigantesques, si prodigieuses, qu'elles s'élancent à des centaines de milliers de kilomètres de hauteur dans l'atmosphère ardente de l'astre du jour pour s'évanouir en nuages roses ou retomber en pluies de feu sur l'océan solaire, toujours enflammé d'un feu qui ne s'éteint jamais.

Quelle est la cause de cet état physique du Soleil? Quelle est la source de cette lumière et de cette chaleur? Il y a évidemment en œuvre ici l'une des grandes lois de la nature, car l'astre qui nous éclaire n'est pas une exception dans l'univers : toutes les étoiles sont des soleils; l'immensité infinie est peuplée de millions et de millions de soleils.

Il faut donc que cet état physique, cette fluidité, cette mobilité, cette vibration calorifique, lumineuse, électrique aient une cause naturelle, simple, générale. Une combustion chimique, une conflagration d'éléments, un incendie, ne sont pas d'une généralisation applicable à l'innombrable armée des étoiles, ni d'une durée en

rapport avec celle de chaque système. D'un siècle à l'autre, ces températures solaires ou stellaires ne doivent ni s'épuiser ni sensiblement diminuer. Il faut qu'elles proviennent du mode même de la
formation des mondes.

Eh bien ! le ciel nous offre lui-meme des indices de ce mode de
formation. Il n'y a pas seulement des étoiles au ciel; en balayant
ses plages de zone en zone, le télescope rencontre cà et là des sortes
de nuages cosmiques peu lumineux, des *nébuleuses*, de formes très
variées, qui paraissent isolées dans les profondeurs de l'espace et qui
semblent attendre la fécondation de l'avenir.

Ces créations sont nombreuses. Quoiqu'elles soient en général peu
apparentes, vagues et diffuses, cependant on en a déjà découvert et
catalogué plus de cinq mille. C'est peu, sans doute, relativement
au nombre des étoiles. Mais on ne les voit certainement pas toutes;
on n'a probablement découvert que les plus avancées en stage, les
plus lumineuses.

Les nébuleuses sont relativement isolées, comme si elles avaient
rassemblé en elles toute la matière cosmique environnante. Il y a
moins d'étoiles autour d'elles que dans la moyenne de l'étendue
céleste, et celles que l'on voit dans leurs environs sont probablement
devant ou derrière elles, en decà ou au delà, relativement à notre
rayon visuel. Le patient William Herschel, qui en a découvert plus
de deux mille cinq cents à lui seul, avait l'habitude de dire à son
secrétaire (sa sœur, miss Caroline Herschel), lorsque les étoiles
devenaient rares dans le champ du télescope : « Préparez-vous a
écrire, les nébuleuses vont arriver ».

Grâce aux ingénieuses méthodes de l'analyse spectrale, la chimie
céleste a pu analyser ces nébuleuses et constater qu'elles sont
gazeuses. Il ne faut pas les confondre avec les amas d'étoiles, qui
portent quelquefois aussi le nom de nébuleuses à cause de leur aspect
dans les instruments de faible puissance; lorsqu'on eût reconnu leur
nature, ces amas d'étoiles avaient d'abord fait penser qu'il n'y avait
pas de nébuleuses réelles et que ces pâles lueurs perdues dans l'infini étaient toutes des agglomérations d'étoiles, si éloignées de nous,
si resserrées par la perspective, que les plus puissants télescopes ne
parvenaient pas à en séparer les composantes. Nous savons aujour-
d'hui que ces deux espèces sidérales existent. D'une part, il y a des

amas d'étoiles, dont un grand nombre ne sont résolubles que dans le champ des plus puissants télescopes, dont plusieurs aussi ne seront résolus que par les progrès de l'optique future. D'autre part, il y a des nébuleuses gazeuses, absolument dépourvues d'étoiles, et déjà le spectroscope découvre la nature chimique des gaz et des vapeurs qui les composent.

L'une des plus belles d'entre elles, par sa grandeur et son éclat, l'une des plus importantes par ses dimensions réelles, et en même temps l'une des plus intéressantes par les études dont elle a été l'objet, est sans contredit la nébuleuse d'Orion, que l'on découvre presque à l'œil nu dans le ciel et dont une jumelle suffit pour constater la présence. Tout le monde connaît la magnifique constellation d'Orion, qui resplendit pendant nos longues nuits d'hiver, régnant au sud entre Sirius à ses pieds et les Pléiades à sa tête. Dans cette constellation, la ceinture ou baudrier, est marquée par trois étoiles brillantes alignées en ligne droite, mais obliquement, que l'on appelle aussi « les Trois Rois mages », « le Râteau, » etc. Eh bien, regardez attentivement au-dessous de ces trois étoiles, vous remarquerez un petit groupe d'étoiles serrees, pouvant représenter une épée suspendue à la ceinture, ou un manche de râteau, etc. Là, une bonne jumelle, ou mieux une petite lunette d'approche vous montrera la plus belle nébuleuse du ciel.

Cette nébuleuse est si brillante qu'elle se laisse facilement photographier. Nous reproduisons ici l'une des meilleures photographies qu'on en ait obtenue ([1]). On remarque dans l'intérieur de la nébulosité une étoile quadruple (qui devient même sextuple dans les puissants instruments) et plusieurs étoiles éparses. Il est probable que l'étoile multiple lui appartient ; mais il n'est pas probable que toutes les autres fassent partie du même système : plusieurs peuvent être en deçà ou au delà, et sont visibles soit devant elle, soit à travers elle. Le point important pour la question qui nous occupe est que cette nébuleuse est visiblement condensée vers ses régions cen-

---

1. Cette photographie a été faite le 30 janvier 1883, par M. COMMON. Voy. la *Revue mensuelle d'Astronomie populaire*, année 1883, p. 277. Voir aussi, pour la description de cette nébuleuse et le moyen facile de trouver tous ces astres dans le ciel : FLAMMARION, *Les Étoiles et les Curiosités du Ciel*. On peut reconnaître cette nébuleuse à l'aide d'une simple jumelle.

trales. Elle s'étend en réalité dans le ciel, vague, diffuse, transparente, beaucoup plus loin que la photographie ne le montre.

La partie centrale la plus lumineuse de cette vaste nébulosité
occupe dans le ciel une surface égale au disque apparent de la Lune ;
mais on peut la suivre de part et d'autre, à l'est et à l'ouest, au

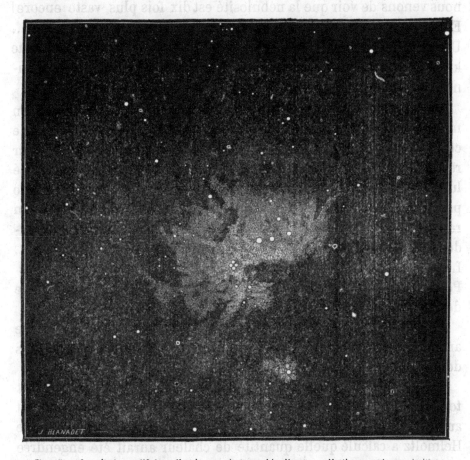

Fig. 15. — La nébuleuse d'Orion, d'après une photographie directe. — Matière cosmique primitive
en condensation.

nord et au sud, sur une étendue dix fois plus large. Avec son
disque apparent, la Lune, qui n'est qu'à 96 000 lieues d'ici, mesure
870 lieues de diamètre. Le Soleil, qui ne paraît pas plus grand,
mais qui est quatre cent fois plus éloigné que la Lune, est aussi
quatre cent fois plus large en réalité, et mesure 345 500 lieues de
diamètre. La nébuleuse d'Orion, en admettant qu'elle ne soit pas

plus éloignée de nous que les étoiles les plus proches, qu'elle soit, par exemple, à la distance de la 61° du Cygne, serait déjà d'une étendue qui tient du prodige : à la perspective de cet éloignement, la largeur de la Lune équivaudrait à 133 *milliards* de lieues ! C'est déjà 3 700 fois plus que la distance qui nous sépare du Soleil. Mais nous venons de voir que la nébulosité est dix fois plus vaste encore ! Elle s'étendrait donc sur une étendue de 1 330 milliards de lieues... Un train express courant avec la vitesse constante de soixante kilomètres à l'heure n'emploierait pas moins de dix millions d'an‑ nées pour traverser ce brouillard !...

Voilà plus qu'il n'en faut pour créer, non pas seulement un monde, mais un et plusieurs systèmes de monde. De quoi est-elle composée ? De *gaz*, et déjà dans ce gaz lumineux on croit avoir reconnu de l'hydrogène et de l'azote. Ses différences d'intensité lumineuse montrent que la densité de ce gaz n'est pas la même partout et que plusieurs condensations partielles s'opèrent. On remarque même à quelque distance au nord (au-dessous) une con‑ densation isolée qui commence. Les lois de la nature agissent. L'attraction s'exerce : les régions les plus denses attirent les autres Peut-être se disloquera-t-elle en plusieurs foyers, peut-être est-elle destinée à former plusieurs univers.

Une nébuleuse composée d'un gaz ainsi disséminé peut-elle arriver à former un ou plusieurs soleils, un ou plusieurs systèmes de mondes ?

En admettant que primitivement une matière nébuleuse occupant tout l'ensemble du système solaire, jusqu'à l'orbite de Neptune et au delà, ait une ténuité extrême, le mathématicien et physiologiste Helmoltz a calculé quelle quantité de chaleur aurait été engendrée par une condensation arrivant à former le Soleil, la Terre et les pla‑ nètes. Le résultat du calcul donne 28 millions de degrés centigrades, en prenant la chaleur spécifique de la masse condensante comme égale à celle de l'eau. Ainsi la chute seule des molécules de la nébu‑ leuse primitive vers un centre d'attraction aurait suffi pour produire une chaleur de millions et de millions de degrés centigrades.

Chacun sait aujourd'hui que le mouvement se transforme en chaleur et que la chaleur n'est elle-même qu'un mode de mou‑ vement. Lorsque, le marteau à la main, nous enfonçons une pointe de fer dans une pièce de bois, le mouvement musculaire de notre bras se communique à la pointe à l'état de mouvement visible, et elle s'enfonce graduellement. Mais si nous continuons de frapper lorsqu'elle est complètement enfoncée, que devient le travail accompli? On croyait autrefois qu'il était perdu : c'était là une erreur. Le mouvement se communique toujours à la pointe de fer, seulement au lieu d'être visible, c'est du mouvement invisible, du mouvement moléculaire : le métal s'échauffe et toutes ses molécules se mettent à vibrer plus ou moins vite. La chaleur n'est que du mouvement invisible, du mouvement moléculaire (1). En comprimant, dans un tube de verre, une colonne d'air au dixième de son volume, on l'élève à la température du charbon ardent.

Une pierre qui tomberait de la distance de Neptune sur le Soleil emploierait 10 628 jours ou 29 ans environ pour franchir cette distance de 1 150 millions de lieues, et, partie du repos, tombant avec une vitesse grandissante, elle arriverait sur le globe solaire avec une vitesse de 600 000 mètres parcourus pendant la dernière seconde. Cette vitesse, mille fois supérieure à celle d'un boulet, serait telle qu'en touchant le Soleil, celui-ci fût-il un bloc de glace, le mouvement obligé de s'arrêter et de se transformer en chaleur, ferait non seulement fondre instantanément la pierre comme de l'huile, mais encore la réduirait en vapeur, et le choc échaufferait considérablement la place où elle aurait atteint le Soleil. La chaleur engendrée par le choc serait neuf mille fois supérieure à celle qui serait produite par la combustion d'un morceau de houille du même poids que cette pierre, quelle qu'elle soit.

Si la Terre tombait dans le Soleil, elle y arriverait en 64 jours, et la chaleur produite par son choc serait telle qu'elle élèverait notablement la température du Soleil tout entier. En fait cette chaleur produite équivaudrait à celle que cet astre rayonne pendant 95 ans. Et l'on sait quelle consommation colossale s'opère en cet intense

---

1. La chaleur nécessaire pour élever de 1 degré centigrade la température de 1 kilogramme d'eau représente exactement la force nécesssaire pour élever 424 kilogrammes à 1 mètre de hauteur ou pour élever 1 kilogramme à 424 mètres.

La capacité calorifique du plomb étant le trentième de celle de l'eau, une balle de plomb tombant d'une hauteur de 424 mètres engendrerait, par l'arrêt de son mouvement de chute, une chaleur suffisante pour élever sa propre température de 30 degrés. Sa vitesse, en arrivant au sol, serait de 91 mètres par seconde.

foyer! la chaleur émise par le Soleil, à chaque seconde, est égale à celle qui résulterait de la combustion de onze quatrillions six cent mille milliards de tonnes de charbon de terre brûlant ensemble; elle ferait bouillir par heure deux trillions neuf cent milliards de kilomètres cubes d'eau à la température de la glace!...

Que le mouvement provienne d'un grand corps ou d'un petit corps, qu'il soit arrêté brusquement ou graduellement, par frottements, le résultat est le même : il se transforme en chaleur.

Supposons toute la matière du Soleil, des planètes et de leurs satellites uniformément répartie dans l'espace sphérique embrassé par l'orbite de Neptune, il en résulterait une nébuleuse gazeuse, homogène, dont il est facile de calculer la densité. Comme la sphère d'eau d'un pareil rayon aurait un volume égal à plus de 300 quatrillions de fois le volume terrestre, la densité cherchée ne serait plus qu'un demi-trillionième de la densité de l'eau. La nébuleuse solaire ainsi dilatée serait 400 millions de fois moins dense que l'hydrogène à la pression ordinaire, lequel est, comme on sait, le plus léger de tous les gaz connus (il pèse 14 fois moins que l'air : dix litres d'air pèsent 13 grammes, dix litres d'hydrogène ne pèsent pas un gramme).

Fig 16.

La nébuleuse d'Andromède. Condensation vers un centre.

Nous avons vu tout à l'heure que la gravitation de toutes les molécules de cette nébuleuse vers un centre de condensation suffirait pour produire une chaleur de 28 millions de degrés.

La nature nous met donc pour ainsi dire entre les mains les matériaux qui lui servent pour la création des mondes, et non seulement les matériaux, mais encore les moyens qu'elle emploie. Si nous ne savions pas comment les arbres grandissent et arrivent à leur complet développement, une promenade dans une forêt nous l'apprendrait en nous montrant des arbres de tous les âges, de petits arbrisseaux de quelques années, de hautes futaies, en pleine croissance encore, et des arbres séculaires qui déjà descendent vers la vieillesse et la décadence. Eh bien, la contemplation du ciel nous donne la même leçon pour la naissance, la vie et le développement des mondes. Nous voyons des nébuleuses, comme celle d'Orion, qui n'ont encore aucune forme, qui sont très étendues, très disséminées,

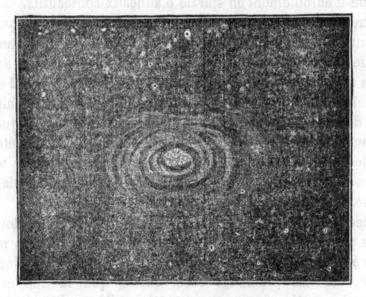

Fig. 17. — Nébuleuse du Lion, montrant des anneaux nébuleux.
Image de la formation des mondes.

et présentent néanmoins déjà des centres de condensation. Nous en voyons d'autres, comme celle d'Andromède (*fig.* 16) qui offrent une figure plus régulière, plus géométrique. Il est bien probable que c'est là une nébuleuse circulaire qui se présente à nous très obliquement. La condensation centrale est très marquée. Comme celle d'Orion, et plus facilement encore, elle est visible pour tous ceux qui veulent la voir, dans une simple jumelle de spectacle, ou mieux, dans une lunette d'approche. Lorsqu'on l'observe à l'aide de puissants télescopes, elle perd un peu de cette régularité apparente et des lambeaux de pâles clartés semblent flotter et s'étendre au loin. C'est cette nébuleuse que le curé Derham prenait pour un endroit aminci du firmament, devenu assez transparent pour laisser passer au travers la lumière du paradis...

D'autres nébuleuses manifestent plus clairement encore les procédés de la nature dans cette grande œuvre de la création. Ainsi, par exemple, celle de la constellation du Lion (*fig.* 17) montre un foyer central très brillant, plus loin un foyer secondaire qui commence, et autour du foyer central des zones de condensation, des anneaux nébuleux faisant deviner un mouvement de rotation et une sorte d'enroulement en spirale d'anneaux consécutifs.

On trouve dans la constellation du Dragon une nébuleuse particulièrement intéressante, parce qu'elle est la première dont l'analyse chimique ait été faite (Huggins, 1864). Depuis cent cinquante ans, en effet, les astronomes étaient fort embarrassés pour décider s'il existe de véritables nébuleuses gazeuses, et l'intérêt du sujet n'a fait que grandir depuis que William Herschel a exprimé la pensée que ces amas sont des portions de la matière primitive qui s'est condensée en étoiles, et qu'en les étudiant, nous étudions en même temps quelques-unes des phases par lesquelles les soleils et les planètes ont passé.

Le spectre de cette nébuleuse, autant du moins que les données acquises permettent de l'affirmer, ne peut être produit que par la lumière émanée d'une matière à l'*état de gaz*. On pouvait donc en conclure, dès ces premières observations, que la lumière de cette nébuleuse n'émane pas d'une matière solide ou liquide incandescente, comme la lumière du soleil et des étoiles, mais d'un *gaz lumineux*. L'examen des lignes de ce spectre montre que la plus importante d'entre elles occupe une position très voisine des raies les plus brillantes du spectre de l'azote. La plus faible des raies coïncide avec la raie verte de l'hydrogène. Mais la raie moyenne du groupe des trois lignes qui forment le spectre de la nébuleuse n'a son identique dans aucune des raies intenses des spectres des éléments terrestres connus. Il y a là un état de la matière inconnu pour nous. On voit un spectre continu excessivement faible provenant du centre de la nébuleuse, d'un noyau très petit, mais plus brillant que le reste de la masse. L'observation nous apprend à peu près certainement que la matière du noyau n'est pas à l'état de gaz, comme celle de la nébulosité qui l'entoure. Elle consiste en une matière opaque qui peut exister à l'état de brouillard incandescent, formé de particules solides ou liquides.

Le résultat nouveau et inattendu auquel venait de conduire l'examen spectroscopique de cette nébuleuse frappa de surprise les astronomes et les engagea à étudier attentivement les autres créations analogues qui sont disséminées dans l'étendue des cieux. Le résultat de cette analyse a été qu'un grand nombre de nébuleuses sont composées de véritables gaz, — de gaz flamboyants visibles à des millions de milliards de lieues d'ici !

Lors donc que nous observons cette pâle nébuleuse bleuâtre située au pôle de l'écliptique, nous savons que c'est là un amas de matière gazeuse incandescente, déjà muni d'un noyau central de condensation, et nous devinons dans cette lueur lointaine l'ardente genèse d'un nouveau monde. Nous assistons d'ici à la création !... Là brille déjà un embryon de soleil ; là se prépare un système planétaire. Que dis-je ! le rayon lumineux qui nous arrive en ce moment de cette région de l'infini en est peut-être parti

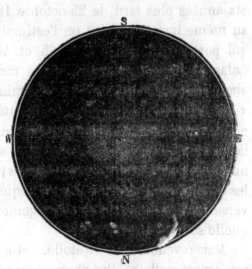

Fig. 18 — Nébuleuse du Dragon
Point central de condensation et vaste atmosphère.

il y a plusieurs millions d'années, et peut-être qu'en ce moment une ou plusieurs planètes sont déjà formées, fécondées, habitées, et peut-être qu'il y a là aussi des yeux qui nous contemplent, et pour lesquels, notre histoire étant également en retard de plusieurs millions d'années, notre système solaire n'est encore qu'une nébuleuse circulaire, vue justement de face : ils se demandent si un jour notre nébuleuse deviendra soleil et planètes et ne se doutent pas que nous existons déjà et que nous pourrions leur répondre ! Voix du passé, vous devenez maintenant les paroles de l'avenir, tandis que le présent, l'actuel, disparaît pour les regards échangés à travers les vastes cieux, à travers l'infini, à travers l'éternité !

Voici un autre exemple pris dans le ciel et qui est plus caratéris-Gique encore.

Le 22 août 1794, pendant une belle nuit d'été, l'astronome Jérôme de Lalande (qui a plus fait en quelques années à lui seul, pour la connaissance et les progrès de l'astronomie stellaire, que tous les Observatoires officiels de son époque réunis), l'astronome Lalande, dis-je, observait en son modeste observatoire de l'École militaire en compagnie de son neveu Le Français de Lalande. Ils notaient au passage les petites étoiles de la constellation du Verseau, et en remarquèrent une, entr'autres, de 7°$\frac{1}{2}$ grandeur, dont ils déterminèrent la position. Six années plus tard, le 25 octobre 1800, on l'observait de nouveau au même instrument, et on l'estimait de 8° grandeur. C'est l'étoile qui porte les numéros 40 765 et 40 766 du grand Catalogue de Lalande, lequel ne renferme pas moins de *quarante-sept mille observations*, faites du 27 septembre 1791 au 15 janvier 1801. « La postérité ne verra pas sans intérêt, écrivait l'éminent astronome francais lui-même, qu'au milieu des convulsions qui agitaient la patrie, un travail long et pénible s'exécutait dans le silence des nuits, et préparait des résultats faits pour durer plus longtemps que les institutions politiques pour lesquelles on s'agite si fort et l'on verse tant de sang. » Voilà un jugement sain sur la politique, quelle quelle soit.

Mais revenons à notre étoile. Cette étoile n'en est pas une, malgré son aspect stellaire. Des observateurs exercés peuvent la voir passer dans le champ de leur instrument sans y prendre garde : elle ressemble seulement à une étoile qui n'est pas exactement au foyer. Mais si on l'examine avec attention, on constate qu'on n'arrive jamais à lui donner la netteté d'un point brillant sans dimensions. En effet, c'est une *nébuleuse* ([1]).

1. Déjà William Herschel l'avait reconnue comme telle, il y a plus de cent ans, en septembre 1782. Il l'avait qualifiée de « nébuleuse planétaire » et comparée au disque de Jupiter; elle est inscrite sous le numéro 1 de sa quatrième classe, et on la désigne généralement, en abrégé, sous le chiffre H. IV, I. Sir John Herschel la décrit dans les termes suivants : Admirable — aspect planétaire — très brillante — petite — elliptique. Lord Rosse et Lassell l'ayant examinée à l'aide de leurs puissants télescopes reconnurent qu'elle est environnée d'un anneau que nous voyons par la tranche, ce qui rappelle un peu l'aspect de Saturne. (Le ciel offre d'autres nébuleuses analogues qui se trouvent de face et dont nous voyons l'anneau circulairement.) Toute minuscule qu'elle nous paraissse,

Si sa forme est singulière, sa constitution chimique est peut-être plus curieuse encore. En effet, les recherches spectroscopiques conduisent à la conclusion, que cette nébuleuse est entièrement *gazeuse*, composée d'une masse de gaz lumineux.

Nous avons donc là sous les yeux, à n'en pas douter, un système solaire en formation. Nous assistons à la genèse d'un monde, a la création d'un univers lointain.

Des différents gaz, c'est l'azote et l'hydrogène qui dominent dans le spectre de cette genèse.

La plupart des autres nébuleuses planétaires et annulaires ont offert les mêmes résultats à l'analyse : ce sont de véritables nébuleuses gazeuses qui, tout en se condensant autour d'un centre, nous donnent une image de la genèse de la Terre et des Planètes par la formation d'anneaux nébuleux se détachant du foyer central.

Fig. 19.
La nébuleuse saturnienne du Verseau.
Image d'un monde en formation.

A quelle distance cette nébuleuse se trouve-t-elle de notre atome terrestre?

Selon toute probabilité, elle est beaucoup plus éloignée que les étoiles les plus proches.

En 1871 et 1872, M. Brunnow, astronome royal d'Irlande, directeur de l'Observatoire de Dublin, essayant de mesurer la parallaxe d'une nébuleuse analogue (celle du Dragon), a trouvé pour résultat une valeur si faible qu'elle ne correspond à aucune parallaxe sensible.

Nous resterons donc certainement en deçà de la vérité en sup-

elle est sans contredit l'une des nébuleuses les plus remarquables que la vision télescopique ait su découvrir.

Le grand mesureur de nébuleuses, d'Arrest, de l'Observatoire de Copenhague (descendant d'une noble famille chassée de France sous Louis XIV par l'absurde révocation de l'édit de Nantes), la contempla avec admiration et la mesura pendant les nuits des 23 juillet 1862, 7 août 1863 et 6 novembre 1864. « *Nebula planetaris*, écrit-il, *insigni splendore, capta culminans inter nubes.* » Il la qualifie comme brillant « d'une insigne splendeur ». Ses mesures lui donnent 23″ de longueur sur 18″ de largeur. « Elle brille d'une clarté bleuâtre, ajoute-t-il, et présente un appendice nébuleux. »

Le diamètre de Saturne étant en moyenne de 18″ et s'élevant à 20″ lorsque la planète passe en opposition, on voit que la grandeur apparente de cette nébuleuse est un peu supérieure à celle de Saturne. On peut la voir, comme étoile, avec une petite lunette, et la reconnaître comme nébuleuse avec une lunette de moyenne puissance, si le ciel est bien pur et affranchi de la clarté gênante du clair de lune.

posant que cette charmante et singulière petite nébuleuse ne soit pas plus éloignée de nous que l'étoile la plus proche de notre hémisphère, la 61° du Cygne, dont la parallaxe est, comme chacun le sait, de 0″,511, et dont la distance est, par conséquent, de 404 000 fois celle qui nous sépare du Soleil (37 millions de lieues), c'est-à-dire de 15 trillions de lieues, en nombre rond. Répétons-le, notre nébuleuse est certainement plus éloignée. Mais admettons le chiffre le plus modeste pour servir de base à notre raisonnement.

Eh bien, à la distance de la 61° du Cygne, une longueur de 37 millions de lieues est réduite à 0″,511, c'est-à-dire à une demi-seconde environ. Notre nébuleuse mesure, avons-nous dit, 23″ de longueur sur 18″ de largeur. Considérons-la, en nombre rond, comme une sphère de gaz de 20″ de diamètre. A cette distance, cette longueur correspond à 40 fois environ la distance qui nous sépare du Soleil.

Or, nous savons que la planète extérieure de notre système, Neptune, tourne autour du Soleil à la distance de 30 fois celle de la Terre. Notre nébuleuse étant au minimun plus large que le demi-diamètre de l'orbite de Neptune, et étant, selon toute probabilité plus large que le diamètre entier de cette orbite, nous devons la considérer réellement comme occupant un espace au moins *aussi vaste que celui de notre système solaire tout entier.*

Mais sait-on ce qu'une sphère du diamètre de l'orbite de Neptune représente? Les volumes des sphères sont entre eux comme les cubes des rayons. Neptune décrivant sa circonférence à 6 420 fois le demi-diamètre du Soleil, le volume du Soleil est à celui de cette sphère dans le rapport de 1 à 6 420 multiplié deux fois par lui-même, ou de 1 à 264 609 000 000.

Ainsi ce globe de gaz est au moins 264 *milliards* de fois plus gros que notre Soleil, lequel est lui-même 1 280 000 fois plus gros que la Terre..., c'est-à-dire que cette minuscule petite nébuleuse est, au minimum, 338 *quatrillions* 896 *trillions* 800 *mille millions* de fois plus volumineuse que le globe sur lequel nous vivons!

Et, ne nous lassons pas de le répéter, c'est bien là un minimum; car, selon toute probabilité, cet objet céleste est beaucoup plus éloigné que nous ne le supposons; il peut être, il *doit* être, non pas seulement des centaines de quatrillions, mais des quintillions, des sextillions de fois plus immense que la Terre.

Comment contempler cette « étoile nébuleuse » passant tranquillement dans le champ du télescope au milieu du silence de la nuit?
comment regarder cette lointaine lumière, sur laquelle déjà se sont
arrêtés les regards des Herschel, des Lalande, des lord Rosse, des
Lassell, des d'Arrest et de tant d'astronomes dont les yeux sont aujourd'hui fermés, sans être pénétré de sa formidable grandeur, sans
deviner les mouvements de gravitation qui l'agitent, sans songer aux
radiations lumineuses, calorifiques, électriques, aux forces latentes
qui s'éveillent en cette aurore, sans entrevoir les importantes destinées qui l'attendent sur la vaste scène de l'Univers?... Voilà ce
que nous étions, Terre, Lune, Soleil, Planètes, il y a des millions
d'années. C'est l'embryon d'un nouveau monde. Qui sait quels germes
d'avenir dorment dans ce céleste berceau?

Cette genèse sidérale n'est pas un mythe. Tout le monde peut la
voir. Cherchez quelque soir au-dessous de la constellation du Petit
Cheval, à droite de l'étoile du Verseau, et vous la reconnaîtrez, pâle
étoile de 7° à 8° grandeur, et vous la saluerez, création inaccessible,
mystérieuse enfant du Cosmos, fleur à peine éclose dans les jardins
du Ciel.

A l'époque où la fleur aura donné son fruit, dans les siècles
futurs où la nébuleuse aujourd'hui gazeuse sera condensée en soleil
et en planètes, il est probable que notre soleil actuel sera vieux, usé,
éteint, que notre planète aura depuis longtemps cessé de vivre, et
que l'antique histoire humaine sera à jamais évanouie dans le dernier
sommeil.... Pourtant, alors comme aujourd'hui, il y aura des soleils
et des mondes, des printemps et des étés, une voûte céleste peuplée
de splendeurs, un univers non moins beau, non moins riche, non
moins glorieux que celui dont la lumière enchante aujourd'hui nos
regards et nos pensées.

Mais pourquoi parler de l'avenir? Peut-être cette nébuleuse du
Verseau, peut-être ses sœurs du Lion, d'Andromède, d'Orion, sont-
elles éloignées à une telle distance de nous, que leur lumière emploie des millions d'années à nous arriver, et depuis l'époque où
sont partis de leur sein les rayons lumineux qui nous apportent
aujourd'hui leur photographie, peut-être sont-elles déjà devenues
des soleils et des systèmes.

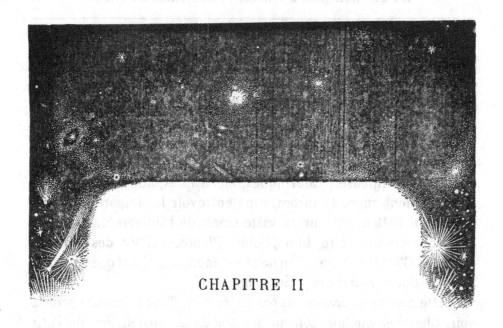

CHAPITRE II

LA FORMATION DU SYSTÈME SOLAIRE

Ainsi, d'après l'ensemble des témoignages de la nature et de la science, les nébuleuses sont la genèse des mondes. La matière cosmique primitive étant donnée, chaque atome attirant chaque atome, en vertu des lois de la gravitation universelle, la réunion de deux atomes suffisant pour commencer un centre d'attraction, on conçoit très bien que des centres de condensation se forment dans les nébuleuses gazeuses même les moins denses, que les unes deviennent irrégulières multiples, partagées, et donnent naissance à plusieurs systèmes différents ou à des soleils associés, comme nous le voyons dans les étoiles doubles, triples, quadruples, multiples, que d'autres deviennent régulières, sphériques, isolées, et donnent naissance à des soleils simples analogues à celui qui nous éclaire. Notre système solaire appartient certainement à l'ordre des formations régulières. L'union de ses différents membres, la simplicité de son organisation, l'homogénéité de son ensemble, l'harmonie de ses mouvements, tout nous prouve que la nébuleuse qui lui a donné naissance n'était pas l'une de ces nébuleuses irrégulières, doubles, multiples, comme le ciel en offre tant d'exemples, mais une création analogue à celle du Verseau, dont nous venons de résumer l'existence.

Maintenant, *de quelle façon* une nébuleuse peut-elle donner naissance à un soleil et à un système planétaire ?

Représentons-nous un amas de matière cosmique, isolé et animé d'un mouvement de rotation sur lui-même. Ce mouvement de rotation a été la résultante de tous les mouvements moléculaires qui

Fig. 21. — La nébuleuse en spirale de la constellation des Chiens de chasse, montrant le résultat des mouvements intérieurs.

ont commencé à agir dès l'origine même de la condensation et d'une attraction centrale. Il décide d'ailleurs de son isolement et de sa forme globulaire. Ce mouvement de rotation n'est pas une invention de la théorie pour les besoins de la cause ; nous avons la preuve qu'il existe dans les nébuleuses de cet ordre, par leur aspect même. Revoyez un instant la nébuleuse du Lion, représentée plus haut (p. 41) et considérez aussi la merveilleuse nébuleuse en spirale de la constellation des Chiens de chasse, reproduite ci-dessous, et vous aurez sous les yeux la nature prise sur le fait. Dans cette dernière formation, notamment, nous voyons d'immenses spires lumineuses partir d'un centre pour se dérouler dans l'espace, et l'on croit même deviner par les traînées qu'elle laisse derrière elle, le sens de la direction de son mouvement propre à travers l'immensité.

Le Soleil paraît s'être formé au centre d'une condensation de ce genre. Il est sphérique, peu ou point aplati à ses pôles, et tourne lentement sur lui-même, si lentement même que la force centrifuge créée par ce mouvement de rotation est à peine sensible. Mais la nébuleuse gazeuse dont il est la condensation centrale tournait avec lui, et, dans cette nébuleuse, la vitesse de rotation est d'autant plus grande que l'on considère un point plus éloigné du centre. Au taux de la vitesse actuelle, un point éloigné du Soleil à la distance de 36,4 (le demi-diamètre du Soleil étant pris pour unité), c'est-à-dire à cinq millions six cent soixante-six mille lieues, qui tournerait avec le Soleil, marquerait la limite extrême de son atmosphère. A cette distance, la force centrifuge créée par ce mouvement serait précisément égale à la pesanteur vers le Soleil, et toute molécule située au delà cesserait d'appartenir au Soleil, s'échapperait sur la tangente comme la pierre lancée par la fronde. Cette distance est environ le tiers de celle de Mercure.

Si le Soleil avait tourné avec sa vitesse actuelle à l'époque où sa nébulosité, ou son atmosphère, s'étendaient jusqu'à cette distance, la zone extérieure de cette nébuleuse se serait détachée et aurait donné naissance à une planète. Alors, au lieu d'être sphérique, cette nébuleuse eût été fortement aplatie, approchant de la forme d'une lentille, le rapport du diamètre équatorial au diamètre polaire étant de 3 à 2.

Les planètes ont pu naître successivement de zones détachées de la nébuleuse solaire, en commençant par Neptune, la plus extérieure, et en finissant par Mercure, la plus intérieure. Mais si elles se sont formées de la sorte, ce n'est point du Soleil lui-même, du noyau solaire proprement dit, car à chacun de ces détachements dus à la force centrifuge, le Soleil étendu jusqu'aux orbites planétaires eût dû être non sphérique, mais elliptique, lenticulaire, et l'on ne voit pas pourquoi il serait redevenu sphérique, sa vitesse n'ayant pu que s'accroître toujours avec la condensation. Ce n'est pas du Soleil même que les planètes se seraient détachées, c'est de la nébulosité qui l'aurait environné en tournant avec lui, c'est de son atmosphère.

Il faut donc que dans le centre de la nébuleuse le Soleil se soit condensé d'une manière en quelque sorte indépendante, se soit formé et ait pris sa vie propre en constituant un globe relativement isolé au milieu de l'immense nébuleuse. Le mouvement de rotation sera toutefois resté commun à l'astre central et à sa nébuleuse. A l'époque lointaine où s'est détachée la zone extérieure qui aura donné naissance à Neptune, la nébuleuse s'étendait jusqu'à l'orbite de cette planète, c'est-à-dire à 1 100 millions de lieues et tournait en 165 ans : à la distance de Neptune, la force centrifuge produite par cette vitesse de mouvement est précisément égale à l'attraction vers le Soleil ; elle est de 0^{mm},0065, c'est-à-dire de 65 dix-millièmes de millimètre ; si de là un corps tombait sur le Soleil, il ne parcourrait que cette minime quantité pendant la première seconde de chute, et, de même, si l'attraction solaire était suspendue, un corps tournant avec la vitesse de Neptune s'échapperait de l'orbite et s'éloignerait de cette même quantité pendant la première seconde.

Toutes les planètes sont dans ce même cas. Aux distances respectives où elles tournent autour du Soleil, si on arrêtait leur mouvement, elles tomberaient précisément vers le Soleil de la même quantité dont elles s'éloigneraient si l'attraction de l'astre central était supprimée. La vitesse de leur marche développe justement une force centrifuge qui tend à les éloigner de la quantité même dont le Soleil les attire. C'est là le secret, très simple, de l'équilibre du système du monde.

Ainsi, si l'on supprimait l'attraction du Soleil, la Terre, au lieu de tourner autour de lui, continuerait son cours en ligne droite, s'éloignant du Soleil de près de 6 millimètres dès la première seconde, et s'en irait se perdre dans la nuit glacée des profondeurs de l'espace. D'autre part, si l'on supprimait son mouvement, la force centrifuge disparaissant, cette planète obéirait à l'attraction solaire et tomberait en ligne droite sur l'astre central, avec la vitesse de 6 millimètres également (exactement 5^{mm},87) pendant la première seconde.

Mais traçons un petit tableau de ces vitesses et de leurs conséquences au point de vue qui nous intéresse spécialement ici. Ce petit tableau est particulièrement instructif en lui-même. Il nous donne une idée du mouvement et de la vie, de *la force* en jeu dans le mécanisme du système du monde.

VITESSES DES PLANÈTES SUR LEURS ORBITES

	DISTANCES au Soleil en millions de lieues.	VITESSES en kilomètres par seconde.	PESANTEUR VERS LE SOLEIL et tendance centrifuge en millimètres.
Neptune......	1110	5	0mm,0065
Uranus.......	710	7	0 ,016
Saturne......	355	10	0 ,065
Jupiter......	192	13	0 ,217
Mars........	56	24	2 ,53
La Terre.....	37	29	5 ,87
Vénus.......	26	35	11 ,40
Mercure......	15	47	39 ,50

Il faut que nous nous représentions par la pensée toutes les planètes tournant ainsi. On le voit, Mercure se maintient, en tournant autour du Soleil à la distance moyenne de 15 millions de lieues, parce qu'il vogue au taux de 47 kilomètres par seconde. Cette vitesse crée une force centrifuge qui tend à l'éloigner du Soleil en raison de $39^{mm}\frac{1}{2}$ par seconde, valeur égale à la quantité dont il tomberait vers le Soleil pendant la première seconde de chute si ce mouvement était supprimé. Il en est de même pour chaque planète, chacune selon sa distance.

La nébuleuse primitive s'étendait jusqu'au delà de l'orbite de Neptune (et même fort au delà, car il existe au moins une planète trans-neptunienne). Les zones de vapeurs qui ont donné naissance aux planètes ont-elles été abandonnées simplement par la nébuleuse en voie de condensation, ou bien se sont-elles formées dans l'intérieur même de la nébuleuse?

Les deux hypothèses sont admissibles. Des zones de condensation ont pu se produire dans l'intérieur de la nébuleuse. Elles tournaient tout d'une pièce avec la nébuleuse elle-même. En se resserrant graduellement vers leur point de plus grande condensation, chacune de ces zones peut avoir donné naissance à une planète.

Les zones extérieures, plus vastes, ont donné naissance aux quatre colossales planètes de notre système, qui sont plus volumineuses et moins denses que la Terre, et qui tournent plus rapidement sur elles-mêmes. En deçà de Jupiter, le plus important de tous les mondes de la famille solaire, il semble que la zone ait été empêchée

de se condenser en un seul globe, car elle a donné naissance à une innombrable quantité de provinces célestes dont on en a déjà découvert plus de deux cent. Ces petites planètes, qui gravitent entre Mars et Jupiter, sont elles-mêmes distribuées en zones caractéristiques, accumulées le long de certaines lignes, éparses, rares, le long d'autres lignes, et complètement absentes le long de certaines routes célestes remarquables par ces vides ou lacunes. Ces zones désertes sont celles où circuleraient des planètes en des périodes égales à la moitié, au tiers ou au quart de la révolution annuelle de Jupiter, proportions simples qui ramèneraient périodiquement les mêmes perturbations et balayeraient l'espace sans y rien laisser. C'est donc à la puissance perturbatrice de Jupiter que l'on doit l'absence d'une grosse planète dans son voisinage. Le tyran n'eût pas supporté de rival.

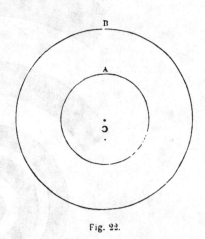

Fig. 22.

La vitesse augmente avec la distance au centre.

La vitesse des différentes parties d'une roue ou d'un disque en mouvement étant d'autant plus grande que l'on est plus éloigné du centre, les parties extérieures des zones de condensation tournaient plus vite que les parties intérieures. Dans la roue o A B, par exemple, le point B, deux fois plus éloigné du centre que le point A, tourne deux fois plus rapidement. Les circonférences augmentent dans la même proportion que les rayons. Il en résulte que lorsque ces zones se sont condensées en planètes, ces planètes ont été animées d'un mouvement de *rotation* dirigé dans le même sens que le mouvement général de la nébuleuse sur elle-même, c'est-à-dire en sens direct, la vitesse extérieure de chaque zone détachée étant plus grande que la vitesse intérieure. Telle est aussi, sans doute, la raison primitive pour laquelle les planètes éloignées sont à la fois les plus volumineuses et les plus rapides en rotation, leurs zones productrices ayant été plus larges, et la différence de vitesse entre l'extérieur et l'intérieur de ces zones ayant été très grande. La figure suivante donne une idée de ce procédé.

Il serait difficile de concevoir que ces anneaux pussent rester à l'état d'anneaux. Il faudrait pour cela qu'ils fussent d'une homogénéité parfaite, que nulle région d'entre eux ne fût plus dense que les autres, et que des perturbations extérieures empêchassent aucun amoncellement durable de matière. Mais en vertu de l'attraction, ces anneaux tendent généralement à se resserrer vers des régions momentanément plus denses et à perdre la stabilité théorique de

Fig. 23. — Formation d'anneaux nébuleux et origine des condensations planétaires.

leur équilibre, et peu à peu une masse sphérique nébuleuse formée en un point quelconque finit par rassembler tous les matériaux de l'anneau.

Chacune de ces nébuleuses secondaires va maintenant reproduire en petit ce qui s'est passé en grand dans l'ensemble du système. Elle tournera sur elle-même avec une vitesse croissante à mesure qu'elle se condensera et qu'elle se rapetissera (¹). Alors des

1. L'accélération du mouvement à mesure qu'une nébuleuse se rapetisse, ou à mesure que dans un système on se rapproche du centre s'exprime en mathématique par la loi des aires qui s'énonce ainsi : Les surfaces balayées par les lignes menées des planètes au Soleil, sont proportionnelles aux temps employés à les parcourir. (Voy. l'explication et

anneaux pourront se former pour donner naissance à des satellites, et ces anneaux primitifs et ces satellites seront d'autant plus nombreux que la planète aura une matière plus étendue et aura tourné plus vite.

Ainsi la Lune est née de la Terre et chaque satellite est né de sa planète centrale. Peut-être les satellites pourraient-ils encore donner naissance à leur tour à des satellites secondaires. Mais nous n'en avons pas d'exemple dans notre système solaire. Sans doute, nos satellites étaient-ils trop denses ou en rotation trop lente, dès l'origine, pour avoir pu se fractionner de nouveau. Nous connaissons des exemples de ce genre en d'autres régions du ciel : ce sont des systèmes quadruples, dans lesquels un corps céleste tourne autour d'un plus gros, qui tourne lui-même autour d'un autre, lequel emporte à son tour ce système triple autour d'un soleil plus fort et plus éloigné.

Que, dans la nébuleuse solaire dont nous essayons de raconter l'histoire, des zones de condensation, annulaires ou partielles, se soient formées *intérieurement*, ou qu'elles se soient formées *extérieurement*, à la limite où la force centrifuge faisait équilibre à l'attraction générale, le résultat a été le même. Étant admis, comme il est rationnel de le penser, que la nébuleuse tournait tout d'une pièce autour de son centre, les vitesses de rotation s'accroissant avec la distance, les bords extérieurs des zones tournant plus vite que les bords interieurs, les planètes ainsi formées ont été entraînées dans un mouvement de rotation direct, comme nous l'avons dit tout à l'heure.

Cette théorie, formulée pour la première fois au siècle dernier par le philosophe Kant et par le mathématicien Laplace, explique d'une manière satisfaisante l'ensemble des mouvements planétaires. Il semble que la nature elle-meme y ait mis son empreinte et qu'elle ait laissé dans notre propre système la trace de son œuvre

la figure, *Astronomie populaire*, p. 278.) Mais un moyen extrêmement simple de s'en rendre compte est d'enrouler autour de son doigt un fil terminé par un petit poids. A mesure que le fil se raccourcit en s'enroulant, le mouvement devient plus rapide; à mesure qu'il s'allonge en se déroulant il devient plus lent. Voilà toute la « loi des aires » et tout le secret de l'accroissement des mouvements planétaires à mesure qu'on s'approche du Soleil.

par l'aspect du monde de Saturne, qui roule dans le ciel accompagné d'une couronne d'anneaux toujours subsistants. Ces anneaux, toutefois, ne sont pas gazeux, ni liquides, ni solides, mais ils paraissent constitués de corpuscules distincts tournant ensemble autour de la planète et maintenus par le réseau d'attraction des satellites extérieurs. Ils ne sont qu'une image modifiée du mode de formation des corps célestes, et il n'est pas probable qu'ils se réunissent jamais en une seule masse pour la constitution d'un satellite. Ce sont déjà, eux-mêmes, en chacune de leurs corpuscules, de véritables satellites, détachés de la planète, isolés, circulant, non comme

Fig. 24. — Le monde de Saturne et ses anneaux.

une atmosphere, mais comme des corps célestes indépendants, le bord extérieur de l'anneau tournant moins vite que le bord intérieur, suivant le décroissement de l'attraction en raison du carré de la distance.

La théorie que nous venons d'exposer est simple et rationnelle. Elle n'explique pas toutefois certaines particularités de notre système.

Ainsi, elle ne nous donne pas la raison de l'inclinaison des planètes sur leurs orbites. D'après ce que nous venons de voir, les planètes devraient être placées droit sur leurs orbites, et non obliquement. Leurs mouvements de rotation ayant pour cause première la différence de vitesse entre le bord extérieur et le bord intérieur de la zone en condensation, l'axe de rotation devrait être franchement perpendiculaire au plan dans lequel chaque planète se meut autour du Soleil. C'est ce qui existe, il est vrai, pour la plus importante des planètes, pour Jupiter, mais les autres sont toutes plus ou moins inclinées. Chacun sait, par exemple, que l'axe de rotation de la Terre est incliné de 23°½ et que c'est cette inclinaison qui est la cause des saisons.

On se rendra compte de cet état de choses à l'inspection du dessin ci-dessous, qui représente l'inclinaison comparée de la Terre et de

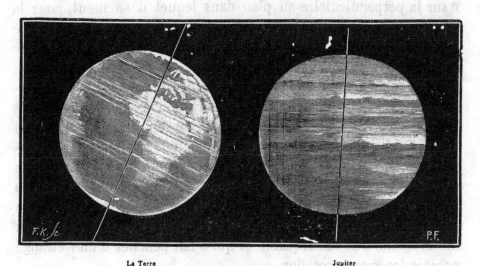

La Terre   Jupiter

Fig. 25. — Inclinaison comparée de l'axe de la Terre et de l'axe de Jupiter.

Jupiter (on a dessiné la Terre aussi grosse que Jupiter pour permettre d'apprécier facilement cette inclinaison). Jupiter est presque droit : son inclinaison n'est que de 3°. La Terre, au contraire, est fortement inclinée.

Eh bien, les autres planètes sont inclinées comme la Terre, et plusieurs le sont beaucoup plus. Voici ces diverses inclinaisons :

Jupiter	3°	
Mercure	20	
La Terre	23 ½	
Mars	25	
Saturne	26	
Vénus	55	
Uranus	58	Satellites : 98°
Neptune	?	— 146

Les inclinaisons de Mercure, la Terre, Mars et Saturne ne diffèrent pas considérablement entre elles et sont comprises entre 20° et 26°. Les saisons sont à peu près de la meme intensité relative sur ces quatre planètes, quoique différant au point de vue de la temperature moyenne comme au point de vue de la longueur. L'inclinaison de Vénus, de 55°, est beaucoup plus forte, comme on peut en juger à l'aspect de la figure 26.

Uranus est encore plus incliné. D'après les dernières observations ([1]), l'axe de rotation qui, pour Jupiter, n'est incliné que de 3° sur la perpendiculaire au plan dans lequel il se meut, pour la Terre de 23° ½ et pour Vénus de 55°, cet axe, disons-nous, est incliné de 58°. Mais ce qu'il y a de plus surprenant, c'est que le systeme de ses quatre satellites est plus incliné encore et descend jusqu'à 98°, c'est-à-dire au delà de l'angle droit, ce qui fait qu'ils circulent presque perpendiculairement au plan de l'orbite. L'axe polaire d'Uranus fait avec l'axe de révolution de ses satellites (ou, ce qui revient au même, l'équateur d'Uranus fait avec le plan de révolution des satellites) un angle de 41° environ, la planète tournant sur elle-même en un plan tout différent de celui de ses satellites. De plus, cette inclinaison de 98°, fait que les satellites, tout en tournant presque perpendiculairement, sont plutôt rétrogrades que directs. Il y a là une anomalie très remarquable et qui a fait pencher d'une étrange manière les axes de rotation.

Nous ne savons pas encore dans quel sens Uranus tourne sur lui-même, si c'est en sens direct ou en sens rétrograde.

Le système de Neptune est encore plus accusé : son inclinaison descend jusqu'à 146° et le mouvement de ses satellites est franchement rétrograde.

Ce sont là des faits astronomiques que la théorie cosmogonique exposée plus haut n'explique pas ([2]). Il importe néanmoins de ne pas les laisser passer sous silence.

1. Voy. l'*Astronomie, Revue mensuelle d'Astronomie populaire* (Paris, Gauthier-Villars), numéro d'août 1884, observations faites à l'Observatoire de Paris par MM. HENRY.

2. Voy. FAYE, *Revue mensuelle d'Astronomie*, nᵒˢ de mai et juin 1884. M. Faye pense que la formation du système solaire s'est faite autrement à partir d'Uranus, que pour Neptune et Uranus les anneaux cosmiques se sont formés *extérieurement* à la nébuleuse solaire tandis que pour Saturne et les autres planètes plus rapprochées ils se seraient

Il est probable que ces inclinaisons ont eu pour cause le mode de formation même de chaque planète, par la condensation, non immédiate et uniforme, mais graduelle et en plusieurs fois, de la zone nébuleuse originale. Les adjonctions successives des masses diffuses ont dû faire changer le centre de gravité comme le plan du mouvement. Les perturbations extérieures n'ont pas été non plus sans action.

La théorie n'explique pas non plus pourquoi la Lune, née de la

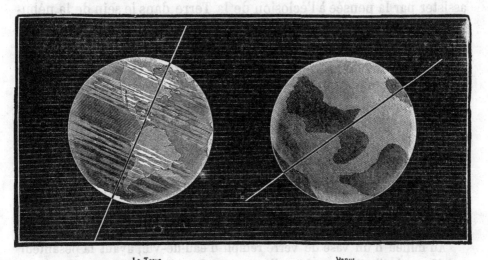

La Terre   Vénus
Fig. 26. — Inclinaison comparée de l'axe de la Terre et de l'axe de Vénus.

nébuleuse terrestre, présente toujours la même face à la Terre, tandis que les planètes, même les plus proches du Soleil, tournent sur elles-mêmes avec indépendance. On peut répondre, sans doute, que la Lune a primitivement tourné sur elle-même, et que c'est la Terre qui l'a arrêtée en agissant par les marées lunaires comme un frein, de même que de nos jours les marées terrestres produites par la Lune tendent à ralentir le mouvement de rotation de la Terre. Mais le Soleil a dû produire sur Mercure des marées analogues et aurait dû, en vertu du même principe, arrêter son mouvement de rotation.

Elle n'explique pas non plus pourquoi l'un des deux satellites de Mars tourne plus vite que la planète elle-même : il fait le tour de

formés *intérieurement*. Mais cette différence ne rend pas compte de la perpendicularité du système d'Uranus ni des inclinaisons planétaires.

la planète en 7 heures 39 minutes, tandis qu'elle emploie 24 heures 37 minutes à accomplir son propre mouvement de rotation (¹).

Nous ne savons pas tout. Mais telle que nous l'avons exposée, cette théorie rend compte de l'ensemble des différents corps du système solaire et de leur unité d'origine. C'est déjà beaucoup. Nous devons nous estimer heureux d'avoir su trouver les liens de parenté qui rattachent les nébuleuses aux soleils, de savoir comment une nébuleuse peut former un soleil et un système de mondes, de pouvoir assister par la pensée à l'éclosion de la Terre dans le sein de la nébuleuse solaire et à l'éclosion de la Lune dans le sein de la nébuleuse terrestre. L'analyse spectrale, qui nous permet aujourd'hui de lire dans les rayons de lumière l'histoire chimique des astres, confirme l'unité du système du monde, et même l'unité de l'univers, en nous montrant les éléments terrestres répandus sur les autres planètes et jusque dans les étoiles, et en affirmant l'unité de composition du Cosmos.

On a même essayé de reproduire par une expérience de laboratoire la théorie de la formation des mondes que nous venons d'esquisser. M. Plateau, physicien belge, est le premier auteur de cette expérience, que l'on reproduit souvent dans les cours de physique.

Au milieu d'un vase de verre rempli d'eau-de-vie, ayant la pesanteur spécifique de l'huile avec laquelle on veut faire l'experience, on place un siphon se terminant en pointe et rempli d'huile, comme ci-dessous.

On tient l'extrémité du siphon au milieu du verre, puis on retire le doigt de l'embouchure supérieure pour livrer passage à l'huile. Immédiatement on voit celle-ci se montrer à l'extrémité opposee sous la forme d'une goutte. La goutte grossit, atteint les proportions d'un pois, d'une noisette et, si l'expérience est bien faite, jusqu'à la dimension d'une noix ordinaire. Telle est donc la forme que prend un liquide livré à lui-même, indépendant de tout obstacle.

Si maintenant on fait tourner un pareil globe d'huile sur son axe, sa forme change : il devient un sphéroïde aplati aux deux extrémités les plus rapprochées de l'axe. L'expérience se fait aisément avec les gouttes d'huile dans l'eau-de-vie. On attache un bouton de métal que l'on fait tourner à l'aide d'un rouage. On descend ce bouton au milieu du mélange d'esprit-de-vin et d'eau. Le rouage est maintenu hors de l'eau et disposé

1. La vitesse actuelle de la rotation du Soleil est aussi une objection contre la théorie. (Voy. *Revue mensuelle d'Astronomie populaire*, fév. 1885, article de MAURICE FOUCHÉ, sur *l'hypothèse de Laplace*.

de telle sorte que la tige et le bouton qui la termine ne fassent que tourner sur leur axe, sans autre mouvement ou secousse. — Tout étant ainsi préparé, on laisse la goutte d'huile s'échapper du siphon et descendre sous le bouton. Elle forme immédiatement un petit globe autour de celui-ci et d'une partie de la tige. Si alors on fait tourner lentement sur son axe la tige de métal, la goutte de liquide acquiert une partie de ce mouvement, dont la vitesse va en croissant. Aussitôt que la rotation de la goutte d'huile devient visible, celle-ci change de forme ; elle s'aplatit comme une orange ou comme les planètes, et en accélérant adroitement la rotation, on peut aller jusqu'à faire en sorte que le diamètre de la

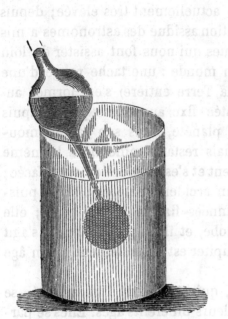
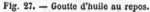
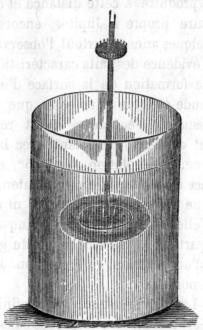

Fig. 27. — Goutte d'huile au repos.   Fig. 28. — Goutte d'huile en mouvement.

goutte d'huile atteigne le double de la longueur de son axe. Mais si l'on va au delà, la cohésion cesse, la zone extérieure se détache et la goutte d'huile devient semblable à la planète Saturne.

Cette ingénieuse expérience montre en pratique ce que la théorie enseigne, que la rotation des corps à l'état liquide modifie leur forme en raison de leur volume et de la vitesse de leur rotation. La Terre a, comme on le sait, la forme d'une sphéroïde légèrement aplatie aux pôles.

De ce qui précède, il résulte que le corps terrestre a été jadis liquide ou mou, c'est-à-dire plastique. La Terre a dû prendre la forme d'un globe et, par suite de la rotation, s'aplatir aux extrémités de son axe. La température de la planète, liquide par son noyau et gazeuse par son atmosphère, était alors de plusieurs milliers de degrés.

Les diverses planètes ne se sont ni formées en même temps ni refroidies simultanément. Leur création ne date pas du même jour, et elles n'ont pas le même âge relatif. Ainsi, relativement à la Terre, Jupiter est beaucoup plus jeune : il n'est pas encore arrivé à l'état de stabilité de notre planète; son atmosphère est encore chargée de vapeurs et de nuages et se montre soumise à des perturbations incessantes; il se passe là des phénomènes météorologiques quotidiens que la chaleur solaire serait incapable de produire à cette distance et qui sont entretenus par la température propre à Jupiter, encore actuellement très élevée; depuis quelques années surtout, l'observation assidue des astronomes a mis en évidence des faits caractéristiques qui nous font assister de loin à la formation de la surface d'un monde : une tache rouge d'une grande étendue (plus vaste que la Terre entière) s'est formée au-dessus de l'équateur et est restée fixe au même point depuis sept années ([1]), tournant avec la planète, dans son rapide mouvement de rotation, de 9^h55^m, mais restant immobile à la même place du globe; elle a pâli lentement et s'est graduellement effacée; ce ne pouvait être un nuage ni un accident météorologique, puisqu'elle est restée pendant cinq années fixe au même point; elle appartient à la surface même du globe, et il est probable qu'il s'agit là d'un continent en formation. Jupiter est **actuellement à son âge** primordial.

Les étoiles, soleils de l'infini, qui parsèment l'immensité, se présentent également à nous dans leurs différents âges. Elles se partagent essentiellement en quatre types: 1° les étoiles blanches, comme Sirius, Véga, Rigel, Procyon, Altaïr, etc., dont le spectre montre surtout l'hydrogène incandescent et manifeste une température extrêmement élevée, ce sont les plus jeunes; 2° les jaunes d'or, telles que notre propre soleil, Capella, Arcturus, Pollux, Aldébaran, etc., dans lesquelles on voit en dissociation le sodium, le fer, l'hydrogène, le magnésium, et dont la température est moins élevée que celle des soleils précédents, ces astres paraissent être dans la force de l'âge; 3° les étoiles orangées, comme Antarès et d'autres moins brillantes, dont le spectre se montre formé de fortes lignes sombres et de traits

1. Voy. Flammarion, *Les Terres du Ciel*, p. 596.

lumineux, atmosphères absorbantes, hydrogène rare, sodium, fer, magnésium, carbone (un grand nombre de ces étoiles sont variables, ainsi que celles de la classe suivante); 4° les étoiles rouges et sombres, qui sont très peu brillantes, généralement invisibles à l'œil nu, et dans lesquelles le spectroscope permet de reconnaître le caractère des composés du carbone, probablement des oxydes

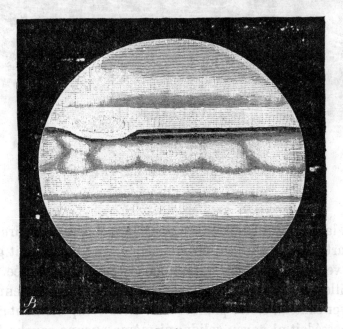

Fig. 29.
Jupiter est un monde en sa genèse. Tache rouge observée de 1878 à 1884.

gazeux, ce qui indique des soleils à basse température : ce sont sans doute là des astres qui s'oxydent, qui sont prêts à s'éteindre. Ainsi, le ciel nous montre ses créations à toutes les époques de leur histoire. Il y a dans le ciel comme sur la Terre des berceaux et des tombes. Heureux qui pourrait lever le voile de ces berceaux et faire l'horoscope des mondes à venir. Plus heureux encore celui qui, dans les astres en agonie et parmi les mondes défunts, saurait deviner la résurrection et découvrir par quels mystérieux procédés la nature rend son œuvre eternelle.

CHAPITRE III

LA NAISSANCE DE LA TERRE

Dans la noire immensité des cieux la nébuleuse solaire brillait d'une clarté pâle et diffuse, et tandis qu'elle se condensait graduellement vers son centre, la nébuleuse terrestre émanée de son sein, brillait de la même clarté en tournant annuellement autour de ce foyer central. Notre planète était alors complètement gazeuse; elle ne possédait ni noyau solide, ni même aucune couche liquide; ce n'était en quelque sorte qu'une atmosphère, considérablement plus légère que l'air que nous respirons. Sa température originelle était égale à celle de la zone solaire dans le sein de laquelle elle s'est formée. Elle augmenta encore par l'effet de sa propre condensation. Obéissant aux lois de la gravitation, les molécules se resserrèrent de plus en plus vers le centre. Sa forme sphérique se définit de mieux en mieux. La nébuleuse devint soleil et brilla d'une resplendissante lumière.

La théorie mécanique de la chaleur montre que la seule condensation en globe, des particules constitutives de notre planète, a dû produire une chaleur de 8 988 degrés centigrades. Durant cette première période notre berceau répandait au loin son éclatant rayonnement. La Terre brillait alors dans l'espace comme un soleil enveloppé d'une pâle nébulosité.

Alors les observateurs placés dans les univers lointains auront
pu voir, à l'époque solaire de notre planète, une étoile double
composée de deux astres de grandeur différente; le plus grand était
notre propre Soleil; le plus petit était la Terre, la Terre-Soleil.
Sans doute même ce système était-il double, triple, quadruple,
multiple, plusieurs autres planètes ayant été soleils à la même
époque que notre Terre. Mais comme il est probable que Vénus et

Fig. 31. — La Terre brillait alors dans l'espace comme un soleil enveloppé d'une pâle nébulosité.

Mercure étaient encore nébuleux lorsque la Terre était déjà soleil, il
y eut une époque où, dans le champ du télescope, les observateurs
lointains auront pu voir le Soleil et la Terre sous l'aspect de la
figure 32.

Pendant bien des siècles, notre globe brilla, soleil éblouissant,
foyer de réactions chimiques puissantes, donnant naissance à des
taches et à des éruptions gigantesques, analogues aux phénomènes
que nous voyons s'accomplir tous les jours à la surface de notre
Soleil. Elle était alors, selon toute probabilité, moins volumineuse

que notre Soleil actuel ; mais elle était considérablement plus
grande qu'elle n'est de nos jours ; sans doute s'étendait-elle jusqu'au
delà de l'orbite de la Lune, avec un diamètre trente à quarante
bis plus large que son diamètre actuel, très légère de densité et
entièrement gazeuse.

Mais l'espace dans lequel se meuvent les mondes est froid et
obscur. Sa température normale paraît être de 270° au-dessous de
zéro. C'est un froid si intense que les uranolithes, qui en sont
imprégnés, le gardent dans leur sein malgré leur échauffement
superficiel dans leur passage si rapide à travers l'atmosphère terrestre : lorsqu'on les ramasse après leur chute, on se brûle les
doigts en les touchant, mais lorsqu'on les casse, l'intérieur est si
glacé qu'il brûle, lui aussi, plus encore que l'extérieur. (Cette
remarque a été faite, notamment, le 14 juillet 1860, lors de la chute
de l'uranolithe de Dhurmsalla, dans les Indes.)

Au milieu de ce froid, le rayonnement du Soleil-Terre finit par
s'épuiser ; ni sa condensation progressive, ni ses combustions chimiques, ni la chute des matériaux ou des poussières cosmiques
qui durent lui arriver des restes de la nébuleuse solaire environnante et des diverses parties de l'espace ne suffirent à l'entretien
de ce rayonnement calorifique et lumineux. Le globe terrestre, de
gazeux devint liquide, liquide brûlant, mais moins lumineux. De
blanche et resplendissante qu'elle était d'abord, l'étoile-Terre se
colora de rayons jaunes d'or, puis orangés, rougeâtres et sombres.
Une atmosphère épaisse, lourde, tourmentée, une atmosphère
d'usine et de laboratoire l'enveloppa de ses tourbillons. La Terre
s'éteignit.

Elle s'éteignit comme soleil, mais c'était pour entrer dans
l'aurore de sa vie.

C'est durant cette période primordiale que la Lune s'est formée,
émanation de la nébuleuse terrestre, comme la Terre s'était formée,
émanation de la nébuleuse solaire. La Lune appartient à la Terre
comme la Terre appartient au Soleil. Elle tourne autour de notre
planète en 27 jours 7 heures, comme nous tournons autour du
Soleil en 365 jours 6 heures ; elle nous accompagne, satellite fidèle ;
elle circule mensuellement autour de nous, tournant dans le même
sens que nous tournons nous-mêmes, c'est-à-dire de l'ouest vers

l'est, et presque dans le plan de notre équateur (l'inclinaison est de 5°); son extrait de naissance est encore inscrit dans son mouvement, et son origine terrestre se décèle dans tous ses caractères; elle pèse quatre-vingt fois moins que la Terre, et est cinquante fois plus petite : sa densité est les six dixièmes de celle de la Terre.

Elle a dû se former d'une zone nébuleuse détachée vers le plan de l'équateur de la nébuleuse terrestre à une époque où le mouvement de rotation de la Terre s'était considérablement accéléré et était devenu beaucoup plus rapide qu'il n'est. de nos jours, car la Lune est si proche de nous et son attraction est si puissante, qu'elle produit des marées considérables, et que ces marées agissant comme un frein, en sens contraire du mouvement de rotation de notre globe, ont retardé ce mouvement comme elles le retardent encore aujourd'hui, et dans des proportions beaucoup plus grandes.

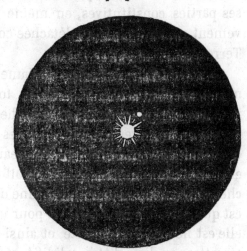

Fig. 32.
Le Soleil et la Terre vus de loin formaient
une étoile double.

Des calculs judicieux, récemment faits par Darwin fils, semblent conduire à la conclusion que la naissance de la Lune remonterait à environ cinquante millions d'années, époque à laquelle le mouvement de rotation de la Terre sur elle-même se serait accompli en trois heures seulement ([1]). Avant la naissance de la Lune, la Terre subissait déjà des marées, mais des marées seulement produites par l'attraction du Soleil, et qui renflaient la nébuleuse terrestre le long de sa zone équatoriale en faisant tourner une sorte de bourrelet fluide le long de cette zone. D'autre part, le rapide mouvement de rotation de notre planète sur elle-même produisait le long de cette même zone équatoriale une force centrifuge très puissante, et pour

1. Voyez L'Astronomie, *Revue mensuelle d'Astronomie populaire*, numéro de novembre 1884.

détacher de la nébuleuse terrestre une portion relativement considérable, la moindre cause pouvait suffire. Le Soleil a été cette cause. Une coïncidence de forte marée avec la tendance centrifuge aura rendu indépendante de l'attraction terrestre une partie de cette zone en équilibre instable, graduellement amoindrie par des vibrations diurnes consécutives, comme un pendule; la Terre aura repris sa forme globulaire et les matériaux détachés se seront rassemblés en une même masse exerçant à son tour sa propre attraction sur toutes ses parties constitutives, en même temps que, gardant son mouvement primitif, la zone détachée continua de tourner autour de la Terre.

Telle fut la naissance de la Lune. Aux premiers jours de sa formation elle touchait la Terre et tournait autour d'elle en cette même période primitive de trois heures. Nos marées actuelles ne sont qu'un pâle vestige de ce qu'elles étaient en cette époque primordiale. D'une part, le satellite était beaucoup plus proche de la planète, et l'on sait que l'attraction s'accroît en raison du carré du rapprochement, c'est-à-dire que pour une distance deux fois moindre, elle est quatre fois plus forte, que pour une distance trois fois moindre, elle est neuf fois plus forte, et ainsi de suite. D'autre part, le globe terrestre, au lieu d'être solidifié et d'avoir sa surface partagée en continents et en océans, était entièrement fluide : les marées agissaient donc entièrement sur lui et faisaient constamment tourner un bourrelet autour de lui. Actuellement, nos insignifiantes marées, en faisant le tour du globe en sens contraire du mouvement de rotation de la Terre, agissent comme un frein qui retarde ce mouvement et augmente la durée du jour de 22 secondes par siècle. Alors, les gigantesques marées primitives, qui inondaient tout le globe deux fois par jour sur leur passage, agissaient avec une énergie incomparablement plus puissante pour ralentir ce mouvement, lequel, de trois heures, arriva à quatre, à cinq, à douze, et finalement à vingt-quatre. Le retardement du mouvement de la Terre est accompagné de celui de la Lune, et, par cela même, d'un éloignement graduel de notre satellite.

En même temps, les marées produites par la Terre sur la Lune étaient beaucoup plus fortes que celles produites par la Lune sur la Terre, puisque la planète est 80 fois plus pesante, plus forte que le satellite. Elle a fini par enrayer tout a fait le mouvement de rotation de la Lune et par l'arrêter. Maintenant la Lune tourne autour

Fig. 33. — A l'origine, la Lune plus proche de la Terre encore fluide, produisait des marées formidables.

de nous en nous présentant toujours la même face. De plus, elle n'est pas parfaitement sphérique, mais un peu allongée dans la direction de la Terre. Il n'y a plus de marées sur la Lune; et lors même que le globe lunaire serait couvert d'eau, il n'y en aurait pas davantage puisque, relativement à la Terre, la Lune est arrêtée sur son axe.

Ainsi, depuis sa naissance, la Lune a été en s'éloignant lentement de la Terre et en tournant de moins en moins vite, et réciproquement le mouvement de rotation de la Terre a été en se ralentissant. Les marées continuent d'agir comme un frein et de le ralentir. Il est probable que le temps viendra où à son tour la Lune aura arrêté le mouvement de rotation de notre planète, l'aura rendu égal au mois lunaire, en forçant aussi notre globe à présenter toujours la même face à la Lune. Si les océans terrestres durent assez longtemps pour que les marées puissent produire ce résultat, la révolution de notre satellite autour de nous serait alors allongée à 58 jours, et nous n'aurions plus sur la Terre que six jours par an, chaque jour étant de 1 400 heures! Le calendrier serait considérablement simplifié, nos mœurs et nos habitudes singulièrement transformées. Mais notre petit séjour ambulant est sous l'influence de tant d'autres causes cosmiques qu'il ne serait pas philosophique de n'en considérer qu'une seule.

Deux planètes semblent, dans notre système, nous donner une image de ces temps primitifs, car, tout en étant nées avant la Terre et plus anciennes qu'elles, elles ont mis beaucoup plus de temps à se condenser et sont relativement plus jeunes qu'elle aujourd'hui. Nous voulons parler des deux mondes les plus volumineux du groupe solaire, de Jupiter et Saturne. Les lunes de Saturne sont encore tout proches de leur planète génératrice et leur naissance n'est certainement pas ancienne. Il y a plus. Les anneaux qui circulent autour du globe de Saturne sont composés de petits corps réunis dans un tourbillon, et ces particules constitutives, qui tournent rapidement autour de la planète, sont agrégées en zones plus denses le long de certaines lignes, disséminées, éparses, raréfiées, en d'autres points. On remarque même une zone absolument vide, qui sépare les anneaux en deux parties distinctes, et où ces particules sont absentes. On peut penser que ces anneaux si étranges sont les embryons de deux satellites futurs, ce qui porterait à dix le nombre des compagnons de Saturne. On peut penser aussi que la Lune, ainsi que les satellites des autres planètes, ont été formés suivant un procédé analogue, par une zone équatoriale détachée de la planète et graduellement rassemblée en globe en vertu de l'attraction même de ses particules constitutives.

La durée de la période de formation des planètes a dépendu pour chacune d'elles de la quantité de matière qui les a composées, et la période de refroidissement a dépendu de l'élévation de la température du globe primitif, de son volume et de sa surface, ce à quoi il faudrait encore ajouter la différence de nature minérale des terrains formés, et celle des atmosphères, dont l'enveloppe protectrice est plus ou moins efficace, suivant sa transparence pour la chaleur. C'est par la surface extérieure qu'un globe céleste se refroidit. Ainsi, le volume de la Terre est 49 fois plus grand que celui de la Lune; mais la surface de notre planète n'est que treize fois plus grande. La Lune a donc, de ce chef, une faculté de refroidissement presque quatre fois plus rapide que celle de la Terre, et, en effet, elle s'est refroidie plus vite que nous.

D'après l'ensemble des causes qui ont présidé à la formation de la Terre, notre planète a dû passer par une température excessive, du même ordre que celle du Soleil; puis, les principes de combustion épuisés, elle a commencé à se refroidir tout en se condensant encore, de gazeuse elle est devenue liquide, et l'époque arriva où la surface se figeant commença à se solidifier. Notre globe se refroidit ainsi de siècle en siècle, le refroidissement s'opérant naturellement de l'extérieur à l'intérieur.

Le refroidissement est-il complet aujourd'hui? Depuis les millions d'années qu'il s'opère, est-il arrivé à son dernier degré? Une chaleur intérieure existe-t-elle encore dans le sein de notre planète? A-t-elle une action quelconque sur la vie qui rayonne à la surface du globe? En se mouvant depuis tant de siècles dans un espace plus que glacé, dans un espace dont la température normale paraît être de 270° au-dessous de zéro, la Terre n'a-t-elle pas aujourd'hui son cœur glacé? Quelle est actuellement la température intérieure du globe terrestre? C'est là une question du plus haut intérêt, que nous étudierons dans tous ses détails, et à laquelle nous consacrerons un chapitre spécial, exposant tous les documents acquis par la science sur la constitution intérieure de notre planète, sur les températures observées dans les mines, tunnels, sources thermales, volcans, etc. Mais l'histoire de la Terre se déroule en ce moment devant nos yeux, et nous entrons dans l'une des phases décisives de sa destinée.

Tout le monde sait que les trois états des corps, l'état solide, l'état liquide et l'état gazeux sont uniquement causés par de simples différences de température. Voici, par exemple, un bloc de glace. Que sa température soit portée au degré de la glace fondante (0° du thermomètre centigrade), et ce bloc va cesser d'être solide pour devenir liquide et couler en eau : ce sont simplement ses molécules qui s'éloignent mutuellement les unes des autres, cessent d'être agrégées et subissent l'action de la pesanteur. Échauffons maintenant cette eau au degré de l'ébullition (100° du thermomètre centigrade) et elle se transformera en vapeur. Dans les trois cas, ce corps n'est pas chimiquement changé; c'est toujours de l'eau; mais l'aspect physique est bien différent : dans le premier état, c'est un minéral solide; dans le second, c'est un fluide; dans le troisième, c'est un gaz qui, rapidement, devient invisible. Prenons un morceau de fer, élevons-le à la température de 1 500°, et il fondra comme de l'eau. Prenons un morceau de zinc, à 450° il devient liquide; à 1 300° il devient gazeux, etc., etc.

Les diverses substances qui constituent le globe terrestre ne sont devenues liquides, puis solides, qu'aux époques où, pour chucune d'elles, le refroidissement a été suffisant. Les combinaisons, auxquelles sont dus tous les corps composés, n'ont pu se produire elles-mêmes que par les abaissements consécutifs de la température primordiale. Les liquides que la chaux tenait en suspension dans l'atmosphère à l'état de vapeur commencèrent à se précipiter en pluies de diverses natures. Aucun théoricien jusqu'ici n'a suivi ces diverses précipitations de notre atmosphère, qui ont dû avoir lieu à mesure que le refroidissement forcait chacune des substances primitivement en vapeur, de retomber en liquide sur le noyau central. Ainsi, vers la température de 350 degrés thermométriques, les pluies de mercure ont commencé; les pluies d'eau n'ont été possibles que quand l'atmosphère n'était plus qu'à 100 degrés. A quelle époque ont commencé les précipitations des autres substances, soit simples, soit composées? Quelles étaient au milieu de tous ces matériaux hétérogènes les réactions chimiques de ce vaste laboratoire

La formation de l'atmosphère. Première condensation des eaux.

atmosphérique, à l'équateur, vers les pôles et dans les régions inter-médiaires ? Il y avait là toute la genèse d'un monde.

Peu à peu la surface du noyau terrestre se solidifia par le refroi-dissement, et prit une épaisseur capable de servir de fond et de bassin aux eaux et aux liquides, lesquels abandonnèrent sans retour l'atmosphère pour former les mers des divers âges. Ces dépôts fluides réagirent, ainsi que l'atmosphère elle-même, sur les matières combustibles ou salifiables de la partie solide. Par un refroidissement prolongé du noyau, et par suite de sa réduction à un plus petit volume, la croûte enveloppante portée sur un noyau devenu trop étroit se brisa à plusieurs époques dont les périodes devinrent d'autant moins fréquentes, que cette croûte prit plus d'épaisseur et de solidité.

Pendant ce lent refroidissement, toutes les substances gazeuses qui constituaient la planète primitive ne passèrent pas, sans excep-tion, à l'état liquide ou à l'état solide. Il reste tout autour du globe une enveloppe gazeuse considérable, formée par un mélange de l'oxygène avec l'azote, conservés à l'état de gaz permanents. C'est l'*air* que nous respirons. Cette atmosphère, d'abord immense, s'étendant jusqu'à la Lune (alors, du reste, moins éloignée de nous) et chargée, non seulement des quantités prodigieuses de vapeur d'eau qui se sont plus tard condensées en océans et en mers, mais encore de toutes les vapeurs et de tous les gaz des minéraux futurs, s'est, de siècle en siècle, transformée et purifiée, et de nos jours nous avons le privilège de posséder et de respirer cet air transparent qui nous donne l'azur des cieux, la beauté des perspectives aériennes, qui tempère la lumière du jour, qui nourrit si délicatement les plantes et les êtres, et dont le voile, assez épais pour empêcher le refroidissement complet des nuits et des hivers, reste encore assez léger pour nous permettre la vue des étoiles et l'étude de l'univers. Nous n'y pensons pas. Mais si l'atmosphère avait été seulement un peu différente, un rien eût suffi pour nous envelopper d'une brume perpétuelle, et cette enveloppe opaque de quelques kilomètres eût suffi pour nous isoler du reste de l'univers et pour tenir l'humanité dans l'esclavage de l'huître assoupie au fond de la mer.

La surface du globe devait être alors d'un rouge de feu. L'atmo-sphère de vapeurs qui pesait sur elle était le siége d'évaporations, de courants ascendants, de condensations supérieures, de pluies diluviennes et d'évaporations nouvelles qui, pendant des siècles et des siècles, firent de notre monde un gigantesque laboratoire de chimie où tous les éléments furent d'abord confondus. Les formidables dégagements d'électricité produits par ces transformation de la chaleur et du mouvement criblaient l'atmosphère et les eaux d'éclairs et de conflagrations électriques, et le voyageur céleste qui eût pu passer non loin de ce chaos fantastique aurait été assourdi par les éclats effroyables d'un tonnerre perpétuel, se repercutant nuit et jour entre les nues déchirées et les flots agités de cette flamboyante genèse. Peut-être à cette époque la Lune était-elle habitée; peut-être ses observateurs ont-ils assisté à ces combats titaniques des éléments en fureur rivalisant d'énergie pour prendre la domination d'un nouveau monde.

Mais, plus rapprochée de la Terre, la Lune produisait par son attraction puissante des marées colossales, d'autant plus étendues que nul continent n'étant encore figé, le sol liquide ou pâteux obéissait tout entier à l'influence luni-solaire. De l'ouest à l'est, tout autour du globe, marchait l'ondulation formidable, en même temps que la lourde atmosphère subissait elle-même des marées plus gigantesques encore. La fournaise était agitée sans trève par la main de la nature. Ce n'était pas un monde; c'était un océan de feu, de flammes, de fumées, de vapeurs, d'orages et de tempêtes.

Cependant, en roulant dans l'espace glacé, la planète se refroidissait réellement. Le jour arriva où, vers les pôles, d'abord, là où les marées étaient moins violentes et venaient s'éteindre, où le mouvement diurne et la force centrifuge qu'il engendre étaient moins sensibles, où un calme relatif permettait en quelque sorte aux époques de la nature de se recueillir sur elles-mêmes, le jour vint où la surface de ce globe liquide et encore brûlant commença à se figer, à se solidifier. Les pôles avaient alors la même température que l'équateur. La chaleur terrestre dominait de beaucoup celle qui pouvait être reçue du Soleil; elle était de plusieurs centaines de degrés, et elle était la même pour toutes les régions du globe. Il n'y avait alors ni climats, ni saisons, quoique la situation de la Terre relativement au Soleil et son inclinaison fussent peu différentes de ce qu'elles sont de nos jours. Mais la fournaise bouillonnait dans sa propre chaleur.

Les premières solidifications qui arrivèrent dans les régions polaires purent être de quelque durée. Mais celles qui se formèrent dans les autres régions du globe, et surtout dans les zones tropicales et équatoriales, furent pendant longtemps soulevées et brisées par les marées. Elles formèrent des scories flottant sur l'océan de feu, tour à tour rongées, fondues et reformées. La surface, néanmoins, devenait visqueuse jusqu'à une certaine profondeur; elle n'était plus liquide comme l'eau, mais prenait de la consistance, ressemblant à celle de la poix ou du fer que l'on retire de la fournaise pour le travailler. Avec les siècles, les scories flottantes se multiplièrent, se soudèrent, s'étendirent, et enfin le premier *sol* fut formé.

Mais pas pour longtemps. A peine formé, les réactions de la fournaise intérieure contre ce premier obstacle aux dégagements des vapeurs et des gaz le brisèrent de crevasses, le criblèrent de bulles et de volcans, tandis que les marées intérieures l'ondulaient, le soulevaient et le brisaient encore. Comment cette première croûte eût-elle pu résister aux vagues de cet océan de feu? Qui pourrait imaginer les déchirements effroyables, les débordements, les convulsions de ces premières années? Pandémonium en feu, sur lequel de gigantesques titans se combattaient dans le délire d'une atmosphère incandescente.

Les flots liquides qui se faisaient jour à travers les premières fractures de l'écorce primitive et qui vinrent se figer au dehors et se solidifier étaient des flots de granit. Ce sont là les premières montagnes.

Lorsque le refroidissement devint suffisant pour permettre l'existence de l'eau à l'état liquide, les vapeurs commencèrent à se résoudre, et les premières gouttes d'eau tombèrent. Mais dans cette température voisine de 100 degrés (et même supérieure à cause de la pression atmosphérique plus puissante), à peine tombées, ces pluies s'évaporaient de nouveau. C'étaient de véritables pluies d'eau bouillante. Il y eut là une longue période de pluies. L'évaporation ramenait vite l'eau, à l'état de vapeur dans les hauteurs de l'atmosphère, régions refroidies par leur rayonnement vers l'espace glacé, et là elles se condensaient de nouveau en nuages pour retomber en pluies et continuer ce même cycle perpétuel. Ce combat de l'eau et du feu dura des siècles et des siècles, au milieu des formidables dégagements d'électricité, des orages, des éclairs et des tonnerres. Il hâta le refroidissement de la surface. Le jour vint où, la majeure partie des vapeurs étant condensées, une couche d'eau de plusieurs kilomètres d'épaisseur s'étendit sur la surface entière du globe.

Fig. 35. — Les premiers soulèvements de la croûte terrestre : le granit.

La première écorce solidifiée du globe, celle qui forma le sol de la première mer universelle, et qui, par ses soulèvements, donna naissance aux premières îles et aux premières montagnes, était composée de granit. Ce minéral doit son nom à son aspect (ce nom vient de l'italien *grano*, grain) à raison de sa structure granulée. Il est composé de feldspath, de quartz et de mica. L'eau, froide ou chaude, et l'acide carbonique de l'air, décomposent facilement le feldspath, qui est un silicate à base d'alumine, de potasse et de soude. L'action chimique et mécanique des eaux agitées des mers primitives désagrégea ces silicates, et le fond des mers se couvrit de sable, de vase, de débris, étendus en bancs, en couches d'abord horizontales. Le granit et le gneiss, ces roches primitives, subirent là une première modification.

L'action de la chaleur est visible sur ces premières couches. Les argiles ainsi déposées prirent sous l'action de la chaleur une structure feuillée ou *schisteuse,* c'est-à-dire formées de feuillets faciles à séparer, comme dans les ardoises. Ces *schistes*, premiers sédiments connus, reposent immédiatement sur les terrains d'origine ignée. Durant cette première phase de son existence, notre planète était partout recouverte d'une couche d'eau tiède et vaseuse, au fond de laquelle se déposaient ces produits de la désagrégation du granit. Les premiers soulèvements faisaient émerger du niveau des eaux, comme des îles solitaires, les cimes des boursouflures de granit, qui à leur tour étaient rongées par les pluies, les vents et les orages.

Ce terrain *primitif,* que l'on trouve à la base de toutes les couches géologiques, montre généralement quatre bancs super- posés : tout en bas le granit ; au-dessus, le gneiss, qui n'est, du reste, qu'une variété du granit, dans laquelle le mica prédomine ; ensuite le micaschiste, qui est déjà une couche schisteuse ; enfin l'étage des schistes en général. Dans ces couches, on n'a jamais rencontré aucun fossile, pas la moindre coquille, pas la moindre plante. La vie n'était pas encore apparue à la surface de la Terre.

Par les fissures, les crevasses, les déchirures produites en cet âge primordial, sous l'influence de la chaleur intérieure, des métaux fondus dans l'ardente fournaise se sont projetés en filons plus ou moins épais. On y trouve du fer, de l'or, de l'argent, du cuivre, de l'étain, des pierres précieuses telles que le grenat et le rubis. Il est probable qu'au-dessous du granit existent dans l'intérieur du globe d'immenses quantités de fer et de métaux très denses.

Les schistes inférieurs, qui reposent immédiatement sur le granit, sont bleus, et ceux qui vinrent plus tard se déposer sur les premiers sont verts (ardoises). Tout le monde a remarqué, soit dans les tranchées de chemins de fer, soit dans les pays de montagnes, les bancs de roches inclinés qui restent pour notre âge moderne l'indice des soulèvements de l'écorce terrestre arrivés en ces temps primitifs Les couches dont nous venons de parler ont été naturel- lement déposées horizontalement au fond des eaux. Lorsqu'on les rencontre inclinées, c'est qu'elles ont été soulevées par les forces souterraines ou bien que, des vides s'étant formés dans l'intérieur du globe par son refroidissement et sa contraction, elles sont tombées par leur propre poids. Les deux causes, du reste, ont agi. Or toutes les fois qu'en traversant une série de couches inclinées on peut arriver jusqu'au granit, on est aussi certain de trouver la surface de cette dernière roche bombée ou inclinée elle-même dans le même sens, qu'on le serait en entrant dans une pièce dont tous les meubles seraient penchés, de trouver le plancher incliné dans le même sens. Il y a mieux : les couches que l'on observe sur le granit d'une montagne indiquent l'époque de son soulèvement. Si, par exemple, on ne retrouve que les schistes bleus sans les ardoises vertes, c'est un témoignage que le soulèvement du granit a eu lieu immédiatement après la formation du premier dépôt et avant le second. Si les bancs d'ardoises se retrouvent au-dessus des schistes bleus, c'est que le soulèvement a eu lieu plus tard. Et ainsi de suite. L'examen des Alpes et des Pyrénées prouve que ces montagnes ont subi plusieurs mouvements d'ascension et de descente. Quelquefois ce ne sont point les couches précédentes qui reposent en contact avec le granit, mais des dépôts sédimentaires beaucoup moins anciens. L'explication n'en est pas difficile. Qu'une île de granit se soit élevée au-dessus de la mer primitive avant la formation des couches schisteuses dont nous venons de parler, et qu'elle se soit ensuite abaissée au fond des flots (ces alternatives de mouvements ne sont pas rares dans l'archipel grec et en Italie) : dans ce cas, l'île granitique se recouvrira seulement des dépôts des âges moins anciens.

On retrouve en Bretagne, dans le Finistère et la Vendée, les schistes bleus dont nous parlions tout à l'heure : ce sont là les plus anciens terrains de l'Europe, et probablement du monde entier. On en retrouve aussi en Angleterre, dans le Cumberland. Les ardoises vertes manquent en Bretagne et se rencontrent dans le comté de Galles et dans l'Amérique du Nord. On trouve les gneiss et les micaschistes dans le Lyonnais, le Limousin, la Lozère, les Cévennes, l'Auvergne, la Bretagne, la Vendée. Maigres pour l'agriculture, mais féconds pour le mineur, ces terrains sont riches en métaux.

La période dont nous venons d'esquisser à grands traits l'histoire a employé des *millions* d'années à s'accomplir.

Éloquentes et précieuses sont les archives de la Terre. Les
clairvoyantes investigations des géologues ont découvert jusqu'à
des empreintes fossiles de gouttes de pluie, comme on le voit sur
notre figure 36. Ces gouttes étaient tombées sur du sable qui
s'est pétrifié en grès. Autre témoignage non moins curieux : en
exploitant à Chalindrey (Haute-Marne) une carrière de grès infraliasique, on a trouvé des bancs qui conservent sur une large sur-

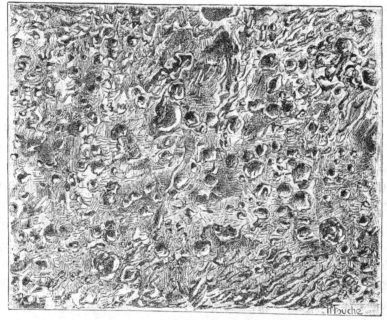

Fig. 36. — Empreintes fossiles de gouttes de pluie tombées il y a des millions d'années.

face les traces de l'ondulation des eaux (*fig*. 38). Des pétrifications
du même genre ont été trouvées près de Boulogne-sur-Mer.

Pendant la longue durée des siècles de cette période, nous
sommes sur une planète intéressante aux points de vue astronomique et géologique, mais sur une planète sans vie. Pas un animal, pas une plante! Rien qu'un désert. Eau ou rochers. Pas une
mousse sur ces rochers. Pas un mollusque dans ces eaux. Ce n'est
même pas la mort, puisque la vie n'y a jamais existé. Est-ce
bien la Terre? En vain chercherait-on à reconnaître la configura-

Les premières îles, arides et nues, sortirent des eaux.....

tion géographique qui la caractérise. Ni Europe, ni Asie, ni Afrique,
ni Amérique. Seulement la mer, partout la mer, avec quelques îles
de granit. Une immense marée fait deux fois par jour le tour du

Fig. 38. — Ondulations laissées par les eaux et pétrifiées.

globe. Presque partout, presque toujours, le ciel est couvert. La
pluie tombe, le tonnerre gronde, les éclairs sillonnent les nues, le
vent souffle et la tempête agite les flots. Mais les éléments de la
vie se préparent. Aux heures de calme, dans le fond des eaux tièdes,
un clairvoyant prophète pourrait découvrir quelques traces d'une
gelée féconde qui n'est déjà plus absolument inanimée.

LIVRE II

L'AGE PRIMORDIAL

CHAPITRE PREMIER

LES ORIGINES DE LA VIE

**Parenté et filiation des êtres. Arbre généalogique de la vie terrestre.
Transformation séculaire des espèces.**

Au sein des solitudes infinies, la nature semble se recueillir dans
l'exorde du grand mystère de la création de la vie. Il n'y a pas encore
un seul être vivant à la surface de la Terre : ni hommes, ni animaux,
ni plantes. L'eau, l'eau partout, l'eau toujours. Dans son sein va germer la vie. Au-dessous de la mer universelle, les minéraux se sont
solidifiés en une mince couche, incessamment soulevée et abaissée
par les marées, mobile, élastique, d'épaisseur variée, qui déjà s'est
crevassée, ressoudée, brisée, reformée, et a livré passage aux premières éruptions de granit, aux premières îles. C'est encore un
radeau flottant sur le globe en fusion. Mais de siècle en siècle il
prend plus de consistance. Le refroidissement accroît son épaisseur.
Les îles primitives subissent de leur côté l'influence des agents
atmosphériques, des vents, des pluies, des alternatives de soleil et
de nuit, et, en se désagrégeant lentement, vont répandre au fond
des mers les premiers dépôts sédimentaires. La température est
encore fort élevée. C'est à peine si l'on pourrait percevoir une différence entre l'hiver et l'été, entre minuit et midi. Cette température
terrestre est encore aussi élevée que celle que la planète reçoit du
Soleil, mais elle ne la surpasse plus. Les saisons vont commencer,
ainsi que les alternatives de la nuit et du jour. Le Soleil reste, pen-

dant les plus beaux jours, encore voilé par l'atmosphère constamment chargée de vapeurs, de nuages et de pluies ; lui-même n'est pas encore parvenu à la période astrale qui lui donnera le disque lumineux, net et défini, sous lequel nous le connaissons à notre époque : il est encore enveloppé d'une atmosphère nébuleuse absorbant une partie de son rayonnement, et surtout il est immense, occupant peut-être encore tout l'orbe de la planète Vénus, deux cents fois plus large en diamètre que nous ne le voyons aujourd'hui, vague et peu lumineux. Mais insensiblement, de siècle en siècle, il se formera lui-même et marchera vers la gloire de l'avenir, inaugurant son rôle d'astre illuminateur, de foyer des demeures planétaires, de soutien du système du monde. L'atmosphère terrestre se purifiera, et, un jour, dans un avenir encore lointain, l'azur du ciel apparaîtra dans les éclaircies de l'orage apaisé.

C'était bien là, en effet, un monde tout différent de celui que nous habitons aujourd'hui. Aucun regard n'était ouvert pour le contempler ; aucun être n'était né pour le sentir. Les îles émergées des flots, les premières montagnes, étaient arides et nues : pas un arbre, pas un buisson, pas un brin d'herbe, pas une mousse. Les roches grises régnaient, solitaires, au-dessus des eaux, reflétant les nuances des rayons ou des ombres qui glissaient aux diverses heures du jour suivant les éclaircies du ciel, recevant les pluies diluviennes et les coups de foudre, illuminées pendant la nuit par de sinistres éclairs qui frappaient pour ne rien tuer, tandis que la Lune, immense et sans phases, brillant de sa propre lumière, encore incandescente elle-même, répandait sur les flots les lueurs fauves de son lointain incendie.

Qu'est-ce que la vie ? Comment les innombrables espèces animales et végétales sont-elles apparues à la surface de ce monde ? Depuis combien de temps existent-elles ? Chacune d'elles a-t-elle été l'objet de la création directe du Pouvoir suprême ? ou bien sont-elles parentes et dérivent-elles de quelques souches originaires ? Jusqu'à notre époque, la science classique, a généralement enseigné que les espèces sont différentes les unes des autres et invariables, et que la Nature a eu en vue dans son œuvre, non la durée des individus, mais celle des espèces. On s'est accordé à adopter la classification suivante pour le règne animal.

CLASSIFICATION DU RÈGNE ANIMAL

CLASSES	EXEMPLES D'ESPÈCES et de genres.
Mammifères	Homme. Singe. Chien. Cheval. Baleine.
Oiseaux	Aigle. Moineau. Coq. Autruche. Canard.
Reptiles	Tortue. Lézard. Couleuvre.
Batraciens	Grenouille. Salamandre. Protée.
Poissons	Perche. Carpe. Anguille. Raie. Requin.
Insectes	Hanneton. Sauterelle. Abeille. Papillon. Mouche.
Myriapodes	Scolopendre. Iule.
Arachnides	Araignée. Scorpion. Faucheur. Mite.
Crustacés	Crabe. Ecrevisse. Squille. Crevette. Cirrhipèdes.
Annélides	Néréide. Serpule. Lombric. Sangsue.
Helminthes	Ascarides. Strongles.
Turbellariès	Némertes. Planaires.
Cestoïdes	Ténia.
Rotateurs	Rotifère. Brachion.

1er EMBRANCHEMENT

VERTÉBRÉS

2e EMBRANCHEMENT

ANNELÉS

CLASSIFICATION DU RÈGNE ANIMAL (suite).

CLASSES		EXEMPLES D'ESPÈCES et de genres.
Céphalopodes	{	Poulpe. / Seiche.
Ptéropodes.	{	Hyale. / Clio.
Gastéropodes.	{	Colimaçon. / Buccin. / Porcelaine.
Acéphales.	{	Huître. / Moule. / Solen.
Tuniciers	{	Ascidies. / Biphores.
Bryozoaires	{	Plumatelles. / Flustres.

3ᵉ EMBRANCHEMENT
MOLLUSQUES

Protozoaires.	{	Infusoire. / Éponge.
Polypes.	{	Corail. / Méduse.
Échinodermes	{	Oursin. / Holoturie.

4ᵉ EMBRANCHEMENT
ZOOPHYTES

Pour Buffon, Lacépède, Cuvier, Agassiz, Flourens et tous les professeurs classiques d'histoire naturelle, le tableau précédent représente des espèces réelles et invariables et une classification réelle *dans la nature*. C'est là une erreur capitale. Non seulement, pour la nature, l'espèce n'est pas d'une importance essentielle dans l'organisation vitale de la planète, mais encore on peut dire qu'en réalité l'espèce *n'existe pas*, ce qui est la contre-partie de tout ce qu'on enseignait dans les écoles. Dans la nature, il n'y a que des individus; ces individus se modifient suivant les conditions d'existence auxquelles ils sont soumis; ces modifications se continuent de générations en générations et se transmettent par voie d'hérédité. Le règne animal forme une seule unité. Le règne végétal forme une autre unité. Ces deux règnes tiennent l'un à l'autre par leurs racines originaires. Telle est la grande vérité entrevue il y a deux mille ans par Aristote, incomprise et combattue pendant bien des siècles, posée scientifiquement par Lamarck, naturaliste français trop méconnu, en 1801 et surtout en 1809 dans sa *Philosophie zoologique*, prouvée par Geoffroy-Saint-Hilaire en 1830 et surabondamment

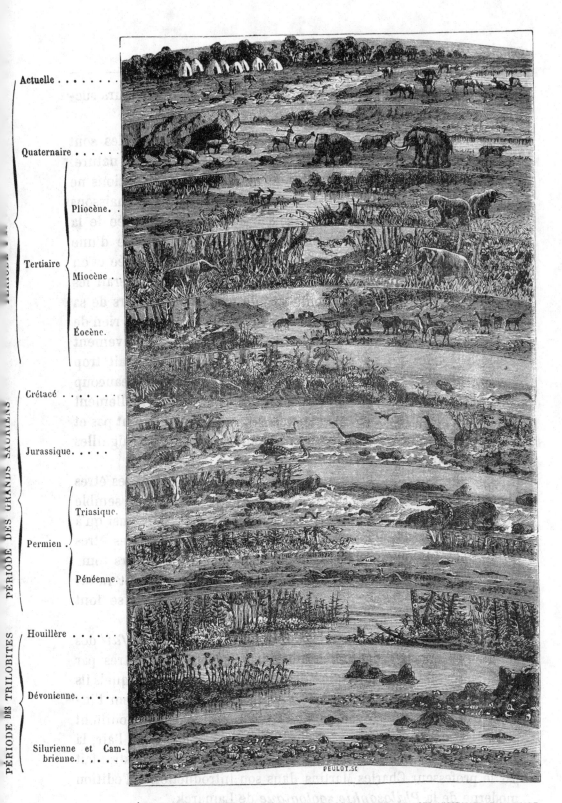

Actuelle . . . .

Quaternaire . . . . . .

Pliocène .

Tertiaire

Miocène . .

Éocène.

Crétacé . . . .

Jurassique . . . . .

Triasique.

Permien .

Pénéenne. .

Houillère . . . .

Dévonienne . . . . . .

Silurienne et Cam-
brienne . . . . . .

PÉRIODE DES GRANDS SAURIENS

PÉRIODE DES TRILOBITES

PEULOT.SC

DÉVELOPPEMENTS PROGRESSIFS DE LA FLORE ET DE LA FAUNE AUX AGES SUCCESSIFS DE LA TERRE

démontrée en 1859 par Darwin, Wallace, et depuis par leurs successeurs.

Nos classifications sont utiles pour nos études; mais elles sont purement apparentes, artificielles, et n'existent pas dans la nature. Tout change constamment, mais lentement. Nos classifications ne nous paraissent invariables que parce que nous ne connaissons qu'un instant dans l'immense durée des siècles. « Si la durée de la vie humaine, écrivait Lamarck, ne s'étendait qu'à la durée d'une seconde, et s'il existait une de nos pendules actuelles, montée et en mouvement, chaque individu de notre espèce, qui considérerait les aiguilles, ne les verrait jamais changer de place dans le cours de sa vie. Les observations de trente générations n'apprendraient rien de bien évident sur le déplacement de ces aiguilles, car le mouvement n'étant pas celui qui s'opère pendant une demi-minute serait trop peu de chose pour être bien saisi; et si des observations beaucoup plus anciennes apprenaient que cette même aiguille a réellement changé de place, ceux auxquels on l'affirmerait n'y croiraient pas et supposeraient quelque erreur, chacun ayant toujours vu ces aiguilles aux mêmes points du cadran ».

Sans doute, lorsque nous regardons d'un œil superficiel les êtres vivants, si dissemblables, qui peuplent notre planète, il semble qu'ils soient complètement étrangers les uns aux autres ainsi qu'à nous-mêmes. Lorsque nous examinons les fossiles, tous ces êtres qui ont précédé l'homme et qui sortent aujourd'hui de leurs tombeaux, ne semblent-ils pas des monstres? Pourtant ils sont rattachés à nous par des liens originels qui, de jour en jour, se font mieux apprécier.

Il est intéressant de nous rendre compte tout d'abord du *fait* des variations apportées dans la forme et la structure des êtres par leur manière de vivre et l'influence des milieux au sein desquels ils sont obligés de vivre. Nous allons examiner successivement l'influence des divers changements du milieu ambiant qui modifient l'organisation des végétaux et des animaux, savoir l'eau, l'air, la lumière et la chaleur, en prenant pour guide l'exposé magistral fait par le professeur Charles Martins dans son Introduction à l'édition moderne de la *Philosophie zoologique* de Lamarck.

1° Influence de l'eau. — L'action de l'eau sur les végétaux est des plus évidentes. Lamarck cite la renoncule aquatique. Cette plante est en effet, singulièrement modifiée par son séjour dans l'eau : les feuilles submergées sont finement découpées et comme capillaires; celles qui s'élèvent au-dessus de la surface liquide sont arrondies et simplement lobées; suivant que les feuilles ont séjourné plus ou moins dans l'eau, suivant que celle-ci est courante ou stagnante, elles présentent *toutes les transitions imaginables* entre ces deux extrêmes, et les botanistes en ont fait des espèces et des variétés sans nombre. Les feuilles submergées de la châtaigne d'eau sont également capillaires, les feuilles aériennes ne le sont pas. Dans ces renoncules, l'action de l'eau amène la disparition partielle du parenchyme de la feuille. Le dernier terme de cette modification se voit sur une naïadée de Madagascar, l'ouvirandra fenestralis dans cette plante aquatique, la feuille immergée se réduit à une fine dentelle à mailles quadrilatères formées par des nervures longitudinales et des cloisons transversales.

La sagittaire doit son nom à ses feuilles aériennes, qui ont exactement la forme d'un fer de flèche, mais, lorsqu'elles sont plongées dans une eau courante, elles forment de longs rubans ondulants suivant le fil de l'eau. Le plantain d'eau offre la même modification : dans les eaux courantes, ses feuilles ovalaires deviennent rubanaires et flottantes. Le jonc lacustre n'a point de feuilles, il n'a que des gaines rougeâtres ter minées par un petit limbe : quand la plante est dans une eau peu profonde, celles-ci avortent complètement; mais dans une rivière ce limbe se développe, s'allonge et atteint quelquefois une longueur de un à deux mètres. Ce sont là autant de *preuves de variation.*

Les feuilles flottantes du nénuphar jaune sont étalées à la surface de l'eau; ce sont des disques arrondis, mais les feuilles submergées sont presque transparentes et bosselées comme celles du chou pommé. Ces deux modifications morphologiques, la forme rubanaire et la forme bosselée, deviennent constantes et permanentes dans les plantes marines la première dans les laminaires, les zostères, les cymodocées, la seconde dans les ulvacées.

Un autre effet de l'eau, c'est de favoriser la formation de lacunes, qui renferment de l'air. Ainsi les rameaux de l'utriculaire portent de petites vessies aériennes appelées ascidies. Dans l'aldrovandia vesiculosa, ce sont les feuilles elles-mêmes; dans certains fucus, ce sont les frondes qui deviennent vésiculeuses. Le pétiole des feuilles aériennes du trapa natans, du pontederia-crassipes, se remplit également d'air. De même, les tiges d'un grand nombre de plantes aquatiques, les nymphœa, les nelumbium, les jussiæa, l'aponogeton dystachion, les pilulaires, les joncs, sont creusées de grandes lacunes aériennes cloisonnées. L'eau a même le pouvoir de transformer certains organes et de les adapter à des

fonctions complètement différentes de celles qu'ils remplissaient originairement. La jussiæa repens est une plante aquatique produisant de longs
rameaux ou stolons, maintenus à la surface de l'eau par des corps cylindriques, spongieux, d'un blanc rosé, qui jouent le rôle de ces vessies
gonflées d'air qu'on fixe sous les aisselles d'un nageur inexpérimenté :
ces stolons se garnissent de fleurs s'épanouissant au-dessus de l'eau. Les
corps qui soutiennent ces rameaux fleuris sont des racines transformées
par l'action de l'eau. La tige même devient quelquefois spongieuse et se
remplit d'air. Dans l'eau, les feuilles de la même plante sont lisses, obo-
vales, et acquièrent une longueur de dix centimètres de long et deux de
large, tandis que, sur un terrain sec ou desséché, elles sont étroites,
aiguës, longues d'un centimètre au plus et couvertes de poils. Ces deux
formes d'une même plante ont été considérées comme deux espèces
distinctes. Ainsi l'eau imprime à l'organisme végétal des *modifications
profondes* qui se traduisent non seulement dans les formes extérieures,
mais même dans la *structure anatomique*.

L'influence de l'eau sur la forme et l'organisation des animaux n'est
pas moins remarquable ; on reconnaît surtout par l'étude des batraciens
que les branchies, appareils respiratoires des animaux aquatiques, sont
dues à l'influence d'un milieu liquide. Chez certains d'entre eux, les
branchies sont temporaires : ainsi les têtards de la grenouille et du
crapaud respirent par des branchies, mais à mesure que les pattes
poussent et que la queue servant de nageoire se résorbe, les poumons
se développent et les branchies s'atrophient : l'animal, *d'aquatique qu'il
était, devient amphibie.* Les tritons vivant dans l'eau pendant la première période de leur vie respirent par des branchies, plus tard ils se
tiennent habituellement sur le bord des mares : les branchies disparaissent, des poumons les remplacent ; cependant, si l'on force ces
animaux à rester dans l'eau, la métamorphose ne s'accomplit pas. Les
protées des lacs souterrains de la Carniole, ayant à la fois des poumons et
des branchies, peuvent respirer dans l'air comme dans l'eau. On connaît
sous le nom d'axolotl, un gros têtard à branchies extérieures, vivant dans
le lac qui avoisine la ville de Mexico. Un grand nombre de ces animaux
ayant été donnés au Muséum d'histoire naturelle de Paris, la plupart ne se
modifièrent pas ; mais le 10 octobre 1865, M. Auguste Duméril remarqua
que plusieurs présentaient des taches jaunes, leur crête caudale s'atro-
phiait, ainsi que les branchies, et le 6 novembre, de jeunes axolotls
s'étaient transformés en un triton du genre amblystoma, dont les
espèces habitent l'Amérique du Nord, c'est-à-dire en un animal amphibie
respirant par des poumons dépourvus de branchies et à queue cylindrique. Le même savant eut l'idée de couper les branchies d'un certain
nombre d'axolotls. Quelques-uns se métamorphosèrent en tritons, d'autres restèrent à l'état de têtards. Ajoutons que, ces axolotls se multi-

pliant, ce fait nous démontre que la reproduction bien connue des protées ne prouve en aucune manière qu'ils ne soient pas les têtards d'un
reptile encore inconnu. Il existe encore des animaux qui ne sont probablement que des êtres n'ayant pas subi toutes leurs métamorphoses;
exemple les ménobranches, qui ont, comme le protée, des branchies extérieures et quatre pattes. Tout le monde connaît la rainette, cette
petite grenouille verte qui se tient habituellement sur les feuilles
des plantes aquatiques : elle pond des œufs d'où éclôt un têtard;
mais un naturaliste, M. Bavay, a observé une espèce des An-

Fig. 41. — L'axolotl du Mexique avant et après sa transformation.
Métamorphoses d'un animal aquatique respirant par les branchies, en un reptile de terre ferme.

tilles où la métamorphose s'accomplit dans l'œuf même. Celui-ci
contient un têtard muni d'une queue et de branchies, et pourtant au
bout de dix jours il en sort une rainette sans queue, sans branchies et
respirant par des poumons. Blumenbach avait déjà constaté le même fait sur
le crapaud pipa de Surinam. Ces métamorphoses, accomplies tantôt hors
de l'œuf, tantôt dans l'œuf même, nous éclairent sur les métamorphoses
des animaux supérieurs, qui parcourent dans le sein de leur mère les
différentes phases de leur développement sérial à partir d'une classe
d'animaux inférieurs à celle dont ils font partie.

Il existe dans l'ordre des mammifères carnassiers un groupe de petits
animaux, parfaitement naturel, connu sous le nom d'*animaux vermiformes*: il comprend la marte commune, la fouine, le putois, la belette, etc.:
La marte commune, effroi des poulaillers européens, depuis la Méditer-

ranée jusqu'à l'Océan glacial, est un animal essentiellement terrestre ; dans ce même genre se rencontre pourtant une forme aquatique tellement voisine, que Linné, Cuvier et beaucoup d'autres zoologistes la considéraient comme une espèce du genre marte ; c'est la loutre d'Europe, dont la distribution géographique est la même que celle de la marte commune. La loutre, en effet, est une marte amphibie qui se nourrit de poissons, de grenouilles, d'écrevisses, tandis que sa congénère mange les poules, les perdreaux et les petits lapins. Les deux animaux se ressemblent prodigieusement : la dentition est la même ainsi que le pelage ; tous deux, bas sur jambes, ont des membres terminés par des doigts armés d'ongles crochus ; mais, la loutre cherchant sa proie dans les eaux, ce nouveau milieu a imprimé à son organisation des différences peu apparentes à l'extérieur et néanmoins très réelles. Ainsi les doigts, libres dans la marte, sont unis par des membranes dans la loutre. La queue, au lieu d'être cylindrique, est aplatie de haut en bas comme celle d'un castor, et dans le ventre un grand sinus veineux permet au sang de s'y accumuler lorsque l'animal, plongeant sous l'eau, suspend sa respiration pendant quelque temps. *La loutre est donc une marte amphibie*, comme le desman est une musaraigne également amphibie, dont les doigts sont palmés et dont le terrier s'ouvre sous l'eau.

Dans les carnivores dits amphibies, tels que les phoques et les morses, nous trouverons l'exemple de grands animaux dont l'existence est encore plus aquatique : aussi les modifications de l'organisme sont-elles plus profondes que dans la loutre. Ces carnassiers amphibies forment la transition des mammifères terrestres aux cétacés, mammifères marins complètement incapables de se mouvoir sur un terrain solide. Lamarck avait été très frappé par la vue d'un phoque vivant. Les pieds de derrière jouent pour la natation le même rôle que la nageoire caudale des cétacés et des poissons. A terre, le phoque progresse par bonds de la totalité du corps, s'appuyant seulement sur l'avant-bras, sans faire usage de ses membres comme instruments de progression ; les extrémités postérieures sont appliquées sur les parties latérales du corps. Or, *l'organisation du phoque est celle du chien*. La dentition est analogue, la langue lisse chez l'un et chez l'autre, le canal intestinal caractérisé par un cœcum court ; ils se nourrissent tous deux de chair, sans être exclusivement carnivores. Les doigts sont terminés par des ongles ; la douceur, l'intelligence, la sociabilité et les sentiments d'affection pour l'homme sont aussi développés chez le phoque que chez le chien. Voilà pour les analogies ; mais, soit que l'on considère le chien comme une forme terrestre dérivée du phoque, ou le phoque comme une forme amphibie du chien, toujours est-il que les modifications dues au milieu aqueux sont les suivantes. Le corps du phoque est plus allongé que celui du chien, cylindroïde, beaucoup plus large en avant qu'en arrière ; le poil est court et ras, les doigts, très longs, sont réunis par des membranes, les os du bras et de la cuisse, de l'avant-bras et de la jambe sont courts et forts, les membres postérieurs dirigés d'avant en arrière parallèlement à la queue. Les narines peuvent se fermer quand l'animal plonge, et la parotide, devenue moins nécessaire, est atrophiée; l'animal mangeant toujours dans l'eau, la sécrétion salivaire est devenue inutile. — Le chien de Terre-Neuve, essentiellement nageur et employé dans certains pays au sauvetage des individus en danger de se noyer, a *les doigts palmés*, et transmet à ses petits par hérédité cette conformation, indice chez tous les animaux de l'action prolongée de l'eau sur leurs extrémités digitales.

Dans la classification des oiseaux, on comprend habituellement sous le nom d'échassiers et de palmipèdes tous ceux dont les doigts sont plus ou moins réunis par des membranes, c'est-à-dire palmés; mais, si l'on étudie ces animaux avec plus d'attention, on reconnaît qu'on peut les considérer comme des formes aquatiques d'autres espèces terrestres. Ainsi les palmipèdes longipennes, les albatros, les frégates, les cormorans, correspondent aux grands rapaces, tels que les aigles et les vautours. Les mouettes, les pétrels sont les analogues des faucons et des milans. Les sternes ont été appelées hirondelles de mer, tant l'analogie est évidente entre ces deux genres. Les hérons, les cigognes, les flamants rappellent les autruches et les casoars. Les cygnes, les oies et les canards sont d'excellents voiliers et de parfaits nageurs, la marche seule leur est difficile. Ainsi les doigts palmés, indices d'une vie essentiellement aquatique, ne sont pas liés au reste de l'organisation, ils sont uniquement le résultat d'une *natation* prolongée. Voici quelques exemples : parmi les oies, l'anseranas a les doigts presque libres ; le bec-en-fourreau est une véritable mouette, mais dont les doigts ne sont pas palmés ; la poule sultane et la bécasse aux doigts libres ressemblent singulièrement à la macreuse et à l'avocette aux doigts palmés. La cigogne et le flamant, la grèbe et le plongeon, sont des genres très voisins : les doigts sont plus ou moins libres dans les premiers, réunis dans les seconds. Enfin, les pingouins et les manchots sont, par rapport aux autres oiseaux, ce que les phoques et les morses sont aux autres mammifères ; étant presque entièrement aquatiques, ils présentent des modifications analogues à celles des mammifères amphibies ; leur corps est allongé comme celui des phoques, les membres postérieurs sont dirigés comme chez eux d'avant en arrière dans le prolongement de l'axe du corps. Chez les macareux, les ailes très réduites soutiennent encore l'animal dans les airs pendant quelques instants ; mais dans le grand pingouin et les manchots, elles deviennent complètement impropres au vol. Chez ces derniers, les plumes avortent et ressemblent à des écailles ; l'aile n'est plus qu'une rame avec laquelle l'oiseau se meut dans les eaux. Chez le phoque, ce sont les mains, chez les manchots ce sont les ailes qui sont devenues des organes remplissant la fonction des nageoires des poissons, et inversement chez ceux-ci dans quelques espèces, les poissons volants, par exemple, les nageoires pectorales très développées permettent à l'animal de s'élancer hors de l'eau et de décrire dans l'air une trajectoire assez longue pour échapper à ses ennemis.

De tous les faits qui viennent d'être énumérés, on peut et on doit conclure que *les modifications de l'organisation des animaux aquatiques s'opèrent sous l'influence du milieu qu'ils habitent* et non pas en vertu d'une harmonie préétablie entre cette organisation et le milieu dans lequel l'animal serait destiné à vivre.

2° INFLUENCE DE L'AIR. — Lamarck ne craint pas d'attribuer à l'air toute l'organisation des oiseaux, l'adhérence des poumons avec la colonne vertébrale, la perforation de ces poumons, la pénétration de l'air dans tout le corps de l'animal et le développement des plumes. Toutes ces particularités sont pour lui le résultat des efforts faits par l'animal pour se souten. dans un milieu aérien.

L'illustre naturaliste avait remarqué, que, chez les animaux qui vivent sur les arbres et qui s'élancent de l'un à l'autre, la répétition de cet exercice pendant une longue suite de générations a amené le développement d'une membrane en forme de parachute, étendue de chaque côté du corps, depuis le membre antérieur jusqu'au membre postérieur. Ainsi, parmi les écureuils, on connaît maintenant sept espèces désignées sous le nom d'écureuils volants, munies de ce parachute qui leur permet de se laisser choir sans danger du haut des arbres qu'ils habitent. Dans les marsupiaux frugivores, on distingue également un groupe d'animaux australiens qui sont munis d'un parachute. Enfin chez les galéopithèques, *animal intermédiaire entre les singes et les chauves-souris*, ce parachute s'étend depuis le cou jusqu'à la queue et forme un véritable manteau; en le déployant, le singe volant peut s'élancer d'un arbre à l'autre. Chez les chauves-souris, le même appareil existe : il se complète par une véritable aile membraneuse : les os du métacarpe et les doigts, le pouce excepté, sont très longs; une seconde membrane se continuant avec le parachute, réunit ces os entre eux. L'animal ainsi organisé, vole aussi longtemps et aussi rapidement qu'un oiseau.

De Blainville et d'autres, avaient déjà constaté l'étroite analogie qui unit les oiseaux aux reptiles, analogie justifiée dans les idées de Lamarck et de Darwin par l'hypothèse très probable que les oiseaux ne sont que des reptiles transformés. Il y a plus, l'histologie ou anatomie microscopique prouve que *la plume de l'oiseau et l'écaille du reptile sont originairement identiques*, et que la plume n'est qu'une écaille plus développée. Les plumes avortées des manchots ressemblent à des écailles de reptiles. Ajoutons que, parmi les reptiles, le dragon volant est soutenu par un parachute semblable à celui des écureuils et des phalangers volants. Ainsi donc, s'il est encore impossible, dans l'état actuel de nos

Tous ces êtres qui ont précédé l'homme et qui sortent aujourd'hui de leurs tombeaux ne semblent-ils pas des monstres ?
Pourtant ils sont rattachés à nous par des liens originels.

connaissances, de démontrer comment l'air a pu modifier si profondément l'organisme des oiseaux, on voit poindre déjà les premiers indices
qui permettront de le faire sans s'appuyer sur une adaptation préconçue de l'organe à la fonction qu'il remplit.

3° INFLUENCE DE LA LUMIÈRE. — La lumière est indispensable aux
végétaux. Sous l'influence de cet agent, la matière verte ou chlorophylle
se forme, l'acide carbonique de l'air est décomposé, et le carbone, base
du tissu végétal, est fixé. Dans l'obscurité, la plante languit, s'étiole, les
entre-nœuds s'allongent, les feuilles se développent à peine, les fleurs
et les fruits avortent, les mouvements, tels que ceux des feuilles de
la sensitive, sont abolis ; aussi, quelques plantes parasites exceptées, la
lumière est-elle une condition nécessaire de la vie végétale. Certaines
fleurs ne s'épanouissent que sous l'action d'une lumière très vive.
Vainement on leur prodigue la chaleur dans les serres du Nord de
l'Europe ; elles ne fleurissent pas ou fleurissent mal, tandis que, déjà
dans le midi de la France et dans les climats du soleil, elles se couvrent
de fleurs tous les ans, malgré une température plus basse et moins égale
que celle des serres d'Angleterre ou de Hollande. Toutes les plantes
cherchent la lumière ; placées dans une chambre éclairée, elles se dirigent vers les fenêtres, dans une cave obscure vers le soupirail.

La lumière est moins indispensable aux animaux ; leur respiration en
est indépendante, tous peuvent vivre dans une demi-obscurité, et beaucoup dans une obscurité totale ; leurs fonctions s'accomplissent, ils
vivent et se reproduisent, seulement leur peau, leurs liquides et leurs
tissus ne se colorent pas ; ils s'étiolent comme ceux des plantes. Tous
les animaux du Nord ont les couleurs mates, sauf le blanc, qui est quelque
fois très pur, surtout en hiver. Ce sont toujours les parties les plus expo-
sées à la lumière qui sont le mieux colorées, le dos et les flancs dans les
mammifères, les oiseaux, les reptiles et les poissons. Dans les coquilles,
le contraste est encore plus frappant ; celles qui vivent dans la vase ou
dans la mer à de grandes profondeurs ont les couleurs ternes et uniformes.

Liée intimement à l'organe de la vue, sans lequel les animaux n'en
auraient pas la perception, la lumière exerce sur cet organe une action
puissante. Dans l'obscurité, les yeux des animaux s'atrophient ; à la
lumière, ils se perfectionnent et s'améliorent par l'exercice. Les aigles,
les vautours, les faucons, voient à des distances énormes c'est la vue
et non l'odorat qui leur signale une proie éloignée. La direction constante de la lumière détermine même le déplacement de l'œil lorsqu'il
est placé de façon à ne pas pouvoir remplir ses fonctions. En voici la
preuve. Les raies sont des poissons carnivores, jouant dans les eaux le
même rôle que les oiseaux de proie dans les airs ; leur corps aplati est
horizontalement symétrique, et les deux yeux sont placés sur la face
dorsale de la tête. Dans les pleuronectes, la plie, le turbot et la barbue,

la symétrie est au contraire verticale, comme celle des poissons ordinaires; mais le corps, étant aplati latéralement, ces poissons nagent sur le côté, se cachent dans le sable, couchés, la plie sur le côté gauche, le turbot sur le côté droit, et happent ainsi placés le fretin qui passe au-dessus d'eux. Quand ces êtres sont adultes, les deux yeux sont situés l'un près de l'autre du côté de la tête qui regarde en haut; cependant originairement, dans l'enfance, ces yeux étaient l'un à droite, l'autre à gauche de la tête, comme chez les autres poissons; mais avec l'âge l'œil situé du côté qui repose sur le sable, étant sans usage, se déplace et traverse les os du crâne pour venir faire saillie près de l'œil placé du côté éclairé de l'animal! C'est ce qui a été mis hors de doute par un zoologiste danois très distingué, M. Steenstrups. Cette migration d'un organe inutile dans sa position normale, pour venir occuper une place où il puisse exercer ses fonctions, est un des faits les plus caractéristiques de l'action de la lumière sur l'économie vivante. Nous aurons la contre-partie de ce fait lorsque nous parlerons tout à l'heure de l'influence d'une obscurité prolongée sur l'organe de la vue.

4° INFLUENCE DE LA CHALEUR. — Il suffira de mentionner l'influence de la chaleur pour que le lecteur se rappelle immédiatement les faits innombrables qui prouvent la puissance de cette forme du mouvement. Le sauvage qui adore instinctivement le Soleil et le savant qui démontre que cet astre est la source unique de la chaleur et de la vie sur la Terre en sont aussi convaincus l'un que l'autre. Tout organisme, pour se développer, pour vivre, pour se reproduire, exige une certaine température, supérieure à celle de la glace fondante; le degré varie, mais au-dessus et au-dessous de certaines limites, fixes pour chaque espèce, tout s'arrête, tout meurt. Comparez en imagination les régions polaires, ensevelies sous un linceul de glace qui ne laisse à découvert que de petits intervalles revêtus d'une végétation uniforme de lichens, de mousses et d'herbes rabougries, avec la végétation luxuriante des contrées intertropicales où la chaleur, la lumière et l'eau conspirent pour activer les forces vitales de la plante. Là les fougères deviennent des arbres et les arbres sont gigantesques. Comparez encore la faune terrestre des contrées arctiques, réduite à quelques animaux de couleur terne, survivants de l'époque glaciaire, et à des oiseaux voyageurs réfugiés temporairement dans ces régions reculées, avec la faune nombreuse, variée, multicolore, qui remplit en tout temps la forêt tropicale. Vers le pôle, la vie s'éteint; elle déborde sous les tropiques. La plante même semble animée, les animaux pullulent et disputent à l'homme la possession du sol; les uns, formidables par leur taille ou les armes dont ils sont pourvus, les autres, redoutables par leur nombre, semblent ligués pour l'exclure du domaine où ils se multiplient sans cesse. Aussi toutes les influences dont nous avons parlé sont-elles sans action, si la chaleur est absente. La lumière

l'atmosphère et l'eau seraient impuissantes pour faire germer et développer la plante, si la chaleur n'intervenait pas dans une mesure appropriée aux besoins de chaque espèce. Sans chaleur, l'animal périt dans le
sein de sa mère ou dans l'œuf, et cette chaleur même a sa source éloignée
dans le Soleil. Sous l'influence des rayons solaires, un des éléments de
l'air est décomposé, l'autre absorbé; la matière verte et les autres principes
immédiats se déposent dans le tissu des végétaux; ceux-ci nourrissent
l'animal dont ils maintiennent la température; cette chaleur active les
fonctions, engendre les mouvements, préside à la reproduction et à
toutes les modifications organiques par lesquelles les animaux se transforment, depuis la monade jusqu'à l'homme. Transformation des forces
physiques, transformation des espèces organisées, même phénomène sous
deux aspects, ou plutôt la première une prémisse, la seconde une conséquence. Affirmer l'une et nier l'autre est radicalement illogique. Le
physicien et le naturaliste ne sauraient se contredire, et la physiologie
expérimentale confirme les jugements de l'histoire naturelle. « En modifiant les milieux nutritifs et évolutifs, a dit Claude Bernard, et en prenant la matière organisée en quelque sorte à l'état naissant, on peut
espérer d'en changer la direction évolutive et par conséquent l'expression finale. Je pense donc que nous pourrons produire scientifiquement
de nouvelles espèces organisées, de même que nous créons de nouvelles
espèces minérales, c'est-à-dire que nous ferons apparaître des formes
organisées qui existent virtuellement dans les lois organogéniques,
mais que la nature n'a point encore réalisées. » Ainsi parle notre premier
physiologiste, et l'on voit qu'il est d'accord avec Lamarck, Geoffroy-Saint-
Hilaire et Darwin, qui, en étudiant le monde organisé vivant et fossile,
sont arrivés à la même conclusion.

5° ORGANES ATROPHIÉS DEVENUS INUTILES. — S'il est vrai que l'influence
de certains milieux, l'eau, l'air ou la lumière, détermine le développement des organes correspondants, qui augmentent de volume par un exercice habituel et se transmettent ainsi perfectionnés des ascendants aux
descendants par voie de génération successive, il l'est également que ces
mêmes organes diminuent de volume, c'est-à-dire s'atrophient ou même
disparaissent, si, le milieu venant à changer, l'organe reste sans emploi.
C'est ce que Lamarck a parfaitement exprimé lorsqu'il a dit : « Le défaut
d'emploi d'un organe devenu constant par les habitudes qu'on a prises,
appauvrit graduellement cet organe et finit par le faire disparaître et même
l'anéantir. »

Les botanistes avaient apprécié avant les zoologistes l'importance de
ces organes rudimentaires. De Candolle, dans la première édition de sa
Théorie élémentaire de la botanique, publiée en 1813, consacre un chapitre
spécial à l'avortement des organes. Les épines des arbres et des arbrisseaux sont des branches avortées. Sous l'influence d'un mauvais sol, de la

sécheresse ou du voisinage affamant d'un grand nombre d'autres végétaux, elles restent courtes, dures et pointues. Transportez le prunier épineux d'une haie dans un jardin, cultivez-le, fumez-le, les épines s'allon-
geront sous formes de rameaux feuillés et il ne s'en produira plus de
nouvelles.

Toute jeune branche de lilas est terminée par trois bourgeons, mais toujours les deux bourgeons latéraux se développent, celui du milieu resserré
entre les deux autres ne s'accroît pas, et la branche se bifurque au lieu de
se trifurquer. A part les avortements dus à la compression, au développement exagéré des organes voisins, ou à une nutrition insuffisante du
végétal, la cause prochaine des autres nous échappe, et tient probablement
à des circonstances héréditaires de végétation. Ainsi les acacias à phyl-
lodes de l'Australie ont des feuilles composées dans leur jeunesse, et

Fig. 42. — Exemple de transformation des races et d'atrophie des organes : le reptile-poisson aveugle
des grottes de la Carniole.

l'acacia heterophylla en conserve toute sa vie un certain nombre, tandis
que dans les autres espèces les folioles avortent toutes, et la feuille se réduit
à un pétiole élargi, simulant les feuilles simples de nos saules indigènes.

Chez les animaux, les causes d'atrophie sont bien plus évidentes;
c'est, comme Lamarck l'avait parfaitement compris, le manque d'exercice
d'un organe, par suite d'un changement dans le milieu ambiant ou dans
les habitudes de l'animal. Rien de plus instructif à cet égard que l'influence de la lumière sur l'organe de la vue. Un animal plongé constamment dans l'obscurité ne se dirige plus au moyen de ses yeux, mais à
l'aide du tact ; alors les yeux diminuent de volume, s'enfoncent dans l'orbite, sont recouverts par la peau, finissent par s'atrophier et même par disparaître. Ces dispositions se transmettent héréditairement des parents à
leur progéniture, et l'on voit des espèces, munies de leurs yeux quand
elles vivent à la lumière, devenir aveugles quand elles se tiennent habi-

tuellement dans l'obscurité. Ainsi, dans la taupe ordinaire, animal souterrain, l'œil étant recouvert par la peau percée d'un tout petit canal oblique, la vision doit être très imparfaite. Deux espèces de spalax qui habitent la Russie méridionale, le chrysochlore du cap et le cténomys de l'Amérique du Sud dont la vie est souterraine comme celle de la taupe, présentent la même organisation. On connaît des reptiles aveugles, tels sont, parmi les lézards scincoïdiens, le typhline de Cuvier, et, parmi les serpents, les typhlops, qui vivent sous terre comme nos lombrics. Parmi les batraciens, on peut citer la grande sirène lacertine, qui habite les marais fangeux de la Caroline du Sud et passe une partie de sa vie enfoncée dans la vase : cet animal a sur la tête deux petits yeux ronds recouverts d'une peau à demi transparente. Signalons encore les cécilies, dont l'organisation se rapproche beaucoup de celle des poissons, le protée ([1]) des lacs souterrains de la Carniole, le sirédon, espèce de batracien à tête et à corps de poisson et à pattes de grenouille des grottes de Mammouth aux États-Unis, et le poisson cyprinodon des mêmes grottes. Dans les protées des lacs souterrains de la Carniole, qui peuvent servir de type de ces races transformées, Charles Vogt a trouvé sous la peau le globe oculaire avorté, de la grosseur d'une petite tête d'épingle, mais dépourvu de muscles et de ses membranes d'enveloppe : il a pu suivre le nerf optique jusqu'au cerveau.

Les poissons qui vivent constamment dans des eaux souterraines deviennent aveugles. Ce fait s'observe dans tous les ordres de cette grande classe : ainsi, chez les salmones, l'amblyopsis des cavernes de l'Amérique du Nord a des yeux microscopiques recouverts d'une peau non transparente ; parmi les silures, nous nommerons le silurus cœcuticus, quelques anguilles (apterichys cœcus) et les myxinoïdes parasites. Les crustacés podophthalmes sont ceux qui, à l'instar des homards et des langoustes, ont un œil pédiculé, c'est-à-dire porté sur un support mobile. Quelques-uns sont aveugles : l'œil a disparu, le support est resté. Des crustacés appartenant à la section des entomostracés vivent en parasites sur d'autres animaux ; jeunes, ils nagent librement dans l'eau et sont munis d'yeux bien conformés ; mais lorsqu'ils se cachent sous les écailles ou s'enfoncent entre les branchies des poissons, ils se trouvent dans la condition des animaux des cavernes : les yeux, ne fonctionnant plus, s'atrophient, et l'animal devient et reste aveugle toute sa vie.

---

1. Nous reproduisons ici (*fig.* 42), d'après un dessin de sir Humphry Davy, le *proteus anguinus*, singulier reptile-poisson de la grotte d'Adelsberg que l'illustre chimiste a visitée et a décrite en détail dans son ouvrage *Les derniers jours d'un philosophe*. Cet habitant des lacs souterrains de la Carniole est devenu complètement aveugle par l'arrêt d'exercice des organes de vision dans ce milieu obscur, et est présenté depuis longtemps comme un type remarquable d'espèce intermédiaire entre les reptiles et les poissons et de transformation des organes par le milieu ambiant. (Voy. l'ouvrage précédent, édition française, p. 247, et *La Pluralité des Mondes habités*, p. 119).

Les insectes nous offrent les exemples les plus nombreux d'espèces aveugles habitant les cavernes, tandis que leurs congénères vivant à l'air libre ne le sont pas. Parmi les coléoptères de la famille des carabiques se trouve le genre trechus : ce sont de petits animaux se tenant habituellement sous des pierres ou sous des amas de feuilles mortes. Dans les grottes de la Carniole, on en compte quatre, qu'on a réunies dans le genre des anophtalmus, mais qui ne diffèrent des autres que par l'absence des yeux. Il en est d'autres qui portent à la place de l'œil disparu une tache ovale derrière les antennes. On a trouvé de ces insectes aveugles dans les cavernes de tous les pays, Pyrénées, Amérique du Nord, etc. On peut, vec Charles Vogt, résumer la question en disant que partout ces insectes sont caractérisés par l'absence des yeux, une coloration moindre, la mollesse relative du corps et la diminution des ailes. Des faits que nous venons de citer, il est impossible de ne pas conclure que *c'est la lumière qui entretient et développe l'organe de la vision ;* dans l'obscurité, celui-ci disparaît, et l'on est invinciblement amené à penser, comme Lamarck, que c'est le milieu qui crée et maintient les organes : le milieu changeant, ils s'évanouissent sans retour.

Ce que nous avons dit de l'œil s'applique à tous les appareils; quelle que soit la nature des fonctions qu'ils accomplissent, l'exercice les développe, le manque d'usage les atrophie, et ces modifications se transmettent par hérédité. Nous nous servons généralement beaucoup moins du bras gauche que du bras droit, aussi celui-ci est-il plus gros, plus lourd, et toutes ses parties, os, muscles, nerfs, artères, sont-elle plus fortes que celles du côté opposé; ces différences existent déjà chez le nouveauné. Chez les autruches, animaux trop lourds pour pouvoir s'élever dans les airs, les jambes se sont fortifiées et allongées, les ailes ont diminué et ne font plus qu'office de voiles lorsque l'oiseau court dans le sens du vent. Chez le casoar et l'aptérix, les ailes sont réduites à un rudiment inutile caché sous les plumes du corps, parce que le genre de vie de ces animaux est complètement terrestre : se nourrissant de vermisseaux et de petits reptiles, ils courent, mais ne volent pas.

On a vu que chez les oiseaux tout à fait aquatiques, tels que les manchots et les pingouins, ces mêmes ailes se sont converties en nageoires ; par contre, dans les poissons volants, les nageoires pectorales ont assez d'envergure pour qu'ils puissent s'élancer hors de l'eau et se soutenir quelque temps dans l'air, afin d'échapper à leurs ennemis. Ces nageoires présagent pour ainsi dire les ailes des animaux et des chauves souris. Au contraire, dans les anguilles, les lamproies et les myxines dont le corps cylindrique et allongé glisse facilement dans l'eau, les nageoires pectorales et ventrales, devenues inutiles, disparaissent, la nageoire caudale suffit seule à la natation. Dans une foule d'insectes, les ailes n'existent que chez le mâle, sont incomplètes ou avortées chez la femelle. Les mâles du papillon des vers à soie, qui sont élevés dans les magnaneries, n'exerçant plus leurs ailes en volant à l'air libre, celles-ci ont diminué de génération en génération, et actuellement ces mâles ont des ailes trop courtes et incapables de les soutenir; ils battent des ailes, mais ils ne volent plus. Dans l'île de Madère et celles qui l'avoisinent, les insectes coléoptères sont souvent emportés par les vents et jetés à la mer où ils périssent; ils se tiennent cachés tant que l'air est en mouvement : aussi les ailes se sont-elles amoindries. Cette disposition est devenue héréditaire, et sur cinq cent cinquante espèces répandues dans ces îles, il y en a deux cents qui sont incapables de soutenir un vol prolongé. Sur vingt-neuf genres indigènes, vingt-trois, proportion énorme ! se composent d'espèces aptères ou munies d'ailes imparfaites.

L'ensemble de ces faits fera comprendre aux personnes étrangères à l'étude des sciences naturelles pourquoi les zoologistes, quand ils veulent s'exprimer rigoureusement, disent toujours : *les oiseaux volent parce qu'ils ont des ailes*, et non pas : *les oiseaux ont des ailes pour voler*. La première proposition exprime un fait simple, évident, indiscutable; la seconde se complique de l'hypothèse des causes finales et suppose une prédestination de l'animal à un certain genre de vie. En fait, c'est le genre de vie qui détermine le développement ou amène l'atrophie des organes ; ceux-ci sont actifs ou inactifs suivant les circonstances et les conditions au milieu desquelles l'animal se trouve placé. Une loi universelle de progrès, de développement, de perfectionnement, d'ascension vers le mieux, de transformation de la matière brute en matière animée et en substance pensante est profondément inscrite dans le caractère de la nature entière : les êtres sont menés par cette loi, s'élèvent et se transforment par le fait même de leur existence.

Continuons l'étude des organes avortés. Dans une classe d'animaux, les uns terrestres, les autres aquatiques, celle des reptiles, ce sont les pattes qui disparaissent. Les crocodiles et les lézards en ont quatre : chez les seps, elles sont très courtes ; dans les bimanes et les bipèdes, il n'y en a plus que deux ; dans le pseudopus, elles se réduisent à de petits tubercules, dernière trace des membres postérieurs. Chez l'orvet, il n'y a plus de membres, mais on trouve sous la peau les os de l'épaule et le sternum; enfin ces os mêmes disparaissent dans les serpents. Cependant chez le boa on remarque encore deux os en forme de cornes, réminiscence du bassin des sauriens. Lamarck ne craint pas d'expliquer cette disparition des membres par l'habitude de ramper, de se glisser sous les pierres ou dans l'herbe, qui existe déjà chez les lézards ; il fait remarquer avec raison qu'un corps aussi allongé que celui d'un serpent n'aurait pas été convenablement soutenu par quatre pattes, nombre que la nature n'a jamais dépassé dans les animaux vertébrés. Un serpent rampe à l'aide de ses côtes, devenues des organes de progression. L'allongement exagéré du corps a produit l'amoindrissement de l'un des poumons, tandis que l'autre se prolonge jusque dans le ventre. Même chez les mammi-

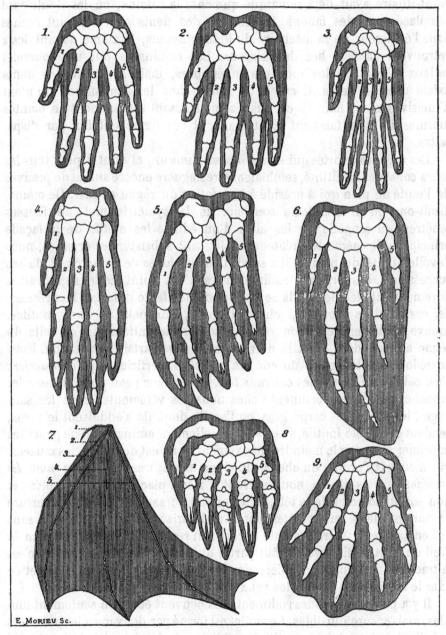

Fig. 43. — Unité organique et parenté des êtres.

1. Main humaine (le contour extérieur représente la chair). — 2. Gorille. — 3. Orang. — 4. Chien. — 5. Phoque. — 6. Dauphin. — 7. Chauve-souris. — 8. Taupe. — 9. Ornithorynque.

fères, les plus parfaits des animaux, les organes avortés et inutiles ne sont pas rares ; ainsi la plupart de ces animaux présentent les trois types dentaires, savoir des incisives, des canines et des molaires. Geoffroy-Saint-Hilaire avait déjà remarqué que chez la baleine, où les dents sont remplacées par des fanons, les germes des dents avortées sont cachés dans l'épaisseur de la mâchoire du fœtus ; depuis, le même savant les a retrouvées dans le bec des oiseaux. Les ruminants ont un bourrelet calleux à la place des incisives supérieures, mais le germe des dents existe dans le fœtus. Il en est de même chez les lamantins, qui n'ont d'incisives ni en haut ni en bas ; se nourrissant uniquement de plantes marines, ils n'en faisaient point usage, et ces dents ont fini par disparaître.

Les organes avortés qui existent chez L'HOMME, et dont il peut tous les jours constater l'inutilité, semblaient être naguère encore autant de preuves de l'unité de plan qui a présidé à la création du règne animal. De même, disait-on, qu'un architecte soucieux de la symétrie met de fausses fenêtres, ou rappelle sur les ailes d'un édifice les motifs de la façade principale, de même le Créateur, en laissant subsister ces organes, nous dévoile l'unité du plan qu'il a suivi. Dans les idées de Lamarck et de ses successeurs, ces organes rudimentaires n'ont point cette signification purement intellectuelle ; ils se sont atrophiés faute d'usage. La présence de ces vestiges d'organes chez l'homme, auxquels ils sont inutiles, prouve seulement que son organisation se lie intimement à celle du règne animal, dont il est la dernière et la plus parfaite émanation. Nous possédons sur les côtés du cou un *muscle* superficiel appelé *peaucier;* c'est celui avec lequel les chevaux font vibrer leur peau pour chasser les mouches qui les importunent : chez nous, les vêtements ; chez les sauvages, les peaux, les corps gras, ou l'argile dont ils s'enduisent le corps, rendent ce muscle inutile, aussi s'est-il tellement aminci qu'il ne peut plus imprimer à la peau le moindre mouvement. Il en est de même des muscles qui meuvent l'oreille du cheval, du chien et d'autres animaux ; *nous les possédons,* mais ils ne nous servent à rien : placée sur les côtés et non pas au sommet de la tête, notre oreille ne saurait diriger l'ouverture de son pavillon vers tous les points de l'horizon pour recueillir les sons qui en émanent. Autre exemple encore : on remarque à l'angle interne de l'œil un petit replis rose qui fait partie du dessin de l'œil humain ; c'est la trace de la troisième paupière des oiseaux de proie, qui leur permet de fixer le soleil, sans fermer les yeux

Il y a plus, ces organes rudimentaires peuvent être non seulement inutiles, mais encore nuisibles. Le mollet est formé par deux muscles puissants qui s'insèrent au talon par l'intermédiaire du tendon d'Achille ; à côté d'eux se trouve un autre muscle long, mince, incapable d'une action énergique, le plantaire grêle. Ce muscle, ayant les mêmes attaches que les jumeaux, semble un mince fil de coton accolé à un gros câble de navire ; pour nous, il est sans utilité, et la rupture de ce muscle, causée par un effort pour sauter ou par un faux pas, donne lieu à l'accident douloureux connu sous le nom de coup de fouet, et dont la guérison nécessite un repos prolongé. Chez le chat, le tigre, la panthère, le léopard et leurs cousins, ce muscle est aussi fort que les deux jumeaux, et rend ces animaux capables d'exécuter des bonds prodigieux quand ils s'élancent sur leur proie. Autre exemple dans les herbivores, le cheval, le bœuf et certains rongeurs : le gros intestin présente un grand appendice en forme de cul-de-sac, appelé cœcum, qui se rattache au régime purement herbivore de ces animaux ; chez l'homme, dont la nourriture n'est pas exclusivement végétale, le cœcum se réduit à un petit corps cylindrique dont la cavité admet à peine une soie de sanglier ; c'est l'appendice vermiforme. Inutile à la digestion, puisque les aliments n'y pénètrent pas, il devient un danger, si par hasard un corps dur tel qu'un pépin ou un fragment d'arête de poisson vient à s'y introduire ; le cas arrive, et il en résulte d'abord une inflammation, puis la perforation du canal intestinal, accidents suivis d'une péritonite souvent mortelle.

Ces exemples pour ainsi dire personnels doivent suffire pour montrer le rôle et la signification des organes atrophiés. Chez l'homme et chez les mammifères supérieurs, ces rudiments sont une *réminiscence* de l'organisation d'un animal placé plus bas dans l'échelle des êtres ; mais dans les vertébrés inférieurs, ils sont quelquefois l'indication d'un perfectionnement futur. Ainsi les traces des membres chez le pseudopus précèdent le développement de ces membres dans les tortues. Le pouce des galagos et des tarsiers annonce l'apparition de la main parfaite des singes et de l'homme, etc.

En un mot, le règne animal tout entier, vivant et fossile, nous présente les mêmes phénomènes que l'évolution embryonnaire de l'être qui, partant de la cellule, complète peu à peu son organisation et s'élève graduellement jusqu'à l'échelon occupé par les deux êtres qui lui ont donné naissance. Cette évolution se manifeste également dans la série des animaux dont les couches géologiques nous ont conservé les restes. Les plus anciennes ne contiennent que des invertébrés et des poissons ; les reptiles, les oiseaux et les mammifères apparaissent successivement dans leur ordre hiérarchique, et l'homme termine enfin cette série ascendante Toutes les mythologies en ont prévu la continuation en imaginant les anges, êtres plus parfaits que l'homme, intermédiaires entre lui et son Créateur ([1]).

Cette filiation naturelle des êtres a été établie par Lamarck au commencement de ce siècle, combattue par les savants officiels,

1. CHARLES MARTINS. Introduction à la *Philosophie zoologique de Lamarck*.

enterrée dans la conspiration du silence, et reprise par Darwin, qui l'a victorieusement et définitivement démontrée. En même temps que Lamarck la soutenait en France, Gœthe la proclamait en Allemagne dans un magnifique langage :

« Les êtres se modèlent d'après des lois éternelles, écrivait-il, et toute forme, fût-elle extraordinaire, recèle en soi le type primitif. La structure de l'animal détermine ses habitudes et le genre de vie réagit puissamment sur toutes les formes. Par là se révèle la régularité du progrès qui tend au changement sous les pressions du milieu extérieur.

« Au fond de tous les organismes, il y a une communauté originelle; au contraire, la différence des formes provient des rapports nécessaires avec le monde extérieur. Il faut donc admettre une diversité originelle simultanée, et une métamorphose, incessamment progressive, si l'on veut comprendre les phénomènes constants et les phénomènes variables.

« Nous en sommes arrivés à pouvoir affirmer sans crainte que toutes les formes les plus parfaites de la nature organique, par exemple les poissons, les amphibies, les oiseaux, les mammifères, et, au premier rang de ces derniers, l'homme, ont tous été modelés sur un type primitif dont les parties les plus fixes en apparence ne varient que dans d'étroites limites et que tous les jours encore ces formes se développent et se métamorphosent en se reproduisant.

« Si l'on examine les plantes et les animaux placés au bas de l'échelle des êtres, on peut à peine les distinguer les uns des autres; nous pouvons donc dire que les êtres, d'abord confondus dans un état de parenté où il se différenciaient à peine les uns des autres, sont peu à peu devenus plantes et animaux, en se perfectionnant dans deux directions opposées, pour aboutir les unes à l'arbre durable et immobile, les autres à l'homme qui représente le plus haut degré de mobilité et de liberté ».

Geoffroy-Saint-Hilaire comprit cette grande doctrine de l'unité de plan réalisée dans un développement graduel, et la soutint avec éloquence. Mais il fut combattu et vaincu par Cuvier, esprit fermé au progrès et dont l'influence sur la science francaise a été fatale, malgré ses immortels travaux en paléontologie. Lorsque cette doctrine revint en France après avoir passé par l'Angleterre, elle parut nouvelle, tant elle avait été soigneusement étouffée par le baron

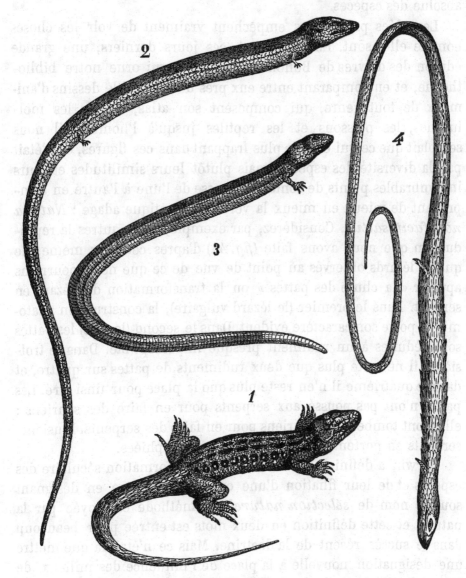

Fig. 44. — *Transformation des espèces : La chute des pattes.*
1, Le lézard vulgaire. — 2. Le seps. — 3. Le lézard cannelé. — 4. Le lézard monodactyle.

Cuvier, secrétaire perpétuel de l'Académie des sciences, professeur au Muséum d'histoire naturelle et au Collège de France, conseiller d'État, pair de France, etc., etc. il affirma et imposa officiellement la théorie des révolutions du globe et des créations successives. Comme Buffon, Daubenton, Lacépède, il affirmait l'immutabilité absolue des espèces.

Les idées préconcues empêchent vraiment de voir les choses comme elles sont. En feuilletant, ces jours derniers, une grande édition des œuvres de Buffon et Lacépède, qui orne notre bibliothèque, et en comparant entre eux près de trois mille dessins d'animaux de tout genre, qui composent son atlas, depuis les mollusques, les poissons et les reptiles jusqu'à l'homme, il nous semblait que ce qui était le plus frappant dans ces figures, ce n'était pas la diversité des espèces, mais plutôt leurs similitudes et leurs innombrables points de contact. On passe de l'une à l'autre en comprenant de mieux en mieux la vérité de l'antique adage : *Natura non facit saltus*. Considérez, par exemple, entre autres la reproduction que nous avons faite (*fig.* 44) d'après cet atlas même, de quatre lézards observés au point de vue de ce que nous pourrions appeler « la chute des pattes » ou la transformation du lézard en serpent. Dans le premier (le lézard vulgaire), la construction anatomique porte son caractère évident. Dans le second (le seps) les pattes sont réduites à un rudiment presque imperceptible. Dans le troisième il ne reste plus que deux rudiments de pattes sur quatre, et dans le quatrième il n'en reste plus que la place pour ainsi dire. Les pattes n'ont pas poussé aux serpents pour en faire des sauriens : elles sont tombées des sauriens pour en faire des serpents. Plusieurs serpents en portent encore les vertèbres atrophiées.

Darwin a défini la doctrine de la transformation séculaire des espèces et de leur filiation d'une origine commune en désignant sous le nom de *sélection naturelle* la méthode employée par la nature, et cette définition en deux mots est entrée pour beaucoup dans le succès récent de la doctrine. Mais ce n'était là que mettre une désignation nouvelle à la place de l'influence des milieux de Lamarck, d'autant plus, qu'en réalité, la nature elle-même ne fait pas de choix, ou de sélection : les causes produisent des effets, et voilà tout.

Mais voyons, exposée par lui-même, l'œuvre de Darwin dans l'élucidation du grand mystère, « le mystère des mystères », comme l'exprimait Humboldt.

Quand on réfléchit au problème de l'origine des espèces, en songeant aux rapports mutuels des êtres organisés, à leurs relations embryologiques, à leur distribution géographique et à d'autres faits analogues, il semble réellement incroyable qu'un naturaliste n'arrive pas à conclure tout d'abord que chaque espèce ne peut avoir été créée indépendamment mais doit descendre, comme les variétés, d'autres espèces. Néanmoins une telle conclusion, serait-elle fondée, ne saurait être satisfaisante jusqu'à ce qu'il fût possible de démontrer comment les innombrables espèces qui habitent ce monde ont été modifiées de manière à acquérir cette perfection de structure et cette adaptation des organes à leurs fonctions qui excite à si juste titre notre admiration.

Au premier abord, il peut paraître difficile d'admettre que les organes et les instincts les plus complexes aient été perfectionnés, non par des moyens supérieurs bien qu'analogues à la raison humaine, mais par l'accumulation de variations innombrables, quoique légères, et dont chacune a été utile à son possesseur individuel. Néanmoins cette difficulté ne peut arrêter la science si l'on admet les propositions suivantes :

C'est d'abord que les organes et les instincts sont, à un degré si faible que ce soit, variables ;

C'est qu'il existe une concurrence vitale universelle ayant pour effet de perpétuer chaque utile déviation de structure ou d'instinct ;

C'est enfin que chaque degré de perfection d'un organe quelconque peut avoir existé, chacun de ces degrés étant bon dans son espèce.

L'homme ne produit pas la variabilité, il expose seulement, et, souvent sans dessein, les animaux domestiques et les plantes cultivées à de nouvelles conditions de vie, et alors, la nature agissant sur l'organisation, il en résulte des variations. Mais ce que nous pouvons faire et ce que nous faisons, c'est de choisir les variations que la nature produit, et de les accumuler dans la direction qui nous plaît. Nous adaptons ainsi, soit les animaux, soit les plantes, à notre propre utilité ou même à notre agrément. Un tel résultat peut être obtenu systématiquement ou même sans conscience de l'effet produit, il suffit que sans avoir aucunement la pensée d'altérer la race, chacun conserve de préférence les individus qui, à toute époque donnée, lui sont le plus utiles. Il est certain qu'on peut transformer les caractères d'une espèce en choisissant à chaque génération successive des différences individuelles assez légères pour échapper à des yeux inexpérimentés, et ce procédé électif a été le principal agent dans la production des races domestiques les plus distinctes et les plus utiles. Que plusieurs des races produites par l'homme aient, dans une large mesure, le caractère d'espèces naturelles, il n'en faut d'autres preuves que les inextricables doutes où nous sommes si quelques-unes d'entre elles sont des variétés ou des espèces originairement distinctes.

Il n'est aucune bonne raison pour que les mêmes principes qui ont

agi si efficacement à l'état domestique n'agissent pas à l'état de nature.
La conservation des races et des individus favorisés dans la lutte perpétuellement renouvelée au sujet des moyens d'existence, est un agent tout-
puissant et toujours actif d'élection naturelle. La concurrence vitale es
une conséquence nécessaire de la multiplication en raison géométrique
plus ou moins élevée de tous les êtres organisés. La rapidité de cette progression est prouvée, non seulement par le calcul, mais par la prompte
multiplication de certaines espèces d'animaux ou de plantes pendant une
suite de saisons favorables, ou lorsqu'elles sont naturalisées en de
nouvelles contrées. Il naît plus d'individus qu'il n'en peut vivre : un grain
dans la balance peut déterminer quel individu vivra et lequel mourra,
quelle variété ou quelle espèce s'accroîtra en nombre et laquelle dimi-
nuera ou sera finalement éteinte. Comme les individus de même espèce
entrent à tous égards en plus étroite concurrence les uns envers les autres, la lutte est en général d'autant plus sévère entre eux. Elle est presque
également sérieuse entre les variétés de la même espèce, et grave encore
entre les espèces du même genre ; mais la lutte peut exister souvent entre
des êtres très éloignés les uns des autres dans l'échelle de la nature. Le
plus mince avantage acquis par un individu, à quelque âge ou durant
quelque saison que ce soit, sur ceux avec lesquels il entre en concurrence, ou une meilleure adaptation d'organes aux conditions physiques
environnantes, quelque léger que soit ce perfectionnement, fera pencher
la balance.

Parmi les animaux chez lesquels les sexes sont distincts, une certaine
rivalité entre les mâles est fréquente et même permanente. Les individus les plus vigoureux ou ceux qui ont lutté avec le plus de bonheur
contre les conditions physiques locales, laisseront généralement la plus
nombreuse progéniture. Mais leur succès dépendra souvent des armes
spéciales ou des moyens de défense qu'ils possèdent, ou même de leur
beauté, et le plus léger avantage leur procurera la victoire.

En admettant que le témoignage géologique soit extrêmement incom-
plet, tous les faits qu'il nous offre sont à l'appui de la théorie de descendance modifiée. Les espèces nouvelles ont apparu sur la scène du monde
lentement et par intervalles successifs ; et la somme des changements
effectués dans des temps égaux est très différente dans les différents groupes. L'extinction des espèces et des groupes entiers d'espèces qui a joué
un rôle si important, est une suite presque inévitable du principe d'élection naturelle ; car les formes anciennes doivent être supplantées par des
formes nouvelles plus parfaites. Ni les espèces isolées, ni les groupes d'espèces, ne peuvent reparaître quand une fois la chaîne des générations
régulières a été rompue.

La théorie d'élection naturelle, avec ses conséquences, les extinctions
d'espèces et la divergence des caractères, est la seule qui rende raison de

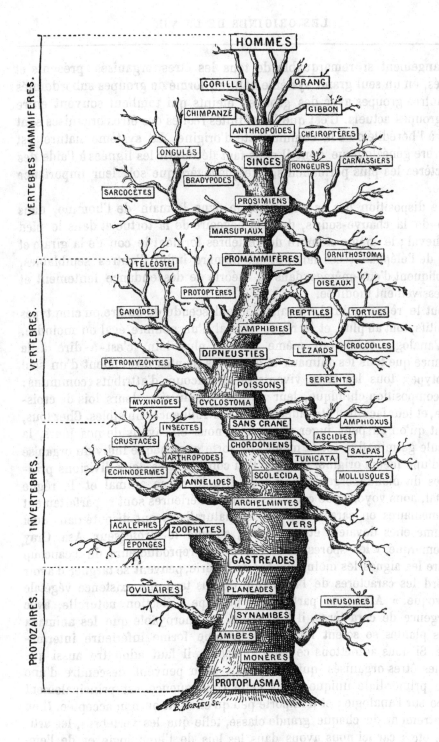

VERTEBRÉS MAMMIFÈRES.

HOMMES

GORILLE — ORANG

CHIMPANZÉ — GIBBON

ANTHROPOÏDES — CHEIROPTÈRES

ONGULÉS — SINGES — CARNASSIERS

RONGEURS

BRADYPODES

SARCOCÈTES

PROSIMIENS

MARSUPIAUX

VERTEBRÉS.

PROMAMMIFÈRES — ORNITHOSTOMA

TÉLÉOSTEI

OISEAUX

PROTOPTÈRES

GANOÏDES — REPTILES — TORTUES

AMPHIBIES

DIPNEUSTIES — LÉZARDS — CROCODILES

PETROMYZONTES

SERPENTS

POISSONS

MYXINOÏDES — CYCLOSTOMA — AMPHIOXUS

INVERTÉBRÉS.

INSECTES — SANS CRÂNE — ASCIDIES

CRUSTACÉS — CHORDONIENS — SALPAS

ARTHROPODES — TUNICATA

ECHINODERMES — SCOLECIDA — MOLLUSQUES

ANNELIDES

ARCHELMINTES

VERS

ACALÈPHES — ZOOPHYTES

ÉPONGES

GASTREADES

PROTOZAIRES.

OVULAIRES — PLANEADES

INFUSOIRES

SYNAMIBES

AMIBES

MONÈRES

PROTOPLASMA

E. MORIEU Sc.

Fig. 45. — ALBRE GÉNÉALOGIQUE DE LA VIE TERRESTRE.

l'arrangement si remarquable de tous les êtres organisés, présents et passés, en un seul grand système naturel, formé de groupes subordonnés à d'autres groupes avec des groupes éteints qui tombent souvent entre des groupes actuels. C'est que les affinités réelles des êtres organisés sont dues à l'hérédité ou à la communauté d'origine. Le système naturel est un arbre généalogique dont il nous faut découvrir les lignées à l'aide des caractères les plus permanents, quelque légère que soit leur importance vitale.

La disposition des os est analogue dans la main de l'homme, dans l'aile de la chauve-souris, dans la nageoire de la tortue et dans le pied du cheval ; le même nombre de vertèbres forment le cou de la girafe et celui de l'éléphant ; ces faits, et un nombre infini d'autres semblables, s'expliquent d'eux-mêmes dans la théorie de descendance lentement et successivement modifiée.

Tout le règne animal est sans doute descendu de quatre ou cinq types primitifs, tout au plus, et le règne végétal d'un nombre égal ou moindre.

L'analogie conduirait même un peu plus loin, c'est-à-dire à la croyance que tous les animaux et toutes les plantes descendent d'un seul prototype ; tous les êtres vivants ont beaucoup d'attributs communs : leur composition chimique, leur structure cellulaire, leurs lois de croissance, et leur faculté d'être affectés par des influences nuisibles. Chez tous, autant qu'on en peut juger par ce que nous en savons de nos jours, la vésicule germinative est la même ; de sorte que chaque individu organisé part d'une même origine. Même si l'on considère les deux divisions principales du monde organique, c'est-à-dire le règne animal et le règne végétal, nous voyons que certaines formes inférieures sont si parfaitement intermédiaires en caractères, que des naturalistes ont disputé dans quel royaume elles devaient être rangées ; comme le professeur Asa Gray l'a remarqué, « les spores et autres corps reproducteurs de beaucoup d'entre les algues les moins élevées de la série, peuvent se targuer d'avoir d'abord les caractères de l'animalité et plus tard une existence végétale équivoque. » Ainsi, en partant du principe d'élection naturelle, avec divergence de caractères, il ne semble pas incroyable que les animaux et les plantes se soient formés de quelque forme inférieure intermédiaire. Si nous admettons ce point de départ, il faut admettre aussi que tous les êtres organisés qui ont jamais vécu peuvent descendre d'une forme primordiale unique. Mais cette conséquence est principalement fondée sur l'analogie ; et il importe peu qu'elle soit ou non acceptée. Il en est autrement de chaque grande classe, telle que les vertébrés, les articulés, etc. ; car ici nous avons dans les lois de l'homologie et de l'embryologie, etc., des preuves toutes spéciales que tous descendent d'un parent unique.

D'éminents auteurs semblent pleinement satisfaits de l'hypothèse que chaque espèce ait été indépendamment créée. A mon avis, ce que nous connaissons des lois imposées à la matière par le Créateur, s'accorde mieux avec la formation et l'extinction des êtres présents et passés par des causes secondes, semblables à celles qui déterminent la naissance et la mort des individus. Quand je regarde tous les êtres, non plus comme des créations spéciales, mais comme la descendance en ligne directe d'êtres qui vécurent longtemps avant que les premières couches du système silurien fussent déposées, ils me semblent tout à coup anoblis. Préjugeant l'avenir du passé, nous pouvons prédire avec sûreté qu'aucune espèce vivante ne transmettra sa ressemblance inaltérée aux âges futurs, et qu'un petit nombre d'entre elles enverront seules une postérité quelconque jusqu'à une époque très éloignée ; car le système de groupement des êtres organisés nous montre que le plus grand nombre des espèces de chaque genre n'ont laissé aucun descendant, mais se sont entièrement éteintes. Nous pouvons même jeter un regard prophétique dans l'avenir jusqu'à prédire que ce sont les espèces communes et très répandues, appartenant aux groupes les plus nombreux de chaque classe, qui prévaudront ultérieurement, et qui donneront naissance à de nouvelles espèces dominantes. Comme toutes les formes vivantes actuelles sont la postérité linéaire de celles qui vécurent longtemps avant l'époque silurienne, nous pouvons être certains que la succession régulière des générations n'a jamais été interrompue, et que par conséquent jamais aucun cataclysme n'a désolé le monde entier. Nous pouvons aussi en conclure avec toute confiance, qu'il nous est permis de compter sur un avenir d'une incalculable longueur. Et comme l'élection naturelle agit seulement pour le bien de chaque individu, tout don physique ou intellectuel tendra à progresser vers la perfection.

Quel intérêt ne trouve-t-on pas à contempler un rivage luxuriant couvert de nombreuses plantes appartenant à de nombreuses espèces avec des oiseaux chantant dans les buissons, des insectes voltigeant à l'entour, des annélides ou des larves vermiformes rampant à travers le sol humide ; si l'on songe en même temps que toutes ces formes élaborées avec tant de soin, de patience, d'habileté, et dépendantes les unes des autres par une série de rapports si compliqués ont toutes été produites par des lois qui agissent continuellement autour de nous ! Ces lois, prises dans leur sens le plus large, nous les énumérerons ici : c'est la loi de croissance et de reproduction ; c'est la loi d'hérédité, presque impliquée dans la précédente ; c'est la loi de variabilité sous l'action directe ou indirecte des conditions extérieures de la vie et de l'usage ou du défaut d'exercice des organes ; c'est la loi de multiplication des espèces en raison géométrique qui a pour conséquence la concurrence vitale et l'élection naturelle, d'où suivent la divergence des caractères et l'extinction des formes spécifiques.

Il y a de la grandeur dans une telle manière d'envisager la vie et ses diverses puissances, animant à l'origine quelques formes ou une forme unique sous un souffle créateur. Et tandis que notre planète a continué de décrire ses cycles perpétuels, d'après les lois fixes de la gravitation, d'un si modeste berceau sont sorties des formes sans nombre, de plus en plus belles,.de plus en plus merveilleuses, qui vont en se développant dans une évolution sans fin (¹).

Ainsi parle Darwin lui-même, résumant cette loi universelle et désormais incontestable de la parenté, de la fraternité de tous les êtres. Tous les faits judicieusement observés en histoire naturelle viennent témoigner en faveur de cette unité organique. Nous avons déjà remarqué plus haut (p. 24) la parenté entre l'homme et les animaux signalée par le témoignage actuel de notre propre embryologie. Nous y reviendrons plus tard, ainsi que sur les témoignages fournis par l'anatomie comparée. Mais dans la nature tous les renseignements sont précieux et il n'y a rien d'insignifiant. Ainsi, par exemple, la main de l'homme n'est pas arbitraire mais rattachée morphologiquement aux pattes des animaux qui nous paraissent les plus étrangers. Dans la main du gorille, dans celle de l'orang, dans la patte du chien, dans le sabot du cheval, dans la nageoire pectorale du phoque et du dauphin, dans l'aile de la chauve-souris, dans la pioche de la taupe et même dans les pattes du plus imparfait des mammifères, l'ornithorynque, on retrouve partout et toujours le même nombre d'os et la même construction. Cette comparaison, que nous avons reproduite d'après Hæckel (*fig.* 43), est significative pour tous ceux qui savent lire.

Les diverses formes des êtres ne sont que les résultats de transformations lentes. C'est, en grand, ce qui se produit en petit dans la physionomie humaine et dans les allures des individus selon leur genre de vie et leurs facultés dominantes. Un penseur, un savant, un poète, un théologien, un artiste, un magistrat, un commerçant, un militaire, un ouvrier, un moine, un sacristain, un viveur, un parasite, un joueur, un escroc, un voleur, un malfaiteur, portent chacun sur leur physionomie et dans leur manière d'être des témoignages non équivoques de leur situation sociale. On rencontre

---

1. DARWIN. *De l'origine des espèces ou des lois du progrès chez les êtres organisés.*

très souvent dans le monde des êtres chez lesquels le cerveau semble atrophié. Le chercheur porte une tête pensive légèrement inclinée ; celui dont la cervelle est vide et légère porte la tête altière et *pose* un peu à la façon du paon. L'ouvrier a des muscles, le poëte et le musicien ont des nerfs, l'observateur a des yeux, et sur chaque visage, l'âme se reflète dans sa manifestation réelle. Multipliez ces nuances par des siècles d'hérédité et de développement et vous aurez une image de la transformation des espèces.

L'examen des fossiles qui caractérisent les différentes couches de terrains géologiques montre que les formes organisées vont en se simplifiant à mesure que l'on descend et que l'on retrouve des couches de plus en plus anciennes. Sans doute, tous les êtres fossiles sont loin d'avoir été retrouvés. Les fouilles que l'homme a faites dans l'écorce terrestre ne représentent qu'une surface insignifiante. Les types découverts sont comme des médailles de divers siècles : on en a retrouvé quelques-unes, mais il en manque un grand nombre. Pourtant elles suffisent pour reconstituer la marche générale de l'histoire, et, remarque significative, chaque médaille nouvelle que l'on met au jour vient précisément se placer aux lacunes laissées en blanc et servir de trait d'union entre deux espèces qui paraissaient trop éloignées l'une de l'autre et se séparer dans l'arbre généalogique. Ainsi l'on descend jusqu'aux couches primitives, où l'on ne trouve plus aucun fossile de végétal ou d'animal ressemblant à ceux qui existent aujourd'hui, mais précisément des types élémentaires très inférieurs qui ne représentent pour ainsi dire que des réunions de cellules sans organisation.

Tous les êtres vivants sont pareils entre eux. Non seulement on peut passer d'une espèce à l'autre, chez les animaux comme chez les végétaux, sans avoir jamais d'abîme à franchir, sans trouver de vides entre elles, mais encore on constate que les espèces les plus perfectionnées peuvent être rattachées de proche en proche aux espèces les plus simples, comme des extrémités des diverses branches d'un arbre gigantesque on descend aux branches inférieures dont toutes les autres dérivent. Il y a plus. Lorsqu'on arrive aux animaux comme aux plantes primitifs les plus élémentaires, on voit qu'à leur tour ils ne sont pas aussi séparés entre eux que le sont les animaux supérieurs des plantes supérieures, et qu'au contraire

ils se rapprochent à un tel point que l'on ne sait plus si l'on doit
les nommer des animaux ou des plantes. Ce sont des êtres intermédiaires, qui ne sont ni animaux ni plantes, mais les deux à la
fois, sous une forme tout élémentaire, et qui les rapproche même
du minéral. En fait, tels de ces êtres primitifs sont à la fois minéraux, plantes et animaux; par exemple, les coraux, les éponges et
un grand nombre de zoophytes.

Dans l'état actuel de la science, on peut déjà se représenter la
filiation générale des espèces et esquisser l'arbre généalogique de la
vie terrestre. C'est ce qu'a fait récemment le naturaliste Hæcke.
dans le tableau figuré que nous avons reproduit plus haut (*fig.* 45).
Cette filiation n'est pas encore établie dans toutes ses branches,
mais l'ensemble est déjà démontré par l'accord de toutes les
sciences naturelles réunies : géologie, paléontologie, anatomie,
embryologie, physiologie, etc. Nous venons d'esquisser cet ensemble, nous allons pénétrer dans l'analyse des origines et chercher
d'abord comment la vie a commencé sur notre planète errante.
Mais le fait capital, celui de l'unité et de la parenté de tous les
êtres vivants est désormais fondé sur des bases inébranlables.

Les espèces sont dérivées les unes des autres par suite de transformations naturelles lentement accomplies; elles ne sont ni im-
muables ni même durables; elles naissent comme variétés, vivent
et disparaissent lorsque les conditions de leur existence mettent en
péril leur vitalité. Nous avons vu déjà disparaître plusieurs espèces
depuis les temps historiques même. Le dinornis a cessé de vivre à
la Nouvelle Zélande, l'æpiornis à Madagascar, le dronte et plusieurs
espèces de tortues aux îles Muscareignes. La baleine disparaît rapidement. Les troupeaux d'aurochs qui habitaient la Gaule du temps
de Jules César ont disparu. Plusieurs races humaines, notamment
celle des Tasmaniens, se sont éteintes sans retour. Pendant ce temps,
d'autres grandissent et arrivent à leur apogée. Toutes ces transformations de la vie terrestre s'accomplissent naturellement, sans révolutions géologiques, sans cataclysmes et sans miracles.

On le voit, tout nous prouve l'unité de l'arbre généalogique de
la vie et la filiation naturelle des êtres depuis le vers de terre jusqu'à
l'homme. L'*embryologie,* qui nous montre l'homme lui-même
commençant son existence par un œuf et par des phases correspon-

dant aux formes animales d'où sont issus ses ancêtres ; l'*anatomie comparée*, qui montre l'identité de son squelette avec celui des vertébrés supérieurs ; la *physiologie* qui nous montre dans le cerveau le développement progressif de la moelle épinière et dans chaque organe un résultat de l'exercice de facultés graduellement grandissantes ; l'*histoire naturelle* dans toutes ses branches, qui nous montre chez les plantes comme chez les animaux la variation des organes et des formes produite par les changements de milieux, de conditions d'existence, d'alimentation, de respiration, de lumière, de température, etc., et se transmettant par hérédité, ainsi que l'atrophie et la disparition des organes devenus inutiles ; la *paléontologie*, qui nous montre les fossiles échelonnés du simple au composé et se succédant de période en période en accusant un lent et perpétuel progrès dans le développement des espèces ; la *géologie* et l'histoire de la Terre, qui nous montrent l'harmonie des périodes avec les espèces vivantes et mettent les causes à côté des effets ; *tout* nous prouve cette unité grandiose, cette universelle fraternité.

Telle est la théorie de la transformation des espèces, de leur filiation et de leur origine, aujourd'hui irrévocablement établie par les travaux des grands naturalistes, à la tête desquels se placent Lamarck, Geoffroy-Saint-Hilaire et Darwin. Ne pas l'accepter, c'est fermer les yeux à la lumière. Dans l'état actuel de nos connaissances, lorsque vous entendez quelqu'un tourner en ridicule la parenté de l'homme avec le singe et avec les autres espèces animales, tenez pour démontré que vous avez devant vous ou un ignorant, ou une personne de mauvaise foi, ou un cerveau muré ; et ne vous donnez pas la peine de discuter. Ces esprits rétrogrades mettent la noblesse où elle n'est pas, dans la décadence d'un type primitif plus ou moins parfait, au lieu de la reconnaître, de l'admirer et de la saluer dans LE PROGRÈS.

CHAPITRE II

LES ORIGINES DE LA VIE

Comment la vie a-t-elle commencé? L'organisme élémentaire.

Nous arrivons ici à la question capitale par excellence. Que les espèces animales d'une part, les espèces végétales d'autre part, dérivent, comme des branches et des rameaux de deux troncs primitifs, c'est ce qui doit être accepté comme entièrement conforme à tous les enseignements directs de la nature elle-même. Que ces deux arbres généalogiques soient voisins par leur origine et aient les mêmes racines, c'est ce que nous pouvons également admettre, en interprétant ces enseignements dans leur étendue générale. Mais, reculons aussi loin que nous le voudrons, à travers les âges, les filiations organiques et leurs transformations, nous n'en sommes pas moins conduits à aboutir à un moment où la vie a dû *commencer*. La vie ne pouvait exister, même en germes, à l'époque où la Terre était soleil, et brillait incandescente dans les solitudes de l'espace. Il ne pouvait exister là ni germes de plantes, ni germes d'animaux, ni molécules organiques quelconques. Les éléments chimiques étaient eux-mêmes dissociés. Avant d'être soleil, notre planète, comme nous l'avons vu, était à l'état gazeux, faisant partie de la nébuleuse solaire. En remontant plus haut encore, nous atteignons une époque à laquelle la substance qui devait dans l'avenir constituer la Terre et ses habitants était raréfiée à un tel degré que le vide le plus absolu de nos machines pneumatiques serait du

...Sous l'immense soleil des premiers âges, l'eau, l'eau partout, l'eau toujours...
Dans son sein va germer la vie.

plomb en comparaison, presque impondérable et presque aussi
transparente que l'espace pur. Il est impossible d'imaginer que les
germes de la vie aient pu exister déjà dans ces conditions, à moins
de faire une hypothèse un peu hardie.

Cette hypothèse consisterait à supposer que les germes primitifs
de la vie sont des atomes spéciaux, des atomes vivants, existant au
même titre que les atomes de carbone, d'oxygène, d'hydrogène,
d'azote ou de fer. On admet, en chimie et en mécanique, que les
atomes sont indestructibles. De là à les supposer éternels, la distance
n'est pas très grande. Si les atomes ont existé de toute éternité, et
si l'origine de la vie réside dans la propriété de « l'atome vivant »
d'attirer à soi d'autres atomes pour en constituer des molécules
organiques, il suffirait d'attendre que les conditions convenables
fussent réunies pour assister à la formation naturelle de la première
cellule organique.

Mais cette hypothèse n'est pas probable. Sans doute, il n'y a pas vraiment d'*atomes* d'hydrogène, d'oxygène, de carbone ou de fer, mais
seulement des *molécules* de ces corps, c'est-à-dire des agglomérations spécifiques, distinctes, variées, d'atomes primitifs, qui, eux, ne
sont ni de l'hydrogène, ni de l'oxygène, ni du fer, etc. Les corps que
la chimie appelle simples sont très probablement des composés, des
édifices d'atomes élémentaires. Dans cette vue de l'univers, il n'y aurait qu'un genre d'atomes primitifs, tous les atomes étant identiques.

La substance cosmique primordiale doit être simple, formée
d'atomes homogènes, dernier terme de la réductibilité de la matière. Les corps considérés comme simples par la chimie peuvent
être, doivent être des agglomérations d'atomes, des molécules différant entre elles par leur volume, leur forme et leur poids. La
molécule d'hydrogène pèse 8 fois moins que la molécule d'oxygène,
14 fois moins que celle de l'azote, 31 fois moins que celle du phosphore, 100 fois moins que celle du mercure. Mais tout porte à
croire que ce sont vraiment là des molécules et non des atomes, et
que leurs différences de propriétés proviennent de leurs différences
de constitution atomique.

A leur tour, ces molécules, en se réunissant, forment des particules de corps autrefois réputés simples et aujourd'hui connus
comme composés. Deux volumes d'hydrogène combinés avec un

volume d'oxygène créent de l'*eau*. 21 parties d'oxygène mélangées à 79 parties d'azote créent de l'*air*. Tous les corps qui nous environnent, inorganiques ou organiques, sont des composés, des associations, des combinaisons de molécules fournies par les divers corps appelés simples en chimie.

Partout et en tout, dans ses moindres détails comme dans les plus grandes lignes de l'architecture du cosmos, la nature procède du simple au composé. Nous sommes donc autorisés par son enseignement même à remonter, dans la recherche de l'origine des choses, jusqu'à la plus extrême simplification qu'il soit possible d'imaginer, et sans doute n'atteindrons-nous même pas encore la simplicité primordiale.

A l'origine du système solaire, la substance cosmique primitive dont il est constitué était formée d'atomes homogènes, simples, élémentaires ; l'état actuel de l'univers est dû aux arrangements ultérieurs de ces atomes entre eux.

Nous admettons en principe que les molécules des corps considérés encore aujourd'hui comme simples par la chimie sont composées d'atomes, et que leurs diversités spécifiques proviennent du mode d'arrangement de ces atomes primitifs réalisé dans la formation de chaque molécule.

Ces modes d'association ne sont pas arbitraires, mais causés par les forces de la nature, telles que l'attraction (quelle que soit son essence), la chaleur, la lumière, l'électricité, le magnétisme et les autres modes de mouvement atomique. Il n'est donc pas surprenant que les mêmes combinaisons d'atomes aient été réalisées en des mondes différents et même en des systèmes de mondes différents, et que l'analyse spectrale ait constaté la présence du fer, de l'hydrogène, du sodium, du magnésium, de l'eau même et du carbone, ainsi que d'autres éléments existants sur la Terre, dans le Soleil, les étoiles, les planètes et les comètes. Les lois de la nature sont partout les mêmes, quoique appliquées sous des formes variées. Mais ces mêmes atomes primitifs simples et élémentaires, peuvent aussi s'être associés en d'autres genres de molécules n'existant pas sur la Terre. Et, en effet, le spectroscope révèle dans Saturne, dans Uranus, dans certaines nébuleuses, l'existence de corps inconnus qui n'ont pas leurs analogues dans la chimie terrestre. Dans le spectre solaire, les raies de l'hélium prouvent qu'il y a sur le Soleil des corps absolument étrangers à ceux que nous connaissons sur la Terre.

Les associations géométriques d'atomes ont créé les molécules originaires des espèces inorganiques, l'hydrogène, l'oxygène, l'azote, le carbone, le fer, le soufre, le phosphore, l'arsenic, l'aluminium l'antimoine, l'argent, l'or, le plomb, le zinc, le cuivre, l'étain, le mercure, etc.

Les associations de molécules, parmi lesquelles se signalent en première ligne les molécules de carbone et les particules d'eau et d'air, ont pu, dans le développement du même principe naturel, produire les premières substances organiques. La *force* qui, primitivement, est purement mécanique dans les mouvements des atomes élémentaires ou dans celle des astres, atomes de l'espace immense, devient affinité, force physico-chimique, dans les associations de molécules entre elles, force vitale dans la constitution des organismes végétaux et animaux, et plus tard force pensante chez les animaux et chez l'homme (l'âme humaine, consciente d'elle-même et responsable, n'arrivera sur la Terre que dans les temps modernes). Il n'y a sans doute qu'une force, comme il n'y a qu'un genre d'atomes. Mais cette force se diversifie, comme la substance, et ses diverses manifestations peuvent à leur tour se transformer les unes dans les autres, la somme d'énergie restant la même, comme la quantité de matière, rien ne venant du néant et rien ne s'anéantissant.

L'analyse des tissus animaux et végétaux prouve directement qu'ils sont formés de molécules inorganiques. Buffon et plusieurs naturalistes ont cru qu'il existait des molécules organiques; mais on a reconnu depuis que c'était là une erreur. Il n'y a pas de molécules organiques. Comme *fait* incontestable et absolument démontré, *les êtres vivants sont composés de molécules inorganiques,* parmi lesquelles dominent l'eau, l'air, le carbone et autres substances primitivement non organisées.

Allons un peu plus loin. Si l'on examine en détail ces tissus animaux et végétaux, on constate qu'ils sont formés de globules muqueux soudés ensemble. Ces globules albuminoïdes, désignés techniquement sous le nom de cellules, sont de petits œufs microscopiques, dans lesquels on peut distinguer ce qui caractérise tous les œufs : une enveloppe, un liquide et un noyau. *C'est là l'élément essentiel de construction de tous les êtres vivants*, végétaux comme animaux. Tous, encore aujourd'hui (y compris l'homme), naissent d'un œuf microscopique, d'une simple cellule.

Nous sommes donc conduits, par l'étude directe de la nature, à admettre que la vie a commencé sur la Terre par la formation de cellules élémentaires. Mais comment, et de quelles substances ces cellules se sont-elles formées?

Malgré le scepticisme apparent de ceux qui prétendent qu'il est interdit à la nature humaine de remonter à la recherche des causes premières, cette question de l'origine de la vie est trop capitale pour n'avoir pas préoccupé tous les esprits soucieux de la connaissance de la vérité. On est allé parfois très loin en chercher la solution. C'est ainsi que sir William Thomson a émis l'hypothèse que les premiers germes de la vie ont pu être apportés sur notre planète par les étoiles filantes et les uranolithes, considérés comme ruines de mondes détruits flottant dans l'espace et rencontrant par hasard dans les déserts du vide les mondes à ensemencer. L'hypothèse est originale, mais peu probable, quoi qu'il ne soit pas du tout impossible qu'un morceau de planète défunte tombe du ciel et nous apporte quelque germe non stérilisé. Mais les conditions d'habitabilité des divers mondes sont si différentes entre elles que lors même qu'une telle occurrence se produirait, il n'est point dit pour cela que l'endroit de la mer ou des continents où l'uranolithe arriverait serait un champ tout préparé pour faire fructifier la semence extra-terrestre. Les étoiles filantes arrivant dans l'air et s'y désagrégeant seraient peut-être plus sûres; mais la chaleur produite par la rapidité de leur pénétration dans l'atmosphère les fond et les brûle, à moins qu'elles n'aient un volume relativement considérable. D'ailleurs, une telle hypothèse ne fait que reculer la difficulté. Si la vie nous venait d'un autre monde, la question serait de chercher comment elle est née sur ce monde antérieur, et ainsi de suite.

Revenons donc à la question elle-même. D'après les considérations qui précèdent, nous avons pour la résoudre les documents concordants fournis par divers ordres d'études : l'examen des fossiles appartenant aux terrains les plus anciens; l'examen de l'arbre généalogique des espèces végétales et des espèces animales;

l'examen de la formation actuelle des êtres organisés et des substances qui les constituent.

L'un des résultats les plus importants de la science moderne a été de constater, comme nous venons de le voir, qu'il n'y a pas de matière organique spéciale, et que végétaux et animaux sont composés d'éléments inorganiques, que l'on connaît d'ailleurs, et qui sont, par ordre d'importance : *l'eau* (c'est-à-dire l'oxygène et l'hydrogène), *l'air* (c'est-à-dire l'oxygène et l'azote), *le carbone*, la chaux, la silice, le sel, le phosphore, le soufre, le fer. Tous les êtres vivants, quels qu'ils soient, depuis l'homme jusqu'à la plante la plus élémentaire, sont formés de matériaux inorganiques. Ce qui les distingue des minéraux, ce n'est pas la composition, la substance, mais le mode spécial d'arrangement, qui en fait des corps ni solides, ni liquides, ni gazeux, comme les corps inorganiques, mais des corps semi-solides, semi-liquides; cet état spécial est dû surtout à l'eau, qui existe en grande quantité dans tous les êtres organisés et qui, par son union avec les éléments constitutifs de leur substance, joue un rôle de premier ordre dans l'explication des phénomènes de la vie (¹).

C'est là un fait très important pour la solution du grand problème. En voici un second qui n'est pas moins significatif, c'est que ces êtres se reproduisent. Mais il faut savoir interpréter cette faculté et ne pas se laisser illusionner par les apparences.

On croit généralement que tous les êtres vivants, hommes, animaux, végétaux, naissent aujourd'hui d'un père et d'une mère, et l'on voit là une objection insurmontable à la formation spontanée d'un premier être vivant. C'est là une erreur. Il n'y a que les êtres supérieurs qui se reproduisent par la génération sexuelle. Les êtres élémentaires se reproduisent par simple fractionnement. Considérons, par exemple, les monères, les amibes, les zoophytes, les polypes, etc. Qu'observons-nous chez un grand nombre d'entre eux? Tout simplement ceci : l'organisme se partage en deux moitiés égales, dès que par la croissance il a atteint un certain volume; puis cha-

---

1. Les organismes primitifs ne sont pour ainsi dire que de l'eau imprégnée d'éléments associés. Chez certaines méduses, le corps contient 99 p. 100 d'eau, et seulement 1 p. 100 de matière solide. Chez l'homme, le corps renferme dans ses tissus 70 p. 100 d'eau et seulement 30 p. 100 de matière solide.

cune des deux moitiés s'accroît et devient un individu complet. Et ainsi de suite. On rencontre le même mode de reproduction chez certains annelés. C'est, du reste, là le mode constant de reproduction de la cellule elle-même, c'est-à-dire de l'élément constitutif. A l'origine, il n'y avait ni végétaux ni animaux, mais seulement des cellules, ou moins encore, peut-être les monères d'Haeckel.

Les monères (¹) sont les êtres les plus simples qui aient encore été observés. Elles ont été découvertes en 1864, dans la Méditerranée, dans la délicieuse baie de Villefranche, près de Nice (²), par Haeckel, professeur de zoologie à l'Université d'Iéna ; ce sont de petites boules muqueuses, invisibles à l'œil nu, ou très petites, et ne dépassant que rarement 1 millimètre de diamètre. Elles sont formées

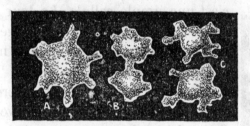

Fig. 48. — Les premiers organismes, la *monère*, d'après Haeckel.
A. Une monère entière. — B. La même monère divisée en deux moitiés par un étranglement. — C. Les deux moitiés se sont séparées et constituent maintenant des individus indépendants.

d'une substance carbonée albuminoïde et se soudent ensemble comme les molécules végétales d'une feuille ; on les rencontre, réunies sous forme de petites masses gélatineuses, sur les rochers et dans la mer. C'est un organisme sans organes : ni tête, ni membres, ni estomac, ni cœur, ni système nerveux ou musculaire. Matière sans structure, simple, homogène, ce grain vivant est aussi bien plante qu'animal. Il est d'une vitalité surprenante, et on l'a trouvé dans les abîmes océaniques jusqu'à 8 000 mètres de profondeur. Il est sphérique, ce qui est la forme élémentaire par excellence. Il est mobile. Quand il se met en mouvement, il se forme à sa surface des saillies digitées, des espèces de petits pieds informes, qui lui permettent de se déplacer. Il se nourrit sans bouche, sans tube digestif, sans estomac, par endosmose, comme les plantes, la nourriture à absorber pénétrant par contact jusque

1. Étymologie : Movoς, seul.
2. D'où l'auteur écrit précisément ces lignes (février 1885).

dans son intérieur. Pour se reproduire, il se divise en deux parties
qui se forment à la suite d'un étranglement, comme on peut s'en
rendre compte à l'examen de la petite figure précédente.

Ce mode de reproduction n'est qu'un excès de croissance de
l'organisme qui dépasse son volume normal. Ce procédé primitif,
la fissiparité, est, à proprement parler, le procédé de multiplica-
tions le plus général, le plus répandu ; en effet, c'est par ce simple
mode de division que se reproduisent les cellules, ces individus
organiques rudimentaires dont l'agglomération constitue la masse
de la plupart des organismes, sans en excepter le corps humain.
Considérons, par exemple, avec le même auteur, ce qui arrive dans
un œuf de mammifère. Voici (*fig.* 49) l'un de ces œufs. En somme,
c'est une simple cellule. Le tour est une mem-
brane enveloppant la substance gélatineuse, dans
laquelle on remarque un petit noyau ou vésicule germinative.

Fig. 49.
Œuf de mammifère.

Dans le premier stade de la création de l'être
vivant, cette vésicule germinative se divise par
fissiparité en deux noyaux, puis la matière cellu-
lulaire, le jaune de l'œuf, suit le mouvement
(*fig.* 50, A). De même les deux cellules se divisent
à leur tour en quatre (B), celles-ci en huit (C), en seize, en trente-
deux, et enfin, il en résulte un amas sphérique ressemblant à une
framboise (D). Ainsi commence, encore aujourd'hui, chaque être
vivant, l'homme compris.

Cette même propagation par fissiparité, peut être observée chez
un grand nombre d'infusoires, comme le représente la figure 51.
Dans l'espace de quelques jours, on voit naître, dans un verre d'eau
de mer, plusieurs millions d'individus produits par ce procédé
d'extrême simplicité.

A la reproduction par division ou fissiparité se rattache de très
près la reproduction par bourgeonnement, si répandue dans le règne
végétal et dans certaines classes inférieures du règne animal,
zoophytes, méduses hydrostatiques, vers, polypes, etc. Ici déjà se
manifeste une différenciation. Tandis que dans le premier cas les
deux êtres issus du partage de la cellule primitive sont frères et
égaux, dans la reproduction par bourgeonnement, le second indi-

vidu est un produit du premier, qui peut être considéré comme
son générateur ; il est plus petit, et il a besoin de grandir pour devenir égal au premier.

C'est ainsi que les choses ont commencé. *Les organismes in-*

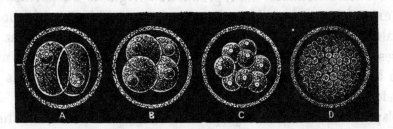

Fig. 50. — Premiers stades de la création d'un mammifère :
L'œuf ou cellule se divise en deux, en quatre, en huit, etc., et finit par produire un amas sphérique
analogue à une framboise.

férieurs, végétaux et animaux, *n'ont pas de sexe*. Pendant des
millions d'années ils se sont reproduits par fractionnement, par
bourgeonnement, et ensuite par germes. L'existence des sexes, puis
leur séparation en deux individus distincts, ne sont arrivés que fort

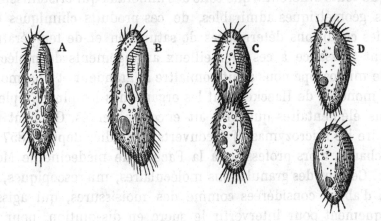

Fig. 51. — Propagation d'un infusoire par division spontanée.

tard dans l'histoire de la création. L'hermaphrodisme a précédé
pendant longtemps la séparation des sexes : il existe encore aujour-
d'hui dans la majorité des plantes et chez certains animaux inférieurs (le colimacon, la sangsue, le lombric et beaucoup d'autres
vers). La séparation des sexes existe par contre chez les plantes su-

périeures, mimosées, sensitives, orchidées, vallisnérie, chanvre,
saules, peupliers, marronniers, dattiers, etc. D'ailleurs la génération
sans sexe et la génération par sexe ne sont pas séparées par une
grande distance, et la seconde vient de la première en passant par
la génération alternante. La reproduction virginale ou parthénogé-
nèse existe chez un grand nombre d'insectes parfaits (tout le monde
connaît celle des pucerons). On remarque des variantes assez curieuses. Ainsi, chez les abeilles, les œufs de la reine donnent naissance à des individus mâles (faux-bourdons) s'ils n'ont pas été
fécondés, et à des abeilles femelles s'ils l'ont été.

D'après ces études analytiques d'histoire naturelle, l'antique
objection fondée sur l'idée que les êtres animés proviennent tous
de parents générateurs n'a pas de valeur scientifique intrinsèque,
puisque pendant une longue série de siècles les habitants primitifs
du globe sont nés sans parents. La difficulté d'admettre la formation de cellules organiques élémentaires n'est plus aussi grande
qu'elle le paraissait lorsqu'on enfermait le monde vivant dans un
cercle trop étroit. Cette formation paraît à peine plus compliquée
(quoique toute différente) que celle des minéraux qui cristallisent en
formes géométriques admirables, de ces produits chimiques qui,
dans des conditions déterminées de saturation et de température,
donnent naissance à ces merveilleux arrangements de molécules
dont le microscope nous a fait connaître la grandeur et l'harmonie.

Les monères de Haeckel sont les organismes les plus simples et
les plus élémentaires que l'on ait encore observés. On peut leur
adjoindre les microzymas (¹) découverts et étudiés depuis 1857 par
M. Béchamp, alors professeur à la Faculté de médecine de Montpellier. Ce sont des granulations moléculaires, microscopiques, que
l'on a d'abord considérées comme des moisissures, qui agissent
chimiquement pour intervertir le sucre en dissolution, pour former la mère du vinaigre, en un mot pour faire fermenter les productions organiques, que M. Béchamp trouve dans l'air, dans l'eau,
dans les animaux, dans les végétaux, dans les minéraux même et
dans les fossiles, et qu'il regarde comme des organismes vivants et
indestructibles. Tandis que la cellule elle-même se constitue et se dé-

¹ Etymologie : Μικρος, petit; ζυμη ferment.

compose, par conséquent n'est pas simple et ne survit pas à la mort des organismes qu'elle a formés, le microzyma serait l'élément primitif de la cellule elle-même, la forme vivante réduite à sa plus simple expression, ayant la vie en soi, sans laquelle la vie ne se manifeste nulle part. Ces granulations organiques, découvertes depuis en Allemagne, y ont recu le nom de « micrococcus ». C'est leur réunion en alignements qui produit les bactéries. D'après l'auteur, ces êtres ne sont pas étrangers aux organismes, comme des germes extérieurs qui apporteraient les maladies; ils font partie intégrante essentielle de tous les corps vivants et sont l'origine même de la vie dans tous les êtres. Les microbes en forme du chiffre 8 de M. Pasteur ne seraient autres que des mycrozymas accouplés deux à deux. En un mot, les microzymas évolueraient en cellules, en œufs, en bactéries, en microbes, et seraient le substratum même du monde organique tout entier. Ils sont classés avec raison parmi les infiniment petits; car eur grandeur est de l'ordre des millièmes de millimètres.

Sans doute, la nature intime de ces organismes n'est pas encore bien définie, et leur exiguïté même est une difficulté presque insurmontable. Mais, qu'ils portent vraiment en eux la vie indestructible, comme l'affirme le savant qui les a étudiés, ou qu'ils servent seulement à la constitution élémentaire des êtres, ils avaient droit de cité ici et devaient être présentés à nos lecteurs dans cet exposé indépendant et sincère de tous les éléments scientifiques qui peuvent contribuer à l'élucidation du grand problème de l'origine de la vie.

Mais, monères, microzymas, cellules, amibes, organismes rudimentaires, sont formés de quelque chose. Ce quelque chose, leur substance, possède une certaine activité que ne possèdent pas les minéraux. Eh bien! c'est là la première substance vivante, la plus élémentaire et la plus simple de toutes : on lui a donné le nom de *protoplasma*(¹) : les physiologistes constatent qu'elle existe à la base de tous les tissus, végétaux et animaux.

Le protoplasma est une substance appartenant au groupe chimique des albuminoïdes, c'est-à-dire composée par une combinaison du carbone avec l'hydrogène et l'azote, éléments primitifs mêmes de

1. Etymologie : πρωτοσ, premier, et πλασμα, formation.

la planète. A ces éléments, dont les proportions varient, s'ajoutent souvent le soufre, le fer et le phosphore ([1]). Tout ^himique, minéral, élémentaire qu'il soit, le protoplasma *vit*, naît, s'accroît, se reproduit et meurt, se nourrit, est sensible, se meut même et réagit contre les excitations qui viennent le provoquer. C'est cette substance qui, en se modifiant de façons diverses, sert à l'édification des tissus et des organes de tous les êtres vivants. Quand les êtres vivants meurent, leur substance se décompose et retourne au monde inorganique auquel elle avait été empruntée.

La sensibilité a été le point de départ de la vie, le grand phénomène initial d'où sont dérivés tous les autres, aussi bien dans l'ordre physiologique que dans l'ordre intellectuel et moral. Les plantes sont sensibles, comme les animaux (différences de degré seulement); le protoplasma est sensible, et c'est en cela surtout qu'il diffère des substances inorganiques qui lui ressemblent le plus.

Les monères, qui habitent encore aujourd'hui l'eau salée, ne sont composées que d'un simple grumeau protoplasmique. Ce sont les êtres les plus simples que nous connaissions. La vie a commencé à l'époque où le globe terrestre était entièrement environné des eaux tièdes de l'océan primordial. Les premiers êtres vivants, très probablement analogues aux monères actuelles, étaient habitants de la mer. D'eux sont venues les plantes aquatiques et terrestres, les êtres qui ne peuvent plus vivre aujourd'hui que dans l'eau douce des lacs, des rivières et des fleuves, ainsi que toute la flore et toute la faune qui décorent et animent aujourd'hui la terre ferme des continents. Encore aujourd'hui les êtres sont surtout composés d'*eau*.

L'enseignement tout entier de la nature répond donc à la question posée tout à l'heure. Nous *savons* que les premiers organismes se sont formés dans les eaux tièdes de la mer primitive et n'ont été que des corpuscules gélatineux sans formes, sans structure,

---

1. D'après Lieber Kühn, la formule de l'albumine serait $C^{240}H^{392}Az^{75}O^{75}S^3$, c'est-à-dire qu'une particule d'albumine serait composée de 240 molécules de carbone, 392 d'hydrogène, 75 d'azote, 75 d'oxygène, 3 de soufre, et comprendrait par conséquent 786 molécules de divers corps simples. Elle est relativement grosse et on l'estime à trois millionnièmes de millimètre de diamètre environ. On ne la voit pas encore au microscope, quoiqu'on parvienne déjà à distinguer des lignes ne mesurant que cinq millionnièmes de millimètre de diamètre et des objets mesurant 10 millionnièmes ou 1 cent millème.

des corps chimiques dans lesquels les propriétés spéciales du carbone, surtout la demi-fluidité et la souplesse indéfinie des composés albuminoïdes, ont commencé une différenciation capitale avec les produits exclusivement minéraux et ont inauguré les phénomènes de la vie.

Leurs formes rudimentaires et presque indécises nous apparaissent, pour employer la seule image qui soit assez expressive,

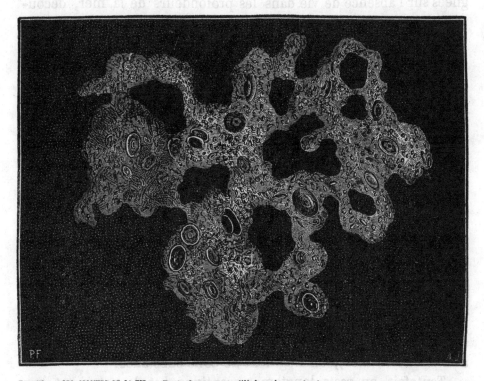

Fig. 52. — LES ORIGINES DE LA VIE. — Protoplasma recueilli dans les profondeurs de la mer (gr. : 700 diamètres).

comme les premiers pas hésitants de la vie qui vient de naître. Chez eux, la cellule, telle qu'on la définit avec son noyau et sa membrane d'enveloppe, n'existe pas encore. C'est presque dire que l'individualité n'existe pas non plus ou n'existe qu'à peine. La vie est encore à l'état confus. La substance protoplasmique fluctuante et amorphe ne nous donne qu'à peine l'idée d'êtres réels.

Pendant l'exploration du fond de l'Océan faite pour la première pose du câble transatlantique, on trouva, mêlée au limon gris qui forme ce fond, une masse gélatineuse informe, contenant des corpuscules calcaires. Cette gélatine fut conservée dans l'alcool. Le professeur Huxley reconnaissant en elle du protoplasma amorphe, la désigna comme l'être, le monérien le plus rudimentaire, sous le nom de *Bathybius Hæckelii*.

Les mémorables explorations sous-marines faites en 1868 et 1869 par MM. Thompson et Carpenter sur les navires *Ligthning* et *Porcupine*, qui renversèrent toutes les idées classiques enseignées sur l'absence de vie dans les profondeurs de la mer, découvrirent à trois et quatre mille mètres sous la surface des flots ce protoplasma consistant en une grande quantité de matière gélatineuse, organique, dans une proportion assez considérable pour donner au limon une certaine viscosité. Si l'on agite ce limon avec de l'esprit-de-vin à un faible degré, des flocons très fins se déposent, ayant l'aspect d'une substance muqueuse et coagulée. Si un peu de ce limon, dont la nature visqueuse est des plus évidentes, est placé dans une goutte d'eau de mer sous le microscope, on peut ordinairement apercevoir, au bout de quelque temps, un réseau irrégulier de matière albuminoïde, avec contours nettement dessinés et qui ne se mèle pas avec l'eau : on peut voir comment cette masse visqueuse modifie peu à peu sa forme et comment les granules englobés et les corps étrangers y changent leur situation relative. Cette substance est donc susceptible d'un certain degré de mouvement, et il ne peut y avoir aucun doute qu'elle ne manifeste des phénomènes d'une forme de la vie très élémentaire. On a représenté plus haut (*fig.* 52), d'après l'ouvrage de ces navigateurs (*Les abîmes de la mer*), un fragment de cette substance.

Toutefois, on resta longtemps sceptique sur la nature et sur l'existence même de cet être trop rudimentaire. Les chimistes ayant montré que l'alcool versé dans l'eau de mer détermine un précipité visqueux, on assimila la substance en question à un précipité de ce genre. Mais en 1875, un naturaliste allemand M. Bessels, l'observa de nouveau dans une expédition américaine au pôle Nord, à une profondeur de 92 brasses, dans le détroit de Smith. Ces masses étaient purement et simplement constituées par du protoplasma, auxquelles se trouvaient être mêlés accidentellement quelques corpuscules calcaires.

Les monères ne sont que du protoplasma. « Un grumeau de

gelée, écrit M. Perrier, voilà tout ce que montrent en elles nos mi-
croscopes les plus puissants. Mais cette gelée est vivante : on la voit
à chaque instant changer de forme, s'emparer d'autres infusoires,
les dissoudre et les incorporer dans sa propre substance. Il apparaît
dans le liquide qui l'entoure semblable à ces légers filaments qui
ondulent dans un verre d'eau au-dessus d'un morceau de sucre qui
fond ». Nous l'avons dit, les monères sont de petites sphères. Lorsqu'elles ont besoin de se déplacer, il leur pousse des rayons qui leur
servent de pieds. On en connaît déjà plusieurs espèces. Elles constituent des individus qui sont comme autant de cellules, si l'on peut
appeler cellules des masses nues et sans noyaux. Ces petites boules
vivantes ont, disons-nous, des cils ou lobes, pseudopodes rudimentaires, courts, irréguliers, qui s'avancent en saillie dans tous les sens,
se raccourcissent et rentrent même, quand ce rudiment d'être n'en a
plus besoin. Le mode de locomotion est un mouvement de reptation
qui s'effectue par l'allongement d'un lobe, lequel prend un point
d'appui par son extrémité et se raccourcit ensuite pour entraîner le
corps entier, semblant alors glisser comme une goutte d'huile chassée
par un souffle sur une lame de verre polie. Lorsqu'un rayon de soleil
vient frapper le vase qui contient un de ces êtres, celui-ci se
dirige toujours du côté de la lumière. L'élasticité du protoplasma
vivant, sa dilatation et sa contraction sous l'influence de la chaleur
dégagée par sa respiration, suffisent à rendre compte du mécanisme
de ces mouvements. Signalons encore, parmi les monères, le myxo-
dictyum sociale. Là, le protoplasma constitue des individualités distinctes, de petits grumeaux plus ou moins sphériques, entourés de toutes parts de pseudopodes ramifiés et rayonnants, qui
se reproduisent par fissiparité, comme nous l'avons vu plus haut,
mais restent réunis en colonies par leurs filaments. On se rendra
compte de leur aspect par la figure suivante (*fig.* 53), reproduite
d'après l'ouvrage de Perrier sur les colonies animales.

Ce sont là les êtres primitifs. L'organique vient de l'inorganique.
La force vitale est née de la force physico-chimique.

L'électricité n'a probablement pas été étrangère à cette progression de la matière; aux conditions préparées par la chaleur, la
pression des eaux, la densité, elle a ajouté celle qui donne aux molécules la faculté des mouvements internes. Encore aujourd'hui,

elle joue un rôle peu étudié, mais important, dans les phénomènes supérieurs de la vie. Le prophète qui eût été contemplateur de la Terre en cette époque primordiale n'eût pas observé sans émotion cette ardente genèse qui allait créer un nouveau monde. Sous l'immense soleil des premiers âges, l'eau, l'eau partout, l'eau toujours... Dans son sein va germer *la vie !*

Certes, cette fécondation de la planète n'est pas en elle-même une simple opération chimique, pas plus qu'une combinaison n'est une opération mécanique : c'est quelque chose de plus. La vie est une forme nouvelle du mouvement; elle est une création naturelle produite par les conditions chimiques qui l'ont déterminée. Mais il n'y a pas ici une simple opération chimique, il y a autre chose, une *nouvelle forme de mouvement.* « Par les changements incessants qui s'accomplissent dans leur composition, par les mouvements dont ils sont le siège, par leur faculté de se nourrir, de se diviser en individualités distinctes, de se reproduire, les protoplasmes se distinguent nettement de toutes les substances chimiques, dirons-nous avec M. Edmond Perrier, ils constituent une classe de substances tout à fait à part. Entre les substances vivantes et les composés chimiques, la distance est grande. Mais on sait aujourd'hui que la vie existe avec tous ses caractères dans une classe de substances tout aussi simple, au point de vue de la structure, que les composés chimiques ».

Pour le penseur qui cherche à pénétrer les secrets de la nature, il n'est pas plus surprenant de voir les combinaisons du carbone donner naissance à des corpuscules gélatineux que de voir les cristaux arborescents d'une solution saline grandir et se développer à mesure que l'eau s'évapore, l'arbre de Saturne s'élever lorsqu'on abandonne une lame de zinc suspendue dans une dissolution d'acétate de plomb, la vapeur d'eau dessiner des fougères sur les vitres d'une fenêtre gelée, les fleurs hexagonales de la neige se former dans l'air, le soufre cristalliser en rhomboèdres, le bismuth en hexaèdres, l'or et le cuivre en octaèdres pyramidaux, etc., etc. La différence qui sépare les produits organiques des produits inorganiques ne consiste pas dans la nature matérielle de leur composition, car la composition de tous les êtres vivants est purement chimique et formée des mêmes éléments que

celle des corps inorganiques; cette différence réside dans la souplesse de leurs tissus, dans leur faculté d'être pénétrés par le milieu ambiant et de *s'accroître intérieurement* par intussusception,
au lieu de le faire extérieurement par juxtaposition comme les
cristallisations chimiques, dans les formes qui les spécifient et
dans l'aptitude à changer de forme (s'allonger, se raccourcir, se
mouvoir), qui résulte de ces diverses propriétés. La différence essentielle réside surtout dans la faculté de reproduction; mais, comme
nous l'avons vu, cette faculté a commencé à se manifester par un

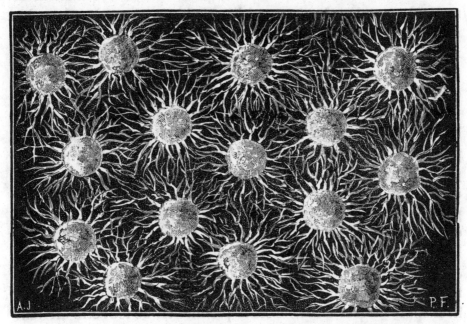

Fig. 53. — Les premiers organismes. — Association de monères.

simple partage de l'objet accru. Certes, on ne peut qualifier ni
d'animal ni de végétal un corpuscule organique aussi rudimentaire
qu'un grain de protoplasma; mais il diffère néanmoins essentiellement des autres produits chimiques, et il est véritablement l'œuf
de la vie qui, dans l'avenir, se répandra à la surface de la Terre.

Pour la nature, il n'y a ni chimie, ni physique, ni mécanique,
ni astronomie, ni météorologie, ni botanique, ni zoologie, pas plus
qu'il n'y a d'espèces cosmographiques, minérales, végétales ou animales. Ce sont là des classifications inventées par les hommes pour
séparer les objets d'étude et faciliter cette étude elle-même. Quoi-

qu'un grand nombre de savants se laissent illusionner et prennent
leurs propres inventions pour des réalités, il importe de ne pas
être dupes d'une erreur qui détruirait pour notre esprit la simplicité splendide de la nature. Pour elle, le monde organique est,
comme le monde inorganique, le développement d'un même être;
une vaste unité embrasse l'ensemble entier des choses.

L'univers a existé pendant longtemps dans un état purement *mécanique,* nébuleuse en activité, mouvements d'atomes, gravitation
universelle. La chaleur, la lumière, l'électricité, les formations de
molécules ont donné naissance à l'état *physique,* pendant lequel la
planète est sortie de son berceau nébuleux. Les combinaisons, les affinités, ont amené l'état *chimique :* les conditions de la vie se préparaient. A ces trois âges, dérivés les uns des autres, a succédé l'état
organique, issu tout naturellement aussi de l'âge qui l'avait précédé.

Du jour où par le développement même de la genèse terrestre
les conditions de la vie ont été réunies, il eût été aussi difficile au
protoplasma de ne pas se former qu'à un produit chimique de ne
pas obéir aux conditions qui le déterminent. Et du jour où la vie
est apparue avec sa propriété caractéristique de reproduction perpétuelle, elle devait s'étendre et se multiplier sur toute la surface
du monde. De même que la lumière, la chaleur, l'affinité chimique,
le mouvement moléculaire, la vie agit sans cesse et ne s'éteint plus.
Jusqu'au dernier jour de la Terre elle animera la nature, en se transformant à l'infini, mais en ne s'annihilant jamais. Et quelle force
irrésistible ! Il faut *vivre :* c'est le premier cri de tout être arrivant
en ce monde, et qu'il appartienne à la plante, au mollusque, au
poisson, au reptile, à l'oiseau ou au vertébré supérieur, cet être est
à peine arrivé à l'âge adulte, qu'une loi suprême s'impose à lui, le
pénètre d'inconscients désirs et lui fait pressentir les instants de
mystérieuse volupté sans lesquels le flot de la vie s'arrêterait dans son
cours. Il ne suffit pas de vivre, *il faut* encore perpétuer la vie.

A dater de cette époque, notre planète est transformée. Jusqu'ici, elle appartenait au monde minéral, sourd, muet, aveugle,
inconscient; désormais elle porte la vie, et le premier sentiment
confus d'existence personnelle qui vient de se manifester dans la
formation des premiers organismes va s'illuminer et grandir pour
atteindre un jour les nobles degrés du monde intellectuel et moral.

C'est dans les mers que la vie a commencé; c'est là qu'elle est toujours la plus abondante. Les eaux possèdent beaucoup plus d'habitants que la terre ferme. Sur une surface moins variée que celle des continents, la mer renferme dans son sein une exubérance de vie dont aucune autre région du globe ne pourrait donner l'idée.

La vie s'épanouit au nord comme au midi, à l'orient comme à l'occident. Partout les mers sont peuplées; partout, au sein de l'abîme, s'agitent et s'ébattent des créatures qui se correspondent et s'harmonisent; partout le naturaliste trouve à s'instruire et le philosophe à méditer. Les profondeurs de l'Océan, ses plaines et ses montagnes, ses vallées et ses obscurités, ses ruines même sont animées et embellies par d'innombrables êtres organisés. Ce sont d'abord des plantes solitaires ou sociales, droites ou flottantes, étalées en prairies, groupées en oasis, ou rassemblées en immenses forêts. Ces plantes protègent et nourrissent des milliers d'animaux, qui rampent, qui courent, qui nagent, qui volent, qui s'enfoncent dans le sable, s'attachent à des rochers, se logent dans des crevasses ou se construisent des abris; qui se recherchent ou se fuient, se poursuivent ou se battent, se caressent avec amour ou se dévorent sans pitié. Nos forêts terrestres n'entretiennent pas, à beaucoup près, autant d'animaux que celles de la mer. L'Océan qui est pour l'homme l'élément de l'asphyxie et de la mort est, pour des milliers d'animaux, un élément de vie et de santé. Il y a de la joie dans ses flots; il y a du bonheur sur ses rives; il y a du bleu partout ([1]).

Aux grandes profondeurs, la température des eaux est sensiblement la même (vers 0°) pour toutes les latitudes, depuis l'équateur jusqu'aux régions glacées des pôles. Les plus intenses agitations de la surface ne s'étendent pas à plus de 25 mètres de profondeur, d'où il résulte que les végétaux et les animaux, en descendant plus ou moins, suivant le froid ou les mouvements qui les trouble, peuvent toujours trouver un milieu qui leur convienne.

Les colosses que l'on rencontre dans la mer, la baleine, le cachalot, le rorqual, le narval, le dauphin, le requin, ne constituent pas la population la plus importante des profondeurs aquatiques. L'Océan est peuplé de légions innombrables d'infiniment petits,

---

1. Moquin-Tandon. *Le monde de la mer.*

d'infusoires microscopiques si minuscules qu'une gouttelette de liquide en contient plusieurs millions. Toutes les eaux en présentent, les douces comme les salées, les froides comme les chaudes. Les grands fleuves en charrient constamment des quantités énormes dans la mer. Le Gange en transporte, dans l'espace d'une année, une masse égale à six ou huit fois la valeur de la plus haute pyramide d'Égypte. Parmi ces animalcules, on en a compté déjà plusieurs centaines d'espèces différentes.

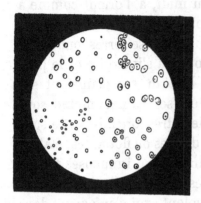

Fig. 54. — Infusoires élémentaires. Monades.

Près des deux pôles, là où de grands organismes ne pourraient exister, on rencontre encore des myriades d'infusoires. Ceux qu'on a observés dans les mers du pôle austral, pendant le voyage de James Ross, offraient une richesse toute particulière d'organisations inconnues jusqu'alors et d'une élégance remarquable. Dans les résidus de la fonte des glaces, qui flottent par 70° de latitude, on a trouvé près de cinquante espèces différentes (Ehrenberg).

A des profondeurs de la mer, qui dépassent les hauteurs des plus puissantes montagnes, chaque couche d'eau est animée par des phalanges innombrables d'imperceptibles habitants (Humboldt).

Oui, voilà bien le berceau de la vie, et voilà bien les premiers êtres qui aient vécu. L'Océan a été ce berceau, et la substance gélatineuse dont les infusoires sont composés a été cette

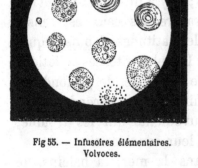

Fig 55. — Infusoires élémentaires. Volvoces.

première gelée féconde. Encore aujourd'hui, les infusoires sont à la fois les animaux les plus nombreux de la nature et ceux dont la force vitale est la plus énergique. Considérons, par exemple, les *amibes* (*fig.* 56). Imaginez-vous une gouttelette de matière demi-solide, demi-transparente, demi-gélatineuse, homogène, douée de mouvement volontaire. Elle s'agite dans divers sens, se dilate ou se resserre, adopte les figures les plus irrégulières et les plus inattendues. Quand on place l'animalcule sur le porte-objet d'un microscope, il glisse comme une gouttelette d'huile, se déforme et se reforme. Véritable protée, il est, suivant les moments, circulaire, oblong, échancré, lobé, étoilé, et même tout à fait rameux (Moquin-Tandon).

Les radiolaires peuvent leur être comparées. On les rencontre dans la Méditerranée, surtout sous le beau ciel de Messine, flottant réunies en masses de gelée molle, diaphane, incolore. Leur dimension est à peu près celle d'un point (.). Si l'on essaye de les saisir

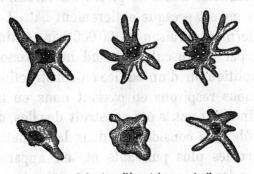

Fig. 56. — Infusoires élémentaires. — Amibes.

avec une pince, elles se déchirent ; si l'on tente de les pêcher au filet, elles restent collées aux mailles.

Les monades (*fig.* 54), semblent n'être que des molécules de substance absorbante, des atômes agités, des points qui se meuvent : elles mesurent un trois-millième de millimètre de diamètre.

Les volvoces (*fig.* 55) roulent et tournoient constamment sur eux-mêmes. Ce sont de petites boules vivantes.

En général, ces infusoires sont pourvus de cils qui les entourent et leur servent à tout, mouvement, alimentation, respiration, etc.

Ces êtres possèdent, en quelque sorte, la vie dans chacun de leurs éléments. Müller a vu une kolpode se résoudre en molécules jusqu'à la sixième partie du corps, puis ce sixième se mit à nager « comme si de rien n'était ». Ils offrent bien d'autres genres de décomposition. Si l'on approche de la goutte d'eau dans laquelle ils nagent une barbe de plume trempée dans de l'ammoniaque, dit Moquin Tandon, l'animalcule s'arrête, mais continue à mouvoir ses cils. Tout à coup, sur un point de son contour, il se fait une échancrure qui s'agrandit peu à peu, jusqu'à ce que l'animal entier soit fondu, ou, pour mieux dire, *dissous*. Si l'on ajoute une goutte d'eau pure, la décomposition est brusquement enrayée, et ce qui reste de l'animalcule recommence à se mouvoir et à nager, toujours *comme si de rien n'était !*

Des rotifères oubliés pendant plusieurs années dans un grenier, desséchés et morts pour toujours, peuvent revivre le plus facilement du monde : il suffit de les mouiller.

Tous ces petits êtres peuvent être comptés parmi les plus anciens de la planète. Sous toutes les latitudes et à toutes les profondeurs, on trouve en immenses bancs de pierre les foraminifères fossiles. Paris lui-même en est presque entièrement bâti. Les carrières de Gentilly les renferment à raison de 20 000 par centimètre cube, ou de 20 milliards par mètre cube ! Quand nous passons près d'une maison en démolition ou d'un édifice en construction, le nuage de poussière que nous respirons en passant nous en fait avaler des milliers. Ces infiniment petits ont construit des îles, des montagnes et ont joué un rôle plus considérable dans la formation de la terre que les animaux les plus puissants et, en apparence, les plus importants. Nous demanderons à tous ces petits êtres, dans le chapitre suivant, la leçon qu'ils sont en état de nous donner sur l'histoire de la vie à la surface de notre planète ; le point capital pour nous était d'abord de déterminer les origines de cette vie.

Ainsi, pour résumer en quelques mots tous les documents qui précèdent : *Nous connaissons aujourd'hui les origines de la vie sur la Terre ; nous savons que tous les êtres vivants, sans en excepter l'homme, sont parents entre eux et descendent de cette origine ; nous savons aussi que cette origine est une humble substance organique issue des conditions physico-chimiques qui lui ont donné naissance ; nous savons enfin que la* LOI DU PROGRÈS *régit la création entière.*

Telle a été, d'après l'enseignement de toutes les sciences comparées, l'origine de la vie sur notre planète, origine dont le développement et les transformations ont successivement donné naissance à la merveilleuse diversité qui nous environne. Cette création naturelle des espèces vivantes froisse quelques sentiments respectables, ayant leur source dans une interprétation étroite et mal dirigée du sentiment religieux. Pour l'esprit qui sait le comprendre,

le progrès des êtres, depuis le minéral jusqu'à l'homme, est le
plus sublime des poèmes, et la noblesse d'une telle origine, qui de
l'argile s'élève jusqu'à l'ange, est incomparablement plus fière et plus
digne de respect que la chute et la décadence de tous les êtres, qui
auraient été créés séparément et parfaits, par la main même d'un
dieu humain, par couples adultes auxquels l'ordre de se reproduire
eût été immédiatement intimé. Cette origine miraculeuse n'explique rien d'ailleurs, ni les instincts, ni l'hérédité, ni les variations observées, ni les filiations, ni les parentés, ni les arrêts de
développement, ni les organes atrophiés, et elle se pose en contra-
diction formelle avec l'enseignement tout entier de la nature. Mais
nous disons, de plus, que la doctrine scientifique qui vient d'être
exposée n'est combattue que par des esprits étroits et rétrogrades
qui ne s'appuient même pas sur les traditions dont ils se prétendent les défenseurs. En effet, ce n'est que depuis peu de temps
que l'Église condamne l'hypothèse d'une génération spontanée primitive. La scolastique chrétienne, saint Thomas d'Aquin en tête,
croyaient à la génération spontanée, et sur une échelle autrement
vaste. D'ailleurs la Bible ne parle pas autrement. Écoutons-là :

« Dieu dit : *Que la terre produise* de l'herbe verte qui porte de la
graine, et des arbres fruitiers qui portent du fruit chacun selon son
espèce et qui renferment leur semence en eux-mêmes pour se reproduire
sur la terre. Et cela se fit ainsi (*Genèse*, I, 11).

« Dieu dit encore : *Que les eaux produisent* des animaux vivants qui
nagent dans l'eau (*Id.*, I, 20).

« Dieu dit aussi : *Que la terre produise* des animaux vivants, chacun
selon son espèce, les animaux, les reptiles et les bêtes sauvages. Et cel
se fit ainsi (*Id.*, I, 24).

A ceux donc qui prétendent servir la cause de l'Église en jetant
l'anathème sur les efforts laborieux des savants qui parviennent à
remonter aux origines tant cherchées, nous conseillerons d'étudier
d'abord un peu plus sérieusement l'histoire de leurs propres doctrines, et de se souvenir qu'ils auraient peut-être déjà mieux fait de
se taire le jour où, à propos de Galilée, ils ont déclaré « *hérétique* »
la croyance au mouvement de la Terre.

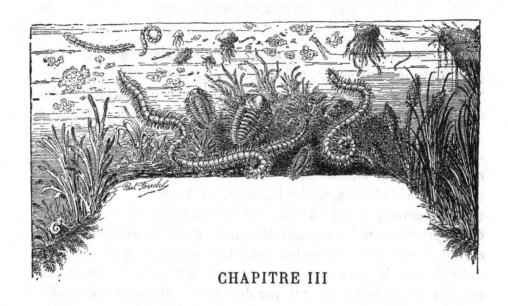

CHAPITRE III

DÉVELOPPEMENT ET PROGRESSION DE LA VIE

Grâce aux travaux considérables effectués dans ces derniers temps par les sciences biologiques, nous sommes parvenus par la réunion et la comparaison de toutes ces conquêtes scientifiques qui se complètent les unes par les autres, à soulever un coin du voile qui cachait le mystère enseveli depuis tant de siècles sous les secrets en apparence impénétrables de la nature ; nous venons d'assister à la formation naturelle des premières substances organiques, dérivant de la combinaison des substances chimiques antérieures, lesquelles avaient dérivé elles-mêmes des associations physiques et mécaniques des molécules ; nous avons suivi par la pensée la métamorphose graduelle de la nébuleuse terrestre, depuis l'état gazeux, transparent, pour ainsi dire impondérable, de son origine primordiale, jusqu'à l'édification atomique des molécules des corps réputés simples, jusqu'aux affinités, aux combinaisons variées, aux transformations de force et de matière, jusqu'au berceau de la vie, et jusqu'aux premiers organismes, plantes et animaux.

Cette primitive substance organique une fois formée ne va pas rester stérile. Obéissant à la loi du Progrès, elle va subir elle-même des transformations ayant pour effet le développement graduel de la vie, la variété des formes organisées, le perfectionnement des êtres. Des physiologistes distingués, Flourens en tête, ont cru et

L'ASCENSION DE LA VIE

LE MONDE AVANT LA CRÉATION DE L'HOMME

19

enseigné que la quantité de vie sur le globe était une quantité constante (¹). C'est là une grosse erreur. A l'origine de la vie, il n'y
avait aucune variété dans les êtres, aucune espèce différente d'une
autre. Le nombre des espèces s'est accru de siècle en siècle par des
différenciations dans les formes organisées, et le nombre des êtres
vivants a été en s'accroissant de générations en générations. Depuis
la première formation du protoplasma, la quantité de vie, le nombre et la variété des êtres vivants, ont été en augmentant suivant
une progression irrégulière mais constante.

Qu'est-ce que LA VIE ?

Les définitions ne manquent pas. Mais le plus souvent elles ne
disent rien de plus que ce mot lui-même « *La vie est le contraire
de la mort* », lit-on dans l'Encyclopédie. Vraiment, il était inutile
que Diderot et d'Alembert associassent leurs génies pour aboutir à
ce jeu de mots. — « *La vie est un principe intérieur d'action* ».
selon Kant ; sans doute, mais cette définition ne nous apprend pas
grand'chose. — Tout le monde connaît la fameuse définition de
Bichat : « *La vie est l'ensemble des fonctions qui résistent à la
mort.* » Pour l'un des créateurs de l'anatomie, c'est là une conception au moins singulière, car elle revient à dire que les fonctions et
les propriétés des corps vivants sont en antagonisme perpétuel avec
les propriétés physiques et chimiques ordinaires, ce qui est diamé-
tralement le contraire de la vérité. Aussi Claude Bernard, en cons-
tatant que les doctrines vitalistes ont succombé par l'erreur essentielle de leur principe de dualisme et d'antagonisme entre la nature
vivante et la nature inorganique a-t-il pris soin d'ajouter les remarques suivantes : « Si nous voulions exprimer que toutes les fonctions vitales sont la conséquence nécessaire d'une combustion orga-

---

1. « J'étudie la vie dans les êtres vivants, et je trouve deux choses : la première, que
le nombre des espèces va toujours en diminuant depuis qu'il y a des animaux sur le
globe, et la seconde, que le nombre des individus, dans certaines espèces, va toujours,
au contraire, en croissant ; de sorte que, à tout prendre, et tout bien compté, le total de
la quantité de vie, j'entends le total de la quantité des êtres vivants, reste toujours à peu
près le même. » *De la longévité humaine et de la quantité de vie sur le globe*, par
P. FLOURENS, membre de l'Académie française, secrétaire perpétuel de l'Académie des
Sciences, professeur au Muséum, etc., etc., 1856, p. 104. Cette affirmation est une erreur :
le nombre des espèces a été en augmentant depuis l'origine de la vie, et la quantité de
vie augmente.

nique, nous dirions : *la vie, c'est la mort*, la destruction des tissus Si, au contraire, nous voulions insister sur cette seconde face du phénomène de la nutrition, que la vie ne se maintient qu'à la condition d'une constante régénération des tissus, nous regarderions la vie comme une création exécutée au moyen d'un acte plastique et régénérateur opposé aux manifestations vitales. Enfin, si nous voulions comprendre les deux faces du phénomène, l'organisation et la désorganisation, nous nous rapprocherions de la définition donnée par de Blainville : « *La vie est un double mouvement interne de décomposition à la fois général et continu* ([1]). »

Toutes ces définitions ne nous satisfont pas. Essaierons-nous d'en donner une autre ? Où tant d'esprits supérieurs ont échoué, la tentative serait assurément téméraire, et, après tout, le mot de *vie* est un de ces termes axiomatiques qui portent leur explication en eux-mêmes et que nulle définition ne saurait rendre plus clairs qu'ils ne le sont eux-mêmes. Cependant, si chacun conçoit sans explication la différence qui sépare un être vivant d'un être mort, un être organisé d'un être inorganique, il n'en est pas moins désirable de savoir en quoi consiste la vie considérée en elle-même.

La vie est une force qui régit la substance suivant une constitution et une forme déterminées par le germe. L'être vivant est un édifice qui se renouvelle sans cesse et dont la durée est limitée par l'impulsion évolutive du germe et par l'entretien dû à la nutrition. La vie se renouvelle par la génération.

Du jour où le premier grumeau de protoplasma s'est formé, la vie a *ajouté quelque chose* à la Terre, quelque chose qui ne se pèse pas, sans doute, quelque chose d'impondérable, mais enfin un élément nouveau, une forme nouvelle d'activité, une valeur que la planète ne possédait pas encore : la vie, la sensibilité, et plus tard la pensée. Puis le perfectionnement de la vie a sans cesse continué d'ajouter quelque chose à la nature. L'influence de la lumière et la formation du nerf optique ; l'influence du son et la formation du nerf auditif, le lent développement des cinq sens, la formation et le

---

1. CLAUDE BERNARD, *La Science expérimentale*, Paris, 1878, p. 199.

développement du système nerveux, la naissance des premières impressions ressenties, la conscience du moi, d'abord vague et obscure, plus tard et graduellement mieux définie, l'impressionnabilité, la pensée, la mémoire ont été autant d'acquisitions lentes et progressives de l'être vivant. Tout cela n'existait pas sur notre planète avant la naissance de la vie. Tout cela existe aujourd'hui. C'est donc bien l'histoire d'une création continuelle que nous écrivons ici.

Les savants qui, à l'exemple d'Haeckel, croient que la vie n'est qu'une fonction mécanique, un mode particulier de mouvement appartenant à l'ordre physique et chimique, se trompent. La propriété évolutive de l'œuf qui produira un mammifère, un oiseau ou un poisson n'est ni de la physique ni de la chimie. L'activité directrice de la plante et de l'animal, qui assimile au corps vivant les molécules d'air, d'eau, de carbone, etc., puisées dans le milieu extérieur, qui les désassimile et les rejette, qui entretient l'organisme dans sa force et dans sa beauté, n'appartient pas davantage à la mécanique, à la physique ou à la chimie, quoique les phénomènes vitaux leur appartiennent entièrement et soient régis par elles. Il y a quelque chose de plus.

Aussi bien nous permettrons-nous de ne pas admettre avec l'éminent physiologiste Claude Bernard que « la force métaphysique évolutive par laquelle nous pouvons caractériser la vie soit inutile à la science parce qu'étant en dehors des forces physiques elle ne peut exercer aucune influence sur elles » ni qu'il faille « séparer le monde métaphysique du monde physique phénoménal qui lui sert de base ([1]). » Nous pensons que la vie n'est pas une force métaphysique, mais une activité physique dont la science de l'avenir déterminera certainement la formule. Descartes et Leibnitz, en considérant les animaux comme des automates et les âmes comme des entités divines entièrement étrangères aux corps n'ont certainement pas deviné les progrès acquis dès aujourd'hui dans la connaissance des origines de la vie.

La force qui fait vivre la plante, l'animal, l'homme, est une transformation (à nos yeux une épuration, un mode supérieur) des

---

1. Claude Bernard, *La Science expérimentale*, p. 211. — Id. p. 427.

forces naturelles, chimiques et physiques, en activité dans le monde inorganique. Depuis Lavoisier, l'antique fiction de la vie comparée à une flamme qui brille et s'éteint a cessé d'être une métaphore pour devenir une réalité. Ce sont identiquement les mêmes conditions chimiques qui alimentent le feu dans la nature inorganique et la vie dans la nature organique : c'est l'action de l'oxygène. Mais de même que ce n'est pas l'acide d'une pile électrique ou les propriétés du cuivre et du zinc qui font qu'une horloge électrique indique les heures, de même « la matière n'engendre pas les phénomènes manifestés par la vie ; elle en est le substratum et ne fait que donner aux phénomènes leurs *conditions* de manifestation. »

Les combinaisons chimiques et les affinités des molécules entre elles sont nées après la période purement mécanique de la genèse terrestre et sont dérivées des conditions par lesquelles la matière et les forces venaient de passer. Elles aussi avaient déjà ajouté quelque chose — et beaucoup — au monde brut de l'âge primordial. Les premières formations organiques du protoplasma, dérivées à leur tour des combinaisons chimiques antérieures ont commencé la vie. Il n'y avait alors ni âmes ni pensées. La pensée, chez les animaux inférieurs, chez les insectes, par exemple, ou même chez les premiers vertébrés, poissons et reptiles, a été incontestablement le produit naturel du développement des sens et de leurs perceptions. Pourquoi créerions-nous d'avance des âmes étrangères aux corps, et dont nous n'avons aucun besoin pour l'explication des choses tant que l'humanité n'est pas apparue ? Et même, une fois l'humanité dégagée de sa chrysalide animale, pourquoi créerions-nous si vite des âmes immortelles, qui ne sauraient que faire de leur immortalité ?

On le voit, notre conception actuelle de la nature doit être toute différente de celles qui étaient nées jusqu'ici d'une connaissance moins avancée des œuvres de la nature elle-même. La vie a commencé par une simple substance chimique à peine imprégnée de ce que nous appelons aujourd'hui les propriétés vitales, et le germe, la cause productrice de ces organismes primitifs n'a été autre chose qu'une heureuse réunion d'éléments combinés pour déterminer ce nouveau mode d'activité dans l'œuvre de la creation. De même que

l'électricité sort des éléments d'une pile préparée, ainsi la force
vitale est née spontanément du grand laboratoire de la nature. Le
protoplasma subit à son tour des influences qui l'élèveront graduel
lement au-dessus de son humble origine. Par sa faculté de se nourrir, il se développe et se divise, ce qui a été le premier mode de
génération. Il ne mérite même pas encore le titre de plante ; mais
enfin il vit, renouvelle son tissu et se reproduit.

Cette gelée vivante, cet albuminoïde, ce composé gélatineux de
carbone, d'hydrogène, d'azote et d'oxygène, s'imprégnera bientôt
d'autres substances minérales, de soufre, de phosphore, de sel, de
fer et se modifiera dans sa forme et dans ses allures. Ainsi le protoplasma en se subdivisant en individus différents les uns des autres
donnera naissance aux monères, aux radiolaires, aux foraminifères,
aux premiers végétaux cryptogames, aux myxomycètes, aux champignons, aux éponges, aux algues, etc., etc.

Nous avons fait connaissance avec les différentes espèces de
monères déjà étudiées par les progrès si rapides de la science contemporaine, et nous avons vu que l'on distigue déjà entre elles diverses
espèces, telles que la monère de Villefranche (la première découverte) à laquelle on a donné le nom de protogenes primordialis (sa
forme est simplement sphérique et sa taille est de 1 millimètre de
diamètre en moyenne),— la protamæba primitiva, qui paraît encore
plus simple, n'a aucune forme définie et en change sans cesse, et
ne dépasse guère quelques centièmes de millimètre, — le bathybius
Haeckeli, découvert dans les profondeurs de la mer, — le myxodic-
tyum sociale, dont nous avons reproduit plus haut (*fig.* 53, p. 137)
les associations coloniales, — la monobia confluens, analogue à la
précédente, mais moins riche comme nombre d'individus associés
et comme dimensions d'individus, — l'Haeckelina gigantea, qui offre
l'aspect d'étoiles à plusieurs branches et atteint parfois un centimètre de diamètre,— les vampyrilla et les protomonas, qui vivent
sur les conferves et les algues,— la protomyxa, que l'on trouve en
grande quantité sur les coquilles rejetées par la mer le long des
rivages, etc., etc. Tous ces êtres primitifs se reproduisent ordinairement par simple division de leur corps en deux parties égales ;
cependant les trois dernières espèces que nous venons de nommer
se comportent autrement. A une certaine époque de leur exis-

tence, elles rétractent leurs petits filaments qui leur servent à
la fois d'organe de locomotion et de préhension, leurs pseudopodes,
et se transforment en boules. La couche extérieure de ces boules
devient plus résistante que celle du protoplasma, et forme une

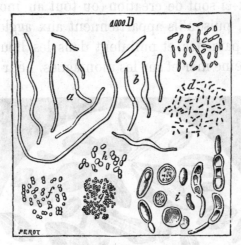

Fig. 59. — Microbes atmosphériques, grossis 1000 fois en diamètre : *a*, *b*. Vibrions; *c*, *d*. Bactéries;
f, *g*, *h*. Micrococcus divers; *i*. torules variées.

sorte d'enveloppe dans l'intérieur de laquelle le protoplasma se
divise en un grand nombre de petites masses globuleuses. Puis
l'enveloppe se rompt et tout part. C'est la création des zoospores,

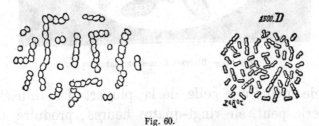

Fig. 60.
1. Bacilles en forme de micrococcus, grossis 1000 fois en diamètre.
2. Bacterium commun, grossis 1500 fois en diamètre.

dont chacun devient un monde; c'est l'origine d'un second mode
de génération.

Les microbes, dont on parle tant depuis quelques années surtout, paraissent n'être, eux aussi, que des monères. Ils représentent la vie rudimentaire, primitive, ni végétale, ni animale,
mais la vie disséminée à l'infini. On croit retrouver en eux le

premier enthousiasme de l'enfance de la force vitale. On ne s'imagine pas, en général, l'innombrable quantité d'êtres qui pullulent
partout dans les airs et dans les eaux. En moyenne, chaque mètre
cube de l'air qu'on respire à Paris en renferme de trois à quatre
mille. Mais ceux-ci sont de création (ou tout au moins de transformation) récente, puisqu'ils appartiennent aux agglomérations humaines comme parasites et pullulent dans les lieux habités pour
disparaître en pleine mer et sur les montagnes. Leur vitalité est pro-

Fig. 61. — Diverses formes de Diatomées.

digieuse, de même que celle de la plupart des infusoires. Une
seule bactérie peut, en vingt-quatre heures, produire seize millions cinq cent mille bactéries ! Certains infusoires ne peuvent
pour ainsi dire pas mourir. Spallanzani a ressuscité, en les humec-
tant, des rotifères desséchés depuis trente ans (¹) !

La formation de l'arbre généalogique du règne animal, comme

1. Nous avons reproduit plus haut, p. 151, les formes les plus répandues de ces êtres
microscopiques en suspension dans l'air, d'après les observations faites par le Dʳ Miquel
à l'Observatoire de Montsouris. Ce sont bien là des organismes élémentaires analogues
à ceux qui ont dû apparaître à la surface de la Terre dès les origines de la vie. Leur
nombre est considérable dans les lieux habités. Presque nul en pleine mer et au sommet

celle de l'arbre généalogique du règne végétal, a été longue et lente. « Il a fallu bien des perfectionnements, écrit le professeur Edmond Perrier, dans son important ouvrage sur *les Colonies animales*, avant que certaines monères, gardant toute leur vie la membrane d'enveloppe qui protège temporairement le proto- plasma de quelques-unes d'entre elles, soient devenues capables de demander directement à l'air et à l'eau, plus ou moins chargés de matières minérales, les éléments de leur constitution. Ce jour-

Fig. 62. — Diverses formes de Diatomées.

là, le règne végétal a fait son apparition sur la Terre. Pas plus que le règne animal, il ne s'est formé subitement; longtemps les

des montagnes, il augmente rapidement dans les villes populeuses, comme on peut s'en rendre compte par la curieuse statistique suivante :

NOMBRE DE BACTÉRIES COMPTÉES DANS UN MÈTRE CUBE D'AIR

Dans les montagnes	1 à 10
Sommet du Panthéon à Paris	200
Parc de Montsouris.	500
Air de la rue de Rivoli	3 480
Air des maisons neuves de Paris	4 500
Air du laboratoire de Montsouris.	7 420
Air des vieilles maisons de Paris	36 000
Air du nouvel Hôtel-Dieu de Paris	40 000
Air de l'hôpital de la Pitié	79 000

monères ont été les seuls habitants de ce globe, et c'est d'elles
que sont lentement sortis, se développant simultanément côte à
côte, les êtres qui devaient plus tard couvrir le sol de son vert
manteau ou donner aux prairies comme aux forêts leurs innombrables habitants. »

Les végétaux n'ont pas été les ancêtres des animaux. Ce sont
là deux mondes distincts l'un de l'autre, quoique ayant la même
origine. Il eût pu se faire que les animaux existassent seuls, ce

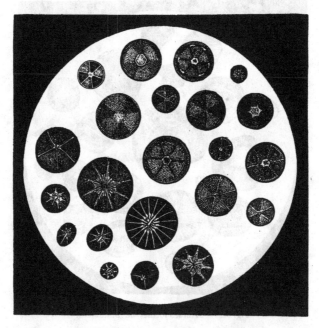

Fig. 63. — Diverses formes de Diatomées.

qui serait arrivé si aucun organisme primitif ne s'était fixé au sol.
Il eût pu se faire aussi que les végétaux existassent seuls, ce qui
serait arrivé si tous les organismes primitifs s'étaient formés du
sol, soit à l'air libre, soit au fond des eaux. Il eût pu se faire encore
que le règne animal, comme le règne végétal, prissent des développements tout à fait différents de ceux qu'ils ont pris, ce qui
serait arrivé si les conditions organiques de la planète, éléments
chimiques, chaleur, pesanteur, densité, lumière, etc., eussent été
différentes de ce qu'elles sont. Les formes de la vie à la surface des
autres mondes doivent être toutes différentes de ce qu'elles sont
ici. Et comment les imaginer? Imaginerions-nous des arbres, des

fruits et des fleurs, s'il n'y avait pas de règne végétal sur notre planète ?

Ce qui doit peut-être le plus nous frapper dans l'étude des premiers êtres organisés qui se soient formés sur notre planète, c'est leur extrême petitesse : la plupart d'entre eux sont microscopiques. Les débuts de la force vitale ont été des plus humbles à tous les égards, comme si la nature n'avait pu que s'essayer d'abord en petit, comme si elle n'avait pas osé s'élancer tout d'un coup trop loin du règne

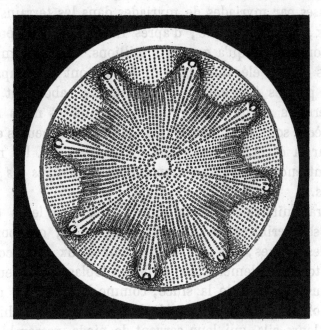

Fig. 64. — Diatomée (gr. = 400 diamètres).

inorganique. Minerve n'est pas sortie tout armée de la tête de Jupiter. Mais si les individus ne sont pas grands, ils sont nombreux, ou, pour mieux dire, ils sont innombrables. Certains terrains sont entièrement formés des fossiles microscopiques de ces êtres anciens, dont un grand nombre d'espèces ont traversé les âges jusqu'à nous. Ehrenberg a trouvé dans un centimètre cube de craie plus de cinq cent mille momies de foraminifères ; Max-Schultze a évalué le nombre de ces squelettes contenu dans 30 grammes de sable du port de Gaëte à un million et demi. Or ils se sont accumulés en telle quantité qu'ils forment de véritables montagnes. Des îles entières, par exemple les Barbades, en sont presque exclusivement composées. La craie est formée de débris de protozoaires et de microphytes, animaux et plantes microscopiques; on a beau l'écraser, le pilon est trop grossier pour atteindre ces infiniment petits. Dès l'année 1842, Ehrenberg examinant au microscope un fragment de la surface crayeuse d'une carte de visite glacée ne mesurant pas plus d'un demi-millimètre carré, et le grossissant environ deux cents fois, y découvrait la mosaïque reproduite ici (*fig.* 65). Les foraminifères, les diatomées, les galionelles, les bacillariées sont entassés par myriades de myriades dans les terrains calcaires et siliceux, à tel point que, d'après Ehrenberg, un pouce cube peut en contenir jusqu'à quarante millions. Les diatomées, dont les formes sont si élégantes (*fig.* 61 à 64), sont les carapaces siliceuses de plantes élémentaires, d'algues qui abondent dans les anciens terrains et qui existent encore dans les mers actuelles. Leurs espèces sont très nombreuses, comme on peut s'en rendre compte par la diversité des formes reproduites. Ici, les molécules se groupent encore *géométriquement, comme dans les produits chimiques.*

Les foraminifères, ainsi nommés parce que leurs carapaces siliceuses sont criblées de trous; les radiolaires, qui portent des rayons, des épines, des cils tout autour d'eux sont, comme les monères, tout simplement formés de protoplasma, et leurs squelettes minuscules sont de la silice, comme le cristal de roche, ni plus, ni moins. Dujardin leur avait donné le nom de rhizopodes, parce que leurs cils, qui leur servent de pieds, ressemblent à des racines. Ces filaments organiques arrêtent, par leur simple contact, comme ceux des monères et amibes, les infusoires ou les petits crustacés qui flottent autour d'eux, les saisissent, les enveloppent de leur réseau mucilagineux, les dissolvent et s'en nourrissent. Les foraminifères sont microscopiques; les radiolaires atteignent parfois la grosseur d'une tête d'épingle. Les premiers enlèvent la silice à l'eau ambiante; les seconds sécrètent du carbonate de chaux. Les uns comme les autres continuent de vivre de nos jours dans les profondeurs de la mer. Ces êtres primitifs ne sont pas entièrement sortis du monde inorganique. Le carbonate de chaux se cristallise, chez les radiolaires, suivant des formes géométriques, troublées et dérangées par l'influence chimique du protoplasma albuminoïde;

mais enfin *suivant des formes géométriques*, comme la neige, comme la glace, comme les cristaux, etc. Foraminifères et radiolaires revêtent des milliers, des myriades de formes différentes. Ils *n'ont pas de sexe* et se reproduisent par bouturage, comme beaucoup de végétaux. Il semble qu'ils n'aient eu en eux aucun élément de progrès, ni rivalités, ni combats pour la vie, car ils ont traversé les siècles sans beaucoup changer, et n'ont pas fait souche d'espèces plus parfaites.

Ces petits êtres méritent déjà le titre d'animaux. Les amibes,

Fig. 65. — Coquilles de la craie prise sur une carte de visite glacée (Ehrenberg, 1842).

avec lesquels nous avons fait plus haut connaissance (p. 141) qui ne sont que du protoplasma condensé en noyau et se reproduisent par une simple division en deux parties, ne méritaient pas ce titre, pas plus que celui de végétaux. Un premier progrès est réalisé lorsque le protoplasma devient apte à sécréter une enveloppe membraneuse au sein de laquelle il se divise de manière à donner naissance à des zoospores plus ou moins nombreux. L'enveloppe est-elle de nature albuminoïde, l'organisme qui l'a produite se rapproche du règne animal ; est-elle, au contraire, de la nature de la cellulose, l'organisme tend à se rapprocher du règne végétal. Les substances albuminoïdes sont toujours plus ou moins flexibles, la cellulose est résistante ; il suit de là que les mouvements du protoplasma pourront encore se manifester au dehors dans le premier cas ; ils cesseront d'être apparents dans le second. C'est pourquoi tous les animaux sont capables de se mouvoir, tandis que le plus grand nombre des végétaux sont toute leur vie immobiles ([1]).

Antérieurement à ce progrès, les organismes n'étaient ni animaux ni végétaux, quoiqu'ils fussent déjà plus compliqués que les

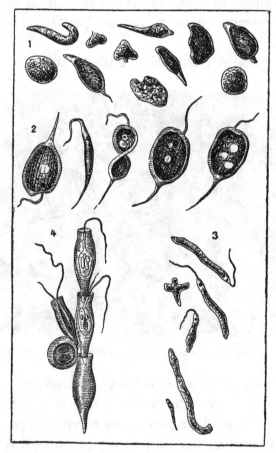

Fig. 66. — Protistes (intermédiaires entre les animaux et les végétaux).

Infusoires flagellifères, d'après Edmond Perrier. — 1. Astasies. — 2. Phacus. — 3. Euglènes. — 4. Dinobryon sertularia.

monères et les amibes. Il en reste encore aujourd'hui de nombreux descendants, que tout le monde peut étudier. Les infusoires flagellifères, ainsi nommés parce qu'en général ils portent une sorte de fouet à leurs extrémités, appartiennent à ces êtres intermédiaires, à ces *protistes*, qui ne sont ni l'un ni l'autre. Ils affectent toutes

1. Edmond Perrier. *Les Colonies animales.*

sortes de formes. Les uns (*fig*. 66 n °1), sont ovoïdes et rougeâtres ; les autres (n° 2), sont aplatis en forme de feuilles ; d'autres (n° 3), sont allongés en forme de bâtonnets ; d'autres encore (n° 4) vivent dans des étuis, ramifiés en colonies arborescentes. Plusieurs organismes de ce groupe contribuent à la coloration rouge que présente parfois la pluie ou la neige, coloration attribuée jadis à du sang par la

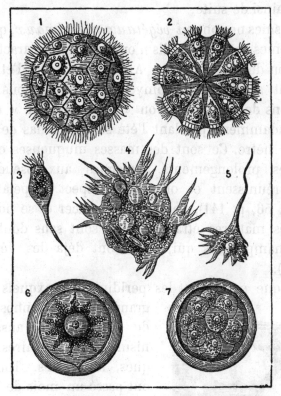

Fig. 67. — Protistes, êtres intermédiaires.
La magosphæra planula.

superstition du peuple effrayé. On en rencontre assez souvent sur les substances amylacées, sur le pain, et autrefois lorsqu'on voyait apparaître ces taches rouges sur les hosties, on les attribuait à des manifestations de la colère divine.

A la même classe d'êtres intermédiaires, appartient la magosphæra planula, découverte en 1869 par Haeckel dans la mer du Nord. C'est une petite sphère composée de trente-deux pyramides réunies par leurs sommets (*fig*. 67, n° 1 ; le n° 2 montre une tranche passant par le centre). A l'aide des cils vibratils, elle nage en tournant, comme le volvox. A un certain moment, la sphère se désagrège, les cellules mises en liberté s'en vont, revêtant des formes et des grandeurs variées (n° 3, 4 et 5), puis elles prennent la forme sphérique et ressemblent à de petits œufs (n° 6). Ces œufs n'ont pas besoin d'être fécondés. Chacun d'eux se subdivise en 2, 4, 8, 16 et 32 cellules (n° 7) et reproduit un organisme an logue à celui d'oú il est sorti. Et ainsi de suite.

Ces organismes ne sont *ni végétaux ni animaux*, quoique composés des mêmes matériaux ; ils n'ont aucun des caractères distinctifs de l'un ou de l'autre règne. Au même ordre d'êtres primitifs appartiennent aussi les myxomycètes, connus sous le nom de « champignons de la tannée » ou « fleurs du tan » qui se développent abondamment pendant l'été sur les amas de copeaux de chêne ou de hêtre. Ce sont des masses muqueuses orangées qui émettent des prolongements analogues aux pseudopodes des amibes, se réunissent et offrent un aspect rappelant celui des batybius (*fig.* 56, p. 141), peuvent se déplacer et se nourrissent en absorbant des matières étrangères. Ce sont sans doute là les ancêtres des champignons qui, eux, sont déjà des végétaux (très élémentaires).

La noctiluque miliaire et les peridinium, auxquels est due en grande partie la phosphorescence de la mer, sont aussi des organismes intermédiaires, ni mollusques, ni plantes. Tous ceux qui ont passé un mois de vacances en été, sur les bords de l'Océan, connaissent ce beau phénomène. C'est surtout après les journées chaudes et orageuses qu'il est très intense. L'eau de la mer est comme imprégnée de ces organismes micros-

Fig. 68.
La noctiluque miliaire.

copiques. Dans trente centimètres cubes d'eau on a compté jusqu'à 25 000 noctiluques. En ces heures ardentes, principalement sur le passage des barques et des navires la mer s'illumine de tous ces feux. Pendant la nuit on croit voir une naïade glisser sur les ondes et faire jaillir la phosphorescence. Ce protiste n'est en quelque sorte qu'un.globule de gelée transparente. Il suffit d'agiter l'eau pour voir jaillir des myriades d'étincelles : en se plongeant les bras dans un seau d'eau de mer on voit ce feu léger courir en doux frémissements le long de la chair : nous en avons souvent fait l'expérience sur les côtes de France, notamment à Pornichet, au Croisic, à Guérande, etc.

Ce sont là les véritables zoophytes, les animaux-plantes ou, pour mieux dire, les *protistes*, ni animaux, ni plantes, les premiers essais de la nature aspirant aux facultés futures de la vie.

Plus avancées que les organismes précédents sont les éponges,

On croit voir une naïade glisser sur les ondes et faire jaillir la phosphorescence.

qui flottent encore à la limite entre les deux règnes, sont attachées au sol marin comme des plantes, mais se nourrissent à la façon des animaux. L'éponge est une société d'amibes et d'infusoires flagellifères qui perdent leur individualité pour se fondre dans la masse commune. Celle-ci vit, ressent des impressions, peut se contracter ou se dilater, reçoit l'eau qui vient la nourrir, la fait passer à travers son corps et la chasse. C'est comme une urne percée de trous, à travers lesquels l'eau circulerait sans cesse, un tissu mouvant qui a déjà une certaine individualité obscure. Elle se reproduit elle-même, donne naissance à des cellules amiboïdes (comme chez les magosphæra), qui flottent dans l'eau, et vont s'accrocher à quelque aspérité du sol pour former une nouvelle éponge. Toutefois, *il n'y a pas encore ici de généra- tion sexuée,* ni par conséquent de caractères définitifs d'espèces.

Ces caractères vont apparaître chez les hydres, en même temps qu'un remarquable développement de la force vitale([1]). Ici, l'indivi- dualité est beaucoup plus accusée que dans les organismes précé- dents. Les hydres, ou polypes d'eau douce, se rencontrent dans les flaques d'eau; elles ont la forme générale d'un petit cornet dont l'extrémité pointue serait pourvue d'une sorte de ventouse permet- tant à l'animal de se fixer sur les bois, plantes ou corps submergés; l'ouverture du cornet est hérissée de petits bras ou tentacules. *La nourriture que le polype absorbe entre et sort par cette même ouverture.* Pour se déplacer, l'animal courbe son corps en arc (comme certaines chenilles), se colle la bouche contre l'objet sur lequel il s'appuie, détache son pied, le ramène vers la bouche, la

---

1. Ces petits êtres sont très voraces et très redoutables pour leurs voisins de même taille. Dans les vésicules formant saillie sur la surface des bras, et ouvertes par le haut, se trouvent des hameçons à trois pointes, dirigées en arrière et attachées à un long fi- lament, très flexible et tordu en spirale; le polype peut, à volonté lancer et retirer ces hameçons, dont le nombre est considérable. Quand un infusoire arrive à proximité de l'hydre guettant sa proie, les tentacules l'enlacent, les hameçons l'accrochent et l'entraînent dans la gueule du petit monstre. Aucun animal sur terre, même parmi les bêtes fauves les plus redoutables, n'est muni d'armes aussi dangereuses que ce polype presque imper- ceptible, dont la voracité et la puissance digestive sont également sans exemple.

On a pu observer, à l'aide du microscope, que ces animalcules, après avoir dévoré leur proie, en rejettent, au bout de quelques minutes, les restes complètement défigurés et dépouillés de leur substance nutritive; parfois ils engloutissent des corps plus gros qu'eux-mêmes; alors on voit l'ouverture buccale, puis le cylindre creux qui forme le corps du polype, se dilater jusqu'au triple du volume ordinaire; si l'animal dévoré est formé d'une carapace, le suc dissolvant, contenu dans l'estomac du polype, la ramollit et la fait digérer.

Remarque curieuse, pourtant, cette puissance digestive ne s'exerce que sur des corps étrangers, jamais sur des corps de polypes. Un observateur attentif, Trembley, en a recueilli la preuve irréfragable. Un polype avait avalé, en même temps que sa proie, une de ses propres tentacules : au bout de quelques instants, pendant que la proie se dissolvait dans le corps transparent du polype, son bras sortit intact de l'ouverture buccale. Le Hollandais Harting raconte un trait encore plus surprenant, au sujet de l'*invulnérabilité des polypes.* Deux de ces animalcules se disputaient une proie; aucun des deux ne voulait lâcher prise; le plus fort finit par *avaler le plus faible en même temps que la proie* à laquelle il se cramponnait. On croira sans doute que l'un et l'autre furent digérés; point du tout: le vainqueur rejeta peu après les restes de son repas, et avec eux sortit, sain et sauf, l'autre polype; il tournoya quelques instants dans l'eau, comme pour se rincer, puis re- prit sa chasse, et avala à son tour des animaux plus petits que lui, absolument comme s'il n'avait pas éprouvé le moindre accident!

pose de nouveau plus loin, et ainsi de suite. Quelquefois il va plus
vite, par une série de culbutes consécutives. C'est ordinairement pour
marcher vers la lumière, qu'elles aiment beaucoup, quoiqu'elles
n'aient pas d'yeux, que les hydres exécutent ces mouvements; mais
c'est aussi pour chercher leur proie. Il y a donc ici une personnalité
incontestable.

Cependant, quels êtres bizarres! On peut les couper en morceaux sans porter atteinte à leur vitalité, au contraire : d'une seule
hydre on en fait ainsi deux, trois, quatre, cinq, dix, qui se porte-
ront à merveille. On peut, d'autre part, les retourner comme un
gant sans nuire en aucune facon à leur digestion : la surface exté-

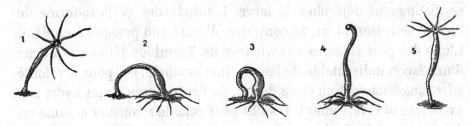

Fig. 70. — L'hydre d'eau douce et son mode de locomotion.

rieure du corps devient tout de suite estomac. On peut aussi les souder ensemble, les greffer comme des branches d'arbres, etc.

« Une hydre est-elle coupée en deux moitiés dans le sens de sa
longueur, dit M. Perrier, chacune des deux moitiés ne met pas
plus de vingt-quatre heures pour se refermer de manière à constituer une hydre nouvelle capable de saisir une proie et de la digérer.
Si l'on coupe une hydre par le travers, en deux jours la moitié
antérieure s'est refait un pied, et la moitié postérieure a déjà poussé
de nouveaux bras. Si, au lieu de ne donner qu'un coup de ciseaux,
on en donne deux de manière à partager l'hydre en trois morceaux,
il ne faudra pas plus de huit jours à chacun de ces tiers d'hydres
pour redevenir hydre complète. Que l'on essaye de couper une
hydre longitudinalement en deux moitiés, puis de diviser encore
par le travers chacune de ces moitiés en deux; l'hydre est alors
écartelée : mais en huit jours chacun des fragments a reconstitué
un polype parfait. On peut découper l'hydre en un nombre de rondelles superposées qui n'est limité que par l'impossibilité de saisir
avec des ciseaux un corps trop petit, chacune de ces rondelles refait

encore un être, à la seule condition d'attendre que les parties
en voie de restauration aient atteint une taille suffisamment considérable. Trembley a réussi à tailler dans une hydre cinquante
morceaux, et à fabriquer ainsi, aux dépens d'un même individu,
cinquante hydres nouvelles ! »

On peut aussi, comme nous le remarquions tout à l'heure,
retourner cet étrange animal sans mettre sa vie en péril. Chez les
éponges, la couche cellulaire *interne*, l'entoderme, diffère essentiellement de la couche *externe*, l'exoderme. « L'entoderme des
éponges, écrit encore le même auteur, est formé de monades flagellifères, l'exoderme est formé d'amibes, et ces deux sortes d'éléments
se distinguent déjà chez la larve. L'entoderme et l'exoderme de
l'hydre se ressemblent, au contraire, d'une façon presque complète.
L'une des plus célèbres expériences de Trembley témoigne même
d'une façon indiscutable de leur intime analogie. On peut à volonté
faire, aussi souvent qu'on le désire, de l'entoderme d'une hydre son
exoderme et inversement. Il suffit pour cela de retourner comme un
doigt de gant le double sac qui constitue le polype. Pour que l'animal continue à vivre, il faut alors que son exoderme, qui lui servait
de peau, se mette à digérer les aliments ; que son entoderme, qui
jouait le rôle de muqueuse digestive, devienne, au contraire, la partie tout à la fois protectrice et sensible du corps. Quel bouleversement plus complet peut-on apporter dans un organisme? Il sem-
blerait que l'hydre dût cent fois en mourir. Ce retournement est
cependant sans aucune espèce de gravité pour ce singulier animal.
Pendant quelques heures, le patient semble à la vérité mal à l'aise,
il tente même des efforts, assez souvent couronnés de succès, pour
recouvrer sa position primitive. Mais, s'il n'y parvient pas, il fait
très vite contre mauvaise fortune bon cœur : au bout de deux jours
tout au plus, on le voit étendre ses bras pour pêcher et manger
copieusement ; il répare le temps perdu. L'exoderme s'acquitte fort
bien de ses nouvelles fonctions et l'entoderme, devenu la peau, ne
lui cède en rien sous ce rapport. Rien ne saurait évidemment mieux
prouver l'identité primitive de ces deux tissus que la facilité avec
laquelle on les transforme l'un dans l'autre. »

On peut faire avaler un polype par un autre : l'avalé n'est pas
digéré, au contraire, les deux polypes ne tardent pas à se débarrasser

mutuellement l'un de l'autre, et à vivre aussi tranquillement que si rien n'était arrivé. Si pourtant, avant de faire avaler un polype par l'autre on a pris soin de retourner celui qui doit entrer dans le corps de son confrère, les deux surfaces internes vont se trouver en contact; dès lors, elles se soudront, et au bout de quelques jours les deux êtres n'en feront plus qu'un, qui vivra comme si de rien n'é-

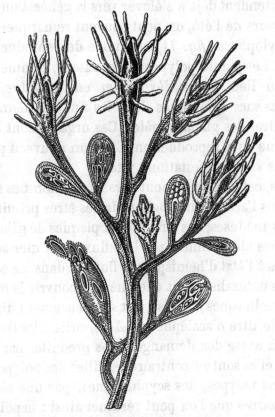

Fig. 71. — Hydraires d'eau douce. — Colonie de Cordylophora lacustres, d'après Edmond Perrier.
(On voit comment les bourgeons animés s'échappent.)

tait!... On voit combien ces tissus élémentaires primitifs s'adaptent aux changements de milieux et se transforment. Leurs propriétés physiologiques, leur composition chimique, la forme même des éléments qui les composent se modifient plus ou moins profondément, et c'est là l'une des sources les plus fécondes de diversification du règne animal.

Les hydres se reproduisent par bourgeonnement : une petite hydre pousse sur le corps de la première et s'y développe, puis s'en détache et vit séparément. Quelquefois des hydres portent deux, trois, quatre ou cinq petits à différents degrés de développement. Il n'y a pas encore de sexes ; les enfants poussent selon la nourriture que le polype a absorbée et selon l'élévation de la température : c'est plutôt végétal qu'animal. Quelquefois, surtout chez les espèces marines, les polypiers forment même de véritables touffes arborescentes. Mais ces êtres tendent déjà à s'élever vers la génération sexuée. Dans les derniers jours de l'été, on peut souvent remarquer, entre autres chez les cordylophora (*fig.* 71), un mode de reproduction différent du précédent. Les jeunes polypes qui poussent, comme nous venons de le dire, au lieu de se développer en individus, se transforment en petits sacs sphériques dont les uns contiennent de petits œufs et les autres des glandes mâles. Ces organes sont des individus modifiés en vue de la reproduction. C'est un nouveau pas de fait par la nature dans ses manifestations vitales.

Ce progrès, cet acheminement vers la création des sexes, sert de transition, dans l'arbre généalogique de ces êtres primitifs, entre les polypes et les méduses, ces singulières plaques de gélatine que tout le monde a vues abandonnées par le reflux de la mer sur les rivages ou rencontrées à l'état d'hémisphères flottant dans les eaux. Pendant longtemps les naturalistes ont cherché à découvrir le mode de naissance de ces mollusques ; on les avait soigneusement distinguées des polypes sous le titre d'acalèphes (ακαληφη, ortie : les Grecs les nommaient ainsi à cause des démangeaisons produites par leur contact visqueux) : or, elles sont au contraire les filles des polypes. Elles naissent de certains polypes, des scyphistomes, par une série de transformations bizarres que l'on peut résumer ainsi : le polype hydraire nommé scyphistome, assez semblable aux hydres d'eau douce, se change en un autre polype tout différent, nommé strobile ; celui-ci se transforme en une espèce de pile d'assiettes creuses, et chacune de celles-ci se détache et n'est autre chose qu'une méduse. Celles-ci grandissent, leur ombrelle s'élargit, se frange et se complique de bras et de filaments. Arrivées à l'âge adulte, elles ont des œufs et des glandes, pondent ces œufs, et ceux-ci donnent naissance à des polypes hydraires d'où sortiront de nouvelles méduses. Ce ne sont pas là des métamorphoses comme chez les insectes (qui, alors, n'existaient pas encore), ce sont de curieux produits de génération alternante et indécise. Quelles sont les causes de ces alternances? Les hydres naissent des œufs fécondés, les méduses naissent des hydres sans fécondation préalable, par une simple segmentation du corps, par bourgeonnement et détachement.

Toutes les méduses ne se ressemblent pas. Il y a une multitude de formes différentes, et quoique toutes soient rattachées aux hydres

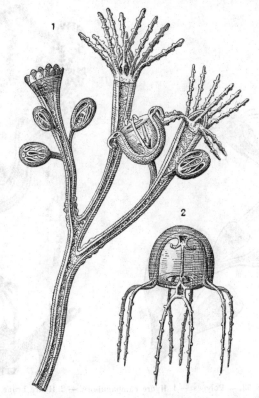

Fig. 72. — La formation des méduses (colonie de Bougainvillier ramosa), d'après Perrier
1. Le Polype nourricier porte des méduses à divers états de développement. — 2. Méduse détachée.

par leur naissance, toutes ne naissent pas de la même façon. Les petites méduses en forme de cloche ne viennent pas, comme les grandes méduses en forme de champignon, par segmentation d'un strobile; elles poussent comme des fleurs sur des hydres en colonies arborescentes; d'autres naissent au bout des rameaux, d'autres sous forme de grappes ou de collerettes; puis elles se détachent et flottent dans les eaux. Ne croirait-on pas voir là des plantes marines, des rameaux, des bourgeons et des fruits? Comment ne pas leur continuer le titre de zoophytes? La méduse est à l'hydre ce que la fleur est à la feuille; son ombrelle est une corolle monopétale qui a même été polypétale dans sa jeunesse. De même que la fleur est formée de feuilles modifiées qui se sont groupées en rayons par suite de leur rapprochement sur l'axe qui les porte, de même la méduse est formée de polypes hydraires modifiés, qui ont pris une

Fig. 73. — Polypes. — 1. Hydre campanulaire. — 2. Hydre brune.

disposition rayonnante par suite du raccourcissement de la distance qui les séparait à l'origine.

Ne croirait-on pas aussi, lorsqu'on voit les polypes représentés ici, que l'on a des plantes sous les yeux? Ils n'offrent pourtant d'autre rapport avec les végétaux que leur adhérence à un point fixe, à la façon des coraux.

Ces plantes-animaux, dont la forme, la nature même varient si complètement suivant les conditions d'alimentation, de température, d'existence, sont une grande leçon de la nature. L'hydre d'eau douce, habituellement solitaire, fonde des colonies lorsqu'on la place dans un milieu riche en nutrition et en température. « Quels arguments plus précieux pourrait-on recueillir en faveur de la mutabilité des formes spécifiques ? Les polypes hydraires nous montrent déjà comment un organisme simple peut revêtir les formes

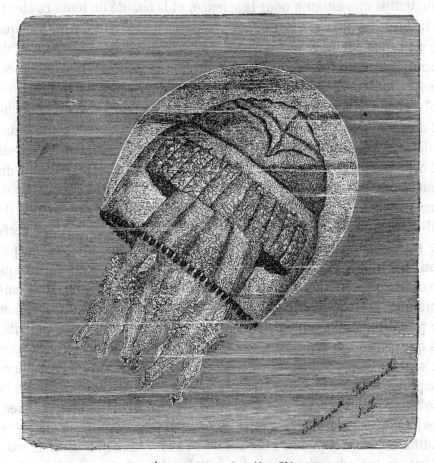

Fig. 74. — Êtres primitifs. — La méduse Rhizostome.

les plus diverses, redescendre l'échelle de l'organisation ou la remonter ; ils nous permettent, encore de nos jours, de suivre pas à pas cette merveilleuse métamorphose (EDMOND PERRIER, *Les Colonies animales*). »

Le même titre d'animal-plante peut être donné, et la même révélation latente peut être demandée au polypier du corail qui élève au sein des mers des édifices de fleurs brillantes et sécrète des matériaux de construction tels que des îles entières sont exclusive-

ment formées de leurs bancs massifs et solides. Ce sont des colonies plus ou moins nombreuses dont chaque citoyen construit sa
demeure et l'habite. Ces innombrables branches du corail dont les
entrelacements forment comme un tissu de forêt minérale, ont été
longtemps une énigme pour la science, et la beauté de leurs couleurs
a inspiré les plus gracieuses descriptions. On sait aujourd'hui que
ce sont des colonies de polypes, dont la diversité de forme et de
propriétés organiques n'est pas moins éloquente que chez les précédents. Comme eux, toutefois, ils se composent essentiellement d'un
tube dont l'épanouissement peut être considéré comme une bouche
et dont l'intérieur peut être qualifié d'estomac. Beaucoup de tentacules servant de petits bras. Toujours pas de tête. La faculté de voir
et celle d'entendre ne sont pas encore nées. Des cinq sens, celui du
toucher existe seul ; celui du goût commence. Monde obscur, quoique en pleine lumière, n'ayant encore qu'une vague conscience de
lui-même, végétatif plutôt qu'animé. Quelques muscles ; les nerfs
ne sont qu'à l'état rudimentaire, sans grande sensibilité. Chaque
petit polypier vit séparément ; mais sa vie semble se confondre dans
l'existence morne et aveugle de la colonie à laquelle il appartient
comme partie intégrante. Comme chez les méduses, la multiplication
se produit à l'aide de petits œufs et de petits corpuscules fécondants,
ce qui commence aussi les sexes, mais encore à l'état rudimentaire
et sommeillant dans une profonde insensibilité. Ces êtres sont hermaphrodites sans le savoir. Sentent-ils même quelque chose de la
vie? Les polypes bryozoaires sont, dans cette classe d'organismes,
des créatures si étranges que la vie paraît pour eux de la dernière
indifférence. Quelquefois l'un absorbe l'autre sans que celui-ci manifeste la moindre résistance. Quelquefois le polype meurt au fond
de sa loge et est aussitôt remplacé par un autre, créé par cette loge
elle-même : c'est une maison qui enfante ses propres locataires !

Comme si la nature s'essayait lentement dans son œuvre du développement de la vie, à côté des organismes que nous venons de
décrire, et un peu plus haut dans l'échelle organique, se placent les
tuniciers, dont l'enveloppe est formée de cellulose, comme les plantes,
dont le tube digestif a *deux ouvertures*, une pour l'entrée de l'eau
nutritive et une pour la sortie (l'hydre n'en a qu'une, voy. p. 162) et
qui, en plus des organes de digestion et de reproduction possède un ap-

pareil de circulation et un rudiment de cœur. Ces sortes de petits mollusques ne sont encore, en quelque sorte, que des sacs vivants, mais
ils vivent déjà un peu plus complètement que les précédents. Le
plus remarquable est que ce rudiment de cœur, sans valvules, sans
oreillettes, sans ventricules, n'a pas encore de direction déterminée
pour la circulation du sang (et quel sang!) : il bat pendant un certain temps dans un sens, s'arrête, puis se met à battre en sens
inverse, de sorte que les vaisseaux qui jouaient le rôle d'artères dans

Fig. 75. — Polypier du corail.

le premier cas, jouent le rôle de veines dans le second, et ainsi de
suite. L'animal respire, et son appareil respiratoire (branchies) est
constitué aux dépens de la partie antérieure du tube digestif. Il
semble que de tous les animaux sans vertèbres, ceux-ci soient les
plus proches voisins des vertébrés et représentent la souche d'où
se sont élevés les premiers vertébrés. Quant à son mode d'alimentation, ce sont toujours les cils vibratiles dont il est pourvu qui amènent vers la bouche l'eau chargée de particules alimentaires. Leurs

formes et leurs dimensions offrent la plus grande variété. Plusieurs espèces sont microscopiques ; quelques-uns sécrétent de petites coquilles protectrices ; d'autres, comme les pyrosomes, jouissent de la propriété d'être phosphorescents et répandent même, lorsqu'ils sont dans toute leur activité vitale, une très vive lumière rouge ; les uns sont entièrement libres et passent leur vie à nager ; d'autres se fixent sur les rochers ou dans le sol des grèves sablonneuses : ce sont les ascidies, qui abondent sur nos plages et qui atteignent parfois la dimension d'un œuf de poule ; elles se collent sous les pierres comme des morceaux de gélatine et si on retourne la pierre lancent de l'eau tout autour d'elles.

Chez ces êtres, la génération est aussi confuse, aussi irrégulière, en quelque sorte aussi hésitante, que la circulation. Ils sont hermaphrodites, portent les deux sexes, donnent naissance à des œufs, les fécondent, et de l'œuf éclot, non pas le fils, mais le petit-fils de l'animal qui l'a pondu, le fils n'apparaissant dans l'œuf que pour s'y reproduire et y mourir aussitôt ! L'œuf se forme pour reproduire un être qui ne verra jamais le jour, les enveloppes de cet œuf sont à la fois le berceau et le tombeau d'un organisme qui se reproduit à leur intérieur en demeurant à l'état de fœtus et dont les restes lentement résorbés servent d'aliments à la génération nouvelle, seule destinée à paraître au dehors. Ce fait, aussi bizarre et aussi mystérieux que certain, est d'un haut enseignement pour la théorie de l'évolution. Il nous montre que ces êtres appartiennent à une époque capitale de l'histoire de la nature, à la période pendant laquelle la force vitale a franchi, après mille essais et mille hésitations, le passage qui sépare les mollusques des animaux soutenus par un squelette, les invertébrés des vertébrés.

La nature a déjà parcouru une longue voie dans l'élaboration de toutes les formes organiques précédentes. Cependant, nous n'avons eu jusqu'à présent sous les yeux que des êtres informes végétant dans les profondeurs de la mer. Les uns sont de petites boules gélatineuses nageant à l'aide de leurs cils vibratiles qui leur servent à tout, les autres sont collés au fond de la mer ou contre les rochers, les autres se sont associés en colonies et forment des espèces d'arbres vivants. Ils ont bien déjà un tube digestif, des organes d'assimilation, de reproduction et de circulation sanguine, des muscles et des nerfs, mais ils n'ont aucune symétrie, ni avant, ni arrière, ni droite, ni gauche. Il serait superflu d'ajouter que jusqu'à présent même, la tête n'existe pas. Jusqu'ici, tous les êtres sont *aveugles, sourds et muets*.

Un rudiment de tête, un commencement de symétrie, va se montrer chez *les vers*, dont les ancêtres habitaient la vase des mers et des rivages. Ce mollusque diffère des précédents par deux caractères : il est allongé et il se déplace. C'est un polype libre (pas toujours encore ; exemple : le tænia). Considérons un instant le plus simple ver de terre. Le seul fait de ramper constitue déjà pour lui une supériorité. Il est formé d'anneaux égaux, c'est vrai, et son accroissement de longueur n'est obtenu que par un accroissement dans le nombre de ces anneaux, dont chacun peut également devenir une tête ou une queue. Tous ces éléments sont égaux. Mais le

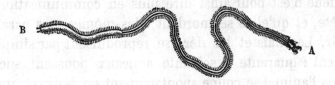

Fig. 76. — Les indécisions primitives de la génération.
Syllis amica composée de deux parties, l'antérieure sans sexe, la seconde sexuée.

seul fait que l'anneau antérieur est chargé d'absorber le premier la nourriture qui doit traverser le ver tout entier place cet anneau en des conditions telles que ses moyens de perception sont constamment sollicités à agir et à se développer. C'est une bouche qui marche, qui a une certaine responsabilité vis-à-vis de l'alimentation de la colonie, qui doit toujours être en avant et au bas pour chercher dans le sol ce qu'il y a de meilleur, et qui par ce fait même commence une symétrie pour l'organisme : une pièce antérieure, une face ventrale, une face dorsale, une gauche et une droite.

La tête va prendre une fonction spéciale. Elle rencontrera des obstacles, sera quelquefois appelée à combattre, se trouvera parfois fort exposée. Sa résistance et sa force augmenteront graduellement. Cependant cet organe n'acquiert pas encore une importance tellement essentielle qu'il ne puisse renaître de ses propres racines s'il a été mutilé. Coupez la tête à un ver de terre, elle repoussera ; partagez un ver en deux parties, chacune des deux parties se complétera, même la partie postérieure qui devra s'ajouter un appareil de circulation et un cerveau. Chez les naïs, qui habitent les eaux douces, la force vitale est encore plus intense, car elle est pour ainsi dire individualisée dans chaque anneau : à l'aide de ciseaux très fins, coupez cet annelé en autant de parties que vous voudrez, chacune d'elle se munira d'une tête et d'une queue et formera un animal en parfait état de vitalité.

Les annélides représentent le type des colonies animales, de la construction d'individus par juxtaposition d'organismes élémentaires. Quelquefois elles atteignent des proportions considérables; certaines eunices mesurent 1^m50 de longueur sur près de trois centimètres de largeur, et sont composées de plusieurs centaines d'anneaux; il en est de même de certaines espèces de vers des pays chauds. On rencontre souvent dans la mer des annélides si longues que la queue n'est pour ainsi dire plus en communication directe avec la tête, et qu'elles se mordent elles-mêmes sans paraître s'en apercevoir. Les naïs et les déro se reproduisent par simple bourgeonnement : quarante à soixante anneaux poussent successivement, puis l'animal se coupe spontanément en deux, et une tête se forme à l'anneau antérieur du nouvel être; mais, ce qu'il y a de plus remarquable, c'est qu'à la fin de l'année, à l'automne, ce mode de reproduction s'arrête pour faire place à la génération sexuée. Certaines néréides sont plus curieuses encore peut-être : elles sont composées de *deux individus soudés* bout à bout, l'un sans sexe, l'autre sexué. Il en est de même des syllis (voy. *fig.* 76). Vraiment la nature semble avoir essayé tous les moyens avant de se fixer. A l'époque de ces essais, il semble qu'elle était encore loin de s'être décidée pour le mode de génération qui conviendra le mieux.

Plus tard, chez les insectes, la reproduction sera réservée à l'être parfait, au papillon sorti de la chrysalide, et les larves ne pourront plus se reproduire. Ici, les larves se reproduisent et la métamorphose qui commence n'est pas encore faite. L'indépendance des anneaux est souvent telle que chez un même animal les uns peuvent être mâles et les autres femelles, les uns sexués, les autres stériles (spirorbes, autolytes, etc.).

Insensiblement la tête se forme, quoique assez irrégulièrement. Le rudiment du cerveau se trouve dans le premier anneau chez les annélides, dans le troisième et quelquefois le quatrième chez les lombrics; la bouche occupe le second anneau chez les annélides. Les cils vibratiles sont devenus des antennes, des organes de préhension. Les *yeux*, des yeux rudimentaires apparaissent; ce sont des nerfs, sensibles à la lumière, qui commencent à se développer, et souvent aux deux extrémités de l'annélide, *à la queue comme à la tête*, autour des anneaux extrêmes. La nematonereis contorta, l'oria armandi, les fabricies, ont généralement deux yeux sur le segment anal; les amphicorines, les myxicoles en ont quatre, l'amphiglena mediterranea six ou huit. Il est à remarquer que cette particularité s'observe surtout chez les annélides dans lesquelles la tête a été détournée de son rôle primitif, du rôle de cicerone de la colonie, par le développement d'un volumineux panache respiratoire. Les amphicorines et les myxicoles quittent volontiers leur tube pour courir à l'aventure; ils en sortent la queue la première, la dirigent toujours en avant, et semblent traîner après elle le reste de la colonie. L'anneau postérieur s'est donc réellement emparé d'une des fonctions essentielles de la tête, ou plutôt les rôles que remplit ordinairement une tête se sont partagés entre les deux extrémités du corps : la tête digestive, celle qui porte la bouche, est demeurée à l'extrémité qui correspond au côté antérieur des autres vers; la tête sensitive s'est transportée à l'extrémité postérieure, gênée qu'elle était dans l'exercice de ses fonctions [1]. Les tænia, vers solitaires, parasites attachés à un organisme, n'ayant jamais besoin de chercher leur nourriture, qui leur arrive toute seule, n'ont pas de tête du tout, mais seulement une sorte de ventouse, un scolex qui reproduit le corps du ver en donnant naissance à des anneaux consécutifs. Ce que nous venons de dire des yeux peut être appliqué aux organes de l'ouïe, qui commencent également à paraître, rudiments d'impression auditive que l'on rencontre tantôt sur le premier segment (oria armandi), tantôt sur le second (amphicorine coureuse), tantôt sur le troisième (amphicorine argus), tantôt sur le quatrième (wartelia). Mais insensiblement les organes, les sens, vont se localiser à la partie antérieure du corps où leurs fonctions d'avertisseurs les appellera de plus en plus.

1. EDMOND PERRIER. *Les Colonies animales.*

Ainsi graduellement nous assistons au développement et à la progression de la vie, chaque détail de la formation des organismes nouveaux se présentant à notre attention comme une révélation des origines d'où sont issues toutes les créatures actuellement vivantes. Lorsque nous arrivons aux insectes, nous voyons en eux la même structure originaire : ce sont des anneaux plus ou moins réunis et soudés. Les myriapodes, ou bêtes à mille pattes que tout le monde connaît, ne possèdent, en général, que neuf anneaux à leur sortie de l'œuf; les autres anneaux poussent successivement à la partie postérieure du corps ; mais l'individualisation est déjà plus complète : les deux moitiés d'une scolopendre coupée par le travers peuvent vivre encore pendant quelque temps et se mouvoir comme deux animaux distincts; mais elles finissent par succomber l'une et l'autre sans s'être complétées. Le mode de génération devient essentiellement sexuel.

Chez tous les insectes, le corps se compose de trois parties caractéristiques : la tête, le thorax et l'abdomen; la tête est formée d'anneaux soudés, le thorax toujours de trois et l'abdomen de six à douze. Chez les araignées, la distinction des anneaux n'est visible que pendant la période embryonnaire. L'unité d'origine est flagrante.

Mais n'allons pas si vite, afin de concevoir judicieusement la marche des choses dans ce lent et grandiose développement de la vie. Du même ordre organique que les êtres précédents, primitifs comme eux, et comme eux caractérisant les débuts de l'organisation terrestre, sont les échinodermes ([1]), astéries ou étoiles de mer, oursins, crinoïdes, holothuries, etc. Ils possèdent encore les deux modes de reproduction (par sexes et sans sexes), c'est-à-dire que d'une part ils ont des œufs et que d'autre part ils se multiplient par bourgeonnements. Des pêcheurs souvent contrariés de voir les étoiles de mer pulluler dans leurs parages, les coupent par morceaux lorsqu'ils les saisissent accrochées à leurs filets et en rejettent les morceaux à la mer; ils créent ainsi quatre ou cinq astéries au lieu d'une. Ils peuvent se déplacer lentement, à l'aide de leurs petites tentacules érectiles. Les astéries et les oursins ont des yeux rudimentaires : ce sont des taches pigmentaires rouges, situées à la face

---

1. Etymologie : Εχινος, hérisson et ρμα, peau (êtres à la peau hérissée).

inférieure des rayons, immédiatement au-dessous des tentacules terminaux. La lumière s'y réfracte fortement. Ils méritent à peine ce titre, mais, en fait, ce sont déjà des yeux.

Les étoiles de mer ou astéries sont, originairement, des polypes linéaires, des vers, soudés par la tête au centre de l'étoile. Le bras d'une étoile, détaché du disque central, repousse tout entier. Les cinq bras (ou davantage chez certaines espèces) repoussent également. Chaque bras vit et peut, à son tour, donner naissance à un

Fig. 77 — Astérie en pleine reproduction de ses rayons. — Astérie normale.

bourgeon qui devient disque central et reconstitue l'astérie. La force vitale est toujours repandue dans l'ensemble de l'être. Il n'y a pas encore de tête ni d'appareil respiratoire. Ne croit-on pas voir la nature s'essayer de toutes les façons les plus inimaginables ?

Les mollusques proprement dits, les céphalopodes, qui marchent sur la tête, poulpes, pieuvres, etc.; les gastéropodes, qui marchent sur le ventre, escargots, limaces, etc.; les acéphales, qui n'ont pas de tête, huîtres, moules, etc., paraissent descendre des vers annelés, d'après les recherches de M. Perrier. Selon ce naturaliste, tous ces mollusques marchent sur un appendice de leur tête, les bras du céphalopode, le pied aplati du gastéropode et le pied linguiforme de l'acéphale seraient tous trois des dépendances de la tête du mollusque; leurs formes proviendraient des conditions au sein desquelles ils ont dû vivre. Les mollusques et les annélides céphalobranches seraient les uns et les autres les descendants d'êtres habitant des tubes, n'ayant de rapports avec le monde extérieur que par les orifices de ceux-ci et surtout par leur orifice antérieur : l'anatomie prouve cette relation. Les acéphales seraient des gastéropodes dégénérés, chez lesquels la tête n'ayant plus aucune fonction à exercer s'est atrophiée et résorbée dans l'ensemble du mollusque. Les brachiopodes qui, comme les acéphales, sont enfermés dans une coquille bivalve, mais en diffèrent beaucoup au point de vue de l'anatomie intérieure, descendraient des annélides par une autre lignée, et seraient restés les plus rapprochés de la souche commune.

Chez les mollusques, les systèmes nerveux et musculaire sont encore très rudimentaires. Le système nerveux consiste en deux colliers entourant l'œsophage et sur lesquels sont dissimulés les ganglions; le système musculaire n'a pas d'organes de soutien. L'une des propriétés particulières des téguments des mollusques est celle de sécréter des substances solides formant leurs coquilles si variées, et qui sont pour eux des organes de soutien indépendants du système musculaire. Les organes des sens prennent graduellement un grand développement. Le toucher a acquis une certaine délicatesse. L'odorat se distingue progressivement du goût. L'ouïe a pour appareil des vésicules contenant dans leur intérieur des autolytes. L'œil possède une rétine, un cristallin, un iris, la sclérotique, la choroïde, le corps ciliaire et l'humeur vitrée. La partie du corps qui porte les yeux est ordinairement la base des tentacules ; souvent aussi ils se trouvent aux extrémités. Ils ont tous un cœur u un appareil circulatoire qui en tient lieu. Ils sont sexués et se eproduisent par œufs, mais les sexes ne sont pas toujours séparés en deux individus différents : chez les céphalopodes, poulpes, seiches, les sexes sont séparés; chez les gastéropodes ils sont réunis; presque tous les gastéropodes sont hermaphrodites : limaces, escargots, limnées, murex, cyprées, etc. Les hélices, colimacons ou escargots, sont hermaphrodites, c'est-à-dire que chaque individu est pourvu des deux sexes, mais la réunion intime des deux êtres est nécessaire pour la reproduction, chacun d'eux agissant en même temps comme mâle et comme femelle. Ce sont là autant d'essais de la nature que le philosophe doit apprécier.

A la frontière des vertébrés et des invertébrés, on rencontre l'amphyoxus « le vénérable amphyoxus », comme le salue Haeckel, qui n'est ni limace, comme le croyait le premier naturaliste qui l'étudia (Pallas, 1778), ni poisson, comme le déclarait le zoologiste Costa en 1834. En fait, cet être diffère beaucoup plus de tous les poissons que ceux-ci ne diffèrent de l'homme. C'est un vertébré sans crâne.

L'amphyoxus vit sur les plages marines sablonneuses, en partie

Fig. 78. — L'amphyoxus, vertébré sans tête, intermédiaire entre les invertébrés et les vertébrés.

enfoui dans le sable, et est très répandu dans les diverses mers; on le trouve dans la mer du Nord, sur les côtes de l'Angleterre, sur celles de la Méditerranée, au Brésil, au Pérou, à Bornéo, en Chine, un peu partout. Son corps est mou, sans aucune partie solide, sans aucun organe pétrifiable, long de cinq centimètres environ, blan-

Fig. 79. — La Lamproie, poisson primitif rudimentaire.

châtre ou légèrement teinté de rose : il a la forme d'une lancette étroite pointue aux deux bouts. Nulle trace de membres. Un tube cylindrique forme l'axe de son corps; ce tube loge le système nerveux central, et représente en principe la colonne vertébrale. Les organes principaux des vertébrés sont là sous leur forme la plus rudimentaire. Une petite tache pigmentaire placée en avant, à l'extrémité du tube nerveux, paraît être le rudiment de l'œil; à côté, une petite fossette commence sans doute l'organe olfactif; l'ouïe n'existe pas encore; pas de cerveau du tout. L'anato-mie de cet être curieux montre en lui *l'ancêtre le plus probable des vertébrés :* il serait le dernier descendant de la race antique des vertébrés dépourvus de tête ; les naturalistes pensent avoir trouvé là l'intermédiaire tant cherché entre les invertébrés et les vertébrés, le plus proche parent du premier type disparu des vertébrés.

Immédiatement après cet ancêtre peuvent être classés les poissons à crâne les plus primitifs, par exemple les cyclostomes, dont la lamproie (*fig.* 79) fait partie. Leur corps est allongé, cylindrique, vermiforme, dépourvu de membres ; leur bouche toute ronde n'a pas encore de dents ; leur peau est nue et sans écailles. Point de squelette osseux. Mais déjà un commencement de branchies et déjà un commencement de cerveau.

A mesure que nous avancons dans l'examen des organismes, nous allons voir l'être s'individualiser davantage, la vie se localiser en quelque sorte, les éléments constitutifs des animaux perdre leurs propriétés primitives pour s'abandonner à la direction commune de l'être cérébral, de plus en plus personnel et dominant. Les vertébrés, mammifères, oiseaux, reptiles, batraciens, poissons, sont essentiellement constitués par un édifice de vertèbres, qui protège la moelle épinière, se termine par un crâne formé lui-même de vertèbres modifiées, lequel renferme le cerveau, qui n'est qu'un épanouissement de la moelle épinière. Nés des invertebrés, issus sans doute même des plus humbles d'entre eux, des vers annelés, dont l'anatomie offre les plus significatives analogies avec celle des vertébrés inférieurs, l'embranchement si considérable des vertébrés, à la tête duquel règne l'homme lui-même, nous apparaît comme le déploiement le plus complet de la vie à la surface de notre planète. Dans son analyse, on trouve l'explication, non seulement de la forme revêtue par les êtres, mais encore de la disposition et de la place de chaque organe du corps. La tête, les appareils si délicats de la vue et de l'ouïe, l'individualisation du cœur, des poumons, des reins, se sont constitués graduellement et progressivement. La forme de chaque être, extérieure ou intérieure, provient de son genre de vie et de celui de ses ancêtres. Nous avons vu que pendant des siècles et des siècles, les organismes se sont reproduits par bourgeonnement et fissiparité. Puis nous avons vu apparaître, chez des êtres qui continuaient de se repro-

duire par ce mode primitif, des organes donnant naissance, les uns
à de petits œufs, les autres à de petites glandes de fécondation.
Alors commence la génération sexuée, alternant avec la précédente
chez les mêmes individus, et se manifestant sur des organismes
qui portent à la fois ces deux rudiments de sexes et sont hermaphrodites. Bientôt elle se trouve le plus souvent séparée sur deux

Fig. 80. — La génération vivipare vient de la génération ovipare.
Quadrupède: ovipares : Crocodile et ses œufs.

individus différents, qui devront se rapprocher, revenir à leur unité
primitive, pour assurer la durée de l'espèce, et c'est précisément
ce mode de génération sexuée qui différenciera le plus les êtres et
créera les espèces. La position de ces organes dans le voisinage de
ceux qui servent à l'excrétion des substances inutiles à l'organisme
n'est sans doute pas fort heureuse; elle provient, de proche en
proche, de la constitution des vers de terre eux-mêmes, chez lesquels on voit les primitifs organes de reproduction associés aux
organes de sécrétion et identiques à eux comme conformation. Chez

les annélides, les produits de la génération, œufs ou zoospermes, se formant dans tous les canaux du corps, trouvent dans ces petits canaux d'excrétion un passage tout préparé pour arriver au dehors. Le perfectionnement séculaire de l'animalité n'a pas encore effacé cette origine.

La multiplication par œufs, la génération ovipare, s'est lentement établie, d'une manière en quelque sorte inconsciente d'abord; puis elle a régné jusqu'au jour où elle s'est transformée elle-même en génération vivipare. A partir de cet établissement de la génération sexuée, tout être vivant vient d'un œuf fécondé, a un père et une mère. Mais le père et la mère ne sont pas pour cela forcés de se connaître. Les poissons répandent leurs œufs dans les eaux : un jour ou l'autre ces œufs sont fécondés sans que le poisson qui passe par là ait jamais connu la mère de ces œufs. Il y a quelques exceptions, notamment pour les raies, les squales, qui sont entre les ovipares et les vivipares, l'œuf éclosant dans le ventre de la mère, comme chez les vipères; mais tel est le mode impersonnel et froid de la génération des poissons. Dans d'autres cas, comme chez les grenouilles, chez les salamandres aquatiques, etc., le père et la mère se rapprochent, mais sans se toucher, et les œufs recoivent néanmoins la fécondation avant d'être pondus ou au moment même ou ils le sont (¹). L'union intime de deux êtres, le mariage naturel, momentané ou durable, sont des produits du progrès à travers les âges. Cette tendre union, déjà remarquable chez un grand nombre d'oiseaux, a commencé parmi les espèces ovipares, au nombre desquelles on peut compter un très grand nombre de quadrupèdes. Les tortues, les lézards en général, les crocodiles, les grenouilles, les serpents, les couleuvres non vipères, les oiseaux, sont ovipares. On peut suivre le développement de la génération ovipare depuis les insectes les plus humbles jusqu'aux mammifères. Ceux-ci sont vivipares; mais encore ici, chacun sait que dans le sein de la mère tout être vivant a commencé par un œuf. La viviparité n'est que l'oviparité perfectionnée; elle est même encore indécise chez les premiers mammifères, chez les marsupiaux qui portent leurs enfants dans une poche extérieure, et surtout chez les monotrèmes,

1. Voy. Lacépède, *Histoire naturelle des quadrupèdes ovipares*, art. Salamandre.

ornithorinque et échidné. Ainsi, sous quelque point de vue que nous l'envisagions, nous voyons dans la vie terrestre tout entière le développement d'un seul et même arbre généalogique.

Les quadrupèdes ovipares forment la transition entre la généra- tion par œufs et les générations par petits vivants ; on ne sait même pas encore au juste aujourd'hui si l'ornithorinque pond toujours des œufs ou met parfois au monde des petits vivants. Les marsupiaux, sarigues, kangourous, pétrogales (*fig.* 81), etc., paraissent être les plus anciens mammifères du globe, avec les monotrêmes, chez lesquels le sein commence par une simple glande mammaire à peine visible ; ils semblent être le résultat de la première tentative de la nature s'essayant à produire des mammifères. Ces êtres arrêtés dans le développement de la vie ne mettent au monde que des petits à peine commencés, qui finissent de se former après être nés. La mère saisit avec ses lèvres ses petits, nés non viables par eux- mêmes, et les dépose dans la poche qu'elle porte devant son ventre. Là, ils se greffent chacun à un mamelon assez semblable à une vessie allongée, et y restent adhérents jusqu'à ce que leurs membres et leurs organes soient développés. Cette poche marsupiale est comme un second utérus dans lequel s'achève leur évolution. Lorsqu'ils marchent tout seuls, les petits n'oublient pas ce nid, et à la première alerte ils s'y réfugient ; ils y passent pour ainsi dire toute leur enfance. On le voit, nous assistons graduellement au développement de tous les organes : On peut suivre pas à pas la formation du sein, depuis l'humble monotrême jusqu'à la splendide Vénus de Milo ; le perfectionnement de la tête, depuis le ver vulgaire jusqu'à l'Apollon ou l'Antinoüs ; comme celui du corps tout entier, de chacun de ses organes, de l'œil, de l'oreille, de la main, etc., etc. Petit à petit tout arrive, tout progresse, tout se perfectionne. Comment a-t-on pu rester si longtemps sourd à ces enseignements universels de la nature ?

La force vitale, d'abord répandue dans tout l'organisme, va en se centralisant avec le perfectionnement des êtres. C'est là un autre fait auquel il importe de donner aussi la plus haute attention. Nous avons déjà vu que dans la tribu des annélides, on peut couper une naïs en deux, trois, quatre, dix, vingt, autant de morceaux qu'on le voudra, sans empêcher de vivre cet être qui n'est qu'une association d'éléments vitaux excessivement petits dont chacun possède sa vitalité propre : trente morceaux de naïs font simplement trente naïs différentes ; chacun se fabriquera rapidement une tête, une queue et de nouveaux anneaux. Nous avons vu aussi que certaines longues annélides se mordent la queue sans s'apercevoir qu'elles s'attaquent à leur propre personne — laquelle personne, au surplus, n'a presque pas conscience d'elle-même. — Nous avons vu encore qu'en partageant une hydre en morceaux, soit longitudinalement, de haut en bas,

Fig. 81. — Marsupiaux, premiers mammifères.

Les nouveaux-nés, n'étant pas encore tout à fait formés, sont conservés dans une poche.

soit transversalement, soit des deux façons, on ne la tue pas, au contraire, on la multiplie, chaque pièce devenant une nouvelle hydre parfaitement vivante ; que, d'autre part, on peut la retourner comme un gant sans lui faire plus de mal, l'épiderme extérieur devenant très vite estomac, et réciproquement ; que, d'autre part encore, on peut greffer ces animaux ou ces morceaux d'animaux les uns sur les autres et les forcer à vivre à la façon d'un seul, etc., etc. Le lombric ou ver de terre n'a déjà plus cette vitalité générale, mais pourtant on peut encore lui couper la tête : elle repousse. Charles

Bonnet ([1]) ayant coupé douze fois la tête à un même ver l'a vue repousser douze fois. Chaque rayon d'une étoile de mer a sa vie propre : on peut le détacher, il continue de vivre et reformera l'astérie tout entière; l'étoile, de son côté, reformera ses rayons. A mesure que nous avançons dans le perfectionnement des êtres, cette force vitale qui appartenait d'abord indistinctement à chaque élément constitutif de l'organisme, se localise et acquiert la conscience de son existence. D'abord obscure, cette conscience s'établit

Fig. 82. — Sauterelle décapitée, vivant au bout de quinze jours.

graduellement et se personnifie. Toutefois la vitalité des éléments ne disparaît pas pour cela; elle diminue et s'éteint lentement. Tous ceux qui ont été enfants (et qui ne l'a pas été?) se souviennent de l'in-

1. Charles Bonnet était un philosophe plutôt qu'un naturaliste de profession. On peut en dire autant de Leibnitz écrivant sa *Protogée*, de Gœthe annonçant le transformisme, de Lamarck enseignant sa philosophie zoologique, de Geoffroy Saint-Hilaire et de tous les grands esprits pour lesquels les progrès des sciences naturelles représentent autre chose que des classifications d'école.

différence singulière avec laquelle le lézard laisse sa queue dans la main qui croyait le saisir : plutôt que d'être pris tout entier, il n'hésite pas un seul instant à perdre cet ornement, sachant probablement que la partie détachée se reformera. Cette partie détachée vit elle-même pendant plusieurs minutes, remue, s'agite, se retourne, comme si elle cherchait son propriétaire disparu. L'animal reconstitue sa queue, d'abord en deux ou trois mois, dans son tissu, ensuite, au bout de deux ans, dans ses vertèbres mêmes (expériences de M. Charles Legros). Chez les salamandres, les pattes repoussent aussi bien que la queue, et même les yeux et une partie de la tête. On a observé également la régénération de la queue chez les loirs. Chacun sait aussi que les pattes et les antennes de l'écrevisse repoussent et que c'est pour cette raison qu'elles sont si souvent d'inégales grosseurs et d'inégales longueurs. Il en est de même chez les homards, les crabes, etc.; ici on a même constaté la régénération des yeux. Les mollusques, notamment les céphalopodes, régénèrent aussi leurs membres détruits.

Parmi les insectes, les sauterelles sont douées d'une vitalité prodigieuse, qui date certainement aussi de ces époques primitives pendant lesquelles la nature enfantait la vie sous toutes ses formes à la surface de la Terre. Il y a quelques années, j'ai eu l'occasion de faire sur ce point des expériences assez curieuses et tout à fait caractéristiques. C'était à Nice, dans un jardin où ces insectes font le désespoir des jardiniers. Sans rapporter ici en détail ces expériences qui n'ont pas duré moins d'un mois, je résumerai celles qui se rattachent directement à la question que nous traitons en ce moment.

Sur 31 sauterelles décapitées, toutes ont vécu quarante-huit heures, aussi alertes que si on ne leur avait fait subir aucune opération, 29 ont vécu trois jours, 23 quatre jours, 10 cinq jours, 4 six jours, 2 sept jours; le huitième jour, la dernière était encore très nerveuse et presque féroce; je voulus la prendre, comme j'avais pris successivement ses compagnes défuntes, pour l'enlever de la boîte, elle sauta si énergiquement qu'elle me laissa dans la main la patte que j'avais saisie. Cette lutteuse vécut encore six jours. Treize jours après la décapitation, en l'exposant au soleil, elle remuait encore la patte sauteuse qui lui restait, et même les petites pattes. En fait, elle ne mourut que quinze jours après avoir été décapitée !

Ainsi, ces créatures peuvent vivre longtemps *sans tête*. Elles peuvent vivre également *entièrement vidées* de tous leurs organes, et même *empaillées :* vidées, et empaillées ou non, cinq jours ; vidées et décapitées, quatre jours. La tête seule, détachée, peut vivre pendant vingt-quatre heures, remuant les antennes et les mandibules. La tête avec le premier anneau peut vivre pendant trente heures. La tête avec les deux premiers anneaux vit pendant trois jours. Le premier anneau seul séparé de la tête et du corps, vit plusieurs heures. Le troisième anneau et l'abdomen, c'est-à-dire, à proprement parler, le corps de la sauterelle, meurt immédiatement. Ainsi, les centres vitaux sont répandus dans la tête et les deux premiers anneaux et sont absents du troisième. Ces êtres sont, au surplus, d'une indifférence apparente des plus singulières ; lorsqu'on leur coupe la tête, lorsqu'on les dissèque tout vivants, lorsqu'on leur arrache les entrailles, ils ne manifestent aucun mouvement convulsif. Une sauterelle qui a la tête coupée depuis huit jours ne le sait probablement pas : elle est sans doute plutôt gênée par la faim qu'autrement.

Cette vitalité peut être observée chez un grand nombre d'animaux ; mais elle se localise dans le cerveau et le cœur à mesure qu'on s'élève dans la série animale. On sait, entre autres, que les deux moitiés d'une grenouille coupée en deux ne meurent pas immédiatement : la moitié antérieure, la tête et les deux premières pattes, se sauve dans les herbes, tandis que la moitié postérieure garde toute sa sensibilité ; il n'est pas rare de voir, dans les expériences de laboratoire, une grenouille décapitée écarter avec sa patte la pince qui la fait souffrir. Il n'est pas rare non plus de voir dans les basses-cours un volatile auquel on vient de trancher la tête pour satisfaire un désir du cuisinier, s'envoler au loin et inonder de sang tout le trajet de son agonie. Une anguille écorchée et coupée en morceaux s'agite singulierement, comme si chaque segment restait doué d'une vie propre. Un cœur de tortue arraché de la poitrine de l'animal continue de battre pendant plusieurs heures encore. Nous avons vu plus haut qu'on peut enlever le cerveau aux animaux inférieurs et qu'il repousse ; l'expérience peut etre faite sur des animaux relativement supérieurs, sur des oiseaux, sur des pigeons. Les lobes cérébraux ayant été enlevés chez un pigeon, l'animal perd immédiatement l'usage de ses sens et la faculté de chercher sa nourriture. Toutefois, si l'on ingurgite la nourriture à l'animal, il peut survivre, parce que les fonctions nutritives sont restées intactes tant que leurs centres nerveux spéciaux ont été respectés. Peu à peu le cerveau se régénère avec ses éléments anatomiques spéciaux, et, à mesure que cette régénération s'opère, on voit les usages des sens, les instincts et l'intelligence de l'animal revenir ([1]).

Si le lecteur a bien voulu suivre avec nous cette étude, un peu longue peut-être, mais qui se compose tout entière de documents d'observation rigoureuse et positive, sur *le développement et la progression de la vie*, il aura surtout été pénétré de l'idée que tout se tient, dans cette grande œuvre de la nature, depuis le minéral jusqu'à l'homme ; oui, nous le répétons, depuis le minéral. Ainsi, par exemple, un morceau de cristal brisé se cicatrise et se refait à la façon d'un tissu végétal ou animal, quoiqu'il y ait une distance considérable entre ces trois substances. Il résulte à ce propos, des recherches de M. Pasteur, que « lorsqu'un cristal a été brisé sur l'une quelconque de ses parties et qu'on le replace dans son eau-mère, on voit, en meme temps que le cristal s'agrandit dans tous les sens par un dépôt de particules cristallines, un travail très actif avoir lieu sur la partie brisée ou déformée, et en quelques heures il a satisfait, non seulement à la régularité du travail général sur toutes les parties du cristal, mais au rétablissement de la régularité dans la partie mutilée. »

Dans cette série ininterrompue des manifestations de la nature créatrice, depuis les périodes mécanique, physique et chimique, antérieures à la vie, jusqu'aux siècles modernes illustrés par l'intelligence et par la pensée, il n'y a aucune solution de continuité, aucun hiatus, aucun changement de plan, aucun abîme infranchissable, aucune création spontanée de toutes pièces, aucun apport étranger aux effets antérieurs. La nature terrestre tout entière est construite sur le même plan et manifeste l'expression permanente de la même idée. Lorsqu'on arrive à l'homme, on ne se trouve pas non plus en face d'un abîme infranchissable. L'homme est fils de

1. CLAUDE BERNARD. *La Science expérimentale.* Les fonctions du cerveau.

la nature au même titre que les productions précédentes. Il est rattaché par des liens originaires et indissolubles aux êtres qui l'ont précédé, aux minéraux, aux végétaux et aux animaux. Nous examinerons plus loin quel a été son ancêtre le plus direct. Mais en terminant cette étude synthétique sur l'ensemble, il importe que nous comprenions bien cette parenté naturelle de l'homme avec la vie terrestre tout entière.

L'esprit comme le corps sont des produits de l'activité vitale, lentement et graduellement acquis. La vie se concentre de plus en

Fig. 83. — Pigeon après l'ablation des lobes cérébraux.
(Le cerveau repoussera et l'intelligence reparaîtra.)

plus dans le cœur et dans le cerveau, la conscience se localise de plus en plus dans le cerveau et se personnifie, s'individualise; mais ce n'est point pour cela un monde nouveau, c'est la continuation et le développement de l'ancien monde.

Nous remarquions tout à l'heure qu'un cœur de tortue continue de battre après avoir été arraché de l'animal; il en est de même du cœur humain. En enlevant le cœur d'un supplicié quelques minutes après l'exécution, on observe des battements qui persistent pendant plus d'une heure, au nombre de quarante à quarante-cinq par minute, alors même que le foie, l'estomac, l'intestin ont été enlevés. M. Robin a même vu sur un corps décapité, une heure après l'exécution, à la suite d'une excitation faite sur la poitrine à l'aide de la pointe d'un scalpel, le bras droit qui en était fort écarté se rapprocher rapidement du corps et la main se porter vers la poitrine pour la défendre. Il y a quelques années, un témoin compétent d'exécutions faites au Japon vit avec effroi les yeux de la tête d'un décapité, tombée sur le sable, le regarder fixement et le suivre quinze à vingt secondes apres la décollation (¹).

Les membres, les organes, ne se renouvellent plus chez l'homme comme chez les animaux inférieurs, précisément à cause de l'importance, de l'individualité qu'ils ont acquise ; mais les tissus se réparent encore naturellement, les plaies se cicatrisent, les chairs se referment ; par la greffe on a déjà pu reconstituer certaines parties d'organes, et même on sait que la transfusion du sang a déjà permis d'empêcher de mourir et de prolonger normalement l'existence chez certaines personnes gravement atteintes dans la perte de cet élément.

A mesure que la centralisation s'accentue, à mesure que la

1. Voici les curieuses observations faites par ce témoin, M. le docteur Petitgand, dans les conditions exceptionnellement favorables où le hasard l'avait placé :

« Sans perdre un seul instant de vue le condamné que je m'étais promis d'observer, dit-il, et même à l'exclusion de ses compagnons, j'échangeai, au sujet de cet homme, quelques paroles à haute voix avec l'officier chargé de procéder à l'exécution, et je remarquai que, de son côté, le patient m'examinait avec la plus vive attention. Les préparatifs terminés, je me tins à deux mètres de lui ; il s'était agenouillé et, avant de baisser la tête, il avait encore échangé avec moi un rapide regard.

Frappée d'un seul coup de sabre, la tête tomba à 1ᵐ 20 de moi, sans rouler, comme il arrive d'ordinaire ; mais la surface de section s'appliquant immédiatement sur le sable, l'hémorragie se trouva ainsi accidentellement réduite au minimum.

A ce moment, je fus effrayé de voir les yeux du supplicié *fixés franchement sur les miens*. N'osant croire à une manifestation consciente, je décrivis vivement un quart de cercle autour de la tête gisant à mes pieds, et je dus constater que les *yeux me suivaient* pendant ce mouvement. Je revins alors à ma position première, mais plus lentement cette fois ; les yeux me suivirent encore pendant un instant fort court, puis me quittèrent subitement. La face exprimait à ce moment une angoisse manifeste, l'angoisse poignante d'une personne en état d'asphyxie aiguë. La bouche s'ouvrit violemment, comme pour un dernier appel d'air respirable, et la tête, ainsi déplacée de sa position d'équilibre, roula de côté.

Cette contraction des muscles maxillaires fut la dernière manifestation de la vie. Depuis le moment de l'exécution, il s'était écoulé quinze à vingt secondes.

De ces faits, je crois pouvoir conclure que la tête, séparée du corps, est en possession de toutes ses facultés, tant que l'hémorragie ne depasse pas certaines limites et que la proportion d'oxygène dissous dans le sang est suffisante pour l'entretien de la fonction nerveuse, c'est-à-dire pendant quelques instants très courts et ne pouvant guère excéder la moitié d'une minute. C'est le temps pendant lequel le supplicié a pu lever les yeux sur moi, suivre mes mouvements autour de sa tête, et reconnaître la personne qui avait attiré son attention quelques instants avant le supplice. »

conscience s'individualise, les actes primitifs s'effacent et s'accomplissent instinctivement, indépendamment de toute volonté. Le cœur bat, les poumons respirent, l'estomac digère sans que nulle volonté ait à s'en mêler ; et c'est fort heureux, car dès que la volonté cesse d'être inconsciente pour devenir personnelle, la régularité des actes les plus essentiels à la vie serait singulièrement compromise (surtout chez l'homme). Graduellement la pensée est centralisée dans le cerveau, graduellement l'être acquiert la conscience de son individualité psychologique, de son *moi*.

Cette personnalité de l'être, cette conscience, ce moi, a commencé dès les rangs les plus humbles de l'animalité ('). Le mollusque,

1. Elle a même commencé dans le monde des plantes, lequel est loin d'être aussi inerte qu'il le paraît. Rappelons comme témoignages les observations et appréciations suivantes, extraites de notre ouvrage *Contemplations scientifiques* :

« La plante est un être qui personnifie, sous un type spécial, la force inconnue à laquelle nous avons donné le nom de *vie*, force à la fois universelle et individuelle, qui respire dans la création tout entière. Et ce type de vie, quelque différent qu'il soit du type humain, n'en est pas moins complet et plein d'intérêt par lui-même.

La plante respire, la plante mange, la plante boit, la plante sommeille. Elle respire, comme nous, l'air atmosphérique qui enveloppe le globe d'un duvet d'azur, et sa respiration s'effectue à l'inverse de la nôtre : elle consomme l'acide carbonique, élément mortel pour nous, et a précisément pour rôle de rétablir sans cesse l'équilibre des principes de l'air.

Elle mange et boit ; ses aliments sont l'eau, le carbone, l'ammoniaque, le soufre, le phosphore. L'organisation merveilleuse de ses racines et de ses feuilles lui permet de prendre et même d'aller chercher ses principes nutritifs dans l'air et dans le sol, aussi loin que ses bras peuvent s'étendre. — Elle sommeille : la plupart suivent docilement la nature et dorment du coucher au lever du soleil ; mais d'autres, belles paresseuses, veillent tard, osent à peine se lever avant midi, et même ne s'éveillent pas du tout s'il doit pleuvoir.

Un rapport secret relie la plante à la lumière ; l'heure de leur réveil et de leur épanouissement varie selon les familles ; il en est qui suivent les saisons et les fluctuations de la température ; d'autres semblent se conformer, en filles plus soumises, à la marche apparente du soleil et gardent des habitudes régulières. C'est sur celles-ci que Linné a construit l'horloge de Flore, que tout le monde connaît.

La plante jouit sans contredit de facultés électives, et sait apprécier la nourriture qui lui convient. Ecoutez, par exemple, cette histoire :

Sur les ruines de New-Abbey, dans le comté de Galloway, croissait un érable au milieu d'un vieux mur. Là, loin du sol au-dessus duquel le monceau de pierres s'élevait encore de quelques pieds, notre pauvre érable mourait de faim, faim de Tantale, puisqu'au pied même du mur aride s'étendait la bonne et nourrissante terre.

Qui dira les sourds tressaillements de l'être végétal qui lutte contre la mort, ses tortures silencieuses et ses muettes langueurs galvanisées par la convoitise ? Qui saura raconter ici en particulier ce qui se passa dans l'organisme de notre pauvre martyr ; quelles attractions s'établirent, quelles facultés s'aiguisèrent, quelles impérieuses lois se révélèrent, quelles vertus enfin furent créées ?... Toujours est-il que notre érable, érable

le poisson, le reptile, savent qu'ils existent, défendent leur existence envers et contre tout, rapportent le monde entier à leur petite
personnalité. Ils commencent à penser déjà. La pensée se déve-

énergique et aventureux s'il en fût, voulant vivre à tout prix et ne pouvant attirer la
terre à lui, marcha, lui, l'immobile, l'enchaîné, vers cette terre lointaine, objet de ses
ardents désirs.

Il marcha? non; mais il s'étira, s'allongea, tendit un bras désespéré. Une racine improvisée pour la circonstance fut émise, poussée au grand air, envoyée en reconnaissance,
dirigée vers le sol, qu'elle atteignit... Avec quelle ivresse elle s'y enfonça! L'arbre était
sauvé désormais. Nourri par cette racine nouvelle, il se déplaça, laissa mourir celles qui
vainement plongeaient dans les décombres; puis, se redressant peu à peu, il quitta les
pierres du vieux mur et vécut sur l'organe libérateur, qui bientôt se transforma
en un tronc véritable. Que pensez-vous de cette persistance? Ne trouvez-vous pas que
cet instinct ressemble fort à l'instinct animal, et même, osons l'avouer, à la volonté
humaine?

Un illustre botaniste du XVIIIᵉ siècle, Duhamel, raconte qu'un jour il fit creuser un
fossé entre une allée d'ormes et un champ fertile, afin d'intercepter le passage aux racines et d'en préserver le champ. Or, quelle décision prirent ces infortunés végétaux auxquels on coupait ainsi les vivres? Ils firent prendre un détour aux racines qui n'avaient
pas été tranchées; elles descendirent le long du talus, passèrent sous le fossé et retournè-
rent à leur table permanente. C'était à la fois pour retrouver leur aliment accoutumé et pour
éviter la lumière; car, remarque digne de l'intérêt du philosophe, il y a dans les plantes
deux parties bien distinctes: l'une, terrestre, qui fuit la lumière; l'autre, aérienne, qui
la cherche, la réclame et la boit par tous ses pores.

La poésie a souvent comparé les fleurs et les femmes? J'aimerais mieux prendre la
Plante en elle-même pour cette comparaison. N'est-elle pas l'image de la femme, de la
femme qui, par sa solidité morale et sa valeur, doit fixer fortement les racines de
la famille dans un sol choisi, et, en même temps, s'élever elle-meme comme une tige
parfumée vers la beauté, vers la lumière, et porter l'homme et l'enfant dans cette ascension vers l'idéal?

De la lumière! de la lumière! s'écriait Gœthe au moment de rendre le dernier soupir.
Ce cri de l'âme, cette aspiration d'un symbolisme sublime qui devrait rayonner sur le
front de toutes les intelligences humaines; cette soif de lumière, c'est la supplication
incessante de la plante aérienne, de la tige aux feuilles verdoyantes, de la fleur à la
corolle parfumée.

Transportons une plante, un plant de capucines, dans l'intérieur d'une pièce éclairée
par une seule fenêtre: nous verrons bientôt toutes les feuilles retourner leur face supérieure du côté de cette fenêtre.

Un grand nombre d'observateurs, — au nombre desquels j'aimerais me placer, si je
ne préférais Uranie à Cérès, à Flore et à Pomone, — un grand nombre d'observateurs,
dis-je, ont constaté ce grand fait de la tendance vers la lumière. On a répandu des
graines sur du coton imbibé flottant à la surface d'un vase d'eau, et transporté ce vase
en divers points d'une pièce éclairée seulement par une lucarne latérale: les petites
racines se dirigeaient vers la partie obscure de la chambre, les tigelles s'infléchissaient,
tendant leur front vers le pur baiser de la lumière.

Ces êtres primitifs, innocents et enveloppés d'une demi-somnolence, me rappellent les
petits enfants au berceau, qui, distinguant à peine encore les couleurs et les objets
tournent cependant obstinément leur tète chercheuse vers le jour, et tendent leurs faibles
bras vers la clarté, comme s'ils se souvenaient d'une destinée lumineuse voilée par un rêve...

loppe avec la conscience du moi. Personne ne met plus en doute aujourd'hui l'intelligence des animaux. L'observation des mœurs, l'analyse des actions volontaires et des manifestations diverses du sentiment chez les singes (encore trop peu étudiés jusqu'ici), les chiens, les fourmis, les chats, les éléphants, les abeilles et, du reste, un peu dans toutes les espèces animales, démontre sans réplique qu'à côté et au-dessus de l'instinct héréditaire l'âme des bêtes est douée de toutes les facultés dont s'enorgueillit l'âme humaine, à des degrés divers, généralement fort inférieurs, mais qui toutefois, en certains cas, se sont montrés supérieurs relativement même à la moyenne des âmes humaines. Il n'est pas rare de voir, même chez les peuples civilisés, des parents prouver par leurs actes que leur

Ah! comme elles aiment la lumière, ces plantes aux sensations inconnues, et comme elles s'élèvent sans cesse pour la ravir! C'est un singulier et admirable contraste que l'humilité de ces êtres et la splendeur de leur désir. N'avez-vous pas vu parfois, dans une cave obscure et humide, de misérables plantes languissantes et décolorées, des... pommes de terre, s'il faut dire le nom, pâles et étirées, germer, lancer une tige opiniâtre et fervente, qui se dresse, monte, s'accroche à la muraille... et s'élève avec persévérance jusqu'au soupirail où l'attire le jour?

On a vu une pauvre petite plante souterraine, dont le nom est une humilité, la clandestine, parasite de la famille des orobanchees, qui ne s'élève ordinairement qu'à quelques centimètres, se dresser et grandir à la hauteur prodigieuse de cent vingt pieds, pour franchir l'espace qui la séparait d'une lucarne au fond d'une mine de Mansfeld.

Un observateur a constaté qu'un jasmin héroïque traversa huit fois une planche trouée qui le séparait de la lumière, et que l'on retournait vers l'obscurité après chaque nouveau mouvement de la fleur pour observer si à la fin celle-ci ne se lasserait pas.

Que penser surtout de la *sensitive*, que le plus léger attouchement suffit pour frapper de stupeur et abattre dans une sorte de léthargie? Quelle délicatesse de sensation dans ces plantes! On voit sous les tropiques des champs entiers de véritables sensitives. Le bruit des pas d'un cheval les fait contracter au loin comme si elles en étaient effrayées. Elles se baissent précipitamment à l'approche d'un homme; et l'on a vu une légère secousse se propager d'un trait comme un signal d'alarme dans les colonies de ces végétaux sensibles qu'un importun effarouchait. L'ombre d'un nuage suffit pour produire une animation manifeste au milieu de leurs groupes. Elle est presque nerveuse, la sensitive. Les narcotiques affaiblissent sa sensibilité comme ils affaiblissent la nôtre. Arrosée avec de l'opium, elle s'endort et devient insensible. Une décharge électrique la tue. Et cependant, chose merveilleuse, on parvient à l'apprivoiser! Desfontaines en avait placé une dans une voiture; effrayée des cahots, elle se replia d'abord craintivement sur elle-même, puis, peu à peu, elle s'accoutuma et reprit sa tranquillité. Mais si la voiture s'arrêtait, elle semblait s'étonner de nouveau, avait peur et se contractait. »

Nous irions beaucoup plus loin encore dans l'appréciation de la vie et de la personnalité de la plante, si nous appelions l'attention de nos lecteurs sur les faits et gestes des *plantes carnivores*. Mais ce n'en est pas ici le lieu.

Sous ces manifestations d'une vie inconnue, le philosophe ne peut s'empêcher de reconnaître dans le monde des plantes un chant du chœur universel.

affection et leur dévouement pour leurs enfants sont fort au-dessous de ce que l'on observe chez les chats, les lions et les tigres. Il
n'est pas rare non plus de rencontrer des hommes moins intelligents
que des fourmis, moins bons que des chiens, moins fins que des
singes, qui, en un mot, « n'ont rien pour eux », sont incapables de
la moindre initiative ni de comprendre quoi que ce soit.

Les Boschismans, les Andamans, les Hottentots, les Papous,
gisent en un état si rudimentaire d'intelligence que l'on pourrait
croire qu'ils ne pensent pas du tout. Un grand nombre de ces tribus n'ont aucun mot pour dire animal, plante, son, couleur, et
exprimer d'autres idées aussi simples, tandis qu'elles ont des
expressions spéciales pour désigner chaque animal, chaque plante,
chaque son, chaque couleur. La faculté d'abstraire leur manque
absolument. Ils savent compter jusqu'à cinq ; au delà, ce n'est
plus un nombre, c'est la multitude. D'autres peuplades sauvages
comptent jusqu'à dix, jusqu'à vingt : plusieurs animaux ont été
beaucoup plus loin. On voit dans l'Asie méridionale et dans l'Afrique
orientale des tribus qui vivent absolument à l'état de réunions
transitoires, à la façon des singes, sans avoir encore le sentiment de
la vie de famille, du mariage, qui sont les bases de la civilisation
humaine. Les nègres encore à demi-simiens qui vivent dans les
hautes régions du Nil sont, au rapport de plusieurs missionnaires,
absolument rebelles à toute idée quelconque, non seulement incapables de réflexion, mais encore incapables de reconnaissance, par
conséquent à cet égard inférieurs aux chiens. Il suffit de lire les
récits des voyageurs qui ont observé ces peuplades primitives pour
juger de leur état d'infériorité morale et intellectuelle.

Si, d'autre part, on analyse les procédés psychologiques mis en
usage dans les raisonnements des animaux, dans les manifestations
de leurs volontés et de leurs sentiments, on reconnaît que, comme
nous, ils concluent par voie d'induction et de déduction. Ce n'est
qu'une différence de degré, mais non une différence de nature.
L'enfant n'arrive à raisonner qu'avec une grande lenteur, et ses
premiers modes de raisonnement sont aussi des rapports et des
comparaisons. Un enfant d'un an est encore un petit animal à ce
point de vue ; ses facultés intellectuelles sont encore à l'état de
germes et elles ne se développeront que graduellement. D'abord,

véritable petit singe, il voudra tout imiter, et ce sera là la première cause de son progrès. Puis il commencera à juger, très simplement, des causes et des effets, et généralement il jugera très juste. Ensuite on arrive à le tromper de mille façons différentes, et malheureusement notre fausse éducation sociale enveloppe l'adolescent d'erreurs et de préjugés, l'instruit mal et l'empêche de s'élever librement dans la voie du Progrès.

Aussi sûrement que les premières combinaisons chimiques sont nées des associations des molécules entre elles, que les affinités chimiques sont dérivées de ces combinaisons, que les organismes primitifs élémentaires avec leurs propriétés vitales sont dérivées de ces affinités ; aussi sûrement l'âme végétative, cause de la vie, s'est graduellement formée par le progrès des organismes, l'âme animale, source des phénomènes de conscience et de volonté, est un développement de l'âme végétative, et aussi surement aussi l'âme humaine est un perfectionnement de l'âme animale.

La nature immense est là devant nous. Notre devoir est de l'étudier sous tous ses aspects, d'entendre toutes ses voix, et d'interpréter aussi fidèlement que possible tous ses enseignements. Devant certaines difficultés, qui parfois paraissent insurmontables, un grand nombre de philosophes croient trancher les questions en imitant l'autruche qui se cache la tête dans le sable pour ne plus rien voir : ce n'est pas là une solution.

Mais il ne faudrait pas croire pour cela que la science ait jamais dit son dernier mot, ni que l'étude de la nature s'arrête à la surface des choses ou aux phénomènes mécaniques, physiques, chimiques et biologiques. Les facultés de l'âme humaine, et le sentiment lui-même avec toutes ses aspirations, appartiennent de droit à l'étude de la nature et ne sont pas en dehors du cadre de la science.

Or, sans qu'il soit nécessaire d'interroger individuellement ici chacun de nos lecteurs, il est aussi certain que deux et deux font quatre que si le chapitre que nous venons d'écrire sur « le développement et la progression de la vie » et qui devait nous conduire graduellement du protoplasma jusqu'à l'homme s'arrêtait ici, nul d'entre eux ne serait satisfait.

Pourquoi ? Parce que chacun de nous sent qu'il n'est pas seulement un animal, de même que tout animal n'est pas seulement un végétal, et que tout végétal n'est pas seulement une substance chimique minérale.

Dans l'animal, déjà, et surtout dans l'animal supérieur, l'âme témoigne qu'elle est une force directrice et non pas une propriété. La matière qui constitue le corps a des propriétés chimiques, physiques, etc., et ces propriétés agissent constamment dans l'organisme. Un être vivant subit, comme tous les autres, par exemple, les effets de la pesanteur, et les lois de la mécanique sont en jeu dans le mouvement du muscle qui soulève un bras comme dans la chute d'un aliment de la bouche à l'estomac. Mais ce ne sont pas ces propriétés de la matière qui donnent à un être vivant son existence, sa forme, sa vitalité, sa personnalité. Prenons ici un exemple cité par Claude Bernard.

« Si dans une horloge électrique, dit-il, on enlevait l'acide de la pile, on ne concevrait pas que le mécanisme continuât de marcher ; mais, si l'on restituait ensuite convenablement l'acide supprimé, on ne comprendrait pas non plus que le mécanisme se refusât à reprendre son mouvement. Cependant on ne se croirait pas obligé pour cela de conclure que la cause de la division du temps en heures, en minutes, en secondes, indiquées par l'horloge, réside dans les qualités de l'acide ou dans les propriétés du cuivre ou de la matière qui constitue les aiguilles et les rouages du mécanisme ([1]) ».

Et ailleurs :

« Les phénomènes de création organique des êtres vivants me semblent bien de nature à démontrer que *la matière n'engendre pas les phénomènes qu'elle manifeste*. Elle n'en est que le substratum et ne fait absolument que donner aux phénomènes leurs conditions de manifestation ([2]) ».

Et ailleurs encore :

« Il faut bien se garder de confondre les *propriétés* de la matière avec les *fonctions* qu'elles accomplissent. Ne trouverait on pas absurde de dire que les fibres musculaires de la langue et celles du larynx ont la propriété de parler et de chanter, et celles du diaphragme la propriété de respirer? Il en est de même pour les fibres et cellules cérébrales : elles ont des propriétés générales d'innervation et de conductibilité, mais on ne saurait leur attribuer pour cela la propriété de sentir, de penser ou de vouloir ([3]) ».

1. Claude Bernard. *La Science expérimentale*, p. 126. — 2. Id., id., p. 133.
3. Id. Discours de réception à l'Académie française.

La vie existe et agit. Elle a produit la pensée. La pensée aussi existe; c'est une force qui a conscience de soi, qui sent, qui veut et qui agit. Elle n'est point matière. Le corps et le mouvement sont de purs phénomènes : le premier n'est qu'une image de la substance, le second une image de l'action; mais l'un et l'autre sont des effets de la force. En dernière analyse, c'est *la force* que nous trouvons. Nous l'avons vue naître, humble, faible, sourde, inconsciente, dans le protoplasma. Nous l'avons vue grandir insensiblement, s'affirmer, gouverner, régner dans le magnifique développement du règne animal. Nous la voyons à son apogée dans l'homme (à son apogée terrestre, car, en d'autres mondes, en des conditions plus parfaites, elle peut être incomparablement plus élevée et plus grande). La pensée humaine est le résumé de toutes les énergies de la nature, puisqu'elle se les est toutes assimilées.

Ainsi l'âme humaine n'a pas été créée tout d'une pièce et n'a pas été infusée dans un corps créé également tout d'un coup. C'est là de la mythologie. Nous voyons, nous constatons, que l'être humain tout entier, organisme et pensée, s'est formé lentement, graduellement, de siècle en siècle. Encore aujourd'hui, il continue de se perfectionner en délicatesse nerveuse et en puissance cérébrale, en même temps que l'être pensant s'agrandit dans son savoir, dans son jugement et dans sa raison. Cet être pensant, d'abord simple affinité minérale, plus tard centre d'attraction organique, âme végétative, âme animale, est immatériel comme les forces qui se manifestent à nous dans l'attraction des astres entre eux, dans la pesanteur, dans la lumière, dans la chaleur, dans l'électricité, et appartient à cet ordre des invisibles et des impondérables qui réside dans le milieu éthéré dont l'univers matériel paraît n'être qu'une condensation. Aucun physicien, aucun astronome n'a jamais vu l'éther; aucun ne doute pourtant de son existence, puisque c'est en lui qu'il faut remonter pour trouver toutes les causes de mouvement et de transmission de mouvement. La substance animique n'est pas matière, mais force, et, comme toutes les forces, a sans doute son principe d'action dans l'éther. On peut penser que l'éther est la substance des âmes.

L'essence de la force nous est inconnue. Nous ne savons pas du tout en quoi elle consiste. Nous tenons une pierre dans la main;

elle tombe : où est le lïen invisible qui l'a tirée vers la terre? Notre
planète tourne avec rapidité autour du Soleil : où est la fronde qui
la fait tourner? Voici un polyèdre de cuivre qui se forme, une
étoile de neige, une fleur de glace, où est la main qui juxtapose
les molécules suivant des formes déterminées? Les éléments semblent obéir à un rythme mystérieux qui les dirige, chacun suivant
ses fonctions, comme autrefois, disait-on, les villes de marbre se
bâtissaient elles-mêmes aux sons de la lyre d'Orphée... Versons dans
une solution limpide de sulfate de potasse une solution également claire de sulfate d'alumine: le mélange se trouble et nous
voyons aussitôt apparaître des myriades de petits cristaux scintillant
comme des diamants, et qui ne sont autres que des cristaux d'alun :
chacun de ces petits diamants d'un millimètre est composé de 94
molécules groupées suivant une admirable symétrie, et en quelques secondes plusieurs milliards de ces édifices ont été créés !
Voit-on la force qui les a édifiés ?.. Voici deux graines, de la grosseur
de deux lentilles; au point de vue physique et chimique, elles
sont identiques; pourtant l'une donnera naissance a une petite
plante qui n'atteindra pas l'automne, et l'autre à un arbre gigantesque qui dominera les années et les siècles : en quoi consiste la
différence des deux germes? dans une force invisible qui gouver-
nera de sa naissance à sa mort l'évolution du végétal... Tous les
œufs se ressemblent à l'origine; entre ceux d'où sortiront un poisson, une souris, un éléphant ou un homme, il y a similitude de
structure, et pourtant quelles différences de destinées ! Or toutes
ces différences sont dans la force latente invisible incorporée en
chacun d'eux... L'œil ne voit pas tout. A parler rigoureusement,
il ne voit même rien de ce qui existe en réalité, du moins rien tel
que cela existe. Le fond des choses, ce n'est pas la matière, c'est
la force. L'univers est un dymanisme.

La science ne condamne donc pas nos sentiments, nos aspirations et nos espérances. Au contraire, elle les constate, elle les
enregistre, et son devoir sera de les expliquer et de les justifier.
Une science encore incomplète, comme celle que l'homme a acquise
depuis si peu de temps qu'il travaille, laisse encore bien des solutions dans l'ombre. Une science plus avancée nous rapprochera de
plus en plus de la vérité et apportera de plus en plus de lumière

autour de nous. La croyance en l'existence de Dieu et en l'immortalité de l'âme humaine n'est pas mise en péril par les théories dont nous venons de nous faire l'interprète ; au contraire, la science conduirait plutôt à douter de l'existence de la matière ; du moins pouvons-nous être certains que l'univers matériel n'est pas du tout ce qu'il nous paraît être : *le monde visible est composé d'atomes invisibles régis par des forces immatérielles.*

Mais il importe que tous les esprits sincères qui ont quelque souci de la vérité soient profondément pénétrés de cet axiome : *on ne sait que ce que l'on sait*, c'est-à-dire ce que l'on a appris. En dehors de la science, toute solution ne peut être que nulle, fausse ou mensongère. Aucune révélation directe de Dieu n'est jamais rien venue nous apprendre sur quoi que ce soit. Le plus grand empêchement à la marche du progrès, ce n'est peut-être pas encore l'ignorance, ce sont les fausses solutions données par de prétendus interprètes de la Divinité, et encore aujourd'hui la moitié de l'humanité pensante est égarée, par les principes mêmes de son éducation première. Elle croit tenir la vérité quand elle ne s'accroche qu'à l'illusion, comme l'aéronaute suspendu dans l'espace aux derniers lambeaux de l'aérostat qui se dégonfle et se déchire. La vraie force ascensionnelle de l'humanité, c'est la science, — la science générale, s'entend — l'étude de la nature dans toute son etendue, l'analyse des facultés humaines aussi bien que la connaissance de la construction de l'univers. Sans doute, cette science n'est l'esclave d'aucune secte ni d'aucun système ; mais elle n'est point pour cela matérialiste ni athée ; elle est, au contraire, essentiellement spiritualiste, beaucoup plus qu'aucune religion, car elle n'a jamais inventé de dieux rapetissés au niveau des passions humaines, et elle ne le fera jamais ; son œuvre est de nous élever sans cesse vers l'idéal, de nous faire admirer dans la nature des lois et des forces dont l'essence réside, toujours mystérieuse, dans le domaine de l'invisible et de l'infini.

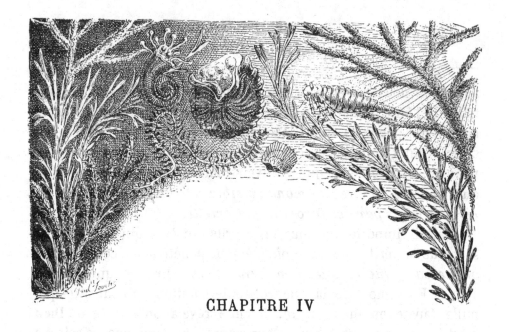

CHAPITRE IV

FREMIÈRES PLANTES ET PREMIERS ANIMAUX

Les plus anciens fossiles. — Périodes laurentienne, cambrienne et silurienne.

Les descriptions et les tableaux qui précèdent ont esquissé à grands traits l'histoire *physiologique* de la Terre. Son histoire *géologique* va maintenant se dérouler sous nos yeux parallèlement aux scènes précédentes. Nous avons assisté à l'origine même de la vie, à son développement graduel, à sa progression splendide à la surface du monde, depuis l'humble protoplasma chimique jusqu'à l'âme humaine. Nous allons retrouver dans les fossiles appartenant à chaque terrain les témoignages irrécusables de la marche progressive de la vie depuis les temps les plus anciens jusqu'à nos jours.

Déjà nous l'avons vu, le globe terrestre proprement dit, qui s'est condensé de la nébuleuse solaire, a été pendant des siècles et des siècles à l'état d'incandescence, s'est refroidi lentement, s'est d'abord figé à la surface, puis durci, comme un métal fondu qui se refroidit et se solidifie : ce globe a été dépourvu de toute espèce de vie, et l'on ne saurait retrouver en lui aucune trace d'organismes quelconques. Lorsque l'atmosphère qui l'environnait se fût condensée, que les vapeurs refroidies furent devenues liquides, que les caux ainsi formées eurent constitué les mers, que la température

de ces eaux fût descendue vers 60°, les éléments chimiques qui
flottaient dans ces eaux, les combinaisons du carbone, donnèrent
naissance aux premiers organismes. Ces premiers organismes, gélatineux, albuminoïdes, n'ont pu se fossiliser et être conservés pour
l'instruction des siècles futurs. Les premiers fossiles sont ceux des
êtres qui, ensevelis dans le fond vaseux de la mer, ont été sous-

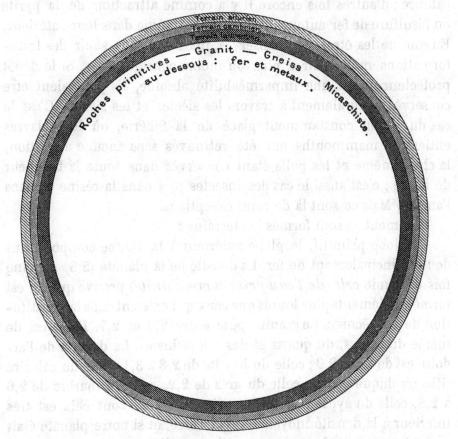

Fig. 85. — Premiers terrains déposés sur le globe minéral primitif après son refroidissement.
Époque primordiale de la vie.

traits aux influences destructives des animaux contemporains, de
l'eau et de l'air, et se sont trouvés dans un sol de constitution telle
qu'ils pussent s'y pétrifier. Dans un sol perméable, dans les sables
ou les grès, par exemple, la fossilisation, qui marche de pair avec
le durcissement du sol, se fait autrement que dans les terrains
imperméables, comme les argiles. Quelquefois l'animal est simple-

ment moulé et il n'en reste que la forme, bien fidèle, il est vrai, mais enfin la forme seulement. En d'autres cas, chacune de ses molécules, pour ainsi dire, fait place à une molécule minérale correspondante fournie par le terrain qui presse sur le cadavre, sur le squelette, coquille ou autre, et l'absorbe. D'autres fois, il y a simultanément enveloppement et pénétration des coquilles par le calcaire ; d'autres fois encore il y a comme attraction de la pyrite ou bisulfure de fer autour des fossiles ou même dans leur intérieur. En somme les êtres sont conservés, mais non sans subir des transformations moléculaires plus ou moins considérables. Si le dépôt protecteur offrait une imperméabilité absolue, ils pourraient être conservés intégralement à travers les siècles et les siècles. C'est le cas du limon constamment glacé de la Sibérie, où des cadavres entiers de mammouths ont été retrouvés sans aucune altération, la chair même et les poils étant conservés dans toute la fraîcheur de la vie ; c'est aussi le cas des insectes pris dans la résine et dans l'ambre. Mais ce sont là de rares exceptions.

Comment se sont formés les terrains ?

Le globe primitif, le globe antérieur à la vie, se compose sans doute principalement de fer. La densité de la planète (5,5, ou cinq fois et demie *celle de l'eau prise comme unité*) prouve qu'elle est formée d'éléments plus lourds que ceux qui existent dans la constitution de son écorce. Le granite pèse entre 2,6 et 2,7. Il en est de même du gneiss, du quartz et des micaschistes. La densité de l'ardoise est de 2,6 à 2,9 ; celle du basalte de 2,8 à 3,1, celle du calcaire lithographique de 2,7, celle du grès de 2,2, celle du marbre de 2,6 à 2,8, celle du gypse ou pierre à plâtre de 2,2. Tout cela est très inférieur à la densité moyenne de la Terre, et si notre planète était surtout composée de roches granitiques, elle ne pèserait pas trois fois plus qu'un globe d'eau de mêmes dimensions, tandis qu'elle pèse cinq fois et demi plus. — Cette différence dans la densité de la Terre aurait d'assez curieuses conséquences. Ainsi, nous pèserions beaucoup moins ; avec la même force musculaire, nous serions beaucoup plus légers ; la Lune tournerait moins vite autour de nous et les mois seraient plus longs, etc., etc. Tout se tient dans l'unité de la nature.

Les masses de fer natif amenées parfois, comme en Sibérie, des

profondeurs du globe à la surface du sol, les phénomenes du magnétisme terrestre, la composition des fers tombés du ciel (lesquels
peuvent fort bien avoir été lancés par la Terre, hors de sa propre
attraction, durant les temps primitifs) sont autant de témoignages
qui viennent s'ajouter au fait de la densité du globe pour nous conduire à admettre que le fer entre pour une grande partie dans les
matériaux constitutifs de notre planète. Sa densité (7,2) est précisément celle qui convient pour donner le poids qu'elles doivent avoir
aux couches intérieures du globe.

Reportons-nous un instant encore à l'époque où la Terre ayant
terminé sa phase solaire, ayant perdu sa lumière et sa chaleur,
entrait dans sa phase planétaire, globe liquide encore en fusion
mais se refroidissant.

Les parties les plus légères de la masse fondue, celles que leur
poids spécifique obligeait à s'élever à la surface, étaient en même
temps composées des substances les plus réfractaires, et si quelques
métaux légers s'y mêlaient aux éléments du groupe des pierres,
c'étaient des métaux facilement oxydables et destinés à se transformer immédiatement en bases pour s'unir à la silice et à l'alumine. A mesure donc que la perte de chaleur par rayonnement
faisait des progrès, cette espèce d'*écume siliceuse* ne pouvait manquer de se solidifier par parties. Il est vrai que la solidification des
matières pierreuses ayant en général pour effet d'accroître leur
densité, les premières plaques solides étaient destinées à s'enfoncer
d'abord, au lieu de surnager sur le bain liquide. Mais cette descente
ne pouvait les entraîner très loin : car les matières en fusion étant
superposées par ordre de densités, un moment arrivait bien vite où
chaque plaque solide trouvait autour d'elle une nappe fondue de
même poids spécifique. Alors sans doute elle subissait une nouvelle
fusion, partielle ou même totale ; mais c'était nécessairement aux
dépens de la chaleur latente des masses avoisinantes, et cet effet, se
reproduisant sur toute la surface du globe à la fois, ne pouvait
manquer de produire, à un certain moment, la prise en masse
d'une écorce sphérique composée du mélange des matériaux les
plus légers avec d'autres ayant appartenu à des nappes un peu
moins superficielles. Le granite fondu se solidifia lorsque la température de la surface du globe descendit à 1 500 degrés.

Avant que cette écorce fût consolidée, toute l'eau de nos océans existait à l'état de vapeur dans l'atmosphère primitive, dont la pression était, de ce fait, 250 ou 300 fois supérieure à ce qu'elle est aujourd'hui, influant à coup sûr, d'une manière marquée sur le mode de solidification de l'écume siliceuse. Avec l'eau se trouvaient aussi en vapeurs plusieurs substances volatiles, actuellement fixées dans la nappe océanique ou dans l'écorce, notamment des chlorures et des fluorures alcalins.

Or, à peine la croûte était-elle formée que les éléments volatils, désormais privés de toute communication avec le foyer de chaleur qui les maintenait à l'état gazeux, ont dû commencer à se condenser. On devine aisément ce que pouvaient être la puissance de cristallisation et celle de dégradation dans ce premier océan, si riche en principes actifs et porté à une température voisine de l'ébullition. De là, sans doute, un remaniement surtout chimique, mais en partie aussi mécanique, des éléments de la croûte à peine consolidée, ce remaniement s'effectuant dans un liquide mobile, l'action de la pesanteur y devait déterminer une stratification dont il est possible d'ailleurs que des traces aient existé déjà dans les premières plaques solides, en raison des efforts de *tension* qu'elles pouvaient avoir à supporter avant la prise en masse. De plus, les minéraux de l'écorce, maintenus en quelque sorte en suspension ou tout au moins à l'état de pâtes visqueuses, ne pouvaient échapper aux phénomènes de *concentration moléculaire* qui se manifestent dans toutes les masses hétérogènes douées d'une certaine mobilité. Il semble donc admissible qu'il s'y soit fait une séparation plus ou moins complète des divers éléments et cela, de préférence, suivant des amas lenticulaires allongés dans le sens horizontal. Enfin cette première croûte devait offrir, au début, une très faible résistance et, à chaque instant, les masses demeurées par-dessous à l'état liquide ou pâteux y pouvaient être injectées en veines ou en massifs, prenant part à la constitution de l'ensemble et modifiant par leur contact les parties encaissantes.

Telle est l'idée que nous pouvons nous faire des conditions au milieu desquelles a dû se constituer cette écorce, destinée à servir de soubassement à toute la série sédimentaire, en même temps

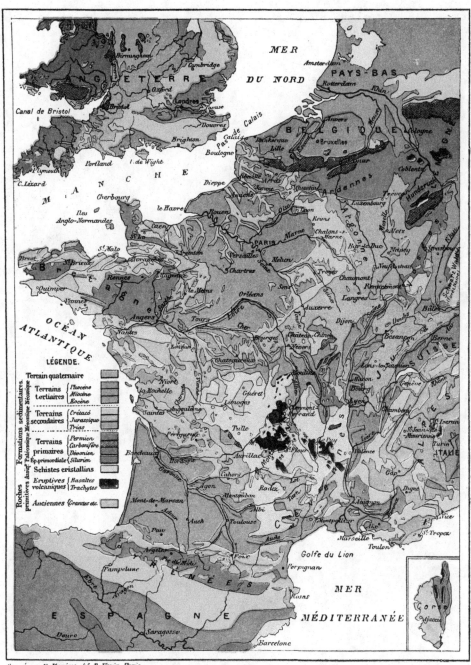

Gravé par E. Morieu, 45. R. Vavin, Paris

Imprimerie A. Lahure

CARTE GÉOLOGIQUE DE LA FRANCE

qu'elle emmagasinait, en quelque sorte, à l'abri des influences extérieures, les matériaux des futures formations éruptives ([1]).

Cette écorce du globe, ce terrain primitif, c'est, comme nous l'avons déjà entrevu, du granite, du gneiss, du micaschiste, roches dans lesquelles dominent le quartz, le feldspath et le mica. On retrouve ce *terrain primitif* partout, dans toutes les contrées, sous toutes les latitudes, et servant de base aux couches de sédiments qui se sont formées depuis dans les eaux de la mer et qui se sont déposées au-dessus de lui. Tandis que ces couches de sédiments sont très variées, ne se rencontrent pas partout, manquent en certaines régions, se localisent plus ou moins dans leur distribution et dans leur proportionnalité, le terrain primitif existe partout dans les profondeurs du sol. Il représente donc sûrement la surface de notre planète à l'époque où les eaux se sont condensées et où la vie élaborait ses principes de constitution.

Sur cette roche universelle et primitive, dont la surface a été sensiblement modifiée par les agents extérieurs, la pression des eaux, l'oxygène de l'air, la chaleur interne qui lui arrivait encore, etc., sur ce soubassement fondamental, antérieur à la vie, se sont déposés les terrains contemporains de la vie.

L'origine de ces *terrains de sédiment* ([2]) est toute différente de celle des premiers. Ce sont des dépôts, des détritus, des apports, étrangers à la constitution intérieure de la planète. La pluie, les vents, le soleil, le froid, désagrègent insensiblement tout ce qui leur est exposé. A peine les premières îles rocailleuses, encore dépourvues de toute espèce de tapis végétal, avaient-elles émergé du sein de l'Océan, à peine les premiers rochers de granite, de gneiss, étaient-ils sortis des eaux, à peine les premières montagnes s'élevaient-elles dans les airs, que ces effets de désagrégation commencèrent à se produire. Les pluies donnèrent naissance aux sources, les sources aux ruisseaux, aux rivières, aux torrents, plus tard aux grands fleuves. Les eaux roulèrent les pierres, les reduisirent en fragments, en galets, en sable. Tout le long des rivages, la mer rongeant les falaises produisait en même temps sur une vaste

---

1. A. DE LAPPARENT, *Traité de Géologie.*
2. Étymologie : *Sédimentum*, état de ce qui est assis, posé, déposé.

etendue les galets et les sables. Le flux et le reflux des marées modifiait, deux fois par jour, la limite et la configuration des rivages. De tout cet ensemble de faits il s'ensuit que les éléments de la surface du sol, réduits en fragments plus ou moins fins, sont allés se déposer au fond de l'Océan, des cours d'eau, des lacs ou des estuaires, en emportant avec eux tous les débris qui s'y trouvaient mélangés. Tel est le mode de formation des terrains de sédiments, et tel est le mode général employé par la nature pour la conservation des fossiles.

Tous les terrains de sédiment ne se ressemblent pas. Les uns ont été formés par du sable très fin restant longtemps en suspension dans les eaux calmes et se déposant avec une extrême lenteur sur un fond horizontal. Les autres, comme le *grès* ou pierre de sable (*sandstone* des Anglais, *sandstein* des Allemands) résultent de l'agglutination d'un sable par un ciment quelconque : on distingue les grès quartzeux, les grès ferrugineux, les grès argileux ou grauwackes, les grès psammites, les grès calcarifères, etc. D'autres encore, et ceux-ci se rencontrent presque partout, sont des *conglomérats* variés, des dépôts agglomérés de galets, cailloux, silice, oxyde de fer, etc., emportés par les eaux et soudés plus ou moins solidement. On leur donne aussi le nom de poudingues. D'autres encore, comme les schistes, sont des dépôts *argileux ;* d'autres sont des formations *calcaires*, composées de carbonate de chaux provenant très souvent exclusivement de coquilles entassées. A cet ordre appartient la craie, roche friable que tout le monde connaît et que le microscope résout en un agrégat d'une infinité de particules de protozoaires et de microphytes : on y trouve des fragments de foraminifères, avec des débris de polypiers, d'échinodermes, de mollusques, associés à des restes siliceux de radiolaires, d'éponges et de diatomées. Certains calcaires sont entièrement formés par une accumulation de petites carapaces de crustacés d'eau douce, tels que les cypris. La cristallisation des calcaires produit les *marbres*, dans lesquels on remarque souvent de belles coquilles rendues bien visibles par le polissage. Le tripoli est entièrement formé de diatomées, algues siliceuses microscopiques, bacilles, galionelles, etc. La houille ou charbon de terre est un terrain de sédiment forme de débris de végétaux compacts ensevelis sous une puissante pression.

Ces couches se sont superposées les unes au-dessus des autres suivant leur ordre de succession. Les restes d'animaux et de végétaux que l'on y rencontre ont appartenu à des êtres qui vivaient aux époques pendant lesquelles ces couches se sont formées, et, à part de rares exceptions, qui habitaient non loin des lieux où on les retrouve, car de longs transports les usent et les brisent. La plupart du temps, l'organisme est conservé par substitution moléculaire et entièrement pétrifié : il ne reste rien de lui comme substance ; mais sa forme extérieure et intérieure, son individualité organique est admirablement préservée. Les dépôts augmentent par le haut, naturellement ; leur âge est donc d'autant plus ancien qu'ils sont situés à une plus grande profondeur.

Comme vue d'ensemble, on donne avec raison aux roches primitives, granite, gneiss, micaschiste, qui représentent les matériaux cristallins du noyau du globe autrefois brûlants et antérieurs à toute vie, la qualification d'*azoïques* (¹), et aux premiers dépôts sédimentaires qui se sont effectués après la condensation des eaux, le titre de *paléozoïques* (²). La classification est ainsi très logiquement établie : 1° avant l'apparition de la vie ; 2° depuis cette apparition.

La science des fossiles est toute moderne. On a été longtemps, pendant des siècles et des siècles, sans vouloir admettre que ces débris d'animaux et de végétaux aient pu vraiment appartenir autrefois à de véritables êtres vivants. C'étaient, disait-on, des *jeux de la nature*, produits, sous l'influence variable des constellations, du soleil, de la lune et des planètes, par une force plastique mystérieuse inhérente au globe terrestre. Ce ne fut guère que dans la première moitié du seizième siècle que les phénomènes géologiques commencèrent à fixer l'attention. A cette époque, une vive controverse s'éleva en Italie, au sujet de la vraie nature et de l'origine des coquilles marines et d'autres fossiles organisés, que l'on trouve en abondance dans les terrains de la péninsule. L'illustre peintre Léonard de Vinci, qui, dans sa jeunesse, avait conçu le plan

---

1. Étymologie : α, sans, ζωη, vie.
2. Étymologie : παλαιος, antique, ζωη, vie.

Fig. 86. — AGATHES PORTANT DE SINGULIÈRES FIGURES NATURELLES

FIG. 87. — CURIEUSES PIERRES ARBORISÉES

de plusieurs canaux navigables qu'il exécuta dans le nord de l'Italie, fut un des premiers à raisonner d'une manière saine et logique sur le sujet en question. « Le limon des rivières, dit-il, a recouvert les coquilles fossiles et a pénétré dans leur intérieur, lorsqu'elles étaient au fond de la mer près des côtes. On prétend que ces coquilles ont été formées sur les collines par l'influence des étoiles, mais je demande si l'on voit aujourd'hui les étoiles former sur les collines des coquilles d'âges et d'espèces différentes? Comment, d'ailleurs, les étoiles expliqueraient-elles l'origine du gravier, que l'on rencontre à diverses hauteurs, et qui se compose de galets qui semblent avoir été arrondis par le mouvement de l'eau courante ? Comment, enfin, expliquer, par une telle cause, la pétrification, sur ces mêmes collines, des feuilles, des plantes, et des crabes marins? » Les fouilles faites en 1517, pour les travaux de réparation de la ville de Vérone, mirent au jour une multitude de pétrifications curieuses, et fournirent matière aux spéculations de divers auteurs, parmi lesquels nous citerons Frascatoro. Celui-ci déclara que, dans son opinion, les coquilles fossiles avaient toutes appartenu à des êtres vivants, qui avaient jadis vécu sur les lieux mêmes où l'on trouvait alors leurs dépouilles. Il démontra combien il était absurde d'avoir recours à la « force plastique » de Théophraste, qui avait le soi-disant pouvoir de donner aux pierres des formes organiques, et prouva, à l'aide d'arguments non moins puissants, qu'il était ridicule d'attribuer la situation des coquilles en question au déluge mosaïque, comme le soutenaient obstinément quelques-uns.

Mais ces idées judicieuses ne furent pas comprises, et tout le talent et la force de raisonnement des savants se dépensèrent inutilement, pendant trois siècles, à discuter ces deux questions simples et préliminaires, savoir : premièrement, si les débris fossiles avaient jamais appartenu à des créatures vivantes ; et secondement, si, ce principe admis, tous les phénomènes ne pouvaient pas s'expliquer par le déluge de Noë. Jusqu'à l'époque dont nous parlons, la croyance, généralement admise dans le monde chrétien, était que l'origine de notre planète ne remontait pas à plus de six mille ans, et que, depuis la création, le déluge avait été l'unique catastrophe qui eût opéré un changement considérable à la surface de la terre. D'un autre côté, l'opinion que la dissolution finale de notre système était un événement auquel on devait s'attendre prochainement était presque aussi généralement répandue. La fin du monde avait dû arriver en l'an mille; mais cette fameuse année s'était passée sans catastrophe ainsi que les suivantes et, depuis cinq cents ans, les moines jouissaient paisiblement des riches concessions de terre que leur avaient faites de pieux donateurs, sans que l'on reconnût l'erreur de la prophétie.

Bien qu'au seizième siècle, il fut devenu nécessaire d'interpréter plus largement certaines prédictions concernant le millénaire, et d'assigner une date plus éloignée à la future conflagration du monde, on trouve dans les spéculations des anciens géologues, une allusion constante à l'arrivée prochaine d'une telle catastrophe. Quant à tout ce qui regarde l'ancienneté de la Terre, les opinions des siècles d'ignorance se maintinrent sans la moindre modification. La première tentative faite dans le but d'effacer, à l'aide de preuves physiques, un article de foi si généralement reconnu, excita une alarme considérable; mais grâce à l'esprit de tolérance relative qui existait parmi le clergé italien, il fut permis de discuter ce sujet en toute liberté. Les prêtres eux-mêmes se mêlèrent à la controverse, se prononçant souvent pour différentes solutions de la question. Tout en déplorant la perte de temps et de travail qui furent consacrés à la défense d'opinions insoutenables, il faut reconnaître que, dans cette polémique, on déploya bien moins d'acrimonie que dans celle qui éclata, deux siècles et demi plus tard, de ce côté-ci des Alpes, parmi certains écrivains.

Ce système de disputes scolastiques, encouragé dans les Universités du moyen âge, avait malheureusement conduit à des habitudes d'interminables argumentations; ces combats intellectuels ayant pour but et objet la victoire non la vérité, on en était venu à préférer souvent des propositions absurdes et extravagantes, par cela seul qu'elles exigeaient plus d'habileté pour être soutenues.

Toute théorie, quelque bizarrre et subtile qu'elle fût, était sûre d'avoir ses partisans, pourvu qu'elle se rapportât à quelque idée populaire. André Mattioli, botaniste éminent, défendit l'opinion qu'une certaine matière grasse, mise en fermentation par la cha-

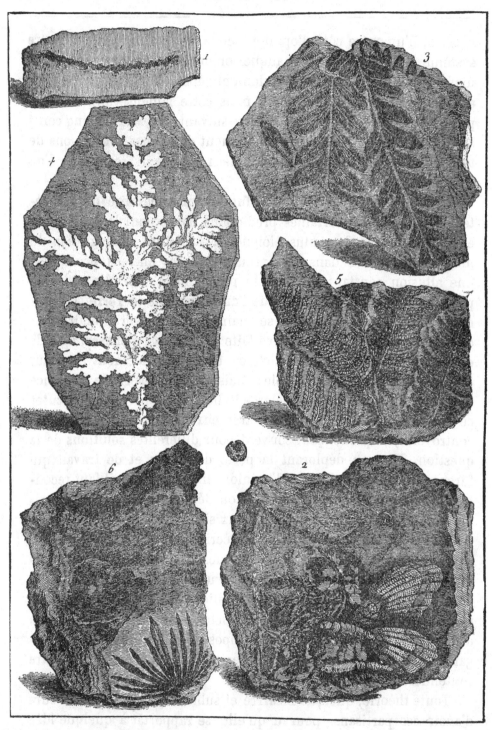

FIG. 88. — ARDOISES PORTANT DES PÉTRIFICATIONS (1751).

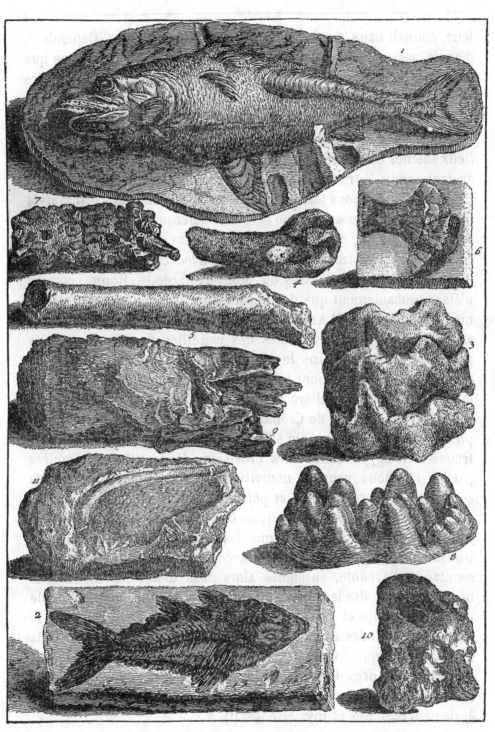

FIG. 89. — COLLECTIONS DE FOSSILES GRAVÉS DÈS 1751.

leur, donnait naissance à des formes organiques fossiles. Cependant, d'après ses propres observations, il en était venu à conclure que les corps poreux, tels que les os et les coquilles, pouvaient etre convertis en pierre, comme étant perméables à ce qu'il appelait le « suc lapidifiant ». De même, Faloppio, de Padoue, imagina que les coquilles pétrifiées étaient produites par fermentation, dans les lieux mêmes où on les trouve, ou que, dans certains cas, elles avaient acquis leurs formes par la suite « des mouvements tumultueux des exhalaisons terrestres ». Bien que professeur d'anatomie fort distingué, il enseigna que certaines défenses d'éléphants, déterrés de son temps, dans la Pouille, n'étaient autre chose que des concrétions terrestres; et, conséquent avec ces principes, il alla jusqu'à considérer les vases du Mont-Testaceo, à Rome, comme n'étant probablement que des impressions naturelles qui s'étaient modelées dans le sol! Animé du même esprit, Mercati, qui publia, en 1574, des figures très exactes des coquilles fossiles conservées par le pape Sixte V, dans le musée du Vatican, exprima l'opinion que ces coquilles n'étaient tout simplement que des pierres dont la configuration particulière devait être attribuée à l'influence des corps célestes. Olivier de Crémone les considérait comme de simples *jeux de la nature.* On alla jusqu'à dire que les nummulites trouvées en Egypte étaient des provisions de lentilles accumulées par les Pharaons pour la nourriture des esclaves employés à la construction des pyramides, et pétrifiées!

Quelques-unes des conceptions fantasques de ces temps furent jugées moins déraisonnables que les autres, par cela qu'elles se trouvaient quelque peu d'accord avec la théorie de la génération spontanée d'Aristote, enseignée alors dans toutes les écoles. Des hommes imbus, dès leur première jeunesse, de l'idée qu'une grande partie des plantes et des animaux vivants avaient été formés par le concours fortuit des atomes, ou qu'ils avaient pris naissance dans la matière organique corrompue, pouvaient facilement se persuader que les formes organiques, souvent imparfaitement conservées dans l'intérieur des roches solides, devaient leur existence à des causes également obscures et mystérieuses ([1]).

1. LYELL, *Principes de Géologie.*

Mais l'indépendance allait se faire jour. Bernard Palissy observe directement la nature et parle : « Un potier de terre, qui ne savait ni latin, ni grec, fut le premier, dit Fontenelle, qui, vers la fin du XVIᵉ siècle, osa dire dans Paris, et à la face de tous les docteurs, que les coquilles fossiles étaient de véritables coquilles déposées autrefois par la mer dans les lieux ou elles se trouvaient alors, que des animaux, et surtout des poissons, avaient donné aux pierres figurées toutes leurs différentes figures ; et il défia hardiment toute l'école d'Aristote d'attaquer ses preuves ».

Ce *simple ouvrier* touche aux questions les plus élevées de la science, et quelquefois il les résout. Il a résolu celle des coquilles fossiles.

« Et parce qu'il se trouve, dit-il, des pierres remplies de coquilles, jusques au sommet des plus hautes montagnes, il ne faut pas que tu penses que lesdites coquilles soient formées comme aucuns disent que la nature se joue à faire quelque chose de nouveau ». Il ajoute : « Quand j'ai eu de bien près regardé aux formes des pierres, j'ay trouvé que nulle d'icelles ne peut prendre forme de coquilles ni d'autre animal, si l'animal mesme n'a basti sa forme ». — « Il faut donc conclure, dit-il encore, que, auparavant que ces dictes coquilles fussent petrifiées, les poissons qui les ont formées estoyent vivants dans l'eau,...... et que, depuis, l'eau et les poissons se sont petrifiés en un mesme temps; et de ce ne faut douter ».

Cependant, on continuait de douter. Quoique dès 1669 Sténon eût donné l'explication des terrains de sediment et des fossiles, Fontenelle, Buffon, Voltaire, hésitent sur la nature des fossiles et ne devinent pas le mode de formation des terrains de sédiments. On écrit pourtant un très grand nombre de traités spéciaux sur les fossiles même. Dans l'un d'eux, que nous avons actuellement sous les yeux (¹), l'auteur anonyme, membre de la Société royale de Londres et de l'Académie de Montpellier, range parmi les fossiles les minéraux, pierres, cailloux, marbres, sels, bitume, charbon de terre, qu'il appelle « fossiles naturels à la terre », et les arbres, branches, racines, fruits, fougères, coquilles, poissons, vertebres, dents, os, « qui se sont pétrifiés dans les entrailles de la

---

1. *Oryctologie, ou traité des pierres, minéraux et fossiles*, Paris, 1755.

terre, ont été déplacés et disséminés par le déluge universel » et il les qualifie de « fossiles étrangers à la terre ». Cet ouvrage est illustré d'un grand nombre de planches admirablement gravées, et nous n'avons pu résister au plaisir d'en reproduire ici pour nos lecteurs quelques-unes des plus remarquables. Ces spécimens offrent encore un autre intérêt, c'est qu'ils représentent précisément la transition entre l'époque où l'on considérait tous les objets figurés dans les pétrifications comme des jeux de la nature et celle où l'on a su distinguer les véritables fossiles des effets parfois si curieux produits par le hasard dans la contexture de certaines pierres. La première de ces planches (*fig.* 86) représente des spécimens de dentrites copiées fidèlement sur la collection du cabinet de l'abbé de Fleury. « La dentrite, dit l'auteur, est une *agathe* transparente, d'un gris sale, avec des traits jaunes, rouges ou noirs, qui représentent des arbrisseaux, des buissons, des mousses, des bruyères et autres feuillages : c'est ce qui lui a fait donner le nom de pierre arborisée, du mot grec δενδρον, qui veut dire arbre. » Puis il explique en détail l'aspect de chacune de ces trente petites vignettes. — La seconde planche (*fig.* 87) représente des *pierres arborisées* non moins curieuses que les précédentes. Sur ces pierres, la seconde, qui est fendue en deux et montre des empreintes de plantes, paraît porter une véritable pétrification de fossile ; les autres sont certainement des « jeux de la nature » ; sur la première on remarque une ville en ruine avec des clochers, des terrasses, de la fumée, un grand ciel ; sur la dernière on voit une grotte au bord de la mer, avec un pilier principal qui la partage en deux, et un groupe de trois hommes paraissant causer ensemble. L'auteur prend le soin de déclarer que « l'imagination ou le burin du graveur n'ont rien ajouté. » — La troisième planche (*fig.* 88) représente des fossiles de plantes et d'animaux, conservés dans des *ardoises*. D'après l'auteur, le n° 4 serait un simple « jeu de la nature » ; mais nous savons aujourd'hui que c'est bien réellement là un fossile végétal. Enfin la quatrième planche (*fig.* 89) réunit des spécimens de fossiles d'animaux aussi curieux qu'incontestables. On trouve dans le même ouvrage un grand nombre d'ammonites, de coquilles, de térébratules, d'oursins, etc., etc., recueillis en divers points de la France.

Insensiblement la science des fossiles se dégage du profond

mystère qui l'avait toujours enveloppée. Les travaux de Stenon, de Pallas, de Saussure, de Werner, de Deluc, de Hutton, de Playfair, de Smith, de Léopold de Buc, de Humboldt, de Guettard, de CUVIER surtout, de Brongniart, de d'Orbigny, de Blainville, de Lyell, d'Élie de Beaumont et de leurs émules, la conduisirent graduellement au degré de science positive qui la caractérise aujourd'hui et qui en a fait une branche essentielle de la géologie. Cuvier a été vraiment le créateur de la *paléontologie* ([1]). Dès lors, les esprits les plus retardataires eux-mêmes cessèrent de douter de la nature des fossiles, et tout le monde fut conduit à reconnaître en eux les débris d'animaux et de plantes ayant vécu pendant la succession des époques antérieures à l'apparition de l'homme et ayant été conservés dans les terrains de sédiment successivement déposés.

Cette élaboration fut longue, comme on le voit. Pourtant dès le temps des Romains, Ovide avait écrit :

Vidi, ego, quod fuerat quondam solidissima tellus
Esse fretum ; vidi factas ex æquore terras ;
Et procul a palago conchæ jacuere marinæ
Et vetus inventa est in montibus anchora summis.

J'ai vu ce qui avait été une terre ferme céder la place à la mer ;
J'ai vu en revanche des terres se former aux dépens des ondes.
Loin de l'Océan gisent des coquilles marines ;
On a trouvé un ancre de forme antique au sommet d'un mont ([2]). »

Mais la vérité ne s'impose aux hommes que lentement ; la vue ne s'acclimate que graduellement à la pleine lumière.

Dans cet historique de la geologie, il ne serait peut-être pas inopportun de remarquer combien les esprits supérieurs agrandissent tous les sujets qu'ils traitent. Quelquefois même, à force d'élargir l'horizon et de reculer le but, ils ne l'atteignent jamais ; mais sur leur route ils font d'abondantes moissons, et ces richesses, qui semblaient d'abord accessoires, acquièrent souvent plus d'importance que n'aurait pu en avoir l'objet principal. C'est ce qui nous frappe, à propos des fossiles, lorsque nous nous souvenons que Leibniz, chargé en 1680 par le duc Ernest-Auguste d'écrire l'histoire de la maison de Hanovre, du duché de Brunswick, voulut commencer cette histoire par celle du pays,

1. Étymologie : πάλαι ὄντων λογος, étude des êtres qui ont vécu autrefois.
2. *Métamorphoses*, XV, 262-265.

puis celle du pays par sa géologie, puis cette géologie par celle
de la Terre entière, si bien qu'il écrivit sa *Protogée,* ou Traité
de la formation et des révolutions du globe, comme introduction à l'histoire du Hanovre, et finalement en resta là,... sans
même arriver au déluge. Ce petit livre est, dans tous les cas,
incomparablement plus important et plus intéressant que n'eût été
l'histoire d'une dynastie quelconque de ducs, de roitelets, ou d'empereurs. Comme Stenon, Leibniz comprend la vérité inscrite dans les
annales de la nature; il déclare que les fossiles sont les restes
pétrifiés d'animaux antédiluviens, et à ceux qui objectent que les
ammonites aient jamais vecu par la raison que les mers actuelles
n'en fournissent plus, il répond « que d'abord on n'a pas exploré
les dernières profondeurs des mers et leurs abîmes; que le nouveau
monde nous présente une foule d'animaux auparavant inconnus, et
qu'enfin il est présumable qu'à travers tant de révolutions un grand
nombre de formes animales ont été transformées. » — On le voit,
le génie de Leibniz avait devancé de deux siècles les progrès de la
science. — Mais revenons à l'histoire de la Terre, à la formation
des terrains.

Les *plus anciens* terrains de sédiment sont ceux qui reposent
sur les roches primitives, sur le squelette minéral de la planète. Ils
représentent les dépôts formés pendant la période primordiale et se
divisent en *trois étages.* Ils n'ont pas conservé leur horizontalité
primitive et sont plus souvent bouleversés, disloqués que réguliers.
La coupe du globe terrestre (*fig.* 85) qui indique leur ordre de succession, n'est que théorique et rarement réalisée dans la pratique ; mais cet ordre de succession n'en est pas moins certain et
incontestable.

On s'accorde à considérer comme représentant l'AGE PRIMORDIAL
ces trois plus anciennes couches, désignées sous les noms de *terrains
laurentien, cambrien* et *silurien.* Le premier doit son nom
à ce que les fouilles principales qui l'ont fait reconnaître ont été
entreprises dans la région du fleuve Saint-Laurent, au Canada; le
second au mot Cambria, nom breton du pays de Galles en Angleterre, où cette sorte de terrain a été très étudiée; le troisième à cette
particularité que la peuplade celtique des Silures, qui combattit avec
gloire lors de l'invasion de l'île anglaise par les Romains, habitait

le comté de Shropshire où ces couches sédimentaires sont très étendues. C'est assurément là une nomenclature bizarre et peu scientifique. Mais la science est comme l'histoire : elle a commencé par des faits isolés et sans rapports entre eux, qu'un regard général peut réunir plus tard en synthèse, mais qui d'abord ne sont point logiquement reliés ensemble et dont les désignations primitives ne sont pas inspirées par un meme plan. Un jour, probablement, on remplacera ces termes géographiques incohérents, ainsi que ceux que nous aurons l'occasion de rencontrer dans le cours de cet ouvrage, par des termes géologiques ou chronologiques; mais, en attendant, l'historien de la nature est obligé de s'en servir, et pour que le lecteur fût au courant des choses il était utile d'en donner l'explication

Nous étudierons, au chapitre suivant, le mode de formation de ces terrains et nous chercherons à pénétrer directement à travers les époques de la nature ; nous verrons comment les oscillations de l'écorce du globe ont soulevé les couches géologiques inférieures et les ont fait affleurer à la surface du sol où le naturaliste peut les analyser

L'épaisseur respective de ces trois terrains peut donner une idée de la durée proportionnelle des périodes pendant lesquelles ils se sont formés. On a pu constater que le terrain laurentien n'a pas moins de neuf kilomètres d'épaisseur. Le terrain cambrien a montré une épaisseur de six mille mètres, et le terrain silurien une épaisseur de huit mille. C'est donc une épaisseur totale de vingt-trois kilomètres, entièrement formée par les dépôts de la mer. Or tous les autres terrains plus récents que l'on retrouve sur les anciens et qui correspondent aux époques consécutives, primaire, secondaire, tertiaire et quaternaire, n'atteignent pas cette épaisseur, car ils ne paraissent pas surpasser vingt kilomètres. La conséquence est que, d'après cette première indication, l'âge primordial a surpassé à lui seul en durée celui des quatre périodes plus récentes qui arrivent jusqu'à nous.

D'après l'ensemble des comparaisons faites, d'après le temps que les pluies et les vents emploient à désagréger les reliefs du globe, que les ruisseaux, les rivières et les fleuves mettent à les conduire à la mer, et que les substances tenues en suspension dans les eaux emploient à se déposer au fond, on peut arriver à se former une idée approximative de la durée réelle de ces âges préhistoriques.

Notre vie est si éphémère, l'histoire des peuples est elle-meme si
rapide, que nous avons toujours une tendance à réduire les œuvres
de la nature à l'échelle de notre microcosme, et parce qu'un siècle
nous paraît long, nous sommes originairement convaincus qu'il est
long, en réalité, pour la nature elle-même. Mais l'étude directe de
l'univers, de ses mouvements, de ses transformations nous prouve
que nos impressions sont personnelles à nos êtres trop éphémères
et que dans l'histoire de l'univers les siècles sont moins que des
secondes dans notre vie. Cependant, malgré tout, nous sommes
conduits à prendre pour base de raisonnement une limite très
étroite mais compréhensible pour nous. Notre mémoire historique
est si courte qu'en accordant une durée de cent mille ans, par
exemple, à l'âge quaternaire, contemporain de l'espèce humaine,
c'est-à-dire à l'âge de l'humanité elle-même, nous craignons d'exagérer. Pourtant il est dès maintenant certain que nous sommes au-
dessous de la vérité. L'humanité a nécessairement existé pendant
d'immenses périodes de temps avant de commencer l'histoire,
avant de s'élever à la notion du langage précis et de l'écriture, avant
de se réunir en peuples capables d'acquérir une mémoire historique. Quoiqu'il en soit, admettons cette base *minimum* de cent
mille ans pour la durée de l'âge actuel, depuis les origines de l'humanité jusqu'à nos jours.

Eh bien ! dans cette appréciation trop modeste, et, répétons-le,
inferieure à la réalité, la période tertiaire aurait duré 460 000 ans,
la période secondaire 2 300 000, la période primaire 6 420 000 et
la période primordiale 10 720 000, comme on peut s'en rendre
compte par le petit tableau suivant :

ÉPAISSEUR PROPORTIONNELLE DES TERRAINS ET DURÉE MINIMA DES PÉRIODES

	ÉPAISSEUR.	PROPORTION.	DURÉE (en admettant 100 000 ans pour l'âge quaternaire).
Age primordial	23 000 mètres	53,6	10 720 000 ans.
— primaire	14 000 —	32,1	6 420 000 —
— secondaire	5 000 —	11,5	2 300 000 —
— tertiaire. . . . . . . :	1 000 —	2,3	460 000 —
— quaternaire ou actuel.	200 —	0,5	100 000 —
	43 200 mètres	100	20 000 000 ans (1).

(1) Nous répétons que ces chiffres n'ont aucune valeur *absolue* et ne peuvent servir que
d'*indication* pour apprécier l'échelle probable des temps antiques. Ils sont au-dessous de
la réalité.

LE MONDE AVANT LA CRÉATION DE L'HOMME

CARTE GÉOLOGIQUE DE L'EUROPE

Gravé par E. Morieu, 45 r. Huen, Paris.

Imprimerie A. Lahure

Nous avons adopté ici les données discutées et acceptées par Haeckel pour les épaisseurs relatives des terrains, comme résumant l'ensemble des observations faites. Les chiffres présentés par les divers géologues varient à certains égards, mais le résultat définitif reste à peu près le même, quant à l'immense étendue de la durée de ces époques de la nature.

Examinons maintenant de plus près l'âge primordial dont la description nous occupe en ce moment, et voyons quels sont les vestiges de plantes et d'animaux qu'on y découvre.

Cet âge primordial est représenté en géologie, comme nous

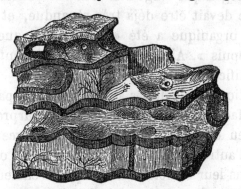

Fig. 90. — Les plus anciens dépôts sédimentaires : schistes laurentiens, *Eozoon canadense*.

l'avons vu tout à l'heure, par les terrains laurentien, cambrien et silurien, superposés dans l'ordre de leur formation et offrant les épaisseurs proportionnelles suivantes :

TERRAINS.	ÉPAISSEUR.
laurentien.	9 000 mètres.
Age primordial . . . . . { cambrien	6 000 —
silurien.	8 000 —

On n'a encore rien trouvé de certain jusqu'aujourd'hui dans le terrain laurentien. Ces schistes du Canada ont paru à plusieurs géologues (Dawson, Carpenter, etc.) formés de dépôts organiques, et certaines traces qu'ils présentent ont même été regardées par eux comme des restes d'organismes rudimentaires; on a même donné à ces roches énigmatiques le nom symbolique d'*eozoon* [1] « ou organismes de l'aurore »; mais l'authenticité de ces objets

1. Étymologie : εως ζωον, organisme contemporain et l'aurore du monde

est très contestable et tout porte à croire que ce sont plutôt de
simples minéraux que des pétrifications d'êtres ayant vécu. Nous
ne nous permettrons donc pas de les inscrire au nombre des fossiles, n'admettant ici que les resultats scientifiques suffisamment
démontrés. Toutefois, quoiqu'on n'ait encore rien trouvé de certain dans le terrain laurentien, c'est sans aucun doute ,pendant
cette période que les premiers organismes ont du se former. La
présence du graphite en nids de substance charbonneuse presque
pure atteste qu'il existait déjà là des amas assez considérables
de substance organique végétale. Darwin pensait même que la
vie primordiale devait être déjà très répandue, et que cette première période organique a été « plus longue que toute celle qui
s'est écoulée depuis ». Ainsi, nous sommes incontestablement ici,
au seuil de l'édifice de la vie.

Les explorations géologiques ayant à peine dépassé la millième
partie de la surface du globe, il n'y a rien de surprenant à ce qu'on
ait trouvé si peu de fossiles appartenant au berceau même de la
vie terrestre ; d'autre part ces couches primitives ont été chauffées
et modifiées dans leur structure même par la chaleur intérieure du
globe, de sorte que la grande majorité des restes d'êtres vivants
ont été détruits par cette transformation même. Cependant on ne
doit pas désespérer de voir les documents arriver au jour avec les
explorations des géologues et prouver avec certitude que la vie a
commencé pendant l'epoque laurentienne.

Il n'est pas inutile de remarquer ici, toutefois, que les premiers
organismes gélatineux n'avaient pas assez de consistance pour se
fossiliser ; du moins leur transformation et leur conservation à
l'état fossile eussent-elles été soumises à des conditions difficiles à
réunir et n'est-il pas surprenant que leurs spécimens deviennent
d'autant plus rares que les terrains sont plus anciens.

Ce terrain laurentien représente une longue période de dépôt
au fond des eaux, une longue période de siecles, car il n'a pas
moins de neuf kilomètres d'épaisseur. Les estimations les plus
faibles établissent, au minimum, pour la durée de cet âge, plusieurs *millions* d'années. Ces calculs ne peuvent être précis, les
dépots s'effectuant plus ou moins lentement suivant les distances
aux rivages, suivant les profondeurs, et les alternances ayant varie

avec les périodes d'exhaussement et d'affaissement. En géologie, on est loin des certitudes et des précisions de l'astronomie.

Les premiers vestiges *certains* d'êtres organisés ont été trouvés dans le terrain cambrien, principalement en Angleterre et en Suède. Ce sont des empreintes de plantes marines rudimentaires et d'animaux marins non moins rudimentaires, des algues, des annélides,

Fig. 91. — Les organismes problématiques des anciennes mers *Bilobites.*

des mollusques, des éponges, des polypiers, des échinides. Devant ces premières empreintes, l'esprit hésite à décider si ce sont des algues ou des tubes d'annélides, ou seulement des traînées d'objets purement inertes promenés par le remou des vagues et ayant rayé le fond vaseux. Tout semble mystérieux, voilé dans l'éloignement, et pourtant on sent qu'on ne peut attribuer au hasard ces caractères indéchiffrables et qu'il y a là des traces des premières plantes et des premiers animaux.

Les organismes problématiques des anciennes mers, les bilobites, les gyrolithes, les vexillées, les lophyties que l'on retrouve fossilisés en demi-relief dans les terrains primitifs, notamment dans le silurien, et dans lesquels un certain nombre de géologues et de naturalistes ne voient que des traces pétrifiées de passages d'ani-

Fig. 92. — Les organismes problématiques des anciennes mers : *Brachyphyllum gracile.*

maux, des empreintes ou des pistes conservées après le durcissement du sol sur lequel elles auraient été laissées, sont très probablement, d'après les laborieuses recherches du marquis de Saporta, de véritables organismes, très élémentaires, offrant déjà le caractère des végétaux, et sans doute les ancêtres des algues. On peut admettre que couchées soit à plat soit dans une direction oblique, ces premières plantes marines étaient appliquées contre le sol sous-marin, qu'elles constituaient sur la vase du fond des amas superposés ou entre-croisés, sortes de colonies rampantes occupant une partie des anciennes mers et s'y multipliant de façon à se trouver parquées sur certains points, chaque type ou même chaque

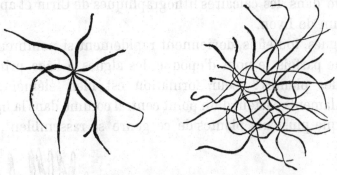

Fig. 93. — Premières plantes : algues.

espèce s'y multipliant. De même que l'on constate la prédominance des cryptogames vasculaires au sein des premières flores terrestres ; de même que l'on proclame la prédominance ou le règne des pois-

Fig. 94. — Premières plantes : algue fossile

sons cartilagineux relativement aux poissons osseux développés plus tardivement; de même que l'on affirme la prédominance des reptiles comme ayant précédé les autres classes de vertébrés à respiration pulmonaire, et celle des marsupiaux comme ayant devancé les mammifères placentoïdes; de même il aurait existé, au fond des anciennes mers, une prédominance longtemps acquise aux algues unicellulaires. Elles auraient compris à l'origine des types d'une grande vigueur végétative. Nous reproduisons ici (*fig.* 91 et 92),

d'après M. de Saporta (¹), deux spécimens remarquables de ces
végétaux primitifs : le bilobites Goldfussi et le brachyphyllum gracile. Le premier a été trouvé à Pontréau (Ille-et-Vilaine) dans le
grès armoricain, et appartient au muséum de Paris; le second a
été trouvé dans les calcaires lithographiques de Cirin et appartient
au muséum de Lyon.

Les algues, toutefois, deviennent rapidement si nombreuses que
l'on donne parfois le nom d'époque des algues à l'âge primordial.
Sont-ce des plantes? Leur formation est bien élémentaire. De
simples filaments partent d'un point central comme dans la figure 93.
Aussitôt que plusieurs plantes de ce genre se rassemblent, comme

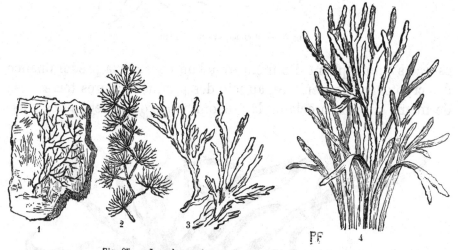

Fig. 95. — Les plus anciennes plantes. Période cambrienne.
1. Pétrification de chondrite. — 2. Murchisonites Forbesi. — 3. Chondrites antiques. — 4. Algue marine.

dans la deuxième figure, il se forme une espèce de tissu, une sorte
de limon glutineux, demi-transparent qui, examiné au microscope,
se divise en une quantité de filaments invisibles à l'œil nu. Les
fucus que la mer renferme en quantités innombrables sont beaucoup plus vigoureux et plus solides. Ce sont toujours des cellules
accolées, sans racines, mais formant dans la mer par leur accumulation, un tissu serré qu'un navire a parfois quelque peine à traverser.

Ces premières plantes sont ce qu'il y a au monde de plus simple

1. DE SAPORTA. *Les Organismes problématiques des anciennes mers.*

et de plus élémentaire. Ce ne sont, pour ainsi dire, que des tubes aplatis, sans feuilles, sans fleurs et sans fruits (voy. fig. 95). Elles vivaient et se développaient au sein des eaux tièdes des mers primitives. Il n'y avait pas encore de terre ferme; à peine quelques îles commençaient-elles à émerger de la surface des flots.

Il n'y avait à cette epoque ni saisons ni climats, la température

Fig. 96. — Empreinte fossile de plante primitive.

de l'écorce du globe étant encore supérieure à la chaleur qui pouvait être reçue du Soleil, et le globe offrait aux pôles les mêmes conditions d'existence qu'à l'équateur. Le fait des marées, beaucoup plus fortes dans la direction du Soleil et de la Lune, donnait même aux régions que nous nommons tropicales et tempérées une agitation superficielle qui allait en s'éteignant vers les pôles. Les régions polaires étaient donc, de ce chef, mieux favorisées que les équatoriales, d'autant plus que cette même attraction du Soleil et de la Lune, en agissant avec plus d'intensité sur le noyau liquide intérieur

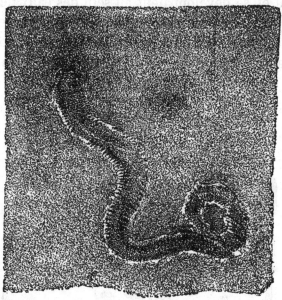

Fig. 97. — Les plus anciens animaux : empreinte d'annélide à l'époque cambrienne.

dans les régions équatoriales que dans les polaires, dut permettre à l'écorce terrestre d'acquérir une plus grande stabilité en ces der-

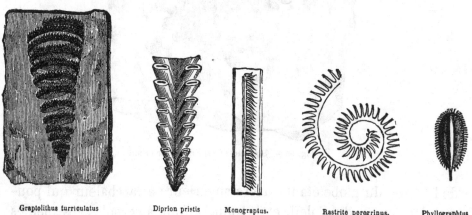

Graptolithus turriculatus   Diprion pristis   Monograptus.   Rastrite peregrinus.   Phyllographtus

Fig. 98. — Les plus anciens animaux. Période cambrienne.

nières régions. On peut donc penser que les premiers organismes vivants se sont formés dans la tranquillité des mers polaires, éclairées alors par un soleil gigantesque. Il est hautement probable, en effet, que pendant la période laurentienne où la vie paraît avoir fait son apparition, le Soleil n'était pas encore condensé beaucoup au dedans de l'orbite de Vénus. Il est probable que l'on n'a pas encore trouvé les véritables *premiers* organismes, soit végétaux, soit animaux,

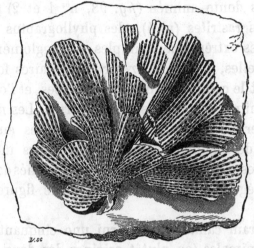

Fig. 99. — Les plus anciens animaux. — Fossile du mollusque bryozoaire *Fenestella tenuiceps*.

et qu'on les trouvera dans les terrains laurentiens non encore explorés.

Les premiers animaux sont également des animaux marins. On

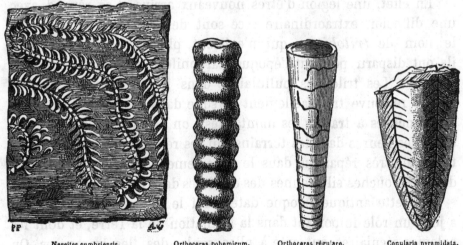

Nereites cumbriensis.   Orthoceras bohemicum.   Orthoceras régulare.   Conularia pyramidata.

Fig. 100. — Les plus anciens animaux. Période cambrienne et silurienne.

a trouvé dans les fossiles cambriens des *annélides* qui semblent appartenir aussi bien au règne végétal qu'au règne animal : ce ne sont, eux aussi, que des tubes articulés flottant dans les eaux, comme les algues leurs contemporaines (*fig*. 97). On rencontre aussi, en très grand nombre, des graptolites, polypiers très simples composés de tubes enroulés et dentelés dont chaque cellule était sans doute animée (*fig*. 98, n° 1 et 2) des monograptus (n° 3), des rastrites (n° 4), des phyllograptus (n° 5). Ce sont des protozoaires extrêmement simples, des agglomérations de loges soudées entre elles, des *hydraires* rudimentaires formées de protoplasma. C'est le commencement des polypes, et l'on s'étonne que la vie ait pu animer des formes aussi bizarres. Les mêmes terrains primitifs renferment aussi de petites coquilles auxquelles on a donné le nom de lingules (ce sont les premiers mollusques brachiopodes) et des mollusques bryozoaires renfermés dans des cellules pierreuses agrégées en colonies, dont notre figure 99 offre un spécimen.

Déjà le terrain cambrien a fourni une cinquantaine d'espèces végétales ou animales (ou plutôt origines des deux règnes) parmi lesquelles dominent les algues unicellulaires, les annélides, les brachiopodes, les spongiaires et les polypiers. Dans le terrain silurien dominent les graptolithes, les millépores et surtout, comme nous allons le voir, les trilobites.

En effet, une légion d'êtres nouveaux arrive et se répand avec une diffusion extraordinaire : ce sont des crustacés connus sous le nom de *trilobites*, qui n'existent plus depuis longtemps : ils ont disparu pendant l'époque carbonifère, il y a des millions d'années. Les trilobites pullulaient dans les mers primitives, et on les retrouve très facilement lorsque dans les falaises ou dans les tranchées à travers les montagnes, on les recherche pendant quelques heures dans les terrains qui les renferment. Ils sont notamment très répandus dans le département de Maine-et-Loire, dans les couches siluriennes des carrières de Trélazé, près d'Angers.

De cette antique époque date aussi le polypier du corail qui a joué un rôle important dans la formation de la Terre, et dont les colonies séculaires ont créé à elles seules des îles immenses. On remarque, parmi les zoophytes, le genre des hémicesmites, en forme de poires, échinodermes, oursins, holoturies. C'est à peine si ces êtres méritent le titre d'animaux. Plusieurs, parmi les mollusques, n'ont pas encore de tête et ne peuvent pas se mouvoir, comme les huîtres dont on retrouve les ancêtres ; d'autres ont une sorte de tête et un rudiment de tube digestif ; mais une seule ouverture sert pour l'introduction et l'expulsion des aliments, comme chez les échinodermes ; d'autres, comme les vers, ont un commencement d'organisation générale, encore la plupart des organes des sens leur man-

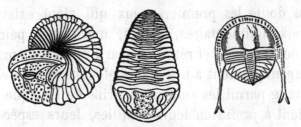

Fig. 101. — Animaux marins primordiaux : Trilobites.

quent-ils et ne peuvent-ils se déplacer que par reptation, en rétrécissant et allongeant successivement leur système d'anneaux. L'ordre des fossiles suit l'ordre de la progression de la vie exposé au chapitre précédent.

Cette époque primordiale a occupé, comme nous l'avons vu, bien des millions d'années. Pendant cette longue durée, les pre-

Fig. 102. — Fossiles d'échinodermes.

mières espèces animales, toutes rudimentaires qu'elles étaient, manifestent néanmoins des progrès relatifs. Certainement, il n'y a pas encore un seul animal à vertèbres, et toute la création organique est limitée à l'ordre des invertébrés, et même parmi ceux-ci les insectes n'existent pas encore. Il n'y a donc, dans toute la population primordiale du globe, ni mammifères, ni oiseaux, ni reptiles, ni batraciens, ni poissons, ni insectes. Mais parmi les invertébrés, le progrès marche. Nous n'en sommes plus au protoplasma primitif,

aux plaques de gélatine flottant dans les eaux, aux simples associations de cellules, aux algues ou aux annélides. Les trilobites ont
déjà une tête, un corps, une queue et probablement des pattes,
mais celles-ci étaient minces et faibles, car elles ne se sont pas
fossilisées. Sur cette tête même, on reconnaît la trace des yeux. Ce
sont là sans doute les premiers yeux qui aient existé sur notre
planète, yeux rudimentaires, vagues, méritant à peine ce titre,
mais enfin nerf optique et rétine. Ces arthropodes (¹) primitifs, très
inférieurs organiquement à nos crabes et à,nos écrevisses, occupent
le premier rang parmi les animaux marins de l'époque silurienne;
ils multiplient à profusion leurs familles, leurs espèces, puis ils

Fig. 103. — Le roi des mers primordiales : Trilobite calymène.

disparaissent brusquement à l'époque de la houille, et sont à peine
représentés aujourd'hui par les limules. On a retrouvé deux autres
crustacés relativement aussi élevés dans l'échelle des êtres, le
pterygotus bilobus et l'eurypterus remipes ; le premier est représenté plus loin (*fig.* 104) à demi grandeur naturelle . ils avaient également une tête munie d'yeux et peut-être furent-ils les premiers
habitants des eaux douces. Les eaux douces, issues de la pluie,
commencèrent avec les montagnes, les sources et les premières
rivières.

Les crustacés étaient encore représentés par d'autres espèces
dans la faune silurienne. Outre toutes les variétés de trilobites, les
calymènes, les dalmanites, les trinucleus, etc., etc.; outre les pterygotus et les eurypterus, on pourrait encore citer les peltocaris, les

1. *Étymologie* : αρθρον articulation et ποδος pied.

ceratiocaris, les primitia, les beyrichia, les aristozoe, les callizoe. Mais nous n'écrivons pas ici un traité de paléontologie, et nous ne devons pas oublier les grandes lignes de l'histoire de la Terre pour nous égarer dans les détails. Remarquons pourtant que les céphalopodes atteignent, surtout dans la seconde partie de la période, un développement considérable : on en compte plus de 1600 espèces, parmi lesquelles il faut citer les nautilides. Plusieurs orthocères sont de taille géante et mesurent jusqu'à deux mètres de longueur. Les ptéropodes, les gastéropodes, les brachiopodes sont très nom-

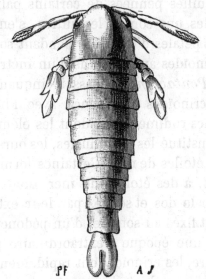

Fig 104. — Premiers animaux : le Pterigotus bilobus

breux, nous en reproduisons plusieurs types (*fig.* 105). On rencontre aussi des *polypiers*, des *hydrocoralliaires*, des *éponges* et des *méduses*. La classe des échinodermes est représentée par les crinoïdes, singuliers êtres dont la plupart sont fixés au sol par une tige flexible, rectiligne, composée d'un grand nombre de disques empilés les uns sur les autres et connus sous le nom d'entroques. D'abord très courtes, ces tiges ont acquis un grand développement pendant la période jurassique. Notre figure 106 en représente deux types remarquables, l'ichtyocrinus de la période silurienne, et l'apiocrinus de la période jurassique.

Les fossiles de crinoïdes forment parfois, presque à eux seuls, la masse de puissantes assises, et ils ont donné leur nom à toute une couche géologique, le calcaire à entroques. Ils étaient, en effet, prodigieusement nombreux dans les mers primitives : ils tapissaient leurs profondeurs de véritables prairies animées et présentaient alors une immense variété de formes souvent d'une extrême élégance. Presque tous les crinoïdes de cette époque étaient fixés au sol : une longue tige flexible, formée d'articles nombreux (c'étaient précisément les entroques des anciens naturalistes), supportait une touffe d'appendices également articulés, parfois ramifiés à l'infini et qui pouvaient s'étaler au-dessus de la tige comme les feuilles pennées de certains palmiers, ou se resserrer facilement les uns contre les autres, s'enroulant de mille façons, comme les pétales d'une fleur pendant son sommeil. Quelques-uns de ces crinoïdes avaient plus d'un mètre de longueur, et la tige de certains *Pentacrinus* dépassait cinquante pieds.

L'histoire des crinoïdes commence avec l'histoire même du globe, par des formes rudimentaires dont les éléments sont parents de ceux qui ont constitué les holothuries, les oursins, les encrines, les ophiures et les étoiles de mer. Certaines formes anciennes ressemblent, en effet, à des étoiles de mer dont tous les bras se seraient relevés sur le dos et soudés par leur extrémité, ou à des oursins qui seraient fixés au sommet d'un pédoncule.

Après avoir eu une époque d'extraordinaire prospérité durant la période secondaire, les crinoïdes ont rapidement décliné dans les périodes suivantes; cependant *il en reste encore aujourd'hui* un certain nombre d'espèces : les comatules, les pentacrinus, les bathycrinus, etc.

Tous les crinoïdes vivent à des profondeurs considérables : le pentacrinus caput meduse à 250 ou 300 brasses au-dessous du niveau de l'Océan, le rhyzocrinus lafotensis depuis 100 jusqu'à 900, le bathycrinus gracilis à 2435 brasses ([1]). Dans ces régions que les mouvements des tempêtes effleurent à peine, que n'atteignent pas les variations de température extérieure, où le soleil n'envoie plus que de faibles rayons, où les organismes phosphorescents répandent seuls une lueur d'étoiles, la vie a pu échapper aux modifications profondes que lui ont incessamment imprimées

---

1. La longueur de la brasse est de 1ᵐ 624.

Gravé par E. Morieu, R. Vivin 45, Paris

Imprimerie A. Lahure

FORMATION GRADUELLE DES TERRAINS
FRANCE
Terrains primitifs

les conditions si variables et si variées de la surface. Là elle a pu
suivre sans secousse la lente et graduelle évolution du globe; c'est
dans le fond des mers que se sont perpétués jusqu'à nous, avec leur
forme initiale, les êtres pour qui la vie dans de telles conditions
avait été originairement possible. La difficulté d'atteindre les habitants de ces sombres abîmes les a longtemps soustraits à notre
investigation, mais on sait aujourd'hui, grâce surtout aux recherches d'Agassiz et de ses élèves, qu'ils sont fort nombreux et que
dans certaines régions les pentacrinus couvrent le sol sous-marin
d'une végétation d'un nouveau genre ([1]). Ils ont peu changé depuis
des millions d'années qu'ils existent, parce que les conditions de la
vie en ces profondeurs océaniques ont peu varié elles-mêmes. Les
organismes qui se transforment, au point de devenir aériens,
d'aquatiques qu'ils étaient d'abord, sont ceux qui, voisins des
rivages ou de la surface, ont été graduellement conduits à vivre
dans un milieu différent du milieu primitif. Lorsqu'ils ont pu s'y
acclimater, ils se sont transformés insensiblement et indéfiniment, à mesure que les conditions d'existence se sont elles-
mêmes différenciées. Lorsqu'ils n'ont pu s'y conformer, ils ont
disparu.

En même temps que les échinodermes, les mollusques et les
crustacés sont très nombreux à la fin de la période silurienne. On
retrouve aujourd'hui une immense quantité de coquilles de cette
époque. Ce sont les trilobites et les nautiles qui dominent, avec
leur tête déjà formée et bien complète. Le progrès marche d'âge en
âge. Les premiers poissons apparaîtront dans les eaux à la fin de
la période, juste à l'époque où elle fait place à la période dévonienne qui lui succède, et dans les îles déjà émergées et déjà
couvertes de végétaux, principalement de *lycopodes*, apparaîtront
en même temps les premiers animaux à respiration terrestre,
sous la forme des scorpions.

Par les soulèvements de l'écorce du globe, les terrains cambrien
et silurien ont été portés à fleur du sol sur plusieurs points de
l'Europe et ont été l'objet d'importantes études. En Angleterre,
l'épaisseur du cambrien dépasse 6 000 mètres et celle du silurien

1. PERRIER. *Les Colonies animales.*

atteint 8 000. En Suède, au contraire, le silurien n'a que 600 mètres. En Bohême il s'intercalle entre des roches éruptives. Un fait bien remarquable est que les mêmes êtres vivants, aujourd'hui fossiles, ont apparu simultanément dans toutes les régions siluriennes, de sorte que l'ordre zoologique est le même quelle que soit l'épaisseur du terrain. Les mêmes genres se rencontrent en Suède, en Angleterre, en Bohême, aux Etats-Unis, au cap de Bonne-Espérance et jusqu'au détroit de Barrow et à l'île Melville, sous le 76ᵉ degré de latitude nord; plusieurs espèces, telles que le graptolite murchisonii, le calymène macropthalum sont communs à des localités séparées par tout le diamètre terrestre (¹). Il y avait partout la même température.

Le terrain silurien est rarement horizontal. Il a subi tous les

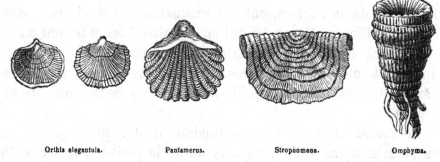

Orthis elegantula.   Pantamerus.   Stropnomena.   Omphyma.

Fig. 105. — Les premiers animaux. Coquiles fossiles de brachiopodes de la période silurienne.

effets des soulèvements et affaissements de l'écorce du globe arrivés depuis ces temps primitifs ; on l'a même retrouvé avec ses fossiles jusqu'à 5 000 mètres de hauteur dans les Andes de l'Amérique. Durant cette longue époque primordiale, les mers s'étendaient encore sur le globe presque tout entier. A peine quelques îles étaient-elles émergées. Ainsi, l'Europe presque entière était encore sous les eaux, depuis l'Espagne jusqu'aux monts Ourals. Il eut été difficile de deviner alors quelle serait un jour la configuration géographique de la France. Une partie de la Bretagne était soulevée, ainsi que l'Auvergne, les Alpes, le Jura et quelques îlots dans les Pyrénées; mais les régions où Paris, Rouen, le Havre, Orléans, Tours, Bordeaux, Avignon, Marseille, Nice, Turin, Genève, Belfort, Dijon,

1. Contejean. *Éléments de géologie et de paléontologie.*

Troyes, Amiens, Lille, Bruxelles devaient s'élever plus tard comme foyers divers de l'activité humaine, étaient alors immergées sous les flots de la mer silurienne. Brest, St-Brieuc, St-Malo, Quimper, Vannes, Nantes, Limoges, Clermont, Tulle, Rodez, Le Puy, Autun étaient déjà sorties des eaux. Notre carte I montre ce qu'était la France à l'époque de la mer silurienne, et notre carte II montre l'Europe à la même époque. L'Islande, formée des terrains éruptifs de l'époque primordiale, la Laponie, la Finlande, une partie de la Suède et de la Norvège, une partie de l'Écosse et de l'Irlande, de l'Espagne, de la Suisse, de la Corse, de la Sardaigne, de la Bohème, de la Turquie planaient au-dessus des solitudes de la mer ; mais, comme Paris, Londres, Madrid, Lisbonne, Rome, Vienne, Prague, Berlin, St-Pétersbourg, Constantinople, dormaient au fond de l'Océan, et au-dessus d'eux s'agitaient au sein des ondes nos ancêtres végétaux et animaux de

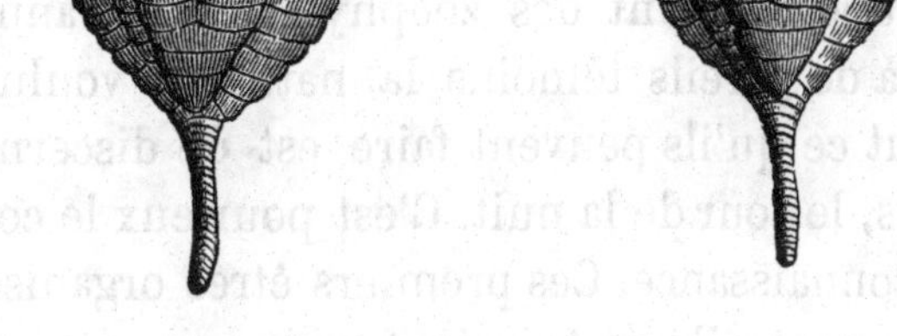

Fig. 106. — Les premiers animaux · Échinodermes : crinoïdes.

1. Apiocrinus Royssianus. — 2. Ichthyocrinus lævis : *a* les bras ouverts, *b* les bras fermés.

l'époque silurienne, qui préparaient par leurs labeurs séculaires l'œuvre féconde de la vie future.

Ce grand spectacle est éloquent pour celui qui sait le comprendre. Il nous montre dès le premier coup d'œil les âges relatifs des

montagnes. Les Alpes sont plus anciennes que les Pyrénées. A l'é-
poque où le granite du Mont-Blanc, du St-Gothard, de la Yungfrau
élevait déjà sa tête au-dessus des nues, les Pyrénées dormaient
encore au fond des eaux; elles sont filles de l'époque secondaire et
postérieures de plusieurs millions d'années à l'exhaussement des
Alpes. A cette époque lointaine, quelques massifs seulement s'élevaient comme de petites îles, surtout vers la base méditerranéenne
des Pyrénées; mais les eaux circulaient librement dans cet archipel
et la configuration géographique de l'Espagne n'était pas mieux dessinée que celle de la France. La Méditerranée n'existait pas davantage, pas plus que la mer Noire, la Caspienne, la Baltique ou la
Manche : un seul océan s'étendait sur le globe. Les Alpes dominaient déjà l'Europe, et sans doute même étaient-elles beaucoup
plus élevées qu'aujourd'hui, car elles paraissent être redescendues
et avoir subi plusieurs alternatives d'exhaussement et d'affaissement.

Dans ces mers régnaient les phalanges, les légions de trilobites.
Armé de son bouclier aux trois lobes, ce petit crustacé fut le premier qui osa se mouvoir librement, visiter des lieux différents, chercher de nouveaux rivages à travers l'univers inconnu.

Il fut aussi le premier des êtres qui eût des yeux capables de
voir. Avant lui, tout être naissait aveugle, restait aveugle, comme si la
nature encore informe n'eût voulu se donner en spectacle à aucun
être vivant. Qu'était-ce, en effet, que ces taches colorées, ces points
souvent imperceptibles qui tenaient la place des yeux dans le
groupe naissant des zoophytes et des annélides? Ne dirait-on pas
qu'à de pareils témoins la nature a voulu rester encore cachée?
Tout ce qu'ils peuvent faire est de discerner la lumière des ténèbres, le jour de la nuit. C'est pour eux le comble de l'existence et de
la connaissance. Ces premiers êtres organisés palpent le point qu'ils
occupent; ils ne le voient pas.

Enfin vient le trilobite; il a un véritable organe de vision, autrement qu'à l'état rudimentaire. Et ce premier œil, informe, réti-
culé, à la surface bosselée, que vit-il en s'ouvrant dans l'abîme?
Des mollusques flottants de petite taille, point de poissons encore,
ni de reptiles, ni de vertébrés d'aucun genre, mais de nombreux
zoophytes, coraux, crinoïdes, lingules, étoiles de mer, parmi lesquels

il cherchait sa nourriture. Pour échapper à ses ennemis (car il en avait déjà), il se roulait en boule et se laissait emporter par l'Océan aveugle. On a compté jusqu'à vingt métamorphoses successives de ce premier des crustacés à travers les formes diverses de son existence.

Il vivra assez pour rencontrer à la fin, le regard fixe, l'œil déjà presque achevé des grands mollusques céphalopodes ; tout l'organe de la vision a été développé, perfectionné sans relâche, d'époque en époque, depuis le point coloré des zoanthaires jusqu'aux deux gros yeux des ammonites et des bélemnites, qui se rapprochent de ceux des vertébrés. Déjà dans chaque coin de l'abîme, il y a un œil ouvert, au fond des mers primordiales. Il regarde, il voit. La nature vivante a cessé d'être aveugle.

Le trilobite, ancêtre des crustacés, fut aussi l'un des premiers êtres qui disparut du monde naissant, au sein de l'univers qui s'entr'ouvre, il annonce, il publie que tout sera changement, instabilité ; que les formes des organisations passeront, comme la figure du monde ; que la durée n'appartient à aucun être. Son bouclier aux trois lobes ne l'a pas défendu contre les atteintes du temps ; ainsi, non seulement les individus meurent, mais aussi les espèces et même les genres.

A l'extrémité la plus reculée de l'horizon des âges, cette mer silurienne a déjà ses révolutions. Elles sont cachées dans les gouffres où la vie sous-marine se développe loin de la lumière libre du jour. Point de continent encore, peut-être déjà quelques deltas ou des plages, ou des îlots nus, rasant au milieu d'une eau profonde ; ces points battus des flots marquaient la place future de l'Angleterre, de la Russie, de la Bohême, du Canada.

Nulle créature ne s'est encore aventurée hors des mers tièdes ; çà et là, des tempêtes jettent sur la rive une algue déracinée, un coquillage bivalve, que le flot reprend et rend à l'Océan. Nul être ne s'est essayé à vivre sur la terre qui manque presque partout ; nul témoin n'a encore levé la tête au-dessus de la mer et osé regarder en face l'univers ; tout être vivant reste plongé et perdu dans l'abîme. Les eaux seules sont habitées.

Cette contemplation du passé nous fait revivre au milieu des âges disparus. Comment tenir sans émotion ces fossiles dans nos

mains, sans songer qu'ils ont été les premiers êtres vivants de notre
planète, sans essayer de revivre en ces siècles antiques? Les hommes
qui nous ont précédés n'avaient sous leurs yeux que l'univers actuel.
Ils ne connaissaient que les êtres organisés qui sont leurs contemporains, et ils ne devinaient pas qu'il ait pu jamais en exister
d'autres. Leur horizon était renfermé dans le moment de la
nature présente. L'idée ne leur venait pas qu'il y eût une éternité
visible, pétrifiée derrière eux. Leurs sentiments, leurs jugements,
leurs systèmes étaient jetés dans le moule du monde qu'éclaire le
soleil d'aujourd'hui. Ou si, par hasard, ils soupçonnaient que
d'autres formes eussent jamais passé sur la terre, c'étaient pour
eux des chimères, des hydres, des centaures auxquels ils n'attribuaient que la réalité douteuse que l'imagination prête à ses
monstres. L'astronomie nous a révélé *l'espace ;* la géologie nous
révèle *le temps.*

Voici maintenant qu'au milieu de la surprise de tous, le monde
présent, contemporain, n'est plus le seul que nous puissions voir
de nos yeux et toucher de nos mains. Un autre univers vient de
nous être révélé qui nous est donné par surcroît. Un passé incommensurable s'ouvre devant nous, peuplé d'habitants dont nous
n'avions aucune idée. Les visions des poètes primitifs et des prophètes, gorgones, dragons, sphinx sont surpassées par la réalité!
Elles prennent un corps et s'appellent ptérodactyles, plésiosaures,
dinothériums, etc.

« Il n'est pas possible, remarque ici avec éloquence Edgard Quinet,
il n'est pas possible qu'un tel changement, non seulement dans
la conception, mais dans la possession du monde matériel, un si
immense domaine ajouté soudainement au domaine de l'homme,
une si prodigieuse richesse ajoutée à sa richesse, la borne de son
champ d'héritage déplacée, reculée tout à coup à l'infini, et, pour
tout dire, le don gratuit d'une nature toute neuve conservée dans
la mort, n'influent sur sa manière de concevoir et la vie et la mort,
et le présent et l'avenir, et, sa place à lui-même à la tête des êtres
organisés.

« A l'époque secondaire, si les reptiles avaient parlé, ils auraient
dit : Nous sommes les rois du monde. Nul être ne s'élève au-dessus de nous, nul autre que nous ne sait ramper. En vain une plèbe

LES PREMIERS JOURS DE L'ÉPOQUE SILURIENNE : LES EAUX SEULES SONT HABITÉES

infinie de créatures inférieures, rayonnés, mollusques, poissons s'épuisent à monter jusqu'aux reptiles. Le reptile est la créature préférée, la forme suprême, divine; le monde s'arrête à lui. Que sont toutes les organisations inférieures primaires, au prix de la sienne. En lui s'achève et se couronne le monde.

« Dans l'époque tertiaire, si les grands mammifères avaient parlé, ils auraient dit : L'Univers a fait un pas, nous en sommes le faîte. Comment les reptiles ont-ils pu croire un instant que le monde s'arrêterait à eux ? Ils sont bons pour marcher sur le ventre; mais nous avons relevé la tête. Nous sommes les dominateurs légitimes; qui pourrait comprendre qu'une organisation apparaisse supérieure à la nôtre ? C'est vers nous que gravitaient aveuglément toutes ces vies ébauchées qui s'essayaient à vivre. Mais nous avons touché le but sans craindre qu'aucun être nous dépossède jamais, nous pouvons de siècle en siècle tranquillement brouter la terre ou nous dévorer les uns les autres.

« Vient enfin la période quaternaire; l'homme paraît, il dit à son tour : Tout le monde s'est trompé ici-bas, excepté moi. Les reptiles ont cru au règne divin des reptiles; les mammifères à celui des mammifères. Erreur, extravagance de la plèbe de la création. Il n'y a de roi légitime que moi. C'est pour me faire place que tous ces monarques d'un jour sont tombés, depuis les trilobites cuirassés, depuis les royales ammonites jusqu'aux grands vertébrés. Moi seul, je suis le dominateur suprême en qui s'achève toute vie; ou plutôt il n'y a aucun lien entre les vies antérieures et la mienne. L'Univers est fini, les temps sont consommés. Dieu s'est épuisé en moi : je suis le dernier fils de sa vieillesse.

« Ce point de vue sera chaque jour plus difficile à soutenir; tant de dynasties organiques qui ont passé pourraient bien finir par persuader l'homme qu'il est lui-même un monarque éphémère, et que le moment viendra où il sera détrôné.

« Lorsque je vois cette lente progression, depuis le trilobite, premier témoin effaré du monde naissant jusqu'à la race humaine, et tous les degrés vivants de l'universelle vie s'étager l'un sur l'autre, tous ces yeux ouverts, ces pupilles d'un pied de diamètre qui cherchent la lumière, toutes ces formes qui se haussent l'une sur l'autre, tous ces êtres qui rampent, nagent, marchent, courent, bondissent, volent au-devant de l'esprit, comment puis-je croire que cette ascension soit arrêtée à moi, que ce travail infini ne s'étende pas au delà de l'horizon que j'embrasse ?

« Quand je refais, en idée, ce voyage infini de gradins en gradins, dans le puits de l'Éternel, je ne peux me contenter de ce que je suis. Moi aussi je demande des ailes. Je conçois des séries futures et inconnues de formes et d'êtres qui me dépasseront en force et en lumière, autant que je dépasse le premier né des anciens océans.

« Alors, je m'explique ce prodige d'orgueil et d'humilité qui est tout l'homme. Orgueil en face des êtres antérieurs qui gravitent obscurément vers lui; humilité en face des êtres supérieurs dont il porte en lui la substance, et dont il sent intérieurement le battement d'ailes ([1]) ».

Lentement, progressivement, l'arbre de la vie grandit et se développe. On observe un parallélisme évident entre l'évolution du règne végétal et celle du règne animal. Les plus anciennes plantes connues sont les algues marines élémentaires, de même que les plus anciens animaux sont des organismes marins. Il est bien remarquable que le règne végétal ait suivi dans son développement, comme le règne animal, précisément l'ordre indiqué par la physiologie : c'est là un fait capital et irréfragable, contre lequel aucun argument théorique ne saurait prévaloir. Si les fossiles conservés dans les terrains laurentien, cambrien et silurien nous montraient des végétaux supérieurs, des arbres, des fleurs ou des fruits analogues aux plantes actuelles, il serait permis de contester les principes exposés depuis la première page de ce livre. Mais, comme le règne animal, le règne végétal a suivi ponctuellement la progression lente que nos lecteurs ont été appelés à apprécier dans les études qui précèdent. Les végétaux les plus simples, les cryptogames, sont les plus anciens, et ce sont les seuls que l'on rencontre dans les couches géologiques de l'époque primordiale; les plantes plus perfectionnées, les phanérogames, ne sont arrivées sur la scène du monde que beaucoup plus tard. Les cryptogames

1. EDGARD QUINET : *La Création.*

sont dans l'histoire de la planète comme dans la physiologie végétale, la souche et le point de départ de tous les végétaux.

Nous rencontrons à l'origine de toutes les plantes une substance
protoplasmique encore amorphe, mais possédant les attributs essentiels de la vie. C'est la même substance qui a formé les premiers
animaux, et dans le végétal le plus perfectionné, le plus éloigné
du point de départ, le souvenir de cet état primitif est conservé.
A l'intérieur des cellules végétales, le protoplasma, véritable amibe
(voy. p. 141), se contracte et respire à la manière animale. Les

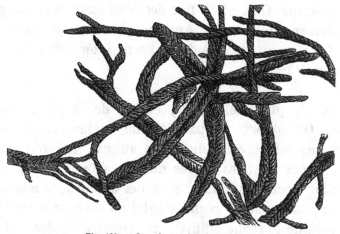

Fig. 108. — Les plus anciennes plantes.
Crossochorda trouvée dans le terrain silurien de Bagnols (Orne).

plantes carnivores, les plantes qui mangent des insectes s'en res-
souviennent au point d'être presque animées ; les sensitives subissent
l'influence des anesthésiques. Les premières plantes, les algues
unicellulaires, les champignons, qui déjà sont leurs parasites, les
lichens, qui résultent de l'union des champignons ascomycètes
avec les algues inférieures, ne sont que des agglomérations de cellules protoplasmiques.

C'est avec raison qu'on a donné le nom d'*âge des algues* à
l'époque primordiale, car elles n'ont pas tardé à se répandre dans les
mers primitives, et ce sont aussi les premières plantes qui, se trouvant sur les rivages, se sont légèrement modifiées pour pouvoir vivre
sans beaucoup d'eau, ou même seulement dans un air imprégné
d'humidité. Celles qui sont restées au fond des eaux, dans des conditions presque invariables, n'ont pas eu à se transformer, et telles

elles existaient il y a des millions d'années, telles nous les retrouvons aujourd'hui. Ces *protophytes* (premières plantes) offrent toutefois, dès la fin de l'époque silurienne, une grande variété de
formes et de dimensions. Aux espèces signalées plus haut, aux
bilobites et aux algues primordiales on peut adjoindre les crossochorda (*fig.* 108), trouvées dans le silurien inférieur de Bagnols
(Orne) et de l'Écosse, qui ne sont guère aussi que des cylindres, des

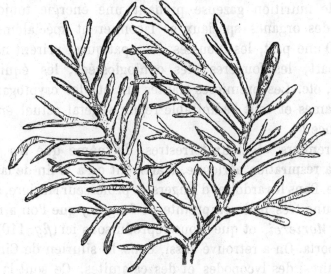

Fig. 109. — Les plus anciennes plantes.
Chondrites bollensis elongatus.

tubes entrelacés comme les algues actuelles de la mer de Sargasses;
les arthrophycus que l'on a trouvées à tous les étages du silurien, et
qui se composent de tubes divergeant d'un pied de souche, les
eophytons qui ressemblent aux bilobites, les siphonées, et surtout
le groupe important des chondrites, qui, commençant à l'époque
silurienne, ont disparu vers le milieu de l'époque tertiaire : ce
sont des ramifications de cylindres (*fig.* 109). Les algues supérieures
(characées, phéosporées, fucoïdées et floridées) ne sont venues que
longtemps après les premières. N'écrivant pas ici un traité de botanique, nous ne nous égarerons pas dans les détails; mais il importait d'esquisser complètement l'ensemble du tableau. Le point
capital était de *savoir* que la vie végétale a commencé comme
la vie animale, par les organismes maritimes les plus élémentaires. La végétation aérienne procède tout entière des protophytes

aquatiques. Diverses algues ont abandonné les eaux pour prendre possession du sol émergé, s'établissant d'abord dans les stations humides et souvent inondées, se dispersant ensuite de proche en proche en soumettant l'agrégat cellulaire primordial à des influences modificatrices diverses. Sous l'influence du nouveau milieu, les tissus cellulaires, primitivement homogènes, donnèrent naissance à des téguments nouveaux. Les fonctions d'absorption ou de nutrition gazeuse prenant une énergie toujours plus grande, des organes speciaux se faconnerent spécialement dans ce but. D'une part, les mousses, les epatiques, prirent naissance, d'autre part, les fougères, les ophioglossées, les équisétacées, calamites, etc. Les premières plantes ont été les cryptogames : les phanérogames et tout l'admirable regne végétal actuel en sont la descendance (¹).

Les premiers végétaux terrestres, de même que les premiers animaux à respiration aérienne, n'arrivent qu'à la fin de la période silurienne. Dans les ardoises d'Angers, le professeur Morière, de Caen, a trouvé une très belle empreinte de fougère, que l'on a nommée *Eopteris Morierei*, et que nous reproduisons ici (*fig.* 110) d'après M. de Saporta. On a retrouvé aussi, dans le silurien de Cincinnati, des sigillaires, des lycopodes et des calamites. Ce sont là les plus anciennes plantes terrestres connues : elles remontent à la période silurienne. L'organisation déjà complexe du règne végétal, lors de son début apparent à la surface du sol, fait présumer l'existence d'une période, demeurée inconnue, de végétaux terrestres beaucoup plus simples que les fougères, les calamariées et les sigillaires. Lorsque les pluies étaient pour ainsi dire perpétuelles à la surface, lorsque la chaleur encore sensible des eaux provoquait une évaporation incessante, des végétaux d'une structure élémentaire ont dû couvrir le sol. Ces plantes primitives vivaient sans doute à la facon des algues que la marée ne délaisse que pour les recouvrir de nouveau ; comme celles-ci, elles demeuraient plongées dans un bain à peine interrompu. C'est à la suite d'une longue série de siècles qu'elles ont dû revêtir les formes que révèlent les plus anciennes empreintes. Durant le temps où se développèrent les schistes, les

1. MARION et SAPORTA. *L'Evolution du regne végétal. Les cryptogames.*

quartzites et les calcaires des systèmes *laurentien, cambrien* et
silurien, l'air a dû s'épurer, les pluies cesser à la fin d'être continues pour devenir intermittentes, et l'atmosphère, tout en demeurant chaude et brumeuse, se constituer une seconde mer suspendue au-dessus de l'Océan. Alors aussi la végétation terrestre a
dû élaborer des formes et des organes appropriés à des circonstances nouvelles. Pour la première fois, les végétaux ont présenté des feuilles, émis des racines, diversifié la structure de
leurs tissus et acquis la beauté qui résulte d'une symétrie de plus
en plus rigoureuse des parties aussi bien que la force qui naît de
l'énergie croissante des fonctions vitales.

« L'eau constitue un milieu auquel la plupart des organismes
inférieurs se trouvent nécessairement adaptés. Des classes entières
d'animaux et de plantes, comme les algues, les zoophytes, la majorité des mollusques et tous les poissons vivent confinés dans cet
élément, qu'ils ne peuvent quitter sans périr. Non seulement l'eau
sert de véhicule aux gaz respirés par ces êtres, mais elle baigne ces
derniers et les pénètre ; le système aquifère des mollusques comprend
même tout un ensemble d'ouvertures et de canaux. C'est là, il faut
bien le dire, un des caractères les mieux prononcés d'infériorité
relative. Prenons les algues aussi bien que les animaux mous,
nous verrons qu'à peine retirés de l'eau, ces organismes se des-
sèchent et perdent par l'évaporation le liquide qui maintient en
eux la circulation et la vie. Ces êtres purement aquatiques meurent
promptement une fois retirés de l'eau ; mais on conçoit qu'une
atmosphère très humide soit presque l'équivalent d'un milieu
liquide. C'est ainsi que les cloportes, quoique respirant par des
branchies comme les autres crustacés, vivent à l'air sous les pierres
et dans l'herbe mouillée. Les lichens et les mousses, bien que terrestres, ne végètent que sous l'influence de l'eau. Inertes tant que
l'air reste sec, ces plantes suspendent pour ainsi dire le cours de
leur existence ; leur vie s'arrête pour reprendre sa marche dès que
l'humidité leur rend la souplesse et la vigueur. La lenteur de la
végétation des lichens, dont la plaque ne s'accroît que par la périphérie, est vraiment incroyable. Un siècle entier amène chez eux
peu de changement, et tel lichen, que nous regardons avec dédain,
remonte, par son âge, au delà des temps historiques.

« L'air humide a été sans doute la voie par laquelle la vie a
retiré autrefois ses productions du sein de l'eau pour les établir à la
surface du sol. Les fougères, qui sont les plus anciennes plantes
terrestres dont on ait connaissance, ne prospèrent jamais autant
que dans une atmosphère brumeuse. D'autre part, la différence
entre le milieu aquatique et le milieu atmosphérique a dû originairement se réduire à presque rien. L'air obcurci de vapeurs, se
résolvant en pluies continuelles, offrait aux plantes et aux animaux
des conditions d'existence sensiblement analogues à celles qu'ils

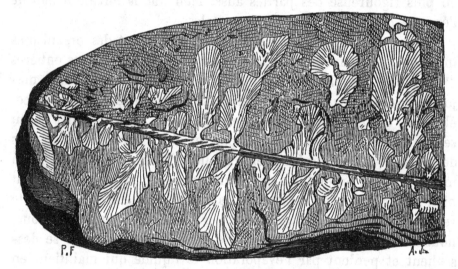

Fig. 110. — La plus ancienne plante *terrestre* connue.
Eopteris Morierei, trouvée en 1878, dans le terrain silurien.

rencontrent au milieu même des flots. Le mollusque pulmoné, celui
chez lequel les branchies se trouvent remplacées par des poches à
air et qui respire hors de l'eau, n'est parvenu à ramper à terre qu'à
force de précautions. Animal à la peau molle et nue, il ne saurait
cheminer sur le sol sans perdre les mucosités qui suintent de son
corps et servent à faciliter sa marche. Aussi, pour ne pas s'épuiser
promptement, il habite des retraites obscures et humides d'où il
ne sort que la nuit ou par les jours de pluie, et pour ceux qui possèdent une coquille le danger de s'exposer à l'air est si pressant
qu'ils ne manquent pas de se clore hermétiquement, soit en secré-
tant une humeur visqueuse, soit en usant d'un opercule. Retirés au
fond d'une retraite étroite, mais sûre, les mollusques à coquilles

attendent parfois durant des mois et des saisons les occasions favorables; ils demeurent inertes tant que l'humidité ne les tire pas de
leur torpeur; on a même pu voir quelquefois avec étonnement les
animaux de certaines collections de coquilles, étiquetés et classés
depuis des années, sortir de leur repos sous l'influence d'un bain et
reprendre inopinément le mouvement et la vie. D'abord aquati-

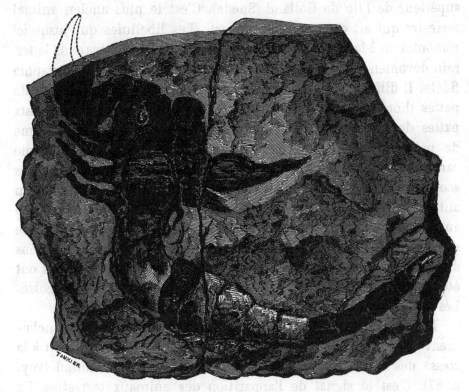

Fig. 111. — Le plus ancien animal *terrestre* connu. — Scorpion fossile trouvé en 1884
dans le terrain silurien.

ques, les animaux et les plantes, n'ont pu s'établir à l'air qu'à
l'aide de moyens détournés, de ce qu'on pourrait nommer des sub-
terfuges, c'est-à-dire en recherchant l'eau en dehors des lieux où
cet élément se rassemble en masse. Pour former des êtres définitivement aériens et terrestres, la vie a conçu des plans plus complexes et d'une exécution plus longue. Elle y est arrivée principalement par la respiration pulmonaire chez les animaux vertébrés, et
chez les plantes par le jeu combiné d'un ensemble d'organes qui
sont inconnus ou rudimentaires dans les végétaux inférieurs, tels

que les racines chargées de puiser les matériaux de la sève et les feuilles remplissant le rôle de branchies aériennes ([1]). »

Il y a quelques années, on doutait encore de l'existence d'animaux à respiration aérienne à la fin de la période silurienne. Tout récemment, en 1884, un naturaliste suédois, M. Lindstrom, de Stockholm, a trouvé un scorpion fossile dans le terrain silurien supérieur de l'île de Gotland (Suède). C'est le plus ancien animal terrestre qui ait encore été découvert. (Les libellules qui jusqu'ici remontaient à la plus haute antiquité avaient été trouvées dans le terrain dévonien du Canada.) Nous en reproduisons ici la photographie fidèle. Il diffère des scorpions actuels en ce que les quatre paires de pattes thoraciques, qui sont grosses et pointues, ressemblent aux pattes des embryons de plusieurs autres trachéates. Cette forme de pattes n'existe plus chez les scorpions fossiles de l'époque carbonifère, chez lesquels ces appendices ressemblent à ceux des scorpions de nos jours. La queue est pointue. En même temps, un autre naturaliste, M. Hunter, reconnaissait la véritable nature d'un autre scorpion trouvé par lui, en 1883, dans la couche silurienne supérieure de l'Écosse. Il est remarquable que ces deux spécimens d'animaux qui ne vivent aujourd'hui que dans les pays chauds ont été trouvés sous les latitudes boréales de la Suède et de l'Écosse. Les climats n'existaient pas encore.

Les scorpions sont des invertébrés appartenant à l'embranchement des annelés et à la classe des arachnides, qui succèdent à la classe des crustacés dans la classification du règne animal (voy. p. 87). C'est le signal de l'apparition des animaux terrestres. En même temps, dans les eaux encore tièdes, vont apparaître les premiers vertébrés, les poissons. La nature continue graduellement son œuvre.

Quelle affirmation plus nette, plus magnifique, de la loi du progrès pourrions-nous demander à la nature. Par toutes ses voix elle nous donne, en tout et partout, le même enseignement. « Appliqué à la nature vivante, dirons-nous avec M. de Saporta, le progrès est simplement une marche qui s'opère dans une direction déterminée, suivant le sens du mot latin *progredi*,

1. De Saporta. *Le Monde des Plantes avant l'apparition de l'homme.*

s'avancer. L'organisme s'avance : en s'avançant il se modifie et se complique plus ou moins ; de là le perfectionnement qui n'est que le progrès relatif et comparé. Le perfectionnement absolu est le résultat possible mais non pas nécessaire de cette manière de procéder. Le progrès demeure ainsi un phénomène essentiellement relatif pour chaque être et pour chaque série d'êtres en particulier, puisque le mode de progression n'étant pas le même pour tous, est loin de produire pour tous les mêmes effets. Mais si l'on considère l'ensemble des êtres, le progrès en ressort comme étant la base même et l'essence du plan général des choses créées ; c'est le ciment qui relie toutes les parties de l'édifice et sans lequel il s'écroulerait aussitôt pour s'en aller en poussière. Partir de l'algue et du mollusque inférieur ou même de plus bas encore pour aboutir à l'homme et à l'homme intelligent, moral et religieux, n'est-ce pas constater le plus magnifique et le plus incontestable enchaînement de progrès. L'être unicellulaire, inerte à force de simplicité organique, se montre au seuil de la création tout entière ; puis à mesure que les siècles se déroulent par myriades, à travers d'innombrables vicissitudes, les êtres se multiplient, se compliquent, se spécialisent, se ramifient ; ils acquièrent peu à peu la force, la souplesse, la diversité ; ils s'écartent toujours davantage les uns des autres ; leurs opérations se compliquent de même que leurs organes ; leurs facultés se localisent ; leurs instincts se prononcent ; l'intelligence paraît la dernière, comme un soleil d'abord faible qui se lèverait à l'horizon et dissiperait enfin les nuages. Quel spectacle que l'exécution de ce plan qui se poursuit inexorablement, comme un drame éternel marchant d'acte en acte, de scène en scène, pour aboutir à un inévitable dénouement, celui où nous devenons acteurs nous-mêmes, en pleine possession de nos destinées et conscients du rôle qui nous a été dévolu. Tout cela paraît grand, simple, facile à exposer, et cependant rien n'a été plus complexe, plus entremêlé de détours et d'irrégularités. »

On nous accuse de manquer d'orgueil, de fierté, de dignité, en interprétant humblement ces grandes leçons de la nature, en admettant que tout marche et s'élève vers une destinée lumineuse, que les êtres vivants, comme les arbres et les fleurs, sont partis

de très bas pour s'élever très haut. Quelle accusation irréfléchie !
N'y a-t-il pas plus de mérite à monter qu'à descendre ? L'homme
n'est-il pas plus noble, plus grand, plus admirable d'avoir su se
dégager de la chrysalide animale et ouvrir ses ailes en plein ciel,
que si vraiment il était tombé d'un état de perfection archangélique
dont une impardonnable sottise l'aurait fait choir à jamais ? Entre
l'enseignement unanime de la nature, la logique et le bon sens
d'une part, et la négation de la science, la fable et l'imagination
d'autre part, est-il encore permis d'hésiter ? Non.

Schistes cristallins

Gravé par E. Morieu, 36, r. Navin. Paris

Échelle de 1:25.000.000.

Imprimerie A. Lahure

TERRAINS ÉMERGÉS EN EUROPE A L'ÉPOQUE DE LA MER SILURIENNE

LIVRE III

L'AGE PRIMAIRE

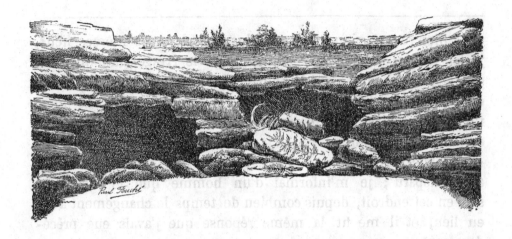

CHAPITRE PREMIER

LES ÉPOQUES DE LA NATURE

La formation des terrains. — Leur classification.

Dans un manuscrit arabe du septième siècle de l'Hégire (XIIIᵉ siècle de notre ère), conservé à la Bibliothèque nationale de Paris, l'auteur, Mohamed Kazwini, met dans la bouche d'un personnage allégorique l'originale légende que voici :

Passant un jour par une ville très ancienne et prodigieusement peuplée, je demandai à l'un de ses habitants depuis combien de temps elle était fondée. — « C'est vraiment, me répondit-il, une cité puissante, mais nous ne savons depuis quand elle existe, et nos ancêtres, à ce sujet, étaient aussi ignorants que nous. »

Cinq siècles plus tard, je repassai par le même lieu, et ne pus apercevoir aucun vestige de la ville. Je demandai à un paysan, occupé à cueillir des herbes sur son ancien emplacement, depuis combien de temps elle avait été détruite : « En vérité », me dit-il, « voilà une étrange question. Ce terrain n'a jamais été autre chose que ce qu'il est à présent. » — « Mais n'y eût-il pas ici ancienne-ment, lui répliquai-je, une splendide cité ? » — « Jamais, me répondit-il, autant du moins que nous en puissions juger par ce que nous avons vu, et nos pères même ne nous ont jamais parlé d'une pareille chose. »

A mon retour, cinq cents ans plus tard, dans ces mêmes lieux, je les trouvai occupés par la mer; sur le rivage stationnait un groupe de pêcheurs, à qui je demandai depuis quand la terre avait été couverte par les eaux ? — « Est-ce là, me dirent-ils, une question à faire pour un homme comme vous ? Ce lieu a toujours été ce qu'il est aujourd'hui. »

Au bout de cinq cents années, j'y retournai encore, et la mer avait disparu ; je m'informai d'un homme que je rencontrai seul en cet endroit, depuis combien de temps le changement avait eu lieu, et il me fit la même réponse que j'avais eue précédemment.

Enfin, après un laps de temps égal aux précédents, j'y retournai une dernière fois, et j'y trouvai une cité florissante, plus peuplée et plus riche en monuments que la première que j'avais visitée, et lorsque je voulus me renseigner sur son origine, les habitants me répondirent : « La date de sa fondation se perd dans l'antiquité la plus reculée ; nous ignorons depuis quand elle existe, et nos pères, à ce sujet, n'en savaient pas plus que nous. »

C'est bien là l'image de la brièveté de la mémoire humaine et de la petitesse de nos horizons dans le temps comme dans l'espace. Nous sommes portés à croire que la Terre a toujours été ce qu'elle est; nous ne nous représentons qu'avec difficulté les transformations séculaires qu'elle a subies pendant les millions et millions d'années qui ont précédé l'apparition de l'homme ; la grandeur de ces temps nous écrase, comme en astronomie la grandeur de l'espace.

A l'époque à laquelle nous arrivons dans cette histoire de la Terre, la vie est déjà très répandue au sein des eaux, qui recouvrent encore la presque totalité du globe. Elle consiste surtout en plantes primitives, rudimentaires, en mollusques et en crustaces. Elle se développe. Les espèces qui demeureront dans des conditions invariables, ou peu variables, par exemple au fond de la mer, se perpétueront sans beaucoup changer, et un grand nombre d'entre elles arriveront jusqu'à nous. Celles qui se trouveront vers les rivages, ou déjà sur la terre ferme, auront à subir des variations dans leur mode d'existence, respiration, alimentation, température, lumière, etc., etc., elles s'y acclimateront en se transformant, ou périront si le changement est trop considérable ou trop brusque. Plusieurs géologues ont donné le nom de « période de transition » à l'époque à laquelle nous arrivons ; mais, en fait, toutes les époques sont des périodes de transition : on passe constamment, indéfiniment, d'une phase à une autre. Il arrive souvent aussi qu'en politique on qualifie de période de transition l'époque en laquelle nous vivons actuellement, parce qu'en effet nous sommes là pour remarquer les changements qui s'opèrent autour de nous — non seulement pour les remarquer, mais encore pour les subir, car le progrès des idées et de la liberté ne marche pas sans faire de victimes, et chacun paye son tribut à l'ascension de l'humanité vers un état que l'on désire sans cesse plus perfectionné. — Mais en fait, dans l'histoire de l'humanité comme dans celle de la nature, toutes les époques sont des périodes de transition, de passage, d'un état vers un autre plus élevé. Heureux quand ce ne sont pas des chutes ou des reculs ! Il faut reconnaître d'ailleurs que si les nations grandissent, arrivent à une apogée, puis déclinent et meurent, le patrimoine de l'humanité considérée dans son ensemble, s'enrichit et s'agrandit de siècle en siècle. La série des transitions fait, sans contredit, constamment avancer l'humanité.

Nous oublierons donc ce terme de période de transition pour ne conserver que son nom géologique. Cette période, qui vient immédiatement après la période silurienne décrite au chapitre précédent, et qui commence une seconde ère dans l'histoire de la nature, l'ère PRIMAIRE, a recu le nom de *période dévonienne*, parce qu'on a spécialement étudié pour la première fois (Murchison et Sedgwick, 1837) les terrains qui en renferment les fossiles en Angleterre dans le comté de *Devonshire*. Ces couches sont aussi désignées quelquefois sous le nom de *vieux grès rouge*, à cause de leur aspect.

Mais il importe que nous nous rendions compte géologiquement de cette succession des terrains et des couches paléontologiques. Jusqu'à présent, nous avons surtout contemplé, étudié, la naissance et le développement de LA VIE, tant animale que végétale, nous avons assisté aux premières scènes du spectacle de la nature et nous avons vu apparaître les organismes primitifs qui ont commencé sur notre planète l'ère de l'ascension vitale dont l'homme occupe le sommet. Il est intéressant pour nous maintenant de voir comment les terrains se superposent et de suivre la marche de la nature dans le dépôt consécutif de ces couches au sein desquelles on a retrouvé les vestiges des êtres disparus.

Construisons donc d'abord un tableau d'ensemble de la succession de ces terrains et de ces âges, en commençant par les plus anciens, par ceux que nous connaissons déjà pour les avoir visités aux chapitres précédents.

TABLEAU DES PÉRIODES PALÉONTOLOGIQUES
ou des
GRANDS CYCLES DE L'HISTOIRE ORGANIQUE DE LA TERRE

I. Premier cycle. — Age primordial.
Age des Acrâniens et des Algues.

1° Age primordial ancien . . . . . ou Période laurentienne.
2° Age primordial moyen . . . . . . ou Période cambrienne.
3° Age primordial récent. . . . . . . ou Période silurienne.

II. Deuxième cycle. — Age primaire.
Age des Poissons et des Fougères.

4° Age primaire ancien . . . . ou Période dévonienne.
5° Age primaire moyen . . . . ou Période carbonifère.
6° Age primaire récent. . . . . ou Période permienne.

III. Troisième cycle. — Age secondaire.
Age des Reptiles et des Arbres à feuilles persistantes.

7° Age secondaire ancien. . . . . . ou Période triasique.
8° Age secondaire moyen . . . . . . ou Période jurassique.
9° Age secondaire récent. . . . . . . on Période crétacée.

IV. Quatrième cycle. — Age tertiaire.
Age des Mammifères et des Arbres à saisons.

10° Age tertiaire ancien . . . . ou Période éocène.
11° Age tertiaire moyen. . . . . ou Période miocène.
12° Age tertiaire récent . . . . ou Période pliocène.

V. Cinquième période. — Age quaternaire.
Age des Hommes, des Plantes cultivées et des Animaux domestiques.

13° Age quaternaire ancien . . . . . . ou Période glaciaire.
14° Age quaternaire moyen . . . . . . ou Période post-glaciaire.
15° Age quaternaire récent . . . . . . ou Période de la civilisation.

Les terrains se superposent dans le même ordre. Donnons-en le tableau et la coupe, en plaçant naturellement en bas les terrains inférieurs, suivant l'ordre normal de leur succession dans l'histoire de la nature.

SUPERPOSITION ET SUCCESSION CHRONOLOGIQUE
DES COUCHES FOSSILIFÈRES

Épaisseur des terrains.		
200ᵐ	QUATERNAIRE	Actuel ou surface.
		Récent ou quaternaire supérieur.
		Post-glaciaire ou quaternaire moyen.
		Glaciaire ou quaternaire ancien.
1000ᵐ	TERTIAIRE	Pliocène supérieur.
		Pliocène inférieur.
		Miocène supérieur.
		Miocène inférieur. Molasse.
		Éocène supérieur. Gypse.
		Éocène moyen. Calcaire grossier.
		Éocène inférieur. Sables et argiles.
5000ᵐ	SECONDAIRE	Crétace supérieur. Craie blanche.
		Crétacé moyen. Gres verts.
		Crétacé inférieur. Wéaldien des forêts.
		Jurassique. Oolithique supérieur. Portlandien.
		Jurassique. Oolithique moyen. Oxfordien.
		Jurassique. Oolithique inférieur. Bathonien.
		Jurassique. Lias.
		Triasique supérieur. Keuper, marnes irisées.
		Triasique moyen. Muschelkalk. Coquilles.
		Triasique inférieur. Grès bigarré.
14000ᵐ	PRIMAIRE	Permien supérieur. Zechstein.
		Permien inférieur. Nouveau grès rouge.
		Carbonifère supérieur. Grès houillier.
		Carbonifère inférieur. Calcaire carbonifère.
		Dévonien supérieur. Vieux grès rouge.
		Dévonien inférieur.
23000ᵐ	PRIMORDIAL	Silurien supérieur.
		Silurien inférieur
		Cambrien supérieur.
		Cambrien inférieur.
		Laurentien supérieur.
		Laurentien inférieur

Ces couches reposent sur le terrain primitif du globe, granite, etc., dans lequel on n'a trouvé aucun vestige de vie. Entre le granite et le terrain laurentien inférieur se trouvent, comme nous l'avons vu, le gneiss, le micaschite et les schistes qui paraissent du granite transformé par la pression, la chaleur, l'eau, les sels, les éruptions, dislocations, mélanges, etc., en un mot par les conditions d'activité même de cette époque primitive.

Cette succession des terrains qui composent l'écorce du globe est représentée ici (*fig.* 113), avec l'épaisseur relative observée des diverses formations. C'est là une coupe théorique. Comme nous l'avons vu, il est extrêmement rare que 1 on rencontre dans leur

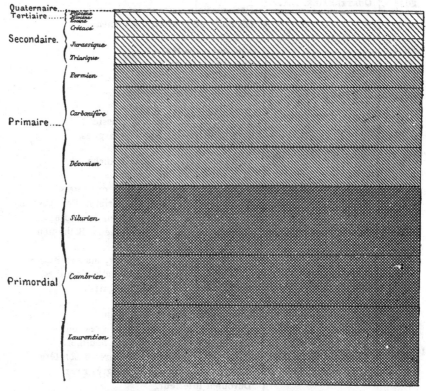

Fig. 113. — Epaisseur comparative des terrains géologiques.

ordre primitif ces couches horizontales et parallèles ; presque partout elles ont été dérangées, inclinées, disloquées, par les exhaussements, les affaissements, les tremblements de terre, les glissements, les révolutions diverses dont la surface de notre planète a été le théâtre depuis l'origine des temps. Mais l'ordre n'est jamais renversé, les successions se montrent toujours dans l'ordre reconnu, qui est celui dans lequel la nature a opéré elle-même.

Si nous voulons nous représenter tout l'ensemble avec ses détails, il est nécessaire de ne pas nous arrêter à la coupe rigoureuse des épaisseurs relatives et de donner plus d'importance aux terrains

QUATERNAIRE	Actuel *ou surface*
	Récent *ou quaternaire supérieur*
	Post-glaciaire *ou quaternaire moyen*
	Glaciaire *ou quaternaire ancien*
TERTIAIRE	Pliocène *supérieur. Crag.*
	Pliocène *inférieur*
	Miocène *supérieur. Faluns*
	Miocène *inférieur Molasse*
	Eocène *supérieur Gypse*
	Eocène *moyen. Calcaire grossier*
	Eocène *inférieur. Sables et argiles*

ÉPOQUE SECONDAIRE

Crétacé *supérieur Craie blanche*

Crétacé *moyen. Grès verts*

Crétacé *inférieur Wealdien des forêts*

Jurassique, *Oolitique supérieur Portlandien*

Jurassique *Oolitique moyen Oxfordien*

Jurassique *Oolitique inférieur Bathonien*

Jurassique *Lias*

Triasique *supérieur Keuper, Marnes bariolées*

Triasique *moyen. Muschelkalk, Coquilles*

Triasique *inférieur. Grès bigarré*

ÉPOQUE PRIMAIRE

Permien *supérieur. Calcaire du Zechstein*

Permien *inférieur. Nouveau grès rouge*

Carbonifère *supérieur. Grès houiller*

Carbonifère *inférieur. Calcaire carbonifère*

Dévonien *supérieur Vieux grès rouge*

Dévonien *inférieur*

ÉPOQUE PRIMORDIALE

Silurien

Cambrien

Laurentien

Schistes cristallins

Roches primitives anciennes, *Granite, etc.*

Roches éruptives, *volcaniques, basaltes, etc.*

Imprimerie A. Lahure

COUPE GÉNÉRALE DE L'ÉCORCE DU GLOBE

modernes. C'est ce que nous avons fait (voy. CARTE n° 3). En examinant cette *coupe générale de l'écorce du globe* on se rendra
compte de la succession totale des terrains, depuis l'origine même
jusqu'à nos jours

Tout le monde sait qu'au-dessous de la terre arable sur laquelle
poussent les champs, les prés et les bois on rencontre, à une très
faible profondeur, des terrains rocailleux d'une autre nature, des
roches plus ou moins dures, des pierres, du calcaire, du sable, de
la craie, de l'argile, etc. La terre végétale n'est jamais bien épaisse :
on la trouve souvent réduite à quelques décimètres seulement, et
même sur certains rochers elle ne dépasse pas quelques centimètres. Dans les hautes montagnes, elle est complètement absente.
Dans les plaines et les vallées elle atteint ses plus grandes épaisseurs. La couche superficielle du sol est le produit actuel des causes
en action : ici l'humus des bois accroît lentement l'épaisseur de la
terre végétale, là l'industrie humaine ajoute des engrais de fertilisation, plus loin les pluies entraînent sur les terrains inférieurs tout ce
que les terrains supérieurs contenaient de bon au point de vue de la
fertilité; ailleurs les rivières en débordant répandent un limon sur
les prairies; et ainsi se modifie sans cesse la surface du globe.

Au-dessous de cette couche superficielle se rencontrent les
bancs minéraux dont nous venons de parler, suivant une superposition correspondant à l'ordre successif de leur formation. Dans
tout cet ensemble, la composition géologique montre presque
partout des alternances de grès, de calcaire et d'argile. Depuis
la surface du sol cultivé jusqu'aux roches les plus profondes, toute
la substance terrestre se compose de trois éléments principaux :
la silice, le carbonate de chaux et l'alumine ou argile. La silice
a produit le quartz, la pierre meulière, le silex, le sable des rivages
et des dunes; l'albumine a produit par ses mélanges les argiles
et les marnes; le carbonate de chaux a produit la pierre calcaire
(la plus répandue de toutes les substances minérales de l'écorce
terrestre), les pierres de nos carrières, la craie, les marbres et les
grès. Viennent ensuite les métaux, généralement injectés en filons.
Ces substances jouent un rôle important dans l'habitation de
l'homme sur la planete et dans les manifestations matérielles de
la civilisation.

Ces couches se sont formées avec une lenteur extrême. En un an, en dix ans, en cent ans, le dépôt géologique condensé au fond d'une eau tranquille ou vers les rivages des mers est presque nul. Depuis longtemps, les géologues admettent d'un commun accord que les diverses formations s'échelonnent en série historique. Les strates superposées répondent à des périodes successives de l'histoire organique terrestre, pendant lesquelles elles se sont déposées au fond des mers à l'état de limon. Peu à peu, ce limon s'est pétrifié ; après nombre d'émersions et de submersions alternantes, ces roches se sont exhaussées en montagnes. Toutes les montagnes, à l'exception du granite et du gneiss, sont constituées de roches primitivement formées au fond des mers.

Encore aujourd'hui, les couches de sédiment continuent à se déposer au fond des eaux, comme aux temps antiques. L'action de l'oxygène de l'air sur les roches les plus dures, la chaleur qui sèche et fendille, les alternatives de chaleur et de froid, le vent, l'orage, la foudre, les tempêtes, les trombes, les pluies, les inondations, décomposent les roches, les dénudent, réduisent les minéraux à l'état de sable. Rien n'y résiste, ni le granite, ni le fer, ni les plus durs métaux. Le pouvoir dissolvant de la pluie seule, de l'eau chargée d'acide carbonique, est énorme. Les sculptures de pierre et de marbre faites aux monuments du moyen âge ou de la renaissance, il y a quelques siècles seulement, sont rongées au point que parfois les motifs en sont devenus méconnaissables. La cathédrale de Limoges, bâtie de granite il y a seulement quatre cents ans, est déjà vermoulue sur un centimètre d'épaisseur le long de sa face nord exposée aux vents régnants et aux pluies. Notre-Dame de Paris est toute rongée sur sa face sud, parce qu'à Paris ce sont les vents du sud et du sud-ouest qui amènent la pluie. Dans les carrieres où les pierres de la cathédrale de Limoges ont été extraites, la couche altérée atteint 1^m60. Les pluies entraînent toute cette poussière, tout ce sable, et les rivières les transportent à la mer, où ils se déposent chargés des débris végétaux et animaux qu'ils ont entraînés. Des dépôts analogues se forment dans les lacs et au fond des vallées où les cours d'eau aboutissent. Des dépôts d'une autre nature ont actuellement lieu dans l'Océan : les sondages opérés pour la pose du câble transatlantique nous ont appris qu'une vase blanche, composée de corps organiques d'une nature identique à ceux qui constituent la craie que l'on trouve à diverses profondeurs dans toute la France et dans presque toute l'Europe est actuellement en voie de se déposer sur des espaces bien plus étendus que l'Europe entière.

L'épaisseur relative des diverses couches permet d'évaluer approximativement la durée relative des diverses périodes. Pourtant on serait mal fondé à conclure de la durée de la formation d'une couche d'un décimètre d'épaisseur, par exemple, qu'une couche d'un mètre représente juste dix fois plus de temps et une couche de cent mètres mille fois plus, car les conditions de formation des diverses couches sont très variables. Nous pouvons seulement, de l'épaisseur, de la puissance, d'une formation, déduire approximativement la longueur relative de la période à laquelle elle correspond.

Mais on oublie trop que la durée de la vie humaine est une minuscule échelle de comparaison pour mesurer de telles grandeurs et que les temps historiques de l'humanité tout entière ne sont qu'un instant évanouissant en face de la prodigieuse immensité des temps géologiques. L'homme est naturellement conduit à se servir, comme mesure du temps, de l'espace compris entre sa naissance et sa mort, et cette mesure instinctive a exercé une influence considérable sur notre conception générale de la nature, depuis Moïse et Jésus jusqu'à Bossuet et Cuvier. Un homme âgé de quatre-vingts ans a vécu 29 219 jours. Imaginons que cette vie soit réduite à sa millième partie, soit à 29 jours, et que tous les phénomènes de notre existence soient accélérés dans la même proportion. Dans ce cas, un homme arrivant à la fin de ses jours n'aurait observé qu'une seule révolution de la Lune : il dirait donc que notre satellite tourne « lentement » autour de la Terre, tandis que nous disons qu'il tourne « vite » parce que nous savons qu'il fait plus de douze tours par an. Le même observateur ne connaîtrait le changement des saisons que par tradition, et il se pourrait que bien des générations d'hommes semblables eussent disparu depuis cette période de grand froid que nous nommons l'hiver.

Réduisons encore ces 29 jours à leur millième partie. La durée de la vie de notre octogénaire serait alors de 40 minutes (c'est celle de certains éphémères). Le changement du jour et de la nuit lui serait inconnu, et s'il avait assez de pénétration pour remarquer que pendant sa vie le soleil s'est un peu déplacé vers l'ouest, il n'aurait aucune raison de croire assurément que ce soleil se couchera jamais et reviendra par l'est.

Nous pourrions, en sens inverse, supposer la durée de la vie humaine mille fois plus longue et ses impressions physiques mille fois plus lentes qu'elles ne le sont réellement, si lentes, que la succession du jour et de la nuit s'évanouirait et que le soleil, par la rapidité de son mouvement pour une telle lenteur d'impression, apparaîtrait, non plus sous la forme d'une sphère en mouvement lent, mais sous l'aspect d'un anneau lumineux traversant le ciel de l'est à l'ouest. On sait que, dans l'état actuel des choses, l'impression lumineuse demeure un dixième de seconde dans notre rétine avant d'arriver à l'esprit, et que si, par exemple, nous faisons tourner devant nous un charbon ardent avec une vitesse de plus de dix tours par seconde, nous voyons un anneau lumineux continu. Notre conception du monde extérieur serait toute différente de ce qu'elle est si ces impressions employaient cinq ou dix minutes pour arriver de la rétine au cerveau.

Un être doué de raison dont la vie ne durerait qu'un jour aurait une toute autre conception de l'univers que celui qui vivrait cent ou mille ans, et par conséquent la mesure par laquelle ce dernier apprécierait l'univers serait toute différente de celle du premier.

L'exiguïté de l'homme au point de vue du temps est la meme qu'au point de vue de l'espace. Qu'est-ce que la taille de l'homme comparée à celle de la Terre? La taille moyenne de l'homme est de 1ᵐ70, et le diamètre du globe terrestre est de 12 742 208 mètres. Mais qu'est-ce que la grosseur de notre minuscule planète relativement à celle du gigantesque Soleil, un million deux cent quatre-vingt mille fois plus volumineux qu'elle! Et pourtant notre soleil n'est qu'une *petite* étoile. La distance qui nous sépare de la Chine nous paraît considérable : que sont ces quelques milliers de kilomètres à côté des 148 millions de kilomètres qui nous séparent du Soleil! Mais, à son tour, qu'est-ce que cette étape du Soleil comparée à celle de l'étoile la plus proche, qui équivaut à *deux cent vingt mille* étapes comme celle d'ici à l'astre du jour! Et, à son tour, que

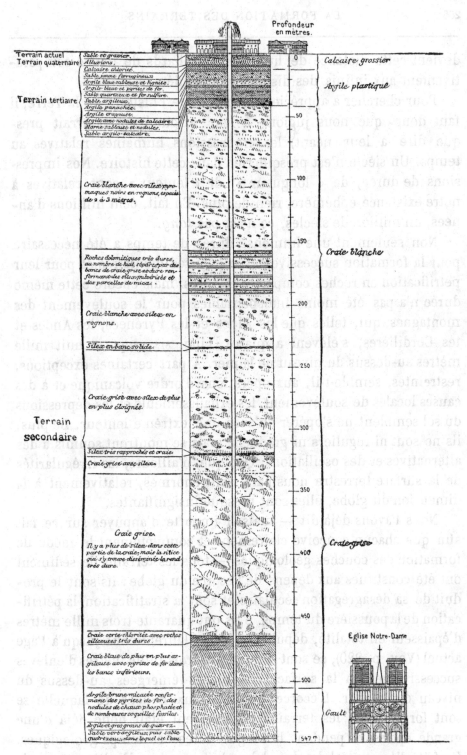

LES ASSISES GÉOLOGIQUES. — COUPE DU PUITS ARTÉSIEN DE GRENELLE A PARIS

devient cette distance de huit mille milliards de lieues comparativement aux infinis des distances intersidérales !

Pour chercher à apprécier les phases de l'histoire de la Terre, il faut donc que nous jugions à leur exiguïté (on pourrait presque dire à leur néant) les impressions humaines relatives au temps. Un siècle n'est presque rien dans cette histoire. Nos impressions de durée, de « longueur », de « lenteur » sont relatives à notre existence éphémère, rien de plus. En fait, cent millions d'années, un million de siècles, ce n'est pas *long*.

Non seulement une immense durée de temps a été nécessaire pour la formation successive des dépôts sédimentaires et pour leur pétrification en roches compactes et dures, mais encore cette même durée n'a pas été moins indispensables pour le soulèvement des montagnes, qui, telles que les Alpes et les Pyrénées, les Andes et les Cordilières, s'élèvent à quatre, cinq, six, sept et huit mille mètres au-dessus du niveau de la mer. A part certaines exceptions, restreintes, semble-t-il, aux opérations d'ordre volcanique et à des causes locales de soulèvement, les exhaussements et les dépressions du sol semblent ne s'opérer qu'avec une extrême lenteur. De plus, ils ne sont ni réguliers ni graduels, mais se montrent soumis à des alternatives et des oscillations. Quoique, d'ailleurs, les irrégularités de la surface terrestre nous paraissent énormes, relativement à la dimension du globe, elles sont presque insignifiantes.

Nous l'avons déjà dit — mais il importe d'appuyer sur ce fait afin que chacun conçoive clairement et complètement le mode de formation des couches géologiques — tous les terrains de sédiment ont été constitués aux dépens de l'écorce du globe : ils sont le produit de sa désagrégation séculaire et sont la stratification, la pétrification de la poussière du temps. S'ils ont quarante-trois mille mètres d'épaisseur en totalité, depuis la période laurentienne jusqu'à l'âge actuel (Voy. p. 220), ce sont là quarante-trois mille mètres d'enlevés successivement à la surface des roches émergées au-dessus du niveau de la mer. L'écorce du globe aux dépens de laquelle se sont formés tous les terrains de sédiment était donc déjà d'une grande épaisseur pendant la longue durée des temps géologiques. En fait, l'écorce solide du globe s'est accrue, dès l'époque primordiale, en deux sens opposés : en bas, par la solidification graduelle et l'augmentation d'épaisseur due au refroidissement, en haut par l'accumulation des terrains de sédiment dans les bassins des mers; mais ce second accroissement d'épaisseur doit plutôt être considéré comme un nivellement que comme un accroissement réel, puisqu'il s'effectue aux dépens des montagnes, des irrégularités extérieures et de tout ce qui est soumis à l'influence des agents atmosphériques.

La coupe géologique dessinée ici (*fig.* 115) nous donne une idée exacte du mode de formation de ces terrains. Dans un bassin plus ou moins profond, mer ou lac, les débris enlevés aux roches extérieures par les agents atmosphériques de toute nature se sont successivement déposés. Leur nature minérale, leur densité, leur épais-

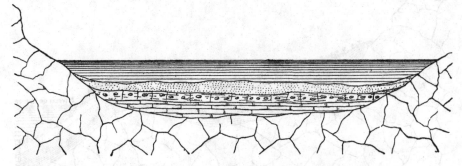

Fig. 115. — Mode de formation des terrains de sédiment.

seur dépendent de la nature des roches dont elles sont la désagrégation, des conditions dans lesquelles elles se sont déposées, du temps qu'elles ont mis à se tasser en couches plus ou moins compactes et des circonstances variées qui leur ont donné naissance.

Originairement, ces couches déposées au fond des eaux ont été horizontales ou faiblement inclinées. Mais nous avons vu que le globe terrestre a été primitivement en fusion, roulant dans l'immensité à l'état de sphère liquide lumineuse, et que son refroidissement a commencé par la surface, la température normale de l'espace étant plus que glaciale : 270 degrés au-dessous de zéro. La pellicule figée, la première couche granitique a commencé par la juxtaposition et la soudure des glaces flottantes de granite durci, et longtemps elle resta extrêmement mince. Pendant des siècles et des siècles, elle a obéi docilement aux plus légers mouvements du globe liquide interne et a subi des marées, des oscillations, des sou-

lèvements et des dépressions de toute nature. Lorsqu'elle fut devenue plus épaisse et plus solide, elle n'ondula plus aussi docilement,
mais pourtant elle ne put résister aux poussées souvent intenses
venant de l'intérieur et causées par les opérations chimiques, par
les changements d'équilibre dus à la condensation, par l'emprison-
nement d'un globe de feu dans une coque d'argile, d'eau et d'air.
Des soulèvements relativement insignifiants comparés à la grandeur
et à l'étendue du globe terrestre modifièrent successivement la
surface. Les roches éruptives anciennes, encore pâteuses ou même
liquides soulevèrent l'écorce solidifiée qui pesait sur elles et se
firent jour à travers des fractures qui mesurent souvent plusieurs

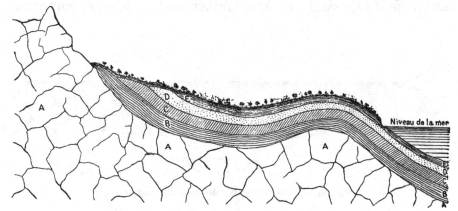

Fig. 116. — Soulèvement des terrains de sédiment.

A. Roches éruptives, granite, syénites, porphyre, etc. — B. Terrains primordiaux. — C. Terrains primaires. —
D. Terrains secondaires. — E. Terrains tertiaires.

kilomètres et même plusieurs lieues de largeur. On se rendra
compte de ce mode de soulèvement à l'examen de la coupe tracée
ici (*fig.* 116). Les Alpes, les Pyrénées, les Vosges, les massifs de
l'Auvergne et de la Bretagne ne sont pas formés autrement.

Il résulte de ces soulèvements, qui ont été variés, consécutifs,
alternatifs, que depuis l'origine de la vie la surface tout entière du
globe a été soumise à toutes les variations imaginables. Il nous
serait impossible de mettre le pied sur un point qui n'ait pas été
l'objet de plusieurs remaniements pendant la longue durée de
l'histoire de la nature. Tous les points du globe, sans exception,
ont été une ou plusieurs fois couverts d'eau. La plupart ont été
non pas seulement soulevés une seule fois, mais alternativement
soulevés, abaissés, et soulevés encore. On trouve, ici ou là, toutes

les espèces de terrain à fleur de sol, les primaires et secondaires, aussi bien que les tertiaires et les quaternaires. Du reste, l'aspect des carrières a déjà rendu familiers à tous nos lecteurs la disposition des couches de terrains par bancs consécutifs, comme on le voit ci-dessous.

Si tous les points de la surface du globe ont été travaillés par la main de la nature, tous ne l'ont pas été également. Le naturaliste

Fig. 117. — Une carrière. — Couches de roches superposées.

comme le géologue y remarquent la plus grande variété. En général, les pays de montagnes sont constitués par soulèvements des roches primitives qui ont tout disloqué pour s'élever dans les airs ; les pays de collines sont les contreforts des massifs précédents, formés par le soulèvement des terrains secondaires appuyés sur les terrains primaires contigus aux roches primitives, tandis que les régions de plaines sont posées sur les terrains tertiaires plus éloignés du point de soulèvement. Les coupes géologiques représentées figures 118 et 119 montrent cette disposition.

Les pays de plaine offrent eux-mêmes une grande variété de

constitution. Souvent des alluvions provenant des débordements
d'un fleuve voisin ont couvert ces plaines d'un limon nivelé comme
l'eau d'une mer. Souvent, au contraire, un fleuve traversant la
région primitivement plane, les rivières qui y aboutissent et leurs
affluents ont usé le sol et, surtout à la suite des saisons de pluies et
des torrents, désagrégé la plaine, creusé des vallées et transformé
l'aspect primitif du sol. Mais les couches stratifiées qui forment le

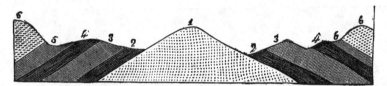

Fig. 118. — Exemple de soulèvement et des inclinaisons qui en résultent.

sous-sol de ces vallées, et celles qui forment les collines sculptées
par le creusement des terrains d'alentour, sont restées dans les conditions originelles de leur dépôt, c'est-à-dire horizontales et régulièrement superposées les unes au-dessus des autres. Ainsi, pour
prendre un exemple bien proche de nous et longuement etudié, la
plaine sur laquelle Paris est bâti repose sur des terrains tertiaires
formés de couches horizontales, et ces couches horizontales se

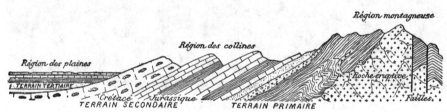

Fig. 119. — Soulèvement des terrains stratifiés, bases des diverses régions.

continuent dans la composition des collines de cette region. Ce
sont les eaux, ce sont les débordements torrentiels de la Seine aux
temps préhistoriques qui ont déblayé le terrain sur lequel la grande
capitale repose aujourd'hui, et qui ont fait de Montmartre du mont
Valérien, etc., des collines rongées tout autour et aujourd'hui isolées.
La coupe au travers de la vallée de la Seine (*fig.* 120) montre ce
creusement de la vallée de Paris dù à l'action destructive des eaux
torrentielles et violentes, ainsi qu'en témoignent les dépôt de limons, de sables et de graviers qu'elles ont laissé sur leur parcours.

Si l'on creuse le sol au-dessous de Paris, on traverse successivement toute la série des terrains qui se sont superposés pendant les
périodes quaternaire, tertiaire, secondaire et primaire. Le puits
artésien de Grenelle a commencé par traverser le sol superficiel ou
actuel, formé de terre végétale et de poussière de la grande ville,
de détritus divers représentant sur un mètre environ d'épaisseur le
produit de l'âge actuel. Puis on traversa une couche de sables, graviers, cailloux roulés, galets amenés par les alluvions de la Seine
pendant la période quaternaire et désignés anciennement sous la
denomination générale de diluvium parce qu'on les attribuait au
« déluge universel », tandis qu'ils sont dus simplement à l'action
des cours d'eau. Ce sont là des terrains d'atterrissement formés pendant l'époque quaternaire, contemporains de l'homme primitif de

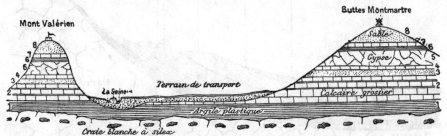

Fig. 120. — Coupe au travers de la vallée de la Seine, montrant la disposition des couches stratifiées.

1. Argile plastique. — 2. Calcaire grossier. — 3. Sables anciens. — 4. Calcaire d'eau douce. — 5. Gypse.
6. Marnes vertes. — 7. Meulières. — 8. Sables récents.

l'âge de la pierre, du mammouth, du rhinocéros tichorhinus, de
l'elephas primigenius. On a trouvé, à Paris meme, et à Grenelle
même, des ossements fossiles du mammouth, à 3 mètres de la surface, d'hippopotames à 5 mètres, et d'elephas primigenius à 7 mètres. On y a trouvé aussi (à Grenelle même) des os de renne, des
silex taillés et des ossements humains, notamment sept crânes d'une
race primitive dolichocéphale. Ces débris fossiles d'une race humaine inférieure habitant alors la vallée de la Seine ont été rencontrés à 1^{m}40 seulement de profondeur et appartenaient à des
corps qui ont été jetés là par une crue de la Seine, avec toute l'alluvion. — Ces premières couches traversées par le puits artésien mesurent, tout compris, 9^{m}65, à partir de la surface du sol.

On arriva ensuite au terrain tertiaire, d'abord à un calcaire chlo-
rité, avec coquilles, de 0^{m}85 d'épaisseur, puis à des couches d'ar-

gile alternant avec des bancs de lignite et des sables, le tout descendant jusqu'à 41ᵐ54 de profondeur.

Vint ensuite le terrain secondaire, avec ses craies diverses. Quoiqu'on eût traversé plusieurs nappes d'eau coulant sur des lits d'argile ou à travers les sables, on avait pour but, dans l'établissement de ce puits, d'atteindre une nappe d'eau puissante, et notamment celle qui, d'après la théorie, devait descendre de la Bourgogne et du plateau de Langres et suivre les couches géologiques qui, en forme de cuvette, passent au-dessous de Paris pour se relever ensuite. On les atteignit, après des efforts inouïs, mille obstacles imprévus, sept ans et deux mois de travail (¹), à la profondeur de 547 mètres, après

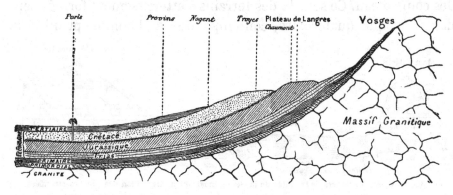

Fig. 121. — Coupe du bassin de la Seine, du puits artésien de Grenelle-Paris au plateau de Langres.

avoir traversé 238 mètres de craie blanche, 227 mètres de craie grise, verte on bleue, et 40 mètres d'argile gault, le tout appartenant aux terrains secondaires. Nous avons reproduit plus haut (p. 265), la coupe aussi curieuse qu'instructive de ces terrains traversés par le tube du puits artésien de Grenelle.

Si l'on continuait de descendre, on trouverait, au-dessous du crétacé, en partie déjà traversé par le puits artésien, les couches des terrains jurassique et triasique des premiers temps de la période

1. Le travail de forage, commencé le 30 décembre 1833, atteignit la nappe d'eau le 26 février 1841; on commença ensuite le tubage, qui fut terminé le 30 novembre 1842. Cette œuvre fait le plus grand honneur à la persévérance de l'ingénieur Mulot. Le prix de revient a été de 362 432 francs; les 548 mètres de tubes en cuivre galvanisé pèsent 12 000 kilos et se composent de trois calibres différents, le supérieur de 0ᵐ,50, le moyen de 0ᵐ,33, l'inférieur de 0ᵐ,17. Le rapport d'Arago (1842) donne pour le débit de l'eau : 1100 litres par minute à 32 mètres au-dessus du sol, 1620 litres à 16 mètres et 2200 litres à la surface du sol. La température de l'eau est de 27°,7.

secondaire, puis l'époque primaire, et enfin l'époque primordiale reposant sur son soubassement normal de gneiss, de micaschistes et de granite.

Comme on le voit, Paris est construit dans une sorte de cuvette, sur un lit formé par le terrain tertiaire modelé sur l'ondulation du

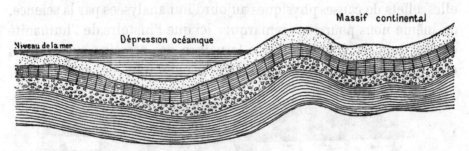

Fig. 122. — Ondulations, soulèvements et dépressions dans l'écorce du globe.

terrain secondaire. La couche supérieure de ce terrain secondaire, qui passe sous Paris, le crétacé, arrive à la surface du sol, à l'est, à Châlons, à Troyes; au sud, vers Auxerre, Bourges et Tours; à l'ouest, vers Le Mans et Dreux; au nord, vers Amiens et Creil, comme on peut s'en rendre compte sur notre carte géologique de la France.

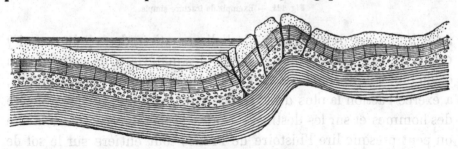

Fig. 123. — Fractures dans l'écorce du globe.

La couche inférieure, le jurassique, a produit les montagnes de l'Argonne, le plateau de Langres, les collines de la Bourgogne, et se prolonge par Nevers, Chateauroux, La Rochelle, pour remonter au nord dans la direction de Caen. Le terrain primitif a formé les Ardennes, les Vosges, l'Auvergne, la Vendée et la Bretagne. Paris est placé au centre de cette circonvallation. La coupe du bassin de Paris(*fig.* 121) indique la disposition de ces couches et montre comment l'eau du puits artésien est alimentée par une nappe aquifère glissant le long des sables secondaires qui recouvrent le jurassique depuis le plateau de Langres jusqu'à Paris.

De même que nous avons vu, dans les chapitres précédents, comment les différentes espèces végétales et animales qui peuplent aujourd'hui notre planète sont filles de la même nature, parentes entre elles, effets de causes physiques aujourd'hui analysées par la science, de même nous pourrions remarquer ici que l'histoire de l'humanité est en rapport immediat avec la nature des terrains sur lesquels elle vit. Non seulement la valeur économique de ces terrains,

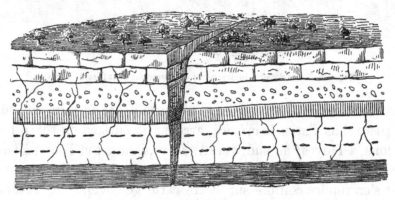

Fig. 124. — Exemple de fracture simple.

au point de vue de la culture, de l'alimentation, des végétaux qui y croissent, des animaux qui y vivent, des matériaux de construction et de tout ce qui concerne les conditions d'existence des habitants, a exercé l'action la plus directe et la plus constante sur le caractère des hommes et sur les destinées locales de chaque pays, mais encore on peut presque lire l'histoire de France tout entière sur le sol de la patrie. Et il en serait de même pour tous les autres peuples. Plus d'une fois les historiens se sont demandé pourquoi Lutèce est devenue la capitale de la France. Sa position est loin d'être centrale, et Bourges est beaucoup mieux placée à cet égard. Elle n'est point la plus ancienne cité de ces contrées; Marseille, puis Lyon étaient florissantes à l'époque romaine où Lutèce n'était encore qu'un village de pêcheurs, et pourtant Marseille et Lyon n'ont été que les étapes de la civilisation prenant son vol pour aller resplendir de Rome à Paris. Le rôle politique de la capitale de la France n'est dû ni au hasard ni à la volonté humaine, mais à la situation géologique que

nous venons de décrire et qui fait *descendre* naturellement vers
Paris comme vers un centre d'attraction toutes les sources de fertilité. « Cette capitale, dirons-nous avec Élie de Beaumont, n'a pris
naissance, et surtout n'a grandi, là où elle se trouve, que par l'effet
de circonstances naturelles résultant, en principe, de la structure
intérieure de notre sol. On en trouve le reflet dans le groupement
des intérêts et des populations, de même qu'on voit la différence
des climats influer sur les lois des différents peuples ». L'ile de
France est une véritable oasis, entourée par des terrains moins
privilégiés au point de vue des cours d'eau et de la végétation, et,

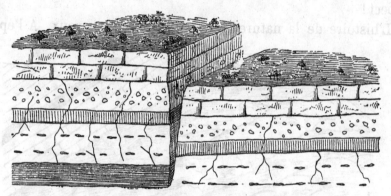

Fig. 125. — Fracture suivie d'une dénivellation.

comme si la nature avait pris soin de tout prévoir, elle a ajouté
à cette oasis d'excellents matériaux de construction. Ainsi tout
se tient dans la nature, les effets suivent les causes, et malgré ses
brillantes facultés d'initiative et son amour de la liberté, l'homme
est originairement, au même titre que les plantes et les animaux,
enfant de la Terre qui lui a donné le jour.

Ainsi se sont succédé et superposé les uns sur les autres les terrains formés d'âge en âge sous l'action des agents atmosphériques,
chacun ayant porté sa flore et sa faune spéciales, et chacun en conservant les vestiges fossiles. L'épaisseur de chaque couche géologique varie suivant les conditions mêmes de sa formation, ici elles
sont riches et puissantes, là elles sont minces et pauvres, ailleurs
elles manquent même tout à fait, par suite des soulèvements et des
dislocations. Mais nous avons vu au chapitre précédent qu'en addi-
tionnant toutes les épaisseurs déjà explorées, on arrive au chiffre

total de 43 000 mètres, depuis la surface actuelle jusqu'au fond du terrain laurentien, jusqu'au squelette granitique du globe.

L'humanité habite donc, en fait, sur un cimetière de quarante kilomètres d'épaisseur; nous marchons sur les dépouilles des êtres innombrables, grands et petits, qui ont vécu avant nous, sur un entassement funéraire de millions et de millions d'années, sur les dépôts lentement amoncelés par les siècles antiques, depuis les origines de la vie jusqu'à nos jours; nous foulons sous nos pieds la poussière des âges évanouis... Comment pourrions-nous, connaissant ces choses, faire désormais un seul pas sur la Terre sans respect !

L'histoire de la nature se continue sous nos yeux. A l'époque

Fig. 126. — Couches relevées sur une masse éruptive.

actuelle, que l'on peut appeler l'âge de l'humanité — et qui ne fait que commencer, quoiqu'elle date déjà de plus de cent mille ans, car l'humanité prouve par sa grossièreté et sa barbarie qu'elle n'a pas encore atteint l'âge de raison — à l'époque actuelle, disons-nous, notre planète continue de rouler dans l'espace comme pendant les époques anté-humaines, entourée de ses éléments d'activité et de vitalité ; les générations se suivent et se succèdent, sur le taux de 86 400 par jour, en moyenne, pour la surface entière du globe, soit d'une mort et d'une naissance par seconde, le nombre des naissances étant toutefois un peu plus grand que celui des morts; les corps retournent à la terre, ou, pour parler plus exactement, à l'atmosphère, car la chair et les os eux-mêmes ne sont guère que de l'eau et de l'air, de l'air condensé, et presque tout s'évapore ; les hommes sont tour à tour formés des mêmes éléments, qu'ils partagent fraternellement d'ailleurs avec les animaux et les plantes ; tel d'entre nous peut posséder dans son corps une molécule qui circula jadis dans le corps de Phryné ou de Lucrèce Borgia, ou quelque atome ayant appartenu au cerveau de César ou de Napoléon ; le saule vermoulu qui végète au bord du ruisseau exhale de l'oxygène qui va être respiré par l'enfant jouant au milieu des fleurs ; la molécule d'acide carbonique échappée de la poitrine du vieillard à l'agonie va nourrir la rose du parterre, le myosotis ou la violette ; de vie en mort et de mort en vie tout se transforme, tout se métamorphose.

Ce n'était point une terre autre que celle-ci, celle qui fut foulée par nos antérieurs des époques tertiaire, secondaire et primaire. Il

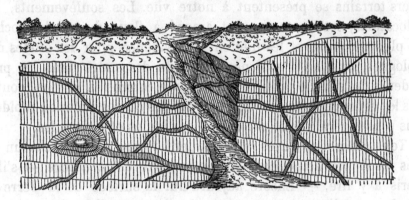

Fig. 127. — Exemple de filons éruptifs à travers les roches stratifiées.

n'est besoin d'aucune revolution fantastique, d'aucun déluge universel, d'aucun cataclysme, d'aucune destruction ni d'aucune création pour expliquer la formation des couches géologiques et les différences qui les caractérisent. Les choses ne pouvaient pas se passer autrement. La première pellicule solidifiée tout autour du globe chaud, pâteux, liquide, a subi docilement les moindres ondulations, les moindres frémissements de ce globe, et la sphère n'a pu rester rigoureusement unie. Mais ces premiers plissements se sont eux-mêmes modifiés. Le globe terrestre en se refroidissant se condense, se contracte, diminue de volume. L'écorce est obligée de se plisser d'une manière un peu différente pour rester appuyée sur le noyau ; d'une part, elle s'affaisse ; d'autre part, elle se relève ; d'autre part encore, elle subit des fractures, les matières éruptives enfermées tendent à se faire jour, à s'échapper, et les premières éruptions s'élèvent à la surface. Les eaux, descendant toujours aux plus bas niveaux, se réunissent dans les dépressions les plus profondes, etc., etc. On peut se representer la formation de l'écorce du globe, ses plissements, l'origine des montagnes, des continents et des bassins maritimes, les soulèvements, les affaissements, les éruptions, les filons et toutes les transformations de terrains par la série de coupes géologiques (*fig.* 122 à 127) qui complètent l'exposé précédent en l'expliquant par l'aspect même des choses. La géologie, comme l'astronomie, est désormais un livre ouvert pour tous ceux qui veulent se donner le plaisir de le lire.

On se rend compte ainsi facilement de l'état dans lequel les divers terrains se présentent à notre vue. Les soulèvements, les dislocations, les ruptures, ont amené à fleur du sol les roches les plus anciennes et les mettent en évidence pour les études des géologues, sans qu'il soit nécessaire de descendre dans les profondeurs du sol. Le profil d'une contrée comme la France montre tous les genres de terrains, déplacés par des causes lentes ou rapides, mais plus généralement par des causes lentes et graduelles.

Tous ces phénomènes se continuent de nos jours, et chacun de nous peut lire actuellement dans le livre de la nature — s'il a appris à y lire. — Encore aujourd'hui la surface de la Terre se transforme, telle contrée s'exhausse lentement, telle autre s'abaisse, ici la mer gagne sur le rivage, ailleurs elle recule sous l'avancement des terres, telle montagne se dénude, telle vallée se comble, telle colline glisse avec tout ce qu'elle porte, etc., etc. Il suffit d'observer pour apprécier toutes ces transformations et pour vivre en communauté avec les actes de la nature. Cet important sujet, du plus haut intérêt scientifique et philosophique, fera l'objet du chapitre suivant ; il importe de nous occuper ici de cette étude générale, qui constitue la base même de la géologie.

CHAPITRE II

LES TRANSFORMATIONS ACTUELLES DU SOL

**Variation des rivages. — Embouchures et Deltas.
Action des cours d'eau. — Oscillations lentes. — Soulèvements. — Dépressions.
La terre et la mer. — La nature continue son œuvre.**

Insensiblement tout change, tout se transforme autour de nous. Le sol lui-même, que nous sommes accoutumés à considérer comme le type de ce qui est *solide* par excellence, le sol lui-même, varie sans cesse. La nature continue son œuvre. En appréciant ce qu'elle accomplit sous nos yeux, nous allons entrer en relation directe avec les procédés qu'elle a employés pour sculpter le globe sur lequel nous vivons. Étudions-la toujours directement : c'est la méthode la plus simple et la plus sûre pour arriver à la connaissance de la vérité.

C'est une erreur classique d'enseigner qu'il y a des époques géologiques spéciales qui représentent la création du monde et ont cessé d'agir. L'époque actuelle est « géologique » aussi bien que celles qui l'ont précédée. Le jour viendra où nous serons reculés dans l'histoire comme le sont les ptérodactyles et les ichtyosaures.

Et d'abord, considérée dans son ensemble, la surface de la Terre varie sans cesse. Les pluies, la gelée, la chaleur, le vent, les

orages, les tempêtes, les ruisseaux, les torrents, désagrègent les
sommets des montagnes, dont les matériaux sont détachés, entraînés, brisés, charriés, broyés, finalement réduits en sables et
transportés dans la mer par les embouchures des fleuves. D'autre
part, la mer ronge constamment ses rivages, produit des falaises
de plus en plus élevées en pénétrant les continents, et exhausse
son fond par les matériaux détachés. D'autre part encore, les
forces intérieures du globe continuent d'agir : certaines régions se
soulèvent lentement tandis que d'autres s'abaissent. Essayons
de passer en revue, aussi brièvement que possible, les témoignages variés et multipliés des changements qui s'accomplissent
autour de nous, non point, comme le font trop souvent les historiens de la nature, en allant chercher nos exemples aux antipodes, mais en choisissant ceux que la majorité de nos lecteurs
peuvent constater par eux-mêmes et ont, pour ainsi dire, sous
la main.

Les observations qui vont suivre permettent de poser ici deux
principes : 1° la mer gagne partout où il y a des falaises ; 2° elle
recule à l'embouchure des fleuves. Dans le premier cas, elle mine
les falaises qui s'écroulent en galets ; dans le second cas, le fleuve
apporte des sables, exhausse le fond de la mer et la fait reculer.
Ces deux principes souffrent, il est vrai, des exceptions, car d'une
part les courants de la mer et l'action des vagues poussées par
le vent peuvent faire avancer l'eau dans l'intérieur des terres ou se
servir des galets pour former des cordons littoraux, et d'autre part
les sables eux-mêmes peuvent contrebalancer la tendance d'un
fleuve. Mais, en général, ces deux causes agissent avec efficacité,
et à elles seules elles suffiraient pour transformer la géographie de
notre planète, même en dehors des soulèvements et dépressions.
Examinons les faits.

Tout le monde, par exemple, connaît le Havre. Précisément
cette région peut servir de type pour un grand nombre d'autres
analogues. On sait que cette ville, très moderne, n'a pas encore
quatre siècles d'existence et qu'elle n'a été fondée qu'en 1516
par François Ier. Toute cette plaine sur laquelle cette importante
cité s'est si rapidement élevée, a été formée par les alluvions de la
Seine et les dépôts de sable rejetés par la mer aux grandes marées,

le tout en partie resté à l'état de marais jusqu'en ce siècle même. La Seine charrie des sables qui tendent à exhausser son fond, et lentement elle les dépose à son embouchure jusqu'à une grande distance dans l'intérieur de la mer. Mais aux jours de grandes marees et de tempêtes, la mer repousse ces dépôts et modifie incessamment le sous-sol. Le resultat définitif est un avancement des rives du fleuve et une diminution dans le domaine de la mer. Autrefois, les navires pouvaient arriver jusqu'à Harfleur. On a montré pendant longtemps les anneaux de fer qui servaient à les amarrer, et nous avons vu nous-même, en 1865, au milieu d'un

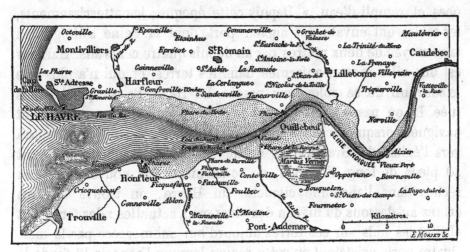

Fig. 129. — L'embouchure de la Seine.

jardin, un mur au pied duquel les eaux de la marée arrivaient encore au XVIe siècle. Malgré les digues, le mascaret des grandes marées a encore une action très efficace pour modifier les rivages du fleuve, depuis Quillebeuf jusqu'au delà de Caudebec, et c'est cette violente poursuite des eaux douces par les eaux amères qui a le plus agi pour contrebalancer l'action du fleuve. La rive droite de la Seine s'allonge, très lentement, au delà du Havre; la rive gauche s'allonge assez rapidement, en ce sens que la plage sablonneuse de Trouville s'élargit de plus en plus dans la mer. Des hauteurs d'Ingouville on distingue nettement le lit jaune de la Seine dans la mer verte, jusqu'au delà de Trouville.

Nos lecteurs trouveront ici (*fig.* 129) le plan actuel de l'embouchure de la Seine, sur lequel on peut se rendre compte des courants et des sables, et (*fig.* 130), le plan du Havre *avant la fondation de la ville* (¹). Tout ce rivage est aujourd'hui transformé. D'abord la Seine a élargi ce littoral par le dépôt de ses sables. Harfleur était, au XVᵉ siècle, un grand port. Une flotte espagnole de quarante vaisseaux et trois galères y stationnait en 1405. «Les navires y entrent par l'embouchure d'une rivière qui la traverse (la Lézarde), écrivait l'un des commandants, et la mer en enveloppe la moitié; l'autre moitié est couverte par une bonne muraille flanquée de fortes tours et par un fossé à escarpes maçonnées et rempli d'eau. » Depuis cette époque, les atterrissements, les sables ont envahi cet ancien port, dont la Seine s'éloigne au taux moyen de deux mètres par an depuis quatre cents ans. Harfleur est une ville morte, enfermée dans les terres, et qui n'a plus que le souvenir de sa splendeur passée. Le Havre l'a remplacée, puis tuée. Là où passe actuellement le chemin de fer, des navires ont navigué. Lorsqu'on creusa le canal de Harfleur, en 1667, on déterra vers l'église de Graville, la quille entière d'un navire qui avait 80 pieds de long. En 1868, en construisant les nouvelles formes sèches dans l'ancienne citadelle du Havre, on trouva de gros arbres au-dessous du niveau des vives eaux actuelles : des forêts ont abrité des nids sur ces terres aujourd'hui submergées par la mer. Quatre ports existaient en cette région lorsque François Iᵉʳ fonda le Havre : Harfleur; un peu plus bas, les Neiges; plus loin encore Leure (voy. la *fig.* 130); et au delà du Havre actuel, au pied du cap de la Hève, le Chef-de-Caux. Le dernier a disparu parce que la mer a pris la place de la terre, les trois autres parce que la terre a pris la place de la mer. Le Havre subirait le même sort que ces trois derniers si le travail incessant de l'homme ne combattait désormais l'œuvre de la nature.

Le *Chef-de-Caux* dont nous venons de parler était le *caput caleti*, la tête des Calètes qui occupaient la Normandie au temps de César, et dont Lillebonne (autre ville morte) était la capitale. En 1345, l'importance de ce port était telle qu'il fournissait à la flotte de Philippe de Valois trois vaisseaux de guerre, un de plus

---

1. Voy. F. ᴅᴇ Cᴏɴɪɴᴏᴋ, *Le Havre, son passé, son présent, son avenir.*

que Fécamp, un de moins que Cherbourg. En 1364, on plaça, par

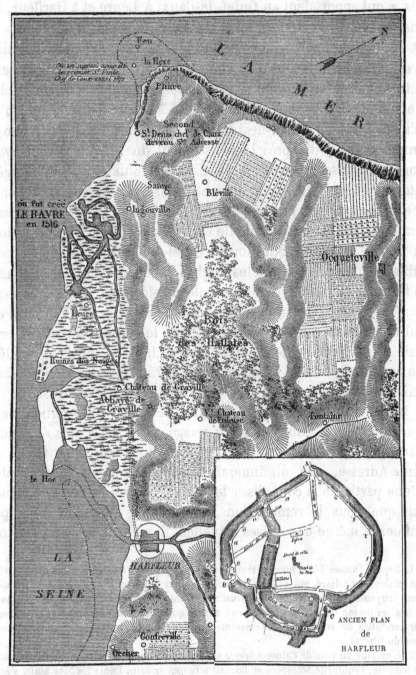

Fig. 130. — L'embouchure de la Seine il y a quatre cents ans, avant la fondation du Havre.

Aujourd'hui, la ville du Havre s'étend sur tout le rivage depuis « les Neiges » jusqu'à Ingouville et Sainte-Adresse. La Seine s'est retirée à près d'un kilomètre d'Harfleur, le rivage s'est allongé au Havre même, et le cap de la Hève a été rongé de plus d'un kilomètre.

ordre de Charles V, un feu pour faciliter le commerce des Castillans « qui apportaient au Quief-de-Caux, à Leure et à Harfleur, des vins, du blé, de la cire, du sel et des cuirs mégissés à Cordoue. » Ce fut l'un des premiers phares de France. La ville et le phare étaient au sommet de la falaise qui, alors, se continuait à quatorze cents mètres environ au delà du rivage actuel, jusqu'au banc de l'Éclat, que l'on distingue encore aujourd'hui à marée basse et qui n'est qu'à quelques mètres au-dessous de l'eau. En 1372, peu de temps, comme on le voit, après l'établissement du phare, la mer ayant rongé les falaises, une partie du pays s'écroula et fut submergée, notamment le phare, le cimetière et l'église, consacrée à saint Denis. Une ordonnance royale de janvier 1373 en décida le rétablissement. L'église fut rebâtie où elle est aujourd'hui, au pied du vallon. En 1491, il est encore question du Quief-de-Caux comme d'un port militaire à défendre contre les Anglais. La mer a continué de ronger les falaises ; le phare a dû être reculé de siècle en siècle : les deux tours que l'on voit aujourd'hui ont été élevées en 1775, et il est probable que la mer les atteindra dans le courant du siècle prochain ([1]). La petite ville de Saint-Denis-Chef-de-Caux s'est reculée, elle aussi, de siècle en siècle ; elle y a perdu tous ses anciens souvenirs et jusqu'à son nom : c'est aujourd'hui Sainte-Adresse ([2]).

L'érosion de la falaise par les vagues de la mer suffit entièrement pour expliquer la diminution du rivage. Sans les « épis », solides charpentes de bois que l'on entretient pour garantir la falaise de Sainte-Adresse, elle diminuerait encore plus vite, d'autant plus qu'une partie de la côte glisse lentement sur un lit de terre glaise. Sans que nous le remarquions, tout change autour de nous, par l'influence même des causes actuelles. Et ce sont là, simplement,

1. Depuis l'année 1865, nous passons de temps en temps quelques jours dans la villa d'un philosophe éclairé, qui préfère la contemplation solitaire de la nature à la fréquentation bruyante de l'humanité, au milieu de ce cadre, à la fois grandiose et charmant, des falaises du cap de la Hève. D'année en année, quelques heures d'observation suffisent pour permettre de constater l'envahissement graduel de la mer et les transformations lentes du littoral.

2. L'origine du nom de Sainte-Adresse est assez curieuse. Un vaisseau allait périr dans vne tempête ; l'équipage désespéré se bornait à invoquer saint Denis : « Mes amis, s'écria le capitaine, ce n'est pas saint Denis qui nous sauvera, c'est *sainte adresse*. Allons! du courage! » Une heureuse manœuvre amena le navire au port, et le nom de Sainte-Adresse fit fortune.

ce que l'on appelait autrefois « les révolutions du globe. » L'examen
attentif de notre figure 131, due à un naturaliste du Havre

Fig. 131. — Le cap de la Hève et sa constitution géologique.

(A. Lesueur), suffira pour montrer comment en minant la base de
la falaise, surtout aux jours de tempêtes et de grandes marées, la
mer desagrège ces bancs géologiques, composés de craie, de

marne et d'argile, laisse surplomber des murs verticaux (qui mesurent ici cent mètres de hauteur au-dessus du niveau des eaux),
dont elle ne tarde pas à délayer de nouveau la base et à faire effon-
drer les assises séculaires. Cette œuvre de la mer a donné un grand
pittoresque à ces rivages. Il est des heures de lumières et d'ombres,
surtout en automne, vers le coucher du soleil, où le spectacle de
l'immensité des eaux contemplé de ces hauteurs à pic qui s'avancent en cap au milieu des flots, donne à l'homme l'impression
simultanée de sa petitesse et de sa grandeur ; de sa petitesse,
comme rouage microscopique du mysterieux mecanisme de la nature ; de sa grandeur, comme esprit s'élevant par l'exercice de ses
facultés à la conception de l'histoire même de ce vaste univers
dont il fait partie intégrante.

Depuis la fin du onzième siècle, il y a là 1400 mètres de dévorés
par l'avancement de la mer ; c'est près de deux mètres par an.

Primitivement, les rivages de toutes les mers etaient peu inclinés : c'est l'érosion qui a produit ces murailles verticales et ces
falaises, dont le désagrègement incessant donne naissance aux
galets de ces plages. On remarque même une différence caractéristique entre le mode d'érosion, le profil, des falaises rongées graduellement par l'action lente d'une mer à niveau constant, comme
la Méditerranée, où les marées sont insensibles, et celui des falaises
de l'Océan. Dans le premier cas, les roches lavées par les flots et
dénudées présentent un profil simple (*fig.* 132); dans le second cas
(*fig.* 133), le profil est double, dessiné par les niveaux de haute
et de basse mer. Il y a là l'effet d'une action mécanique des
eaux facile à saisir. Sur les plages sablonneuses, les sables sont
rejetés par la mer, et généralement la mer perd de son domaine.

Malgré les différences dues à l'attraction des continents, aux
variations dans la pression atmosphérique, aux effets divers des
marées sur le littoral, on peut considérer le niveau des mers comme
à peu près constant, et c'est la meilleure ligne de repère à laquelle
on puisse se rapporter. Lorsqu'on observe une différence de niveau,
constatée d'un siècle à l'autre, sur un rivage quelconque, on doit
scientifiquement admettre que ce n'est pas la mer qui a changé de
niveau, mais le sol lui-même. La mer garde constamment le même
niveau moyen, parce que l'eau qui tombe, sous forme de pluie ou

de neige, est égale à celle qui s'élève de la mer par évaporation, et il n'en peut pas être autrement, puisque les nuages sont
précisément formés par la vapeur d'eau enlevée à la mer et à toutes
'es eaux par la chaleur solaire. L'égalité entre l'évaporation et la
récipitation est un équilibre naturel, qui ne peut pas ne pas être.
ourtant, il n'y a pas fort longtemps que ce circuit est apprécié
ans sa véritable nature. Comme on ne voit pas la vapeur d'eau
qui, sous forme invisible, s'élève de la mer dans les hauteurs de
l'atmosphère, on ne devinait pas d'où viennent les nuages, d'où
vient la pluie, d'où viennent les sources, les ruisseaux, les rivières
et les fleuves. Au siècle dernier encore, le géologue Vallisneri dut
combattre les théories de Burnet, Whiston et Woodward ; « il se
trouva forcé de soutenir, dit Lyell, contre saint Gérôme et contre
quatre autres interprètes de la Bible, sans compter les professeurs
de théologie, que les sources ne dérivent pas de la mer en passant
par des siphons souterrains et des cavités, et en perdant leur salure
en chemin, cette théorie n'ayant été imaginée que dans le but de
se conformer au témoignage des Écritures. »

On estime à environ 1^{m}50 la hauteur de la pluie qui tombe
chaque année sur l'ensemble du globe. Par conséquent, telle est
précisément la quantité qui s'évapore pour former les nuages.
L'Océan s'abaisserait d'année en année si l'eau était emportée en
dehors de la Terre. Mais elle retombe en pluie sur l'Océan lui-
même, ou lui est restituée par les cours d'eau qui lui ramènent
l'eau des pluies. Lorsqu'il pleut, une partie de l'eau tombée
retourne immédiatement à l'atmosphère par évaporation ; le
reste pénètre les terrains jusqu'à la rencontre d'une couche d'argile
imperméable. Là, elle glisse sur cette couche et finit généralement par affleurer à la surface de la terre, et former une source.
Telle est l'origine de toutes les sources, de tous les ruisseaux, de
toutes les rivières, de tous les fleuves. Il y a des sources à tous les
niveaux, depuis le voisinage des sommets montagneux jusqu'au fond
de la mer. Cette évaporation, cette condensation en nuages dans
les hauteurs de l'air, et cette précipitation en pluie constitue, en
fait, un immense alambic naturel. La chaleur solaire employée
pour élever cette quantité d'eau à la hauteur moyenne des nuages
est egale au travail qui serait réalisé par quinze cent milliards de

chevaux travaillant sept heures par jour... La Terre entière ne suffirait pas à les nourrir !

Comme le sel ne s'évapore pas, l'eau des nuages, des pluies, des sources et des cours d'eau, est de l'eau douce, de l'eau distillée par le soleil. L'eau normale, l'eau de la mer, est salée, parce qu'elle est formée par de l'hydrogène, de l'oxygène et du chlorure de sodium. Elle pourrait être, d'ailleurs, d'une toute autre composition. L'océan

Fig 132. — Falaise méditerranéenne.

de feu qui brûlait autour du globe terrestre était composé d'hydrogène, d'oxygène et de sodium, comme celui qui brûle actuellement autour du Soleil, et dans son ardente atmosphère flottaient les vapeurs de tous les éléments qui existent actuellement sur notre planète.

Une infinitésimale partie de l'eau des pluies ne retourne pas à la mer, parce qu'elle ne trouve pas, en pénétrant le sol, de couche absolument imperméable qui l'y ramène. Elle s'enfonce profondément dans l'intérieur du globe, arrive à saturer les roches, forme les eaux minérales, descend dans les régions chaudes où elle donne naissance à des vapeurs et à des explosions, et, dans tous les cas, est perdue pour la surface. La mer diminue donc un peu de siècle en siècle ; mais en dix siècles, en mille, deux mille ou trois mille ans, cette diminution est insensible pour l'observation, et pour la mémoire humaine, le niveau des mers reste constant (¹).

A son origine, qu'il prenne sa source dans les glaciers, comme le Rhin, le Rhône, le Pô, la Garonne, ou dans les ruisseaux des montagnes, comme la Seine, la Loire, la Dordogne, etc., tout fleuve

Hautes mers.

Basses mers.

Fig. 133. — Falaise de l'Océan.

1. En certaines régions, certes, l'évaporation est beaucoup plus grande que la moyenne générale. Ainsi, par exemple, il ne pleut presque jamais sur la mer Rouge ni aux environs, et l'évaporation y est tellement active qu'une couche de 7 mètres d'épaisseur y est enlevée chaque année sous forme de vapeur. Cette mer serait desséchée depuis longtemps et remplacée par une vallée de sel cristallisé si elle n'était pas alimentée par la mer des Indes et l'Océan. Dans nos climats même, l'évaporation est telle que s'il n'y avait pas de sources pour alimenter la Seine sur son parcours, elle s'évaporerait tout entière le long de son trajet de Paris au Havre.

Le niveau de la mer Rouge est le même que le niveau moyen des mers, à cause de sa communication avec l'Océan, et, pour la même raison, il en est de même de celui de la Méditerranée, quoique son évaporation surpasse d'un tiers environ l'apport des fleuves.

La mer Caspienne étant fermée a perdu son niveau par évaporation, et a baissé de cent mètres ; la mer Morte a baissé de quatre cents mètres ; leur niveau est constitué désormais par l'équilibre entre leur évaporation et la pluie qu'elles reçoivent.

suit une pente rapide, qui lui donne un cours torrentiel dans la
saison des pluies, et le conduit à dégrader les terrains le long
desquels il se précipite. Il creuse des vallées, détache des rochers,
roule des pierres, broie les matériaux qu'il charrie, et finit par
entraîner dans ses eaux une grande quantité de sable et de limon.
La partie supérieure de son cours est une zone de dénudation,
d'*érosion* ; la seconde, dans laquelle le courant est assez rapide
pour entraîner les matériaux, mais plus régulier et plus large, est
une zone de *compensation* : il ne creuse plus son lit, mais ne le
comble pas ; la troisième, dans laquelle la pente devient insensible
et se rapproche de la grande plaine maritime, est une zone de
dépôt, d'*alluvion*. Ainsi, par exemple, le Rhône, qui prend sa
source dans les Alpes, à 1760 mètres d'altitude, arrive au lac de
Genève après avoir suivi une pente moyenne de 7^{m}40 par kilomètre. A son entrée dans le lac, il laisse déjà tant de dépôts que le
lac de Genève diminue rapidement de longueur et de profondeur :
les habitants de cette extrémité du lac le constatent d'une génération à l'autre. De Genève à Lyon, la pente n'est plus que de
1 mètre par kilomètre ; de Lyon à Beaucaire, elle est de 0^{m}40, de
Beaucaire à Arles elle est réduite à 0^{m}12 ; de Arles à la mer il ne
reste en tout qu'*un* mètre de pente pour cinquante kilomètres,
c'est-à-dire qu'il n'y a presque plus de pente du tout, la largeur du
fleuve atteint sur certains points plusieurs kilomètres, sa vitesse,
si grande à Genève et même encore à Lyon, est presque réduite à
rien, et tous les sables s'étendent en nappe que les vagues et les
courants de la mer modifient sans cesse. — C'est là le type de tous
les fleuves et du travail des eaux pour modifier la surface de la
planète. Les uns, comme la Seine, la Gironde, la Tamise, l'Hudson,
le Saint-Laurent, conservent une vitesse assez grande et sont assez
heureusement balayés par les courants de la mer, pour garder libres
leurs embouchures, et permettre à de vastes ports de s'y établir :
le Havre, Bordeaux, Londres, New-York, Québec ; les autres,
comme le Rhône, le Pô, le Nil, le Danube, charrient si lentement
leurs sables qu'ils exhaussent insensiblement leur fond et oblitèrent
tout passage.

L'examen de l'embouchure du Rhône apporte les plus intéressants documents sur cette même question géologique et historique

de la variation des rivages. L'histoire d'Aigues-Mortes, entre autres, est particulièrement remarquable, non point, comme on le croit généralement, que la mer se soit retirée depuis l'époque où saint Louis s'y est embarqué pour les Croisades, mais parce que l'embouchure du Rhône a subi là des transformations significatives. La mer s'est retirée, en effet, mais non comme on l'enseigne généralement : pas du tout au point du littoral le plus voisin d'Aigues-Mortes, de 4 kilomètres à l'embouchure du Petit-Rhône, et de 10 kilomètres à l'embouchure du Grand-Rhône. Quant à Aigues-Mortes, saint Louis s'est embarqué en 1248 et 1270 dans l'ancien chenal qui conduisait les eaux du Rhône à la mer et qui a gardé le nom de « canal-viel », et aboutissait au « Grau-Louis » (voy. *fig.* 134). Les plus anciennes cartes nous montrent Aigues-Mortes baignée par l'eau de ces nombreux bras du Rhône aujourd'hui atterris et désignés sous le nom de Rhônes morts. Après avoir jeté longtemps ses eaux à l'ouest d'Aigues-Mortes, dans l'étang de Mauguio, le grand fleuve s'est peu à peu avancé vers l'est, les anciens Rhônes ont été remplacés par le Rhône vif, celui-ci par le Petit-Rhône, et enfin le grand courant a fini par s'établir dans le Rhône d'Arles actuel. Les embouchures du fleuve se sont déplacées de l'ouest à l'est. On montre le long des remparts d'Aigues-Mortes les traces des anneaux de fer où l'on amarrait les navires, mais c'était l'eau du Rhône et des étangs qui venait baigner ces murs (ceux-ci, du reste, ne datent pas de saint Louis, mais de son fils Philippe le Hardi ; quand saint Louis, désireux de posséder un port sur la Méditerranée, acheta, en 1248, au monastère de Psalmodi, la ville d'Aigues-Mortes et son territoire, il y avait déjà des étangs et marais entre cette cité et la mer; à cette époque, Psalmodi était une île monastique entourée par le Rhône.)

On sait que le Rhône se partage en deux branches principales au-dessus d'Arles. La branche orientale ou grand Rhône, se jette dans la mer à l'est du golfe de Fos, le bras occidental ou petit Rhône se divise lui-même en deux bras pour former le delta de la Camargue, l'oriental se jette dans la mer non loin du village des Saintes-Maries et l'occidental à dix-sept kilomètres de là à l'ouest. Anciennement, le petit Rhône passait à Aigues-Mortes, et plus anciennement encore il allait se jeter dans l'etang de Mauguio. Au-

jourd'hui presque tout est endigué, et de Beaucaire même un canal
descend par Saint-Gilles et Aigues-Mortes jusqu'à la mer. L'industrie humaine a modifié l'œuvre de la nature. Malgré les digues,
toutefois, les bouches du Rhône continuent de se transformer rapidement d'année en année ; le grand bras actuel n'existe que depuis
cent cinquante ans, et il est destiné à changer de place aussi bien
que tous les autres bras. Tout le sol est presque au niveau de la
mer, et ce sont les atterrissements du fleuve qui l'ont formé. Le
Rhône apporte annuellement à son embouchure dix-huit à vingt
millions de mètres cubes de sable et de vase et s'avance graduellement. Les vagues de la mer, surtout aux jours de tempêtes, chassent
à leur tour ce sable et dessinent la configuration du rivage sous
la direction du vent dominant (est-sud-est vers ouest-nord-
ouest. On a construit des tours à son embouchure : on en compte
aujourd'hui quatre à cinq de chaque côté ; la dernière, élevée
en 1737, sur le rivage même, en est aujourd'hui à plus de sept
kilomètres. C'est là un témoignage que le lit du Rhône s'est prolongé peu à peu dans la mer par des atterrissements successifs.
C'est le contraire de ce qui se passe au cap de la Hève pour les
phares.

Toute la côte de la Camargue n'avance pas ainsi ; au contraire,
l'action prédominante de la mer produit sur différents points du
rivage des érosions considérables. Sans les apports incessants du
Rhône, la côte de la Camargue et tout le littoral sablonneux du
delta finiraient par disparaître. Les contours et les variations du
rivage sont donc le résultat d'une lutte permanente entre le fleuve
qui le nourrit et la mer qui l'appauvrit. L'envahissement de la mer
est très sensible au phare de Faraman : construit en 1836, à sept
cent mètres environ de la mer, cet édifice est atteint aujourd'hui
par les eaux.

L'avancement de la grande bouche du Rhône est à peu près
de soixante mètres par an, et comme la direction du fleuve est
exactement opposée au choc de la grosse mer du large, les atterrissements sont remaniés sur place et servent aux berges du fleuve.
Tout à côté, la plage de Faraman, rongée par la mer, recule de
quinze mètres par an aujourd'hui : au siècle dernier, l'érosion
était du double.

Tout le golfe du Lion, depuis les Pyrénées jusqu'à Marseille, offre des temoignages de la variété d'action des éléments dans la modification permanente du globe ('). Il y a deux mille ans, avant la domination romaine et pendant cette domination, un nombre considérable de villes florissantes étaient échelonnées le long de ce golfe : *Illiberris*, à l'embouchure du Tech; *Ruscino*, sur la

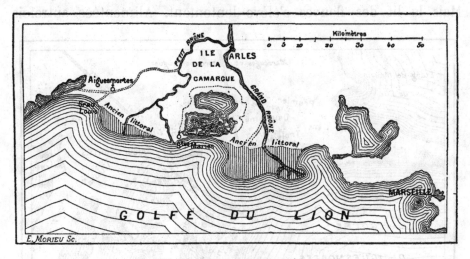

Fig. 134. — L'embouchure du Rhône.

Têt; Narbonne, sur l'Atax ; Agde, sur l'Hérault; Aigues-Mortes, Saint-Gilles, *Héraclée*, *Rhodanusia* et Arles, sur les différents

1. La plage des Saintes-Maries, où une tradition qui ne paraît pas sans fondement fait débarquer, six ou sept ans après la mort de Jésus-Christ, Marie-Madeleine, son amie, accompagnée de plusieurs membres de la famille du maître (notamment la sœur de sa mère, Marie Jacobé, mère de Jacques le Mineur, et Marie Salome, mere des apôtres Jacques et Jean, ainsi que Lazare le ressuscité et Marthe sa sœur), la plage des Saintes-Maries, disons-nous, existait déjà au commencement de notre ère, et sur ce point le littoral paraît avoir peu changé. Une hypothèse récente explique cette tradition par un souvenir du séjour de Marius et de sa prophétesse Marthe sur le même rivage, cent cinquante ans avant notre ère, et par un bas-relief antique taillé dans le rocher, près des Baux, désigné sous le nom de *trémaïé* et représentant trois personnages debout, drapés de longues tuniques. De ce document romain dédié à Marius, l'imagination populaire aurait fait un document chrétien, et les trémaïé seraient devenus les *trois-maries* : de telles défigurations ne sont pas rares aux premiers siècles du christianisme. L'hypothèse est admissible. Cependant des documents écrits remontant au cinquième siècle et une tradition constante n'en désignent pas moins l'embouchure du Rhône comme ayant été le lieu de débarquement de Marie-Madeleine et de plusieurs parents du prophète. Le fait n'est pas absolument invraisemblable, étant donnees les traversées perpétuelles qui se faisaient alors comme aujourd'hui entre l'Orient et Marseille; d'autre part encore, nul n'ignore combien le culte de Marie-Madeleine est ancien dans les églises de France.

bras du Rhône. Quatre de ces florissantes cités ont entièrement disparu, et il n'en reste que des ruines. Les autres sont mortes et leur état actuel n'est que l'ombre de leur splendeur passée. Autrefois, les cours d'eau étaient profonds et navigables, au moins à leur embouchure; et le long du rivage des lagunes analogues à celles de Venise étaient ouvertes à la navigation. Mais le lit des fleuves s'élève lentement. Alimentées autrefois

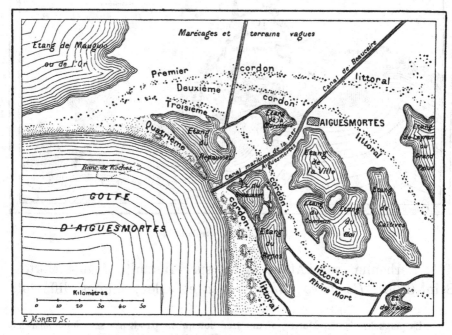

Fig. 135. — Les cordons littoraux et le lent retrait de la mer.

par leurs fleuves respectifs, nees pour ainsi dire de la lagune, ces villes ont décliné et sont mortes avec elles. Les forêts ont été maladroitement détruites par l'homme. Les lagunes se sont changées en étangs, les étangs en marais fiévreux. Depuis plusieurs siècles on essaie de dessécher la plus grande surface de ces marais, mais la végétation n'y trouve pas encore une terre assez ferme. Insensiblement l'ancien domaine maritime fera place au domaine agricole (').

On jugera des atterrissements apportés par le Rhône pendant

---

1. CH. LENTHÉRIC. *Les villes mortes du golfe du Lion.*

les temps historiques, à l'inspection du petit plan (*fig.* 134) reproduit ici (¹).

Si nous voulions remonter jusqu'aux temps préhistoriques, nous
constaterions que la mer s'est lentement retirée et que cette rétrogradation peut être directement appréciée par les quatre cordons

1. D'après M. Lenthéric. Certains savants sont en désaccord sur ce point; M. Desjar-
dins, entre autres, pense que le rivage s'est avancé pour ainsi dire tout d'une pièce,
beaucoup plus régulièrement, et trace ce rivage, au IVᵉ siècle de notre ère, par une ligne
presque horizontale, quoique sinueuse, menée de Fos à Aigues-Mortes. Nous penchons
plutôt pour le tracé adopté ici, jugeant toujours, naturellement, avec l'impartialité la
plus absolue.

La plupart des questions qui sont l'objet de nos recherches dans le présent ouvrage,
sont en voie de solution pour la science contemporaine; plusieurs peuvent être acceptées
comme résolues; plusieurs, au contraire, ne le sont pas encore définitivement. La connaissance du « Monde avant la création de l'homme » est aussi nouvelle, en vérité, que
celle des « Terres du Ciel », et sur plusieurs points même la géologie est moins avancée
que l'astronomie. Il est quelquefois difficile de se décider, lorsque indépendant de tout
préjugé antérieur, on a fait, comme Descartes, table rase pour n'accepter que ce qui est
démontré. Dans la question capitale de l'origine de la vie, nos lecteurs scientifiques ont
pu juger comme nous que le fruit est mûr et que notre opinion peut être légitimement
fixée. Ici, dans l'appréciation des changements survenus à la surface du globe, et des
causes actuelles qui continuent d'agir, les plus laborieuses comparaisons de documents
ne suffisent pas toujours pour autoriser une conclusion affirmative. Ainsi, par exemple,
l'un des plus illustres géologues de notre siècle, Lyell, assure (*Principes de Géologie*,
I, 562) que « le plus remarquable monument qui prouve l'accroissement du delta du
Rhône depuis l'époque des Romains, est le grand et bizarre détour de l'ancienne voie
romaine qui allait d'Ugernum (Beaucaire) à Biterrae (Béziers) en passant par Nemausus
(Nîmes). *Il est évident*, déclare-t-il, qu'à l'époque où ce chemin fut construit, on ne

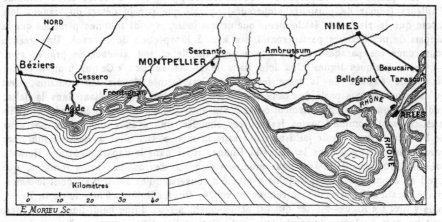

Fig. 136. — Voie romaine de Beaucaire à Béziers

pouvait, comme on le fait à présent, traverser le delta en ligne droite, et que la mer ou
des marais occupaient alors l'espace qui est devenu terre ferme ». Eh bien, nous avons
beau examiner cette voie romaine, nous ne trouvons rien de surprenant à ce qu'on

littoraux qui dessinent les anciens rivages. Ces cordons, toutefois, ne sont pas anciens : ils appartiennent à l'époque géologique actuelle ou quaternaire ; tout le terrain du delta du Rhône est, du reste, quaternaire.

On conçoit facilement que la tendance des fleuves à leur embouchure soit d'allonger le continent aux dépens de la mer et de déposer progressivement les débris arrachés aux montagnes par les torrents et pulvérisés. Ce mouvement suffit pour transformer lentement la configuration géographique des diverses contrées. L'exemple de l'embouchure du Pô, en Italie, est des plus caractéristiques et des mieux étudiés. Examinez, entr'autres, la petite carte ci-dessous (fig. 137), vous remarquerez dès le premier coup d'œil l'échancrure dessinée dans la mer adriatique par les alluvions dues aux bouches du Pô. La ville d'Adria, qui a donné son nom à l'Adriatique, était à son origine, du temps des Etrusques, il y a environ trois mille ans, sur le rivage même de la mer. Elle est aujourd'hui éloignée à 26 kilomètres du point le plus proche : l'Adige et les divers bras du Pô chassent insensiblement le rivage ; l'embouchure principale du fleuve est actuellement à 35 kilomètres du méridien d'Adria. L'avancement de la terre dans la mer, est sur ce point, de *soixante-dix mètres par an*. Le fleuve apporte

l'ait fait passer par l'importante ville de Nîmes, cité considérable, toute romaine d'ailleurs (séjour de plusieurs empereurs), plutôt que par le désert du rivage, lors même que le rivage eût été le même que de nos jours, et nous sommes persuadé que la plupart de nos lecteurs partageront notre avis à l'inspection de ce tracé. Une grande route dans ces parages eût été à peu près inutile et son absence ne prouve rien. — On lit quelques lignes plus loin dans le même auteur : « Ce qui prouve encore la grande étendue de la terre ferme qui s'est formée depuis les Romains, c'est qu'ils n'ont jamais parlé des eaux thermales de Balaruc comme étant dans le delta ; quoiqu'ils connussent parfaitement celles d'Aix ainsi que d'autres plus éloignées et qu'ils y attachassent, comme à toutes les sources chaudes, une grande importance. Les eaux de Balaruc doivent avoir jailli autrefois sous la mer. » Or, allez à Balaruc (qui, par parenthèse, n'est pas dans le delta du Rhône, mais dans le département de l'Hérault, près de Frontignan) et l'on vous montrera la place des anciens bains romains, que Lyell ne connaissait pas, puisqu'ils n'ont été découverts qu'en 1863, mais dont le témoignage négatif ne prouverait rien comme on voit. — Ouvrez Buffon : *Théorie de la Terre*, vous y lirez : « Aigues-Mortes qui est actuellement à plus d'une demi-lieue de la mer, était un port du temps de saint Louis. » Et c'est là l'opinion commune. Nous avons vu qu'il n'en est rien. Etc., etc.

Nous avons fait nos efforts pour dégager la vérité au milieu d'un grand nombre de documents contradictoires, et pour apporter la plus grande précision possible dans cette étude intéressante, mais à peine mûre et laborieuse.

annuellement 42 760 000 mètres cubes de limon, soit 1ᵐ36 par
seconde (Lombardini). C'est un fleuve travailleur des plus actifs, à
cause des Alpes et de leurs torrents; le Danube, qui a cinq fois la
masse d'eau du Pô, ne porte à la mer que 35 500 000 mètres cubes
d'alluvions par an.

Les digues commencées dès le XIIIᵉ siècle garantissent, il est
vrai, le pays, des inondations annuelles auxquelles il était exposé,
mais le fond du lit s'exhausse lentement, et actuellement la surface

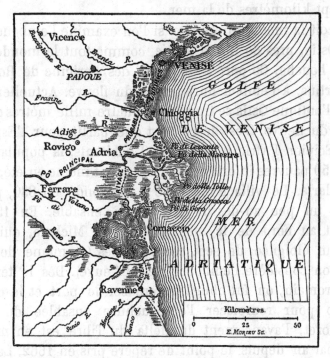

Fig. 137. — Diminution graduelle de la mer à l'embouchure du Pô.

des eaux du Pô est — non pas plus élevée que le toit des maisons
de Ferrare, comme l'ont écrit Prony et Cuvier, — mais néanmoins
un peu supérieure au sol des régions adjacentes; dans les grandes
crues, comme celles de 1870 et 1872, elle arrive à deux ou trois
mètres au-dessus du niveau du pavé. Lorsqu'après les saisons
de pluies une rupture s'ouvre dans ces digues, les inondations qui
en résultent répandent partout la ruine et la mort sur leur passage. Lorsqu'ils ne sont pas détruits par la violence de l'irruption,
les points habités deviennent des îles. — Un jour, visitant la

ville de Ferrare (automne de 1872), une rupture des digues du Pô amena les eaux tout autour des remparts et nous dûmes attendre près d'une semaine le rétablissement des communications interrompues. — D'après la comparaison des documents, nous avons tracé sur la petite carte de cette région (*fig.* 137), l'ancien rivage probable d'il y a trois mille ans. A sa fondation (même époque), Ravenne était également port de mer ; elle l'était encore sous Auguste, qui l'agrandit et en fit un port militaire : elle est aujourd'hui à sept kilomètres de la mer.

On recoit la même impression si l'on examine l'embouchure du Tibre, à Ostie, près de Rome. *Ostie,* comme tout le monde le sait, veut dire bouche. Ce port a été établi dès l'origine de Rome, par Ancus Martius, à l'embouchure même du fleuve. Actuellement les ruines de l'antique Ostia se trouvent à quatre mille mètres de l'embouchure du fleuve. C'est de ce port que partit pour l'Espagne la flotte de Scipion l'Africain. De 80 000 habitants, la population est tombée à 50 pauvres infortunés qui désertent même en été, à cause de la malaria. Le village moderne a été fondé en 830, par Grégoire IV, un peu au-dessus de l'ancien, ensablé. En 1569, on construisit au bord de la mer la tour San Michele, qui en est aujourd'hui éloignée de sept cents mètres (et même de quinze cents si l'on considère l'embouchure du fleuve). Dès le temps de l'empire romain, on fut obligé de creuser le port et le canal de Fiumicino pour remplacer l'embouchure ensablée du fleuve. D'après Rozet, l'avancement du delta du Tibre est en moyenne de 3^{m}90 par an depuis le point de repère pris en 1662. Le niveau de la mer n'a pas changé ([1]). On peut se rendre compte du déplacement du rivage par la petite carte ci-dessous (*fig.* 138).

Les anciens n'ignoraient pas ces changements, dont les atterris-

---

1. On jugera de ces transports de sable par les calculs suivants :

La Loire fait passer à Nantes chaque année 400 000 mètres cubes de sable charriés dans 24 milliards de mètres cubes d'eau.

La Garonne fait passer par an à Marmande 2 850 000 mètres d'alluvion emportés dans 25 milliards de mètres cubes d'eau.

De 1847 à 1867, soit en vingt ans, on a enlevé du lit de la Seine, sur 42 kilomètres de longueur, en aval de Rouen, 60 millions de mètres cubes de sable. Le volume moyen d'eau de mer refoulée, par marée, en amont des sables entraînés, peut être évalué à environ 30 milions de mètres cubes, et le volume moyen des eaux douces descendantes est de 20 millions.

sements du Nil en Egypte leur offraient un exemple si remarquable.
Il y a 2400 ans, Hérodote écrivait que les prêtres d'Egypte regar-
daient déjà leur pays « comme un présent du Nil. » Selon lui, le
delta serait d'époque récente. Homère parle de Thèbes comme si
elle eût été seule en Egypte et ne fait aucune mention de Memphis.
Jadis les branches du fleuve qui se jettent dans la mer à Canope et à
Péluse étaient les principales et la côte s'étendait presque en ligne
droite de l'une à l'autre, comme on le voit sur les cartes de Pto-

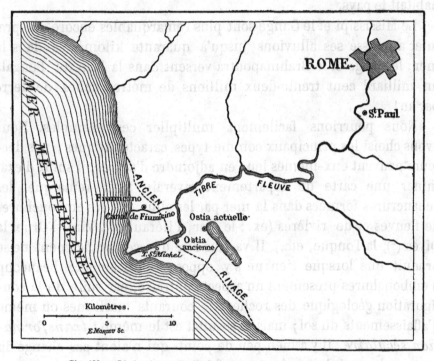

Fig. 138. — Diminution graduelle de la mer à l'embouchure du Tibre.

lémée. Maintenant Canope et Péluse sont en ruine dans l'oubli du
passé, les bouches principales du fleuve se sont rapprochées l'une
de l'autre et portent depuis deux mille ans les eaux dans la direction
de Rosette et de Damiette, cités bâties au bord de la mer il y a
moins de mille ans et qui en sont déjà reculées à huit kilomètres.
C'est le Nil lui-même qui a donné sa forme circulaire à la base du delta,
laquelle mesure près de trois cents kilomètres de développement;
la superficie actuelle du delta est de 22 276 kilomètres carrés. On a
calculé que si tout le limon apporté par les bouches du Nil était

uniformément rejeté sur le littoral, celui-ci avancerait d'environ quatre mètres par année; mais cette avance est fort irrégulière et le fleuve tend à abandonner presque toutes les alluvions sur ses campagnes riveraines et à exhausser le sol; les agriculteurs modifient aujourd'hui sensiblement l'œuvre de la nature par les colmatages, la culture industrielle et les pompes à vapeur (¹). Nous avons tracé sur la carte actuelle des bouches du Nil (fig. 139) la ligne de l'ancien rivage d'après Ptolémée, lequel, comme on le sait, était égyptien et habitait le pays.

Le Mississipi et le Gange sont plus remarquables encore. Le premier a poussé ses alluvions jusqu'à quarante kilomètres dans la mer; le Gange et le Brahmapoutra versent dans la baie du Bengale un milliard cent trente-deux millions de mètres cubes de terre par an!

Nous pourrions facilement multiplier ces exemples. Nous avons choisi les principaux comme types caractéristiques; nos lecteurs peuvent eux-mêmes leur en adjoindre d'autres: il suffit d'examiner une carte de département riverain pour remarquer les échancrures formées dans la mer par les alluvions des embouchures de fleuves et de rivières (ex. : le Var, l'Hérault, la Vire, l'Orne, la Dives (²), la Touque, etc.). Il va sans dire que cet avancement ne se produit que lorsque rien ne s'y oppose efficacement; beaucoup d'embouchures présentent un aspect contraire, par suite de la configuration géologique des roches, de courants maritimes ou même d'affaissements du sol; mais le résultat est le même : *transforma-tion séculaire*. Il y a bien peu de points qui n'aient pas changé du out, seulement depuis les temps historiques.

1. Le travail des fleuves dans les atterrissements est destiné à diminuer d'année en année, par suite de l'utilisation des eaux par les agriculteurs. Le Pô sert déjà à l'irrigation de centaines de milliers d'hectares : cinquante-cinq millions de mètres cubes d'eau par jour lui sont empruntés pour les cultures de la Lombardie et de la Vénitie. La Durance est utilisée pour la fertilisation de la Provence; le Gange livre les six septièmes de ses eaux pour servir trois millions d'êtres humains; dans le riche delta du Nil, cinquante mille puits d'arrosement ne cessent de fonctionner aux dépens du fleuve et de ses canaux. Les cours d'eau sont déjà bus en partie et détournés avant d'arriver à la mer.

2. A Dives, la mer s'est retirée de deux kilomètres depuis l'époque (1066) où Guillaume, duc de Normandie, s'y embarqua avec 400 navires et 67 000 hommes d'armes pour aller conquérir l'Angleterre: de vastes prairies occupent aujourd'hui l'emplacement de l'ancien port.

Par ce travail des eaux, les montagnes s'abaissent et le fond des mers s'exhausse. La Durance roule dans ses eaux jusqu'à 63 millièmes de limon, la Garonne 10 millièmes, le Rhin 6 millièmes, l'Indus de 2 à 5 millièmes. Ce sont là des maxima, après les crues et les torrents. Il y a des jours où le Danube verse dans la mer jusqu'à 1 250 000 mètres cubes de terre ! D'après une comparaison judicieuse des divers apports des fleuves, M. Élisée Reclus est conduit à admettre qu'il y a environ dix kilomètres cubes de terre de jetés par an dans la mer par l'ensemble de tous les cours d'eau. Réparti

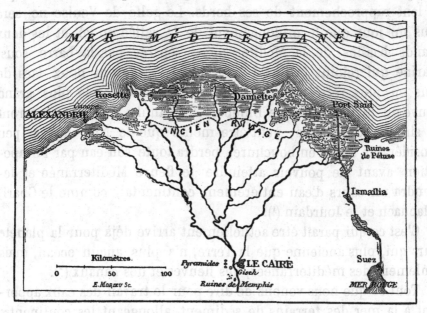

Fig. 139. — Diminution graduelle de la mer à l'embouchure du Nil.

sur le fond de la mer, ce dépôt s'élèverait de 1 centimètre en 341 ans, ou de 1 mètre en 341 siècles et 1000 mètres en 34 millions d'années. Les eaux réunies de tous les fleuves et de toutes les rivières ne forment qu'une très faible quantité comparativement à l'eau des océans. En admettant que la profondeur moyenne des mers soit de cinq kilomètres, la quantité d'eau que roulent actuellement les cours d'eau n'égalerait celle qui remplit les abîmes de l'Océan qu'après un laps de cinq millions et demi d'années.

Inexorablement, avec le temps, la surface du globe change entièrement. Si aucune cause intérieure ne produisait de soulèvements du sol ou de dépressions, le globe terrestre finirait, avec la seule action des eaux, par être complètement uni comme un boulet et recouvert uniformément d'une couche d'eau de quelques centaines de mètres d'épaisseur. Mais nous verrons tout à l'heure que le niveau du sol n'est pas éternel non plus. L'action des dépôts n'en est pas moins efficace de siècle en siècle. Le jour viendra où la Méditerranée, par exemple, ne sera plus qu'un enchaînement de lacs, et, plus tard encore, qu'un gigantesque fleuve. La mer d'Azof se transforme graduellement en rivière par le lent rapprochement de ses bords. Le golfe de Venise ne sera plus un jour que le prolongement de la vallée du Pô, et les deux grands bassins de la Méditerranée, séparés par la barre sous-marine qui rejoint la Sicile à l'Afrique, formeront deux lacs de plus en plus rétrécis, dont les eaux alimenteront le plus grand fleuve du monde. Alors le Dnieper, le Danube et le Pô en seront de simples tributaires; peut-être même que le Nil, déjà si peu considérable à son embouchure, perdra toute son eau par l'évaporation avant de pouvoir atteindre le fleuve Méditerranée et deviendra un cours d'eau entièrement continental, comme le Chari, l'Haouach et le Jourdain ([1]).

C'est ce qui paraît être actuellement arrivé déjà pour la planète Mars qui, plus ancienne que la Terre, n'a plus aucun océan, mais seulement des méditerranées, des fleuves et des canaux ([2]).

Tout ce que nous venons de dire pour le travail des eaux apportant à la mer des terrains de sédiment, allongeant les continents, modifiant les rivages, peut être appliqué aux lacs et même à la transformation perpétuelle des vallées. Ainsi, par exemple, le Rhône, que nous venons de voir avancer de soixante mètres par an en moyenne dans la Méditerranée a modifié d'une manière peut-être plus sensible encore le lac Léman, qu'il a, du reste, créé lui-même.

Le fleuve accomplit aux deux extrémités du bassin d'un lac, des travaux, contraires en apparence, mais ayant également pour résultat de réduire la superficie des eaux. En amont, il exhausse

1. ÉLISÉE RECLUS. *La Terre*, I, 525.
2. Voy. la carte géographique de la planète Mars, dans nos *Terres du Ciel* et le petit *Globe géographique de Mars* que nous avons récemment publié.

graduellement son lit et gagne sur le lac en le comblant d'alluvions; en aval, il abaisse le seuil, et, par ce déversoir incessamment
agrandi, écoule peu à peu la masse liquide ; à la fin, les deux lits
d'amont et d'aval se rencontreront à mi-chemin, et le lac aura
cessé d'exister. C'est là le double phénomène qui se produit depuis
des siècles dans le lac Léman. Jadis cette nappe en forme de croissant s'étendait en amont jusqu'au point où se trouve aujourd'hui
Saint-Maurice, à 22 kilomètres en amont du lac, et se prolongeait
en aval, par d'étroits bassins, jusqu'au fort de l'Écluse, à 15 kilomètres de la sortie du Rhône. On peut se rendre compte par la pe-

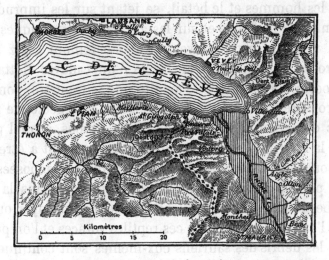

Fig. 140. — Diminution graduelle du lac de Genève par les atterrissements du Rhône.

tite carte ci-dessus (*fig*. 140) de tout le terrain perdu déjà par le lac,
depuis sa formation en vertu des atterrissements du Rhône. Les
sédiments fluviatiles, sables ou graviers de grosseur moyenne,
s'accumulent en strates superposées comme les feuillets d'un livre
que le géologue peut retourner. Ces couches de formation contemporaine s'étendent chaque année sur un gigantesque plan
incliné de plus de trois kilomètres de longueur; la profondeur du
lac, entre Vevey et Saint-Gingolph étant de 180 mètres, ces strates
peuvent être considérées comme presque horizontales. Depuis huit
siècles seulement, Port-Valais est reculé de huit kilomètres. Ce sont
là autant de documents significatifs qu'il faut savoir interpréter.

Non seulement ce travail des eaux transforme graduellement

la configuration géographique du globe, mais il joue encore le plus grand rôle dans la constitution géologique des terrains et dans la conservation des débris d'êtres vivants. Dans le delta du Gange, et du Brahmapoutra, qui ne mesure pas moins de 166 400 kilomètres carrés, sur lesquels les deux fleuves déposent leurs sédiments sur une épaisseur de 60 à 70 centimètres par siècle, on rencontre des crocodiles de diverses espèces. Ces animaux pullulent dans l'eau saumâtre, sur toute la ligne des bancs de sable où l'accroissement du delta est le plus rapide. On les voit réunis par centaines dans les criques ou se chauffant au soleil sur les hauts fonds. Ils attaquent les hommes et le bétail, se jetant sur les imprudents qui se baignent dans le fleuve et sur les animaux domestiques ou sauvages qui viennent s'y abreuver. « J'ai été témoin assez souvent, dit Colebrooke, de l'horrible spectacle d'un cadavre flottant, saisi par un crocodile avec une telle avidité que le monstre, pour mieux tenir sa proie, restait à moitié hors de l'eau. » Le géologue ne manquera pas de remarquer, écrit Lyell à ce propos, à quel point les mœurs et la distribution de ces sauriens les exposent à être enfouis dans les couches horizontales du limon fin qui sont déposées chaque année sur plusieurs centaines de kilomètres carrés dans la baie de Bengale. Les habitants du pays qui viennent à se noyer ou à être jetés dans l'eau sont la proie de ces reptiles voraces et l'on peut supposer que les débris des sauriens eux-mêmes sont continuellement ensevelis dans les nouvelles formations. D'un autre côté, le nombre des corps d'Indous appartenant à la classe pauvre que l'on jette annuellement dans le Gange est si considérable qu'on ne peut manquer de rencontrer dans le limon fluviatile, quelques-uns de leurs os ou quelques débris de leurs squelettes.

Ces dépôts deviennent des roches, et les débris qu'ils conservent se fossilisent graduellement. La nature minérale, la densité, l'épaisseur, la couleur, la dureté des couches stratifiées dérivent de la nature des terres transportées et de la vitesse des eaux qui les déposent. L'arrangement stratifié qui domine si généralement dans les dépôts aqueux est dû le plus souvent à des variations dans le degré de rapidité de l'eau courante qui, lorsqu'elle se meut avec une vitesse donnée ne peut entraîner que des particules d'une certaine grosseur et d'un certain poids. Il suit de là que, selon que la force du courant augmente ou diminue, les matériaux déposés en

LE MONT-SAINT-MICHEL

couches successives sur différents points sont grossièrement assortis, suivant leurs dimensions, leurs formes et leur pesanteur spécifique. Diverses circonstances donnent lieu à des variations. Ainsi à telle époque de l'année, c'est du bois qui est transporté et à telle autre c'est du limon. D'autrefois, quand le courant atteint son maximum de volume et de vitesse il peut répandre des cailloux sur une certaine surface où se déposent, lorsque les eaux deviennent basses, un sédiment fin et des précipités chimiques. On peut observer la formation actuelle de toutes les espèces de terrains au fond des fleuves, aux confluents, dans les lacs, les deltas et les embouchures. Au fond de l'Allier se forment d'une année à l'autre des pierres assez dures ; au fond de la Marne, de la Meuse et de la Seine on en trouve d'autres, souvent assez singulières de formes, de formation contemporaine également. Les rivières torrentielles produisent surtout des conglomérats : on en trouve partout aux environs de Nice et presque sur tout le littoral de Toulon à Gênes.

Nous remarquions au commencement de ce chapitre (p. 262) qu'en posant le câble transatlantique on a trouvé au fond de l'Océan une vase blanche composée de corps organiques d'une nature identique à ceux qui constituent la craie, et qui se forme actuellement. Il en est de même un peu partout. Erenberg a compté 6 000 carapaces dans une once de sable de l'Adriatique ; d'Orbigny en a compté 484 000 dans un gramme de sable des Antilles. Ce sont là des *faits actuels* qui nous montrent directement *le mode d'opération de la nature*.

Mais ne nous laissons pas entraîner trop loin dans ces considérations, car il importe que nous embrassions autant que possible sous un même coup d'œil l'ensemble des causes actuelles de transformation du sol. Nous arrivons ici, sans quitter la question des rivages, à une autre cause de transformation qui n'est pas moins importante que les précédentes. C'est celle des *soulèvements* et des *dépressions* du sol. Ce sujet a été très discuté, souvent même avec passion. Aujourd'hui nous avons entre les mains des documents rigoureux et positifs. Exposons-les méthodiquement, et toujours en commençant par les points les mieux accessibles à l'observation.

A toutes les opérations géologiques séculaires dues à l'œuvre quotidienne et normale du cours d'eau, ajoutons maintenant cette autre cause qui vient souvent s'ajouter aux précédentes. Le sol n'est pas stable lui-même : en certains points il s'abaisse, en d'autres régions il s'élève.

Considérons, par exemple, la célèbre baie du Mont-Saint-Michel. Au temps de la conquête romaine et pendant les premiers siècles de notre ère, une immense forêt couvrait toute cette région : c'était la forêt de Scissey, dans laquelle s'établirent de nombreux monastères, entre autres celui de Taurac (qui fut détruit au VI⁰ siècle par les soldats du roi Clother). Le Mont-Saint-Michel, qu'on appelait alors « le Mont-Tombe », s'élevait au milieu comme un mausolée et se trou-

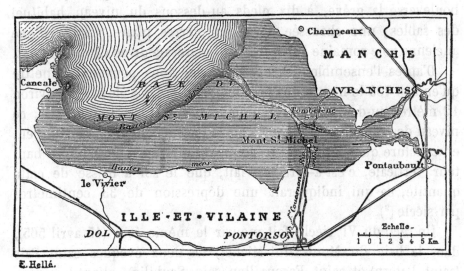

E. Hellé.

Fig. 142. — La baie du Mont-Saint-Michel aux hautes et basses mers.

vait à environ vingt kilomètres de la mer. Chacun sait qu'il est aujourd'hui isolé au milieu d'une plage absolument nue, recouverte deux fois par jour, aux grandes marées, sous les flots de la mer qui s'avance jusqu'aux digues, à plus de deux kilomètres, et s'étend en largeur sur plus de trente kilomètres, comme on peut s'en rendre compte sur notre petite carte (fig. 142). Dans toute cette région, en deçà comme au delà de la plage recouverte par les grandes marées, on rencontre à une faible profondeur des troncs d'arbres de toutes les essences.

Un manuscrit du dixième siècle, ou peut-être même du neuvième, expose que le Mont-Saint-Michel a perdu depuis longtemps la forêt dont il était entouré, que Dieu a transformé cette région pour suivre ses vues et préparer le culte du saint archange, et que la mer a tout balayé « pour faire un beau chemin aux pèlerins » qui, de toutes parts, affluent et viennent rendre témoignage aux miracles ([1]). La première abbaye élevée au culte de saint Michel par Autbert, évêque d'Avranches, avait été inaugurée en 709, et déjà la mer entourait le mont, puisque les chroniques de l'abbaye mettent ces paroles mêmes dans la bouche de l'archange : *in pelago* « dans la mer » et que toutes les anciennes chartes qualifient le mont *in periculo maris* « au péril de la mer ».

On a retrouvé, en 1822, à la suite d'une tempête qui avait bouleversé la grève, à dix pieds au-dessous du niveau habituel des sables, une chaussée pavée en pierres plates, vestige d'une ancienne voie romaine à travers le sol marécageux de l'antique foret.

D'après l'ensemble des observations, nous pouvons admettre qu'en l'an 709 le niveau des plus hautes marées s'élevait à environ 12 mètres au-dessus du niveau actuel des plus basses mers. Or, ce niveau des plus hautes marées s'élève maintenant à 15^{m}50. On peut en conclure que depuis cette époque la mer a gagné 3^{m}50 en hauteur verticale, c'est-à-dire, en fait, que le sol a baissé de cette quantité, ce qui indiquerait une dépression de 33 centimètres par siècle ([2]).

Un récit du VIe siècle fait mourir le même jour (15 avril 565), dans la baie du Mont-Saint-Michel, les deux évêques saint Pair (saint Patern) et saint Escouvillon (saint Scubilio), allant à la rencontre l'un de l'autre à la veille de leur mort. Ce jour-là, veille de la nouvelle lune, la marée était déjà forte, et arrivait à six heures du soir. Ils furent arrêtés dans leur tentative de rencontre par une largeur de mer d'un peu plus de quatre kilomètres « fere tria millia »

---

1. Voy. CHÈVREMONT. *Les mouvements du sol*, p. 350.

2. La baie du Mont-Saint-Michel est l'un des points les plus admirables pour la contemplation comme pour l'étude des marées, et nous y passons souvent quelques jours aux époques de grandes marées d'équinoxe. Alors c'est un grandiose spectacle que l'arrivée de la mer venant submerger toute la contrée sous une immense nappe d'eau. Elle envahit deux fois par jour l'entrée de la ville féodale et submerge la grande rue jusqu'au-dessus de « l'hôtel Poulard ». On ne peut alors sortir de la ville qu'en bateau. Les choses ne devaient pas être ainsi à l'époque où l'on a construit ces rues et pavé la ville. Il y a là une preuve manifeste de dépression. Le Mont-Saint-Michel tout entier diminue lentement de hauteur. — Pour la description du spectacle des grandes marées observé dans cette fameuse baie du Mont-Saint-Michel, voir notre ouvrage *Dans le Ciel et sur la Terre, perspectives et harmonies*, p. 197.

Aujourd'hui, le bras de mer qui forme l'estuaire commun du Couesnon, de la Sélune et de la Sée n'a pas moins de douze kilomètres. Là aussi, l'abaissement du sol est de 3ᵐ50 à 4 mètres.

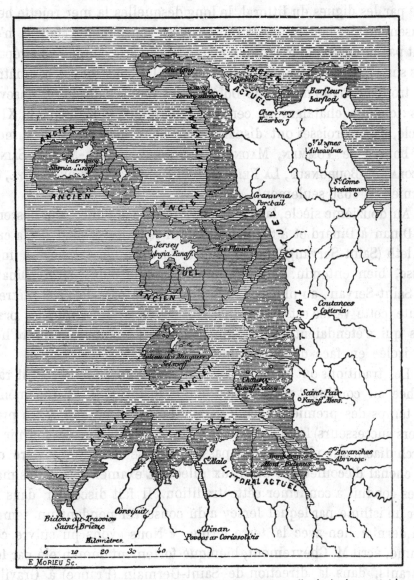

Fig. 143. — Carte des envahissements de la mer, Normandie et Bretagne, d'après le document très ancien trouvé en 1714 par Deschamps-Vadeville au Mont-Saint-Michel.

Sur toute la baie de Dol s'étendait aussi, pendant les premiers siècles de notre ère, la forêt de Kauquelunde, voisine de la forêt de Scissey, celles de Cantias et de Coat-Is. Une autre, non moins vaste, existait au sud de Chausey, aujourd'hui groupe d'îlots battu par les vagues. La vaste plaine qui s'étend autour du mont Dol continue de s'abaisser graduellement et n'est garantie de l'invasion de la mer que par les digues du littoral, le long desquelles la mer rejette heureusement des bourrelets de sable qui les consolident. Mais il n'en faut pas moins donner issue, à marée basse, aux cours d'eau répandus sur six cent mille kilomètres carrés. Le sous-sol est saumâtre. On trouve dans le marais de Dol tous les vestiges des forêts ensevelies : chênes, châtaigniers, cerisiers, peupliers, etc. Depuis le XIIIe siècle, sept paroisses ont disparu sous l'envahissement de la mer, les bourgs de TOMMEN, MAUNY, SAINT-LOUIS, SAINTE-MARIE, SAINT-NICOLAS-DU-BOURGNEUF, LA FEILLETTE et SAINT-ÉTIENNE-DE-PALUEL, ce dernier en 1630 seulement.

Au douzième siècle, la gracieuse rivière de la Rance, qui descend de Dinan à Dinard et à Saint-Malo, ne mesurait, au pied de la cité d'Aleth (Saint-Servan), que 70 mètres environ de largeur, à mer basse, bien entendu. Aujourd'hui, au même point, entre Dinard et Saint-Servan, au plus bas flot, elle mesure près de 1100 mètres. Toute cette vallée est descendue sous les flots, ainsi que les prairies qui s'étendaient entre Saint-Malo et Césembre, aujourd'hui île isolée en face de Saint-Enogat.

Les traditions ont gardé le souvenir que l'île de Jersey était rattachée au continent pendant les temps historiques, et que même du temps des premiers évêques (saint Lô, mort en 365 et ses premiers successeurs) les habitants de l'île étaient tenus de fournir à l'archidiacre une planche pour passer, à basse mer, une rivière ou un chenal d'écoulement des eaux salées. L'examen des cartes marines conduit à confirmer cette tradition. Il fait discerner dans la mer un isthme par lequel Jersey a dû conserver pendant un temps son dernier lien avec la terre ferme. « Nous avons pu suivre cet isthme, écrit M. Chèvremont, bien que fortement démantelé par les courants, dans la direction de Saint-Germain (France) à Graville (Jersey). Sur cette direction, dans une longueur de 32 kilomètres, une série de plateaux rocheux sous-marins permet de reconstruire sans lacunes le passage que la subsidence du sol a fait descendre sous la mer et que les courants ont profondément ravinée. »

On est ramené, par là aussi, à admettre un affaissement de

quatre mètres environ, depuis la fin de l'époque gallo-romaine. Les roches dépassaient un peu le niveau de la mer aux basses eaux, et les terres qui remplissaient leurs interstices et les recouvraient y permettaient un passage. La communication a pu se maintenir entre l'île et le continent comme elle a existé jusqu'au XV° siècle entre Saint-Malo et Césembre, entre Saint-Servan et Dinard. Les « prairies de Césembre » ont été l'objet de querelles entre le domaine public et le chapitre seigneurial jusqu'en 1437 ; depuis, elles ont été définitivement submergées.

Le même témoignage nous est donné par la communication qui rattachait la forêt de Scissey à Jersey par les Ecrehous. Ce passage devint une île qui fut donnée aux moines du Val Richer pour y bâtir une église, parce que les habitants ne pouvaient plus venir entendre la messe à Portbail, la mer ayant séparé l'île du continent en 1203. De cette île alors très peuplée, il ne reste plus qu'un amas de rochers sur lesquels on peut encore distinguer, à marée basse, les ruines de la vieille chapelle.

Au surplus, tous ces témoignages historiques sont confirmés par un document découvert en 1714 au Mont-Saint-Michel par l'ingénieur Deschamps-Vadeville, qui représente les envahissements de la mer depuis Saint-Brieuc jusqu'à Barfleur. Cette carte porte la date de 1406, mais par l'aspect des caractères et par l'examen des termes employés, elle paraît être la copie d'une carte écrite au XIII° siècle d'après un original plus ancien encore et sans doute du IX° siècle. Nous reproduisons ici ce curieux·document, d'après l'édition qu'en a donnée M. Chèvremont. Sans attacher aux détails une précision qu'ils ne comportent certainement pas, on peut considérer cette carte comme représentant le dessin d'ensemble de ce que devaient être les rivages de la Gaule au commencement de notre ère, d'après les traditions encore vivantes au IX° siècle. A Jersey et à Guernesey la mer couvre aujourd'hui de 15 mètres d'eau le sol sur lequel des bois et des prairies existaient en 1340, d'après le cadastre de l'époque. La dépression conclue serait de trois mètres par siècle.

La mer ronge également ses falaises sur le littoral du Calvados (notamment à Courseulles) et presque tout le long de cette côte. M. Quénault a trouvé près de Caen, à six mètres au-dessous du

niveau des plus basses mers d'équinoxe, des débris de canots
du XV° siècle. Ce serait un affaissement de deux mètres par siècle
environ.

Au large de Cherbourg, le sol sous marin est recouvert de restes
encore debout d'une vaste forêt, appartenant à des espèces végétales actuellement vivantes. On peut en voir de remarquables fragments au Muséum d'histoire naturelle de Paris. Nous avons retrouvé
des débris analogues au nord de l'île des Glénans (Finistère).

En 1871, nous avons placé le long de la falaise de la cité de
Limes, près de Dieppe, des pierres qui en marquaient le bord.
Douze ans plus tard, il n'en restait plus que quelques-unes : la
falaise avait perdu environ 20 centimètres.

Dans la baie de Douarnenez existait anciennement une ville célèbre, la ville d'Is, dont la légende du roi Gradlon a illustré la fin si
tragique. Aux premiers siècles de notre ère, cette cité était encore
florissante, quoique déjà menacée par la mer et protégée par des
digues. On rapporte à l'année 444 l'invasion des eaux qui englouti-
rent définitivement ces populations. On voit encore aujourd'hui, à
basse mer, de vieux murs qui portent le nom de « Mogher-Greghi, »
murailles des Grecs.

Cette histoire de la submersion de la ville d'Is mérite de nous
arrêter un instant, quoique les documents que nous réunissons ici
pour la première fois sous les yeux de nos lecteurs soient si nombreux que tous nos efforts tendent, comme on peut s'en apercevoir,
à limiter avec parcimonie notre récit à ces documents eux-mêmes,
afin de ne pas trop allonger ce chapitre pourtant capital. Exposons
en quelques mots cette tradition significative :

C'est sur les bords désolés de la baie des Trépassés (Finistère) que
l'on retrouve les vestiges de l'antique cité. Plusieurs routes anciennes
aboutissent aujourd'hui à la mer et se prolongeaient autrefois dans la
baie de Douarnenez. Les traditions bretonnes racontent que la cité d'Is
était défendue contre l'Océan par des digues puissantes, dont les écluses
étaient ouvertes une fois par mois sous la présidence du roi pour donner
passage au trop plein des cours d'eau. La ville était luxueuse, le palais
somptueux, la cour adonnée à tous les plaisirs. La fille du roi, la princesse Dahut, était belle, coquette et licencieuse, et malgré l'austérité
paternelle, se livrait à de folles orgies. Gradlon avait promis d'imposer
son autorité et d'arrêter les scandales de sa fille, mais l'indulgence pater-

SUBMERSION DE LA VILLE D'IS, CAPITALE DE LA GOURNOUAILLE (BAIE DES TRÉPASSES)
AU Vᵉ SIÈCLE DE NOTRE ÈRE.

LE MONDE AVANT LA CRÉATION DE L'HOMME.

40

nelle l'avait toujours emporté dans son cœur. La jeune princesse forma un complot pour s'emparer de l'autorité royale, et le vieux roi ne tarda pas à être relégué dans le fond de son propre palais. Elle présida aux cérémonies et même à l'ouverture des écluses, et elle eut la fantaisie de les ouvrir elle-même un jour de grande marée!... C'était le soir; le roi vit arriver devant lui saint Guénolé, l'apôtre de la Bretagne, qui venait lui annoncer l'imprudence de sa fille : la mer pénétrait dans la ville, la tempête la poussait devant elle, et il n'avait plus qu'à fuir, la ville entière étant destinée à disparaître. Gradlon voulut encore sauver son enfant des suites de sa folle imprudence : il l'envoya chercher, la prit en croupe sur son cheval et, suivi de ses officiers, se dirigea vers les portes de la cité. Au moment où il les franchissait, un long mugissement retentit derrière lui; il se détourna et poussa un cri! A la place de la ville d'Is s'étendait une baie immense sur laquelle se reflétait la lueur des étoiles. Mais les vagues arrivaient sur lui, frémissantes. Elles allaient l'atteindre, et le renverser, malgré le galop des chevaux, lorsqu'une voix cria : « Gradlon! si tu ne veux périr, débarrasse-toi du démon que tu portes derrière toi ». Dahut terrifiée sentit ses forces l'abandonner, un voile s'étendit sur ses yeux, ses mains, qui serraient convulsivement la poitrine de son père, se glacèrent et retombèrent : elle roula dans les flots. A peine l'eurent-ils engloutie qu'ils s'arrêtèrent. Quant au roi, il arriva sain et sauf à Quimper et se fixa dans cette ville, qui devint la capitale de la Cornouaille.

C'est là une légende assurément; mais cette légende recouvre un fond de vérité : la submersion incontestable d'une grande ville au Ve siècle de notre ère.

A la ville d'Is on peut ajouter, comme exemple de régions submergées par les envahissements de la mer, la cité d'HERBADILLA, près Nantes, dont parle Grégoire de Tours (elle était sous sa juridiction), et qui fut engloutie de son temps, vers 580 ; — celle de TOLENTE, non loin de Brest ; — celle de NAZADO, près d'Erquy ; — celle de GARDOINE, dans la plaine de Dol, qui disparut au temps de Charlemagne. Depuis l'embouchure de la Loire jusqu'au Finistère, il n'est pas une côte où l'on ne rencontre des villes submergées, pas une grève au fond de laquelle on ne retrouve des vestiges d'habitations. Le littoral du Morbihan paraît être descendu de cinq mètres à Closmadeuc.

Il y avait des forêts, sur le rivage de Dunkerque, occupant les plages baignées aujourd'hui par la mer. La plage d'Etaples contenait un si grand nombre d'arbres ensevelis dans le sable que l'Etat a mis en adjudication le droit de les extraire. Des fondations romaines ont été découvertes à Sangatte. On a retrouvé à l'ouest de Calais les restes d'une forêt submergée, au milieu de laquelle on a reconnu des ossements d'aurochs et des coquilles d'eau douce, ce qui prouve qu'à une époque géologique récente la côte était plus élevée que de nos jours. A cette époque, au commencement de la période quaternaire, le Pas-de-Calais n'était pas encore ouvert aux eaux de l'Océan qui se précipitent dans la mer du Nord, l'Angleterre était encore rattachée à la France.

La Belgique et la Hollande descendent lentement ; le sol des villes bâties non loin du rivage est au-dessous du niveau de la mer, même aux plus basses marées ; en plusieurs points, le niveau des hautes mers surpasse les toits des maisons. Si ces régions sont encore continentales et habitées, elles le doivent, non à la nature, mais aux digues construites par les hommes, et cela depuis les origines même de l'histoire des « Pays-Bas » qu'une admirable persévérance maintient contre la menace de l'élément marin. On en aura l'impression en se souvenant des principaux faits de cet ordre accompli sur ces rivages :

Le golfe de l'Artois, au fond duquel on a trouvé des médailles romaines mélangées à la tourbe, s'est formé du IIIᵉ au Vᵉ siècle de notre ère, de Calais à St-Omer et Nieuport.

Aux douzième et treizième siècle, destruction du rivage des Pays-Bas : 140 000 victimes ;

En 1282, invasion de la mer dans le lac Flevo et formation du Zuyderzée ;

En 1321, cent mille victimes en Hollande ;

En 1421, soixante-douze villages engloutis à l'embouchure de la Meuse ;

En 1427, 55 autres villages submergés en Hollande et 13 dans la contrée de Dol ;

En 1503, la mer arrive jusqu'à Bruges ;

En 1570, rupture des digues de l'embouchure de la Meuse, cent mille victimes ;

En 1531, extension de la mer de Harlem ;

En 1717, nouvelle irruption en Hollande, 12 000 victimes, l'affaissement du sol est de dix mètres au-dessous de la haute mer ;

En 1775, nouvelle irruption et nouveaux désastres ;

En 1834, fin du nord-strand danois.

Les chroniques des Pays-Bas ont conservé les récits les plus lamentables de ces terribles envahissements de la mer sur un sol qui descend toujours. Dans les seules années 1421, 1427 et 1446, plus de deux cents villages de la Frise et de la Zélande furent engloutis. Pendant longtemps on continua de voir sortir des eaux les sommets des tours et les pointes des clochers. Depuis les *Commentaires de César*, tous les récits sont d'accord pour toute cette contrée. L'île des Bataves, habitée du temps de Tacite, est aujourd'hui au-dessous des basses mers.

Il n'est pas rare de retrouver ces ruines englouties. En 1869, nous avons vu, à l'embouchure de l'Escaut, du pont du bateau qui faisait le service d'Anvers, des ruines très distinctes submergées à une grande profondeur.

Le sol s'abaisse également sur le littoral des départements du Nord et du Pas-de-Calais. A Calais, les rues ne se trouvent plus qu'à un mètre au-dessus des hautes marées, et le sol cultivé descend jusqu'à la limite du flot; à Dunkerque, la hauteur des rues n'est plus que de 60 centimètres et les champs sont labourés jusqu'à un mètre en contre-bas de la mer; à Furnes, à Ostende, les rues sont encore plus basses, et le niveau des polders ne cesse de s'abaisser; près des bouches de l'Escaut, ce niveau est de 3 mètres et demi au-dessous des hautes marées; pendant les fortes tempêtes de l'ouest, la vague de houle est sur la plage de Hollande à 5 mètres et demi au-dessus du pavé d'Amsterdam.

Le Zuyderzée ou mer du Sud, qui s'étend sur 196 670 hectares au nord-est d'Amsterdam et n'a que de faibles profondeurs (1 à 8 mètres) n'a été formé qu'au treizième siècle. Il est probable que le travail de l'homme le desséchera pour le faire servir à l'agriculture, comme on y a réussi pour la mer de Haarlem, qui mesurait pourtant 21 kilomètres de longueur sur 10 de largeur et 4 mètres de profondeur et contenait 724 millions de mètres cubes. Sa formation est toute récente. Au temps de Tacite, son emplacement était occupé par de la terre ferme et plusieurs lacs, dont le plus grand est désigné, par Pomponius Méla, sous le nom de lac Flevo. A cette époque, l'Issel se jetait dans ces eaux intérieures, et, continuant son cours, atteignait la mer du Nord entre les îles appelées aujourd'hui Vlieland et

Schelling. C'est au treizième siècle que la mer envahit ces lacs, submergea ces terres et combla le Zuyderzée.

En avant du Zuyderzée, existaient, sur le littoral de la Hollande, une chaîne de 23 îles, restes probables d'une ancienne terre submergée. On n'en retrouve plus aujourd'hui que seize fragments, rongés, disséminés et abaissés d'année en année.

On observe des faits analogues sur les rivages de l'Océan, à l'em-

Fig. 145. — Villages de Zélande engloutis sous l'irruption de la mer.

bouchure de la Gironde. Il suffit de comparer les cartes hydrographiques dressées en 1752 avec celles de 1842, pour constater que, dans cet intervalle si court (90 ans), la mer a pris 1 200 mètres à la pointe de Grave. En 1774, la ligne de haute mer à Soulac était à 950 mètres de l'église; en 1818, elle était à 650 mètres; et en 1865, à 560 mètres seulement.

Le rocher de Cordouan, sur lequel s'élève la célèbre tour, faisait autrefois partie du continent; en l'an 1500, il n'en était encore séparé, à marée basse, que par un passage étroit et guéable. Au-

jourd'hui, sa distance au rivage est de sept kilomètres, et l'on
n'aborde plus à la tour qu'aux basses marées. De siècle en siècle,
cette terre s'est rétrécie pour n'être qu'un rocher découvrant à mer
basse. On a même pu mesurer d'une manière exacte, mathématique, quel a été le taux de l'abaissement annuel. En effet, la
portée des feux du phare de Cordouan ayant constamment diminué
à cause de l'abaissement graduel du fanal lui-même, il a fallu
exhausser de nouveau la tour pour donner à la lumière la même
portée qu'il y a un siècle. L'abaissement du sol est de 3 centimètres par an, 3 mètres par siècle.

La pointe de Grave est un exemple d'autant plus remarquable
de l'envahissement de la mer, que le travail d'érosion des vagues est
aidé par l'affaissement du sol. De 1826 à 1860, le rivage a reculé de
750 mètres. Continuant son œuvre, la mer aurait aujourd'hui
détruit toute la pointe et changé le lit de la Gironde en lui ouvrant
une seconde embouchure si d'immenses travaux de défense, souvent renversés par les tempêtes, mais toujours réparés avec intelligence et persévérance, n'avaient, depuis 1860, opposé un obstacle
efficace aux conquêtes de l'élément liquide. Toutes les constructions
élevées depuis le commencement du siècle à l'extrémité de la
pointe ont dû être successivement démolies et réédifiées dans l'intérieur de la presqu'île. L'ancien fort qui défendait l'entrée de la
Gironde a été renversé par les vagues, et l'on aperçoit encore, aux
plus basses marées d'équinoxes, des canons gisant dans le sable. La
hauteur de l'eau est actuellement de dix mètres le long de la ligne
du rivage de 1826. De 1818 à 1846, la largeur du détroit qui sépare
Cordouan de la péninsule du Bas-Médoc s'était exactement accrue
d'un dixième. A la fin du XVIᵉ siècle, lorsque Louis de Foix travaillait à la construction du phare de Cordouan, l'île était assez grande
pour porter tout un village d'ouvriers; actuellement ce n'est qu'un
rocher découvrant à basse mer. — Malgré tous les efforts, le sol
illustré et enrichi par les meilleurs vignobles de France diminue
malheureusement de siècle en siècle.

L'île d'Aix, en face de Rochefort, jusqu'alors attachée au continent, s'en est séparée vers l'an 1400; aujourd'hui elle en est dis-
tante de plusieurs kilomètres.

Il en est de même à Arcachon et sur la côte des Landes, jusqu'à l'Espagne. L'envahissement de la mer est très sensible à Saint-Jean-de-Luz. La ville s'étendait autrefois au nord : un couvent de bénédictins qui occupait ce quartier est submergé et détruit, à l'exception de deux puits dont la maçonnerie a résisté et où l'on peut encore puiser de l'eau douce. La mer avance de 2 mètres par an.

Dans la Méditerranée à l'extrémité de l'Adriatique, Venise est

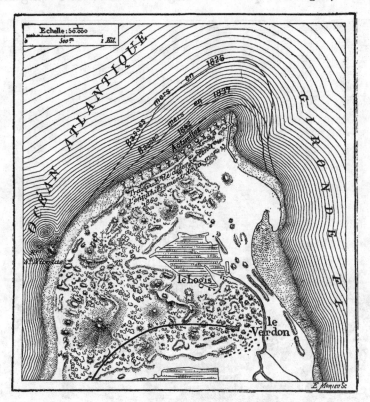

Fig. 146. — Les envahissements de la mer à la pointe de Grave.

un exemple de l'affaissement graduel du sol : on peut l'évaluer à 0^m155 par siècle. Le pavage de la place Saint-Marc, qui a déjà été exhaussé, est de temps à autre submergé par les eaux qui arrivent par infiltrations aux époques de hautes mers : en 1873, nous avons mesuré une épaisseur d'eau de 20 centimètres au-dessus des dalles. En 1732, on a exhaussé le pavé de 0^m34 au-dessus de l'ancien pavé de briques.

Ainsi, l'on ne peut plus conserver aucun doute à l'égard de l'affaissement graduel du sol de la Hollande, de la Belgique, de la Normandie, de la Bretagne et d'une partie du littoral océanique

de la France. Quel est le degré de cet affaissement? Les uns
(M. Quénault) l'évaluent à 2 mètres par siècle et concluent que
dans dix siècles la Normandie et la Bretagne se seront abaissées
de 20 mètres, que « tous les ports de la Manche et de l'Océan seront
détruits » et qu'un peu plus tard « Paris sera devenu une ville maritime, en attendant qu'il soit englouti, dans une vingtaine de

Fig. 147. — Le phare de Cordouan et son île au seizième siècle.

siècles » : cette appréciation paraît trop forte. Les autres (M. Chèvremont) sont moins alarmistes et reportent à une date sept fois
plus éloignée les effets qui viennent d'être décrits. Mais ce n'est là
qu'une question de degré. *Le fait* en lui-même est désormais
acquis à la science. Dans un certain nombre de siècles, *Paris* sera
devenu *port de mer* par l'œuvre même de la nature, puis cette
même contrée descendra lentement sous les eaux de la mer, à
moins que ce mouvement de dépression ne s'arrête pour se changer
en oscillation contraire, ce qui est possible, mais ce que rien ne

nous autorise à prévoir. Actuellement, la Seine, à Paris, n'est qu'à 26 mètres au-dessus du niveau moyen de la mer. Alors un explorateur sous-marin distinguerait, dans le crépuscule des eaux, les ruines de

Fig. 148. — Le phare de Cordouan aujourd'hui.

ce qui fut Paris. En ces siècles à venir, toutefois, le Panthéon, l'Observatoire, l'Arc de l'Etoile, les édifices futurs de Montmartre, du Père-Lachaise, des Buttes-Chaumont et du Mont-Valérien domineraient la mer parisienne comme les derniers témoins des âges évanouis. Mais il est hautement probable que notre brillante capitale ne vivra pas aussi longtemps, et que dans quatre, cinq ou six mille ans d'ici elle sera déjà oubliée par le changement des foyers de civilisation et leur transport au delà de l'Atlantique.

Ce sont là autant de témoignages de *l'affaissement* du sol. Dans la grande majorité des cas signalés, cet affaissement est certain, notamment en ce qui concerne la Hollande, la baie du Mont-Saint-Michel, Venise, Cordouan, etc. En d'autres cas, l'abaissement du sol se complique de l'érosion des rivages par les vagues de la mer. En d'autres cas, cette érosion existe seule, l'extension des eaux ne prouve pas toujours un changement de niveau : exemple le cap de la Hève.

Comme nous l'avons vu, indépendamment de tout changement de niveau, le littoral est rongé presque partout où la falaise est minée par la mer. En Angleterre, la côte qui borde l'estuaire de la Tamise offre de nombreux exemples du même genre. L'île de Sheppey, dans le comté de Kent, perd près d'un hectare par an, et si la dégradation actuelle se continue, le temps n'est pas éloigné où l'île entière sera détruite. Plus loin, vers l'est, on voit l'église de Reculver, qui était à 1600 mètres de la mer à l'époque d'Henri VIII. En 1781, il restait encore un espace considérable entre le mur du cimetière et la falaise; en 1804, une partie du cimetière fut entraînée; en 1831, Lyell vit des ossements humains et un morceau de cercueil en bois qui sortait du talus éboulé; actuellement, l'église ne subsiste, depuis longtemps abandonnée pour le culte, que grâce à une digue artificielle de pierres et de pilotis qui la protège. Nous reproduisons plus loin deux figures prises en 1781 et 1834, qui montrent bien cet empiètement de la mer.

Sur la côte du Suffolk, la ville de Dunwich, qui fut jadis le port le plus considérable de cette région, a été entièrement détruite par l'érosion des falaises sur lesquelles elle était bâtie. La destruction, commencée au XI⁰ siècle, était finie au XVIII⁰.

A Harwich, à Folkstone, à Saint-Léonard, à Hastings, à Newhaven, le rivage est rongé par la mer, qui s'avance sur plusieurs points de plus de cent mètres par siècle.

L'érosion de certaines côtes anglaises est aujourd'hui si bien

connue qu'on en tient compte dans les actes de vente en l'évaluant
à un mètre par an en moyenne.

On peut constater des transformations analogues sur tous les
rivages. A Gallipoli (Turquie d'Europe), au nord des Dardanelles,
entre autres, on connaît un remarquable exemple (*fig.* 149) de
l'érosion séculaire du littoral par les flots de la mer.

L'homme peut quelquefois mettre un frein à la destruction des

Fig. 149. — Les envahissements de la mer : Rivage rongé par les flots à Gallipoli.

falaises en empêchant les vagues d'arriver jusqu'à la base et de la
miner. Non loin de Douvres s'élève la célèbre falaise que les Anglais
ont consacrée à Shakespeare en souvenir de la belle description qu'il
en a donnée dans « le Roi Lear ». Pour sauver ce promontoire historique, les coteaux voisins, les maisons qu'ils portent, le chemin
de fer, etc., on a fait sauter à la mine toute la partie supérieure de la
roche dont la base était ravagée, quelque chose comme un milliard
de kilos, qui, secoués par neuf mille kilos de poudre, s'écroulèrent

avec fracas et créèrent un banc de sept à huit hectares, qui forme
talus et arrête pour plusieurs siècles la destruction de la falaise,
rongée déjà de près de deux kilomètres depuis dix-huit siècles.

Si l'érosion de la mer le long des falaises continentales est sensible d'une génération à l'autre et presque d'année en année, à
plus forte raison peut-on suivre plus facilement encore son œuvre
sur les falaises des îles. Certaines îles escarpées, autrefois très

Fig. 150. — Les empiétements de la mer : L'église de Reculver en 1781.

vastes, ont presque entièrement disparu. Dans la mer du Nord, par
exemple, on peut citer l'île d'Helgoland ou Halligland, composée de
grès bigarrés, entourée sur tout son pourtour d'une falaise de
soixante mètres de hauteur. Au onzième siècle, elle s'étendait sur
un espace de 900 kilomètres carrés, était très fertile, riche en
céréales, en bestiaux et en volatiles. Aujourd'hui il ne reste plus
rien qu'un banc de deux kilomètres de long sur six cents mètres
de largeur en moyenne, de maigres pâturages et quelques champs
de pommes de terre. Nous pourrions signaler un grand nombre
d'autres exemples analogues.

Si, d'une part, la mer empiète sur la terre ferme ; d'autre part, et en bien des régions, la terre ferme empiète sur le domaine maritime. Nous avons déjà cité comme exemples les embouchures des fleuves. En voici d'autres qui paraissent dus à une élévation du sol.

En Bretagne, entre la Loire et la Vilaine, le bourg de Batz, encore si curieux à visiter aujourd'hui, le Croisic et le Pouliguen formaient autrefois une île. Peu à peu l'espace compris entre l'île et la

Fig. 151. — Vue de l'église de Reculver en 1834.

terre ferme s'est converti en marais. Strabon rapporte que cette île était habitée par des prêtresses samnites qui se livraient à toutes les pratiques d'une religion cruelle et insensée. Les marais salants ont été abandonnés par la mer. Peut-être y a-t-il ensablement.

A Carnac, le célèbre pays des menhirs, d'après des comparaisons que nous avons faites sur d'anciens cadastres, la mer se retire lentement.

A Hennebont, le pied des tours de l'antique enceinte était autrefois baigné par la mer. Il s'est produit là, sur le Blavet, le même effet qu'à Harfleur sur la Seine.

À Brouage, non loin de Rochefort et de l'embouchure de la Charente, la mer s'est retirée et a fait place à des marais salants. On attache aujourd'hui les bêtes de somme aux mêmes anneaux où les marins amarraient les embarcations de Richelieu à l'époque du siège de La Rochelle (1627). La petite ville de Brouage, maintenant abandonnée à cause de son insalubrité, ne reçoit plus dans ses fosses que les eaux des plus fortes marées.

A Rochefort, les cales de construction établies du temps de Louis XIV seraient trop hautes aujourd'hui de 1^{m}25 environ; de plus, dans les marais salants qui produisent ces monticules blancs de sel marin que rien ne préserve de l'action des pluies, on reconnaît que d'année en année le sol se soulève et que, pour faire entrer les eaux mères qui doivent donner le sel, on est obligé de se rapprocher de la côte, laissant ainsi une ligne d'anciens bassins d'évaporation qui, sous le nom de *marais gâts*, forme une large lisière derrière les bassins qui travaillent aujourd'hui.

Au sud de l'embouchure de la Loire, l'île de Noirmoutiers, anciennement île isolée, est aujourd'hui presqu'île à marée basse et s'agrandit par suite du dépôt des sables. Il en est de même de l'île de Bouin. Depuis cent ans, la commune de Bourgneuf a gagné cinq cents hectares. L'anse de l'Aiguillon paraît être le reste de l'ancien golfe du Poitou, qui s'étendait au loin dans les terres jusqu'à Niort, Luçon et Courçon; l'apport des alluvions marines, les dépôts de la Sèvre niortaise, de la Vendée et du Lay, et peut-être aussi un soulèvement du littoral, ont fait gagner environ cinq cent mille hectares au continent depuis une époque relativement récente : on calcule que la mer abandonne chaque année trente hectares, et si le mouvement continue, un siècle suffira pour transformer en terre ferme ce que l'Océan garde encore du vieux golfe poitevin.

Sur la côte de la Vendée, près de la pointe de l'Aiguillon, les moines de Saint-Michel-en-l'Herm possédaient un immense domaine avec des pêcheries et des élèves de chevaux, qui portaient leurs revenus ou plutôt ceux de l'abbé à plusieurs centaines de mille francs. Ils étaient fort jaloux des conquêtes que le changement de configuration de la côte leur permettait de faire sur l'Océan; aussi, pour que l'autorité royale ne vint pas leur disputer ces extensions de territoire, leurs titres de propriété portaient : *confrontant à l'ouest à l'Amérique, l'Océan Atlantique entre deux*. On voit qu'il y avait une large part pour les terrains soulevés ou abandonnés par la mer. Quant au passage dans l'île de Noirmoutiers, Henri IV, qui n'était rien moins que poltron, n'osa pas le tenter un soir de tempête, et passa une nuit fort incommode dans la cabane du bate-lier, quoique certaines attractions de son goût l'attendissent dans l'île. Aujourd'hui ce trajet se fait sur des chevaux ou sur des ânes, par tous les temps possibles.

A toutes ces causes de variations des rivages, nous devons encore ajouter les dunes de sable poussées par le vent de la mer. En cer-taines régions elles agissent avec une singulière activité. Sur le lit-toral des Landes de Gascogne, par exemple, les vagues de la mer jettent chaque année six millions de mètres cubes de sable ! Ce sable, poussé par le vent, forme des collines, parfois même des montagnes. L'une d'entre elles (celle de Lascours) s'élève jusqu'à 80 et même 89 mètres de hauteur. En Afrique, sur les plages basses où l'Océan vient baigner le grand désert du Sahara, les dunes du cap Bojador et du cap Vert atteignent une élévation de 120 à 180 mètres. On a vu de siècle en siècle des villages engloutis sous cette fine poussière. des étangs repoussés graduellement et surélevés, des transformations topographiques considérables. Dans les dunes de Gascogne, on con-naît les villages de Lislan, de Lélos, engloutis tout entiers; on n'en retrouve même plus l'emplacement. Le bourg de Mimizan a été sauvé à temps par des palissades et des plantations. Les dunes de la Teste avancent de vingt à vingt-cinq mètres par an. L'homme les arrête aujourd'hui par des plantations qui s'opposent à la prise du vent.

Lorsqu'il y a rivalité efficace, équilibre moyen, entre le vent de la mer et le vent venant de terre, les dunes restent stationnaires : ce qu'elles gagnent un jour, elles le perdent le lendemain. Mais si le vent de la mer domine sensiblement, elles gagnent sans cesse en étendue et forment des collines ambulantes qui s'avancent inexora-blement dans l'intérieur des terres. C'est ainsi qu'aux environs de Saint-Pol-de-Léon (Finistère), les dunes de Santec recouvrent aujourd'hui un canton qui, jusqu'en 1666. était habité et fertile; on voyait encore, au commencement de ce siècle, le clocher et quelques cheminées émergeant au-dessus des sables. Le mouvement de progression des dunes s'était élevé à 537 mètres par an! On s'est décidé à les arrêter par des plantations de pins maritimes.

A Escoublac, près de Pornichet (Loire-Inférieure), nous avons en vain cherché, il y a quelques années, les ruines de l'ancien bourg enseveli sous les dunes depuis un siècle. La montagne de sable est

Fig. 152. — Village enseveli sous les dunes.

aujourd'hui couverte de sapins. Chassés impitoyablement par l'envahissement des sables qui, grain à grain (on pourrait dire goutte à goutte), venait les submerger, les habitants de l'ancien bourg abandonnèrent définitivement leurs demeures en 1779 et s'installèrent dans le village actuel, plus éloigné de la mer. Il reste encore une ferme, vers la limite de l'ancien Escoublac. Quoique la submersion ne se soit effectuée qu'avec lenteur et ait laissé aux habitants du pays tout le temps nécessaire pour s'installer un peu plus loin, des traditions sont restées qui donnent un aspect tragique à l'événement.

Les aïeules racontaient encore naguère, à leurs petits-enfants, qu'un soir deux étrangers se présentèrent au bourg et y demandèrent l'hospitalité : c'étaient un vieillard vénérable et une jeune femme d'honnête figure, mais si pauvres, qu'auprès d'eux les briérons (les pauvres ouvriers qui exploitent la brière), avaient paru des « négociants ». Ils allèrent de porte en porte sans pouvoir obtenir ni un morceau de pain pour leur souper, ni une botte de paille pour la nuit. Quand ils eurent dépassé la dernière maison, tous deux s'arrêtèrent. Le vieillard semblait indigné et

Fig. 153. — Paris sous les eaux.

la femme pleurait, non pas sur elle, mais sur ceux qui avaient été sans pitié. Alors elle joignit les mains comme pour demander grâce ; mais son compagnon arracha trois brins de sa barbe qu'il souffla vers la mer, puis la femme et lui s'envolèrent dans le ciel ! A peine avaient-ils disparu qu'il s'éleva un vent d'ouest tel qu'il n'en n'avait jamais soufflé depuis la création du monde. Il roulait dans l'air des nuées de sable si épaisses, qu'*un homme avait peine à y fourrer le bras*, et que le lendemain, au soleil levant, le bourg avait disparu. On n'apercevait plus que le coq du clocher, qui se trouvait au niveau du sol. Les gens comprirent alors que le vieillard et la pauvre femme repoussés la veille étaient Dieu le père et la vierge Marie, qui avaient voulu éprouver les gens d'Escoublac, et qui les avaient punis de leur manque de charité.

L'église actuelle d'Escoublac date de 1782. Au moyen âge, le village s'appelait *Episcopi lacus* (le lac de l'Évêque), et il est probable que le lac ou étang auquel ce nom fait allusion, occupait l'emplacement actuellement marqué par les marais salants.

Le travail de la nature sur les rivages est, comme on le sait, très complexe. Quelquefois les débris des falaises, réduits en galets, puis en sable, sont entraînés au loin le long des rivages par les courants de marée qui vont en former des bancs et des dépôts. C'est ce qu'on voit sur les côtes de la Manche, à l'embouchure de la Somme, au promontoire du Hourdel, sur les rivages des Flandres, de la Hollande et de l'Angleterre orientale. Ce qui est pris aux falaises par l'érosion est rendu plus loin en bancs de sable et en galets. Notre figure 154 montre un exemple remarquable de ces remaniements de rivages par les galets rejetés par la mer en cordons successifs, tel qu'on peut l'observer à Cayeux, sur le littoral du département de la Somme.

Sur ce littoral, Cayeux, St-Valery, le Crotoy, etc., la mer se retire. Au treizième siècle encore, les barques à fond plat pouvaient remonter à la marée jusque sous les murs d'Abbeville. Il y a là plusieurs anciens ports abandonnés. Les premières maisons bâties à Cayeux, sur le bord de la mer, en sont maintenant à plus de trois cents mètres : en 1879 l'administration du domaine maritime considérant le relais de mer comme lui appartenant, a vendu la bande de terrain nouvellement formée entre le bourg et la plage. Depuis le Crotoy jusqu'à Boulogne on peut suivre sur les cartes le retrait graduel de la mer. La Canche était navigable au XIIIᵉ siècle jusqu'à Valloire; Montreuil-sur-Mer était un port : il est à quinze kilomètres de la mer; le Marquenterre est une plaine entièrement conquise sur la mer, etc.

Les courants de la mer, la direction des vents, le cours des sables charriés aux embouchures des fleuves, agissant de concert sur certains points, modifient leur configuration, non toujours d'une manière régulière, mais parfois en changeant d'allure suivant la variation des circonstances. Il y a encore là un autre aspect de la question. On peut en signaler comme type le cap Ferret, dans le

bassin d'Arcáchon. Grâce au courant de marée, il s'est avancé de
1768 à 1826, dans l'intérieur de la mer, de cinq kilomètres en
58 ans, c'est-à-dire de 86 mètres par an ou de 20 à 25 centimètres
par jour! Puis le mouvement s'est arrêté, le courant a changé et le
cap a rétrogradé. En 1854, l'extrémité du cap avait rétrogradé de
1 800 mètres. Maintenant, elle empiète de nouveau sur la mer dans

Fig. 154. — Plage de galets rejetés en cordons par la mer à Cayeux (Somme).

la direction du sud. Bancs de sables, flèches et lagunes sont des
jouets pour les courants de la mer. (Voy. la *fig.* 155.)

Mais ne nous attardons pas sur les détails, et revenons aux oscillations lentes du sol.

Parmi les faits qui mettent le mieux en évidence les variations
lentes mais sûres de niveau du sol, on doit citer la Suède et toute la
péninsule scandinave, qui s'élève d'un côté tandis qu'elle s'abaisse
de l'autre. Dès l'année 1730, l'astronome suédois Celsius (celui auquel on doit la graduation du thermomètre centigrade) avait conclu
du témoignage des paysans et des pêcheurs que le golfe de Bothnie
diminue d'année en année de profondeur et d'étendue; les vieil-
lards lui montraient les divers points de la côte où la mer arrivait

au temps de leur enfance; les noms de lieux, la position plus ou moins continentale d'anciens ports abandonnés, les débris de bateaux trouvés loin de la mer, les chants populaires, ne pouvaient laisser aucun doute sur la diminution de la mer. Cet abaissement du niveau des eaux était-il réel? Était-ce la mer qui avait baissé ou

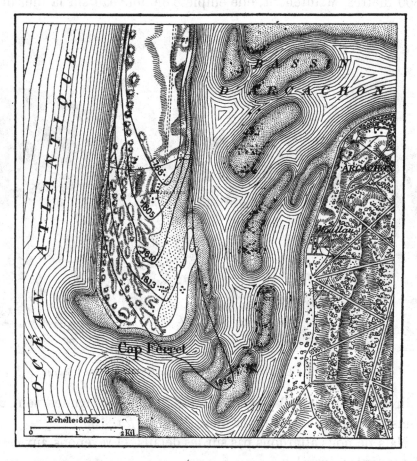

Fig. 155. — Transformation des rivages : État actuel et déplacements rapides du cap Ferret, près d'Arcachon.

le sol s'était-il élevé? A cette époque encore l'opinion unanime était que le sol était l'élément *solide* et invariable par excellence, et Celsius, comme les savants de son époque, attribuèrent le fait à une diminution des eaux de la mer Baltique. L'année suivante, en 1731, en compagnie de Linné, il traça une ligne de repère à la base d'un rocher de l'île Lœffgrund, non loin de Gefle, et treize ans plus tard il put constater que la différence de niveau s'élevait à 0ᵐ18. Il fut

accusé d'impiété par les théologiens de Stockholm et d'Upsal, qui
affirmaient l'invariabilité de la création, et même le Parlement fut
appelé à trancher la question par un vote ! Les représentants du
peuple et la noblesse eurent le bon sens de se reconnaître incompé-
tents ; mais le clergé et les bourgeois déclarèrent hérétique l'opi-

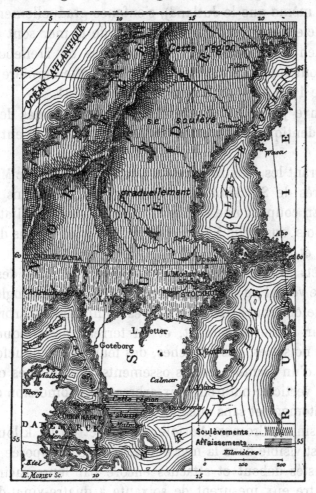

Fig. 156. — Soulèvements et affaissements constatés en Suède.

nion nouvelle et la condamnèrent ! Vraiment, l'histoire de la vanité
religieuse restera toujours la plus curieuse des histoires !

Les théologiens suédois n'empêchèrent, toutefois, la Terre ni de
tourner ni de changer. Depuis le temps de Celsius et de Linné on a
continué les observations et on a constaté qu'en effet la terre suédoise s'élève sensiblement vers le nord tandis qu'elle s'abaisse vers

le sud. La ligne de démarcation s'étend de la côte suédoise à celle du Schleswig-Holstein, au delà de Bornholm et de Laland. D'après les derniers relevés (1884), *la côte nord s'est élevée de* 2^{m}10 *pendant les* 153 *années qui séparent l'année* 1731 *de l'année* 1884.

Par contre, la pointe terminale de la péninsule scandinave, la Scanie (de même que le Jutland), s'enfonce graduellement sous les eaux. D'anciennes forêts situées au bord de la mer sont englouties et continuent de descendre. Plusieurs rues de Trelleborg, Istad, Malmöe, sont aujourd'hui remplies d'eau : cette dernière ville s'est abaissée de 1^{m}55 depuis les observations de 1731.

On trouve jusqu'à 27 mètres de hauteur des amas de coquilles marines, identiques avec celles qui vivent actuellement dans ces mers.

En ouvrant les canaux qui font communiquer le lac Mœlar avec la mer, près de Stockholm, on mit au jour d'anciens vaisseaux enterrés. En coupant une colline on retrouva une habitation construite en bois, ensevelie à 15 mètres de profondeur sous des sables, des argiles et du gravier.

Des forêts en voie de submersion analogues à celles des côtes de la Scanie se voient en Cornouailles et en Devonshire (Angleterre) : à marée basse on trouve des souches très nombreuses d'arbres variés, noircies par l'ensevelissement, et du terreau dans lequel on recueille des noisettes, des branches, des feuilles, quelquefois même le corselet d'un scarabée et des ossements. Ces souches ont toutes la position verticale naturelle aux arbres : la submersion doit avoir eu lieu lentement et sans aucune secousse.

De Kessing à Cromer (Norfolk) une forêt de 64 kilomètres de longueur est visible dans la mer à marée basse, composée de troncs d'arbres restés debout et attachés encore par leurs racines; plusieurs d'entre eux mesurent de soixante à quatre-vingt-dix centimètres de diamètre, et les lits d'argiles qui les renferment contiennent une énorme accumulation de matière végétale. On les voit toutes les fois qu'à marée basse les vagues ont déblayé les sables et galets qui les recouvrent.

A Plumstead, à Dagenham, et dans d'autres parties de la Tamise, entre Woolwich et Erith, on peut reconnaître à marée basse les restes d'une forêt submergée sur laquelle le fleuve coule aujourd'hui.

C'est du reste là un fait très anciennement connu. Décrit dès le milieu du siècle dernier par le capitaine Perry, il a été spécialement étudié en 1817 par Guekladd et vérifié en 1883 par l'Association scientifique anglaise : on a retrouvé, au-dessous de six à huit pieds d'alluvions, un sol formé de branches, de feuilles, de traces d'arbres et d'ossements d'animaux de l'époque actuelle. Cet affaissement est récent, comme tous les précédents. La ville de Londres est bâtie sur une ancienne forêt habitée autrefois par des races d'animaux dont on a retrouvé les restes.

Ainsi, sur toutes ces côtes, les vestiges de forêts sous-marines sont incontestables et prouvent l'affaissement du sol. Les documents sont nombreux. Nous nous bornons à signaler les principaux. Or ces faits de dépressions et de soulèvements ne sont pas spéciaux à notre époque; ils se sont produits autrefois comme de nos jours, et ils expliquent les variétés du relief de la croûte du globe.

Le Groënland, aujourd'hui couvert de glace et parsemé de ruines, était autrefois une « terre verdoyante » comme son nom l'indique. Après les voyages effectués par Erik le Rouge en 983 et en 986, le pays, très fertile, au moins le long du littoral, ne tarda pas à être colonisé. Aujourd'hui, les glaces couvrent *plus de la moitié* des deux milliards de kilomètres carrés que représente sa surface. Il s'est soulevé après la période glaciaire, et ce soulèvement a porté à l'altitude de 50 mètres des bancs de coquilles identiques à celles qui vivent actuellement dans la mer voisine. L'expédition qui vient d'être faite (1879 à 1883) par ordre du gouvernement danois signale entre autres une ruine du moyen âge, située sur un écueil, à Igaliko, qui s'est tellement affaissée que la mer en baigne le pied. La côte occidentale du pays subit un abaissement lent, absolument certain, dont la mesure, toutefois, ne nous paraît pas clairement exprimée ([1]).

C'est non loin du Groënland que se trouve, sur les anciennes cartes marines, la « Terre submergée de Buss », vers 57° de latitude et 30° de longitude, dont on ne retrouve plus aucune trace aujourd'hui.

---

1. Voy. *Journal des savants*, juin 1885, p. 364 : « Cet abaissement a été à Lich tensfeld, depuis 1789, de 1^{m}88 à 2^{m}51. » — Veut-on dire que l'abaissement avait déjà été mesuré à 1^{m}88 en 1789 et est aujourd'hui de 2^{m}51, ou que depuis 1789 il est égal à une quantité comprise entre 1^{m}88 et 2^{m}51?

Il y a là actuellement 748 brasses d'eau, au-dessus d'une montagne
sous-marine tout autour de laquelle la profondeur descend jusqu'à
1 200 brasses environ de part et d'autre. Cependant, en 1777 encore, les cartes marines signalent là un écueil pour les navigateurs.
Cet écueil datait sans doute du siècle précédent. En remontant plus
haut, on trouve au XIVᵉ siècle, en 1380, la relation de deux nobles
Vénitiens, Nicolas et Antonio Zeni qui, emportés par une tempête,
ont été recueillis là par une population chrétienne habitant une
grande île, l'ouest Friesland, sur laquelle existaient « cent villes et
cent villages ». Cette île est-elle la terre submergée de Buss ou une

Fig. 157. — Forêt en voie de submersion sur les rivages de la Suède.

partie du Groënland lui-même ? L'histoire est muette. Mais, selon
toute probabilité, il y a là une île submergée.

On se rendra compte de l'ensemble de ces grands mouvements
d'oscillations du sol à l'examen de la carte ci-dessous (*fig.* 158), sur
laquelle sont indiqués les changements les mieux constatés. On y
voit s'abaisser la côte occidentale du Groënland, l'extrémité méridionale de la Suède, la Prusse, le Hanovre, la Hollande, la Belgique, la Flandre, la Picardie, la Normandie, la Bretagne (excepté
du Blavet à la Loire : la Vendée, le Poitou, la Saintonge, paraissent
plutôt s'élever que s'abaisser), les Landes et la Gascogne jusqu'à
l'Espagne ; le littoral de l'Adriatique, le delta du Nil et la région du
canal de Suez, les bouches de l'Indus et le delta du Gange. — Dans les
Amériques, la côte orientale de l'Amérique du Nord, entre la Flo-

ride, Terre-Neuve et le Brésil, de l'embouchure de l'Amazone jusqu'au Pornahyba : la vallée des Amazones s'est laissée envahir par
l'Océan jusqu'à 500 kilomètres, et les Andes qui portent Quito parais-

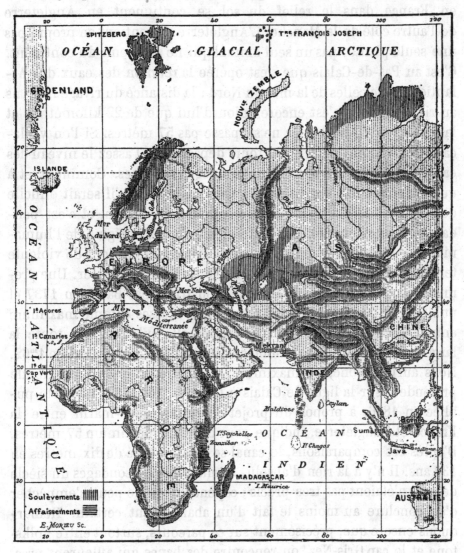

Fig. 158. — Carte générale des soulèvements et affaissements du sol en voie d'accomplissement.

sent descendre lentement.—Sur cette même carte, on remarquera, au
contraire, que le Spitzberg, la côte orientale de la Sibérie, la Norvège et les Alpes Scandinaves, l'Écosse, la Sardaigne, la Tunisie, les
deux rives de la mer Rouge et le Turkestan, sont en voie d'exhaussement.

L'Angleterre était autrefois réunie à la France. La constitution géologique des terrains est la même de part et d'autre du détroit; les mêmes formations correspondent, et les soulèvements observés en France dans le relief du sol se continuent en Angleterre de l'autre côté de la Manche. L'Angleterre ne contient en propre pas une seule plante, pas un seul animal qui ne soit venu du continent. C'est au Pas-de-Calais que s'est opérée la réunion des eaux de l'Atlantique avec celles de la mer du Nord : la distance du rivage français au rivage anglais n'est encore aujourd'hui que de 22 kilomètres, et la plus grande profondeur ne surpasse pas 57 mètres. Si l'on y plaçait Notre-Dame de Paris, les tours dépasseraient assez le niveau des eaux pour que l'on pût encore sonner les cloches. Comment et à quelle époque le détroit s'est-il ouvert? C'est ce qu'il serait difficile de décider; mais ce n'est pas géologiquement ancien, et c'est pendant l'époque actuelle, peut-être même depuis l'origine de l'humanité. Les courants de marée peuvent avoir suffi, un jour de violente tempête, pour ouvrir le passage. Il continue de se creuser. Une première carte du fond de la Manche, construite par Baach en 1737 et publiée par Desmarets en 1751, porte 29 brasses comme maximum entre Douvres et Calais; encore laisse-t-elle subsister sur toute la largeur du détroit un haut fond de 19 brasses. La brasse est de 1^{m}62. Nous aurions donc, au maximum, 47 mètres pour la plus grande profondeur sur la ligne de Calais à Douvres, en 1737. La carte publiée en 1876, à propos du projet de tunnel sous-marin entre la France et l'Angleterre, indique pour ce même maximum 57 mètres. D'après ces comparaisons, le canal se serait creusé de dix mètres en 139 ans. Il n'y a là rien d'absolu, attendu que les sondages du siècle dernier n'étaient pas très précis; cependant on ne peut s'empêcher d'en conclure au moins le fait d'un abaissement certain. Remarquons encore que, précisément sur ce parcours, surtout entre Folkstone et le cap Gris-Nez, on rencontre des bancs qui affleurent presque, l'un, le Varne, arrive à dix mètres au-dessous de la surface (et même à six et à cinq); l'autre, le Colbart, arrive à cinq mètres en certains points. La direction et la force des courants, d'une part, la nature des roches d'autre part, agissent de façons diverses dans ce creusement du détroit, mais l'aspect général conduit bien à conclure que la séparation est géologiquement recente. L'isthme de Calais-Douvres est encore visible.

En même temps qu'il se creuse, le détroit s'élargit. La falaise du cap Gris-Nez, point français le plus rapproché des côtes anglaises, recule actuellement de 25 mètres par siècle. Il en a été de même près de Douvres, comme nous l'avons vu.

De la même manière, l'Irlande a été séparée de la Grande-Bretagne pendant la période géologique et zoologique actuelle.

De même que l'Angleterre était autrefois réunie à la France, de même l'Afrique était rattachée à l'Europe. Le détroit de Gibraltar

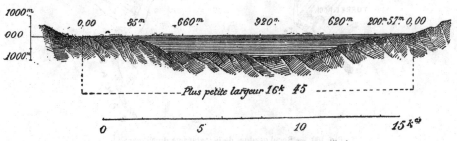

Fig. 159. — Le détroit de Gibraltar autrefois et aujourd'hui.

n'a pas toujours existé, pas plus que la Manche. Les anciens s'en étaient doutés par la forme des deux rivages symétriques, et ils attribuaient à Hercule la puissance d'avoir ouvert le passage entre l'Océan et la Méditerranée. Salluste regarde même comme une fâcheuse nouveauté d'avoir donné en géographie deux noms différents à l'Afrique et à l'Europe. De même que le Pas-de-Calais, le détroit de Gibraltar ne cesse de s'élargir sous la triple action des météores aériens, des vagues de tempêtes et du courant qui sort d'une mer pour se porter dans l'autre. L'antique réunion de l'Afrique à l'Europe est constatée zoologiquement par ce fait, que le nord de l'Afrique n'a pas une seule espèce de mollusques vivants

qui lui soit particulière et que tous les types de ces animaux
trouvés sur les pentes de l'Atlas sont originaires de l'Espagne.

Ce détroit, désigné dans l'antiquité sous le nom de « Colonnes
d'Hercule » à cause des gigantesques massifs montagneux qui le
bordent de part et d'autre sur la côte européenne comme sur la
côte africaine, ce détroit, disons-nous, s'élargit et s'approfondit de
siècle en siècle. Pline, Pomponius Mela, Avienus parlent d'une et

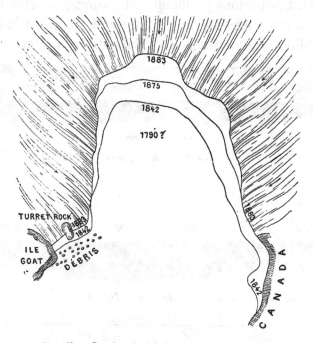

Fig. 160. — Recul graduel de la cataracte du Niagara.

même plusieurs îles boisées qui l'entrecoupaient; un temple y avait
été bâti en l'honneur d'Hercule. D'après Pline, la plus petite largeur du détroit aurait été de 10 à 11 kilomètres, et la plus grande
largeur de 14 kilomètres et demi. Actuellement la plus petite largeur est de 16 kilomètres. La mer a englouti la ville de Belon, à
trois lieues à l'est de Tarifa, et, dans la baie même de Gibraltar,
une partie de la ville de Carteyá.

Combien de terres ont disparu depuis les origines mêmes de
l'humanité ! Tous ceux qui aiment la littérature ont lu dans Platon
les belles pages qu'il a consacrées au souvenir de l'Atlantide, de ce
continent mystérieux qui existait autrefois entre l'Europe et l'Amé-

rique et sur lequel une antique humanité a vécu. Les comparaisons
géologiques nous montrent qu'à l'époque miocène, les plantes et
les animaux étaient les mêmes en Europe et en Amérique, quoiqu'ils diffèrent si complètement aujourd'hui. On peut en conclure,
avec vraisemblance, qu'à cette époque, le continent disparu qui a
donné son nom à l'Océan Atlantique, devait être rattaché par des
îles à l'Europe comme à l'Amérique. Les Guanches des Canaries ont

Fig. 161. — Vue à vol d'oiseau des chutes du Niagara.

même été regardés comme les descendants directs de l'humanité
primordiale qui peuplait l'Atlantide.

L'île de Madagascar est sans doute aussi un fragment de monde
disparu, un restant de continent descendu sous les flots. Quoique
assez rapprochée de l'Afrique, elle en diffère par sa zoologie et sa
botanique; sa faune et sa flore lui appartiennent en propre, et elle
possède même des familles entières, notamment de serpents et
de singes, qui n'ont pas d'autres représentants sur la planète.

L'île de Ceylan est dans le même cas. Elle appartenait sans

doute, avec Madagascar et les Seychelles, à un ancien continent émergé à la place de l'Océan Indien.

La plupart des Antilles, même les dernières terres, paraissent être émergées d'un continent sans rapport avec l'Amérique du Nord. Tout le monde sait que la Nouvelle-Zélande forme à elle seule un monde à part, dont la flore et la faune ont un caractère essentiellement original. Ni ses espèces fossiles, ni ses espèces vivantes, ne ressemblent à celles de l'Australie ou de l'Amérique du Sud.

D'après les fossiles si remarquables trouvés à Pikermi : hipparions, antilopes, girafes, mastodontes, rhinocéros, dinothériums, machairodus, la Grèce doit être le reste d'un ancien continent, portant de vastes forêts et de plantureuses prairies, s'étendant sans doute jusqu'à l'Afrique à travers les espaces marqués de nos jours par les îles de l'Archipel et la mer de Crète.

Tout change, tout se transforme, avec une rapidité plus ou moins grande. Qui ne connaît — de réputation tout au moins — la chute splendide du Niagara! C'est là un magnifique exemple de l'excavation progressive d'une vallée profonde dans la roche dure. Ce fleuve coule sur un plateau élevé dáns lequel le bassin du lac Érié forme une dépression. Le point où il sort de ce lac a près de 1 600 mètres de largeur, et un niveau de cent mètres supérieur à celui du lac Ontario, qui se trouve distant d'environ 48 kilomètres. En sortant du lac Érié, sur les 25 premiers kilomètres de son cours, le Niagara est limité par des bords qui sont presque de niveau avec le pays plat adjacent, comprenant à l'ouest le haut Canada, et à l'est l'État de New-York; ils ne sont nulle part à plus de 9 à 12 mètres au-dessus de la surface générale de la contrée. Le fleuve, d'une largeur qui est parfois de 4 800 mètres, accidentellement entre-coupé d'îles basses et boisées, forme, en les côtoyant, un courant aux eaux claires, unies et tranquilles; sa pente n'étant, sur une étendue de plusieurs kilomètres, que de 4^{m}50; il ressemble, dans cette partie de sa course, à un bras du lac Érié. Mais il ne tarde pas à changer complètement de caractère, et, lorsqu'il approche des Rapides, il commence à courir en écumant sur un lit de calcaire rocheux et inégal, et parcourt ainsi un espace de 1 600 mètres environ, jusqu'à ce qu'enfin arrivé aux chutes, il se précipite perpendiculairement d'une hauteur de 50 mètres. Une île, située au bord même de la cataracte, divise le Niagara en deux nappes d'eau ; la plus grande mesure 530 mètres de largeur, et la plus petite 180. Après s'être précipitée dans un bassin d'une profondeur considérable, l'eau s'engage avec une grande rapidité dans un canal étroit d'une forte pente, sur une étendue de onze kilomètres. Ce ravin, n'offrant entre ses murs qu'une distance de 200 à 400 mètres, la largeur du fleuve, sur ce point, contraste d'une manière frappante avec celle qu'il a au-dessus. Cette énorme tranchée, dont la profondeur est de 60 à 90 mètres, se termine brusquement à Queenstown en un escarpement, ou longue ligne de falaises intérieures, faisant face au nord du côté du lac Ontario. A sa sortie de la gorge creusée dans cet escarpement, le Niagara entre dans une plaine dont le niveau est à si peu de chose près le même que celui du lac Ontario, que les onze kilomètres à parcourir entre Queenstown et les bords de ce lac n'offrent qu'une pente de 12 centimètres environ.

La vue de ces chutes inspire l'idée d'une destruction constante et progressive ; la partie du bassin qui a été l'œuvre des cent cinquante dernières années ressemblant précisément, sous le rapport de la profondeur, de la largeur et du caractère, au reste de la gorge qui s'étend au-dessous sur une longueur de onze kilomètres, il est tout naturel de conclure que le ravin entier a été creusé de la même manière, par suite de la rétrogradation de la cataracte.

On vient de calculer tout récemment (Wesson, 1885) le taux de rétrogradation du Niagara, que Bakewell avait déjà étudié sur place en 1829 et Lyell en 1841. Nous reproduisons ici (*fig.* 160), d'après la carte officielle des États-Unis, les lignes de repère de cette rétrogradation pour la branche canadienne. Elle s'accomplit d'une manière inégale et irrégulière ; mais de 1842 à 1883, elle s'est élevée à 253 pieds anglais, c'est-à-dire à 77 mètres, soit 1^{m}88 par an. A ce taux, il n'y aurait pas plus de six mille ans que la cataracte aurait commencé à rétrograder à partir de l'escarpement de Queenstown. Lyell avait, sur une base moins vaste, admis seulement 0^{m}30 par an, ce qui reculerait à trente-cinq mille ans l'origine de la rétrogradation. Auparavant, l'immense fleuve coulait dans un lit différent, dont on retrouve les traces non loin du lit actuel.

Ces mouvements, ces changements, passent inaperçus pour

l'homme, observateur d'un jour, parce que notre vie est trop rapide, et d'ailleurs occupée par de tout autres sujets, moins intéressants, pour la plupart, que l'étude de la nature. Combien d'hommes vivent intellectuellement? Combien se demandent même où ils sont et se rendent compte du pays qu'ils habitent?

Nous avons vu tout à l'heure que toutes les montagnes sont lentement usées par les agents atmosphériques. Si l'on n'est pas frappé de cet abaissement, c'est parce qu'il s'effectue avec une extrême lenteur et que la base de nos observations est très restreinte. Mais que nous ayons sous les yeux d'anciens souvenirs historiques, et aussitôt l'œuvre des siècles parle aux yeux. En arrivant à Rome, la « ville aux sept collines », la première impression que nous avons reçue en contemplant le panorama du haut de l'Observatoire du Capitole, a été de « chercher » les sept collines. Elles sont descendues, leurs débris séculaires ont comblé les vallées intermédiaires (notamment le Forum, si considérablement exhaussé), et ce ne sont plus aujourd'hui que de simples ondulations. Le fond de toutes les villes s'élève avec le temps. Sous Louis XII, on montait un escalier de treize marches pour entrer à Notre-Dame de Paris. Aujourd'hui, la place du Parvis est de niveau avec le pavé de l'église.

A Paris même et aux environs, la Bièvre était autrefois une rivière importante, dans laquelle les castors étaient très nombreux (c'est même de leur nom ancien qu'elle a pris son nom). Aujourd'hui, la Bièvre n'est plus qu'un cours d'eau insignifiant, un ruisseau qui ne mérite le titre de rivière qu'aux jours de grandes crues.

Plus anciennement dans l'histoire, ou pour mieux dire aux temps préhistoriques, la Seine, incomparablement plus vaste qu'elle n'est de nos jours, s'étendait, fleuve immense, sur plusieurs kilomètres de largeur à Paris même, et s'élevait jusqu'à la hauteur de 60 mètres — et même de 63 mètres, — à 37 mètres au-dessus de son niveau actuel, dont l'altitude est de 26 mètres. M. Belgrand a même pu reconstituer cet ancien lit du fleuve dans les deux cartes que nous reproduisons plus loin. On a retrouvé ses alluvions jusqu'à ces hauteurs. Le fleuve a creusé les vallées jusqu'au point où nous les voyons aujourd'hui.

Transformation perpétuelle! Ici, les eaux creusent le sol, plus loin elles l'exhaussent en abandonnant le limon charrié aux

CHUTE DU NIAGARA

époques d'inondations ou en faisant un lit des matériaux enlevés aux montagnes par les pluies. Il suffit de regarder pour reconnaître partout les traces actuelles de dénivellation des terrains lentement minés. Les couches d'alluvions modernes occupent des espaces considérables, et mesurent souvent plusieurs mètres d'épaisseur. Tout récemment encore nous le constatons dans la vallée de la Meuse — en des lieux qui nous sont chers — non loin de la source de cette rivière, entre Bourmont et Montigny-le-Roi. Presque tous les ans la rivière déborde et recouvre de ses eaux limoneuses plusieurs centaines d'hectares. On peut estimer à deux millimètres l'épaisseur annuelle du limon abandonné après les crues en certaines régions de la vallée, tant par la rivière elle-même que par les terres descendues des collines en bordure : c'est deux mètres en mille ans, trois mètres au moins depuis l'époque romaine. On a trouvé des fers à cheval de petit module, des casques et divers objets alors abandonnés à la surface du sol, enterrés aujourd'hui à deux mètres de profondeur, et nous avons déterré nous-même (août 1885) à trois mètres au-dessous du niveau de la prairie, un chêne charrié et abandonné là depuis les origines de l'histoire de France, sans doute. Des fossiles jurassiques, térébratules, rynchonelles, bélemnites, huîtres, et autres coquilles antédiluviennes, entraînées par les eaux ou charriées pour les remblais de la voie ferrée, viennent confondre les époques géologiques en ajoutant leurs restes à ceux de l'époque actuelle. Le niveau de la vallée s'élève, le relief des collines s'abaisse, et l'histoire du monde écrit une de ses pages dans le paysage changeant ou sous l'indulgente affection du grand-père et de la grand'mère les jeux de notre enfance s'envolaient dans l'azur, — fugitive image de la fugacité de toutes choses et de la mobilité même de l'éternelle nature.

Partout nous pouvons observer ces transformations plus ou moins lentes. Certains exemples sont encore plus remarquables que tous les précédents. Nous voudrions pouvoir les signaler tous.

Dans le divin golfe de Naples, sur ce rivage enchanteur où les souvenirs de l'histoire s'unissent aux beautés de la nature pour bercer la pensée, on s'arrête, au milieu des ruines de Pouzzole, devant l'ancien temple de Jupiter Sérapis, curieux témoignage de l'instabilité du sol. Ce temple, édifié vers l'an 105 avant J.-C. sur le rivage de la mer, mais fort au-dessus du niveau de ses eaux, décoré de marbres précieux par Septime Sévère, entre les années 194 et 211 de notre ère, embelli et enrichi encore par Alexandre Sévère entre les années 222 et 235, fut ruiné par Alaric et ses Goths en 410, et par Genséric en 445. Ce sont là des vicissitudes humaines. Mais ce qui nous intéresse le plus, c'est l'œuvre de la nature.

Le sol sur lequel le temple est bâti s'est abaissé au-dessous du niveau de la mer. Les trois belles colonnes de marbre qui en restent, composées chacune d'un seul bloc de 12^{m}50 de hauteur, sont descendues avec le pavé et les substructions du temple au point d'être immergées jusqu'à 6^{m}30 de hauteur. Pendant cette période de submersion, qui s'est effectuée au moyen âge et était terminée au XVe siècle, la portion supérieure de la partie immergée a été attaquée, sur une hauteur de 2^{m}70, par des mollusques lithophages (mangeurs de pierres) qui vivaient alors dans la mer, comme aujourd'hui, et qui ont criblé ces colonnes de petits trous au fond desquels on trouve encore leurs coquilles. Les perforations sont si considérables en profondeur qu'elles témoignent d'un séjour prolongé des lithophages dans les colonnes, car à mesure que ces animaux croissent en âge et en volume, ils agrandissent proportionnellement leur demeure. La portion inférieure des colonnes est restée intacte, parce qu'elle plongeait dans le fond de la mer rempli de vase et de scories volcaniques jusqu'à la hauteur de 3^{m}60. (Nous reproduisons plus loin *fig.* 165, d'après Lyell, *Principes de géologie*, un beau dessin de ces ruines.)

A la fin du XVe siècle, ce sol si remarquable par son instabilité commença à effectuer un mouvement contraire, à se relever lentement et graduellement. Un document daté d'octobre 1503 porte que Ferdinand et Isabelle, souverains de Naples, accordent à l'université de Pouzzole une portion de terrain « d'où la mer est en voie de se retirer », et depuis cette époque on peut suivre sur les documents contemporains l'exhaussement graduel de cette plage.

Puis, de nouveau, ce mouvement d'élévation s'est arrêté. En 1749, le temple était entièrement sorti des eaux et tout le terrain environnant était à sec.

En 1807, l'architecte Nicolini, chargé de la réparation de ces ruines, ne vit jamais le pavé recouvert par la mer, excepté quelquefois lorsque le vent du sud soufflait avec force. Mais le sol commencait à redescendre de nouveau. De 1822 à 1838, les observations montrèrent que l'abaissement s'effectuait à raison de 25 millimètres tous les quatre ans, si bien qu'en 1838 on prenait chaque jour du poisson sur cette partie du pavé où, en 1807, il n'y avait jamais eu une goutte d'eau quand le temps était calme. En 1857

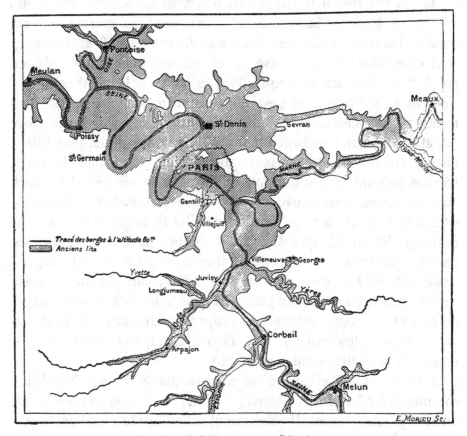

Fig. 163. — La Seine aux temps préhistoriques.

et 1858, Lyell trouva qu'il y avait environ 0^m60 d'eau sur le pavé. Le sol continue de descendre (¹).

Ces curieuses oscillations du sol constatées par le temple de Sé-

1. Je trouve dans mes notes de voyage que le 13 décembre 1872 il y avait « environ deux mètres d'eau à la base des trois belles colonnes », et je laisse cette note telle qu'elle est, quoique cette profondeur me paraisse considérable en examinant la question. Peut-être avait-on fait là quelques travaux qui auront retenu les eaux de pluies. Quoiqu'il en soit, cette dépression du rivage se continue.

rapis sont visibles dans toute cette contrée. A Pouzzole même, le temple de Neptune et le temple des Nymphes sont actuellement sous les eaux de la mer; deux voies romaines sont submergées; des lits de coquilles se voient le long du rivage, et de l'autre côté de Naples, à Sorrente, on a découvert une route, avec des fragments de constructions romaines, à une certaine profondeur sous la mer. Dans l'île de Capri (l'antique Caprée, de trop fameuse mémoire) un des palais de Tibère est depuis longtemps couvert par les eaux.

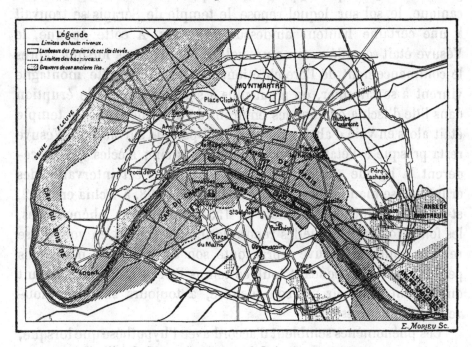

Fig. 164. — La Seine sur l'emplacement de Paris aux temps préhistoriques.

On peut admettre, avec Babbage et Lyell, que l'action de la chaleur est, d'une manière ou d'une autre, la cause du phénomène auquel se rattache le changement du niveau du temple. La source chaude que possède ce temple, la position qu'il occupe à contiguïté immédiate de la Solfatare, sa proximité du Monte-Nuovo, les eaux thermales des bains de Néron, sur le rivage opposé du golfe de Baïa, les sources bouillantes, les anciens volcans d'Ischia d'un côté et le Vésuve de l'autre, sont autant de circonstances, parmi une multitude d'autres, qui paraissent militer en faveur de cette conclusion. Si l'on compare, en effet, les dates des principales oscillations avec l'histoire de la région, on remarque une certaine connexité entre chaque période de soulèvement et un développement local de la chaleur volcanique, tandis que chaque période de dépression concorde avec un état de repos ou d'assoupissement des causes ignées souterraines. Ainsi, par exemple, avant l'ère chrétienne, lorsque les nombreux volcans d'Ischia faisaient souvent éruption, et que l'Averne et autres points des champs Phlégréens étaient réputés pour leur aspect et leur caractère volcanique, le sol sur lequel repose le temple de Sérapis se trouvait à une certaine hauteur au-dessus des eaux. A cette époque, le Vésuve était regardé comme un volcan éteint ; mais lorsque, après le commencement de l'ère chrétienne, les feux de cette montagne vinrent à se rallumer, on n'eut plus à signaler une seule éruption dans l'île d'Ischia ou dans les environs du golfe de Baïa. Le temple était alors en voie d'abaissement. A une période suivante, le Vésuve resta presque à l'état de repos pendant les cinq siècles qui précédèrent la grande explosion de 1631, et, dans cet intervalle, des éruptions se manifestèrent à la Solfatare en 1198, à Ischia en 1302, et le Monte-Nuovo se formait en 1538. Durant ces phénomènes, les fondations sur lesquelles repose le temple étaient en voie de se relever. Enfin le Vésuve reprit toute son activité, qu'il n'a jamais perdue depuis, et pendant tout ce temps l'aire du temple, autant qu'on peut le savoir par son histoire, a toujours subi un mouvement de dépression.

Ces phénomènes semblent d'accord avec l'hypothèse que lorsque, la chaleur souterraine augmentant d'intensité, la lave se forme sans trouver une issue facile par une grande ouverture comme celle du Vésuve, la surface incombante est soulevée dans cette région ; tandis que cette même surface est abaissée lorsqu'au-dessous d'elle les roches se contractent en se refroidissant, et que les laves se solidifient lentement en diminuant de volume.

Le Monte-Nuovo, cette curieuse montagne, de 132 mètres de hauteur et de 2 400 mètres de circonférence à la base, qui s'éleva en une seule nuit sur l'emplacement de l'ancien lac Lucrin est, à elle seule, un type géologique du plus haut intérêt. Pendant 492 ans le Vésuve était resté à peu près endormi (tandis que l'Etna avait manifesté la plus violente activité), et pendant près de cent ans encore, jusqu'en 1631, il ne donna aucune éruption. Le 29 septembre 1538, après deux jours de tremblements de terre incessants, le sol du rivage s'éleva légèrement, mais assez pour faire retirer la mer, qui laissa à sec une longueur de deux cents pas environ, sur laquelle restèrent une quantité de poissons. A l'endroit où se trouve aujourd'hui le Monte-Nuovo on vit, dans l'après-midi, le sol s'affaisser d'abord de quatre mètres environ, puis s'élever lentement et, en quelques heures, s'ouvrir et vomir des flammes, des pierres et des cendres Le soir, le feu jaillissait avec violence, lançant, comme un volcan, des blocs énormes avec un bruit effroyable. Tout le pays fut bientôt inondé sous une pluie de cendres et de pierres ponces. Pendant toute la nuit ce furent dans la nouvelle montagne des tonnerres terribles et des flammes s'élançant vers le ciel au milieu de la plus formidable projection de pierres et de boues. Deux récits de témoins oculaires, qui ne se connaissaient pas et dont les manuscrits ont été retrouvés beaucoup plus tard, constatent que le nouveau volcan lançait des masses de terre et de pierres « aussi grosses que des bœufs » jusqu'à deux mille quatre cents mètres de hauteur. Le lendemain matin, au jour, on s'aperçut qu'une haute montagne était sortie du sol. « Les malheureux habitants de Pouzzole, écrit un témoin oculaire, fuyaient, ayant la mort peinte sur le visage ; les uns emportaient les enfants dans leurs bras, les autres traînaient après eux des sacs remplis de leurs effets, d'autres conduisaient du côté de Naples des bestiaux chargés de leur famille ; d'autres encore emportaient des quantités d'oiseaux tombés morts ou des poissons trouvés sur le rivage ».

« Cette éruption, écrit un autre témoin oculaire, dura deux jours et deux nuits sans interruption ; le troisième jour elle cessa et je montai avec un grand nombre de personnes au sommet de la nouvelle colline. Au sommet s'ouvrait un cratère énorme, de 400 mètres environ de circonférence : les pierres qui y étaient retombées ressemblaient à des bulles se dégageant d'une eau en ébullition. Le quatrième jour l'éruption recommença et le septième elle redevint très violente ; plusieurs personnes qui étaient sur la montagne furent renversées et tuées par les pierres ou étouffées par la fumée. » — Le fait le plus remarquable peut-être est que le cratère intérieur descend presque jusqu'à la base de la montagne : le fond, à 126 mètres du haut, n'est qu'à 5ᵐ70 au-dessus du niveau de la mer. C'est un cratère analogue à ceux de la Lune.

Toute cette région des *champs phlégréens* est, du reste, de formation volcanique. C'est là, comme on le sait, l'emplacement des Enfers de Virgile. On y voit encore le lac Averne, la Solfatare, l'an-

Fig. 165. — Le temple de Sérapis à Pouzzole.

tre de la Sibylle, etc. C'est là aussi que se trouve la célèbre grotte du Chien, dans laquelle un malheureux chien est asphyxié par l'acide carbonique invisible qui baigne le sol sur un pied d'épaisseur environ tandis qu'à la hauteur de la tête on respire l'air ordinaire. Là aussi se trouvent les étuves de Néron, galerie, dans une montagne, dont la température est de 55° : un enfant nu prend un seau vide et des œufs crus, s'enfonce dans la galerie et revient au bout de trois minutes, son seau plein d'eau chaude, ses œufs cuits, tout son corps rouge

LA TEMPÈTE

LE MONDE AVANT LA CRÉATION DE L'HOMME 45

comme une écrevisse. Non loin de là aussi, la montagne de la Solfatare est si creuse qu'en frappant du pied le sol tremble jusqu'à une grande distance. Toutes ces régions sont dans un état d'instabilité remarquable. Lyell écrit que le sol de la chambre où la Sybille de Cumes rendait ses oracles est recouvert de « quelques millimètres d'eau ». Au mois de décembre 1872, on y avait de l'eau jusqu'à la ceinture, et nous n'avons pu y pénétrer que porté sur les épaules d'un cicerone.

Ne nous perdons pas dans les détails, quelqu'intéressants qu'ils puissent être. Sans doute, ce serait peut-être le lieu de décrire ici les tragiques destructions causées par les volcans et les tremblements de terre, depuis l'ensevelissement d'Herculanum, de Pompéi et de Stabia, l'an 79 de notre ère, jusqu'à la dernière catastrophe d'Ischia (juillet 1883). Mais nous ne devons pas oublier le sujet capital de cet ouvrage, et le point important était d'établir clairement pour tous les yeux que mille causes diverses agissent actuellement avec efficacité pour transformer incessamment la surface du globe.

Remarquons encore ici, que de toutes les actions destructives dues aux agents atmosphériques ou géologiques, à part les tremblements de terre et les plus violentes éruptions volcaniques, les tempêtes exercent une action à la fois continuelle et formidable. D'année en année, sans trêve, elles concourent à la destruction des rivages. Il faut les observer des bords de l'Océan, de la presqu'île de Quiberon, par exemple, des rivages voisins de Carnac, de l'anse de la Torche ou de la baie des Trépassés. Les vagues arrivent immenses et puissantes, sous une couleur sombre que l'on ne retrouve jamais dans les vagues écourtées et heurtées de la Méditerranée. Cependant c'est peut-être encore du haut du cap de la Hague, au raz Blanchard, ou des caps de la Hève et d'Antifer que le spectacle est le plus grandiose, quoique ces points d'observation appartiennent à la Manche. On voit sous un ciel sinistre et par un vent intense qui apporte à l'oreille tous les cris gutturaux de la mer en fureur, on voit arriver du large l'armée des vagues blanchissantes qui viennent se ruer à l'assaut des rochers. Elles bondissent, se heurtent entre elles, reculent, reviennent et se précipitent sur les écueils, débris des falaises inférieures, avec un acharnement qui ne fait que redoubler leur fureur. Tout ce qui peut être détaché du roc est lavé, délayé, désagrégé, emporté, et le squelette reste dénudé avec des formes souvent fantastiques, comme on le voit à Etretat. Les rochers eux-mêmes ne tardent pas à être démolis et réduits en galets, pour peu qu'ils laissent de prise à l'introduction de l'eau. Les vagues se servent des débris eux-mêmes pour les lancer en projectiles contre les murs qu'elles assiègent. Lorsque les vagues du large peuvent arriver directement jusqu'au pied même de la falaise, elles se précipitent lourdement contre sa base, comme autrefois les béliers dont les assiégeants ébréchaient les anciennes tours, et elles ébranlent la montagne elle-même, qui tremble sous leurs coups répétés. Malheur à la barque, malheur au navire entraîné par la tourmente vers les côtes! Un seul choc suffit pour broyer et livrer à l'assaut des lames l'édifice en apparence si solide, qui tombe par morceaux comme un château de cartes.

La puissance des vagues de tempêtes est considérable. Irritées par les écueils et les obstacles, on les a vues s'élancer parfois sur les rochers jusqu'à vingt, cinquante et même cent mètres de hauteur, en poussière écumante qui retombe dans l'air. On a constaté des pressions s'élevant jusqu'à 35 000 kilogrammes par mètre carré! Des blocs de pierres énormes placés comme travaux de défense devant des digues et pesant plusieurs milliers de kilogrammes, sont parfois roulés, déplacés, lancés même comme des jouets par la tempête furibonde; à Cherbourg, les plus lourds canons de remparts ont été déplacés. La terre tremble au loin, jusqu'à plusieurs centaines de mètres du rivage — et même jusqu'à 1 500 mètres pour des appareils de mesure très délicats. Ce mouvement de la terre causé par les vagues agit efficacement en faveur de la stratification des dépôts du littoral, comme on l'a reconnu par des coupes géologiques faites à travers des terrains tout récents et déjà stratifiés.

Nul n'a oublié l'ancien adage : *Gutta cavat lapidem :* la goutte d'eau creuse la pierre, non par sa violence, mais en tombant souvent. Les deux effets s'ajoutent dans l'œuvre de la nature. L'action délayante et dissolvante des eaux de pluie agit avec une grande efficacité pour modifier la surface du sol, creuser lentement des gouffres, produire des tassements et des glissements. A Lons-le-Saulnier, par exemple, les effondrements du sol ne sont pas rares par cette cause : la statistique scientifique a déjà enregistré ceux de 1703, 1712, 1738, 1792, 1814, 1836 et 1848. M. Fournet, qui a fait une étude spéciale de cette localité, pense qu'une sorte de fleuve souterrain circule sous la ville et mine peu à peu les marnes. Pendant l'affaissement de 1792, un moulin disparut comme par enchantement, des maisons descendirent dans un abîme et furent recouvertes de quinze mètres d'eau. Lorsqu'on voulut ensuite combler le précipice pour assurer la stabilité des rues voisines, on y jeta 15 711 tombereaux de matériaux sans arriver à le combler !

On retrouve cette action des eaux dans les dégradations annuelles de la surface sur les points qui y sont le plus directement exposés. Dans la forêt de Compiègne, par exemple, la voie

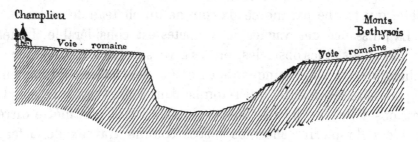

Fig. 167. — Dégradation produite par les eaux à travers la voie romaine de Soissons à Senlis

romaine de Soissons à Senlis traverse, en sortant de la forêt, la plaine de Champlieu et la coupe obliquement. Or, la dénudation produite par les eaux a fini par enlever la voie sur une partie de son parcours et par creuser un vide, témoin irréfragable de cette action des eaux (*fig.* 167).

Un autre exemple bien remarquable de l'action des eaux a été observé en Géorgie, près de Milledgeville. Lorsque Lyell visita cette contrée, en 1846, il remarqua qu'*en vingt ans* l'eau avait creusé *un ravin de seize mètres de profondeur* sur cinquante-quatre mètres de largeur et trois cents mètres de longueur dans un terrain qui, étant resté boisé antérieurement, n'avait subi aucune altération sensible. Lorsqu'il fut déboisé, des fentes de neuf centimètres se produisirent dans l'argile, par suite de la chaleur solaire, et à la saison des pluies, l'eau commença à élargir la fente principale. Partant de là pour attaquer sans discontinuité les plans inférieurs, son action érosive finit par creuser cet énorme ravin.

Une statistique faite récemment (1885) aux États-Unis, établit qu'en moyenne les pluies enlèvent 385 kilogrammes de matières par an et par hectare aux pentes des montagnes pour les charrier dans les vallées, les rivières et en partie dans la mer.

Et que dirons-nous des éboulements de montagnes dus à l'action des eaux? Quoique assez peu importants au point de vue géologique, ces phénomènes frappent par leur puissance destructive et le souvenir s'en conserve par tradition pendant de longs siècles, Aucun événement n'est de nature à saisir plus fortement l'imagination populaire. Les roches escarpées ou surplombantes qui restaient suspendues au-dessus des campagnes, se détachent tout à coup et glissent sur les pentes; elles soulèvent en s'écroulant un nuage de poudre semblable aux cendres vomies des volcans; d'horribles ténèbres se répandent dans la vallée naguère si riante, et l'on ne connaît le cataclysme que par le tremblement du sol et le terrible fracas des blocs qui s'entrechoquent et se brisent. Quand le nuage de poussière se dissipe enfin, on voit un amas de roches et de décombres là où s'étendaient des pâturages et des cultures; le torrent de la vallée est obstrué et changé en lac boueux, la muraille de rochers a perdu son ancienne forme; et sur ses flancs d'où s'écroulent encore quelques débris, on distingue, à vives arêtes, l'énorme paroi de laquelle s'est détaché tout un pan de montagnes. Dans les Pyrénées, les Alpes et les autres grandes chaînes, il est peu de vallées où l'on ne rencontre ces témoins.

Les principales catastrophes de ce genre, qui ont eu lieu pendant les siècles de l'ère actuelle dans les montagnes de l'Europe, sont connues. Au sud de Plaisance, en Italie, l'antique ville romaine de Velleja, fut engloutie vers le sixième siècle par les éboulements du mont bien nommé de Rovinazzo; le grand nombre d'ossements, de monnaies, de documents précieux que l'on a trouvés dans les ruines, prouve que la chute soudaine des rochers ne laissa pas même aux citoyens le temps de se sauver. De même le château de Tauretunum et le bourg voisin, situés sur la rive méridionale du lac de Genève, dans la vallée supérieure du Rhône, furent complètement écrasés en 563 par une chute de rochers : une terrible vague produite par le déluge de pierres, et peut-être aidée par le tremblement du sol, parcourut les rivages opposés du lac et balaya toutes les habitations ; de Morges à Vevey, toutes les villes du littoral furent démolies, et l'on ne commença de les rebâtir que dans le siècle suivant ; Genève fut même en partie recouverte par les eaux, et le pont du Rhône emporté. D'après Troyon et Morlot, ces désastres auraient été causés par un éboulis dont on voit encore les traces sur une montagne qui domine la vallée du Rhône, immédiatement en amont de son delta. Il en serait résulté la formation d'un lac temporaire, et lors de la destruction du barrage, l'inondation aurait dévasté les rives du Léman ; toutefois, l'exhaussement des eaux produit par la débâcle soudaine d'un réservoir situé en aval de la porte de Saint-Maurice, n'aurait pu avoir qu'une faible importance relative sur le niveau du Léman. Pour expliquer le désastre, il faut admettre que le pan de la montagne est tombé dans le lac même.

C'est par centaines que l'on compte les grands éboulements de rochers qui ont eu lieu, durant les siècles historiques, dans les Alpes et les montagnes voisines. En 1248, quatre villages situés à la base du mont Granier, non loin de Chambéry, furent engloutis sous d'énormes amas de ruines calcaires que les eaux ont depuis diversement ravinés et sculptés en forme de monticules ; de petits lacs, connus sous le nom d'*abîmes*, sont épars au milieu de ces anciens débris que recouvrent aujourd'hui les cultures. En 1618, l'éboulement du Monte-Conto ensevelit les 2 400 habitants du village de Plurs, près de Chiavenna ; deux des cinq pics des Diablerets s'écroulèrent, l'un en 1714, l'autre en 1749, recouvrirent les pâturages d'une couche de cent mètres de débris, et barrant les cours du torrent de Lizerne, formèrent les trois lacs de Derborence qui existent encore. De même, le Bernina, le Righi, la Dent-de-Mayen ont recouvert de leurs décombres de vastes étendues de terrains cultivés ; un pan de la crête supérieure de la Dent-du-Midi s'est écroulé, menaçant d'arrêter le Rhône en amont de Saint-Maurice, et longtemps des ouvriers durent travailler au déblaiement des roches, avertis par la voix du canon, quand une chute s'annonçait et qu'il leur fallait chercher un lieu de refuge.

Mais la chute d'un pan du Rossberg, le 2 septembre 1806, est,

de toutes les catastrophes de ce genre, celle qui a laissé le plus terrifiant souvenir. Cette montagne, située au nord du Righi, au
centre de l'espace péninsulaire formé par les lacs de Zug, d'Égeri
et de Lowerz, consiste en couches d'un conglomérat compacte reposant sur des lits d'argile, que délayent les eaux d'infiltration. A une
époque inconnue, l'éboulis d'un contrefort avait déjà écrasé le village de Rotten ; mais, en 1806, la catastrophe fut plus terrible encore. La saison qui venait de s'écouler était pluvieuse, et les strates
d'argile s'étaient graduellement changées en une masse boueuse : à
la fin, les roches supérieures, venant à manquer d'appui, commencèrent à glisser sur les pentes en soulevant les terres devant elles
comme la proue d'un navire soulève l'eau de la mer. Soudain, la débâcle eut lieu. En un moment l'énorme masse, avec ses forêts, ses
prairies, ses hameaux, ses habitants, s'abattit dans la plaine ; les
flammes produites par le frottement des roches entre-choquées
s'élancèrent en gerbes de la montagne ouverte ; l'eau des couches
profondes, tout à coup transformée en vapeur, fit explosion, et des
quantités de pierres et de boue furent lancées comme par la bouche
d'un volcan. Les charmantes campagnes de Goldau (la vallée d'Or)
et quatre villages qu'habitaient près de mille personnes disparurent
sous l'entassement de débris, le lac de Lowerz fut comblé en partie,
et la vague furieuse que l'éboulement lança contre les rivages jusqu'à vingt mètres de hauteur, balaya toutes les habitations. La
catastrophe s'était accomplie d'une manière tellement rapide
que les oiseaux avaient été tués dans l'air. La partie de la montagne éboulée n'avait pas moins de quatre kilomètres de long sur
320 mètres de largeur moyenne et 32 mètres d'épaisseur : c'est
une masse de plus de quarante millions de mètres cubes.

Un éboulement moins considérable, mais étudié avec plus de
soin, eut lieu dans une autre partie de la Suisse, dans la vallée de
Sernft, en 1881 ; c'est le cataclysme qui détruisit une moitié du village d'Elm. L'imprévoyance humaine fut la cause de ce désastre. En
cet endroit, les carriers s'étaient attaqués, depuis des siècles peut-
être, à des escarpements d'ardoise dont la pente était assez forte, et
les travaux se poursuivaient sans qu'on se donnât la peine d'étayer
la roche. Bien avant que l'écroulement eut lieu, on s'attendait à la
catastrophe : une crevasse s'était formée dans le sol au-dessus des

carrières, et chaque année devenait plus large et plus profonde. Enfin la rupture se fît : la masse rocheuse de dix millions de mètres cubes s'écroula soudain sur le village d'Unterthal et vint se heurter obliquement aux flancs d'une montagne opposée, qui rejeta de nouveau dans la plaine l'énorme avalanche de pierres. Une colonne d'air précédant l'éboulis faisait tourbillonner devant lui les chalets, les arbres et les hommes, tandis qu'à côté du courant de pierres, l'atmosphère restait parfaitement calme, et que le foin ne s'envolait même pas des meules empilées dans les prairies. Dans la plaine, les ardoises et les terres, s'étalant à la manière des courants de la lave, glissaient sur le sol presque uni avec une vitesse de 120 mètres par seconde ([1]).

Nous nous trouvions alors à Interlaken (autre exemple des transformations du sol, car toute cette plaine verdoyante n'est qu'une alluvion récente) et visitant le lieu du désastre quelques semaines plus tard nous fûmes témoin de la terreur des habitants et de leur stoïcisme voisin de l'indifférence. Singulier mélange de sentiments opposés ! A peine une catastrophe a-t-elle jeté le deuil dans une contrée que sur les ruines mêmes on s'empresse de rebâtir les demeures, sans s'éloigner de la montagne toujours menaçante. On se fonde sur la brièveté de la vie. Et, en effet, ce ne sont que les arrière-petits-fils qui recevront un nouvel éboulement.

Ces chutes ne sont que des phénomènes de second ordre, comparativement aux résultats que produit l'action lente des agents atmosphériques, des glaces et des eaux torrentielles. Ce sont là les travailleurs infatigables qui, par leur œuvre incessante, ont élargi les premières failles ouvertes dans l'épaisseur des roches, et qui ont creusé tout ce réseau de couloirs, de cirques, de combes, de défilés, de cluses, de vallons et de vallées dont les innombrables ramifications donnent tant de variété à l'architecture des montagnes. Par ce travail continué sans relâche les hautes cimes sont lentement abaissées, et les matériaux enlevés aux pentes vont s'établir au loin dans les plaines de continents et dans les eaux de la mer.

La température agit sur le sol, la chaleur dilatant les corps et le

1. Élisée Reclus, *La Terre*, I, p. 205.

LE TREMBLEMENT DE TERRE

froid les resserrant. Pendant le jour, les molécules des rochers se dilatent sous l'influence des rayons solaires ; la nuit, elles se contractent par suite du rayonnement nocturne, de sorte que la masse totale s'élève et s'abaisse d'une quantité qui n'est pas toujours inappréciable aux instruments. D'après un grand nombre d'observations faites d'heure en heure, jour et nuit, en diverses saisons, à notre Observatoire de Juvisy, nous avons constaté que la température de l'intérieur des murs varie annuellement depuis 4° (et peut-être davantage) au-dessous de zéro, jusqu'à 37° au-dessus. Cet écart de 41 degrés centigrades produit une différence de volume sensible dans les matériaux constitutifs des murs, pierres, fer et bois, d'où il résulte que tous les édifices sont plus élevés, plus longs, plus larges et plus épais le soir que le matin et à la fin de l'été qu'à la fin de l'hiver. Pendant l'été, on observe parfois des différences de 10° à 12° à douze heures d'intervalle pour le milieu même de l'épaisseur du mur. Les molécules constitutives de tous les murs — en apparence si solides — de toutes les maisons, ne se touchent pas, d'ailleurs, et sont en mouvement constant. A l'Observatoire de Santiago (Chili), situé sur une colline, les observations de M. Moesta ont montré que la colline s'élève et s'abaisse alternativement dans l'espace de 24 heures. La température intérieure du sol peut amener de notables variations à la surface ; Babbage a calculé qu'un écart de 50° affectant les terrains sur une épaisseur de huit kilomètres détermine un mouvement de sept mètres à la surface.

Des phénomènes analogues peuvent être déterminés par d'autres causes. En Irlande, la colline qui porte l'Observatoire d'Armagh s'élève sensiblement après les pluies, puis, lorsqu'une évaporation active a fait disparaître l'eau qui gonflait les pores, elle s'abaisse de nouveau. A l'Observatoire de Genève, les niveaux ont indiqué à M. Plantamour une oscillation annuelle correspondant à la température ; l'oscillation, assez forte dans le sens Est-Ouest, l'est un peu moins dans le sens Sud-Nord. A l'Observatoire de Neuchâtel, M. Hirsch a constaté que la colline du Mail sur laquelle il est situé oscille annuellement autour de la verticale : elle tourne chaque été de gauche à droite et chaque hiver de droite à gauche ; de plus, depuis sa fondation (1859), l'Observatoire et sa base s'inclinent graduellement vers l'ouest, sans doute par suite d'un glissement du terrain.

Si ces mouvements du sol se rapportent à des observatoires, ce n'est pas que ces établissements soient moins solidement établis, moins stables que les autres constructions humaines, au contraire c'est simplement parce que des observations précises y ont été faites. Nous pouvons en conclure avec certitude que *partout le sol terrestre est en mouvement et en transformation.*

Un autre exemple des élévations et affaissements du sol est offert, pour le fond des mers, par les îles de coraux, ou atolls. Ces îles en forme d'anneaux sont construites par les coraux, qui ne peuvent prosperer qu'à une faible profondeur au-dessous du niveau

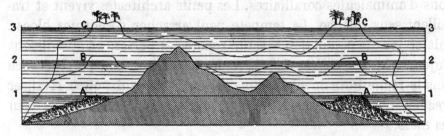

Fig. 170. — Coupe verticale à travers une île de coraux, montrant ses phases successives.

de la mer, et qui ne peuvent pas non plus vivre plus haut que la crête des vagues. Leur elevation est donc constamment en rapport avec celle du niveau des eaux. Si une île, autour de laquelle les coraux se sont établis, vers le niveau du balancement des marées, est en voie d'affaissement, les coraux grandiront comme des arbres à mesure que leur base descendra, et ils se maintiendront toujours au niveau des eaux. Quand l'île aura disparu, ils dépasseront son sommet et s'élèveront sous la forme d'un anneau plus ou moins régulier. On se rendra compte des diverses phases du développement d'un récif de coraux par la *fig.* 170, qui représente trois niveaux successifs (1, 2, 3) de la mer, correspondants à l'affaissement d'une île. L'île descendant, la profondeur d'eau au-dessus d'elle augmente progressivement; c'est comme si le niveau de la mer s'élevait, et l'île de corail atteint en même temps les hauteurs correspondantes A, B, C. On rencontre dans l'Océan Pacifique et dans l'Océan Indien des îles de coraux qui se sont élevées ainsi, par le seul travail des polypiers, jusqu'à plus de mille mètres de hauteur verticale, presque à pic.

Ce sont là, indépendamment de leur caractère géologique, d'admirables formations naturelles. Le récif suffit pour arrêter les vagues de la mer la plus agitée ; l'eau bouillonne en blanche écume le long des récifs et les signale de loin aux marins, tandis que l'intérieur de l'atoll reste calme comme un lac. A travers l'onde translucide, sous l'intense soleil du midi, on voit la forêt rose fleurir au fond des eaux ; par légions et par myriades, les fleurs du corail multiplient leurs brillantes étoiles ; tout est joie, lumière et vie dans ces nouveaux jardins des Hespérides ; la mousse multicolore elle-même qui comble les intervalles est composée de millions d'animalcules coralliaires. Les petits architectes vivent et travaillent sans relâche. La tempete peut arracher d'énormes blocs : nuit et jour la population vivante répare les pertes, en grandissant toujours. Aucun colosse dans le règne animal, aucune persévérance dans le règne humain n'ont jamais rien édifié qui puisse rivaliser avec les îles immenses lentement élevées par le corail au sein des mers.

On le voit, l'application des causes actuelles à la transformation perpétuelle du globe terrestre explique tous les changements observés à la surface de ce globe ; les temps géologiques n'ont pas différé des nôtres comme nature d'opération, mais seulement comme degré, et notre époque deviendra, elle aussi, pour l'avenir, une époque « géologique » ; on retrouvera, à l'état fossile, les vestiges de l'âge dans lequel nous vivons, et peut-être alors la race humaine plus avancée en laquelle nos successeurs se seront graduellement transformés ne daignera-t-elle pas accorder le titre d'humains à nos squelettes fossiles trop grossiers et trop barbares pour l'élégance des beautés futures.

Mais de ce que les causes actuelles suffisent pour tout expliquer, ce n'est pas à dire pour cela que les transformations se soient toujours effectuées par des procédés lents et silencieux. Il y a réellement, de temps à autre, dans la nature comme dans l'humanité, de véritables révolutions. Les inondations, maritimes ou fluviales, souvent formidables, les eruptions volcaniques, les tremblements de terre, les cyclones, les tempetes, les orages, les glissements de terrains, les débâcles des glaces, sont autant de phénomènes dont l'étendue reste, il est vrai, localisée à certains districts, mais qui n'en ont pas moins une action réelle, et souvent considérable, pour concourir à la modification incessante du globe. Herculanum, Pompéi, Stabia, ont été englouties sous les cendres du Vésuve. Bien des cités ont été renversées par des secousses de tremblements de terre, détruites par des inondations, ravagées par des cyclones. Qui ne se souvient historiquement de la catastrophe de Lisbonne en 1755? Qui ne se souvient personnellement des plus récentes : inondations de Murcie en 1879; tremblement de terre d'Ischia (28 juillet 1883,

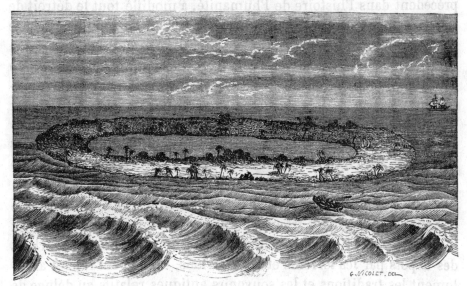

Fig. 171. — Une île de Coraux.

2 443 victimes); éruption de Krakatoa (26-27 août 1883, 40 000 victimes); tremblement de terre d'Espagne (25 décembre 1884, 2 500 victimes); tremblement de terre de l'Asie centrale, vallée de Cachemire, Baramula (17 juin 1885, 2 700 victimes). L'éruption de Krakatoa a été, selon toute probabilité, le plus grand phénomène géologique de l'histoire entière de l'humanité (¹). Ce volcan formidable du détroit de la Sonde a arraché des entrailles de la Terre plus de dix-huit milliards de mètres cubes de matières, dont les deux tiers sont retombées en dedans d'un cercle de quinze kilomètres de rayon, et dont le reste a été disséminé sous forme de vapeur d'eau peut-être

(1) Cette qualification n'est pas exagérée. Voy. notre *Revue mensuelle d'Astronomie populaire*, année 1884.

dissociée, d'hydrogène, de fines poussières, à de telles hauteurs dans l'atmosphère qu'une année plus tard l'élévation des lueurs crépusculaires produites par ces poussières planait encore à 70 kilomètres? Le bruit de la détonation a été entendu jusqu'aux antipodes du volcan! La commotion marine a traversé les océans et est arrivée jusqu'aux côtes de France! L'ébranlement atmosphérique a été tel qu'il a fait le tour du monde en trente-cinq heures et l'a recommencé deux fois : tous les thermomètres des observatoires ont baissé au passage de l'onde atmosphérique. Ce violent cataclysme, sans précédent dans l'histoire de l'humanité, a modifié tout le détroit de la Sonde, fond de la mer, îles, rivages, etc.; et les modifications se continuent actuellement (1885) par les courants de la mer et par la continuité des éruptions de Java. L'éruption du Skaptar Jokul, en 1783, vomit des fleuves de lave tels que leurs volumes réunis représentent une masse égale à celle du Mont-Blanc! On ne saurait douter que ces causes diverses aient eu dans tous les siècles de l'histoire de la Terre une action réelle pour engloutir des cadavres d'êtres vivants et les conserver plus ou moins complètement ainsi que pour modifier la surface du globe dans toutes ses parties.

Sans admettre avec Cuvier un cataclysme diluvien effroyable qui aurait entièrement transformé les continents il y a cinq ou six mille ans, et tout en expliquant un grand nombre des transports et des dépôts par les torrents et les alluvions, on ne peut rejeter absolument les traditions et les souvenirs antiques relatifs au déluge de Noë ou de Deucalion. L'exagération orientale du récit biblique (et celle des commentateurs occidentaux, qui est beaucoup moins excusable) a conduit un grand nombre d'esprits éclairés, mais sceptiques, à tout rejeter sur le compte de la fable et à rester sourds aux voix du passé. C'est là un autre genre d'exagération dans lequel il est sage de ne pas tomber. Les traditions anciennes sont trop concordantes pour que nous puissions douter d'une inondation formidable arrivée vers cette époque dans la région du mont Ararát, en Arménie. Sans doute, les premières tribus humaines qui commençaient à s'éveiller là à l'aurore de la civilisation ont-elles eu à subir une submersion produite par l'une des trois mers qui circonscrivent cette contrée (mer Caspienne, mer Noire et Méditerranée) ou plus simplement peut-être par l'Euphrate. Remarquons à ce propos que la réunion du

Tigre et de l'Euphrate date de l'époque humaine ; en soixante ans, le delta de ces rivières avance actuellement de trois kilomètres, et l'on admet qu'il a empiété d'environ 64 kilomètres sur le golfe persique dans le cours des vingt-cinq derniers siècles. Quoi qu'il en soit, de tels cataclysmes existent dans l'histoire et font partie des causes que nous venons d'apprécier pour nous rendre compte de la transformation séculaire de notre planète.

A toutes ces transformations actuelles du sol, déjà si innombrables, nous devrions encore ajouter ici celle des climats, qui surpasse toutes les précédentes en importance, par son influence sur les métamorphoses séculaires de la vie végétale et animale. Les courants de la mer, en se modifiant avec les variations de niveau des bas fonds et des rivages, ouvertures et élargissements des isthmes, agrandissement des détroits, destruction des caps, élévation des terres, abaissement des températures suivant les hauteurs, les courants de la mer, disons-nous, suffiraient à eux seuls pour modifier considérablement le climat des diverses contrées. Sans l'océan et sans le gulf-stream, par exemple, qui vient baigner de ses eaux tièdes les rives de la France, de l'Angleterre, de la Hollande, de la Suède, nos contrées seraient beaucoup plus froides qu'elles ne le sont, et au lieu de recevoir des vents d'ouest chauds et féconds comme ceux qui se déversent sur la France, nous aurions à Paris le climat de Cracovie, de Poltava ou des Cozaques du Don. De plus, la quantité d'eau qui tombe annuellement sur chaque pays dépend de l'évaporation des mers, de la direction des vents, du relief du sol, et son action sur la vie varie avec la constitution géologique des terrains sur lesquels elle tombe et avec l'état de leur surface. Tout cela change. De plus encore, l'obliquité de chaque région relativement aux rayons du Soleil varie légèrement d'année en année ; le climat de Paris, par exemple, oscille entre celui d'Orléans et celui d'Amiens, et peut-être davantage si l'oscillation de l'obliquité de l'écliptique est plus forte qu'on ne ne le croit. Nous aurons lieu d'examiner plus loin cette importante question de la variation séculaire des climats. Il y aurait aussi à discuter les variations possibles de la latitude, que de récentes observations semblent accuser, ainsi que les changements de l'horizontale signalés par le pendule et par les niveaux... Mais nos lecteurs sont désormais surabondamment édifiés sur le principe, et nous n'abuserons pas plus long-temps de leur persévérante attention.

Cet exposé général a dépassé de beaucoup les limites habituelles d'un chapitre. Cependant il était du plus haut intérêt pour nous de réunir en un même ensemble tous ces *faits*, qui doivent désormais servir de base à notre connaissance géologique de la planète. Ils établissent clairement que sous nos yeux mêmes l'œuvre de la création — c'est-à-dire de la transformation perpétuelle des choses et des êtres — se continue, nous invitant à juger du passé par le présent, à voir dans les événements actuels l'explication de tout ce qui s'est accompli depuis la nébuleuse terrestre, depuis le proto-plasma, depuis la première plante, depuis le premier animal, jusqu'à l'état actuel de la nature — et l'image de tout ce qui s'ac-complira jusqu'aux âges les plus reculés de l'avenir. Les effets continueront de suivre les causes. L'avenir est en germe dans le présent comme le présent était en germe dans le passé. Celui qui saurait lire le langage des atomes devinerait dès aujourd'hui l'état futur de la Terre et de l'humanité. Qu'il nous suffise d'avoir cons-taté, d'avoir *compris*, les transformations actuelles du sol, et de savoir que « le monde avant la création de l'homme » a été pro-duit, entretenu, graduellement transformé par les mêmes causes naturelles qui continuent d'agir sous nos yeux.

Chez les êtres vivants, cette transformation est une épuration, une ascension, un progrès vers une perfectibilité indéfinie. L'his-toire d'un monde est l'arbre généalogique de son progrès.

Paul Fouché

CHAPITRE III

LE DÉVELOPPEMENT DE LA VIE

La naissance des poissons. — La période dévonienne.

Les documents nombreux et variés que nous venons d'exposer et de comparer dans le but de comprendre exactement le mode de formation des terrains et l'œuvre permanente de la nature dans la métamorphose incessante du globe ne doivent pas nous avoir fait oublier l'époque à laquelle nous nous sommes arrêtés dans cette description générale du monde anté-humain. Au contraire, cette exposition nous a permis de nous rendre compte des voies et moyens employés par la nature dans l'organisation d'une planète telle que la nôtre. Admis dans le laboratoire de son œuvre, initiés aux secrets de sa puissance, nous apprécions dans sa simplicité grandiose le travail géologique qui incessamment s'accomplit, et au-dessus de cette transformation de tous les jours, nous voyons s'élaborer en même temps l'ascension graduelle du règne végétal et du règne animal dans l'harmonie des choses et des êtres. Tout se modifie lentement, avec les conditions même de la vie. Il en a toujours été ainsi, sans révolutions fantasmagoriques, sans brusques

changements de décors. L'univers n'est pas un théâtre de carton et
le Créateur n'est pas un auteur dramatique : l'univers est une œuvre
en un perpétuel devenir ; Dieu en est la pensée. L'étude patiente
des faits révèle des enchaînements entre toutes les formations
géologiques, entre toutes les organisations végétales ou animales.
A la fin de sa vie, ayant eu le temps de beaucoup observer et de
beaucoup méditer, le grand géologue D'Omalius d'Halloy écrivait :
« J'ai peine à croire que l'auteur de la nature ait à diverses époques
fait périr tous les êtres vivants pour se donner le plaisir d'en créer
de nouveaux qui, sur les mêmes plans généraux, présentent des
différences successives, tendant à arriver aux formes actuelles. »
L'ancienne et théâtrale interprétation de l'œuvre de la nature doit
faire place aujourd'hui à une conception plus conforme à la simplicité comme à la grandeur des faits observés.

Toutes les cosmogonies primitives chantent que la Terre est
« fille de l'Océan ». Ce n'est point un mythe ; c'est la réalité même.

Nous avons vu la vie apparaître au sein des eaux tièdes de
l'époque primordiale, sous forme d'organismes très petits et tres
simples, sortes de grumeaux de gélatine associés, protistes, infusoires, diatomées, algues, bilobites, chondrites, mollusques bryozoaires, zoophytes, polypiers, échinodermes, brachiopodes, trilobites, etc. Les premières îles ont commencé à émerger du sein des
mers, et sur les premiers rivages, bas et humides, les mollusques
marins et les plantes marines ont commencé à s'aventurer, essayant
de s'acclimater à de nouvelles conditions d'existence. Dans l'air
humide, sous une lourde et tiède atmosphère, les fougères vont
acquérir leurs feuillages opulents, et déjà sur le sol dégagé des
eaux on voit apparaître des annelés, crustacés et arachnides,
crabes et scorpions.

Mais jusqu'à présent, pendant ces millions d'années d'existence,
durant la longue série des périodes laurentienne, cambrienne et
silurienne, la planète terrestre n'a pas encore été animée à sa surface
par un seul être d'ordre supérieur. Le règne végétal n'est représenté
que par des cryptogames, le règne animal par des invertébrés. Dans
la multitude de ces plantes, pas une fleur, pas un fruit, pas un
arbre véritable ; le regard de l'observateur n'aurait pu découvrir ni
la plus modeste rose sauvage, ni bluets, coquelicots, pervenches ou

liserons ; ni un saule, ni un chêne, ni un bouleau, ni un peuplier : rien de ce qui constitue aujourd'hui la beauté de nos paysages. Ce n'est que de la mousse, parfois très haute, arborescente, et plutôt jaune que verte. Dans la multitude de ces animaux on n'aurait pu découvrir non plus aucun de ceux qui représentent de nos jours la plus importante population de la Terre, pas un quadrupède, pas un oiseau, pas un reptile, et même pas un poisson !

Monde étrange et bizarre, et pourtant contenant en germes tout ce qui existe aujourd'hui. C'est déjà la Terre, notre patrie ; ce n'est ni la Lune, ni Vénus, ni Mars, ni Jupiter, ni Saturne. Le sort en est jeté. La voie est ouverte. Le monde marche. La nature sans cesse agissante développe graduellement son œuvre. Plus une minute de repos. Nuit et jour chaque atome gravite vers l'attraction qui le gouverne ; chaque molécule cherche la lumière, la chaleur, la fécondité ; chaque être désire un idéal invisible et ne veut mourir qu'après s'être approché de son rêve.

Jusqu'ici, la nature est restée muette. Elle a commencé à voir par le trilobite : jusqu'à lui elle semble être restée aveugle ; avec lui l'œil s'est ouvert à la lumière, et, de progrès en progrès, cet organe va se perfectionner et s'animer pour devenir un jour l'œil de l'aigle... de la gazelle... du chien... du lion qui contemple..., l'œil de l'homme qui pense ou le regard de la femme qui aime... Jusqu'ici aussi, tous les êtres vivants sont restés sourds et muets ; le nerf auditif va se former, vibrer pour la première fois, donner graduellement naissance à l'oreille ; le larynx, la langue vont permettre aux sons de se produire, d'abord inarticulés, puis graduellement modifiés de modulations variées ; ils siffleront dans la voix du serpent, rugiront dans celle de la bête fauve, chanteront dans celle du rossignol et aboutiront au langage humain qui par sa richesse, son éloquence ou son charme, a porté l'humanité dans sa voie intellectuelle, crée le langage écrit, fondé les traditions et l'histoire, patrimoine des âges disparus et, en fixant la pensée, imprime dans la race humaine son véritable caractère de noblesse et de grandeur. L'œil et l'oreille, voir et entendre, puis parler ! Quel progrès sur l'époque primordiale où la nature, malgré la lumière naissante et les bruits du vent ou des flots, était restée pendant tant de siècles absolument aveugle et sourde ! L'analyste, le penseur, s'il ne marche plus sur le sol que pénétré d'un profond respect pour cet amoncellement de la poussière des siècles vécus, est pénétré d'un sentiment plus intime encore au souvenir de tous les progrès accomplis : il a de la reconnaissance pour les premiers yeux, aujourd'hui pétrifiés, qui se sont ouverts ici-bas, pour les premiers êtres qui ont frémi au bruit de l'orage et de la tempête, ont entendu quelque chose, ont essayé de crier !... Peut-être, en lisant ces lignes, de nobles personnages confits en un sot orgueil souriront-ils de pareils sentiments. Ils se vanteront de ne rien devoir à leurs precurseurs, de ne rien avoir conservé de naturel dans leurs facultés. Ne les contrarions pas. Ni l'épiderme des roses, ni la pureté du lys, ni le parfum des prairies, ni l'ombre solitaire des bois, ni l'azur du ciel, ni la fougue de l'orage, ni la fraîcheur des eaux, ni le gazouillement du ruisseau, ni les battements d'ailes autour des nids, ni le chant de la fauvette, ni l'inaltérable affection du chien, ni la grâce des jeunes chats qui jouent, ni la finesse du singe, ne leur ont rien donné, ne leur ont rien laissé. Isolés sur la scène de la nature, ils sont même redevenus aveugles et sourds, ayant des yeux pour ne plus voir et des oreilles pour ne plus entendre. Laissons-les dans leur isolement, et renvoyons-les à Pascal, qui, déjà, à l'aurore du règne des sciences naturelles, a écrit sans y mettre trop de réticences, au fronton de leur petite église : « *Qui veut faire l'ange fait la bête.* »

La période dévonienne, fille et héritière de la période silurienne, inauguratrice de l'âge primaire, marque un progrès considérable dans le monde organique : les premiers vertébrés apparaissent dans les eaux, comme leurs précurseurs invertébrés ; ce sont des poissons.

Les poissons sont les plus humbles, les plus rudimentaires, les plus primitifs des animaux à vertèbres, et leur apparition paléontologique à l'origine des vertébrés est un argument qui vient s'unir à tous les précédents en faveur de la théorie de l'évolution graduelle des êtres vivants.

Leur cerveau est très petit et représente ce qu'il y a de moins élevé parmi les vertébrés ; leur moelle épinière est rudimentaire, leur système nerveux peu développé ; ils n'ont pas encore d'organes de préhension ; la moitié de leur puissance réside dans leur bouche ; la tête est assez bien formée, l'odorat est très sensible l'œil voit bien, l'oreille commence, certains poissons percoivent même des sons délicats; mais ils ne possèdent pas encore la voix : la nature a cessé d'être sourde, mais elle n'a pas encore cessé d'être muette, et tous les êtres vivants restent silencieux. Lente élaboration du progrès ! Les sexes existent et sont séparés sur des individus distincts; mais, dans ces animaux à sang froid, cette séparation n'implique pas la douce loi du rapprochement. Ils ne connaissent pas cette attraction, réservée aux enfants de l'avenir ; le désir, ils l'ignorent ; le sentiment affectif né de l'union, même passagère, ou seulement du désir, ils ne le connaissent pas. Incapables d'amour, ils sont aussi incapables d'affection maternelle, paternelle ou filiale. Quelle distance du poisson à l'oiseau ! Et que la nature a encore de degrés à monter ! Tout poisson reste isolé. Manger ou être mangé : voilà toute sa destinée. La femelle sémera des milliers d'œufs dont les quatre-vingt-dix-neuf centièmes seront perdus pour l'œuvre de la vie ; elle les abandonne comme un fardeau superflu et n'a nulle préoccupation de l'avenir; ils lui deviennent aussi étrangers que s'ils étaient tombés du ciel. Le mâle passe quelque jour au-dessus de ces œufs et laisse échapper une liqueur qui les féconde ; il ne les connaît pas davantage, et ce ne sont pas ses enfants: ce sont ceux de la nature. Pauvres amours ! Pauvre vie !

Et pourtant ! quelle supériorité déjà sur le mollusque qui rampait péniblement à la surface du sol aquatique ! quelle légèreté ! quelle liberté ! Heureux, dit-on, comme un poisson dans l'eau ! Sans doute ; tout est relatif. S'il ne connaît pas nos ardeurs, il ne connaît pas non plus nos chagrins. Il glisse dans l'azur transparent, visite des plages, plonge au fond des mers, mobile comme l'onde sa mère, vrai fils de l'onde, et parfois même s'aventure dans l'eau douce des fleuves pour visiter de nouveaux pays. C'est déjà une royauté. Quelle merveille de voir, par des mouvements de queue aussi insensibles, par une souplesse inimitable, le poisson aux reflets argentés glisser avec agilité dans les eaux, changer de route, fondre sur sa proie, planer au sein des flots ou se laisser bercer comme une fleur vivante selon le courant de l'élément liquide. Meme en dormant, il flotte encore. Et quelles merveilleuses couleurs dans les mers tropicales ! Le poisson est une nouvelle étape de la force vitale vers la lumière et vers la liberté.

Là aussi, il y a des degrés. Les premiers poissons n'avaient ni cette élégance ni cette légèreté qui nous charment aujourd'hui. Eux aussi ont progressé, et beaucoup. Les plus anciens poissons fossiles découverts dans les terrains de l'époque primaire, sont des poissons cuirassés. Ils ont été conservés dans l'étage *dévonien*, première couche de l'époque primaire — revoir la description des terrains, p. 257, et les tableaux, p. 258 et 259, — lequel étage dévonien affleure à la surface du sol, en Angleterre (comté de Devonshire, Shropshire, Herefordshire, etc.,) en France (Ardennes, Orne, Cotentin, Sarthe, Mayenne, Ille-et-Vilaine, Vosges, plateau central,

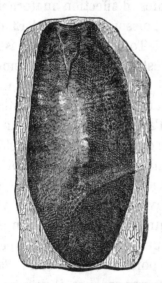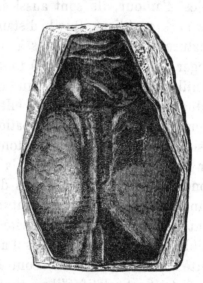

Fig. 173-174. — Les premiers poissons. Période dévonienne.
Scaphaspis Lloydii et Pteraspis rostratus (Grandeur naturelle).

Languedoc, Pyrénées), Allemagne (bords du Rhin, Nassau, Westphalie), Espagne (Asturies), etc. Ces premiers poissons cuirassés ont reçu le nom de *ganoïdes* ([1]), parce qu'ils avaient plus d'apparence que de réalité, en ce sens que leur ossification était incomplète, qu'ils étaient faibles et que leur corps était protégé par de grandes plaques et des écailles osseuses couvertes d'un émail brillant. Ainsi, chez ces premiers poissons, le squelette était inachevé. Sont-ce même déjà des poissons? Ne sont-ce pas des cousins des crustacés? Examinez-les vous-mêmes et jugez. Nous en reprodui-

1. *Étymologie* : γανος, éclat, ειδος, apparence.

sons deux ici (*fig.* 173 et 174) d'après M. Gaudry, le scaphaspis Lloydii (étymologie : σκαφη, barque, et ασπις, bouclier) et le Pteraspis rostratus (étymologie : πτερον, aile et ασπις, bouclier), trouvés l'un et l'autre dans le dévonien inférieur de Crodley (Herefordshire). Pour prouver que ce sont là des poissons d'un caractère tout à fait initial qui marquent le passage de l'invertébré au vertébré, il suffit, dit M. Gaudry, de rappeler l'histoire de leur découverte. « En 1835, dans son grand ouvrage sur les poissons fossiles, Agassiz attribua leurs débris à des poissons. Un peu plus tard, Rudolphe Kner prétendit que ce n'étaient pas des restes de poissons ; il supposa que c'étaient des coquilles internes de mollusques, analogues à l'os de la seiche. En effet, si l'on compare le tracé d'un os de seiche et celui de la plaque singulière qui représente la carapace du scaphaspis, on ne peut manquer d'être frappé de leur ressemblance apparente. En 1856, M. Ferdinand Rœmer exprima l'opinion que la pièce attribuée par Kner à un mollusque provenait d'un crustacé, et il considéra la plaque d'un scaphaspis du dévonien de l'Eifel comme un os de seiche ; il l'inscrivit sous le nom de paleoteuthis (ancien calmar). Deux ans après, M. Huxley étudia la structure des plaques du scaphaspis et déclara que c'étaient bien des os de poissons. Mais, pour enlever tous les doutes, il fallut que M. Ray Lankester eut, en 1863, la bonne fortune d'obtenir un morceau de pteraspis, genre voisin du scaphaspis, qui avait, contre sa plaque, des écailles semblables à celles des poissons. On ne saurait s'étonner que d'éminents naturalistes, comme Kner et Rœmer, aient cru ces poissons primitifs plus près des invertébrés que des vertébrés. En effet, des vertébrés, qui justifient leur nom, devraient avoir des vertèbres ; le scaphaspis n'en montre pas plus de traces que l'amphyoxus de nos mers actuelles. Les vertébrés ont leurs membres soutenus par des pièces solides ; le scaphaspis et leurs alliés n'ont aucun vestige de ces pièces ou d'un os interne quelconque ; ils ont seulement une ou plusieurs plaques qui forment, périphérie, un lambeau de cuirasse, comme chez les crustacés [1]. »

Ainsi se confirme sous tous ses aspects la théorie des enchaînements du monde animal et du développement graduel des êtres.

---

1. GAUDRY, *Fossiles primaires.*

Nous avons vu, au chapitre de la physiologie (p. 179), que l'amphyoxus, vertébré sans crâne, marque physiologiquement le passage des invertébrés aux vertébrés. La paléontologie est en parfaite
concordance avec la théorie physiologique : les poissons, les
ganoïdes primitifs, appartiennent au type de l'amphyoxus, si rudimentaire, comme nous l'avons vu. Aux deux spécimens précédents
ajoutons encore leus contemporains trouvés dans le dévonien

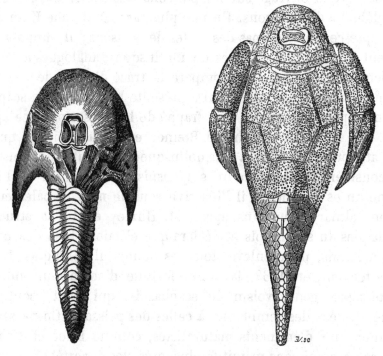

Fig. 175-176. — Les premiers poissons. — Période dévonienne.
Cephalaspis Lyellii et Pterichtys Milleri (1/2 grandeur naturelle).

inférieur, le cephalaspis (¹) et le pterichtys, dessinés ci-dessus.
Ce sont également des poissons, mais si différents de tous ceux
qui existent actuellement, qu'on est embarrassé pour décider s'il
convient de les ranger dans la sous-classe des poissons osseux ou
dans celle des cartilagineux. Ils sont dépourvus de vertèbres et d'os
internes. Vainement chercherait-on dans leur tête les dispositions
des poissons actuels: on voit un bouclier où il est impossible de
tracer les divisions des os du crâne ; sa forme rappelle celle des

1. *Etymologie* : χεφαλη, tête et ασπις, bouclier.

LES PRINCIPAUX HABITANTS DE LA TERRE PENDANT LA PÉRIODE DÉVONIENNE.

trilobites. Ainsi le trilobite que nous avons vu plus haut (p. 232), roi des mers primordiales, a pour successeur un poisson qui lui ressemble et qui partage sa royauté dans le gouvernement des mers primaires. L'arbre généalogique de la vie se montre à l'observateur dans toutes ses ramifications.

Parmi ces premiers poissons, remarquons aussi les pterichtys (¹) qui ne sont pas moins étranges. « Il est impossible de rien voir de plus bizarre dans toute la création, écrivait Agassiz à propos de cet animal primitif. Le même étonnement qu'éprouva Cuvier en examinant pour la première fois les plésiosaures, qui semblaient porter un défi à toutes les lois de l'organisation, je l'ai éprouvé moi-même lorsque M. Miller me fit voir les échantillons qu'il en avait ramassés ». Le géologue Miller, qui fit cette découverte — et bien d'autres — et qui a aujourd'hui sa statue dans son pays natal, en Écosse, non loin de la chaumière où il est né, était un ouvrier carrier : en cassant des pierres du terrain dévonien, il y trouvait des poissons fossiles ; son esprit en fut émerveillé, et un jour il laissa la pioche pour prendre la plume et créer l'une des branches de la paléontologie. Comme la vie elle-même, le patrimoine scientifique de l'humanité a commencé par les plus humbles travailleurs, et ce sont eux encore, eux toujours, qui contribuent à l'élévation lente et progressive de l'édifice des connaissances humaines.

Nous avons reproduit plus haut (*fig.* 176) ce singulier poisson primitif. Sa bizarrerie est telle qu'on a attribué les carapaces qu'on en découvrait, tantôt à des insectes, tantôt à des crustacés, tantôt à des tortues. Ils ont une colonne vertébrale, mais elle n'est pas endurcie ; la moitié extérieure du corps est enfermée dans une cuirasse et leurs pattes paraissent plutôt faites pour sauter que

1. *Étymologie* : πτερον, ailes, et ιχθυς, poisson.

Par ces étymologies, nos lecteurs peuvent remarquer que ces désignations en apparence barbares ne sont autre chose que la traduction grecque de l'aspect de l'animal. On remplace deux ou trois mots par un seul, grammaticalement construit. Et c'est même plus clair lorsqu'on connaît l'étymologie. Au lieu de dire : « apparence et éclat », « tête et bouclier », « aile et poisson », on exprime la même pensée en grec modernisé. C'est comme en médecine, au lieu de dire qu'on a mal à la tête, on dit qu'on a de la « céphalalgie », une souffrance d'entrailles devient de la « gastralgie », le rhume de cerveau s'appelle « coryza ». C'est déjà une première satisfaction pour le médecin de nommer en grec la maladie de son client, et trop souvent..., c'est tout ce qu'il peut faire pour la guérir.

pour nager; la moitié postérieure porte des écailles et des nageoires.
« On peut dire, écrit M. Gaudry, que cet être bizarre est partagé en
deux parties, une antérieure par laquelle il se rapproche des invertébrés, et une postérieure par laquelle il appartient aux vertébrés ».
Toujours les indécisions primitives de la nature avancant très lentement dans son œuvre.

On trouve aussi dans les terrains dévoniens un genre de poissons plus élevé que les précédents dans l'ordre des vertébrés, le

Fig. 178 — Les premiers poissons.
Restauration du squelette du coccosteus decipiens, d'après M. Gaudry.

coccosteus ([1]) dont M. Gaudry a restauré le squelette (*fig*. 178). La
partie postérieure du corps était tout à fait nue ; la partie antérieure était cuirassée très solidement. C'est ce qui a fait dire à
Richard Owen : « Coccosteus était armé comme un dragon francais
avec un fort casque et une courte cuirasse ; nous voyons ses restes
dans l'état où l'on pourrait un jour rencontrer ceux de quelques-

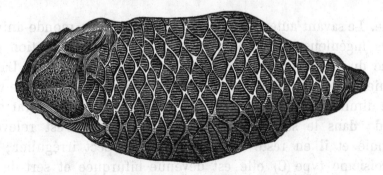

Fig. 179. — Les premiers poissons. L'holoptychus Andersonii.

uns des soldats de la vieille garde de Napoléon, qui, ayant été ensevelis tout habillés, seraient déterrés, dans le champ fatal de Baro-
dino ou sur les rives de la Dwina ». M. Gaudry pense avec Owen
que sans doute ce poisson cachait dans la vase la partie postérieure
de son corps, laissée sans défense, et cite à ce propos l'exemple

1. *Étymologie :* κοκκος, grain, οϛτιον, os, à cause des granulations de la surface des os.

d'un petit poisson de l Inde, le Pimelodus gulio, dont le corps est
nu et dont la tête porte un casque très dur, lequel s'enfonce dans la
vase, attend qu'un poisson passe au-dessus de lui et le tue d'un
solide coup de sa tête cuirassée ([1]). Signalons encore, avec M. Contejean, parmi les plus curieux de ces poissons primitifs, l'holoptychus Andersonii (*fig.* 179).

Tous ces poissons primitifs différaient beaucoup des poissons
actuels par leurs carapaces antérieures, par leur aspect général,
par les divers détails de leur organisation, et par la forme de leur

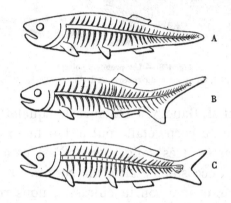

Fig. 180. — Transformation de la queue des poissons, d'après M. Gaudry.

queue. Le savant auteur des « Enchaînements du monde animal »
a très ingénieusement comparé les types de la variation de la
queue du poisson suivant celle de la colonne vertébrale. Dans le
premier type (*fig.* 180 A) la queue est simple, la colonne vertébrale diminue graduellement comme dans une queue de rat ou de
lézard ; dans le second type (B), cette colonne s'est relevée et
agrandie et il en reste une queue d'un aspect irrégulier ; dans
le troisième type (C) elle est devenue bifurquée et sert de gouvernail perfectionné, ce qui donne aux poissons modernes leur
grâce et leur agilité. Or on constate que bien que certains genres
du premier type se soient perpétués jusqu'à nos jours (comme les
anguilles) ils ont eu leur regne souverain pendant les âges primaires, que les seconds ont dominé pendant les temps secondaires
et que les troisièmes caractérisent les époques plus récentes.

1. ALBERT GAUDRY. *Les enchaînements du monde animal*. Fossiles primaires.

Nous avons remarqué plus haut (p. 24) que l'embryologie nous prouve la parenté des êtres en nous plaçant sous les yeux la ressemblance de l'embryon humain avec ceux des autres êtres vivants. Les recherches de M. Alexandre Agassiz, fils de Louis Agassiz, ont confirmé l'accord des développements paléontologiques et embryogéniques : *actuellement, les poissons traversent depuis l'état embryonnaire jusqu'à l'état adulte les mêmes phases par les-*

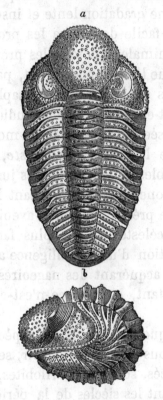

Fig. 181. — Crustacés de la période dévonienne.
Phacops latifrons. — *a.* L'animal étendu. — *b.* Enroulé.

quelles ils ont passé depuis les temps primaires jusqu'aux temps actuels.

Ainsi, comme nous venons de le voir, la période dévonienne doit être inscrite dans les annales de l'histoire de notre planète comme ayant été marquée par un pas décisif dans la marche du progrès, par la naissance des premiers vertébrés, des poissons. Dans les chapitres précédents nous avions vu naître les invertébrés, zoophytes, polypes, échinodermes, foraminifères, brachiopodes, bivalves, gastropodes, céphalopodes, mollusques divers, articulés, crustacés. Maintenant les poissons animent les eaux, dérivant sans doute, par une transformation graduelle, des vers, dont les mollusques et les crustacés ont formé deux dérivations assez proches parentes. Bientôt nous allons être témoins de nouveaux progrès. Les poissons donneront naissance aux amphibies, les amphibies aux reptiles, les reptiles aux serpents d'une part, aux oiseaux d'autre part, tout cela par une gradation lente et insensible. La lenteur est extrême. Il est plus facile de suivre les progrès d'un écolier que ceux d'une espèce animale, quoique les premiers soient, en fait, plus considérables que les seconds ; il est, par exemple, plus facile de suivre les progrès de Pierre Simon Laplace, fils d'un pauvre paysan de Beaumont-en-Auge, enfant studieux, grandissant dans le travail de la pensée et devenant en moins d'un demi-siècle l'immortel auteur de la *Mécanique céleste*, formulant en termes précis les lois invisibles retenues cachées jusqu'alors dans la majesté de la nature, concevant et exprimant les forces qui, dans le passé comme dans le présent et dans l'avenir, régissent les mouvements des corps célestes, il est plus facile, disons-nous, de suivre la transformation d'une intelligence ainsi grandissante que celle d'une anguille acquérant des nageoires ou d'un lézard perdant ses pattes. Pourtant, la distance n'est-elle pas incomparablement plus grande ?

En même temps que les premières espèces de poissons, assez grossières, comme nous venons de le voir, se développent au sein de la mer, les crustacés, surtout les trilobites, dominent et règnent encore comme pendant les siècles de la période silurienne ; mais ils commencent pourtant à sentir qu'ils doivent céder la place à leurs successeurs. Signalons le phacops latifrons (*fig.* 181), qui rappelle le trilobite calymène. Avec les trilobites de toutes tailles et de toutes formes, les pterygotus, les eurypterus avec lesquels nous avons fait connaissance en étudiant les hôtes primitifs des temps siluriens, on retrouve parmi les fossiles dévoniens les stylonorus ([1]), dont la queue était pointue comme un stylet, les slimonia ([2]), les

---

1. *Étymologie :* στυλος stylet ; ουρα, queue.
2. Nom donné en l'honneur du géologue écossais Slimon.

xiphosures (¹), dont la limule actuelle est un type conservé, les hémiaspis limuloïdes (²), non moins singuliers que les précédents

Fig. 182. — Crustacé de l'époque dévonienne. L'hémiaspis limuloïdes
(grandeur naturelle).

par leur forme si bizarre (*fig.* 182). Un certain nombre de ces crustacés et de ces articulés atteignaient de fortes dimensions : on a

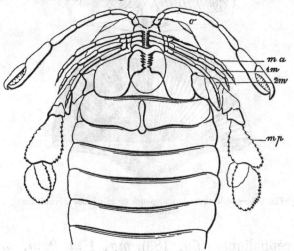

Fig. 183. — Détails des cuisses-mâchoires du pterygotus anglicus.
(1/20 de grandeur naturelle).

trouvé dans le dévonien d'Écosse une espèce de pterigotus qui ne mesure pas moins de 1ᵐ80 de longueur et dépasse incomparable-

1. *Étymologie:* ξιφος, épée; ουρα, queue.
2. *Étymologie:* ημι, demi; ασπις, bouclier.

ment la taille des plus grands homars actuels. On a donné le nom
de mérostomes (¹), à un certain genre fort curieux, d'entre ces
crustacés, qui, à l'exemple des pterygotus, *se servent de leurs
jambes à la fois pour marcher et pour se nourrir.* Ils nous
montrent, remarque à ce propos M. Gaudry, un curieux procédé

Fig. 184. — Mollusques brachiopodes de la période dévonienne.
Spirifer macropterus.

d'économie employé par la nature dans un temps où elle n'était
pas riche comme elle l'est aujourd'hui. A leur extrémité, les

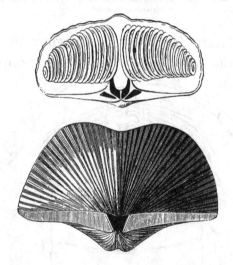

Fig. 185. — Mollusques brachiopodes de la période dévonienne.
Spirifer striatus.

appendices céphaliques (*fig.* 183), *ma,* 1 *m,* 2 *m, mp,* remplissaient les fonctions de pattes ; leur base munie de denticules
jouait le rôle de mâchoires. Singuliers organes que ces cuisses-
mâchoires ! Tout a bien changé depuis...

Outre les poissons primitifs et les légions de crustacés, les mers
sont peuplées de mollusques brachiopodes beaucoup plus nom-

1. *Etymologie:* μηρος, cuisse; στομα, bouche.

breux que de nos jours. Aux types de la période silurienne
(voy. p. 236) il faut ajouter les curieux spirifer (*fig.* 184 et 185), les

Fig. 186. — Mollusques brachiopodes de la période dévonienne.
Haplocrinus mespiliformis. — *a.* Vu de profil. — *b.* En dessus. — *c.* En dessous.

haplocrinus (*fig.* 186) et les calceola (*fig.* 187). Ces mollusques sont
caractéristiques de l'époque. On doit leur ajouter les ptéropodes

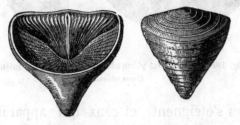

Fig. 187. — Mollusques brachiopodes de la période dévonienne.
Calceola Sandalina.

(*fig.* 188 à 190), des nautilides et des clyménies (*fig.* 191), ainsi que
les crinoïdes encore très répandus. — Voilà bien des mots grecs

Fig. 188-189. — Mollusques ptéropodes de la période dévonienne.
Murchisonia intermedia.   Avicula flabella.

d'aspect assez barbare pour notre belle langue française! et nous
demandons humblement pardon à nos lecteurs — et à nos lec-
trices — du manque d'harmonie de certaines scènes de cette grande
épopée.

En résumé, dirons-nous avec M. Contejean, la faune dévonienne

n'est que la continuation de la faune silurienne, mais avec une
tendance marquée au perfectionnement. Quelques espèces passent
de l'une à l'autre période ; un très grand nombre des genres siluriens sont représentés, à l'époque dévonienne, par des formes nou-

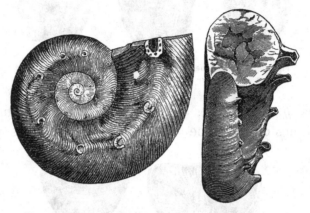

Fig. 190. — Mollusques ptéropodes de la période dévonienne.
Cirrus spinosus.

velles ; plusieurs s'éteignent, et ceux qui apparaissent montrent
souvent une plus grande complication de structure. Cette faune,
qui compte déjà plus de cinq mille espèces, constitue un ensemble

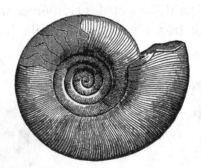

Fig. 191. — Mollusques nautilides des mers dévoniennes. — Clyménie.

comparable à l'une des trois grandes faunes siluriennes, et cependant plus riche peut-être qu'aucune de ces dernières ; de sorte
qu'au point de vue paléontologique le terrain dévonien n'équivaut
guère qu'au tiers du terrain silurien. Aussi les subdivisions en sont-
elles moins générales, moins naturelles, et varient-elles davantage
en nombre et en importance suivant les localités.

Si, dans son ensemble, l'histoire du monde présente le spectacle

d'un progrès, il faut se garder de croire que toutes les classes se
soient développées d'une manière continue pendant la durée des
temps géologiques. Les ptéropodes, les céphalopodes, les ostra-
codes, les branchiopodes, les mérostomes, les insectes (comme nous
allons le voir), ont atteint, à l'époque primaire, une grande perfection et même une taille plus considérable que dans l'époque actuelle. « Un des résultats les plus curieux des études paléontologique, écrit M. Gaudry, a été de montrer que chacune des époques du

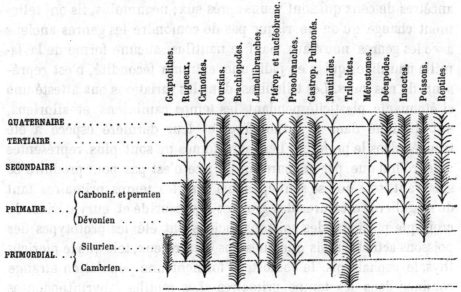

Fig. 192. — Développement et variation des animaux primaires à travers les âges.

monde a eu ses épanouissements particuliers ; elle a eu des êtres
qui ont été faits par elle ; avec elle, leur règne a commencé ; avec
elle leur règne a fini. On s'en rendra compte en jetant les yeux sur
la figure 192, où est indiquée la marche suivie par le développement d'une partie des animaux primaires ; chaque groupe est représenté par un rameau plus ou moins fourni, selon que le développement a été plus ou moins grand. On voit dans ce tableau combien les graptolites ont été éphémères ; nés dans le cambrien, ils
n'ont pas dépassé le silurien ; quelques-uns des polypes hydraires
des époques plus récentes ont pu en provenir, mais alors ils ont
cessé d'être des graptolithes, de sorte qu'on doit dire que la forme
graptolithe est restée confinée aux anciennes époques. Les rugueux
ont eu leur extension dans les temps primaires ; il est vraisem-

blable que plusieurs ont été la souche des corallaires de la période secondaire, puisqu'ils se lient à eux d'une manière insensible, mais sans doute tous n'ont pas servi de progéniteurs. Quelques-uns des tabulés des terrains anciens, tels que l'heliolites, paraissent les ancêtres des alcyonaires actuels ; au contraire, la michelinia, l'halysites et plusieurs autres sont restés spéciaux aux formations primaires.

« Les ptéropodes et les nucléobranches primaires ont pu être les ancêtres de ceux qui sont venus après eux ; néanmoins, ils ont tellement changé qu'on ne risque pas de confondre les genres anciens avec les genres nouveaux. Sauf le nautilus, aucune forme de la famille nautilide, qui a eu jadis une extrème fécondité, n'est représenté de nos jours. Les trilobites, dont les variations ont attesté une si étonnante plasticité pendant les temps cambriens et siluriens, ont diminué dans le carbonifère, et leur dernière espèce a été trouvée dans le permien. Les mérostomes ne sont plus représentés aujourd'hui que par le genre limule ; ce n'est pas pour produire ce survivant isolé que se sont épanouis dans les temps primaires tant de singulières créatures des groupes xiphosuridé et euryptéridé. Je crois que plusieurs des poissons anciens ont été les prototypes des poissons actuels ; mais quelques-uns d'entre eux, tels que le pterichthys, le cephalaspis, le coccosteus forment une population étrange confinée dans les temps primaires. Les reptiles labyrinthodontes caractérisent la fin du primaire et le commencement du secondaire. Ces fossiles, qui ont été spéciaux à certaines périodes de l'histoire de la Terre, rendent de précieux services aux géologues pour la détermination des terrains. Ils méritent bien le nom de médailles de la création » ([1]).

Les insectes ont fait leur apparition à cette même époque ; mais ils n'ont guère laissé de fossiles, on le conçoit sans peine. On a retrouvé des ailes de névroptères, du genre des éphémères, dans l'étage dévonien du Canada. L'un de ces ancêtres nommé platephemera ([2]) était gigantesque et mesurait, paraît-il, plus de vingt centimètres quand il étalait ses ailes ; un autre offrait quelques traits d'organisation intermédiaire entre les éphémères et les libel-

---

1. A. GAUDRY. *Les Enchaînements du monde animal.* Fossiles primaires, p. 296.
2. *Étymologie* : πλατυς, large ; εφημερον, éphémère.

lules ; un troisième n'a de ressemblance avec aucun type connu, et un quatrième (le xenoneura antiquorum) présente cette particularité d'offrir des vestiges d'un appareil stridulent analogue à celui des grillons actuels. Il est remarquable que ce soient là des insectes à la fois aquatiques et aériens. L'air va s'animer de fleurs vivantes ; l'aile se forme ; ils n'ont pas encore la voix, ils ne l'auront jamais ; mais pourtant ils ne sont déjà plus muets : la nature

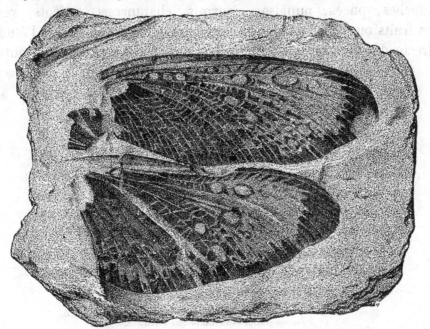

Fig. 193. — Les premiers insectes. — Ailes fossiles de lamproptilia Grand'Euryi.
Trouvé dans les houillères de Commentry. (Grandeur naturelle.)

entre dans une nouvelle phase. Le seul fait de l'existence de ces insectes névroptères à l'époque dévonienne prouve qu'ils ont eu des précurseurs moins parfaits qu'eux-mêmes ('). L'élégante demoiselle des eaux n'est pas sortie d'un rayon de soleil ; elle a eu des ascendants plus grossiers, fils des annélides.

Que les insectes soient sortis les uns des autres et successivement aient donné naissance, de proche en proche, aux innombrables variétés qui les représentent, c'est ce dont il est difficile de

1. Au moment où nous corrigeons cette épreuve (septembre 1885), nous apprenons que M. Douvillé, professeur à l'École des Mines, vient précisément de trouver l'aile d'un insecte dans le silurien moyen de Jurques (Calvados). Cet insecte était une espèce de blatte.

douter lorsque d'une part on compare leurs analogies, et lorsque, d'autre part, on réfléchit au nombre des espèces déjà connues. Les coléoptères, à eux seuls, comprennent au moins cent mille espèces, les diptères autant, les hyménoptères quatre-vingt mille, les hémiptères cinquante mille, les lépidoptères vingt mille, les anoploures dix mille, les névroptères autant, les orthoptères six mille : c'est un total de 376000 espèces d'insectes, papillons, mouches, puces, punaises, fourmis, charançons, asticots, vers des fruits ou du fromage, que les théologiens — avant que l'étude directe de la nature eût établi la parenté de tous les êtres entre

Fig. 194. — Les plus anciennes plantes.
Psylophiton princeps. — Terrains siluriens et dévoniens.

eux, — obligeaient l'Être suprême à avoir créé lui-même par couples de chaque espèce.

Voici donc les insectes au monde, issus, selon toute probabilité, des annélides de l'époque primordiale. Ils vont prendre un rapide essor et se développeront magnifiquement, pendant la période qui va suivre, en même temps que le règne végétal. On a trouvé récemment, dans le terrain houiller de Commentry, le beau specimen que nous reproduisons ici (fig. 193) d'après M. Ch. Brongniart. Il appartenait à la famille des platyptérides (¹).

Déjà les plantes commencent à s'acclimater hors de l'eau, dans les marécages et sur les îles basses. La terre ferme s'accroît d'ail-

1. *Étymologie* : πλατος, large; πτερον, aile.

leurs insensiblement par les soulèvements et les émersions lentes, et peu à peu la végétation l'envahit. Ce ne sont plus seulement des algues ou des plantes tout à fait élémentaires ; mais déjà apparais-

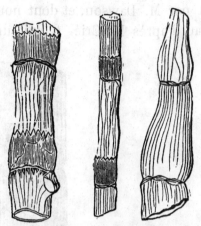

Fig. 195. — Débris fossiles de plantes primitives.
Équisétacées de la période dévonienne.

sent les fougères, les lycopodes, les sigillaires, les équisétacées. Toutefois, la nature n'est pas encore sortie des cryptogames : ces

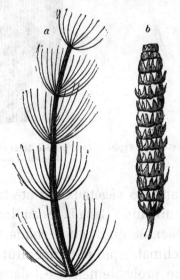

Fig. 196. — Plantes primitives. Calamites.
a. Rameau. — b. Épi frugifère.

plantes règnent en souveraines dans les eaux et sur les îles, et nul prophète n'oserait deviner les richesses réservées à la végéta- tion de l'avenir.

Dans le dévonien inférieur, au-dessus du silurien dans lequel
nous avons remarqué les plantes primitives, algues variées, bilobites, eophyton, etc., on rencontre le psylophiton étudié dans les
terrains du Canada par M. Dawson, et dont nous représentons ici
(*fig.* 194) un rameau d'après M. Crié. C'était une espèce de lyco-

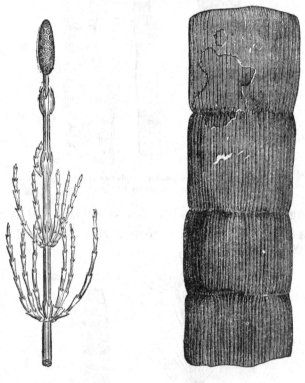

Fig. 197-198. — Végétaux de la période dévonienne.
Equisetum.   Fragment de calamite pétrifié.

pode. Tous ces plus anciens végétaux ont été trouvés dans le nord,
comme les premiers animaux : Canada, Scandinavie, Russie, Angleterre. Nous verrons bientôt qu'à cette époque reculée il n'y avait
encore ni saisons ni climats, que la température était la même sur
le globe entier, et que probablement c'est dans les calmes régions
polaires que la vie a commencé.

Tout le monde connaît les prêles, ou queues de rat, plantes en
forme de joncs, dures, dépourvues de feuilles, que l'on trouve un
peu partout, surtout dans les régions non cultivées, aux bords des
ruisseaux solitaires. Cette plante a servi de type à la famille végé-

tale désignée sous le nom des équisétacées ('), à cause de la forme
des rameaux, qui ressemblent à de la soie de cheval. C'est là une
plante primitive, qui date de l'époque dévonienne. Ces humbles
prêles, dont la taille n'excède pas aujourd'hui quelques décimètres,
s'élevaient alors à sept et huit mètres de hauteur, comme de gigantesques asperges, et dominaient par leur nombre la population
végétale des premières forêts. Cryptogame rudimentaire, encore peu
éloignée des algues primitives, quoique terrestre, à peine plus com-

Fig. 199. — Les premières forêts. — Période dévonienne.

pliquée que les lichens, les mousses et les hépatiques, l'équisétacée
commence, avec la fougère, le développement du monde végétal.
C'est aussi par gradation, comme le règne animal, que le règne
végétal se crée. L'ère des cryptogames ouvre la série, pour être
suivie plus tard par celle des phanérogames, gymnospermes et
angiospermes. On a retrouvé parmi les fossiles dévoniens des
débris (*fig.* 195) qui ont appartenu à des équisétacées de dix mètres
de hauteur. Ces plantes devaient offrir un aspect analogue à celui de
l'equisetum représenté figure 197. Ces premières forêts possédaient,

1. *Étymologie* : *Equus*, cheval; *seta*, soie.

outre les calamites (*fig.* 196), espèces de roseaux gigantesques mesurant plus d'un décimètre de diamètre, dont notre figure 198 représente un échantillon fossile, des bornia, des cordaïtes, des antholites,
des lycopodiacées, parmi lesquels on doit citer surtout les lépidoden-

Fig. 200. — Les premiers arbres.
Groupe de calamites.

drons qui, pendant la période suivante, atteindront vingt-cinq et
trente mètres de hauteur. Aujour-
d'hui les lycopodes sont des mousses !
On jugera de l'aspect de ces premiers
arbres par le groupe de calamites
représenté ici (*fig.* 200), ou mieux
encore par notre figure précédente
(199), dans laquelle on a essayé de
rétablir une forêt de cette époque.

Dans ces forêts silencieuses, pas
un oiseau, pas un reptile, pas un
quadrupède, pas une bête sauvage. Rien de tout cela n'existe
encore. Les hôtes des bois sont absents. Cerfs, chevreuils, sangliers,
loups, renards ou écureuils ; lions,
tigres, jaguars, panthères ou chacals ; crocodiles, lézards ou grenouilles ; aigles, vautours, condors,
corbeaux, perdrix ou paons ; oiseaux
chanteurs, rossignols, pinsons ou
fauvettes : aucun n'est encore de
ce monde. Si l'on entend remuer,
c'est quelque scorpion dans les
pierres, quelque blatte entre les
feuilles ou quelque grillon frottant ses élytres. Quelques insectes,
quelques mouches, commencent à bourdonner dans l'atmosphère
lourde et orageuse. Mais la vie est encore presque tout entière
dans les eaux, douces et salées. La lumière du jour n'est pas
encore intense : le soleil n'est pas encore brillant : il est immense, mais nébuleux ; le ciel azuré, lumineux et pur n'existe

pas encore; la différence entre le jour et la nuit n'est pas considérable, ni sous le rapport de la lumière, ni sous le rapport de la chaleur; notre planète ne connaît encore ni les saisons ni les climats.

Le Soleil ne versait pas encore une éblouissante lumière à la surface de la Terre. Autrefois, pendant les âges azoïques — sans vie — ou peut-être même pendant les âges protozaïques au — commencement même de la vie — le jour ne différait pas de la nuit, quoique la planète tournât déjà sur son axe, parce que la faible lumière émise par la nébuleuse solaire n'arrivait pas jusqu'à la surface de la Terre, et que notre globe, d'ailleurs, resta longtemps lui-même à l'état de soleil, lentement éteint, puis environné de vapeurs absorbantes. Maintenant, à l'époque dévonienne, et même depuis longtemps, dès l'époque silurienne, le jour diffère de la nuit, il y a déjà une certaine lumière : nous le savons par la seule existence des yeux des trilobites, des crustacés, des mollusques et des poissons. L'œil ne pourrait pas exister sans la lumière : l'origine même de l'œil réside dans l'impression lumineuse. Nous pouvons en conclure que certainement la nébuleuse solaire était alors déjà très condensée.

Mais nous allons étudier cette importante question en arrivant à la splendide période carbonifère.

CHAPITRE IV

LA PÉRIODE CARBONIFÉRE

Developpement du regne végétal. — Iles et continents. — Climats insulaires. — Absence de saisons. — La nebuleuse solaire. — L'atmosphère, la chaleur et l'humidité. — Les plantes et les arbres. — Forêts antiques. Animaux qui les habitaient.

Pas un astre n'est en repos dans l'immense univers; pas un atome n'est arrêté dans le sein du plus dur minéral; pas une molécule n'est immobile dans le corps d'une plante ou d'un animal; pas un globule de sang ne cesse de circuler dans nos artères; toujours, en tout et partout, la force invisible et infatigable s'exerce avec une activité perpétuelle; les mondes se transforment; les soleils s'allument et s'éteignent; la Terre où nous sommes varie d'un siècle à l'autre; les êtres qui la peuplent varient corrélativement avec ces conditions mêmes, et, de plus, en vertu de leur propre activité, il n'en pourrait être autrement, et l'histoire de la Terre n'est que le tableau de sa transformation perpétuelle.

Les îles qui ont émergé de l'océan universel, pendant les siècles vénérables dont nous venons de nous faire l'historien, ont invité l'activité des premières plantes et des premiers animaux à s'exercer en des conditions nouvelles, et nous avons vu des plantes marines devenir plantes d'eau douce, puis s'acclimater à l'atmosphère humide des bas-fonds. C'est le long des rivages qu'elles s'essayent à leur condition nouvelle. Des feuilles poussent qui leur permettront de respirer l'air au lieu de rester immergées ou flottantes. Leurs frères, les animaux marins ou aquatiques, commencent aussi à vivre sous de faibles épaisseurs d'eau ou même au dehors. Des insectes voltigent déjà à la surface des eaux; des blattes, des sauterelles, des grillons, des termites rampent, sautent et se glissent sous les premiers feuillages. L'atmosphère est lourde. C'est presque encore de l'eau. La chaleur est étouffante. Il pleut continuellement.

Quelles précieuses conditions pour le règne végétal! A l'origine de la vie, nous l'avons vu, il n'y avait ni plantes ni animaux, et les conditions vitales de la planète n'eussent permis ni les uns ni les autres : il y avait du protoplasma flottant au sein des eaux, des amibes, des protistes, ancêtres des animaux comme des plantes. La vie s'est ensuite bifurquée en deux branches longtemps presque soudées, comme si elles eussent regretté la séparation, mais enfin séparées, qui ont abouti à des ramifications aujourd'hui bien éloignées l'une de l'autre, car une grande distance apparente distingue actuellement, par exemple, le bœuf de l'herbe qu'il broute : pourtant, originairement, ils ont le même ancêtre, et même pour les yeux de l'analyste ils sont loin d'être aussi différents l'un de l'autre qu'ils le sont pour le pâtre qui conduit le troupeau. Avec les débuts de la periode carbonifère, le regne végétal a fait des progrès rapides, grâce aux conditions exceptionnelles de fécondité qui marquèrent cette phase importante de l'histoire de la Terre.

La chaleur intérieure du globe traversait encore l'écorce et entretenait une haute température dans l'atmosphère. Tous ceux qui ont fait l'ascension du Vésuve, de l'Etna ou de quelque volcan savent, il est vrai, qu'une faible épaisseur de scories et de cendres suffit pour intercepter la chaleur, et chacun sait aussi qu'un peu de cendres dans le creux de la main suffit pour permettre d'emporter de l'âtre un charbon ardent sans se brûler. Cependant la chaleur filtre pour ainsi dire par des interstices invisibles. Au mois de décembre 1872, une ascension au Vésuve brûla en partie les semelles de nos chaussures; la chaleur de la cendre était assez

forte pour faire cuire des œufs; en remuant un peu plus bas à
l'aide d'un bâton ferré, on mettait au jour la lave rouge, durcie,
mais assez chaude pour y allumer un cigare. Or la température
de la lave volcanique ne dépasse pas un millier de degrés; celle du
globe primitif devait être au moins neuf ou dix fois plus élevée, car
la théorie mécanique de la chaleur enseigne que la seule condensation de toutes les molécules du globe terrestre de l'état nébuleux à
l'état de densité actuelle, a dû donner naissance à une chaleur de
89 880°, sans compter celle qui a dû être produite par les combinaisons chimiques et les combustions. Par les fissures, par les
éruptions, par les dislocations et même à travers l'écorce mince, à
peine solidifiée, imprégnée d'eau, cette chaleur intérieure arrivait
dans l'atmosphère, qui ne lui permettait pas de rayonner et de se
perdre dans l'espace. Le pouvoir absorbant d'une molécule de vapeur
aqueuse est *seize mille fois* supérieur à celui d'une molécule d'air
sec. Nous venons de voir que l'atmosphère était alors imprégnée de
vapeurs et que les pluies étaient presque continuelles. Remarquons
encore qu'il n'y avait pas de continents, mais seulement des îles, et
que la Terre entière jouissait d'un climat marin, sorte d'universel
gulf-stream. En de telles conditions, la température de la surface
du globe était éminemment appropriée au développement de la
végétation primitive, et, de plus, elle était la même aux pôles qu'à
l'équateur, puisqu'il n'y avait pas encore de saisons.

Les saisons sont dues, comme nos lecteurs le savent ('), à ce que
la Terre tourne autour du Soleil en ayant son axe incliné. Pendant
la moitié de l'année un pôle est très penché du côté du Soleil et
pendant les six autres mois il est penché du côté opposé. De là
résultent les longues nuits d'hiver comme les longs jours d'été, les
grands froids polaires, les saisons opposées et disparates (c'est ce
dont on se souviendra facilement à l'inspection de notre *fig.* 221).
Les lois de la mécanique céleste établissent que l'inclinaison de
l'axe ne varie que de quelques degrés, et que pendant l'époque
primaire elle n'était pas très différente de ce qu'elle est de nos
jours. D'ailleurs, eût-elle été très différente, si le Soleil avait eu
alors comme aujourd'hui une action prépondérante sur la chaleur

1. *Astronomie populaire*, p. 35, et surtout *Les Terres du Ciel*, p. 402.

terrestre, les climats auraient existé : les rayons solaires arrivant
perpendiculairement sur les régions équatoriales auraient versé là
une chaleur beaucoup plus élevée que sur les régions polaires où
ils n'arrivent plus qu'obliquement, en raison de la sphéricité du
globe, et ne font que glisser. Or c'est ce que dénie le témoignage
des végétaux de l'époque carbonifère. Les mêmes espèces de plantes
qui habitaient les régions équatoriales habitaient aussi les régions
polaires. On a retrouvé jusqu'au Spitzberg et jusqu'aux plus extrêmes
latitudes septentrionales explorées par l'homme (amiral Narès,
expédition de 1878 au pôle nord, terre de Grinel, par 82°40′ de lati-

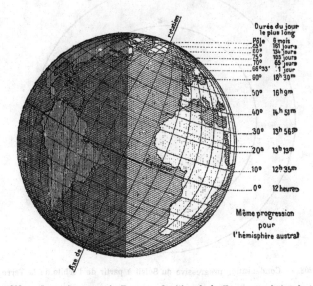

Fig. 202. — Les saisons sur la Terre. — Position de la Terre au solstice de juin.

tude boréale) le même calcaire carbonifère, et jusqu'au 76° parallèle
les mêmes houilles qu'en France et aux États-Unis, en Chine, dans
le bassin du Zambèze (Afrique) et dans l'Amérique du Sud. De plus,
la flore terrestre tout entière n'est composée que d'arbres à feuilles
persistantes ; il n'y a pas encore d'arbres à saisons. Les tiges d'arbres
fossiles de cette époque ne montrent pas les couches concentriques
annuelles formées chaque printemps, et par lesquelles on reconnaît l'âge des arbres.

C'est là un fait capital et de la plus haute importance pour l'histoire de notre planète. On en peut conclure avec certitude qu'à
cette époque *il n'y avait pas encore de saisons*. Le Soleil n'ajou-

tait que peu ou point de chaleur à celle de la Terre, car la température à laquelle végètent les fougères arborescentes, les lycopodes,
les cycadées, est comprise entre 20 et 25 degrés, et n'était pas
plus élevée en Afrique qu'au Spitzberg.

Le Soleil était alors gigantesque, mais encore nébuleux et n'é-
mettant qu'une faible lumière. Que l'anneau cosmique dont la
Terre est une condensation globulaire se soit formé dans l'intérieur
de la nébuleuse solaire originelle, comme le suppose M. Faye, ou

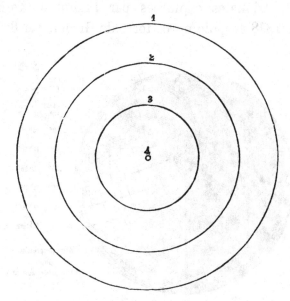

Fig. 203. — Condensation progressive du *Soleil* à partir de l'orbite de la Terre.

1. Orbite de la Terre.   Diamètre = 74 milllions de lieues.
2. Orbite de Vénus.   Diamètre = 52   —   —
3. Orbite de Mercure.   Diamètre = 28   —   —
4. Le diamètre actuel du Soleil est de 345 500 lieues.

ÉCHELLE : 1ᵐᵐ = 1 million de lieues.
(Doublée pour le Soleil.)

à l'extérieur, comme le supposait Laplace, le résultat est le même
en ce qui concerne l'immense volume du Soleil pendant les périodes
primitives de l'histoire des planètes. L'astre solaire a abandonné la
zone de l'orbite terrestre, puisqu'il ne l'atteignait plus, et s'est rétracté
graduellement à travers les orbites de Vénus et de Mercure successivement, à des millions d'années d'intervalles, ses dimensions ont
passé par les limites des courbes 1, 2 et 3 tracées ci-dessus (*fig.* 202),
et aujourd'hui elles sont réduites à un point relatif, le diamètre
actuel du Soleil n'étant que de 345 500 lieues, tandis que celui de

l'orbite de Mercure est de 28 millions, celui de l'orbite de Vénus
de 52, et celui de l'orbite terrestre de 74. Les diamètres des orbites
de la Terre, de Vénus et de Mercure, comparés à celui du Soleil pris
pour unité, sont entre eux comme les nombres 214, 153, 83 et 1.

Pour se représenter non seulement les dimensions réelles, mais
en même temps les dimensions apparentes du Soleil vu de la Terre
aux époques où il remplissait entièrement l'orbite de Vénus ou celle
de Mercure, il suffit de reconstruire ici les figures 103 et 152 des

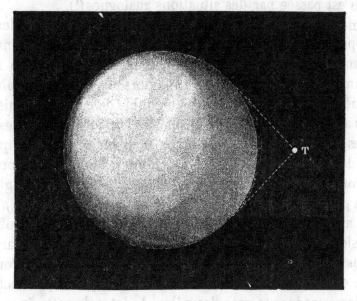

Fig. 204. — La nébuleuse solaire vue de la Terre lorsqu'elle arriva à l'orbite de Vénus.

Terres du Ciel, en les adaptant à cet aspect spécial de la question.
Dans la première (Voy. *fig.* 203), le disque solaire atteignait la dimension angulaire d'un angle droit ; c'est-à-dire qu'il occupait la
moitié entière du ciel depuis l'horizon jusqu'au zénith : 90 degrés !
soit 169 fois son diamètre actuel. Si, dès cette époque, la phase
solaire était déjà assez avancée pour donner naissance à une faible
lumière, le faisceau conique des rayons solaires dépassait les pôles
dans leur position la plus inclinée (solstices), et, par conséquent, la
Terre pouvait tourner dans l'illumination solaire en ne subissant
qu'une nuit peu étendue et de faible durée. Les pôles étaient éclairés
toute l'année aussi bien que l'équateur, et il n'y avait pas de zone
glaciale. (Voy. la *fig.* 204, dans laquelle la Terre est dans la même

situation que *fig*. 203, mais agrandie.) La chaleur comme la lumière
solaire devaient alors être très faibles; mais la distance du Soleil à
la Terre n'était que de onze millions de lieues au lieu de trente-sept
(en admettant que l'orbite terrestre fût peu différente en position
de ce qu'elle est de nos jours), et comme la chaleur ainsi que la
lumière augmentent en raison inverse du carré de la distance, la
quantité reçue était beaucoup plus grande que de nos jours relativement à la quantité émise. La cosmogonie primitive de chaque
planète est passée par des situations analogues ([1]).

A mesure que la nébuleuse solaire se resserra, le cône des rayons
reçus par notre planète s'allongea et la différence s'accentua graduellement entre les pôles et l'équateur. L'inclinaison de l'axe de
rotation de la Terre étant de 23° $\frac{1}{2}$, lorsque le disque solaire fut
diminué jusqu'à 47°, c'est-à-dire au double de cette inclinaison, ses
rayons atteignaient encore aux solstices la ligne actuelle des cercles
polaires, comme l'a fait remarquer M. Blandet, de sorte qu'aucun
cercle de latitude n'était exposé à accomplir toute sa rotation diurne
dans l'ombre, qu'il n'y avait pas encore de nuits de vingt-quatre
heures pour les pôles et pas encore de zones glaciales (Voy. *fig*. 205).

En arrivant à l'orbite de Mercure, la nébuleuse solaire offrait les
dimensions représentées figure 206. L'angle soustendu par l'astre
immense était encore de 45 degrés, moitié de celui de l'orbite de
Vénus, et remplissait encore les conditions requises pour éclairer le
globe terrestre jusque près des pôles. A dater de cette époque seulement, l'inclinaison de l'axe de rotation du globe a commencé à
agir sensiblement pour la distinction des saisons, si toutefois la
chaleur d'origine terrestre ne surpassait pas encore celle d'origine
solaire. Dans cette phase, la Terre était éclairée à peu près comme
on vient de le voir dans le diagramme de la figure 205.

L'effet de l'immense disque solaire, vu de la Terre, devait être

---

[1]. **Grandeurs apparentes de la nébuleuse solaire pendant sa condensation :**

Vue de Neptune à l'orbite d'Uranus . . . . 80°
Vue d'Uranus à l'orbite de Saturne . . . . 60°
Vue de Saturne à l'orbite de Jupiter. . . . . 67°
Vue de Jupiter aux quatre condensations principales des anneaux d'astéroïdes 86°, 80°, 74°, 70°
Vue de ces quatre condensations à l'orbite moyenne de Mars . . . . 51°, 59°, 69°, 80°
Vue de Mars à l'orbite de la Terre . . . . 81°
Vue de la Terre à l'orbite de Vénus . . . . 90°
Vue de Vénus à l'orbite moyenne de Mercure. 65°

étrange. Car, s'étendant sur une longueur de 90 degrés, lorsqu'après son lever son bord inférieur touchait encore l'horizon, son bord supérieur atteignait déjà le zénith. En raison de la perspective de la forme surbaissée de la voûte apparente du ciel, c'était le ciel lui-

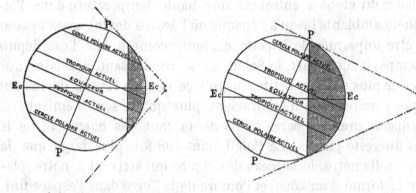

Fig. 205.— Éclairement de la Terre à l'époque où la nébuleuse solaire arrivait à l'orbite de Vénus.

Fig. 206. — Eclairement de la Terre pour un Soleil de 47°

même qui devait sembler fait d'un seul Soleil dans toute sa partie orientale, comme un tiers de four chaud et lumineux, les deux autres restant froids et obscurs. Si, au lieu de la surface du ciel, nous considérions, pour essayer de la représenter par le dessin, une

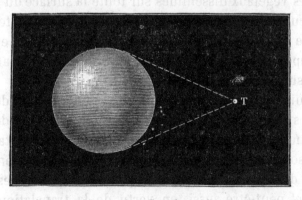

Fig. 207. — La nébuleuse solaire vue de la Terre lorsqu'elle arriva à l'orbite de Mercure.

coupe de ce ciel, nous aurions une voûte (*fig.* 207) sur laquelle paraîtrait glisser une plaque de lumière *a b*, s'étendant de l'horizon jusqu'au zénith, au milieu de la matinée, et planant à midi comme un cercle immense sur tout le sommet du ciel. Si faible qu'ait été le rayonnement calorifique et lumineux de cet astre immense, il n'a pu manquer, par sa constance et par sa durée, d'avoir une action puissante sur le développement de la végétation des premiers âges.

Les deux causes ont agi en même temps. D'une part, la chaleur intérieure du globe a entretenu une haute température dans l'atmosphère ambiante jusqu'à l'époque où l'écorce devint assez épaisse pour être imperméable à cette chaleur, comme elle l'est depuis longtemps; d'autre part, le Soleil, en se condensant, a éclairé une surface de plus en plus petite, jusqu'à ce que ses rayons devinssent presque parallèles et n'éclairassent plus qu'un seul hémisphère. Nous disons presque, parce qu'ils ne le sont pas encore et ne le seront du reste jamais. Le Soleil étant 108 fois plus large que la Terre, en diamètre, le faisceau des rayons qui arrivent à notre planète a la forme d'un cône, et l'ombre de la Terre dans l'espace fini en pointe à la distance de 1 380 000 kilomètres en moyenne. La réfraction de l'atmosphère allonge encore l'éclairement à l'avantage de l'hémisphère obscur. Mais, néanmoins, dès l'origine de la radiation solaire, la quantité reçue par la Terre a été plus grande à l'équateur qu'aux pôles, et climats et saisons ont eu une tendance de plus en plus marquée à se constituer d'âge en âge. Puisque, pendant l'époque primaire, les végétaux disséminés sur toute la surface du globe n'indiquent aucune trace de saisons et témoignent d'une température uniforme de 25° à 30° sur le globe entier, nous devons en conclure qu'à cette époque la chaleur terrestre était encore de beaucoup prédominante sur la chaleur reçue du Soleil.

Il y a huit ou dix millions d'années, vers le milieu de l'époque primaire, les conditions de stabilité du système du monde n'étaient pas absolument les mêmes que de nos jours. Le Soleil était plus volumineux, son centre de gravité, ainsi que celui du système solaire, occupaient des situations géométriques différentes des positions modernes, et peut-être aussi, en vertu de la translation séculaire dans l'espace, le système solaire était-il soumis à des influences stellaires différentes de l'état de choses actuel. Il n'est pas démontré que l'obliquité de l'écliptique ait été la même que de nos jours, ni que le pôle géographique ne change pas de place à la surface du globe dans un intervalle de temps aussi considérable (des expériences récentes sembleraient conduire à la conclusion contraire), ni que la variation séculaire de l'excentricité de l'orbite terrestre (¹) ne surpasse pas les limites calculées et ne détermine pas des effets plus sensibles sur les saisons; et l'on ne peut pas assurer non plus que le jeu des forces intérieures en action dans le sein du globe terrestre, aidé par les marées luni-solaires ou même par des attractions extérieures, ne puisse faire varier les positions de l'axe du monde. Tout change (²), dans l'ordre cosmique aussi bien que dans l'ordre terrestre individuel. Loin donc d'éprouver la moindre difficulté à admettre

Fig. 208. — Étendue du Soleil sur le firmament, lorsqu'il atteignait l'orbite de Vénus.

pour ces époques reculées une terre différente de celle que nous habitons aujourd'hui, nous devons être tout disposés à concevoir qu'il n'en pouvait être autrement.

L'important pour nous est de retrouver les phases réelles de l'antique histoire du monde. Or, l'astronomie, la géologie et la paléontologie s'accordent pour nous apprendre que les saisons n'ont commencé que fort tard dans la vie terrestre, et que pendant les temps primitifs les climats étaient les mêmes aux pôles qu'à l'équateur. Et comme nous venons de le voir, non seulement ces sciences

1. Voy. cette variation pour deux cent mille ans dans notre ouvrage *Les Étoiles et les Curiosités du Ciel*, p. 773.

2. Voy. l'exposition des dix principaux mouvements de la Terre dans *Les Terres du Ciel*, liv. IV, ch. 1er.

nous apprennent qu'il en a été ainsi, mais encore elles nous expliquent pourquoi.

Atmosphère épaisse, lourde, pluvieuse; température uniforme, constante, chaude; marées considérables; éruptions du feu intérieur; orages fréquents; tempêtes formidables; l'aspect de la Terre était bien différent de celui de notre époque. Les témoins de cette primitive nature seront des êtres grossiers, énormes, puissants, dans le sein desquels s'ébaucheront les perfectionnements des âges futurs.

Simples, sans ornements, sans fleurs, sans parfums, les plantes vont absorber cette atmosphère nutritive, grandir sans bornes, atteindre des proportions géantes. Le Soleil n'a pas d'éclat; les oiseaux ne chantent pas encore; un morne silence enveloppe la terre; les insectes seulement bourdonnent et se multiplient dans l'ombre épaisse des forêts grandissantes, forêts immenses dont rien n'arrêtera l'extension : elles vont pour la première fois vêtir la planète d'un inextricable tapis de verdure, depuis l'équateur jusqu'aux pôles. Nul prophète ne saurait deviner l'existence future des déserts de glace ou des neiges éternelles qui, sur les montagnes comme aux régions polaires, feront dans l'avenir reculer la vie en lui imposant des bornes infranchissables.

Si l'on se transporte par l'imagination dans ces vastes solitudes primitives, on est saisi d'un sentiment indéfinissable en présence de l'invariable monotonie des formes. L'absence totale de fleurs et d'animaux supérieurs devait contribuer à jeter sur la nature un voile d'universelle tristesse; pas un seul oiseau n'égayait la forêt, dont les profondeurs ·n'étaient visitées par aucun mammifère. L'air embrasé était rempli de vapeurs suffocantes s'échappant du sol, et le silence de la nature n'était troublé que par le bruit de la pluie, le fracas et les sifflements du vent à travers les arbres! La Terre était encore probablement couverte d'épaisses nuées provenant de la haute température du sol, qui réduisait en vapeur beaucoup plus d'eau qu'aujourd'hui; le climat de la planète ne dépendait pas seulement du Soleil, mais bien aussi de la chaleur même du globe, comme le prouve la présence des mêmes formes de plantes jusqu'à l'extrême nord.

Les naturalistes suédois Nordenskioeld et Malmgren ont découvert, pendant l'été de 1868, à Bären-Insel (74° 30′ lat. nord), dans les houilles et les roches immédiates, dix-huit espèces de plantes dont quinze sont identiques à celles des couches les plus inférieures des gisements carbonifères. Cette ancienne flore houillère de Bären-Insel a de grands caractères identiques à ceux de la flore des Vosges et de la Forêt-Noire. Ce sont d'abondants Lepidodendrons. A l'ombre de ces arbres vivaient des fougères à grandes feuilles (Cardiopteris frondosa et polymorpha). La flore des îles Parry paraît avoir eu le même aspect; on y a découvert de nombreux gisements de charbon, et, parmi les végétaux qu'on y a constatés, se trouve le Knorria acicularis de l'île Melville (baie de Bridport, 70° lat. nord); elle a été signalée aussi à Bären-Insel, et se rencontre dans les houilles de Silésie.

La faune marine arctique a le même caractère. Ce sont de nombreuses espèces de mollusques provenant de la mer de l'époque houillère de la zone arctique, et qui se rencontrent dans la même formation en Europe; quelques-unes même ont été trouvées sous les tropiques. Ainsi on a recueilli le Spirifer Keillshavii à Bären-Insel, au Spitzberg, dans le Nord-Albert-Land, à Petschora, et ailleurs dans l'Inde; le Productus costatus au Spitzberg, en Russie, en Angleterre, dans le nord de l'Amérique, dans l'Inde et en Australie; le Productus Humboldtii, au Spitzberg, en Russie et dans le sud de l'Amérique. Il en est de même du Productus sulcatus qui a été observé à Melville-Insel, à 76° nord, et du Spirifer cristatus trouvé au Spitzberg, et qui a une vaste aera. Outre ces mollusques, le Spitzberg fournit des coraux qu'on rencontre à Klaas-Billen Bay (78° 40′ lat. nord), dans de grands blocs calcaires.

Tout nous prouve qu'alors la chaleur prépondérante sur la Terre n'était pas comme aujourd'hui celle du Soleil.

La zone polaire devait jouir d'une température bien plus élevée qu'actuellement; comme nous l'avons vu, la présence des mêmes espèces sous les latitudes de 40° à 76° nord permet de conclure qu'il y avait une grande égalité dans la température du globe. D'autre part, le caractère universel de la flore houillère révèle un sol marécageux et une atmosphère chargée de vapeurs; or, c'est seulement dans les parages humides des tropiques que se rencontrent aujourd'hui des formes de végétaux qui s'en rapprochent.

On doit remarquer que les fougères et les Lycopodiacées de nos jours croissent le plus souvent sous l'ombre épaisse des forêts, et qu'elles demandent biens moins que les Phanérogames l'action directe des rayons du Soleil. C'était, sans nul doute, le cas pour leurs ancêtres primitifs ; et comme elles forment la grande majorité des plantes de la flore houillère, nous comprenons qu'elles aient pu vivre et prospérer sous un ciel toujours couvert. Il en est de même pour les quelques insectes connus de cette époque, car ils sont, pour la plupart, nocturnes, tels que les termites et les blattes (¹).

Cette uniformité générale de la température est encore démontrée par cet autre fait que l'on a retrouvé jusque dans les régions arctiques, notamment près de la Pointe-Barrow, le grand polypier constructeur lithostrotion ; ce qui prouve qu'en ces temps reculés la mer arctique était une mer à coraux et que jamais la température n'y descendait au-dessous de + 20°.

La pensée n'a qu'à se laisser emporter à travers un lointain aussi reculé, dirons-nous avec M. de Saporta ; elle contemplera des plages basses, au sol mouvant et imbibé, à peine assez élevé pour fermer aux flots de la mer l'accès des lagunes intérieures, dominées par des hauteurs peu hardies et souvent voilées par une brume épaisse, se prolongeant à perte de vue et ceignant d'une verdure épaisse une nappe dormante aux contours indécis. Ce fut là le berceau des houillères ; des myriades de ruisseaux limpides, alimentés par des pluies intarissables, se déversaient des pentes voisines et des vallées supérieures, comme autant d'affluents de chacun de ces bassins. Si l'on avait longtemps vécu sur leurs bords, on aurait vu, par une sorte de roulement, non exempt de monotonie, les fougères ou les calamariées, les lépidodendrées, les sigillariées et les cordaïtées se succéder ou s'associer dans des proportions très diverses. On aurait remarqué dans le port raide et nu des calamites, dans la tenue en colonne des sigillaires, dans l'inextricable lacis des fougères entremêlées, bien des sujets d'étonnement ; mais la grâce infinie des fougères arborescentes avec leur couronne de feuilles géantes ; la beauté régulière des lépidodendrons, la souplesse et la légèreté des astérophyllites ; le jeu d'une lumière caressante, tami-

---

1. Oswald Heer, *Le Monde primitif de la Suisse.*

Chromotypographie Sgap.

PAYSAGE ANTÉDILUVIEN
UNE FORÊT DE L'ÉPOQUE CARBONIFÈRE

sée à travers des ombrages si pleins d'opposition, auraient amené une surprise dont aucun spectacle terrestre ne saurait de nos jours donner l'idée. Pourtant, un contraste, qu'il faut bien signaler, serait de nature à détourner l'esprit de son enchantement, et l'admiration excitée par la vue de tant de merveilles ne serait pas exempte de tristesse. Adolphe Brongniart, un de ceux qui ont le plus contribué à dévoiler cette surprenante epoque des houilles, n'a pas manqué de faire ressortir ce que l'aspect des paysages d'alors avait de morne et de dur. Parmi ces tiges de calamites, de lépidodendrons, de sigillaires, érigées avec tant de raideur, divisées suivant des lois

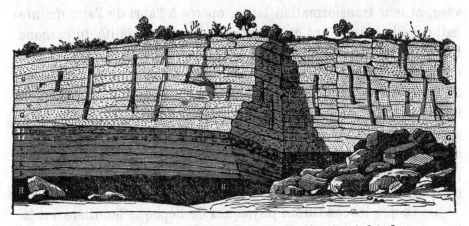

Fig. 209. — Arbres fossiles trouvés debout dans les houillères des mines de Saint-Étienne.

presque mathématiques, dont les feuilles pointues ou coriaces se dressent de toutes parts, aucune fleur ne se montrait encore. Les organes sexuels étaient réduits aux seules parties indispensables ; privés d'éclat, ils ne se cachaient sous aucune enveloppe ou s'entouraient d'écailles insignifiantes. La nature, devenue peu à peu opulente, a rougi plus tard de sa nudité ; elle s'est tissé des vêtements de noce : pour cela, elle a su assouplir les feuilles les plus voisines des organes fondamentaux, elle les a transformées en pétales ; elle en a varié la forme, l'aspect, le coloris. En compliquant ainsi des appareils d'abord réduits aux seules parties les plus essentielles, elle a créé la fleur, comme la civilisation a créé le luxe, en le faisant sortir peu à peu des nécessités de l'existence améliorée et embellie.

On pense depuis longtemps, et malgré certaines objections nous pouvons continuer d'admettre que l'atmosphère de l'époque houillère était très chargée d'acide carbonique et que cette époque doit toujours être considérée comme celle de la purification de l'atmosphère. Celle-ci a cédé son excès de carbone à une puissante végétation, développée, sur les premiers continents définitivement émergés, à la faveur d'une température tropicale et d'une lumière abondante, quoique diffuse. Dans les conditions ordinaires, ces plantes, en se décomposant, eussent restitué à l'atmosphère l'acide carbonique qu'elles lui avaient enlevé. Mais les débris végétaux étaient, au fur et à mesure de leur chute, enfouis sous l'eau et la vase, et leur transformation lente, opérée à l'abri de l'air, maintenait dans la houille qui en résultait la presque totalité du carbone. En même temps, des masses considérables de calcaire se déposaient dans les régions pélagiques, fixant une quantité correspondante d'acide carbonique. On comprend dès lors que le changement incessant dans la composition du milieu ambiant et, sans doute aussi, dans le mode de transmission de la lumière, ait pu influer constamment sur la végétation terrestre et que celle-ci ait reflété, par la rapide succession de ses types, les phases diverses de la transformation atmosphérique.

De ce que les conditions physiques de l'époque houillère ont été les mêmes sur tout le globe, il ne s'ensuit pas qu'on doive s'attendre à rencontrer de la houille sous toutes les latitudes. En effet, nous avons vu que les plus grandes accumulations de matières végétales s'étaient faites sur le bord des continents existants à l'intérieur desquels le combustible minéral ne pouvait se former que dans des dépressions assez circonscrites. Le pourtour des continents de l'époque houillère définit donc les espaces où l'on peut aujourd'hui s'attendre à rencontrer du charbon de terre en gisements étendus. Au delà des lagunes, dans la direction du large, il devait se faire exclusivement des dépôts calcaires, comme le calcaire carbonifère et le calcaire à fusulines.

Cela posé, les faits observés permettent de croire qu'une mer immense s'étendait, à l'époque houillère, au nord du 76ᵉ parallèle ([1]). Ce n'est qu'au sud de cette limite, dans les îles de Melville,

_____

[1]. DE LAPPARENT, *Traité de Géologie.*

Bathurst et Prince Patrick, qu'on commence à observer les dépôts de houille. On n'en rencontre pas non plus dans les régions tropicales de l'hémisphère nord, sans doute immergées à cette époque. D'après cela, une zone s'étendant de l'est à l'ouest sur toute la Terre, mais limitée au sud par le 40° et au nord par le 76° parallèle, embrasserait assez exactement toutes les régions de l'hémisphère boréal pourvues de combustible permo-carbonifère. Mais les choses paraissent s'être passées différemment sur l'hémisphère austral, où les dépôts du Zambèze sont situés sous le 16° degré de latitude, ceux de l'Australie s'étendant de 25° à 35° de latitude sud. Ainsi l'on peut croire qu'à l'époque houillère, comme aujourd'hui, les terres australes étaient à la fois moins étendues et plus rapprochées de l'équateur que les terres boréales ([1]).

Le terrain carbonifère comprend une puissante série de dépôts, atteignant, dans certaines régions, dix et même douze mille mètres d'épaisseur, où prédominent, avec la houille, des grès et des conglomérats souvent fort épais, accompagnés des schistes argileux au sein desquels sont conservés, à l'état d'empreintes, les débris de la végétation carbonifère ; à de nombreuses reprises, au milieu de ces roches arénacées et schisteuses qui représentent les dépôts effectués dans les lagunes et les bassins lacustres houillers, viennent s'intercaler des bancs de calcaire, où se trouve concentrée la faune marine de l'époque. On compte parfois une centaine de couches de houille en superposition régulière le long d'une seule verticale.

Ce terrain représente donc une époque de longue durée pendant laquelle les principales modifications ont porté surtout sur la flore terrestre. C'est donc à cette flore qu'il faut s'adresser pour établir des divisions dans cet ensemble.

L'étude des bassins houillers européens ayant révélé l'existence de trois flores successives, l'époque carbonifère a pu être divisée de la sorte en trois parties, caractérisées chacune par une flore spéciale :

I. — La première phase dans le développement de cette flore remarquable est marquée par la prédominance des lycopodiacées

1. DE SAPORTA, *Le Monde des plantes*

(Lépidodendrons) et des fougères herbacées au feuillage découpé (Sphénoptéris).

II. — La seconde par celle des *sigillaires* et des calamites associées à de grandes fougères arhorescentes (Pécoptéris).

III. — Dans la troisième phase, la prépondérance appartient aux fougères, aux cordaïtes ainsi qu'aux plantes verticillées de marais (Annularia).

C'est également, dans cette troisième phase, qu'apparaissent les walchia, qui prédomineront plus tard dans les forêts permiennes.

Considérée au point de vue des manifestations de l'activité interne du globe, l'époque carbonifère a été marquée encore par une fait important. En France, dans toutes les régions, telles que la Bretagne, les Vosges, le Plateau central, le massif des Maures et de l'Esterel, qui avaient toujours été le siège favori des éruptions, le sol s'est entr'ouvert, à diverses reprises, et a livré passage aux roches porphyriques ; aux roches granitoïdes essentiellement cristallines, dont les émissions s'étaient poursuivies avec les diorites jusqu'au sommet du dévonien, ont ainsi succédé des roches présentant leurs éléments cristallins, non plus soudés entre eux et solidement agrégés par simple juxtaposition, mais disséminés dans une pâte d'apparence compacte, qui ne comprend plus de cristaux nettement spécifiés. Ce fait est général et s'est étendu à tout le globe. C'est là l'indice certain d'un ralentissement marqué dans la *puissance chimique* déployée jusque-là par le foyer interne pour la formation des roches éruptives ([1]).

Mais pénétrons un instant dans l'étude spéciale des mines de houille.

La houille est le produit d'une accumulation de matières végétales décomposées et transformées. On retrouve en elle les débris, les restes, les tiges, les feuilles, les empreintes, des arbres de ces forêts antiques. Chimiquement analysée, elle se montre composée de carbone, d'hydrogène et d'oxygène, c'est-à-dire des substances constitutives des tissus végétaux. En moyenne, la houille renferme 83 p. 100 de carbone, 6 p. 100 d'hydrogène, 5 1/2 p. 100 d'oxygène, plus des traces d'azote et de soufre. Certains morceaux d'anthracite ont donné jusqu'au 95 p. 100 de carbone.

1. Ch. Vilain. *Géologie stratigraphique.*

On peut dire littéralement que la chaleur qui chauffe les loco-
motives venant du carbone fixé dans les forêts de l'époque primaire
n'est autre que la chaleur primitive du globe et la chaleur solaire
elle-même. Cette antique chaleur était emmagasinée dans les
houillères : nous la remettons aujourd'hui en liberté en utilisant sa

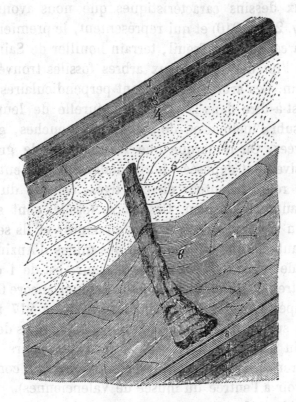

Fig. 210. — Arbre fossile trouvé à 217 mètres de profondeur (Mines d'Anzin).

force sous une autre forme, et nous rendons à la nature les réserves
qu'elle avait conservées.

Ces forêts de la période carbonifère ont-elles été ensevelies sur
place? Comme on voit, de nos jours encore, la tourbe se former
dans les marais, la houille serait-elle de la tourbe primitive, opulente, épaisse, serrée sous les couches ultérieures de sédiment, et
pétrifiée? Ou bien est-elle formée de résidus végétaux entraînés par
les eaux et déposés au fond des bassins? La seconde théorie a été
la première imaginée par les géologues ; elle a été ensuite détrônée
par sa rivale, lorsqu'on eut découvert des arbres presque fossilisés

debout ; puis, depuis quelques années, surtout depuis les travaux spéciaux de MM. Grand'Eury et Fayol, elle a reconquis la faveur générale, parce qu'elle explique mieux l'ensemble des faits observés.

Dans l'ouvrage capital d'Elie de Beaumont sur la *Carte géologique de la France*, on remarque notamment (Tome I, p. 510 et 763) les deux dessins caractéristiques que nous avons reproduit plus haut (*fig.* 209 et 210) et qui représentent, le premier, les arbres fossiles de la carrière du Treuil, terrain houiller de Saint-Étienne, et le second l'un des plus beaux arbres fossiles trouvés dans les mines d'Anzin. Ces arbres fossiles sont perpendiculaires au sol des couches, c'est-à-dire dans la position naturelle de leur vie végétale, et ont subi l'inclinaison de ces mêmes couches, géologiquement soulevées. On remarque que les couches de grès, qui se sont successivement déposées horizontalement en enterrant ces arbres, sont relevées autour de ces tiges, comme du sable qui s'amoncelle autour d'un pieu. Ces arbres fossiles sont surtout des calamites ; on ne leur retrouve pas de racines, et ils se montrent cassés en haut comme en bas. Celui des mines d'Anzin mesurait cinq mètres de hauteur (l'échelle de la figure est de 1 centimètre pour un mètre), 1^m,13 de diamètre à la base, et encore 0^m,40 à son extrémité supérieure. Il a été trouvé, en 1836, à 217 mètres au-dessous de la surface du sol et à 140 mètres au-dessous de la surface supérieure du terrain houiller. On a trouvé plusieurs spécimens non moins remarquables, dont plusieurs ont été conservés (et peuvent se voir à l'entrée du musée de Valenciennes).

Lorsque Alexandre Brongniart mit en évidence les arbres fossiles des mines de Saint-Étienne, il crut retrouver là « une véritable forêt fossile de végétaux monocotylédons, d'apparence de bambous ou de grands équisetums comme pétrifiés sur place. » Élie de Beaumont et Dufrénoy écrivaient à ce propos : « Les galets nombreux qui entrent dans la composition des terrains houillers, les grès qui en constituent les principales couches, font généralement regarder les terrains houillers comme formés à la manière des terrains de transport ; et on a supposé que la houille elle-même est, dans le plus grand nombre de cas, le produit de l'accumulation de végétaux transportés et enfouis. Cette théorie de la formation des terrains houillers, en apparence si naturelle, est loin cependant d'expliquer la plupart des phénomènes qu'ils présentent. On remarque que les arbres fossiles traversent les différents strates dont se compose l'assise du grès. Souvent même ces surfaces de séparation sont marquées par un glissement horizontal, peu étendu il est vrai, mais suffisant pour rompre, dans plusieurs points, la continuité de ces tiges, en sorte que les parties supérieures sont comme rejetées de côté et ne font plus suite aux inférieures.

« La disposition singulière de ces arbres au milieu du grès fait naturellement supposer qu'ils ont été enfouis sur place et sans changer de position; mais comment ces arbres ont-ils pu croître, tandis qu'il se formait un dépôt qui les enfouissait graduellement? Peut-être le sol a-t-il été soumis à un enfoncement progressif qui, en abaissant la base de ces végétaux aussitôt qu'elle était entourée par les matières charriées, les a, pour ainsi dire, fossilisées au fur et à mesure de leur croissance.

« Cette circonstance, jointe à la presque impossibilité de concevoir des transports de bois assez épais pour produire, par leur décomposition, une couche de houille, nous conduit à admettre que, dans la plupart des cas, les houilles ont été formées sur place par l'enfouissement successif de végétaux qui recouvraient le sol houiller, et qui se sont succédé, suivant les phénomènes naturels de la vie, d'une manière assez analogue à ce qui se passe dans les tourbières. »

Et plus loin, comparant l'un des arbres fossiles d'Anzin à la houille environnante, les éminents géologues ajoutent : « Les fissures qui séparent, les unes des autres, les diverses assises d'argile schisteuse, coupent l'arbre transversalement; c'est dans ces parties qu'il s'est détaché en sections cylindriques. Il était placé perpendiculairement aux bancs de l'argile schisteuse, qui sont inclinés de 33° vers le sud. La partie qui a dû contenir les racines était dirigée en bas et placée à 1 mètre au-dessus de la veine-boulangère. Les diverses assises du schiste offrent, à son approche, une légère courbure qui se relève vers le haut, comme si la matière, encore molle, avait subi, en se solidifiant, un retrait ou un tassement qui n'aurait pu se faire près de l'arbre aussi aisément qu'ailleurs.

« L'intérieur de ce fossile est rempli d'une matière analogue à celle des couches environnantes, disposées en couches parallèles, mais concaves, qui se relèvent du centre vers la circonférence; ce qui peut faire présumer que ce fossile était creux, et que la matière introduite dans son intérieur y aura éprouvé un tassement comme à l'extérieur. Le remplissage extérieur de la tige est séparé du schiste qui l'environne par une pellicule de charbon de cinq millimètres d'épaisseur, colorée de diverses nuances qui paraissent dues à la présence de sulfures d'oxydes métalliques et de carbonate de chaux. Cette couche de charbon semble avoir été seule douée de végétation. La matière schisteuse, tant extérieure qu'intérieure, qui est en contact avec elle, a conservé l'empreinte de sa configuration, qui diffère, par les dessins qu'on y remarque, de l'arbre de la fosse de Bleuse-Borne.

« Cette pellicule de houille est évidemment la matière même du végétal, qui était presque creux ou rempli intérieurement d'un tissu lâche, très spongieux et très facilement destructible, comme le sont de nos jours beaucoup de grands végétaux des contrées tropicales. La matière plus solide de l'enveloppe extérieure s'est sans doute transformée en houille par une élaboration très lente qu'elle a subie dans le sein de la terre. La houille qui compose les couches, et qui est presque entièrement identique avec celle de ces pellicules, ne saurait avoir une autre origine.

« En outre, ces troncs perpendiculaires à la surface des couches sont, à eux seuls, une preuve démonstrative du changement de position qui a donné à ces mêmes couches l'inclinaison qu'elles nous présentent. Dans l'origine, les couches s'étaient formées dans une position horizontale, et les troncs des arbres qui leur sont perpendiculaires étaient verticaux. Depuis, les couches et les arbres ont été inclinés ensemble. Ici, l'inclinaison n'a été que d'environ 30 degrés; ailleurs, elle a été de 60, de 80 et de 90 degrés, et quelquefois même elles ont été renversées au delà de la verticale. L'horizontalité presque rigoureuse que doivent avoir affectée, dans le principe, les couches sédimentaires, peut, d'ailleurs, se conclure d'observations d'une nature différente. »

On pouvait croire, en effet, à des forêts ensevelies sur place, à des sédiments ultérieurs et à des soulèvements de l'ensemble. Mais pourtant l'absence de racines était un fait assez grave.

Il est plus sûr de revenir à la première théorie, à celle des transports. La perpendicularité des troncs aux couches qui les portent
ne prouve pas leur développement sur place. Il existe à Commentry
un banc où les tiges de calamodendron et de psaronius abondent
au point de simuler une forêt fossile; mais si l'on compte ces restes,
on reconnaît qu'il y a cent fois plus d'arbres couchés que debout;
de plus, lorsqu'ils sont debout, ce n'est jamais dans les couches de
houille, mais dans les grès, ou, parfois, dans les schistes. Comment
ont-ils été transportés? Les arbres houillers, avec leurs troncs mous
et cylindriques couronnés, seulement au sommet, par une ombelle
de feuilles, étaient tout à fait propres à conserver, dans le flottage,
la verticalité de leurs tiges. Charriés au milieu de sédiments gros-

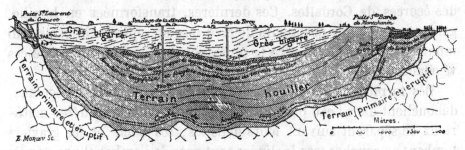

Fig. 211. — Les mines de houille. Coupe du Creuzot à Montchanin.

siers, ils devaient s'enfoncer peu à peu au sein d'une matière assez
résistante pour les soutenir; au contraire, si le courant n'emportait
que de la boue, destinée à former du schiste, les tiges, une fois en-
foncées, devaient tendre à se coucher sur le fond. C'est, du reste, ce
qui arrive dans le domaine des grands fleuves, tels que le Mississipi,
où des sapins entiers, charriés avec leurs branches, s'enfoncent verticalement dans les alluvions du delta. Ajoutons que M. Fayol a
trouvé à Commentry une tige verticale dont la racine était en haut
et qui ne pouvait avoir été amenée dans cette position que par
flottage.

Ce flottage résulte-t-il de la chute ou du glissement de débris
végétaux, entraînés par la pluie à une très faible distance de leur
lieu d'origine et venant former, au-dessus d'une terre basse ou d'un
marécage, une accumulation que des sédiments d'alluvion pourront
plus tard recouvrir, quand le sol aura subi un affaissement? Ou bien
les couches de houille ne sont-elles pas elles-mêmes des alluvions,

jetées par des torrents, pêle-mêle avec de la vase ou du gravier, dans l'eau profonde d'un lac et s'y stratifiant à la manière des dépôts des deltas ? D'après les travaux de MM. Grand'Eury et Fayol, nous devons regarder la houille comme étant formée de résidus végétaux *posés à plat* et se recouvrant mutuellement, comme s'ils s'étaient amassés sur un plan horizontal, dans une situation tellement uniforme qu'on y doit reconnaître l'action permanente d'un liquide servant de véhicule. Les résidus sont des fragments de troncs, d'écorces, de tiges, et des rameaux, des lambeaux de feuilles, tantôt très variées, tantôt homogènes; ainsi la grande couche de Decazeville est formée d'écorces de Calamodrendron et plusieurs des couches de Saint-Étienne sont presque exclusivement constituées par des écorces de Cordaïtes. Ces dernières, transformées en houille, gardent encore des épaisseurs de cinq, six et sept centimètres, qui montrent ce que devait être la puissance de développement de ces végétaux à l'état vivant.

Des torrents chargés de gravier, de vase et de débris végétaux, débouchent dans l'eau profonde et tranquille d'un lac, où les matériaux se séparent suivant leurs densités; les galets et les graviers tombent en couches très inclinées tout près de l'embouchure, tandis que les vases vont plus loin, se stratifient suivant une pente plus adoucie et qu'à leur pied, dans une situation voisine de l'horizontale, se déposent les végétaux. Ainsi les progrès continuels du delta amènent l'ensevelissement de l'alluvion végétale sous de nouvelles couches de sédiments et, si l'apport de débris de plantes continue, la couche de combustible, plus ou moins régulière, se prolongera sur le fond, bien que ses diverses parties ne soient pas contemporaines et représentent les apports successifs de crues consécutives. De cette manière, la qualité de la couche se ressentira des variations du régime et l'on pourra y rencontrer tous les degrés possibles, depuis la houille pure (c'est-à-dire la matière végétale exempte de détritus minéraux) jusqu'au schiste bitumineux (c'est-à-dire jusqu'à la vase détritique un peu mélangée de plantes et de débris) [1].

Combien d'années, combien de siècles représentent ces dépôts et ces transformations? Il serait assurément difficile de le supputer.

---

1. DE LAPPARENT. *Traité de Géologie.*

Quelle ne devait pas être l'activité végétale de cette époque? D'après les calculs d'Elie de Beaumont, tout le charbon que pourraient fournir nos forêts actuelles ne formerait tout au plus, sur l'étendue des houillères exploitées, qu'une couche de 16 millimètres en cent ans !

Des centaines de milliers d'années sont ici en présenre, reculées à des millions d'années derrière nous. Ces événements géologiques nous reportent loin, quoique déjà tant de siècles se soient succede depuis les temps où notre planète était un globe en fusion commençant à se refroidir. On se souvient involontairement ici de l'image des bouddhistes. Pour donner une idée de l'antiquité de la Terre et de sa durée, ces penseurs comparent notre globe à une montagne de diamant que l'on essuierait une fois par siècle avec une légère étoffe de coton. Quand sera-t-elle usée?... Fort heureusement pour nous, la science humaine va plus vite que l'histoire de la Terre.

Depuis un demi-siècle qu'ils sont nés, les chemins de fer ont apporté une lumière inattendue sur le développement de la géologie, par les tranchées et les tunnels qu'ils ont creusés à travers les diverses couches de la surface du globe. Mais de toutes les espèces de terrains, ce sont les terrains carbonifères qui ont été les mieux étudiés, les plus recherchés, à cause de la valeur intrinsèque de leur exploitation industrielle (Nous n'avons pas à parler ici des mines de diamants, de pierres précieuses, d'or, d'argent, de métaux divers, parce qu'elles appartiennent à des terrains primitifs, à des filons éruptifs, d'origine antérieure à la vie et étrangers au sujet de cet ouvrage.) On connaît non seulement les mines de charbon qui affleurent à la surface du sol, mais on a encore recherché, au prix des plus grands efforts, celles qui peuvent se trouver à une faible profondeur et permettre l'exploitation. Cette exploitation elle-même a une limite : lorsque la profondeur de la couche de houille est telle que les dépenses faites pour aller la chercher deviennent égales ou supérieures au prix de vente, les plus intrépides s'arrêtent. Ainsi, par exemple, en examinant la coupe de la figure 121 (p. 272), faite à travers le bassin de la Seine, et celle du puits artésien de Grenelle (p. 265), on conçoit qu'en arrivant au terrain primaire qui passe au-dessous de Paris on puisse y trouver de la houille, mais aussitôt on reconnaît que les frais d'exploitation laissent à l'état chimérique tout projet d'aller la chercher (¹).

Cette grande valeur du charbon de terre, d'autant plus précieux qu'il n'est pas inépuisable — et que même, selon toute probabilité, on aura tout brûlé d'ici à trois siècles — a conduit à connaître les gisements qui n'arrivent pas jusqu'à la surface du sol et qui sont recouverts de terrains modernes tout différents. Ainsi, à Valenciennes, à Anzin et en Lorraine, les mines sont recouvertes par des terrains modernes, tandis que dans le plateau central de la France elles arrivent jusqu'à fleur du sol. Celles des Flandres passent sous la Manche et descendent en Angleterre. (On peut voir sur notre carte géologique de France les principales mines de houille de notre pays.) La Belgique, l'Angleterre, les États-Unis, la Russie, la Chine, sont,

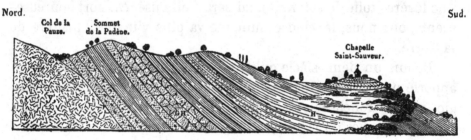

Fig. 212. — Coupe du terrain houiller de Saint-Gervais, près Lodève.

comme on le sait, très riches en mines de houille (²). Le terrain houiller s'étend sur plus d'un tiers de la Russie d'Europe, couvrant un bassin aplati dont le bord vient s'appuyer d'une part entre la mer Blanche et Moscou, et de l'autre contre les montagnes de l'Oural. Sa constitution géologique (calcaires marins) montre qu'à

1. La distance n'est pas toujours le seul obstacle. Il y a, non loin des mines d'Anzin, à Marly, près de Valenciennes, une couche de houille qui paraît digne de solliciter l'ambition des actionnaires. Elle reste inexploitée, principalement à cause des inondations souterraines qui l'envahissent et dont on n'a pu se rendre maître.

2. La superficie des terrains houillers en exploitation s'élève à trente mille lieues carrées de quatre kilomètres au côté, chacune valant seize hectares. On peut estimer à deux cent millions de tonnes de mille kilogrammes la quantité de houille extraite en moyenne chaque année de l'ensemble des mines du monde entier. L'Angleterre seule entre pour la moitié dans ce chiffre et la France pour le dixième. L'armée des mineurs se chiffre par trois cent cinquante mille hommes en Angleterre, cent mille en France, autant en Allemagne, cinquante mille en Belgique. Le chiffre de cette armée souterraine, qui combat pour les travaux de la paix, pour l'industrie et pour les progrès de l'humanité, s'élève à près d'un million d'hommes.

la fin de l'époque carbonifère une mer s'étendait sur la Russie, alors que l'Europe occidentale, en grande partie émergée, était couverte de lacs et de marécages d'eau douce arrosant les pieds des végétaux géants.

Lorsque les couches carbonifères viennent affleurer à la surface du sol, elles ne s'étendent point pour cela sur de vastes espaces, mais descendent assez vite, plus ou moins obliquement, jusqu'à une certaine profondeur. C'est par des puits verticaux et par des galeries inclinées que les mineurs parviennent à extraire le précieux

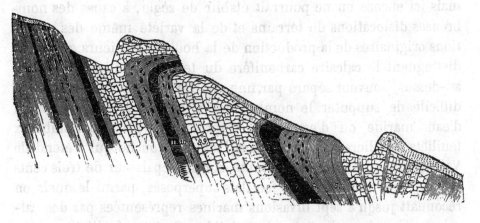

Fig. 213. — Position des couches de houille à la carrière de Fins (Allier).

combustible et à le livrer à la consommation, au prix d'une vie d'abnégation et de fatigues qui n'est presque jamais récompensée. Malgré des bénéfices souvent prodigieux, le travail du mineur n'est pas associé aux chances, et lors même que ce soldat de l'abîme donne en exemple une vie laborieuse et dévouée, il est rare qu'il arrive à une vieillesse tranquille. Lorsqu'il est sorti sain et sauf de tous les accidents de la vie souterraine, feu grisou, éboulements, inondations, etc., ses poumons n'en sont pas moins imprégnés de poussière charbonneuse, sont devenus noirs et durs, et cessent de fonctionner normalement; le sang est mal renouvelé, et la lumière du jour, dont il espérait jouir quelques années, n'éclaire plus qu'un corps débile regrettant presque sa seconde patrie. Si, en nous confiant au train rapide qui nous emporte à travers les provinces et met aujourd'hui Nice aux portes de Paris, ou, dans la grande cité, le soir, en admirant l'étincelante illumination qui rivalise avec celle du jour, nous songeons à la formation de la houille à laquelle nous devons ces merveilles, nous pouvons, nous devons associer dans notre souvenir un sentiment de sympathie envers ce soldat de l'abîme et son pacifique champ de bataille.

La profondeur des mines de houille descend parfois jusqu'à cinq cents, six cents, huit cents mètres, et les galeries, tracées à la boussole, s'étendent souvent jusqu'à cinq et six kilomètres.

En général, ces bassins houillers ont la forme de cuvettes, plus ou moins vastes, plus ou moins épaisses, plus ou moins profondes; mais ici encore on ne pourrait établir de règle, à cause des nombreuses dislocations de terrains et de la variété même des conditions originaires de la production de la houille. Plusieurs géologues distinguent le calcaire carbonifère du terrain houiller qui repose au-dessus, souvent séparé par une couche de grès stérile. Il serait difficile de supputer le nombre des alternatives de submersion d'eau marine ou d'eau douce représentées par les nombreux feuillets houillers successifs. Dans l'énorme couche qui s'étend de Valenciennes à Liège, on a compté, sur une épaisseur de trois cents mètres, cent cinquante-six feuillets superposés, parmi lesquels on reconnaît jusqu'à sept invasions marines représentées par des calcaires noires à productus et à goniatides. Certains feuillets ne mesurent que quelques décimètres d'épaisseur. D'autres, comme à Commentry, n'ont pas moins de vingt-cinq mètres. En Belgique, certaines couches sont repliées en forme de Z, si bien qu'un même puits vertical traverse souvent trois fois le même feuillet. C'est souvent couché, le corps replié, le cou tordu, que l'ouvrier mineur doit remonter obliquement les veines de houille en désagrégeant péniblement à la pioche toute l'épaisseur combustible. Quelquefois nous sommes resté des journées entières dans ces profondeurs, témoin des travaux qui courbent en un rude labeur ceux qui, le soir, venaient encore chanter, en posant leurs petits enfants sur leurs genoux : « Ma lampe est mon soleil, tous mes jours sont des nuits »... Nos lecteurs se rendront compte de ces variétés de gisements, de dislocations de terrains et de transformations par les coupes dessinées ici (*fig*. 210 à 213). La première est une coupe du Creusot à Montchanin, tracée par M. Simonin : elle montre toute la richesse de ce vaste bassin ; la seconde (*fig*. 211) montre les

inclinaisons et les alternatives de houille, de schiste et de grès ;
la troisième montre que parfois elles arrivent même à devenir
verticales ; la quatrième met en évidence des irrégularités et des
dénivellations plus remarquables encore : ces trois dernières sont
empruntées au travail officiel d'Elie de Beaumont (*Explication de
la carte géologique*).

La houille n'existe pas seulement dans les terrains de l'époque
primaire dont nous étudions en ce moment l'histoire. Le combustible fossile se trouve dans tous les terrains ; mais il est de moins
en moins pur et compacte, ou bien occupe des surfaces de moins en
moins étendues, à mesure qu'on remonte ou descend l'échelle géologique, à partir du terrain houiller proprement dit. C'est que ce
terrain a été le seul où les conditions botaniques et climatologiques aient permis une grande accumulation des végétaux qui ont
produit la houille. Ces végétaux ont ensuite disparu ou changé
peu à peu de nature jusqu'à revêtir les formes qu'ils ont actuellement.

Toutefois, par l'effet de circonstances particulières, la véritable
houille, compacte, bitumineuse, collant au feu, a pu se former dans
tous les terrains, et non pas seulement dans le terrain houiller,
comme le veulent quelques savants trop absolus. Il faut donc
admettre, à l'exemple des anciens géologues, les houilles anciennes
et récentes. Se refuser à cette classification serait fermer les yeux
à la réalité. Encore moins convient-il de baptiser du nom irrévé-
rencieux de lignite, qui ne rappelle que le bois, *lignum*, les véritables houilles des terrains plus modernes que le terrain houiller.
Ces terrains furent souvent le théâtre, même à l'époque tertiaire,
d'une végétation tropicale, et les palmacites, ou palmiers fossiles,
ont été les précurseurs des palmiers des régions torrides actuelles.

« En Toscane, la formation carbonifère ancienne ne se montre
nulle part. « Il n'y a pas de houille en Étrurie », disaient donc les
géologues en l'an de grâce 1839. Cette assertion vint aux oreilles
d'un sieur Lenzi, gros fermier de la Maremme, qui avait mis un
jour à nu, le long d'un ravin, un affleurement de charbon. Il fit
part de sa découverte à des capitalistes de Livourne, qui visitèrent
les lieux, et, sans s'inquiéter de ce qu'en penserait la géologie,
mirent l'affaire en actions. Le grand duc lui-même, le vieux Léopold

s'émut, et appela la discussion. Grand mouvement dans le camp des géologues. « C'est de la houille », disaient les uns. « C'est du lignite », répondaient les autres. Au Congrès scientifique de Pise, la querelle s'échauffa; on manqua de se jeter les échantillons à la tête. Le public, qui écoutait aux portes, ne comprenait rien au débat, et demandait avant tout s'il existait du charbon et s'il brûlait bien. Ce qu'il y eut de particulier dans tout ceci, c'est que ce lignite, comme on persistait à le nommer, avait toutes les propriétés des meilleures houilles, même celle de donner du coke. A quoi les géologues orthodoxes répondaient que puisqu'il donnait du coke, ce ne

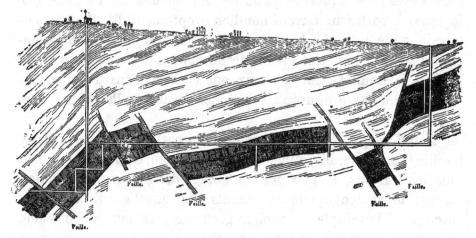

Fig. 214. — Coupe de la couche de houille de Montceau-les-Mines, suivant une ligne parallèle à la direction de son inclinaison.

pouvait être du lignite, mais bien de la houille anglaise achetée à Livourne et jetée exprès au fond du puits! Cela fit baisser les actions; car il reste toujours quelque chose de la calomnie, comme disait Basile. La lutte dura longtemps; les congrès scientifiques se la transmirent de l'un à l'autre, et je ne sais pas si elle est aujourd'hui entièrement vidée. Ce que je puis affirmer, c'est que les pauvres actionnaires ne se sont jamais relevés du coup que leur ont porté les géologues ([1]) ».

Mais revenons aux plantes des temps primitifs auxquelles nous sommes redevables de la formation des houilles.

Nos lecteurs remarqueront ici (*fig.* 214) un fort intéressant docu-

1. SIMONIN. *La Vie souterraine* ou *Les Mines et les Mineurs.*

FORÊT DE L'ÉPOQUE CARBONIFÈRE
Restaurée d'après M. Grand'Eury, par M. L. Marchand.

ment dû à M. Marchand, représentant une forêt de l'époque carbonifère restaurée sur les documents publiés par M. Grand'Eury. Au
milieu de ces riches fougères au feuillage si finement découpé, ce
que l'auteur admire le plus, ce sont les plus humbles cryptogames
dont il s'est fait l'éloquent défenseur, celles qui se cachent au sein
des eaux ou celles que leur petitesse rend invisibles. « Le groupe
des cryptogames, dit-il ([1]), contient les plantes les plus grandes et
les plantes les plus petites. On y trouve des végétaux tels que, suivant Schleiden, il en faut 111 500 000 réunis pour atteindre le poids
d'un gramme (de telle sorte que chacun pèse la millionième partie
d'un milligramme et qu'il en tient 41 000 millions sur un pouce
carré). Il y en a de plus petits encore! A côté on trouve des Macrocystis dont un échantillon mesuré par Humboldt avait 500 mètres
de longueur; la flèche de la cathédrale de Strasbourg trois fois
superposée donnerait une hauteur de 460 mètres seulement; il s'en
faudrait donc de 40 mètres pour qu'elle égalât celle du Macrocystis
en question. De telles plantes seraient dignes du nom de géantes,
si leur grosseur était en rapport avec leur longueur; il n'en est
rien : leurs tiges sont relativement minces et flexibles pour leur
permettre de flotter au gré des flots.

« Les cryptogames se rencontrent partout : dans les eaux, sur la
terre, dans le sol, dans les airs, dans les corps vivants, dans les corps
morts. Leur rôle dans l'économie du globe terrestre est de la plus
haute importance.

« Les eaux sont remplies de ces cryptogames qu'on appelle
algues; les fleuves, les rivières, les étangs, les eaux stagnantes en
nourrissent d'innombrables quantités; les mers en sont pour ainsi
dire tapissées; elles donnent naissance dans leurs profondeurs à des
forêts qui, par la multiplicité des formes et la beauté des couleurs, ne le cèdent en rien aux forêts des terres émergees. Lorsque
l'œil ne distingue plus rien dans ces eaux, si l'on s'arme d'une loupe
on découvre de nouveaux paysages : bientôt la loupe ne suffit plus;
on veut voir encore, on s'aide du microscope, et l'on s'aperçoit que
c'est en vain que, par des grossissements de plus en plus puissants,
on élargit son horizon, car on découvre toujours de nouvelles végé-

1. L. Marchand, *Botanique criptogamique.*

tations, et l'on pressent que la nature réserve de ce côté un infini à sonder. De même, en sens inverse, les perfectionnements du télescope, tout en nous faisant pénétrer de plus en plus loin dans les profondeurs du ciel, nous le montrent partout parsemé de soleils et de mondes nouveaux.

« Toutes ces cryptogames, petites et grandes, vivent, et c'est de leurs vies plus encore que des nôtres, peut-être, qu'est faite celle de la Terre. En les voyant à l'œuvre, on comprend quelle grande part leur revient dans les phénomènes qui se passent sur notre planète : en soutirant, pour vivre, l'acide carbonique des eaux surchargées de bicarbonate, elles font du carbonate de chaux insoluble qui se dépose, et préparent ainsi des couches de pierre à bâtir, au milieu desquelles elles laissent leurs débris comme témoignage de la part qu'elles ont prises au travail. Certaines autres agissent sur l'acide silicique; elles l'emmagasinent, s'en servent pour se construire des enveloppes protectrices, et se multipliant avec une rapidité vertigineuse, elles arrivent à former des rochers qui s'élèvent rapidement; les générations qui se succèdent s'établissent sur les cadavres de celles qui ont vécu et qui restent là enveloppés de coquilles siliceuses leur servant de linceul. C'est ainsi que se forment un grand nombre de roches et de terres.

« D'autres fois, ces petites cryptogames aquatiques, charriées par les fleuves, viennent échouer leurs cadavres en si grande quantité qu'elles enlizent les embouchures de ces cours d'eau. Aux bouches de l'Oder et de maint autre fleuve, dans le port de Wismar, sur la barre de Pillau, la vase est formée en partie, ou même pour un tiers ou la moitié, d'espèces vivantes en multitudes incalculables. C'est à un million de mètres cubes qu'il faut évaluer les masses de ces infiniment petits qui se déposent chaque siècle dans le port de Pillau. Et rappelons que ces cryptogames sont de celles dont il faut 41 000 millions pour couvrir 1 pouce carré.

« A peine les roches viennent-elles émerger, que d'autres cryptogames s'en emparent : ce sont, en général, des lichens. Attachées aux roches, elles décomposent les plus dures. Ces plantes singulières, qu'on rencontre partout où il y a un terrain à préparer pour permettre l'établissement de végétaux d'ordre plus élevé, algues par partie et champignons par l'autre, sont aptes à toute espèce de travail ; aussi les trouve-t-on partout, végétant sur le quartz, les grès, les schistes ardoisiers, les basaltes, les porphyres des volcans éteints et, même, jusque sur les laves à peine refroidies de ceux qui sont encore en éruption. Toutefois il est bon de remarquer que les cryptogames ont toutes des habitudes aquatiques ; elles sont toutes plus ou moins hydrophiles ; c'est à peine si les plus élevées en organisation se hasardent dans les lieux un peu secs, celles que nous avons signalées dans les déserts brûlants sont des lichens qui n'y meurent pas, mais qui n'y vivent que lorsqu'ils rencontrent quelque humidité. On sent chez toutes comme un lien secret de parenté avec les algues dont, sans doute, elles sont sorties. Les rhizocarpes sont aquatiques ; les hépatiques le sont presque : il leur faut un air saturé d'humidité, et les sphaignes ne vivent que dans nos marécages, où elles entassent leurs générations pour former la tourbe. Les mousses n'exigent pas tant d'eau, mais la plupart veulent l'ombrage des bois ; de meme pour les isoëtes, les lycopodes et les prèles, toutes aiment un sol humide. Il n'y a que les fougères qui deviennent terrestres, à condition toutefois, pour le plus grand nombre, que l'atmosphère soit fortement chargée de vapeur d'eau.

« Si, au lieu de nous en tenir à la simple exploration de la surface du globe, nous fouillons un peu les profondeurs du sol, nous nous apercevons rapidement que les phénomènes naturels auxquels nous assistons ne sont que la continuation non interrompue de ceux qui se sont passés aux époques qui nous ont précédés. Le même travail se faisait, le meme fonctionnement s'opérait, l'équilibre vital s'établissait par l'action combinée d'éléments fabricateurs et d'éléments consommateurs ; mais, à en juger par les témoins qui restent de ces âges, tout le travail était fait par les cryptogames, les phanérogames n'étant apparues que plus tard à la surface du globe, pour les aider d'abord, les suppléer ensuite, et, enfin, tenter de les remplacer dans leur fonction cosmique. »

Pendant les longs siècles de l'époque carbonifère, la force vitale de la planete terrestre était surtout représentée par deux grands systemes d'organisations : dans les eaux, les poissons ; sur la terre, les plantes.

La tendance divine vers l'incessant perfectionnement n'a pas encore produit les espèces supérieures, ni dans le règne animal, ni dans le règne végétal; mais elle s'est magnifiquement manifestée déjà par les degrés ascendants qui s'étendent du règne minéral aux poissons et aux insectes d'une part, aux fougères ou aux sigillaires d'autre part. Elle continuera d'agir en un essor incomparablement

Fig. 216.
Fleur de Boswellia.

Fig. 217.
Fleur de Coriandre.

Fig. 218.
Fleur d'Aigremoine.

plus lumineux encore lorsqu'à travers les âges elle donnera naissance aux plantes nerveuses ou carnivores, à la sensitive ou au

Fig. 219. — Fleur de Pavot.

drosera, et, parallèlement, aux oiseaux, aux mammifères et à la race humaine.

A l'époque à laquelle nous sommes arrivés dans cette étude de la Terre antérieure, ce sont les plantes qui font les progrès les plus rapides, et la nature elle-même nous invite à nous arrêter un instant pour admirer ce curieux monde végétal, et l'apprécier à sa valeur réelle, si étrangement méconnue. Aux yeux d'un grand nombre d'humains, le monde des plantes semble étranger au système général de la vie terrestre ; leur perpétuel silence, leur immobilité, leur modestie, les laissent passer inaperçues. Pourtant elles ne sont pas moins intéressantes à connaître que les animaux eux-memes, elles sont *vivantes*, et il eût pu se faire qu'elles existassent seules sur notre planète et que la race supérieure — celle qui eût remplacé la race humaine — fût une race végétale.

Souvenons-nous d'abord, pour bien les apprécier, que les plantes peuvent être partagées en deux grands embranchements : les CRYPTOGAMES et les PHANÉROGAMES. Les premières sont des plantes humbles, peu brillantes, dépourvues de fleurs « ces couchettes nuptiales », et leur nom vient précisément de cet état ([1]) ; les organes de la génération comme ceux de la reproduction sont invisibles, microscopiques, latents, si bien cachés, si discrets, que naguère encore d'éminents botanistes doutaient de leur existence et proposaient d'appeler ces végétaux agames, c'est-à-dire privés de génération. Parmi ces plantes cryptogames, nous pouvons citer les algues, les champignons, les moisissures, les mousses, les lichens, les lycopodes, les fougères. En fait, il n'y a pas plus chez elles que chez les phanérogames de génération spontanée, mais comme chez les animaux primitifs dont les pages précédentes ont exposé l'histoire, le mode de génération reste encore rudimentaire, fluctuant, indécis, et n'a pas atteint le perfectionnement de la séparation absolue des sexes et de la nécessité du rapprochement de deux êtres distincts et complémentaires l'un de l'autre.

Point de fleurs, point de coquetterie, point de parfums, point d'ivresse, point d'attractions, point d'attouchements : amours de mollusques, de crustacés, de poissons !

Mais la nature s'élève vers un idéal à la fois plus poétique et plus sensible. Des cryptogames sortiront les phanérogames, comme des invertébrés sortiront les vertébrés. Les phanérogames sont les plantes supérieures, à noces brillantes ([2]), possédant des organes de génération visibles à l'œil nu pour la plupart d'entre elles : les organes mâles, appelés étamines, portent les éléments fécondants, le pollen ; l'organe femelle, désigné sous le nom de pistil, porte

1. *Étymologie* : κρυπτός, caché ; γαμος, noce.
2. *Étymologie* : φανερος, évident ; γαμος, noce.

les ovules destinés à être fécondés et à donner naissance à une
nouvelle plante. Les phanérogames se partagent en deux grandes
sections : les gymnospermes et les angiospermes ; le caractère essentiel des premières est d'avoir les ovules nus et, pour les arbres, du
bois composé de fibres disposées par couches concentriques, comme
les cycadées et les conifères ; le caractère essentiel des secondes
est d'avoir les ovules enfermés dans un petit sac nommé ovaire ;
les angiospermes se partagent à leur tour en deux classes : les
monocotylédones, chez lesquelles la feuille primaire de l'embryon,
ou cotylédon, est isolée, et dont le bois ne s'accroît pas par couches
concentriques (exemple : palmiers, bananiers, balisiers, roseaux,
jacinthe) et les dicotylédones, chez lesquelles les feuilles primaires de
l'embryon sont au nombre de deux, opposées l'une à l'autre, et où
le bois, pour les arbres, s'accroît par couches concentriques,
comme celui des gymnospermes, et est formé de fibres et de vaisseaux (exemple : chênes, ormeaux, acacias, fenouil, thym, hari-
cots, etc.) Mais évitons les détails : nous n'écrivons pas ici un traité
de botanique.

Apprécions cependant la vie réelle des plantes en nous initiant
un instant à leurs mœurs et à leurs sensations.

Voici des fleurs (*fig.*216 à 219). Dans la corolle on remarque au
centre un filet renflé à sa partie inférieure ; c'est le *pistil* ou organe
femelle ; le renflement inférieur est l'ovaire, contenant les ovules ;
le bout du pistil s'appelle le stigmate.

Autour de ce pistil ou corps central on remarque les *étamines*,
ou organes mâles, au nombre de cinq ou davantage (leur nombre
est variable, et le pistil, lui aussi, peut être unique ou multiple,
suivant les espèces de plantes). Ces étamines sont constituées par
un support en forme de colonnette qui se termine par un renflement nommé anthère. C'est la partie essentielle de l'organe, c'est
elle qui renferme le pollen ou poussière fécondante.

On se rendra compte du mécanisme de la fécondation des fleurs
à l'inspection des petites figures ci-dessous, qui montrent différents
aspects de la constitution organique de la fleur. La figure 220 offre
une fleur de kalmia, dans l'état de repos des étamines, avant la
fécondation, la figure 221 montre cette même fleur au moment de la
fécondation, les étamines étant venues se poser sur le stigmate du

pistil, et la figure 222 fait connaître une fleur compliquée, mais qui n'en est pas moins éloquente par ses mouvements, la loasa lateritia, sur laquelle on voit toutes les étamines se diriger vers le stigmate qui les attire.

Pour que la fécondation s'opère, il faut que le pollen aille toucher les ovules. Les ovules non touchés par cette substance fécondante restent stériles comme s'ils étaient d'inertes grains de sable.

Au moment de la fécondation, l'anthère s'ouvre et lance du pollen sur le stigmate femelle. Un tube très fin sort de chaque grain de pollen, pénètre dans le stigmate, traverse le pistil dans toute sa longueur pour aller chercher les ovules qui l'attirent, et là, par un contact mystérieux, les pique, les féconde. A partir de ce moment l'embryon commence : l'ovule fécondé devient une graine et l'ovaire un fruit. Adieu la fleur, adieu ses parfums, adieu sa beauté. Le beau a fait place au vrai, l'agréable à l'utile. Le but de la nature est accompli. Dans la vie transitoire des fleurs et des êtres se perpétue la vie éternelle de l'univers vivant ; — la vie éternelle, ou pour mieux dire, la vie ascendante. Du champignon elle s'élève à la rose ; l'argile tend vers l'ange.

Qui pourrait raconter la sensation de la fleur dans le sein de laquelle glisse le tube prolifique qui doit, qui veut s'allonger jusqu'aux ovules encore endormis dans l'inconnu ! Ils portent en eux le germe de la vie ; mais ce germe ne s'éveillera pas s'il n'est touché. Le stigmate de la jeune fleur est mouillé de gouttes sucrées ; la fleur entière est imprégnée de tous ses parfums ; le tube pollinique subit une telle attraction que dans certaines plantes (exemple : digitale pourprée) il atteint une longueur de 33 millimètres, soit onze cents fois le diamètre du grain de pollen d'où il est sorti ! Il est vrai qu'il y met un temps parfois considérable : six heures chez certaines graminées, douze heures dans la zosthère marine, un jour dans certaines naïades, trois jours dans le glaïeul, cinq dans l'orme, un mois pour l'oranger et le citronnier, quatre mois (février à juin) pour le noisetier, un an même chez les pins. Aux approches de la fécondation, la température des fleurs s'élève sensiblement ; dans les arums on peut facilement la sentir à la main : cette augmentation de chaleur est due, comme dans le

corps humain, à une absorption considérable d'oxygène Il y a
là des phénomènes physiologiques devant lesquels nous passons
inattentifs, mais qui ne sont pas aussi éloignés qu'ils le paraissent
de ceux qui constituent les plus importantes phases de la vie chez
les animaux supérieurs et même dans l'humanité.

Fig. 220. — Fleur de Kalmia.   Fig. 221. — La même fleur.
Étamines avant la fécondation.   Étamines posées sur le stigmate au moment de la fécondation.

Nous supposons, avec raison sans doute, que ce sont là des sensations sourdes, confuses, presque insensibles. Qui sait? sur des

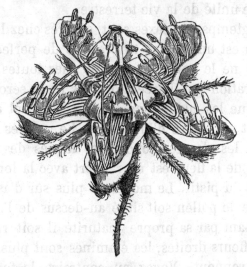

Fig. 222. — Loasa lateritia : étamines se portant vers le stigmate pour la fécondation.

mondes plus délicats que le nôtre, les joies, les plaisirs, le bonheur
ont peut-être atteint un tel degré d'intensité, que pour les êtres
qui les ressentent, nos jouissances les plus vives sont aux leurs ce
que celles des plantes sont aux nôtres.

L'œuvre de la nature est une magnifique unité. En fait, botanique et zoologie se touchent — physiologie et sensation — biologie
et paléontologie — géologie et biologie — géographie et botanique

— astronomie et géologie — hommes, oiseaux, reptiles, poissons; algues, roseaux, fougères, chênes; air, eau, pierres, ciel et terre; univers et atomes — tout se touche, tout se tient, tout ne fait qu'un.

En lançant dans l'espace, après la pluie, l'arc-en-ciel aux sept couleurs, la nature semble nous donner la loi des contrastes, nous montrer que les extrêmes se touchent et que tout n'est que transition. Cherchez la séparation des couleurs du spectre solaire, à l'aide d'un prisme très dispersif, agrandissez-le, comme vient de le faire M. Thollon, jusqu'à lui donner douze et quinze mètres de longueur : il vous sera de toute impossibilité de trouver la zone précise où le rouge fait place à l'orangé, l'orangé au jaune, le jaune au vert, etc. Pourtant le vert diffère assurément du rouge, comme le violet du jaune, ou le bleu de l'orangé. Les couleurs sont l'image de la parenté de toutes les espèces, végétales et animales, dans l'immense unité de la vie terrestre.

Depuis longtemps les sexes sont séparés chez les animaux, et cette séparation est une cause très active de perfectionnement et de progrès. Ils ne le sont pas encore chez toutes les plantes, et même la séparation est l'exception. Ils ne le seront sans doute jamais, parce que les plantes ne marchent pas et que cette séparation est plutôt une cause d'infériorité. Le progrès s'accomplit de préférence chez les plantes monoïques, douées des deux sexes à la fois. La stature de la fleur est en rapport avec la longueur relative des étamines et du pistil. Le moyen le plus sûr d'assurer la fécondation étant que le pollen soit situé au-dessus de l'organe femelle, afin qu'en tombant par sa propre maturité il soit recu sur le stigmate, chez les fleurs droites, les étamines sont plus grandes que le pistil et le couronnent. Voyez au contraire le fuchsias, dont les fleurs sont pendantes et renversées : le pistil descend longuement au-dessous des étamines, et lorsque le pollen s'échappe des anthères, il tombe naturellement sur le stigmate. Chez un grand nombre de fleurs (exemple : la rue, l'épine-vinette, la parnassis, le mahonia), les étamines se mettent en mouvement au moindre contact ; aussitôt qu'on les touche, qu'un insecte les frôle, elles s'abattent vivement sur le stigmate. Aussi les insectes jouent-ils un rôle très important dans la fecondation des fleurs. En s'introduisant dans leurs corolles, ils mettent en activité les étamines, qui, très sensibles, arrivent instinctivement en contact avec le stigmate. Les abeilles, les bourdons, les papillons s'imprègent de pollen en allant chercher le miel dans la corolle des fleurs, et, se transportant sur d'autres fleurs, leur laissent ce pollen qui les féconde beaucoup plus vite qu'elles ne l'eussent été sans cette intervention. Chez les plantes à sexes séparés, comme les dattiers, les marronniers, le chanvre, l'épinard, le melon, la fécondation est même impossible sans l'aide des insectes ou du vent. On connaît l'histoire de ce dattier femelle, planté à Otrante, qui resta stérile jusqu'à l'époque où un dattier mâle situé à Brindes put élever sa cime au-dessus des arbres voisins et confier au vent la précieuse poussière fécondante. On a parfois remarqué des plantes d'un même sexe se reproduisant elles-mêmes; mais on a découvert qu'elles portaient alors quelques fleurs de l'autre sexe.

La vallisnérie, plante des eaux que tout le monde connaît, est peut-être la plus curieuse d'entre ces plantes à sexes séparés. Les fleurs femelles sont portées par un long filet qui leur permet d'arriver jusqu'à la surface de l'eau, d'y étendre leurs charmes, et d'y flotter dans une gracieuse indolence. Les fleurs mâles passent leur vie à leurs pieds, sans jamais s'élever assez pour les atteindre. Mais à l'époque des noces, elles s'échappent brusquement des spathes qui les enfermaient et s'élèvent comme de petits ballons jusqu'au lit nuptial. Alors les anthères répandent leur pollen, les fleurs femelles le reçoivent et sont fécondées. Puis, enroulant en spirale les longues tiges qui les portent, elles disent adieu au monde et à la lumière et redescendent au fond des eaux pour y mûrir le fruit de ces silencieuses amours.

Plus élevées encore dans l'organisation sont les plantes à mouvements spontanés ou provoqués, qui possèdent, à leur façon, des nerfs et des muscles et sont douées de facultés supérieures à celles d'un grand nombre d'animaux primitifs. Telles sont, entre autres, la desmodie oscillante, la sensitive, le drosera, la dionée attrape-mouches, l'aldrovandia, le drosophyllum, la pinguicula, l'utricularia, etc. La plus remarquable et la plus étudiée dans ses multiples fonctions est peut-être le drosera, type si singulier des *plantes carnivores*. Nous sommes si généralement accoutumés à croire que les plantes vivent « de l'air du temps », se contentent de respirer par leurs feuilles et de se nourrir des sucs de la terre par leurs racines, que nos notions habituelles sur la douceur et l'innocence du règne végétal paraissent confondues lorsque nous entendons parler d'une plante qui mange et qui digère à la façon d'un animal. Examinez pourtant le drosera, qui habite les marais tourbeux et les prairies spongieuses et dont les feuilles couvertes de tentacules sécrètent des gouttes de liqueur brillant au soleil, ce qui a fait donner aussi à cette plante le nom de rosée du soleil : *ros-solis.* Lorsqu'un insecte, une mouche, un papillon, voire même une libellule, vient se poser sur la feuille, tous les tentacules (au nombre de 130, 150, 200, parfois même 260) s'abaissent lentement sur l'insecte et l'emprisonnent. Lors même qu'il s'est posé sur le bord de la feuille, il n'en est pas moins saisi par les tentacules et insensiblement amené au centre. Une sécrétion visqueuse l'englue et il ne tarde pas à mourir. Puis la plante le mange, littéralement, c'est-à-dire qu'elle l'absorbe et qu'*elle le digère,* en vertu d'un suc gastrique de même ordre que celui qui fonctionne dans notre estomac. La plante carnivore sécrète un ferment analogue à la pepsine, et qui se comporte absolument comme elle dans la digestion. On peut lui donner à manger de la viande crue, de la viande rôtie, des fragments d'œufs durs, des cartilages, même des os ! Elle ne rejette presque rien. Cet être est d'une puissance digestive phénoménale. On ne peut observer les actes du drosera sans se croire en face d'un animal d'organisation inférieure embrassant sa proie avec ses bras, ou d'une pieuvre d'un nouveau genre.

L'espace nous manque pour nous étendre davantage sur ces plantes sensibles. Il serait du plus haut intérêt de nous arrêter un instant encore sur les dionées, qui broient sans pitié les mouches imprudentes un instant posées sur elles et les dévorent sans autre forme de procès, les byblis, les aldrovandia, et les espèces analogues. Mais le grand objet de nos études nous presse. Il était important, en décrivant la période carbonifère, l'ère par excellence du règne végétal, d'*apprécier ce règne dans sa réalité vivante,* de sentir qu'il n'est pas étranger au système vital de notre planète, qu'il est beaucoup moins éloigné du règne animal que les apparences ne portent à le croire, et que, non seulement par son origine, mais encore par ses manifestations graduelles, il est le frère de son voisin plus heureux et plus riche. Lorsque nous nous occuperons des origines de l'esprit humain, nous verrons que, même au point de vue des facultés mentales, la plante n'est pas aussi inerte, aussi impersonnelle qu'on le suppose. La faim, la soif, la santé, la ma-

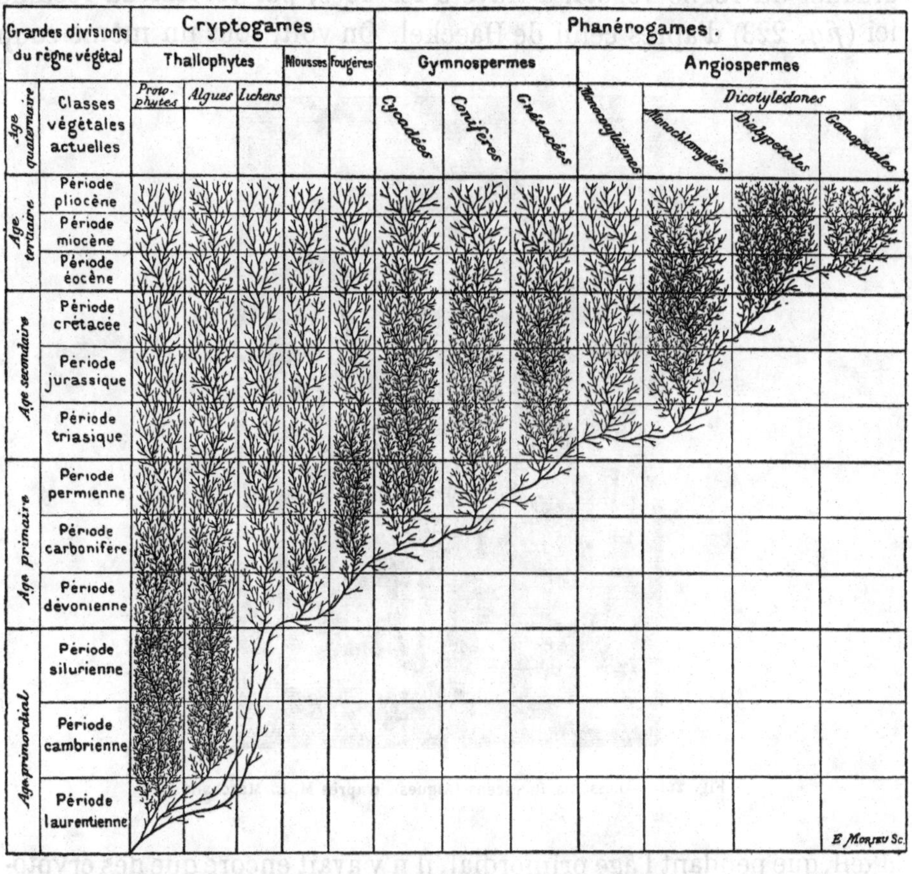
Grandes divisions du règne végétal
Cryptogames
Phanérogames.
Thallophytes
Mousses
Fougères
Gymnospermes
Angiospermes
Proto-phytes
Algues
Lichens
Dicotylédones
Cycadées
Conifères
Gnétacées
Monocotylédones
Monochlamydées
Dialypétales
Gamopétales
Age quaternaire
Classes végétales actuelles
Age tertiaire
Période pliocène
Période miocène
Période éocène
Age secondaire
Période crétacée
Période jurassique
Période triasique
Age primaire
Période permienne
Période carbonifère
Période dévonienne
Age primordial
Période silurienne
Période cambrienne
Période laurentienne

Fig. 223 — **Arbre généalogique du règne végétal.**

ladie, les variations de force et d'activité, la gourmandise, le désir, l'amour même, ne sont pas des sensations étrangères aux plantes; elles en connaissent au moins l'impression rudimentaire.

Les plantes supérieures ne sont arrivées que très tard sur la scène du monde, comme les animaux supérieurs, et rien ne nous empêche de penser que dans l'avenir il n'en existera pas de plus élevées encore que celles-ci, car le règne végétal progresse comme le règne animal et comme le règne humain. Les phanérogames angiospermes sont de date récente : les monocotylédones n'ont commencé qu'à l'époque triasique et les dicotylédones à l'époque crétacée. Pendant les temps carbonifères, le monde végétal est composé de cryptogames : les gymnospermes s'annoncent.

On se rendra compte du développement et du perfectionnement graduel du règne végétal à travers les âges, par le tableau résumé ici (*fig.* 223) d'après celui de Haeckel. On voit, sous un même coup

Fig. 224. — Lessonia fucescens (Algues), d'après M. L. Marchand.

d'œil, que pendant l'âge primordial, il n'y avait encore que des cryptogames primitives, des protophytes et des algues ; que pendant l'âge primaire, la période dévonienne donne naissance aux lichens, aux mousses, aux premieres fougères, aux lycopodiacées, calamariées, équisétacées, qui se développent surtout pendant la période carbonifère ; que dans la période carbonifère naissent les gymnospermes cycadées, qui se rattachent de près aux fougères, puis, dans la période permienne des conifères, qui dominent dans l'âge secondaire. On voit aussi que les angiospermes ont commencé par les plantes monocotylédones, durant la période triasique, tandis que les dico-

tylédones ne se sont montrées qu'à la fin pour occuper le milieu de
l'âge tertiaire et arriver jusqu'à nous. C'est surtout au point de vue
de *l'ensemble* de cet arbre généalogique que nous publions ce
tableau. Il n'est point nécessaire que nos lecteurs pénètrent dans les
détails de la botanique pour le comprendre. Il suffit qu'ils se repré-

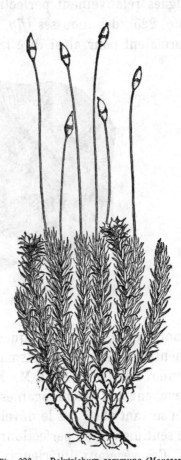

Fig. 225. — Equisetum sylvaticum (Prêles).   Fig. 226. — Polytrichum commune (Mousses).

sentent la filiation des espèces végétales dérivant naturellement les
unes des autres, comme nous l'avons vu pour le règne animal. —
Désormais nos lecteurs connaissent les grandes lignes de l'architecture de la vie terrestre, les vérités fondamentales du « monde
avant la création de l'homme ».

Lentement, graduellement, le règne végétal grandissait, se per-
fectionnait, s'adaptant aux conditions organiques de la planète et à

leur propre perfectionnement. La période carbonifère a été celle de
son expansion la plus rapide. Dans l'abondance et la fécondité de
cette végétation primitive, au sein des eaux tièdes, sur les îles à
peine émergées, dans les bas-fonds saturés d'humidité, on pouvait
reconnaître les genres les plus divers de la flore cryptogamique, des
algues relativement perfectionnées (*fig.* 224), des prêles élégantes
(*fig.* 225), des mousses (*fig.* 226). Elles régnaient en souveraines et
formaient pour ainsi dire le tissu même des terrains sur lesquels

Fig. 227. — Rameaux fossiles de Lépidodendron.

vont croître les gigantesques lycopodiacées. « De ces formes rudimentaires où le protoplasma est à nu, dépourvu qu'il est de membrane cellulaire, écrit M. Marchand, on monte aux formes qui
touchent aux phanérogames, auxquelles on passe insensiblement.
En suivant pas à pas le développement du monde des végétaux on a
le sentiment d'un perfectionnement qu'on voit s'accomplir. »

Ces végétaux inférieurs, ces mousses, ces prêles, grandissent,
arrivent à mesurer plusieurs mètres de hauteur. On a même trouvé
dans le terrain carbonifère des calamites, prêles gigantesques, équisétacées, s'élevant à dix et douze mètres. (On a remarqué plus haut les
beaux fragments recueillis dans les mines de Saint-Etienne et d'Anzin.)

Mais ce n'était là que le prélude des forêts splendides dans lesquelles vont dominer les lépidodendrons, les sigillaires et les fougères arborescentes. Les lépidodendrons appartiennent à la famille
des lycopodiacées, qui n'est plus représentée aujourd'hui que par nos

LES ARBRES GÉANTS DE LA PÉRIODE CARBONIFÈRE. — SIGILLAIRES, LÉPIDODENDRONS, FOUGÈRES.
(Hauteur = 30 et 40 mètres.)

LE MONDE AVANT LA CRÉATION DE L HOMME

humbles lycopodes. Ils atteignaient alors des dimensions prodigieuses, et leur élégance rivalisait avec leur force. Déjà, dans les
vestiges retrouvés au milieu des houilles, on devinait à la fois
cette force et cette élégance. Lorsqu'ils furent mieux connus et
qu'on sut les apprécier à leur réelle valeur, on trouva que ces fragments appartenaient à des arbres merveilleux mesurant jusqu'à
trente mètres de hauteur et un mètre et demi de diamètre. L'écorce

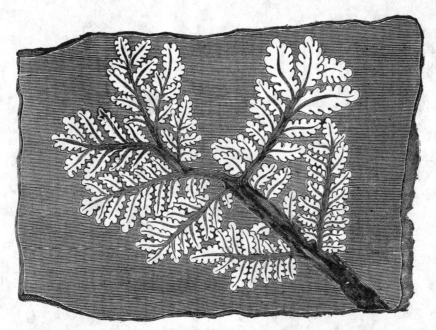

Fig. 229. — Empreinte fossile de fougère.

de ces arbres gigantesques était remarquablement belle (on peut en
juger par les fragments ci-dessous (*fig.* 230-231), gravée, ciselée de
losanges fort élégants. On a retrouvé jusqu'à la forme exacte de leur
tige et de sa structure intérieure : il y avait au centre une espèce de
moelle, comme dans les calamodendrons (*fig.* 232-233) leurs contemporains. On voit qu'il n'y avait pas de couches concentriques
annuelles, comme celles qui nous permettent aujourd'hui de
compter les années de l'âge d'un arbre, de reconnaître son orien-
tation lorsqu'il vivait, et même de distinguer ses années de souffrance et ses années de prospérité. La restauration qui a été faite
de ces arbres (voy. p. 441) nous permet aujourd'hui de nous rendre
compte de leur aspect et de leur stature.

Aux calamites et aux lépidodendrons il faut adjoindre, comme représentant la flore cryptogamique fossile de ces âges reculés, les fougères qui, dans ces riches conditions de prospérité, deviennent arborescentes. Au lieu de s'élever à peine à quelques mètres de hauteur, comme de nos jours, même dans les régions tropicales, elles atteignaient douze et quinze mètres et formaient de véritables arbres. Les nombreux spécimens qu'on en retrouve dans les couches

Fig. 230.
Écorce du lépidodendron aculeatum.

Fig. 231.
Ecailles de lépidodendrons.

carbonifères révèlent la variété et la richesse de formes qui les distinguaient. Elles étaient extrèmement nombreuses et ont régné en souveraines pendant les longs siècles de l'époque paléozoïque, pendant les premiers âges de la vie à la surface du globe. Le dessin publié plus haut (p. 425) rappelle la haute élégance de leurs formes prédominantes.

Mais peut-être aucun végétal de ces temps antiques n'égalait-il encore comme singularité et comme aspect les arbres gigantesques et bizarres, absolument perdus aujourd'hui, désignés sous le nom de sigillaires. Ces arbres, qui atteignaient et dépassaient peut-être quarante mètres de hauteur, semblent nous conserver le souvenir des types intermédiaires entre les cryptogames et les phanérogames, car ce sont presque déjà des phanérogames gymnospermes. Ils ressemblent aux cycadées et aux conifères. Ils n'ont pas de couches annuelles, et leurs ovules ne sont pas protégés par un ovaire. « Les gymnospermes, écrit à ce propos M. de Saporta, sont

Fig. 232.
Fragment de tige de calamodendron.

Fig. 233.
Moelle pétrifiée d'un calamodendron.

des phanérogames imparfaites, ou mieux encore plus simples, moins éloignées des cryptogames que les angiospermes, ou phanérogames proprement dites. Celles-ci ne se manifesteront que beaucoup plus tard, et surtout elles ne parviendront pas de longtemps à saisir la prépondérance. » [1]

On le voit, la marche de la nature est toujours la même : du simple au composé, de l'imparfait au perfectionné, de la pauvreté à la richesse; en un mot l'ascension, le perfectionnement, le progrès.

---

[1] Nous pouvons considérer les sigillaires comme des végétaux cryptogames, se reproduisant au moyen de spores. (Voy. ZEILLER. *Comptes rendus de l'Académie des sciences* du 30 juin 1884.)

Dès les premières découvertes de troncs de sigillaires, on fut surpris de l'arrangement régulier de certaines cicatrices ovales tout autour de ces belles tiges cylindriques (*fig.* 234-235), et c'est même cette particularité qui inspira le nom sous lequel on les désigne, à cause de cette ressemblance avec des sceaux (Sigillum). Ces énormes végétaux étaient soutenus par des racines puissantes (Stigmaria) qui s'étendaient parfois souterrainement jusqu'à quinze et vingt mètres de la base de l'arbre. On ne connaît pas encore avec certitude l'aspect que ce colosse pouvait avoir ; cependant il ne pouvait

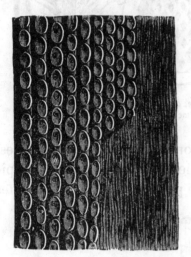 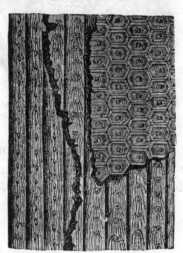

Fig. 234 et 235. — Écorce fossile de Sigillaires.
(Sigillaria tressellata et Davreuxii).

pas s'éloigner beaucoup de la forme représentée plus haut (p. 441), et devait ressembler aux cycadées qui existent encore actuellement. Quant à ses dimensions, elles sont certaines.

D'autres arbres de cette famille sont cuirassés du haut en bas de boucliers hexagonaux, qui tous portent en même temps les traces des feuilles ; ou bien ces sortes d'écussons sont trois fois plus longs que larges, et ne portent les attaches des feuilles qu'à l'angle supérieur, ce qui produit une configuration analogue, mais pourtant très distincte.

Une autre forme également singulière, celle des *stigmarias*, qui a beaucoup d'affinité avec celle que nous venons de décrire, a donné lieu à maintes erreurs, jusqu'à ce que l'on eût découvert le mot de l'énigme.

Dans les terrains houillers, on trouvait les énormes tiges plus ou moins courbées, mais jamais tout à fait droites, d'une espèce étrange; ces arbres se faisaient surtout remarquer par leur écorce ondulée,

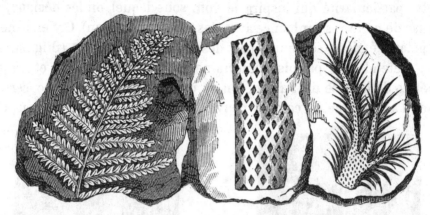

Fig. 236. — Empreintes fossiles d'une fougère, d'un tronc de lépidodendron
et d'une branche du même arbre.

par un rétrécissement très rapide du tronc, et enfin par des marques, de la grosseur d'un pois, qui s'enroulaient autour de la tige en spirales regulières. Ces marques étaient de petits sceaux, des empreintes

Fig 237 -- Racines de sigillaire : stigmaria.

de feuilles qui, dans les sigillaires (comme dans nos beaux palmiers et nos fougères), sortaient du tronc même; mais ces feuilles ne semblaient en aucune façon appartenir à la même famille. De plus amples recherches firent découvrir des souches portant de pareilles feuilles, ligneuses, cylindriques; c'étaient les pétioles plutôt que

les feuilles. Enfin, on trouva un tronc magnifique de sigillaire, portant encore ses racines, et il fut constaté que ce qu'on avait appelé
stigmaria, considéré comme un tout, comme un arbre isolé,
n'était autre chose que la racine du *sigillaria*. On a pu remarquer plus haut (*fig.* 237) cette souche avec ses racines, telle qu'on
en trouve en abondance, depuis que l'on observe plus attentivement les fossiles, et qu'on s'occupe avec plus de soin de leur
conservation.

Toute cette espèce a disparu avec la flore primitive ; mais les

Fig. 238. — Fougère arborescente.

sigillaires se transforment en fougères, les plus belles plantes arborescentes de cette famille. Ce que nous appelons aujourd'hui de ce
nom n'est plus qu'un pâle vestige de ces splendides végétaux d'autrefois. Le dessin ci-dessus donne une idée de l'aspect d'ensemble
d'un arbre de cette nature. Ce n'étaient point des palmiers, malgré
la ressemblance : les feuilles des fougères sont bipennées, parfois
même tripennées ; de plus, les jeunes feuilles des fougères naissent en grand nombre à la fois et sont enroulées comme des
cheveux dans des papillotes, tandis que les feuilles des palmiers
naissent l'une après l'autre et s'élancent d'une tige droite rappelant la forme d'une queue de billard, qui se termine presque en
pointe à l'extrémité.

Les fougères, comme les sigillaires, sont des plantes qui, outre l'ombre et l'humidité, aiment la chaleur, car toutes celles qu'on a trouvées révèlent un climat tropical

Les *arbres fossiles* ne datent pas de la même époque que les houilles; ils sont plus récents. Cependant quoique les plantes transformées en silice n'appartiennent pas à la formation houillère, elles sont incontestablement des produits de la période du grès

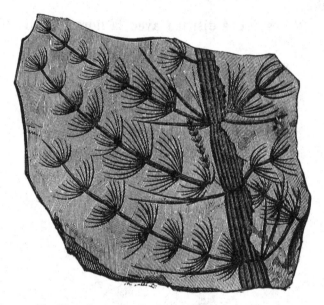

Fig. 239. — Rameau fossile d'asterophyllite equisetiformis.

rouge, qui suit immédiatement. Peut-être ces végétaux, s'étant développés à l'époque de la formation houillère, sans être incinérés ou carbonisés, ont-ils été retenus à la surface, recouverte de sable et d'argile ; puis, la substance siliceuse se sera séparée du mélange pour se déposer dans les fibres ligneuses, ou bien, le carbone y étant rare, s'y substituer, molécule à moécule et n'en conserver que la forme, le carbone servant de matière colorante. C'est ainsi que nous trouvons en abondance ce que nous appelons du bois fossile, transformé en agate, en calcédoine, en pyromate, et il est merveilleux que toutes les fibres, toute la texture de la plante, la pulpe, etc., aient conservé leur forme, alors que la substance elle-même a complètement disparu.

On retrouve des couches entières de bois pétrifié. L'hôtel de

... RESSUSCITÉS DE NOS JOURS, CES ARBRES GÉANTS FERAIENT UNE ÉTRANGE FIGURE...

(Lépidodendron de 30m et Sigillaire de 40m.)

LE MONDE AVANT LA CRÉATION DE L'HOMME

ville de Nordhausen renferme un escalier en grès, dont chaque fragment indique, de la façon la moins équivoque, qu'il a été primitivement de bois, et, mieux encore, que sa masse s'est accumulée d'année en année en couches ligneuses, formées des fibres, des tiges et des branches ; sur d'autres points, on trouve la masse ligneuse transformée en agates superbes, parfois transparentes, parfois opaques et teintes des couleurs les plus variées. Sur la terre

Fig. 241 et 242. — Rameaux fossiles de fougères.
(Sphenopteris acutiloba. Callipteris conferta.)

de Van Diémen, il existe, dans le vallon de Derwent, une forêt d'arbres pétrifiés et transformés en opales. Une des curiosités naturelles les plus merveilleuses, qui attirent l'attention des géologues visitant ces contrées, est sans contredit cette vallée des arbres pétrifiés. Nulle part peut-être on ne rencontre plus belle pétrification de bois et nulle part la structure originelle des tissus ne s'est mieux conservée. Tandis que l'extérieur offre une surface luisante et homogène, pareille à celle d'un sapin revêtu d'écorce, l'intérieur se compose de couches concentriques qui paraissent tout à fait compactes et de même nature, mais se laissent parfaitement fendre dans toute leur longueur.

« Le plus remarquable de ces arbres, écrit sir James Ross, surgit verticalement d'une couche de lave bulleuse, du haut d'un rocher

qui domine de 70 pieds le niveau de la rivière. L'arbre lui-même
n'a que six pieds de haut et mesure au sommet 15 pouces de diamètre. Non loin de là s'en trouve un autre, planté dans une sorte
de cheminée naturelle, beaucoup plus longue que la souche et
dont les empreintes indiquent que, dans le vide qu'elle renferme,
l'arbre se continuait jadis. Cet espace vide a sept pieds de long. Comme
tous les arbres pétrifiés, ceux-ci sont verticaux ; d'où il semble
résulter qu'ils étaient encore en pleine croissance lorsque la lave
ardente les atteignit, consumant les feuilles et les branches, et ne
trouvant qu'à une certaine profondeur du végétal une résistance
suffisante pour ne pas le carboniser et peut-être pour se refroidir.
Il serait intéressant de rechercher les racines, dont l'existence
démontrerait que les arbres sont encore à leur place primitive ;
peut-être cependant ont-ils été amenés debout par le flot brûlant,
semblable au glacier qui entraîne avec lui les objets enfermés dans
ses flancs. »

L'île de Kerguelen et les pétrifications qu'on y a trouvées sont
mentionnées par sir J. Ross dans le récit qui précède. Voici ce qu'il
en dit ailleurs :

« Au sud du port (le port de Noël, dans l'île de Kerguelen), se
trouve le remarquable rocher décrit par Cook et dont le profil
occupe une si grande place dans son dessin de la baie. C'est une
énorme masse de basalte, de cinq cents pieds d'épaisseur, beaucoup
plus récente que le rocher sur lequel elle repose et d'où elle paraît avoir
surgi à l'état mi-liquide, à une hauteur de six cents pieds au-dessus
du niveau de la mer. C'est entre ces deux roches, d'ancienneté différente, que l'on a trouvé des arbres pétrifiés ; on en a déterré un de
plus de sept pieds, que l'on a expédié en Angleterre. Quelques fragments de ce bois pétrifié paraissaient encore si vivaces qu'il fallut se
livrer à un examen très attentif, pour se convaincre que c'était de la
pierre qu'on avait sous les yeux. Leur degré de pétrification varie
depuis la houille très combustible, jusqu'au silex capable d'entamer
le verre. Une couche de schiste, de plusieurs pieds d'épaisseur,
déposée sur les arbres, paraît en avoir empêché la carbonisation,
lors de l'invasion de la lave. Un des caractères géologiques les plus
curieux de cette île est précisément qu'on y trouve des couches de

houille superposées, d'une épaisseur variant de quelques pouces à plusieurs pieds. »

L'écrivain anglais, au lieu de décrire la stratification de ces roches, ajoute ici que, sans savoir si l'abondance de la houille dans ces îles permet d'en former un objet de trafic, il croit les couches assez riches pour en tirer de quoi établir un dépôt de combustible à l'usage des vapeurs de passage. Ce détail est plus intéressant pour les commerçants que pour les géologues. L'intérêt principal de ce récit, c'est qu'au-dessus de la formation houillère et des couches qui la recouvrent, des pétrifications siliceuses ont été trouvées, aussi bien à l'extrémité sud de la Nouvelle-Hollande (terre de Van Diémen), qu'à la distance d'un quart de la circonférence du globe, sous la même latitude; dans l'île de Kerguelen, aussi bien que dans le centre de l'Allemagne [1].

Dans le grès rouge et au-dessous de cette roche, on trouve des arbres pétrifiés pénétrés d'une masse siliceuse, et transformés en calcédoine; ces troncs, coupés transversalement, sciés en plaques et polis, donnent des carreaux de luxe pour tous les usages, aussi beaux que l'agate et la cornaline.

Mais revenons à l'époque houillère.

Comme les sigillaires, les cardoïtes, aujourd'hui disparues, ouvraient l'ère des gymnospermes, dont les cycadées et les conifères sont les représentants actuels, et elles aussi formaient des arbres de quarante mètres de hauteur, ramifiés seulement au sommet et couverts de feuilles énormes, mesurant un mètre de longueur. Ces longues feuilles arrondies se trouvent en grand nombre dans tout le terrain houiller, surtout dans les couches supérieures.

Signalons encore certaines conifères, les walchia, voisins des araucarias actuels, les annulariées des marais, plantes herbacées flottantes, les astérophyllites (*fig.* 239) dont on avait fait un genre de la famille précédente, mais qui appartiennent aux calamodendrons. Tous ces végétaux sont caractéristiques des terrains carbonifères, et nous reportent aux âges disparus pendant lesquels la plus grande partie des îles émergées étaient recouvertes de ces hautes et impénétrables forêts, à peine éclairées par la lumière

---

1. Les plantes transformées en silice, qu'on a trouvées en Europe, sont généralement des fougères.

diffuse du soleil naissant. Nos lecteurs se rendront compte de cet ensemble à l'aspect de nos dessins. Sur le grand tableau (p. 441), les arbres géants de droite sont des sigillaires, celui qui semble tomber à travers le paysage est un lépidodendron; à gauche, on remarque un calamite et au dernier plan des fougères. Déjà ils ont pu se retrouver au milieu de ces forêts fossiles dès les premières pages de cet ouvrage (p. 9) en voyant les restes de sigil-

Fig. 243. — Un paysage de l'époque houillère.

laires, de calamites, de lépidodendrons, de fougères dégagés par la pioche du mineur au fond des mines de houille, et déjà aussi ils ont pu admirer l'une de ces forêts restaurées (p. 17) en un tableau qui nous remet en face de ces siècles évanouis. Mais c'est surtout en contemplant le magnifique paysage de l'époque carbonifère interprété par l'aquarelle (*pl.* II) (¹) que nos lecteurs pourront le mieux se rendre compte de la nature de ces forêts immenses croissant autant dans les eaux que sur un sol déjà

1. Cette planche en couleur doit être placée par le relieur en regard de la page 408 et la planche I au frontispice du volume, en face du titre.

végétalisé par la multitude des plantes amoncelées dans ce sol
depuis des siècles. Ce paysage donne une idée aussi exacte que
possible de ce que devait être l'aspect de la Terre pendant l'époque
de la formation des houilles.

Ressuscités de nos jours, ces arbres géants feraient une étrange
figure. Le dessin publié plus haut (p. 449) montre quel effet ils pro-
duiraient si quelques-uns d'entre eux se dressaient encore à la lumière de notre soleil. Nous avons là sous les yeux un lépidodendron
de trente mètres et un sigillaire de quarante, comme les forêts houil-
lières en comptaient des milliers.

Telle était la flore qui embellissait notre planète en ces temps
antiques où se préparaient les opulentes houillères découvertes dans
les âges modernes par les investigations de l'industrie humaine ; le
règne végétal, comme on vient de le voir, a fait des progrès gigantesques et rapides. Il n'en a pas été de même du règne animal. Les
forces de la nature semblent surtout avoir été appliquées à l'extension et au développement de la vie végétale.

Les espèces de poissons qui caractérisent la période précédente,
la période dévonienne, se continuent pendant celle-ci, et sont représentées par les poissons ganoïdes avec lesquels nous avons fait
connaissance. Ils prennent un grand développement, deviennent
plus variés de formes, et atteignent une grande taille, comme le
megalicthys (¹). D'après les vestiges découverts, certaines espèces
de ces poissons devaient respirer à la fois par des branchies, comme
les poissons ordinaires, et par des poumons, comme les vertébrés
terrestres, ce qui leur permettait de vivre dans la vase desséchée.

Les mollusques se transforment. Ce qui domine, ce sont des
brachiopodes connus sous le nom de productus (*fig.* 244 et 245),
espèces bombées de très grande taille. Ceux des périodes précédentes sont en décadence, à l'exception des spirifer et de quelques
autres. Les acéphales déclinent aussi, mais les gastéropodes se
relèvent. Les zoophytes changent peu. On rencontre des échinodermes, des oursins à plaques hexagonales, de structure assez élégante (*fig.* 246), des étoiles de mer, nées aussi de l'époque silu-

---

1. *Étymologie* : μεγας, grand; ιχθυς, poisson.

rienne, et des crinoïdes (*fig.* 247) qui se multiplient particulièrement durant cette période. (On en connaît plus de cinq mille espèces fossiles.)

Dans l'embranchement des annelés, les crustacés subissent des variations sensibles; les trilobites disparaissent presque entière-

Productus longispinus.   Productus scabriculus.
Fig. 244-245. — Brachiopodes de la période carbonifère.

ment; les arachnides, scorpions, se multiplient. Nous avons signalé plus haut (p. 249) un scorpion trouvé dans le terrain silurien. Nos lecteurs trouveront à la page suivante ses successeurs du terrain

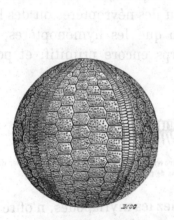

Fig. 246-247. — Oursins et crinoïdes de l'époque carbonifère.

houiller. Les animaux à respiration aérienne deviennent de plus en plus nombreux. Comme les arachnides, les plus anciennes myriapodes ont été découvertes dans le terrain houiller. Mais ce sont les insectes qui prennent le plus rapide développement.

Naguère encore, on n'avait retrouvé qu'un très petit nombre d'insectes fossiles, et seulement dans les couches secondaires et surtout tertiaires. Jusqu'en 1878, par exemple, dans tous les pays du monde, on n'avait recueilli que cent vingt débris d'insectes fossiles; depuis 1878, on a découvert, en France, dans les mines de houille de Commentry (Allier) plus de treize cents échantillons,

Fig. 248. — Araignée fossile
(Eophrynus (¹) Prestvicii)
Trouvée dans le terrain houiller de
Dudley, vue en dessous pour mon-
trer les ouvertures (stomates) de la
respiration. (Grandeur naturelle.)

grâce surtout au dévouement scientifique éclairé du directeur de ces mines, M. Fayol. Comme nous l'avons vu au chapitre précédent, on en a découvert quelques-uns dans le terrain dévonien, et cette année même (1885), dans le silurien De plus, le corps d'un insecte étant naturellement d'une conservation diffi- cile, en général on ne trouvait guère que des ailes; les insectes de Commentry sont, au contraire, dans un état remarquable de conservation; beaucoup d'entre eux sont com- plets, ce qui permet d'apprécier plus sûrement leurs affinités zoologiques.

Tous les insectes trouvés jusqu'aujourd'hui dans les terrains pri- maires sont ou des orthoptères, ou des névroptères ou des hémiptè- rès, moins élevés en organisation que les hyménoptères, les dip- tères et les lépidoptères; leur corps encore primitif, et pour ainsi

Fig. 249. — Myriapode fossile (Euphoberia (²) Brownii) trouvée dans le terrain houiller de Glasgow.
(Trois quarts de grandeur.)

dire d'une seule pièce, comme chez les myriapodes, n'offre pas cette segmentation bien séparée, nette et élégante, de la tête, du thorax et de l'abdomen, que l'on admire chez les hyménoptères et leurs émules. Une blatte, un grillon, une sauterelle, un termite, un ful- gore, une libellule même (tous primaires), sont moins avancés en organisation qu'un papillon aux ailes écailleuses, une abeille et une fourmi. Dans l'ordre du progrès, il est naturel que les orthoptères aient précédé les hyménoptères.

1. *Étymologie :* Εως, aurore; φρυνος, bête venimeuse.
2. *Étymologie :* ευ, bien; φοβεριος, effrayant.

Ce sont les ancêtres des blattes, des mantes, des grillons, des sauterelles, des termites, des libellules, qui existaient dans les forêts de l'époque carbonifère. On connaît, depuis longtemps déjà, les blattes (*fig.* 250) découvertes par Oswald Heer, dans le terrain carbonifère de la Suisse. Parmi ces insectes antiques, plusieurs sont remarquables par leurs dimensions. On a retrouvé notamment des ailes de 33 centimètres de longueur appartenant au meganeuræ (¹) monyi. Le titanophasma (²) mesurait 25 centimètres de long sans les antennes : aucun insecte actuel n'atteint cette dimension. Signa-

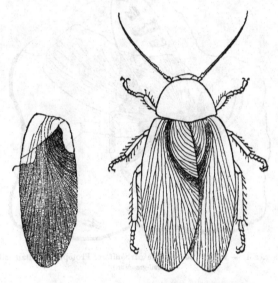

Fig. 250. — Insecte de l'époque carbonifère. Blattina Helvetica.
Aile (grandeur naturelle) et animal restauré.

lons aussi le genre des corydaloïdes, petits insectes amphibies munis à la fois de trachées et de stigmates, qui, par conséquent, respiraient l'air en nature et l'air tenu en dissolution dans l'eau (³). Nos lecteurs pourront juger de l'état remarquable de conservation de ces fossiles, âgés de plusieurs millions d'années, par le fac-simile du protophasma (⁴) Damasii reproduit ici (*fig.* 251), à demi-grandeur. L'œil, les antennes, les plus délicates nervures des ailes, sont admirablement conservés.

1. *Étymologie* : μεγα, grand ; νευρον, aile.
2. *Étymologie* : τιταν, géant ; φασμα, spectre.
3. Voy. Ch. Brongniart, *Revue scientifique* du 29 août 1885.
4. *Étymologie* : πρωτος, premier ; φασμα, spectre.

Il suffit de songer à ces insectes, de les ressusciter par la pensée au milieu des splendides forêts de cette époque, de se souvenir de la délicatesse des sensations reçues par ces antennes et par ces yeux aux mille facettes, pour apprécier la grandeur de l'œuvre déjà accomplie par la nature depuis les âges lointains où les organismes problématiques des anciennes mers flottaient seuls dans l'Océan sans îles de la période cambrienne.

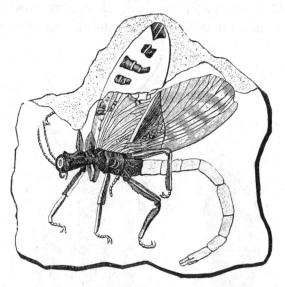

Fig. 251. — Insecte de l'époque carbonifère. Protophasma Damasii.
(Demi-grandeur.)

Dans l'arbre généalogique de la vie terrestre (voy. p. 113), les insectes ont eu pour ancêtres les vers. Ils le sont encore un peu pendant la première période de leur existence. Je ne me souviens pas d'avoir éprouvé une plus grande surprise, étant enfant, que le jour où je retrouvai une boîte de petits vers à pêche, oubliée dans un jardin, et où, en l'ouvrant, je vis les vers disparus et remplacés par une collection de belles mouches : je n'en croyais pas mes yeux, je me lançai dans l'entomologie des insectes d'un jardin, et pendant plusieurs années ma passion dominante (celle d'un enfant de sept à neuf ans) fut de piquer sur un carton les papillons attrapés, de les laisser pondre (ce qu'ils ne manquaient pas de faire pendant leur supplice), d'enfermer précieusement les œufs, d'assister à l'éclosion des chenilles, de les nourrir, de les voir se transformer en chrysa-

lides, et d'épier les jours de douce chaleur printanière où mes petites
momies s'éveillaient, remuaient, s'agitaient, brisaient leur enveloppe
et s'envolaient en joyeux papillons. Quelles questions, quelles idées
s'agitent dans un petit cerveau qui veut connaître le pourquoi et le
comment des choses ! Petite cervelle, chrysalide elle-même, qui
aspire à l'éclosion de ses ailes... Hélas ! devant l'infini des choses à
connaître, sommes-nous *beaucoup* plus instruits à 70 ans qu'à 7?...

Il se cache là — dans les métamorphoses des insectes — un
mystère plus profond qu'il ne le paraît encore. La larve, la chrysalide, le papillon, sont le même être ! Qui pourrait s'en douter si on
ne le constatait par l'observation même. Eux-mêmes ne le savent
point.

Sans doute, cette métamorphose est, comme l'état embryonnaire
de tout être vivant à l'éclosion de l'œuf, une réminiscence de ce
qui s'est passé dans la biologie terrestre pendant les longs siècles de
la formation de chaque espèce. De même que l'homme, le mammifère, le poisson, passent rapidement par les phases ancestrales avant
d'acquérir leur état définitif, ainsi l'embryologie des insectes —
leur métamorphose — nous est un témoignage contemporain des
origines disparues.

Déjà si riche par tous les éléments qui précèdent, la période carbonifère paraît encore avoir été contemporaine de la naissance des
reptiles. On a retrouvé dans les terrains houillers des batraciens
ressemblant à des salamandres et à des grenouilles, dont quelques-
unes mesuraient plus de deux mètres de longueur. De cette époque
aussi datent les labyrinthodontes, qui représentent le passage entre
les batraciens et les reptiles. Nous allons faire connaissance avec eux
en étudiant la période permienne, pendant laquelle ils ont pris un
rapide développement pour se préparer au règne qui leur était
réservé sur le monde terrestre de l'époque secondaire.

CHAPITRE V

FIN DES TEMPS PRIMAIRES

La période permienne. — Batraciens et reptiles.

La période à laquelle nous arrivons marque la fin des premiers âges, la fin de l'enfance de la Terre et de ses êtres élémentaires, la fin du *règne* des invertébrés dans le monde animal et des cryptogames dans le monde végétal, et elle prépare l'adolescence de la planète, la domination rayonnante dont vont être désormais investis les vertébrés et les phanérogames. Le progrès marche. Les humbles vont céder la place aux forts. Lentement, graduellement, la matière s'épure par son élaboration même. La sensibilité est née. Bientôt la pensée, d'abord chrysalide inconsciente, s'éveillera, se reconnaîtra, prendra son essor

Considérée au point de vue organique aussi bien qu'au point de vue physique, la période permienne n'est que le développement de la période carbonifère, leurs terrains se trouvent intimement associés l'un à l'autre, et parfois même on les confond en une même désignation : permo-carbonifère. Toutefois, ce ne sont plus des houilles; ce sont des calcaires et des grès, dépourvus de combustibles, reposant en couches plus ou moins épaisses sur les terrains houillers.

Nous avons vu plus haut que les terrains houillers offrent une étendue considérable en Russie et occupent plus du tiers de la Russie d'Europe. Il en est de même des terrains permiens, qui affleurent sur d'immenses espaces dans le comté de *Perm* : de là leur nom. Cet étage géologique est quelquefois aussi désigné sous le nom de pénéen, à cause de la pauvreté de ses fossiles. Permien et pénéen sont deux termes identiques pour désigner une même espèce de terrain et une même époque de l'histoire de la Terre.

En France, ce terrain affleure en plusieurs régions. Sur le plateau central, si riche, comme nous l'avons vu en couches de houille, le terrain permien recouvre parfois ces couches avec une épaisseur de neuf cent à mille mètres de grès, de poudingues et de schistes noirs bitumineux d'où l'on extrait du pétrole (Morvan, Autun, Épinac, etc.) On le trouve également au Creuzot, à Blanzy, à Lodève (Hérault), ainsi que dans les Vosges où il occupe le fond des vallées qui, sur la bordure orientale de cette belle région montagneuse découpent profondément les chaînes secondaires : là, il repose directement sur le gneiss, qui forme le sous-sol de ces vallées, et se mélange avec des émissions de porphyre qui sont arrivées à l'époque où toute cette partie orientale des Vosges était couverte de forêts permiennes (fougères, cordaïtes, etc.), dont on exhume aujourd'hui les débris silicifiés. Ce terrain permien occupe en France une surface plus importante qu'on ne le croyait encore il y a quelques années. On en a retrouvé récemment ([1]) dans les départements de l'Aveyron et de l'Hérault (Roquetaillade, Saint-Victor, etc.), composés de schistes argileux reposant sur le terrain houiller, mesurant jusqu'à deux cents mètres d'épaisseur et contenant des fossiles de poissons, de batraciens et de plantes. On a retrouvé également ([2]) ce même terrain dans la Loire-Inférieure, à Teillé, mesurant cent mètres d'épaisseur, reposant aussi sur le terrain houiller, et contenant entre autres des fougères et des cordaïtes. Ainsi, à l'époque qui nous occupe, la mer s'étendait sur toutes ces régions.

Plantes, animaux sont encore ce qu'ils étaient pendant la période précédente, mais prêts à faire place à des types plus per-

---

1. Académie des sciences, séance du 13 juillet 1885 : M. Bergeron.
2. Même séance : M. Bureau.

fectionnés. Le milieu change. Cependant il n'y a pas encore de saisons sur notre planète et le soleil n'est pas encore très brillant. La température reste partout tropicale et uniforme. Le relief du sol subit des dénivellations, des changements de niveau dus au refroidissement intérieur et à la contraction du globe. « Au commencement de cette nouvelle phase, écrit M. Contejean dans son précieux *Traité de géologie,* un affaissement général ramène la mer sur une grande partie du sol européen, notamment en Russie, au centre de l'Allemagne, au sud-ouest de l'Angleterre, au pied des Vosges, etc. De puissants conglomérats s'accumulent dans les mers : ils constituent *le nouveau grès rouge* des géologues. Au-dessus, et pendant une période de calme relatif, se déposent les calcaires magnésiens connus en Allemagne sous le nom de *zechstein* (calcaire fétide). Telle est, dans l'Europe centrale et occidentale, la composition la plus ordinaire du terrain permien, d'ailleurs extrêmement variable. Sur une infinité de points, des injections et des émanations souterraines introduisent dans les mers des éléments minéralogiques assez divers, mais en général funestes à la vie ; par exemple les cuivres de Thuringe et de la Russie, les gypses et le sel gemme de la Russie et des États-Unis, la magnésie de partout. Aussi, sous le rapport de la composition minéralogique, le terrain permien ressemble-t-il beaucoup plus à celui du trias, qui lui succède, qu'aux terrains qui l'ont précédé ; mais l'inverse a lieu si l'on compare les faunes et les flores. Sauf en Russie et aux États-Unis, où persiste la tranquillité des époques précédentes, les mouvements du sol et les bouleversements des couches sont fréquents ; aussi rien de plus variable que la puissance du terrain permien, qui est de 250 mètres aux États-Unis, qui atteint 700 mètres en Bohême et qui dépasse 1200 mètres en Saxe. Les assises inférieures s'appuient tantôt sur le terrain houiller, tantôt sur les schistes cristallins ou sur le granite, ce qui indique un empiétement des mers. Rarement il se trouve en concordance avec les formations plus anciennes sur lesquelles il repose, mais les couches du trias le recouvrent presque partout sans aucune différence de stratification. Ainsi, sous le rapport de la stratigraphie, le terrain permien se montre indépendant des époques antérieures, et intimement lié aux subséquentes, et le contraire a lieu si l'on ne considère que la paléontologie. Il en résulte que les époques ne sont pas mieux délimitées que les terrains, et même que certaines divisions de moindre importance. Leur distinction est fondée sur les caractères des faunes et des flores, et nullement sur de brusques séparations stratigraphiques, minéralogiques ou paléontologiques. Cette période marque bien la fin d'une grande époque géologique, puisque pendant sa durée, s'éteignent la plupart des types paléozoïques, soit parce qu'ils sont arrivés à leur terme naturel, soit à cause de l'impropriété du milieu. Quelques-uns cependant, mais en assez petit nombre, continuent à subsister : aucune des formes nouvelles qui caractérisent l'époque secondaire ne fait son apparition. Il est donc extrêmement naturel de fixer à la fin du terrain permien le terme de l'époque paléozoïque.

« La faune permienne compte à peine trois cents espèces connues. Tous les groupes se trouvent en grande décadence, et subissent des réductions énormes, au moins en Europe et aux États-Unis. Les polypiers, les crinoïdes et les échinides ne comptent qu'un très petit nombre de genres. Presque tous les brachiopodes paléozoïques ont disparu ; quelques-uns se montrent pour la dernière fois : tels sont les atrypa, camarophoria, orthisina, chonetes, productus, jadis si riches en espèces. Désormais cet ordre ne se relèvera plus de sa décadence, et sera toujours primé par les mollusques proprement dits, gastéropodes et acéphales. Les céphalopodes sont réduits aux genres nautile, orthocère et cyrtocère, et les crustacés ne figurent plus que pour mémoire, représentés par le dernier des trilobites, par quelques limules et quelques cypridines. Les poissons ganoïdes se maintiennent et, dans le nombre, les palæoniscus (voy. *fig.* 254) sont remarquables par la variété de leurs espèces et l'abondance des individus. En résumé, la faune permienne est caractérisée par certains brachiopodes (terebratula elongata, spirifer alatus, productus horridus, productus cancrini, etc.), par certains acéphales, des genres mytilus, schizodus, monotis ; par les palæoniscus aux écailles striées et ponctuées et par des batraciens et des reptiles appartenant aux genres zygosaurus, palæosaurus, thecodontosaurus, proterosaurus, etc. ([1]).

1. Voilà encore bien des noms d'aspect répulsif, et sans doute plus d'un lecteur passe en courant sur ces expressions sans les lire. Pourtant il faut bien nommer les habitants

Considérée d'une manière générale la faune permienne forme
un ensemble indivisible, comparable à l'une des faunes siluriennes;
de sorte que les subdivisions du terrain varient selon les lieux,
et correspondent seulement à des changements dans la nature
minéralogique des assises. L'analogie est très grande avec la faune
carbonifère, malgré les discordances de stratification. Dans les
contrées, où celles-ci n'ont pas lieu, aux États-Unis par exemple,

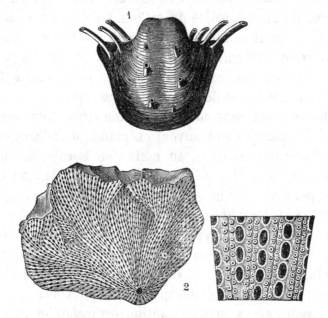

Fig. 253. — Mollusques de la période permienne.
1. Productus horridus. — 2. Fenestella retiformis, avec fragment grossi.

les fossiles carbonifères paraissent se mêler aux fossiles permiens
sur une assez grande épaisseur de couches.

Le développement de la vie sur la Terre se continue régulièrement, comme celui d'un arbre gigantesque, dont les branches
mères précèdent les branches secondaires, quoique certains rameaux
présentent une croissance rapide tandis que d'autres se ralentissent

de la Terre pendant ces époques reculées, et il serait aussi difficile de supprimer ces noms
que de prétendre écrire l'histoire de l'humanité sans appeler par leurs noms sous lesquels
nous les connaissons Fo-Hi, Aseth, Hoang-Ti, Osymandias, Sésostris, Moïse, Sargon,
Tcheou-Kong, Sardanapale, Nabuchodonosor, Confucius, Pythagore, Jésus-Christ,
Mahomet, Charlemagne, Copernic, Képler, Newton, Louis XIV, Napoléon, etc. Il faut
avouer pourtant que les paléontologues auraient pu mettre plus d'élégance dans leurs
dénominations.

ou meme s'arrêtent dans leur marche ascendante. Revoyons un instant le tableau publié plus haut (page 87) de la classification du règne animal. Au-dessus des trois embranchements des zoophytes, des mollusques et des annelés, tous invertébrés, nous avons celui des vertébrés. Or, pendant les époques primordiale et primaire dont nous terminons ici l'histoire, nous avons assisté à l'apparition successive des êtres appartenant à ces trois embranchements. La correspondance entre la classification anatomique et l'évolution naturelle s'est manifestée non seulement dans les grandes lignes, mais encore dans les détails : c'est ainsi que les plus perfectionnés des invertébrés, les arachnides, les myriapodes, les insectes, les

Fig. 254. — Poissons de la période permienne.
Palæoniscus Freislebeni.

annelés en général, sont arrivés les derniers, longtemps après les zoophytes et les mollusques. De même, nous avons vu l'ordre des vertébrés commencer par les plus rudimentaires, les poissons. Cet ordre supérieur de la biologie terrestre se partage, comme nous l'avons vu, dans les classes suivantes :

POISSONS
BATRACIENS
REPTILES
OISEAUX
MAMMIFÈRES

Nous avons vu naître la première de ces classes. Nous allons assister maintenant au développement de la seconde.

Les batraciens ne sont ni des poissons ni des reptiles. Un peu plus avancés que les poissons comme système nerveux, sensibilité et intelligence, ils le sont moins que les reptiles. On leur donne aussi la qualification d'*amphibiens,* parce qu'ils peuvent vivre dans l'eau, comme les poissons, et dans l'air, comme les reptiles.

Nos lecteurs connaissent ces distinctions générales. Cependant, pour que la clarté soit aussi complète que possible, sans nous perdre toutefois dans les détails techniques, signalons les types principaux caractérisant l'une et l'autre classe. Aux *batraciens* ([1]) appartiennent les grenouilles, les rainettes, les alytes, les crapauds réunis sous la dénomination d'anoures, ou « sans queue »), ainsi que les salamandres, les tritons, les euproctes, les protées (réunis sous la désignation d'urodèles ou « à queue visible »). Aux *reptiles* ([2]), appartiennent les serpents, les lézards ou sauriens, les crocodiles, les tortues.

Les batraciens respirent l'air dissous dans l'eau, au moyen de branchies, au moins pendant les premiers temps de leur vie. Les reptiles respirent l'air en nature, au moyen de poumons, à toutes les périodes de leur existence. Les batraciens présentent, en outre, constamment des métamorphoses; de même que les poissons, ils sont anallantoïdiens, c'est-à-dire que les embryons sont dépourvus de membrane allantoïde. Ils subissent des métamorphoses analogues à celles qui sont si générales chez les invertébrés; au moment où ils quittent l'œuf, les batraciens n'ont pas encore achevé leur complet développement, et ne possèdent pas l'organisation de leurs parents; ils ne l'acquièrent que plus tard, alors qu'ils passent de l'état larvaire à l'état adulte. Au commencement de leur vie leur existence est celle des poissons; ils sont essentiellement aquatiques. Leur conformation subit des modifications considérables « Tantôt, écrit Carl Vogt, les membres font entièrement défaut, tantôt la forme du corps se rapproche de celle d'un disque, elle est aplatie et élargie par des organes de locomotion très développés. Chez les céciliés, qui vivent à terre et sont dénués de membres, le corps ressemble entièrement à celui d'un ver de terre. Les amphiumes, qui, au contraire, se tiennent toujours dans l'eau, ont la queue comprimée latéralement, très allongée, et servant aux mouvements de natation. Les pattes présentent tous les degrés de développement; d'abord incapables de soutenir le corps, elles se garnissent ensuite d'ongles qui sont presque atro-

1. Étymologie : Βατραχος, grenouille.
2. *Étymologie : reptum,* supin de *repere,* ramper.

phiés. Parfois les membres antérieurs existent seuls, et sont alors détachés de chaque côté du cou sous forme de petits moignons; d'autres fois ce sont les membres postérieurs qui seuls sont visibles. Chez les anoures, la queue s'atrophie et disparaît complètement dans l'animal adulte. »

La conformation extérieure des amphibiens ou batraciens prouve qu'ils sont organisés pour vivre alternativement dans l'eau et dans l'air, mais montre cependant des variations de forme considérables conduisant à celles des animaux terrestres disposés pour ramper, grimper et sauter.

Bien que fort simple, le système nerveux central est cependant supérieur à celui des poissons. Le cerveau est toujours petit, surtout relativement à la moelle épinière, car il est court et étroit; c'est ainsi que, dans la salamandre, le poids des centres nerveux est 3, comparé à la masse totale du corps, 380, l'encéphale n'étant représenté que par 1. Comme les poissons, les batraciens sont ovipares et pondent des œufs ([1]). Les vivipares n'arriveront que plus tard sur la scène du monde.

De même que les reptiles, les batraciens prospèrent avant tout sous un climat chaud et humide : ils sont particulièrement abondants dans les régions tropicales et intertropicales du nouveau-monde. Dans les forêts vierges, ils trouvent pendant toute l'année l'humidité et la chaleur si nécessaires à leur développement. Les immenses forêts de l'Amérique du Sud et de l'Asie méridionale servent de repaire à des quantités innombrables d'espèces; au sein de ces forêts, l'eau déposée dans les creux des arbres, sur les feuilles, dans la mousse qui partout tapisse le sol, est essentiellement favorable à l'éclosion de leurs œufs, au développement de leurs larves ([2]).

Ces conditions d'habitabilité sont precisément celles de l'époque permienne : elles convenaient aux batraciens comme aux fougères, aux sigillaires et à l'opulente végétation de ces temps primitifs.

De même que nous avons qualifié la période dévonienne de

---

1. Pourtant la salamandre atra (batracien urodèle) est vivipare et met au monde des petits dépourvus de branchies et destinés à vivre immédiatement hors de l'eau. Mais *avant leur naissance* ils ont des branchies et une queue natatoire.

2. BREHM. *Les Reptiles et les Batraciens*. Édition de E. SAUVAGE.

période des poissons, parce que c'est pendant ces temps que leur existence s'est affirmée, de même que la période carbonifère mérite avant tout de caractériser le règne des plantes, de même nous pourrions regarder la période permienne comme celle du développement des batraciens, sous une atmosphère humide et chaude. Sans doute, les batraciens et les reptiles datent de la période carbonifère, peut-être même des temps dévoniens, mais ils ne se développent

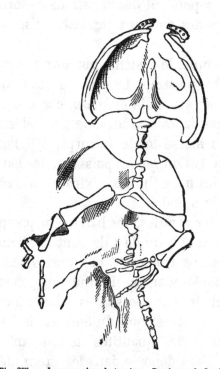

Fig. 255. — Les premiers batraciens. Raniceps de Lyell.

que maintenant et les seconds ne *règneront* que pendant l'époque secondaire, et surtout aux temps jurassiques. « Pendant plus de trente-quatre ans, écrit Charles Lyell, ce fut un axiome reçu en paléontologie qu'il n'avait pas existé de reptiles avant la période permienne, avant le calcaire magnésien ; mais à la fin de 1844, cette barrière préconcue fut renversée, et des reptiles carbonifères, terrestres et aquatiques de plusieurs genres virent le jour. On discute même encore en ce moment la question de savoir si certains restes d'un enaliosaurus (c'était peut-être un grand labyrinthodon) n'ont pas été découverts dans le terrain houiller de la Nouvelle-

Ecosse, et si certains grès des environs d'Elgin, en Écosse, contenant des os de lacertiens, de crocodiliens et de rhynchosauriens,
ne devraient pas se rapporter au grès rouge, c'est-à-dire au groupe
dévonien. Néanmoins, aucun vestige de cette classe, n'a été encore
decouvert dans des roches aussi anciennes que celles dans lesquelles
on a trouve les premiers poissons. »

Dès 1863, Dawson a fait connaître
plusieurs batraciens et reptiles, notamment une espèce qni a reçu le
nom d'hylonomus, à vertèbres bien
ossifiées qui aurait été capable de
respirer hors de l'eau, de grimper
et de sauter dans les arbres. Huxley a
signalé, dans le houiller de la Grande-
Bretagne, divers reptiles, parmi lesquels on peut citer l'anthracosaure,
animal long de deux mètres, trouvé
dans une houillère du bassin de Glas-
cow. En 1844, le docteur King a reconnu dans le houiller de Greensburg, en Pensylvanie, des empreintes
d'un énorme animal, le batrachopus ;
les traces des pas de derrière mesuraient près d'un pied de long, et par
conséquent dépassaient en grandeur
celle des labyrinthodontes triasiques.
Ces empreintes indiquaient une bête
qui avait une respiration aérienne,
car, d'après leur mode de fossilisation

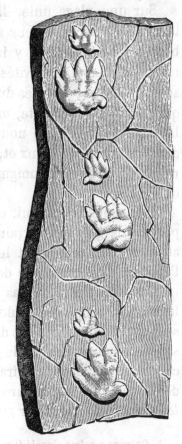

Fig. 256. — Empreintes de pas laissés
par le Chirotherium.

il est évident qu'elles ont été faites par un quadrupède marchant
sur l'argile molle d'un rivage, que cette argile s'est desséchée au
soleil et s'est crevassée. Ensuite du sable a dù recouvrir l'argile et
enfin le sable se sera changé en grès.

Certaines empreintes de pas de reptiles encore plus anciens ont
été observées par Lea dans la Pensylvanie, à 520 mètres plus bas
que celles de Greensburg ; on a pensé qu'elles pourraient appartenir au Dévonien.

Ainsi, ces plages étaient alors peuplées de batraciens aux formes étranges, qui ont laissé des traces de leur existence non seulement par des débris de leur squelette osseux et de leur couverture écailleuse, mais encore par les empreintes de pas qui se rencontrent nombreuses sur les grès maintenant consolidés ([1]).

Sur une plage unie, limoneuse, non seulement les animaux laissent les traces de leur marche, mais la pluie elle-même, tombant à larges gouttes, y imprime son action en y creusant une multitude de petites cavités arrondies. Sous l'influence de la chaleur solaire, toutes ces traces durcissent. Si maintenant nous supposons qu'à la marée suivante, un retour des eaux marines amène, sur la plage desséchée, de nouveaux sables fins, ce dépôt se moulera dans les moindres creux et, se desséchant à son tour, ces moules en relief resteront en témoignage du passage des animaux et des effets de l'averse.

Tels sont les faits qui, observés en de nombreux points sur des plaques de grès des terrains carbonifères et permiens sont venus attester, non seulement le passage d'animaux sur les plages de l'époque, mais aussi que des pluies abondantes s'y sont déversées.

Ces empreintes de pas appartiennent à des batraciens qui ont laissé, sur les plages sablonneuses du continent carbonifère, non seulement ainsi des traces de leur passage, mais des portions de leur squelette, en particulier de grandes plaques osseuses, comparables à celles qui forment la cuirasse des crocodiles actuels, ainsi que des dents coniques à structure compliquée, qui leur a valu le nom de *labyrinthodontes*. Leur grande taille, l'armure de plaques osseuses

---

1. On nous a même signalé il y a quelques mois (MM. Joseph et Noël Gérard, Jean Viesen, à Boncelles (Belgique), une découverte presque incroyable, que nous ne publions ici que sous bénéfice d'inventaire. En creusant, en 1869, un puits de mine, au Grand Horez, à Flémalle-Grande, près de Liège, on aurait trouvé à plusieurs reprises, à 250 et 300 mètres de profondeur, de petits crapauds aveugles, frêles, de couleur verdâtre, ayant les jambes d'arrière fort longues, et *vivants*. Remontés à la surface du sol, ils auraient encore vécu deux et trois jours. Les signataires ci-dessus s'affirment comme témoins oculaires.

Si le fait est authentique, il serait intéressant d'examiner si ces batraciens n'ont pu venir du dehors par les infiltrations des eaux, ou même avoir été transportés là à l'état d'œufs par les eaux souterraines. S'ils sont aveugles, on a peut-être affaire à une race souterraine, comme nous l'avons vu pour les batraciens de la Carniole. Que des crapauds puissent vivre des années entières dans des pierres, c'est ce qui est prouvé par de nombreuses observations.

qui recouvrait leur corps, leurs mâchoires ornées de dents puissantes, leur tête cuirassée, ont fait de cette famille ancienne de batraciens, aujourd'hui disparue, la plus singulière de la faune primaire ([1]).

Auprès de Lodève, dans le département de l'Hérault, ces carrières de grès bigarrés, qui sont exploitées pour dalles et pavés, renferment de nombreuses empreintes de ces pas de labyrinthodontes triasiques, si bien conservées qu'on peut y reconnaître tous les détails de la peau écailleuse de ces animaux singuliers. Leur taille atteignait plusieurs mètres de long : leurs membres étaient courts, mais robustes, et la disproportion relative entre les pattes de derrière puissantes, et celles plus grêles du devant, indiquent un reptile sauteur, à la manière des brataciens modernes ([2]).

Les empreintes dont il s'agit ont été laissées par un animal qui avait quatre mains, ce qui lui a fait donner le nom de *chirotherium* ([3]). Ses membres antérieurs étaient beaucoup plus petits que les postérieurs, qui avaient à peu près la forme d'une grosse et lourde main d'homme, avec cette différence que les doigts étaient encore plus courts et plus gros ; la longueur de ses pattes postérieures était de 22 à 24 centimètres, plus du double des antérieures. Le chirotherium était un labyrinthodonte géant.

On sait que, chez tous les animaux, le pouce tourné en dedans, et le petit doigt en dehors. Si l'homme marchait à quatre pattes, les pouces des mains et des pieds suivraient une même direction.

En examinant la figure 256, on remarque une disposition contraire. Les pouces sont évidemment tournés en dehors. Il s'agit sans doute ici non d'empreintes directes, mais de contre-empreintes produites par le sable déposé sur les pistes. Ce reptile marchait, comme le cheval, en tenant les pieds très rapprochés de la ligne médiane du corps.

La grandeur si différente des extrémités de ces animaux a fait

---

1. *Étymologie* : λαβυρινθος labyrinthe, οδων dent. Ces premiers quadrupèdes ont été nommés ainsi parce que les labyrinthodontes du trias, qui ont été étudiés les premiers, ont des dents d'une structure si compliquée que leurs plis et replis (Voy. *fig.* 257) donnent l'idée d'un labyrinthe. Cette désignation est fâcheuse, d'un caractère trop étroit.

2. Ch. VÉLAIN. *Géologie stratigraphique.*

3. Étymologie : χειρος, main ; θεριον, animal.

penser qu'ils devaient avoir de l'affinité avec les kangourous ; mais
ces derniers ne marchent point, ils ne font que sauter sur leurs
pattes de derrière, se servent de leurs membres antérieurs pour
prendre leur nourriture, et ne les posent à terre qu'accidentellement. Les batraciens, au contraire, ont les extrémités en forme
de mains et de grandeur très différente ; il résulte de ces faits que
le chirotherium a dû être un amphibie de l'ordre des batraciens,
une espèce de grenouille, ou, pour mieux dire, de salamandre
gigantesque, car il avait une queue.

Dès le terrain carbonifère, avec des batraciens qui rappellent un

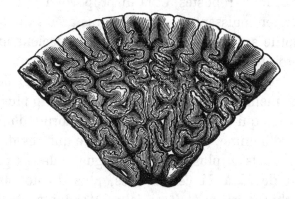

Fig. 257. — Quart de dent de labyrinthodonte, section transversale, grossie.

peu ceux qui vivent aujourd'hui (tels sont les raniceps, les paraba-
tracus) et avec des sauriens, tels que le dendrepeton et l'hylerpeton,
minuscules vivaient les labyrinthodontes proprement dits.

Dans le terrain permien qui, géologiquement, fait directement
suite au terrain carbonifère, les reptiles et les batraciens sont plus
nombreux, tant en Europe que dans l'Amérique du Sud. C'est
ainsi que Cope a découvert dans le permien du Texas et de
l'Illinois jusqu'à quatorze genres et vingt-huit espèces de reptiles,
six genres et sept espèces de batraciens stégocéphales ou labyrinthodontes.

Chez les labyrinthodontes les plus anciens, le crâne est complètement cuirassé, aussi ces animaux ont-ils été désignés sous le
nom de ganocéphales : la surface externe du crâne est généralement couverte de vermiculations souvent très prononcées qui
rappellent l'aspect des crocodiles de l'époque actuelle. Ce crâne est

tantôt allongé, ainsi qu'on le voit chez le cricotus, le trématosaure, l'archégosaure; tantôt plus trapu, plus raccourci, comme dans le genre américain éryops et dans les genres européens actinodon et mastodontosaure.

Chez les trématosaures, le crâne, par sa forme, rappelle celui du crocodile, tandis que chez les cricotus des terrains permiens du Texas et de l'Illinois, le museau, bien distinct du crâne, est long et rétréci. Les membres sont faibles en comparaison de la taille.

Dans les genres archégosaure, keraterpeton, lepterpeton, les

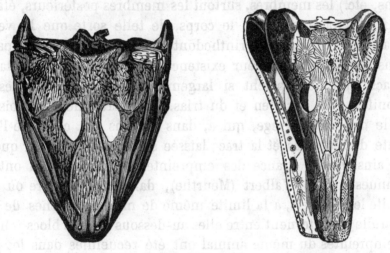

Fig. 258-259. — Têtes de labyrinthodontes. Archégosaure et mastodontosaure.

doigts sont au nombre de cinq à chaque patte, les tarses et le carpe restant à l'état cartilagineux. Chez l'archégosaure, les deux paires de membres, sensiblement de même grandeur, sont dirigées en arrière et devaient servir à la natation. Ces os étaient d'une grande simplicité; les éléments osseux envahissaient imparfaitement leurs cartilages, de sorte que leur tissu était peu dense et facile à comprimer. C'est pour cette raison qu'en passant à l'état fossile ils se sont souvent déformés. Cette disposition décèle une grande infériorité d'organisation, car c'est principalement à l'extrémité des os que les muscles et les ligaments s'insèrent; elle paraît indiquer des membres qui n'avaient que des mouvements généraux.

Comme on vient de le voir, les labyrinthodontes comprennent un grand nombre de types distincts. Parmi les groupes euro-péens les mieux étudiés nous pouvons citer les mastodontosaures, les capitosaures, les metopias, les trematosaures, les zygosaures, les archégosaures, les rhinosaures. Bien que nous les connaissions encore fort incomplètement, les découvertes faites dans ces der-nières années permettent cependant d'indiquer à larges traits les mœurs probables de ces étranges créatures.

Le corps devait être lourd et massif. Comme chez les anoures (grenouilles, crapauds, etc.) et chez les urodèles (salamandres, tritons, etc.) les membres, surtout les membres postérieurs, étaient trop faibles pour soutenir le corps, de telle sorte que le ventre traînait à terre. Les labyrinthodontes, du reste, devaient passer la plus grande partie de leur existence dans les marais, les étangs, les lacs, qui découpaient si largement le sol aux époques du carbonifère, du permien et du trias. Ils se traînaient parfois sur l'argile molle du rivage, qui a, dans certains cas, conservé l'em-preinte de leurs pas et la trace laissée sur la vase par leur queue. C'est ainsi qu'en France des empreintes de chiroterium ont été reconnues à Saint-Valbert (Meurthe), dans une carrière où l'on exploite le grès vert, à la limite même de minces couches de grès et d'argile qui alternent entre elles au-dessous de gros blocs rouges. Des empreintes du même animal ont été recueillies dans les grès bigarrés de Lodève (Hérault). Le Muséum de Paris en possède de très beaux échantillons.

Certains labyrinthodontes devaient atteindre une taille vrai-ment extraordinaire. Dans les formations triasiques ont été trouvés des crânes mesurant jusqu'à $1^m,30$ de longueur, ce qui fait supposer des animaux de plus de *six mètres* de long. Ceux des terrains permiens de l'Ohio et de l'Illinois étaient moins grands ([1]).

Le caractère des dents et la structure du crâne, si semblables comme organes de préhension et de mastication aux parties corres-pondantes des crocodiliens, montrent clairement que nous avons affaire à des animaux voraces. Les affinités amphibiennes des laby-

1. BREHM et SAUVAGE. Les *Reptiles et les Batraciens*.

rinthodontes et la présence d'un appareil branchial chez la larve
indiquent aussi que ces êtres étaient entièrement aquatiques durant
la première partie de leur existence. Les proportions du crâne
et la faiblesse des membres de toutes les espèces carbonifères connues autorisent à admettre qu'elles fréquentaient l'eau et y cherchaient les éléments nécessaires à leur subsistance. L'analogie avec
les amphibiens actuels nous amène à supposer, d'autre part, que
les labyrinthodontes étaient fluviatiles plutôt que marins. Le caractère des dépôts dans lesquels leurs restes sont inhumés confirme
cette appréciation.

Jusqu'en 1867, on n'avait encore retrouvé en France aucun
reptile primaire, à l'exception de l'aphélosaure, découvert à cette
époque-là auprès de Lodève, quoique dès 1847 on eût mis au jour
l'archégosaure dans le permien de Lébach (Prusse Rhénane), et que
dès l'année 1710 un médecin de Berlin, nommé Spener, ait, sur
l'invitation de Leibniz, décrit un protérosaure tiré des schistes
permiens de la Thuringe. Aujourd'hui nous connaissons, dans
notre contrée, le protriton, le pleuronoura, l'actinodon, l'euchirosaure, le stéreocharis, tous extraits du permien des environs
d'Autun. « L'abondance des reptiles qu'on a retirés de couches où
l'on n'en avait jamais rencontré jusqu'en ces dernières années, dit
M. Gaudry ([1]) prouve combien nous devons prendre garde d'attribuer à la nature des lacunes qui n'existent que dans nos esprits
ignorants. Les plus anciens reptiles connus appartiennent aux
terrains carbonifère et permien, c'est-à-dire à la partie supérieure des formations primaires. Tandis que les invertébrés ont été
nombreux dans les temps siluriens et que les poissons, plus élevés
que les invertébrés, ont eu leur règne dès l'époque dévonienne,
les reptiles, supérieurs aux poissons, ne se sont multipliés qu'à
partir de la période carbonifère. Il y a là des faits favorables à
l'idée d'un développement progressif du monde animal. »

Parmi ces reptiles (ou, pour mieux dire, ces batraciens), signalons une salamandre à queue courte, le protriton petrolei([2]), (*fig.* 260)
de M. Gaudry. « Jusqu'à présent, dit-il, l'époque primaire paraissait

1. *Fossiles primaires*, p. 252.
2. *Étymologie : Pro*, avant, *Triton*, salamandre aquatique. Les schistes qui renferment le protriton sont exploités pour en tirer du pétrole.

avoir été caractérisée par des reptiles distincts des batraciens actuels; on les avait décrits sous le nom, tantôt de labyrinthodontes, tantôt de ganocéphales, tantôt de stégocéphales. Il m'a semblé que le protriton, comme aussi un petit fossile d'Allemagne, l'apateon, et un autre des États-Unis, le raniceps, ne différaient pas autant des batraciens. Voici les raisons qui m'ont frappé : pour tous les paléontologistes, le principal caractère des labyrinthodontes est d'avoir les os placés derrière les yeux (post-orbitaires, post-frontaux, sus-temporaux) si développés qu'ils s'unissent pour former un toit continu; chez les batraciens, ces os sont très réduits ou supprimés, de sorte que les cavités des yeux sont relativement si grandes qu'il en résulte une forme de tête très différente. Dans le protriton, le os situés en arrière des yeux sont bien moins développés que chez les labyrinthodontes, et les orbites ont une grandeur qui rappelle l'apparence des batraciens. Un autre caractère important des labyrinthodontes, c'est la forme bizarre de leur ceinture thoracique, avec un grand entorsternum sur lequel s'appuient des clavicules (épisternum), élargies en avant. Or je n'ai pu découvrir d'entorsternum ossifié chez le protriton, et les clavicules n'ont point l'élargissement qui est si remarquable chez les labyrinthodontes. Ce qui distingue encore les labyrinthodontes, ce sont des côtes très grandes, compliquées; au contraire, chez le protriton, le système costal est simplifié comme chez la plupart des batraciens. Enfin, les labyrinthodontes des temps primaires avaient sous le ventre un système d'écailles tout à fait curieux, tandis qu'à en juger par sa fossilisation, le corps du protriton était aussi nu que celui des batraciens. C'est pourquoi cet animal m'a paru un reptile, dans lequel ne se sont pas encore accusées les divergences qui ont caractérisé le groupe des labyrinthodontes ; j'ai pensé qu'il s'écartait moins du type commun des reptiles anallantoïdiens actuels, et notamment des salamandres.

« On ne peut manquer d'être frappé, ajoute le même naturaliste, de la remarque que les petits fossiles d'apparence salamandriforme se trouvent dans les mêmes terrains où l'on rencontre les labyrinthodontes. Ainsi, l'apateon a été recueilli dans des couches semblables à celles de Lebach où l'archégosaure abonde ; dans le terrain de Dracy-Saint-Lorys, près d'Autun, on voit, à côté des pro-

triton, l'actinodon et l'euchirosaure ; en Bohême et en Saxe,
MM. Fritsch, Geinitz et Deichmüller ont découvert, outre le bran-
chiosaure, des animaux tels que le dawsonia et le melanerpeton
pulcherrimum, qui semblent des labyrinthodontes. En présence
de ces coïncidences, il est naturel de penser que, parmi les petits
fossiles d'aspect salamandriforme, plusieurs doivent représenter
l'état jeune des labyrinthodontes. Mais il n'est pas toujours facile
de distinguer les différences dues à l'âge et les différences spécifi-

Fig. 260. — Restes fossiles du protriton petrolei.

ques chez des animaux qui ont pu être sujets à des métamorphoses,
comme le sont plusieurs des batraciens actuels ».

La plus grande espèce de labyrinthodonte est connue à la fois
par ses ossements et par l'empreinte de ses pattes, assez semblables
à une main d'homme dont les doigts courts et le pouce écarté seraient terminés par des griffes. Auprès de Lodève, les vestiges de
pas sont accompagnés de ceux d'une queue traînante. Cet animal,
moitié salamandre, moitié crocodile, avait le corps recouvert d'une
carapace de fines écailles cornées. Ses membres étaient courts, mais
robustes; la disproportion relative entre le train de derrière et
celui de devant marque les allures d'un reptile sauteur, avec des
façons plus lourdes que celles des modernes batraciens. On peut
se faire une idée de ces animaux, les plus anciens des vertébrés
terrestres : peu actifs, voraces, croqueurs de petites proies, rôdant
sur le sable humide, protégés par une armure impénétrable, rois de

la création à une époque où il suffisait d'être solidement charpenté
pour obtenir le sceptre, ils n'avaient à redouter d'ennemi d'aucun
genre, puisqu'il ne s'agissait encore ni d'intelligence, ni de rapidité,
ni n'énergie, et que l'instinct lui-même se réduisait à l'accomplissement des actes indispensables à l'entretien et à la propagation de
l'espèce. La vie de pareils êtres s'écoulait dans sa monotonie à
suivre les eaux dans leurs alternatives d'envahissement et de retrait; ils respiraient et se mouvaient à l'air libre, mais sans s'écarter
beaucoup du voisinage de l'élément qui avait été leur premier berceau.

Le type des labyrinthodontes était ancien lors du trias qui en
marque l'apogée; on le recontre, déjà reconnaissable, dans le terrain carbonifère. Toutefois, à cette époque reculée, on trouve à
côté de lui un autre type à la fois plus imparfait, plus ambigu et
plus voisin du point de départ : c'est celui des ganocéphales. Ce
type nous fait toucher au point où les reptiles, déjà peut-être organisés pour une respiration aérienne, n'avaient pas encore cessé
d'être nageurs pour devenir marcheurs. Ces ganocéphales sont, à
vrai dire, des labyrinthodontes moins avancés. L'ossification de
leurs vertèbres est imparfaite, la disposition ainsi que la structure
de leurs dents les rapprochent de plusieurs poissons. Leur taille
(comme il arrive presque toujours lorsque l'on a sous les yeux les
types primitifs d'une série) est modeste à côté de celle des labyrinthodontes du trias. Le plus grand des ganocéphales, l'archégosaure
ne mesurait pas plus d'un mètre de long. Ses membres étaient
faibles et plutôt disposés pour nager ou ramper que pour la marche;
ils se terminent pourtant par des extrémités munies de doigts distincts. Ses habitudes étaient carnassières comme celles des labyrinthodontes. L'archégosaure était à ceux-ci ce qu'est à la grenouille le
type des salamandres, des tritons et des protées, qui tous s'arrêtent à certains degrés de la métamorphose, et demeurent plus ou
moins têtards durant toute leur vie ([1]).

Ces faits offrent de grands enscignements pour l'histoire de
l'évolution. Quand on voit les vertèbres incomplètement formées
dans l'archégosaure et même dans l'actinodon et l'euchirosaure,

---

1. DE SAPORTA. *Le Monde des Plantes avant l'apparition de l'homme.*

qui, à certains égards, sont des êtres assez perfectionnés, on ne peut se défendre de l'idée que l'on surprend le type vertébré en voie de formation, au moment où va s'achever l'ossification de la colonne vertébrale. Lorsque l'on examine les os des membres de l'archégosaure et de l'actinodon, avec leurs extrémités creuses, autrefois remplies par du cartilage, ne pouvant exécuter que des mouvements généraux, il est naturel de penser qu'ils indiquent des animaux dont l'évolution n'était pas terminée. « Rien n'est plus remarquable dans le squelette de l'hylonatus, écrit le géologue canadien Dawson, que le contraste entre les formes parfaites et belles de ses os et leur condition imparfaitement ossifiée ; cette circonstance soulève la question de savoir si ces spécimens ne représentent pas les jeunes de quelques reptiles de plus grande taille. »

Comme le savant paléontologiste du Canada, M. Gaudry pense que ces os représentent un état de jeunesse ; seulement il distingue deux sortes de jeunesse : la jeunesse des individus, et la jeunesse de la classe à laquelle ils appartiennent. « A l'époque primaire, les batraciens et les reptiles étaient jeunes ; plusieurs de leurs types étaient peu avancés dans leur évolution ; c'est pour cela que, même dans les individus adultes, quelques-uns de leurs caractères pouvaient refléter ceux des reptiles actuels à l'état jeune ou même à l'état embryonnaire ; ce sont là des applications des idées qui ont été mises en avant par Louis Agassiz sur les rapports de l'embryogénie et de la paléontologie. »

On a représenté ci-dessous (*fig.* 261), d'après M. Sauvage ([1]), l'une des espèces de labyrinthodontes européens les mieux étudiés, celle des mastodontosaures, à tête courte, plate, large et de forme parabolique, aux mâchoires bien armées : la mâchoire supérieure portait deux rangées, dont l'externe ne comptait pas moins de cent dents. Ces reptiles ont pris leur plus grand développement à l'époque du trias, puis ont disparu sans laisser de descendants. Sur le dessin, l'un de ces animaux est vu de dos, l'autre, à demi plongé dans l'eau, nous montre les plaques qui garnissent la poitrine. On remarque dans ce paysage, à gauche, des équisetum et des calamites, à

Édition française des *Reptiles* de BREHM. Paris, Baillière, 1885.

droite des fougères arborescentes, plantes contemporaines des labyrinthodontes, de la période carbonifère à l'époque triasique.

Les labyrinthodontes, auxquels paraissent se rattacher les
divers types qui viennent d'être décrits, ont été l'objet de discussions nombreuses dans le camp des géologues, et l'on n'est pas
encore d'accord aujourd'hui sur leur véritable caractère. Nous les
retrouverons dans les temps qui vont suivre, au début de l'époque
secondaire. On a remarqué avec raison que lorsque Cuvier a classé
les pièces fossiles du gypse de Paris, il a pu attribuer chacune à son
espèce parce qu'il a eu pour se guider les êtres de la nature actuelle
qui ont des affinités avec ceux des temps tertiaires ; tandis que
l'examen des animaux récents ne peut jeter qu'une lumière bien
affaiblie sur des créatures d'une aussi immense antiquité que celles
des temps permiens. Que de milliers et de milliers de siècles ont
passé depuis ! Pour les habitants de la Terre contemporains de la
formation de la houille ou du nouveau grès rouge (revoir le tableau
de la p. 259) le siècle de Pharaon et de Moïse, celui de Romulus et
des citoyens du Latium, celui de Jésus et de saint Paul, celui
de Charlemagne, celui de Louis XIV, le nôtre, étaient éloignés à
une telle distance dans l'avenir que l'imagination la plus auda-
cieuse n'aurait certainement pu atteindre jusque-là. De même, nul
ne saurait prévoir, à notre époque actuelle, les siècles qui se lève-
ront sur cette Terre dans cent mille ans, cinq cent mille ans, un
million, cinq ou dix millions d'années. Une telle vue est écrasante
pour la pensée. Pourtant pendant longtemps encore, sans doute
pendant des centaines de milliers et des millions d'années, la vie
terrestre continuera à progresser et à se perfectionner, et les habitants de ces âges futurs, aussi supérieurs à nous, sans doute, que
nous le sommes aux premiers reptiles, auront de la peine à se
représenter l'état actuel de nos paysages, de nos plantes, de nos animaux, de notre humanité avec toutes ses œuvres... O soleil ! il faut
que notre mémoire soit bien courte pour nous imaginer qu'il n'y a
rien de nouveau sous tes rayons !

Les végétaux de la période permienne sont, comme les animaux,
le développement de ceux de la période carbonifère, développement dans le sens de la transformation des espèces, mais amoin-

drissement dans les dimensions des géants houillers. Les grandes
sigillaires avec leurs stigmaria, les cordaïtes aux larges feuilles

Fig. 261. — Les LABYRINTHODONTES : mastodontosaures

persistent encore pendant des siècles ; mais bientôt ces formes
caractéristiques disparaissent, pour faire place aux conifères Les
walchia envahissent les forêts et se substituent aux cryptogames en
pleine décroissance. Ces conifères annoncent leurs successeurs de
l'époque actuelle. Les formes changent. On devine les feuilles,

presque les fleurs et les fruits des âges futurs. Mais qu'il y a loin encore pour arriver à nos élégances végétales actuelles ! Les temps primitifs sont finis pourtant. La nature va inaugurer les

Fig. 262. — Les plantes de la période permienne. Conifères.
Rameau de walchia.

grands jours de l'époque secondaire : la création entre dans une nouvelle phase, qui donne un magique essor à la vie et prépare les richesses de l'organisation moderne.

LIVRE IV

L'AGE SECONDAIRE

CHAPITRE PREMIER

LA PÉRIODE TRIASIQUE

L'atmosphère est purifiée. Le soleil, moins immense et moins nébuleux qu'aux siècles passés, commence à resplendir dans un ciel bleu. Les éruptions du foyer interne, de porphyres, de trapps et de mélaphyres, qui avaient succédé aux convulsions primitives du monde naissant et avaient interrompu à plusieurs reprises le dépôt de sédiments houillers et permiens, sont devenues plus rares et plus calmes ; les fentes du globe ne laissent plus passer la chaleur interne avec la même facilité, elles sont remplies de filons éruptifs qui se refroidissent eux-mêmes. La population végétale et animale, qui des eaux avait envahi les rivages et les plaines basses, s'élève en même temps que, par la série des contractions du globe en voie de refroidissement, des plissements et des dislocations qui en résultent, le relief des terrains s'accuse davantage et fait émerger de plus en plus haut des îles de plus en plus vastes, presque continentales. Les plantes, moins nourries par l'eau et par l'atmosphère, gardent leurs dimensions géantes de l'époque houillère et commencent à se diversifier ; voici les cycadées et les conifères. Il n'y a pas encore, toutefois d'arbres à saisons, les saisons elles-mêmes n'existant pas encore. Les reptiles vont dominer sur la terre ferme. Dans les mers, les mollusques se multiplient, surtout les céphalopodes de la famille des ammonitidés, qui apparaissent nombreux dès le début de l'ère nouvelle, dont ils caractériseront toutes les phases. Les poissons suivent un développement analogue ; ils cessent d'être seulement cartilagineux, et un nouveau type sort du premier, celui des poissons osseux. L'œuvre de la nature s'étend, s'agrandit et se diversifie.

L'ensemble de l'ère secondaire représente un progrès considérable et incontesté sur l'ensemble de l'ère primaire. Mais ce n'est pas à dire pour cela que cette ère ait commencé, pas plus que l'ère primaire issue de l'ère primordiale, par une création soudaine de certains types animaux ou végétaux ou par un bouleversement quelconque dans les éléments de la planète. On l'a compris : entre une époque de la nature et celle qui la précède ou celle qui la suit, il n'y a pas plus de saut brusque, de solution de continuité, qu'entre le dernier jour d'une année et le premier de l'année suivante, entre la dernière heure de notre vingt-neuvième année et la première de notre trentième. Et la Nature n'a pas les raisons apparentes qui nous invitent quelquefois à nous « faire » plus âgés tant que nous n'avons pas franchi le cap de la vingtième année, et plus jeunes lorsqu'avançant en âge nous regrettons de voir si vite envolés les beaux jours (passés inappréciés) du printemps et de l'été. Elle marche, toujours en avant, — toujours jeune, elle, ou plutôt affranchie des effets de l'âge pendant une durée si longue que pour nous sa jeunesse semble éternelle. — En fait, la Terre a commencé et elle finira ; sa vie planétaire se compose aussi d'années et de jours ; ces années et ces jours se suivent comme les nôtres, graduellement, et non par saccades ; l'ère secondaire succède à l'ère primaire et la continue.

Tout être porte en soi la tendance au progrès. Quelle que soit sa situation, il désire mieux, et ce désir est la cause et la raison d'être de son activité. La plante cherche, vaguement mais avec énergie, la lumière la plus favorable à son épanouissement, les sucs nourriciers les plus succulents pour ses racines. Le poisson vogue vers l'eau préférée, remonte les fleuves vers leur source. L'insecte choisit le meilleur miel ou le raisin le plus mûr. L'oiseau veut pour son nid la mousse la plus fine, le crin le plus souple, la situation la

plus commode. Le chien épie les volontés de son maître et cherche
à lui plaire. Dans le règne végétal comme dans le règne animal,
les qualités extérieures et intérieures, l'éclat des couleurs, qui fait
préférer certaines fleurs aux insectes et les prédispose à la fécondation, qui, d'autre part, joue aussi un rôle important dans le choix
des époux chez les insectes, les oiseaux, les mammifères, etc.;
les odeurs, dont l'influence est loin d'être indifférente ; la force
musculaire et nerveuse ; la nature de l'alimentation et le caractère
qui en résulte; mille causes diverses agissent en faveur du progrès
par suite de cette *tendance au mieux* dont tout être est doué.
Supprimez cette tendance, ce désir, cette aspiration, vous brisez le
ressort du mouvement, et la nature entière, depuis la plante
jusqu'à l'homme, tombe dans le marasme le plus inerte. Sans
ce don intime et suprême, la vie elle-même perd son intérêt, sa
raison d'être, l'humanité s'arrête, ou pour mieux dire l'humanité
n'existe pas, car elle serait restée enfermée dans l'antique chrysalide du monde antérieur à elle. Tout manifeste, tout proclame
l'ascension. C'est la loi générale et particulière. L'enfant n'a qu'un
but : grandir; le lycéen aspire pendant dix ans à son émancipa-
tion ; la jeune fille, charmante en son adolescence, n'est point
satisfaite : elle veut être « dame; » la jeune épouse attend avec un
inquiet bonheur la naissance de son premier-né; le père de famille
prépare pour ses fils une situation désirée supérieure à la sienne ;
le soldat convoite les galons, le colonel compte mourir général ;
le travailleur espère un avenir plus doux; le fonctionnaire escompte
d'avance son avancement; l'ambitieux quête les places et les
honneurs ; l'avare s'enrichit comme s'il ne devait jamais mourir;
le gourmand savoure d'avance la composition de ses repas; le
député voit en rêve le portefeuille d'un ministère; le cardinal
ne refuserait la tiare que par une feinte humilité ; le savant étudie
sans cesse, altéré de l'inconnu, désespéré parfois de ce qui reste
à connaître ; l'artiste aspire à s'approcher de plus en plus de la
beauté suprême ; le penseur prévoit, dans un avenir qu'il espère
prochain, une humanité plus parfaite que la nôtre; et ainsi, par
toutes ses passions, par tous ses désirs, par toutes ses aspirations,
dans ses plaisirs comme dans ses peines, l'homme marche et progresse, et loin même d'être jamais satisfaits de ce que la vie actuelle

peut nous donner, nous ne bornons pas à cette terre la sphère de
nos aspirations et nous nous sentons appelés à les continuer au
delà, dans une ascension plus haute et plus belle. C'est cette tendance divine, inhérente à l'atome, à l'être le plus élémentaire, à la
cellule, au protoplasma ; c'est cette part de divin, que la nature visible,
émanation de la Force invisible, possède en soi ; c'est cette aspiration vers l'Infini, notre père, qui cause et détermine le perfectionnement perpétuel des êtres, la transformation graduelle des espèces,
et qui, dans l'histoire entière de la Terre, nous montre un progrès
continu depuis les premiers âges jusqu'à nos jours.

En assistant aux évènements de l'âge secondaire, nous allons
constater de plus en plus l'absolue vérité de cette loi universelle.
Tout le système de la vie va prendre un développement graduel
incessant.

Cette époque se partage en trois périodes bien distinctes par
leurs caractères, la période triasique, la période jurassique, et la
période crétacée.

La première a été nommée *triasique*, parce que les terrains
qui la représentent se sont montrés, à l'origine de l'étude de ces
terrains, partagés en *trois* étages : le grès bigarré, le muschelkalk
ou calcaire conchylien et le keuper, dans lequel on rencontre les
marnes irisées, ou pour mieux dire, bariolées. On voit, en effet,
ces trois étages, régulièrement posés l'un sur l'autre, en Souabe,
en Franconie, en Lorraine, et ailleurs ; mais cette division,
qui comporte un étage marin intercalé entre deux formations
d'eau douce, est en défaut sur un grand nombre de points, notamment en Angleterre, dans les massifs montagneux des Alpes,
de l'Himalaya et de la Californie. De plus, on trouve souvent
ce système triasique intimement lié au permien, ce qui confirme
l'unité de développement organique que nous signalions tout à
l'heure. Certaines couches peuvent manquer, mais jamais l'ordre
n'est interverti, jamais le grès bigarré n'est au-dessous du calcaire
à coquilles, comme jamais le jurassique n'est au-dessus du crétacé.

Le seconde période des temps secondaires a reçu le nom de
période *jurassique*, parce que la chaîne du Jura, qui s'est soulevèe
plus tard, est en grande partie composée de terrains que les mers

PAYSAGE DE L'ÉPOQUE TRIASIQUE (PÉRIODE CONCHYLIENNE).
Haidingera et forêt de Voltzia.

ont déposés pendant cette période. Ces terrains sont caractéristiques d'une formation importante et très répandue. Cette période
se subdivise en deux parties distinctes : le lias et l'oolithe.

La troisième période a été nommée *crétacée*, parce que les terrains que la mer a déposés à cette époque sont presque entièrement
formés de craie. On la subdivise en trois séries, le système crétacé
inférieur, le moyen et le supérieur. (Revoir, à ce propos le tableau
général de la page 259.)

Ainsi, succédant aux périodes des temps primaires, les périodes
des temps secondaires se présentent dans l'ordre chronologique
suivant :

AGE SECONDAIRE

Période triasique

TRIASIQUE INFÉRIEUR. . .	Grès bigarré. Étage vosgien.
TRIASIQUE MOYEN	Muschelkalk. Conchylien. Étage franconien
TRIASIQUE SUPÉRIEUR . .	Keuper. Marnes bariolées. Étage tyrolien.

Période jurassique

LIAS	Étages infraliasique et liasique.
OOLITHE INFÉRIEUR . . .	Étage bathonien.
OOLITHE MOYEN	Étage oxfordien.
OOLITHE SUPÉRIEUR . . .	Étage portlandien.

Période crétacée.

CRÉTACÉ INFÉRIEUR . . .	Wéaldien des forêts.
CRÉTACÉ MOYEN . . . . {	Grès verts. Étage urgonien. Craie de Rouen et du Mans. Cénomanien.
CRÉTACÉ SUPÉRIEUR . . .	Craie blanche supérieure. Supra-crétacé.

Nous allons étudier dans ce même ordre chronologique ces
phases consécutives de l'histoire de la Terre.

La période triasique, qui inaugure l'ère secondaire, a vu se
déposer, disions-nous, trois espèces de terrains, le grès bigarré, le
calcaire à coquilles et le keuper. Le premier se présente, avec une
abondance remarquable, dans les Vosges; le second, dans les
mêmes conditions, en Franconie; et le troisième dans les Alpes du
Tyrol. C'est pourquoi on donne quelquefois à ces trois étages les
titres respectifs de vosgien, franconien et tyrolien.

Dans quelles conditions ces terrains se sont-ils formés ? « A
l'ouverture de la période triasique, écrit M. de Lapparent, les mers
intérieures où s'étaient déposés, dans le nord de l'Allemagne et de

l'Angleterre, les sédiments marins du permien supérieur, sont
asséchées, et c'est au sud, dans la région méditerranéenne, qu'il
faut aller chercher le régime pélagique. Mais bientôt, de cette
méditerranée largement ouverte, des golfes se détachent vers le
nord, et le mouvement d'invasion marine atteint sa plus grande
amplitude à l'époque franconienne, où la Lorraine et le bord
oriental du plateau central sont baignés par la mer ou plutôt par
des mers, en communication sans doute difficile avec l'Océan proprement dit. Bientôt, du reste, les eaux marines se retirent au sud
et à l'est, et le régime des lagunes, peut-être même des étangs,
prévaut à l'époque tyrolienne sur toute la France, toute l'Angleterre et la majeure partie de l'Espagne. Les conditions pélagiques
se retrouvent à l'est de cette dernière contrée, en Italie, depuis la
Sicile jusqu'aux Alpes vénitiennes, dans le pays de Salzbourg et la
région des Carpathes. En un mot, c'est la méditerranée permo-carbonifère, un peu déplacée vers le nord, moins étendue à l'ouest et
se reliant, comme auparavant, avec les dépressions de l'Oural et de
l'Asie centrale. Sur tout ce territoire, où les ammonitidés avaient
fait leur première apparition au sommet du permien, cette grande
famille de céphalopodes prend une remarquable extension, et des
circonstances semblables se retrouvent dans l'Amérique occidentale,
ainsi que dans les régions arctiques, tandis que dans l'Afrique
australe et en Australie, le trias reprend un facies continental analogue à celui de l'Europe. »

Ces divers terrains de l'époque secondaire se distinguent parfaitement les uns des autres, sont de composition toute différente, et
se sont formés à des milliers de siècles d'intervalle. On a cependant le droit de les comprendre dans une même période de formation, car les plantes et les animaux qu'ils renferment ont le même
caractère dans les couches supérieures et inferieures. Dans le grès
bigarré, on trouve les mêmes espèces que dans le muschelkalk
et le keuper, et l'on en suit même un grand nombre jusqu'au crétacé. Pendant toute cette période, la surface terrestre ne s'est pas
radicalement modifiée, mais elle présente des différences essentielles, relativement à la période précédente.

Tout d'abord, et en grand nombre, nous rencontrons les plantes
que nous connaissons déjà, sous les anciennes formes et en espèces

nouvelles, c'est-à-dire les fougères, les roseaux, les joncs, les équisétacées, les lycopodes. Mais, remarque caractéristique, les grandes
espèces des deux dernières familles disparaissent, se rapprochent
beaucoup des plantes actuelles, ou du moins offrent avec elles certaines analogies, et ne s'en distinguent plus que sous le rapport
de la dimension.

La famille des joncs se présente abondamment, non plus par
couches considérables de matières végétales carbonisées (celles-ci
font à peu près défaut, dans la deuxième phase de la transforma-

Fig. 265. — Cycadées de la période triasique

tion de l'écorce terrestre, dans les terrains secondaires), mais sous
forme de nombreuses empreintes que recèlent de puissantes couches de grès

Une plante qui, dans les époques antérieures, notamment pendant la formation houillère, se présente en quatre espèces, et en
compte aujourd'hui quarante, apparaît dans la formation secondaire en quantités tellement extraordinaires, que l'on peut dire
qu'elle en est en quelque sorte le trait caractéristique : c'est la
famille des Cycadées. (Le Cycas revoluta est encore aujourd'hui
l'un des plus précieux ornements de nos serres). Cette plante se
trouve dans le terrain triasique en vingt, dans le jurassique en trente,
et dans le crétacé en quinze espèces différentes, c'est-à-dire en

soixante-cinq, ou vingt-cinq de plus qu'elle n'en comprend aujourd'hui. La figure précédente donne une idée de la forme générale des végétaux de cette famille.

Ce groupe de plantes, allié de près aux palmiers, trahissant une origine tropicale, part du terrain houiller pour traverser, en s'élevant, tous les autres terrains (sauf le calcaire conchylien, qui n'en renferme pas), et se multiplie à la fois comme genre et comme individu. Mais il prouve, ainsi que les calamites et les fougères, que l'organisation des végétaux, dans les périodes successives qui

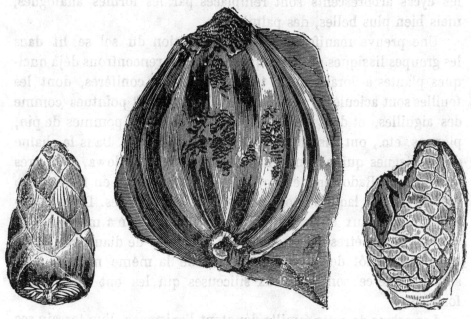

Fig. 266. — Fruits de cycadées, pétrifiés

ont dû s'écouler pour la formation des divers terrains, a subi une métamorphose partielle, quoique la nature soit restée fidèle à la grande loi de son développement, c'est-à-dire que les formes imparfaites se reproduisent sans interruption et en des représentants toujours nouveaux, tant que la surface terrestre conserve le même caractère qui, à l'origine, dans sa grossièreté primitive, excluait les organismes plus parfaits.

C'est ainsi que, jusqu'à l'heure actuelle, on voit, dans les terrains qui leur conviennent, se continuer les fougères et les équisétacées; c'est ainsi encore que l'on peut suivre la forme des cycadées qui, dans toutes les périodes de transformation de la Terre, depuis les couches secondaires jusqu'à l'époque où nous vivons, apparaissent en telle abondance, que les pétrifications de leurs fruits, de leur feuillage et de leur corps tout entier, se retrouvent un peu partout.

La figure 266 représente divers fruits, de cycadées fossiles dont le principal offre l'aspect d'une noix de coco. Ces cycadées atteignaient une hauteur de dix à douze mètres : les plantes actuelles de cette espèce mesurent rarement plus d'un mètre. Aujourd'hui, les cycas arborescents sont remplacés par les formes analogues, mais bien plus belles, des palmiers.

Une preuve manifeste de la modification du sol se lit dans les groupes liasiques et jurassiques. Là, nous rencontrons déjà quelques plantes à floraison, et tout d'abord les conifères, dont les feuilles sont aciculées, c'est-à-dire cylindriques et pointues comme des aiguilles, et dont les fruits à forme conique, pommes de pin, pignons, etc., ont inspiré le nom donné à l'espèce. Dans la chaîne de montagnes qui s'étend entre Adersbach et Kudowa, tout près du village de Radowenz, en Bohême, on a découvert, en 1857, toute une forêt dans laquelle dominent ces arbres pétrifiés. Dans le terrain houiller, aux environs de Pilsen (Bohême), on a mis à nu des tiges de huit mètres de longueur sur un mètre de diamètre, tantôt couchées, tantôt debout, et pétrifiées de la même manière ; on suppose que ce sont les eaux siliceuses qui les ont ainsi transformées.

Les arbres de cette famille dénotent l'existence d'un terrain sec et d'un climat moins chaud ; la Terre avait dû perdre en partie son caractère marécageux et insulaire ; elle avait vu s'élever à sa surface des collines et des montagnes : la simultanéité des fruits et des troncs complets des conifères avec les palmiers, qui demandent l'humidité et la chaleur, tandis que les premiers préfèrent un sol sec et une température plus fraîche, nous conduit, des coteaux et des collines, aux montagnes, où l'on trouve les conifères, même dans les régions tropicales.

Nous pouvons conclure de là qu'il existait des chaînes de montagnes couvertes de bois touffus de conifères, peut-être des plateaux enclavés dans l'intérieur des terres, tandis que les cycadées, les fougères, les lycopodes, mêlés de palmiers et de liliacées, entouraient les rives de ces vastes terrains inférieurs. La vie organique paraît s'être accumulée surtout dans les ravins de ces collines boisées, car c'est principalement dans les bassins isolés qu'on en rencontre les restes.

Parmi les diverses espèces de conifères, nous trouvons surtout en abondance des araucarias, dont les formes sont d'une singulière beauté. Nous en représentons ici une branche, telle qu'on les trouve mutilées à l'état fossile. A l'état vivant, les araucarias portent leurs branches enroulées régulièrement autour du tronc, dans la forme verticillée, et constituent ainsi un type d'une remarquable élégance.

Parmi les arbres caractéristiques de ces forêts de l'âge secondaire, signalons aussi les voltzia, élégants conifères d'un aspect assez étrange (*fig.* 268) et les pterophyllum aux feuilles échelonnées (*fig.* 269), ainsi que les haidingera, conifères très répandus pendant la période conchylienne, aux rameaux et au feuillage inclinés, portant des feuilles dans le genre de celles de nos dammara, et dont l'imposante structure devait offrir un aspect analogue à celui de nos cèdres actuels. On a essayé de représenter plus

Fig. 267.
Branche fossile d'araucaria.

haut (p. 489) un de ces paysages. Mais les richesses végétales admirées aux beaux jours de l'époque carbonifère ont fait place à une indigence relative; ce ne sont plus ces forêts profondes aux arbres géants, aux solitudes infinies, aux ombres impénétrables. Les végétaux sont plus clair-semés, les terrains sont plus accidentés, la lumière se joue sur des tapis de verdure et flotte dans les clairières. Les types de la houille ont disparu, mais les « angiospermes », c'est-à-dire les plantes qui comprennent à elles seules les neuf dixièmes de la végétation actuelle, ne sont pas encore formées, à part quelques rares « monocotylédones ». La flore ne comprend toujours

que des « cryptogames » et des « gymnospermes », les premières
étant représentées par des fougères, des prêles, etc., les secondes,
par des cycadées et des conifères. On remarque seulement, sur tout
archipel marin qui existait alors à la place de l'Europe, que la
égétation des rivages et des bas niveaux diffère de celle des
collines et des sommets : en bas, les fougères aux frondes largement développées ou délicatement découpées, les équisétacées et

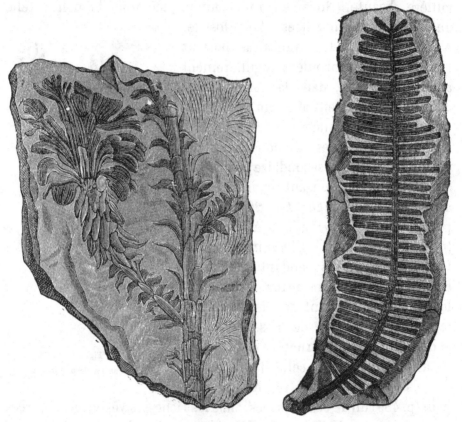

Fig. 268-269. — Les végétaux de la période triasique.
Voltzia heterophylla et Pterophyllum Jægeri

les conifères primitifs; en haut, sur les terrains plus élevés et plus
secs, des fougères aux frondes maigres et coriaces, des zamites,
parmi les cycadées, et les conifères géants qui formaient la masse
principale des forêts montagneuses.

Les grès qui couronnent maintenant les sommets des chaînes
secondaires des Vosges, sur une épaisseur de cinquante à soixante
mètres, et qui reposent sur cinq cents mètres d'épaisseur de pou-

dingue — le tout représentant le premier étage de la formation triasique — sont remplis de plantes terrestres témoignant que les forêts de cette époque étaient encore occupées par des fougères arborescentes, mais avec une grande abondance de cycadées et de conifères voisins de nos cyprès actuels. Les cyprès, qui ne subissent pas l'influence des saisons, et que le culte des morts a choisis pour abriter les tombes d'une permanente mais sombre verdure, les

Fig. 270. — La formation triasique. Mines de sel de Wieliczka en Pologne.

pins aux branches étendues, ces arbres monotones et sévères, sont les plus anciens de ceux qui existent de nos jours, car les fougères et les prêles de l'époque primaire n'ont plus aujourd'hui que des représentants herbacés. Nous sommes encore loin des arbres à fruits — même sauvages. Ces grès vosgiens de la période triasique renferment aussi des équisetum voisins de nos prêles actuelles, végétaux des marécages et des étangs dans lesquels se sont déposés les sables du grès bigarré.

Le troisième étage — le plus récent — de la série triasique, celui des marnes bariolées, est quelquefois désigné sous le nom d'étage

saliférien parce qu'on y rencontre beaucoup de gypse et de sel
gemme déposé par amas souvent considérables. En Lorraine, en
Souabe, dans le Wurtemberg, en Franconie, en Suisse, ces couches
de sel gemme constituent en certains points des mines très épaisses
et très riches. A Dieuze (Lorraine) on ne compte pas moins de treize
couches superposées sur une épaisseur de cinquante mètres. Ces
dépôts salifères triasiques se prolongent dans le Jura, où ils alimentent les nombreuses sources salées de la région, notamment à
Lons-le-Saulnier, qui leur doit son nom. Dans le célèbre gîte salifère de Stassfurt, la puissance du sel gemme, mélangé de sulfate
de magnésie et de chlorure de potassium, atteint cent soixante-dix
mètres d'épaisseur. Cette même masse se prolonge jusqu'au-dessous
de Berlin, où une couche de sel de 1550 mètres d'épaisseur a été
constatée, arrivant à quatre-vingt-dix mètres seulement au-dessous
de la surface du sol.

L'absence presque complète des fossiles marins, dans les dépôts
argileux qui terminent le trias, la fréquence des plantes terrestres,
l'abondance du gypse et du sel, écrit M. Vélain, nous indiquent que
les parties centrales de l'Europe où ces marnes irisées sont très
répandues étaient alors couvertes par des eaux peu profondes, dont
le degré de salure était tel qu'elles ne pouvaient contenir aucun être
vivant. La mer Morte, les grands lacs salés d'Asie et d'Afrique, en
partie recouverts par une croûte de sel, nous donnent un exemple
de ce que devait être l'Europe septentrionale à cette époque. Les
grandes masses d'eau océaniques s'étaient alors retirées dans les
parties méridionales; elles occupaient la région des Alpes. On en a
la preuve dans ce fait que déjà, quand on s'approche, en France, du
plateau central, on constate que le calcaire marin de la division
moyenne ne s'est pas étendu jusque-là et que les marnes irisées
reposent directement sur les grès bigarrés. On le retrouve plus bas,
dans le département des Basses-Alpes, dans l'Hérault, dans le Var,
aux environs de Toulon; de là on le suit sur tout le pourtour des
Alpes, où il prend un grand développement. Dans cette région, le
trias, tout entier, est représenté uniquement par des dépôts marins, par de grandes masses de calcaires compacts, souvent marmo-
réens, qui renferment alors un nombre considérable de fossiles.
C'est là, dans ces assises calcaires qui s'étendent sur des milliers de

mètres de puissance, qu'on peut bien juger de la faune marine triasique.

Les gisements du terrain saliférien les plus remarquables en France sont ceux de la Meurthe, de la Moselle, du Jura (Poligny et Salins), du Doubs, de l'Indre, du Cher, de l'Allier, de la Nièvre, de Saône-et-Loire, de la Haute-Saône, de la Haute-Marne et des Vosges.

Chacun sait que le sel est un des minéraux les plus importants. A l'état de sel gemme, il forme des gisements entiers, et se rencontre en grande quantité dans l'intérieur des terrains de l'époque secondaire. En Transylvanie, il y a des montagnes salines qui ont plusieurs lieues de longueur, présentant des parois à pic de plusieurs centaines de pieds d'élévation, entièrement formées de sel gemme. A Cardona, sur le versant sud des Pyrénées, on voit un gisement de sel dont la masse au-dessus du sol s'élève à près de cent mètres de hauteur. Ces dépôts sont tellement déchirés et déchiquetés par les pluies, qu'avec leurs pyramides, leurs cornes, leurs pointes, leurs fondrières, on croirait voir un glacier; et la production du sel est tellement abondante que cette mine passe pour inépuisable, quoiqu'on l'exploite depuis des siècles (il en est fait mention dès l'an 1103). On admire là une montagne de sel de plusieurs centaines de mètres de hauteur. Les chaînes salines au sud et au nord de l'Himalaya présentent des masses de sel plus considérables encore. A Kallabaugh, la route, sur un long parcours, est taillée dans des rochers de sel de trente mètres d'élévation. Mais ces masses gigantesques ne sont rien, comparées aux montagnes de sel qui entourent le lac de Titicaca, dans les Andes péruviennes; ce lac a une longueur de trois cent cinquante kilomètres.

Le sel se dissolvant aisément dans l'eau, le voisinage des montagnes salines présente souvent des lacs d'eau salée. L'eau de la mer aussi est salée, quoique les fleuves y amènent constamment de l'eau douce. Le sel marin provient de la combinaison du sodium et du chlore, éléments qui paraissent appartenir en propre à la constitution de l'eau primitive.

Partout où l'eau de mer s'évapore, le sel se dépose; sur un grand nombre de rivages, il est recueilli par évaporation. Nous ne savons pas si tous les dépôts de sel ont eu cette origine, ou si certaines couches se sont produites dans l'écorce du globe par d'autres phénomènes; mais un grand nombre de gisements, par exemple ceux de la Suisse, s'expliquent par l'évaporation de la mer. Les mollusques trouvés dans les roches calcaires qui avoisinent ces gisements de sel, prouvent qu'ils doivent leur origine à des dépôts marins.

Lorsqu'on pénètre dans une mine de sel, on est toujours impressionné par l'aspect étrange de ces grottes souterraines. Çà et là les galeries s'élargissent en de grandes chambres ou cavernes; leur centre est quelquefois occupé par un petit étang; leurs parois et leurs voûtes étincellent de myriades de brillants cristaux de sel. Ces « chambres salines » sont assurément l'une des curiosités les plus remarquables de ces formations, et produisent un effet singulier lorsqu'on les visite à la lueur des torches (¹).

Les gisements allemands présentent une remarquable analogie de conformation avec ceux de la Suisse septentrionale; on en peut conclure qu'ils ont été déposés à la même époque et de la même manière. Le sel du Wurtemberg, dont les couches atteignent de dix à vingt mètres, est de même nature que le sel marin.

Pourtant la mer n'est peut-être pas la seule cause de ces curieuses roches de sel. « A Dieuze, fait remarquer M. de Lapparent, ce minéral offre des cavités avec bulles mobiles; il est mélangé d'argile bitumineuse, de sulfates de chaux et de soude, d'un peu de sulfate de magnésie; mais il ne contient ni chlorure de

1. Parmi les mines de sel les plus remarquables du monde entier, signalons celles de Wieliczka, près de Cracovie, en Pologne, au pied des Karpathes (fig. 270). Elles ne mesurent pas moins de trois mille mètres de longueur du nord au sud et douze cents mètres de largeur de l'est à l'ouest, à une profondeur de quatre cents mètres au-dessous de la surface du sol. C'est une succession de vastes souterrains, une ville immense avec ses rues, ses avenues, ses places publiques, ses cabanes pour les mineurs et leurs familles : des centaines y sont nés et y finissent leurs jours. Il y a des chapelles pour le service du culte, et certaines galeries sont plus élevées et plus larges que des églises. Un grand nombre de lumières y sont toujours entretenues et leur flamme réfléchie de toutes parts sur les murs de sel, les font paraître tantôt clairs et étincelants comme le cristal, tantôt brillant des plus belles couleurs. On y trouve un lac que les visiteurs ne manquent pas de visiter en barque. La lueur vacillante des torches, la nacelle glissant en silence sur les eaux, les coups de pioche redoublés, les explosions de la poudre qui fait éclater des quartiers de sel, éveillent alors dans l'âme l'idée d'un monde infernal et la frappent d'une sorte de terreur religieuse.

La quantité de sel qu'on a extrait de ces mines depuis leur découverte, vers le milieu du XIII° siècle, s'élève à plus de six cent millions de quintaux.

Les mines de sel de la Suisse ne fournissent pas moins de 590 000 quintaux par an.

magnésium, ni trace d'iode ou de brome. Aussi Élie de Beaumont
a-t-il fait ressortir combien il était peu probable que ce sel fût le
résultat d'une évaporation naturelle survenue dans des lagunes

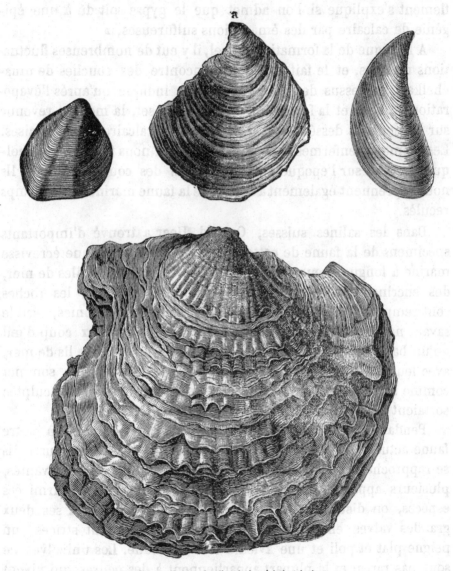

Fig. 271. — Huîtres fossiles de la période triasique.

marines; au contraire, il a indiqué l'analogie que présentent ces
gisements avec certains produits immédiatement dérivés de l'activité éruptive. Des couches de marnes et d'argile, avec gypse et anhydrite, séparent les couches de sel. Le gypse forme des amas plus

nombreux et plus petits que ceux du sel gemme, et chacun d'eux affecte la forme d'un gros tubercule, autour duquel les marnes encaissantes sont relevées en voûtes et parfois renversées. Ce gonflement s'explique si l'on admet que le gypse soit dû à une épigénie de calcaire par des émanations sulfureuses. »

A l'époque de la formation du sel, il y eut de nombreuses fluctuations marines, et le fait que l'on rencontre des couches de muschelkalk au-dessus des gisements salins indique qu'après l'évaporation de l'eau et la formation des bancs de sel, la mer est revenue sur les endroits desséchés et y a déposé ce calcaire et des glaises. Les animaux renfermés dans le muschelkalk nous fournissent quelques notions sur l'époque de la formation des couches salines. Ils nous apprennent également à connaître la faune marine de ces temps reculés.

Dans les salines suisses, Oswald Heer a trouvé d'importants spécimens de la faune de cette époque, notamment une écrevisse marine à longue queue et à carapace tuberculée, des étoiles de mer, des encrines ou lis de mer. Sur le bord de la Reuss, les roches sont remplies d'encrines. Ces animaux vivaient en colonies, écrit le savant naturaliste suisse, et ce devait être un curieux coup d'œil qu'un banc de rocher habité par des familles entières de lis de mer, avec leurs pieds minces et allongés, s'épanouissant au sommet comme une tulipe, tandis que de cette cupule finement sculptée sortaient les tentacules comme une gerbe de cils déliés.

Pendant que vivait ce genre complètement étranger à notre faune actuelle, de nombreux mollusques apparaissaient aussi. Ils se rapprochaient beaucoup plus des espèces actuellement vivantes, plusieurs appartenaient à des genres existant encore. Parmi ces espèces, on distingue la lima lineata, reconnaissable à ses deux grandes valves en forme de cornes et profondément striées, un peigne plat et poli et une avicule fort répandue. Les univalves ne sont pas rares, et la plupart appartiennent à des genres qui vivent encore : ainsi la turbonille, plusieurs espèces de troques et de natices, et un beau nautile, dont on a souvent trouvé de grands échantillons qui mesurent jusqu'à un pied de diamètre.

L'ammonite à corne (ceratites nodosus) est, le premier représentant de la famille des ammonitides, actuellement éteinte. Les

ammonites et les nautiles appartiennent au groupe des céphalopodes, qui occupent le premier rang dans la classe des mollusques
et se font remarquer par la construction cloisonnée de leurs coquilles. Ces nombreux mollusques servaient de nourriture aux
poissons et aux amphibies dont les diverses espèces peuplaient la
mer.

La faune terrestre était pauvre au temps des marnes keupériennes.
Heer a cherché en vain des insectes dans les couches helvétiques ;
les argiles schisteuses ont fourni deux espèces de coléoptères. Près
de Richen, dans le grès bigarré, on a trouvé de grandes empreintes
d'écailles provenant d'un gigantesque labyrinthodonte, et le squelette d'un petit saurien voisin des salamandres. A Rheinfelden, on
a découvert une espèce de crocodile, le sclerosaure armatus, et des
écailles de la tête du grand mastodonsaure. On a retrouvé de nombreux sauriens dans le keuper du Wurtemberg ; le plus commun
est le belodon Plieningeri, qui ressemblait beaucoup au gavial de
l'Amérique tropicale ; c'est la même mâchoire, longue, étroite, et
armée de grandes dents. Gressly a mis au jour, à Liestal, de grands
os creux qui ont sans doute appartenu à une espèce de tératosaure
d'une taille énorme.

Il est probable que la mer triasique a envahi tout le pays de la
Suisse occupé maintenant par la mollasse ; toutefois ses dépôts n'ont
encore été signalés, dans la Suisse centrale, qu'à la chaîne du Stock-
horn. On rencontre des bancs de calcaire et de grès bigarré au
Spietzfluh sur les bords du lac de Thun ; ils renferment de nombreuses pétrifications et forment la limite du trias. Ils appartiennent au gisement rhétien.

Les dépôts de la mer triasique prennent plus d'importance à la
frontière sud-est de la Suisse et dans les localités de la Savoie qui l'avoisinent. Un filon de gypse et de chaux carbonatée va de Bex à Morillon,
en Savoie, et à Villeneuve ; plus loin, de Meillerie, au bord du lac de
Genève, et sur les bords de la Dranse, au-dessus de Thonon, on
rencontre les gisements rhétiens qui, dans la direction sud, peuvent être suivis jusqu'à l'Arve ; on acquiert ainsi la preuve de la
présence de la mer triasique en Savoie par l'existence de plusieurs
couches de cette époque qui parcourent ce pays.

Remarquons encore qu'une large bande de roches triasiques

part du Tyrol et du Vorarlberg, de Vadutz et de Triesen, et aboutit
au Rhin, sans toucher à la Suisse ; elle s'étend au nord et à l'est
sur les montagnes frontières du Prättigau (à trois mille mètres au-
dessus de la mer : Scesaplana). De là, les roches triasiques s'étendent sur le pays de Davos jusqu'à Oberhalbstein sur l'Albula
jusqu'en Engadine, où elles recommencent à Ponte pour continuer
jusqu'à Sulsana et de là, à l'est, jusqu'à Scarlthal et Münsterthal. Les
montagnes calcaires qui occupent le côté droit de la vallée de

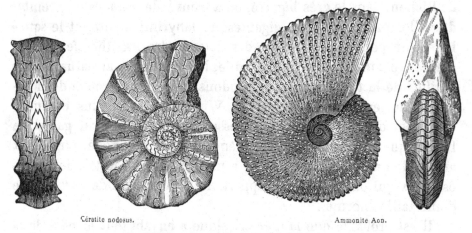

Cératite nodosus.　　　　　　　　　　　Ammonite Aon.

Fig. 272-273. — Ammonites de la période triasique.

l'Engadine, depuis Ponte jusqu'à Remus, appartiennent aussi à cette
formation.

　　Cette région n'était donc pas immergée pendant l'époque keupérienne, tandis que la mer recouvrait le reste des Alpes où se déposait la formation triasique, ainsi que le prouvent les bactryllies, les
algues et les coquilles marines qu'elles renferment. Ces débris
appartiennent soit au muschelkalk, soit au keuper, et, suivant la
nature de la roche et leur composition organique, permettent de
reconnaître plusieurs étages de dépôts.

　　On a trouvé dans ces roches les restes de cinquante-cinq espèces
d'animaux marins qui ne laissent aucun doute sur leur origine ; on
y remarque non seulement l'encrinus liliiformis, l'halobia lom-
melii, si finement strié, et l'halobia obliqua, mais plusieurs chem-
nitzia, l'ammonite luganensis et scaphitiformis, etc. ; on y trouve
encore d'autres mollusques et coquillages qui caractérisent le trias

et prouvent que la faune triasique était répandue sous les mêmes
formes en Allemagne, en Suisse et en Italie.

On a vu plus haut que l'une des plus importantes productions
du trias a été le sel ; le gypse est aussi en grande partie de formation triasique. On le trouve entre le muschelkalk et le keuper ; par
exemple, à Bâle-Campagne, dans le Jura argovien de Staffelegg, à

Fig. 274. — Les ammonites des mers triasiques.

Habsbourg, à Niederweningen, Baden, Mullingen, Birmensdorf, Ge-
bensdorf, Munsterthal, pour la Suisse seulement. Ces gypses renferment çà et là des sulfates de soude et de magnésie ; ces sels, dissous
dans l'eau, fournissent des eaux minérales purgatives. « Ces eaux,
écrit Oswald Heer, sont, par leur nature, un objet de commerce ; il
y a, du reste, d'autres sources minérales fort riches qui proviennent de la formation triasique, par exemple, les eaux estimées de
Baden qui, jaillissant d'une très grande profondeur, proviennent

vraisemblablement de la formation keupérienne. L'eau sulfureuse de Schinznach et l'eau iodée de Wildegg prennent probablement leur source dans les gypses du trias. L'époque triasique nous a donc légué de grandes richesses ; ses terrains renferment du sel et du gypse et ses eaux minérales ont reçu diverses applications physiologiques utiles. Le trias fournit en outre de riches matériaux de construction, et par sa décomposition même donne, sous forme de marne, un engrais estimé ; les localités keupériennes se distinguent par leurs grasses prairies, leurs champs fertiles et leurs vignes productives ; partout le trias assure le bien-être des populations.

« La dolomie seule fait exception ; lorsque les pluies ont décomposé cette roche, il ne reste qu'un sable perméable à l'eau et stérile. Là où le terrain est exclusivement formé de dolomie, comme dans les montagnes calcaires du Vorarlberg et dans les vallées latérales de l'Engadine, la végétation est fort pauvre, les arbres et les buissons sont rabougris, les prairies et les pâturages ne sont recouverts que d'une herbe clairsemée et les régions élevées sont complètement arides. Nous possédons en Suisse quelques localités dolomitiques (ainsi la vallée de Mora qui conduit de Saint-Giacomo à la Munsterthalalp) où la végétation manque complètement, et depuis le bas de la vallée jusqu'au sommet déchiré des montagnes, celles-ci n'offrent que le spectacle navrant de la désolation et de la mort ([1]). »

Dans le Jura salinois, le keuper se compose de trois assises : celle du bas est salifère et épaisse de cent mètres ; celle du milieu, qui est gypsifère, mesure cinquante mètres ; enfin l'assise supérieure, avec schistes et calcaires, à cypricardia, posidonia, avicula, présente une épaisseur d'une trentaine de mètres. C'est dans l'assise salifère que l'on rencontre les cristaux de gypse et de polyhalite, qui font défaut dans l'assise gypsifère. Le gypse de l'assise moyenne est très régulièrement stratifié : M. Marcou attribue sa formation ainsi que celle du sel gemme, à des sources qui se seraient fait jour dans la mer keupérienne.

Aux environs d'Autun et de Châlon-sur-Saône, la base du trias est formée par une puissante assise d'arkose, tantôt meuble,

---

[1]. Oswald Heer. Le Monde primitif de la Suisse.

tantôt, par exemple à la Coudre, sur la lisière de la forêt de la Pla-
noise, imprégnée de silice au point d'être comme vitrifiée et fondue.
Cette assise, exploitée pour les verreries quand elle est meuble,
contient, à Laives, des empreintes de labyrinthodontes. Le muschelkalk paraît représenté par huit à dix mètres de grès marneux et de
marnes vertes avec calcaire dolomitique. Enfin le keuper est bien
développé vers Couches-les-Mines, sous la forme de marnes bariolées avec rognons de calcaire saccharoïde et de gypse. Ce dernier
est exploité dans la vallée de la Dheune, et la présence du sel
dans cet étage est indiquée par la source salée de Santenay.

Dans l'Auxois, le dépôt du keuper, formé d'argiles bigarrées
alternant avec des arkoses, a été marqué par des épanchements
siliceux, de nature calcédonieuse, qui forment au milieu des argiles
et des grès des nappes très étendues, des amas lenticulaires
allongés ou encore d'énormes masses irrégulièrement distribuées.

A l'état de grès rouges et de marnes, le trias affleure d'une manière plus ou moins discontinue, sur la bordure du plateau central
de la France. On en trouve des vestiges près d'Alais, entre le système
permo-carbonifère et le lias, dans le golfe de l'Aveyron, autour de
Saint-Affrique, de Rodez et d'Espalion, puis entre Saint-Antoine et
Villefranche-d'Aveyron. Après quoi, pour le revoir, il faut suivre
la lisière septentrionale du plateau, dans le Berri, où la composition
du système est la même que dans la Nièvre.

En Provence, les massifs anciens des Maures et de l'Esterel servent, au sud, d'appui à une bande triasique, qui en est séparée par
les grès rouges permiens. Cette bande s'étend de Toulon à Antibes,
et l'on y reconnaît les trois divisions habituelles du trias
lorrain ([1]).

Dans le Gard, trente mètres de schistes et d'arkoses métallifères
supportent quinze mètres d'un calcaire magnésien à minerai de
fer pyrite et galène, que couronnent cent quinze mètres de grès et
de marnes gypsifères bariolées, avec calcaire caverneux.

Près de Lodève, à Fozières, des empreintes d'un labyrinthodonte se rencontrent dans un grès que les auteurs rapportent
au grès bigarré.

1. DE LAPPARENT. *Traité de Géologie.*

Le trias des Corbières a, d'après M. Magnan, une puissance de 500 à 600 mètres. Le grès bigarré y existe sous la forme de grès poudingues de colorations diverses. Ce même terrain affleure en divers points de la région pyrénéenne, notamment au sud de Bayonne.

A l'extrémité opposée de la France, la région ardennaise paraît avoir formé, à l'époque triasique, une contrée continentale et accidentée, où les agents d'érosion entraînaient, dans des lacs intérieurs, des blocs, des galets, du sable et de l'argile. Quelques restes de ces dépôts sont seuls parvenus jusqu'à nous, presque tous remarquables par leur couleur rouge. Ce sont ceux de la haute vallée de la Semoïs et des environs de Malmedy. L'ensemble, disposé en couches horizontales ou faiblement inclinées, mesure cent cinquante mètres d'épaisseur et forme, sur les rives de la Warge, de beaux escarpements qui ressemblent aux alluvions d'un fleuve.

Les circonstances continentales qui, dans les Ardennes, ont caractérisé la période triasique, peuvent être appliquées à tout le nord de la France. La destruction des terrains plus anciens y a donné naissance à des poudingues dont on observe quelques affleurements dans l'Artois. Tel est le poudingue à ciment rougeâtre et à galets calcaires, accompagné de grès et d'argiles rouges ou jaunes qui, dans le Pas-de-Calais, à Fléchin, Febvin, Audincthun, repose en discordance sur les affleurements sporadiques du système dévonien.

Près de Douai, des puits creusés pour les recherches de houille ont rencontré un conglomérat formé de très gros débris de calcaire compact, de dolomie carbonifère et de psammites du condros, empâtés dans une masse argileuse. Ce dépôt a les allures d'un amas de blocs éboulés.

Plus au sud-ouest, les dépôts jurassiques et crétacés du bassin de Paris empêchent de rien voir, et le trias n'apparaît plus que sur les bords du Cotentin, où il est formé de graviers, de poudingues, de sables, de grès et de marnes rouges, dont l'épaisseur ne paraît pas dépasser soixante mètres. Cet ensemble est la continuation des dépôts triasiques du Somerset et du Devonshire, et paraît correspondre seulement à la partie supérieure de l'étage keupérien.

Ainsi, on peut supposer qu'à l'époque triasique tout le bassin de Paris (auquel se joignait l'Angleterre) formait une région de grands lacs, venant aboutir à une mer dont le rivage occidental, lors du dépôt des sédiments franconiens, s'étendait de Luxembourg à Autun (DE LAPPARENT.) (¹).

Dans le massif des Alpes occidentales, le trias affecte un facies

Fig. 275.
Échinodermes
de la période triasique,
Crinoïdes : encrine en forme
de lys.

Fig. 276. — Crustacés de la
période triasique.

Pemphix seuerii.

spécial, qui l'éloigne sensiblement du type franconien ou vosgien.

1. Sur le versant occidental des massifs cristallins de l'Oisans, le système triasique, généralement très mince, se compose de gypse, d'anhydrite, de dolomie et de sel gemme avec grès et schistes argileux bariolés. Mais de l'autre côté de la chaîne de Belledonne, ce système acquiert subitement une épaisseur considérable. Les grès bigarrés deviennent assez durs pour avoir été, à tort, qualifiés de quartzites. Le tunnel de Modane les traverse sur trois cents mètres. Au-dessus viennent des calcaires magnésiens avec quelques fossiles, représentants atrophiés du muschelkalk; enfin le tout est couronné par de puissants dépôts de gypse et d'anhydrite, souvent imprégnés de sel (Moutiers, Bourg-Saint-Maurice).

Au lieu d'être intercalés dans des argiles, les gypses se trouvent dans des schistes gris lustrés, remplis de mica; cette bande de schistes, qui forme le bassin de Queyras et les vallées de la Tarentaise, se poursuit en Piémont et dans les Grisons. Son épaisseur, de Bardonnèche à Modane, dépasse 4 000 mètres. Un fait géologique particulièrement remarquable est l'immense augmentation d'épaisseur du trias lorsqu'on a franchi la ligne des massifs cristallins allant des Alpes-Maritimes aux Alpes bernoises par le mont Blanc et l'Oisans. On peut conclure que le trias de cette partie des Alpes s'est déposé dans des détroits encaissés, soumis à un phénomène d'enfoncement continuel.

Pour compléter cette esquisse de la physionomie générale de la formation triasique, nous ajouterons encore, avec l'éminent géologue français, que c'est dans le nord-ouest de l'Angleterre que le trias atteint sa plus grande puissance (1 500 mètres). Là aussi s'observent les plus gros cailloux roulés, parmi lesquels abonde le quartz. C'est donc vers le nord ou le nord-ouest que paraît devoir être cherché le continent qui a fourni les matériaux des conglomérats triasiques. Le trias anglais repose d'ailleurs indifféremment sur le permien, le carbonifère, même le cambrien; en outre, les marnes bariolées débordent souvent les assises inférieures.

Dans les comtés du centre, l'épaisseur du système est de 950 mètres. Il n'y a d'ailleurs aucune discordance de stratification sérieuse entre les termes qui le composent, de telle sorte qu'il est rationnel d'admettre que l'étage franconien y trouve sa représentation. Du reste, la disparition du facies calcaire de l'étage franconien est progressive à mesure qu'on s'éloigne de la Lorraine.

C'est dans le conglomérat dolomitique, épais de six à quinze mètres, qu'on a découvert les ossements des thécodontosaures antiques, des palœosaures cylindrodon et platyodon, avec des dents de ceratodus. La même assise a fourni, dans le pays de Galles, des traces de brontozoum. Le grès du Keuper contient des ossements et des empreintes de pas de labyrinthodontes, ainsi qu'un poisson, dysteronotus cyphus. Le sel gemme se présente dans l'étage en masses lenticulaires rougeâtres atteignant jusqu'à soixante mètres d'épaisseur.

Sur la côte méridionale du Devonshire, à Budleigh Salterton, le conglomérat triasique est formé de galets de quartzites siluriens et dévoniens qui paraissent avoir été empruntés à des roches primaires, dont l'affleurement serait actuellement masqué pas les eaux de la Manche.

On peut remarquer encore que dans l'Amérique du Nord le trias affleure en trois régions distinctes : celle des Apalaches, celle des Montagnes Rocheuses, où il offre un type voisin du facie arénacé de l'Europe septentrionale, et la région du Pacifique, où ses caractères sont ceux des dépôts alpins. Le trias des Alpalaches forme des bandes étroites, mais qui se prolongent, surtout dans

le Connecticut, avec des caractères uniformes sur de vastes
étendues. C'est un grès d'un rouge brun, parfois constitué à l'état
de véritable arène granitique, avec schistes et conglomérats, ayant
au moins 1 000 mètres de puissance et présentant de nombreuses
traces de clapotement des vagues, ainsi que des empreintes de
gouttes de pluie.

Les traces de labyrinthodontes abondent dans le Connecticut, où

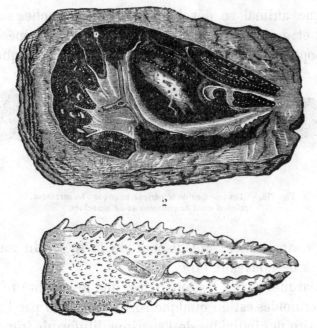

Fig. 277. — Crustacés de l'époque triasique. Les premières écrevisses et leurs pinces.

l'on compte plus de 12 000 empreintes. Les géologues américains ont
également signalé dans cet étage un petit mammifère didelphe, le
dromatherium sylvestre, qui serait le plus ancien représentant
connu de cette classe. A l'est des Montagnes Rocheuses, le trias est
constitué par des grès rouges, des marnes bariolées gypsifères,
et quelques assises magnésiennes. Son épaisseur varie entre 600
et 1 800 mètres ([1]).

D'après ce tableau d'ensemble, nous voyons que la formation
triasique occupe une place importante dans les terrains de sédi-

1. A. DE LAPPARENT, *Traité de Géologie.*

ments et marque une phase significative dans l'histoire de la transformation des espèces. En inaugurant l'âge secondaire, elle apporte dans le monde des éléments biologiques nouveaux, et ici comme dans la longue série des âges primaires, l'observateur de la nature peut constater un parallélisme constant entre le développement logique de la vie, tel que nous l'avons défini plus haut (Livre II, chap. III) et les découvertes paléontologiques faites dans la succession des terrains.

Le règne animal se développe dans ses branches supérieures, lentement et graduellement. Un grand nombre des espèces d'invertébrés (zoophytes, mollusques et annelés) avec lesquelles nous

Fig. 278. -- Les poissons de la période triasique : Le ceratodus, poisson muni de poumons et de branchies.

avons fait connaissance, ont disparu de la scène du monde pour faire place à de nouveaux êtres.

On remarque, parmi les zoophytes, que le nombre restreint des genres de crinoïdes est en quelque sorte compensé par l'abondance extraordinaire des individus de l'encrinus liliiformis (*fig.* 275), dont les articles remplissent des assises fort épaisses et fort étendues dans le calcaire conchylien du trias normal. C'est l'un des fossiles les plus caractérisques de ces terrains. Nous avons déjà fait connaissance avec ces êtres en étudiant les origines des espèces à l'époque silurienne (p. 237). Ce type est en décadence. D'autres espèces ont complètement disparu. Les fameux trilobites, notamment, se sont évanouis pour toujours. En revanche, les *ammonites*, nés pendant les siècles permiens, prennent une rapide extension. Les ammonites étaient des mollusques céphalopodes, dont les coquilles spirales offrent les plus grandes variétés comme dimensions et comme dessins. Ils ont régné pendant toute l'époque secondaire, puis ont disparu. Aux temps triasiques domi-

LES HABITANTS DE LA PÉRIODE TRIASIQUE : CAPITOSAURE, BELODON, NOTHOSAURE.

naient les ammonites Aon, les cératites noueux (*fig*. 272-273).
Sans doute, avaient-ils eu pour ancêtres les nautilides que nous
avons rencontrés pendant la période dévonienne (p. 386, (*fig*. 191),
ou quelque mollusque plus ancien encore dont les nautilides,
comme les ammonites, seraient descendues. Aux temps triasiques,
les nautilides sont en décadence : on retrouve encore des orthocé-
ras et des goniatides.

Les ammonites sont reconnues depuis longtemps par les géologues, et l'antiquité même avait deviné, par l'inspection de ces
coquilles fossilles, les anciennes métamorphoses de la terre et des
mers. Leur nom vient de la ressemblance de leurs volutes avec les
cornes de bélier qui accompagnent la figure symbolique sous
laquelle Jupiter Ammon était représenté.

C'est surtout pendant les temps jurassiques que les ammonites
prendront leur plus grande extension. A la fin de la période, on
en trouve qui atteignent les dimensions des roues d'une voiture!

Les brachiopodes se diversifient comme les céphalopodes. Aux
spirifer du dévonien (p. 384), aux productus du carbonifère (p. 464),
s'ajoutent maintenant des térébratules et des rynchonnelles, que
nous trouverons plus spécialement caractéristiques des mers jurassiques. Tous ces coquillages se rencontrent aujourd'hui dans le
deuxième étage de la formation triasique, dans l'étage conchylien,
essentiellement marin.

Les acéphales manifestent encore un progrès plus développé, et
nous pouvons en dire autant des gastéropodes; désormais ces deux
classes priment toutes les autres dans l'embranchement des mollusques. — On doit y porter une attention d'autant plus grande
qu'en définitive, ce sont surtout les coquilles de ces différentes
espèces de mollusques qui caractérisent les terrains, attendu que
ces coquilles sont très nombreuses et très répandues, généralement
intégralement conservées, tandis que les ossements de grands animaux sont rares et plus ou moins endommagés. — La famille des
ostracées (huîtres) fait son apparition en compagnie de nombreux
acéphales des genres pecten, posidonia, cardita, lima, myopho-
ria, etc. Apparues pendant la période triasique, à l'origine même
des temps secondaires, les huîtres vivront d'âge en âge et devien-
dront contemporaines de l'humanité. Elles constitueront même

l'une des premières ressources de son alimentation sur les bords
de la mer.

Dans l'embranchement des articulés, les crustacés donnent naissances à l'ordre des décapodes, parmi lesquels on peut remarquer
la famille des macroures, dont quelques-uns, les pemphix (*fig.* 276)
caractérisent les dépôts du trias. On a retrouvé des carapaces
entières d'écrevisses fort bien conservées. La plus grande différence
qui les distingue des nôtres consiste dans leur force. Leurs pinces,
garnies de dentelures aiguës (*fig.* 277), leur fournissaient les
moyens de défense indispensables contre les monstres voraces qui
infestaient les eaux.

Les poissons semblent rester stationnaires. « La faune ictyolo-
gique n'est point en progrès. Presque absolument particulier au
trias normal, les poissons appartiennent, comme précédemment,
aux sous-classes des placoïdes et des ganoïdes. Parmi ces derniers,
on ne signale guère que des rhombifères. » (CONTEJEAN.) — « Les
poissons sont des ganoïdes à queue moins dissymétrique et à colonne vertébrale plus complètement ossifiée que chez les ganoïdes
paléozoïques. Avec eux se montrent des représentants du groupe
actuel des dipnoés, curieux par la constitution de leurs nageoires,
qui rappellent les membres des cétacés, et pourvus, en outre des
branchies, de poumons qui leur permettent de vivre dans la vase
desséchée : de ce nombre est le ceratodus, ce genre singulier qui
semble s'être conservé jusqu'à nos jours dans les rivières australiennes. Enfin, si les poissons osseux font encore défaut, les squales,
sélaciens et cestracions, sont représentés par acrodus, hybodus,
saurichthys. » (DE LAPPARENT.)

On le voit, parmi les poissons de la période triasique, c'est le
ceratodus (*fig.* 278) que nous pouvons considérer comme type de
l'époque, type assez étrange, pourvu de branchies comme les
poissons ordinaires et de poumons comme les animaux à respiration aérienne — et de dents plates profondément incisées sur les
bords. Le plus curieux peut-être encore est que ce poisson se soit
perpétué jusqu'à nos jours, et ait été retrouvé récemment dans
les rivières de l'Australie où il atteint jusqu'à 1^{m}20 de longueur.

Les vertébrés les plus élevés en organisation de la faune
triasique, sont des batraciens et des reptiles. On ne devine encore

ni le chien, ni le singe, ni l'homme. Les labyrinthodontes que nous venons d'étudier pendant la période permienne, restent les souverains du monde : chirotherium, trématosaures, mastodonsaures, etc., accompagnés de sauriens nageurs : placodus, nothosaures, simosaures, etc. Les dinosauriens arrivent. Ces gigantesques reptiles avaient les membres postérieurs très puissants, pouvaient se tenir debout, et quoique possédant des mains à cinq doigts bien distinctes à leur membres antérieurs, n'avaient cependant que trois doigts à leurs énormes pieds (les deux autres doigts restant

Fig. 280. — Le dicynodonte, reptile de l'époque triasique (Afrique australe).

cachés dans l'anatomie du membre). A ce groupe de reptiles triasiques qui marchaient en gardant la station verticale, appartiennent le megadactylus, le clepsysaure, le bathygnathus, etc., et probablement aussi le brontozoum dont on voit plus loin (*fig.* 282) une empreinte recueillie dans le grès du trias supérieur, en même temps que des *gouttes de pluie* tombées là sans doute au moment même du passage de l'animal et conservées aussi dans la pétrification. Cette pierre d'apparence vulgaire, ce fossile d'aspect insignifiant, nous conserve ainsi comme une photographie de la scène depuis si longtemps disparue dans l'histoire des âges. Il semble que l'on revoie l'énorme reptile, aux immenses enjambées, surpris par l'orage, fuyant le long de la plage unie du rivage et laissant l'empreinte de ses pas sur l'argile molle qui les conservera pour l'édification des géologues de l'avenir !

Ces pattes à trois doigts avaient inspiré l'idée d'oiseaux gigantesques, et l'on était ainsi conduit à admettre que les oiseaux auraient été contemporains de la période triasique. Plusieurs traités classiques de géologie présentent même depuis longtemps ces traces sous la désignation d'empreintes de pas d'oiseaux. Mais on n'a découvert aucun fossile d'oiseau dans ces terrains, et, d'autre part,

Fig. 281. — Le zanglodon, dinausaurien de l'époque triasique (Europe).

on connaît les reptiles bipèdes qui peuvent avoir laissé ces traces de leur passage. La dimension de ces empreintes obligeait d'ailleurs à imaginer, dès la naissance de la classe des oiseaux, des êtres d'une stature colossale. Les oiseaux n'apparaîtront qu'à la période jurassique.

Parmi les reptiles des temps triasiques, signalons aussi des thériodontes, précurseurs des mammifères monotrèmes.

Les dinausoriens et les sauriens nageurs vont régner en maîtres pendant les siècles jurassiques, et nous allons en faire une étude spéciale dans le cadre même que la nature leur a donné pour

royaume. Pourtant, parmi ceux de la période triasique, plusieurs
peuvent être présentés dès maintenant à l'édification de nos lecteurs. On reconnaîtra entre autres (p. 513 (¹) les capitosaures qui,
comme tous les autres labyrinthodontes, tenaient, quant à l'aspect
et à l'allure, le milieu entre les crocodiles et les salamandres.
C'étaient bien de vrais batraciens à mœurs essentiellement aquatiques et se nourrissant de poissons. Depuis le permien jusqu'au
keuper inclusivement ces formes étaient abondantes. Le belodon,
un des premiers crocodiliens, se distinguait par l'aplatissement
latéral et la hauteur de la mâchoire supérieure dont l'extrémité
était recourbée en crochet. Dents coniques verticales, corps recouvert d'une cuirasse encore plus puissante que celle des crocodiles.
Trouvé seulement dans le keuper supérieur du Wurtemberg.

Les nothosaures, précurseurs des plésiosaures, existent dans
tout le trias. Le nothosaure mirabilis est surtout abondant dans le
muschelkalk. Il est probable que, quoique marin, il se rapprochait
des estuaires et remontait les cours d'eau.

Les dicynodontes (*fig.* 280) offrent quelque rapport avec les
tortues par la conformation générale de la tête, à part les dents

---

1. Ces dessins (*fig.* 279 à 231) sont dus à l'habile crayon de M. Jobin, l'érudit naturaliste qui sait exhumer des fossiles les êtres endormis depuis tant de millions d'années,
et leur redonner la vie des anciens âges en les rétablissant au milieu de leurs propres
paysages.

Faune et flore triasiques, plus spécialement keupériennes (*fig.* 279).

Faune. — *Capitosaurus nasutus*, de l'ordre des labyrinthodontes (au premier plan et
tout prêt à regagner l'eau; tête de 80 à 90 centimètres environ). — *Belodon Kapffi*
(synon. Phytosaurus, Nicrosaurus), se rattache aux formes primitives de l'ordre des crocodiliens, tête de 1 mètre environ et plus; également au premier plan, se glissant sur
une éminence au milieu d'un fouillis de fougères et de cycadées, etc.). — *Nothosaurus
mirabilis* au second plan. Conformé comme les plésiosaures mais à tronc plus large.
Pouvait avoir de trois à cinq mètres de long.

Flore. — *Acthophyllum speciosum*. Lycopodiacée gazonnante remplissant les
fonctions des graminées aquatiques de nos jours dont elles avaient le port (au premier
plan, autour du capitosaurus). — Les fougères appartiennent aux genres pecopteris,
neuropteris et clathrophyllum. — Plus loin, derrière le nothosaure, des fougères arborescentes du genre danocopsis et tæniopteris. — *Calamites Meriani* (ramifications disposées en parasol), dont le feuillage est identique avec le schizoneura Meriani. — *Equisetum Munsteri* et *arenaceum*, rameaux verticillés et dressés. — Les cycadées sont
représentées par les pterophyllum Meriani et Jageri. — Tout au fond et moins distincts,
arbres de la famille des conifères représentés par les genres voltzia, widdringtonites et
albertia. Ces arbres présentaient par leur port toutes les transitions entre les cryptomeria,
les araucaria et les dammara de nos jours.

canines qui rappellent celles des mammifères. Par plusieurs points
de leur organisation, ils se rapprochent des mammifères autant
que des reptiles. (Tous de l'Afrique australe, décrits par Owen.)

Le zanglodon (*fig.* 281) contemporain du belodon et des labyrinthodontes du keuper, était un dinosaurien carnassier gigantesque,
mais de forme relativement élancée. Il paraît, d'après Kapff et
d'autres, que la tête connue sous le nom de teratosaurus et trouvée
dans le même terrain, doit être rapportée au zanglodon.

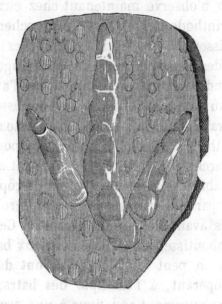

Fig. 282. — Empreintes de pas du brontozoum giganteum (période triasique)
avec empreintes de gouttes de pluie.

Les animaux triasiques étalaient pour la plupart des formes
entièrement étrangères à notre monde d'aujourd'hui. C'étaient en
premier lieu des bipèdes, très éloignés par leurs dimensions comme
par leurs formes du type des oiseaux actuels, mais qui ne sont
encore guère connus que par l'empreinte de leurs pas, dont l'en-
jambée accuse parfois des dimensions quadruples de celles de l'autruche. Le nombre et la disposition des doigts révèlent pour
d'autres de telles singularités qu'en l'absence du squelette on ne
sait comment les définir. Parmi les reptiles, les uns rappellent les
tortues, les autres les lézards ou les crocodiles, ou bien encore,
comme les dicynodontes, dont les mâchoires étaient armées de dé-

fenses recourbées dans le genre de celles des morses, ils présentent les caractères mélangés de ces divers groupes.

Les dolichosaures, moitié lézards, moitié serpents, marquent le moment où ceux-ci ont commencé à se détacher du tronc commun des lacertiens; plus loin en arrière, les lacertiens se perdent comme ordre distinct, et l'on observe des types qui joignent les lézards aux iguanes et les monitors aux crocodiles. Les crocodiles eux-mêmes modifient leurs caractères ostéologiques pour en revêtir d'autres que l'on n'observe maintenant chez eux que dans la vie fœtale. Les labyrinthodontes enfin se rapprochent des batraciens et même des poissons. Cette famille de reptiles est, comme nous l'avons vu, l'une des plus anciennes, des plus singulières et des plus ambiguës du monde primitif. Sa grande taille, l'armure de plaques osseuses qui recouvrait son corps, sa tête cuirassée empêchent de reconnaître de vrais batraciens dans les animaux qu'elle comprenait. Les labyrinthodontes respiraient par des poumons, au moins à l'âge adulte, marchaient sur le sol, succédaient à d'autres reptiles qui avaient des habitudes plus aquatiques. Ils représentent probablement un état particulier que la classe entière des reptiles a dû traverser autrefois avant de devenir terrestre. Cela ne prouve pas que les reptiles aboutissent originairement aux batraciens proprement dits, mais on peut affirmer qu'ils ont dû émerger d'une souche typique opérant, à l'exemple des batraciens, le passage d'une organisation purement aquatique à une organisation d'abord amphibie et finalement terrestre. (DE SAPORTA.)

Deux grands faits s'imposent ici à notre attention : la période permienne nous a fait assister à la naissance des reptiles; la période triasique nous montre, à côté des sauriens qui se développent et vont régner en maîtres, la naissance des mammifères, qui s'inaugurent par l'arrivée des marsupiaux.

La naissance des mammifères ! C'est le premier gradin de l'escalier magique qui doit conduire à l'humanité.

Les reptiles, les sauriens géants de l'époque secondaire, représentent la force. Les mammifères commencent l'ère du sentiment. Dans les destinées de la Terre, tous ces sauriens formidables sont condamnés à périr ; ils ne portent pas en eux la flamme du progrès intellectuel ; aucune de ces espèces si puissantes n'arrivera à l'âge

SCÈNE DE L'ÉPOQUE TRIASIQUE (PÉRIODE CONCHYLIENNE).
Chirotherium et nothosaure.

de l'humanité. Les humbles marsupiaux qui s'éveillent en ce moment
à la lumière du jour sous le soleil de la période triasique vont commencer la famille, vont aimer. Jusqu'à l'époque à laquelle nous
arrivons l'amour n'était pas né sur la Terre : zoophites, mollusques, crustacés, insectes primitifs, poissons, batraciens, reptiles,
n'ont pas aimé. Ils n'ont encore su pondre que des œufs, qu'ils ne
couvent même pas eux-mêmes, dont ils abandonnent le sort aux
bons soins de la nature. Les premiers mammifères qui viennent de
naître ne pondent presque plus. Nous disons *presque*, et ce n'est
point là une forme littéraire : l'ornithorynque pond encore. Mais,
insensiblement, d'ovipares les êtres deviennent vivipares.

Humble origine ! Des mammifères sans mamelles. Des petits
qui viennent au monde à l'état d'œuf sans coque, pour ainsi dire
non formés, et qui ne sont finis qu'après leur naissance ! C'est
bizarre, mais c'est ainsi. La nature veut nous témoigner sous toutes
les formes la marche graduelle de la création.

La première découverte qui ait été faite de restes fossiles de
mammifères appartenant à l'époque secondaire est celle de la mâchoire trouvée en 1818 dans les terrains jurassiques (oolithe inférieur) de Stonesfield près Oxford (Angleterre). Cette mâchoire fut
reconnue par Cuvier comme caractérisant un petit mammifère de
l'ordre des marsupiaux, ce qui jeta le plus grand trouble dans le
camp des géologues, aux yeux desquels il paraissait impossible
d'admettre l'existence de mammifères avant l'époque tertiaire.
Owen fit remarquer que le genre auquel avait appartenu cette mâchoire offrait une grande affinité avec un marsupial d'Australie, le
myrmecobius. On trouve aussi, dans ce même schiste de Stonesfield
une autre mâchoire désignant un opossum, et, en 1854, une autre
ayant appartenu à une espèce toute différente à laquelle on donna
le nom de stereognathus. D'autre part, en 1847, on reconnut dans
le trias supérieur de Stuttgard la dent d'un petit mammifère appelé
microlestes. Depuis, ce terrain, ainsi que le trias supérieur du
Somersetshire et de la Caroline du Nord ont fourni un certain
nombre d'autres mâchoires fossiles ayant également toutes appartenu à de petits marsupiaux ou à des insectivores de degré
inférieur.

Le dromatherium sylvestre a été découvert (sa mâchoire seulement, *fig.* 284) par le géologue américain Emons, dans le grès rouge de la Caroline du Nord : c'est un petit marsupial, voisin des myrmécobies de l'Australie. Nos lecteurs savent que les marsupiaux constituent précisément la classe la plus simple, la plus primitive, la plus imparfaite des mammifères, dont la famille la plus élémentaire, celle des monotrèmes, n'est représentée aujourd'hui que par deux espèces, habitant toutes deux la Nouvelle-Hollande et la

Fig. 284. — Plus ancien reste fossile de mammifère trouvé jusqu'à ce jour.
Mâchoire inférieure de. dromatherium sylvestre.
Trias de la Caroline du Nord.

terre de Van Diémen, qui en est voisine : l'ornithorynque (voy. *fig.* 81, p. 184) et l'échidna hystrix. Ces deux étranges espèces sont les derniers survivants d'un groupe autrefois très riche qui, durant l'âge secondaire, représentait seul l'ordre des mammifères et d'où, sans doute, toutes les espèces ultérieures sont descendues par voie de différenciation et de perfectionnement.

Les marsupiaux ([1]) tirent leur nom d'un sac en forme de bourse que la femelle porte sur son ventre et dans laquelle les petits restent longtemps après leur naissance. Dans cette poche arrivent de petites mamelles, ou plutôt des mamelons rudimentaires, auxquels se greffent les nouveaux-nés. Ces petits, chez tous les marsupiaux, naissent dans un état d'imperfection qu'on ne rencontre chez aucun autre mammifère. Ils sont nus, aveugles et sourds. La femelle les prend avec ses lèvres et les dépose dans sa bourse. Là, ils se greffent chacun à un mamelon et y restent adhérents jusqu'à ce que leurs membres et leurs organes des sens se soient développés. La bourse marsupiale est donc comme un second utérus dans lequel s'achève leur évolution. Lorsqu'ils ont pris un certain accroissement, les petits se détachent du sein, mais ils n'abandonnent pas pour cela l'abri protecteur que leur offre la poche abdominale. S'ils en sortent parfois, ils se hâtent bien vite d'y rentrer, et l'on peut dire que c'est dans cette poche qu'ils passent toute

1. *Étymologie : marsupium*, bourse.

leur enfance. Ainsi plus d'un animal de cet ordre n'a qu'une gestation d'un mois, tandis que le produit de cette gestation séjournera six ou huit mois dans la bourse. Chez le kanguroo géant, sept mois se passent depuis le moment où le petit y est déposé jusqu'à celui où il montre sa tête pour la première fois; et ce n'est que neuf semaines après cette première apparition qu'il commencera à sortir. Pendant neuf semaines encore, le jeune kanguroo vit tantôt au dehors, tantôt au dedans de la poche marsupiale.

Dans cette espèce, le petit vient au monde le trente-neuvième jour. La mère le prend dans sa bouche, ouvre sa bourse avec ses pattes de devant et greffe le petit être à l'un de ses mamelons. Douze heures après la naissance, le petit kanguroo n'a encore que 32 millimètres de long, et ne peut être comparé qu'aux embryons des autres animaux. C'est une masse molle, transparente, vermiforme; les yeux sont fermés; le nez et les oreilles sont à peine indiqués, et les membres sont loin d'avoir leur forme. Il n'y a pas la moindre ressemblance entre cet être et sa mère. Les membres antérieurs sont d'un tiers plus longs que les postérieurs; la queue est courte et recourbée entre les pattes de derrière. Il pend au mamelon comme un corps inerte; il est même incapable alors de téter : le lait, par suite d'une disposition organique particulière, lui est versé directement dans la bouche par le mamelon; ce n'est que plus tard qu'il exercera lui-même la succion.

Il reste ainsi huit mois à se nourrir du lait de sa mère ; de temps à autre, cependant, il montre la tête, mais il n'est pas encore capable de se mouvoir tout seul. Le naturaliste Owen enleva un petit de quatre jours du mamelon pour savoir si un être aussi imparfait pourrait de lui-même retrouver le sein, ou si la mère l'y remettrait. Voici quel fut le résultat de son expérience. Le petit enlevé, une goutte de liquide blanc apparut au mamelon. Le petit s'agita, mais ne parut pas faire d'efforts pour s'attacher à la peau de la mère, et il fut absolument impuissant à se mouvoir. On le déposa au fond de la poche et on l'abandonna à la mère. Celle-ci se montra très irritée, se courba, gratta la face externe de sa bourse, l'ouvrit avec ses pattes, y plongea la tête et l'y promena de divers côtés. Finalement, ce petit mourut, la mère ne l'ayant pas rattaché, et aucun gardien n'ayant voulu se charger de le rétablir à son poste.

Il résulte des observations les plus récentes que le jeune kanguroo, lorsqu'il a atteint une certaine taille, s'accroît très rapidement. Il sort alors sa tête, ses petits yeux regardent de tous côtés,
ses petites pattes se promènent, et il commence à manger. La mère
le soigne avec tendresse, mais se montre moins craintive qu'auparavant. Au commencement, elle ne souffre pas qu'on tente de le voir et,
à plus forte raison, de le toucher. Elle éloigne même le mâle que la
curiosité pousse à voir son rejeton : elle répond aux tentatives qu'il
fait pour satisfaire son envie, par un murmure de mauvaise humeur et même par des coups. Une fois que le petit a montré la
tête, elle cherche moins à le cacher. Celui-ci est d'ailleurs craintif,
un rien le fait aussitôt rentrer au fond de la bourse où il prend
toutes les positions imaginables; il en laisse sortir tantôt la tête,
tantôt les pattes de derrière ou la queue. C'est un spectacle curieux
que de voir la mère, lorsqu'elle veut se déplacer, forcer son petit à
gagner les profondeurs de la bourse, en lui donnant de petits coups
avec ses mains. Au bout d'un certain temps, le jeune kanguroo
abandonne la poche marsupiale et saute autour de sa mère; mais,
au moindre indice de danger, il arrive en toute hâte et se précipite
la tête la première dans sa cachette; en un instant il se retourne et,
certain maintenant d'être à l'abri de tout péril, regarde au dehors
avec une expression comique ([1]).

Il y a chez les marsupiaux, comme dans toutes les familles
de l'immense règne animal, les plus grandes variétés physiques et
intellectuelles. La sarigue opossum, par exemple, paraît beaucoup
plus intelligente que les kangourous. En chasse, on voit cet animal
se dresser tout droit, regarder autour de lui, flairer à droite et à
gauche, et se mettre en course :

Maintenant, écrit Audubon, ne le perdez pas de vue; au pied de cet
arbre majestueux, il a fait halte, il tourne autour du noble tronc en
cherchant parmi les racines couvertes de neige, et trouve au milieu d elles
une ouverture dans laquelle il s'insinue. Quelques minutes s'écoulent et
le voilà qui reparaît, tirant après lui un écureuil déjà privée de vie : il le
tient dans sa gueule, commence à monter sur l'arbre et grimpe lentement. Apparemment qu'il n'a pas trouvé la première bifurcation à sa
convenance, peut-être s'y croirait-il trop en vue, car il monte toujours

---

1. BREHM. *La Vie des animaux.*

jusqu'à ce qu'il ait trouvé un endroit où les branches, entrelacées avec des vignes sauvages, forment un épais berceau ; là il se fait une place commode, s'arrange à son aise, enroule sa longue queue autour d'une des jeunes pousses et, de ses dents aiguës, déchire le pauvre écureuil qu'il tient avec ses griffes de devant.

Les beaux jours du printemps sont revenus ; les arbres poussent de vigoureux bourgeons ; mais l'opossum est presque nu et semble épuisé par un long jeune. Il visite les bords des criques et prend plaisir à voir les jeunes grenouilles — dont il se régale en attendant. Cependant le phytolacca et l'ortie commencent à développer leurs boutons tendres et pleins de jus, qui lui seront une précieuse ressource. L'appel matinal du dindon sauvage frappe délicieusement ses oreilles, car il sait, le rusé, qu'il va bientôt entendre la voix de la femelle, et qu'il pourra la suivre à son nid, pour sucer ses œufs, qu'il aime tant ! Et tout en rôdant ainsi à travers les bois, tantôt par terre, tantôt sur les arbres, de branche en branche, il entend aussi le chant d'un coq ; et son cœur tressaille d'aise, en se rappelant le bon repas qu'il a fait l'été dernier dans une ferme du voisinage. Doucement, l'œil attentif, il s'avance et parvient à se cacher jusque dans le poulailler.

Honnête fermier, pourquoi aussi l'an passé, avez-vous tué tant de corneilles ? Oui, des corneilles ; et par-dessus le marché, pas mal de corbeaux ! Vous en avez fait à votre guise, c'est tant mieux ! Mais maintenant courez au village, achetez des munitions, nettoyez votre vieux fusil, apprêtez vos trappes, et recommandez à vos chiens paresseux de faire bonne garde ; car voici l'opossum. Le soleil est à peine couché, mais l'appétit du maraudeur est toujours éveillé. Entendez-vous le cri de vos poules ? Il en tient une, et des meilleures, et il l'emporte sans se gêner, le fin compère. Qu'y faire maintenant ! Oui, guettez le renard et le hibou, et félicitez-vous encore une fois à la pensée d'avoir tué leur ennemi, et votre ami à vous, le pauvre corbeau. Sous cette grosse poule, n'est-ce pas, vous aviez mis, il y a huit jours, une douzaine d'œufs ; allez les chercher à présent. Elle a eu beau crier et hérisser ses plumes, l'opossum les lui a ravis l'un après l'autre.

La femelle de l'opossum peut être citée comme un modèle de tendresse maternelle. Plongez du regard au fond de cette singulière poche où sont blottis ses jeunes petits, chacun attaché à son mamelon. L'excellente mère ! non seulement elle les nourrit avec soin, mais elle les sauve de leurs ennemis ; elle les emporte avec elle, comme fait le chien de mer avec sa progéniture ; d'autres fois, à l'abri sur un tulipier, elle les cache parmi le feuillage. Au bout de deux mois, ils commencent à pouvoir se subvenir à eux-mêmes ; chacun alors a reçu sa leçon particulière qu'il lui faut désormais pratiquer. Mais, supposez que le fermier ait surpris l'opossum sur le fait, égorgeant l'une de ses plus belles volailles ; exaspéré, furieux, il se rue sur la pauvre bête, qui sachant bien qu'elle ne peut résister, se roule en boule et reçoit les coups. Plus l'autre enrage, moins l'animal manifeste l'intention de se venger; et il reste là sous les pieds du fermier, ne donnant plus signe de vie, la gueule ouverte, la langue pendante, les yeux fermés, jusqu'à ce que son bourreau prenne le parti de le laisser en se disant : Bien sûr, il est mort. Non! lecteur, il n'est pas mort. Seulement, il faisait le mort; et l'ennemi n'a pas plutôt tourné les talons, qu'il se remet, petit à petit, sur ses jambes — et court pour regagner les bois.

Une autre espèce, le Philander Énée, du Brésil, n'est pas moins curieuse. Cet être vit presque exclusivement sur les arbres, et ne descend sur la terre que pour y chasser. Sa queue prenante lui permet de grimper facilement, de s'accrocher partout, et, quand il se repose, il commence toujours par prendre un point d'appui solide en l'enroulant autour d'une branche. Sur le sol, il marche mal et lentement; il sait cependant y attraper de petits mammifères, des insectes, des crustacés, notamment des écrevisses, dont il fait sa nourriture de prédilection. Dans les branches d'arbres, il poursuit les oiseaux et pille leurs nids; il se nourrit aussi de fruits. Il rend parfois visite aux basses-cours, et y égorge les poules et les pigeons.

La femelle met bas de cinq à six petits informes, qui s'attachent à ses mamelons et y pendent comme des fruits à un arbre. Lorsqu'ils sont couverts de poils, ils montent sur le dos de leur nourrice et s'y tiennent en enroulant leur queue autour de la sienne. Même lorsqu'ils sont presque adultes, alors qu'ils n'ont plus besoin du lait maternel, ils restent encore avec leur mère, se réfugient sur son dos au moindre danger, se font emporter par elle dans un lieu plus sûr. C'est à cet aspect que l'animal doit le nom d'Énée qui lui a été donné. Lorsqu'elle est effrayée, la mère hérisse son poil, pousse des sifflements, et répand une odeur très désagréable.

Mais arrêtons-nous dans cette excursion chez les descendants des premiers mammifères. Qu'il nous suffise d'avoir apprécié leur état rudimentaire comme vivipares, et de reconnaître que pourtant ils inaugurent réellement le règne des animaux supérieurs. Les facultés intellectuelles et affectives sont nées. Elles ne s'éteindront plus.

CHAPITRE II

LA PÉRIODE JURASSIQUE

Le règne des sauriens géants.

Nous arrivons en ce moment à l'époque la plus extraordinaire de tous les temps qui ont précédé l'arrivée de l'homme sur la Terre. Une mer immense s'étend encore sur la France presque tout entière, sur la plus grande partie de l'Europe et de l'Asie, sur de vastes régions de l'Afrique et des deux Amériques, aujourd'hui élevées à des centaines et des milliers de mètres au-dessus du niveau de l'Océan. Dans ces mers règnent des animaux gigantesques et bizarres dont aucun descendant n'existe plus de nos jours. Plus avancée qu'aux temps primaires vers son état actuel, la planète semble à certains égards en différer davantage, parce que sa biologie subit une bifurcation qui ne présage en aucune façon ce qu'elle deviendra aux temps tertiaires et quaternaires. Un habitant de Mars (planète sans doute peuplée d'humains dès cette époque) ou un indigène de la Lune (monde probablement habité avant la Terre) qui aurait visité notre patrie au temps des reptiles jurassiques n'aurait certainement pu supposer que le jour arriverait où sortis des eaux, les bas-fonds de la mer deviendraient le séjour de brillantes cités humaines telles que Paris, Londres, Vienne ou New-York. Dans ces mers nagent les lourds ichthyosaures aux yeux énormes, aux formidables mâchoires; les plésiosaures aux longs cous qui ramaient avec leurs larges pattes, plongeaient dans les profondeurs marines et reparaissaient aussitôt à la surface; les téléosaures, crocodiles monstrueux de dix mètres de longueur, dont la gueule fendue jusqu'à deux mètres d'ouverture pouvait engloutir des animaux de la taille du bœuf; les hyléosaures, à la carapace cuirassée, qui infestaient les rivages, tandis que sur les îles émergées, au pied des collines, au bord des mers, dans les fleuves et les lacs, au sein des bois ornés de fougères, de cycadées,

Fig 286. — Scène de la période jurassique. Ichthyosaure, plésiosaure, ptérodactyles.

d'araucarias, de conifères variés, vivaient les innombrables phalanges de dinosauriens qui, durant les temps secondaires, précédèrent dans la domination du monde les mammifères tertiaires : atlantosaures, gigantesques quadrupèdes herbivores de trente mètres de longueur; brontosaures, sauropodes du même ordre, dont la taille atteignait de quinze à vingt mètres; diclonius, reptiles bipèdes de douze à quinze mètres de longueur; stégosaures, autres bipèdes de dix mètres; iguanodons, bipèdes à pattes d'oiseau; comme les diclonius, rivalisant de taille avec eux, et les théropodes carnivores : mégalosaures, cératosaures, labrosaures, amphisaurides, compsognates, etc., reptiles de toutes formes et de toutes tailles, dont plusieurs étaient moitié crocodiles et moitié oiseaux, et dont l'étrange population devait faire de la mer et de la terre, des rivages et des bois, un monde fantastique dont aucune scène de l'animalité actuelle ne peut nous donner l'idée. A tous ces êtres, qui semblent autant d'essais informes de la force vitale, ajoutons, au-dessus d'eux, les énormes ptérodactiles aux ailes membraneuses qui sautaient dans le ciel et venaient s'abattre sur les rivages au milieu des cris rauques de toute cette population, et les innombrables oiseaux à dents qui traversaient l'espace à toute vitesse pour se précipiter sur leurs proies…, et nous aurons une faible image des spectacles que notre planète devait offrir pendant ces siècles depuis si longtemps évanouis.

Les paléontologues qualifient avec raison cet âge de l'ère des reptiles. Et pourtant, combien ces sauriens et ces dinosauriens sont loin par leurs formes, leurs membres et leurs allures du sens que l'on attache généralement au mot *reptile !* Ces êtres ne rampaient pas. Ce n'étaient ni des serpents, ni des vipères, ni des couleuvres ; c'étaient plutôt des lézards gigantesques, les uns marchant à quatre pattes, les autres se tenant de préférence sur leurs pattes de derrière et adoptant la position verticale, et quels lézards ! dix, quinze, vingt, trente mètres de longueur, et peut-être plus encore ! Ces reptiles aux membres puissants ont été les ancêtres des crocodiles et des lézards tertiaires, qui, eux-mêmes, ont été les ancêtres des serpents, comme nous l'avons vu dans notre exposition générale du développement de la vie (p. 109-113). Les pattes ont graduellement disparu. — Les oiseaux aussi ont eu les reptiles pour ancêtres.

Cette riche période jurassique a dû s'étendre sur une très longue durée. Au commencement, immédiatement après les derniers sédiments triasiques, se sont déposés d'abord des sables devenus grès, puis, des marnes chargées de carbonate de chaux. On y rencontre beaucoup de fossiles, surtout des coquilles, ammonites, etc. Ces premières couches ont reçu le nom de couches *liasiques*, du mot anglais *lias* (qui ne veut rien dire du tout). Au-dessus d'elles se sont déposées des couches d'une autre nature, principalement des calcaires à l'aspect finement granulé qui donne l'idée d'agglomérations d'œufs de poissons. A cause de cette ressemblance, ces calcaires ont recu le nom d'*oolithiques* (étymologie : ωον, œuf, et λιθον, pierre). Il en résulte que les terrains de la période jurassique se partagent en deux grands systèmes, le *lias* et l'*oolithe*. Chacune de ces deux divisions principales se scinde à son tour en plusieurs subdivisions, car il y a un grand nombre de couches, différentes au point de vue minéralogique comme au point de vue des fossiles, de déposées pendant les longs siècles de cet âge. On peut signaler les suivantes :

PRINCIPALES DIVISIONS DE LA PÉRIODE JURASSIQUE

1° Système liasique.

GRÈS INFRALIASIQUE.	Étage rhétien ([1])	
LIAS INFÉRIEUR . . .	Étage sinémurien ([2])	Jura noir.
LIAS MOYEN. LIASIEN.	Étage charmouthien ([3])	
LIAS SUPÉRIEUR . . .	Étage toarcien ([4])	

2° Système oolithique.

OOLITHE INFÉRIEUR. .	Étages bathonien ([5]) et bajocien([6]).	Jura brun.
OOLITHE MOYEN. . . {	1° Étage oxfordien ([7])	
	2° Étages corallien ([8]) séquanien ([9]) kimméridgien ([10]).	Jura blanc.
OOLITHE SUPÉRIEUR .	Étages portlandien ([11]) purbeckien ([12]).	

Il y a encore d'autres subdivisions ; mais évitons toute complication ainsi que toute fatigue d'esprit inutile. Comme ensemble, remarquons que ces couches géologiques deviennent de plus en plus claires, passant graduellement du foncé au blanc, à mesure qu'on s'élève vers la formation crétacée, posée, comme nous l'avons vu, sur la formation jurassique. Aussi leur donne-t-on également le nom de jura noir, jura brun et jura blanc.

1. Ce terrain est remarquable dans les Alpes rhétiques.
2. Abondant aux environs de Semur.
3. De Charmouth (Angleterre).
4. De Thouars (Deux-Sèvres).
5. Très développé aux environs de Bath (Angleterre).
6. De Bayeux.
7. D'Oxford (Angleterre).
8. Remarquable par les vestiges de coraux qu'il renferme.
9. Facile à étudier dans le bassin de la Seine : Meuse, Haute-Marne, Côte-d'Or, Yonne, etc.
10. De Kimmeridge (Angleterre). — 11. De Portland (Angleterre). — 12. De Purbeck (Angleterre).

Ces différentes couches présentent des épaisseurs très diverses suivant les localités. Ainsi, par exemple, dans le département de la Haute-Marne, qui est sorti des eaux pendant la période crétacée, le grès infraliasique est très faible, le lias inférieur (sinémurien) a cinq mètres d'épaisseur, le liasien 91 mètres et le lias supérieur (toarcien) 53 mètres ; l'oolithe inférieur (bajocien) mesure 30 mètres au plateau de Langres et en Bourgogne (calcaire à entroques), l'oxfordien, cinq à six mètres seulement, l'oolithe marneux 70 mètres ; l'étage corallien (souvent enchevêtré avec le séquanien) y est faible et clairsemé ; le calcaire portlandien se montre avec des épaisseurs de 80 à 150 mètres. Au contraire, on trouve, en d'autres points, le grès infraliasique épais de 12 mètres en Lorraine, de 24 à Kédange, de 60 dans le Luxembourg, de 700 en Scanie ; le lias inférieur mesure 160 mètres dans le Yorkshire ; le lias ou jura noir de la Souabe offre une épaisseur de cent mètres ; l'oolithe inférieur a 60 mètres aux environs de Bath, l'argile de Kimméridge atteint, en deux couches, 350 mètres dans le comté de Lincoln, etc.

Au commencement de la période jurassique, une grande partie de la France, une grande partie de l'Europe même, reste ensevelie sous les eaux. Depuis les âges lointains de la mer silurienne, où déjà les massifs granitiques de la Bretagne, de la Vendée, de l'Auvergne étaient émergés et formaient des îles à peine revêtues d'une misérable végétation, plusieurs fois la mer s'est retirée, et plusieurs fois elle est revenue. Pendant la période triasique, une vaste méditerranée s'étendait, découpée en golfes, sur la France, l'Angleterre, l'Espagne et l'Italie, baignant les rives orientales de l'Auvergne et s'étendant par la Lorraine jusqu'en Allemagne. Au début de la période du lias, au contraire, la mer est retirée à l'est, laissant à sec torte la région française et une partie de l'Allemagne ; mais elle ne tarde pas à revenir baigner la France tout entière, ne laissant à sec que les îles des terrains anciens, sans communication les unes avec les autres, telles que l'Armorique, le plateau central, les Vosges et le massif primitif des Alpes. Ces alternatives peuvent être lues par l'historien de la Terre sur les sédiments et leurs fossiles. Elles sont dues à des mouvements d'affaissement et d'exhaussement dans l'écorce du globe, analogues à ceux qui se produisent de nos jours

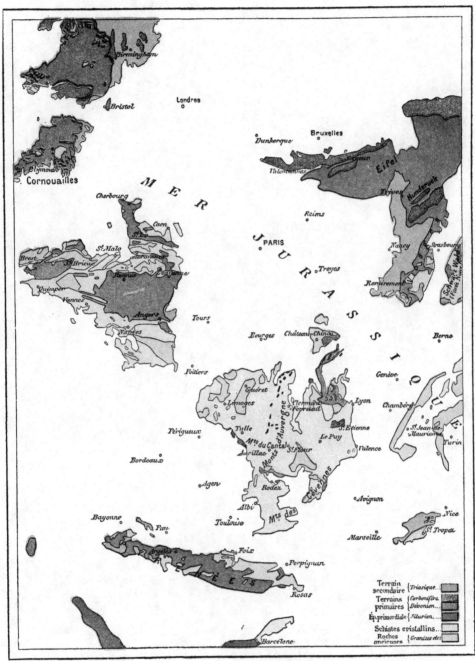

Gravé par E.Morieu, R.Vavin 43, Paris.

Imprimerie A. Lahure

FORMATION GRADUELLE DES TERRAINS
FRANCE
Terrains primitifs, primaires et triasiques

et que nous avons longuement étudiés dans un chapitre précédent (précisément à cause de leur application géologique permanente), mouvements lents, graduels, qui insensiblement ont à plusieurs reprises transformé la géographie de notre planète. Des centaines de milliers d'années gisent dans ces archives de l'enfance du globe.

On peut se former une idée de l'aspect géographique de nos contrées au commencement de la période jurassique, par l'examen de notre carte géologique n° 6, représentant les terrains graduellement émergés pendant les temps primaires et l'emplacement le plus probable des régions qui étaient alors ensevelies sous les eaux. Avant que les terrains qui composent aujourd'hui le Jura, les Alpes, — d'Altorf à Sion, Aoste, Modane, Briançon, Gap, Digne, Tende, bandes découpées comme des îles dans le terrain primitif, — le plateau de Langres, une partie de la Bourgogne, la Haute-Marne, la Meuse, la Meurthe, la Côte-d'Or, le Nièvre, le Cher, la Vienne, les Deux-Sèvres, une partie de l'Orne et du Calvados, fussent soulevés (nos lecteurs peuvent suivre cette formation jurassique sur notre carte géologique de la France) (¹), la contrée sur laquelle resplendit depuis plus de mille ans la civilisation française devait offrir l'aspect géographique dessiné sur la carte ci-dessus. La mer s'étendait sur l'emplacement de Paris, Tours, Bourges, Poitiers, Saintes, Périgueux, Bordeaux, Agen, Pau, Avignon, Chambéry, Genève, Berne, Bâle, Nancy, Troyes, etc. Elle couvrait toutes ces régions, de Londres à Paris, à Bruxelles, à Bordeaux et à Marseille. Tel était l'état de la France pendant la première partie de l'époque jurassique, pendant la période du lias.

1. PLACEMENT DES CARTES GÉOLOGIQUES DANS CETTE ÉDITION. (Ces cartes sont toutes coloriées, pour la distinction des terrains).

Carte 1. *Carte géologique de la France*, p. 204.
   — 2. *Carte géologique de l'Europe*, p. 220.
   — 3. *Formation graduelle des terrains*. FRANCE. *Terrains primitifs*, p. 236.
   — 4. *Terrains émergés en Europe à l'époque de la mer silurienne*, p. 252.
   — 5. *Coupe générale de l'ecorce du globe*, p. 260.
   — 6. *Formation graduelle des terrains*. FRANCE. *Terrains primitifs, primaires et triasiques*, p. 532.
   — 7. *Formation graduelle des terrains*. FRANCE. *Terrains primitifs, primaires, triasiques et jurassiques* (au chapitre suivant).
   — 8. *Formation graduelle des terrains*. FRANCE. *Terrains primitifs, primaires et secondaires* (au Livre suivant).

Pendant la seconde partie de cette époque, pendant la période oolithique, l'affaissement du sol cesse pour faire place à un lent et graduel exhaussement. Vers le milieu de la période oolithique, on voit les régions maritimes qui séparaient les îlots du terrain primitif s'élever au-dessus du niveau des eaux et souder le plateau central de la France; d'une part, à la Vendée et à la Bretagne; d'autre part, aux Vosges et à la Belgique. A la fin de la période jurassique, toutes ces régions autrefois ensevelies sous les eaux sont soulevées à une certaine hauteur.

En Angleterre, les terrains jurassiques forment une large bande traversant la région sud de la Grande-Bretagne, du nord-est au sud-ouest; cette bande est un prolongement de celle qui est disposée en ceinture autour du bassin de Paris. La mer jurassique s'est donc étendue sur toute cette partie de l'Angleterre comme sur la France.

Mais à la fin de l'époque jurassique, cette partie de l'Angleterre était émergée, comme le Jura, le plateau de Langres, l'Argonne et toute la ceinture dont nous avons parlé. De plus, des régions actuellement ensevelies sous les eaux de la Manche étaient également émergées, notamment entre Portland et Boulogne. La France était alors soudée à l'Angleterre, et là, où roulent aujourd'hui les eaux de la Manche, s'étendait un continent couvert de lacs, entourés d'une riche végétation dans laquelle dominaient les cycadées, les fougères, les conifères, et qui étaient habités par de grands reptiles herbivores, notamment par des iguanodons, ainsi que par des troupeaux de marsupiaux. Sur cette terre disparue, se préparait la formation lacustre et terrestre connue sous le nom de purbeckienne, dont l'île de Purbeck, sur la côte anglaise, non loin de Portland (Dorsetshire), en face de Cherbourg, présente le type géologique ainsi que les principaux fossiles.

Ainsi, tandis que le début de l'époque jurassique avait été marqué par un abaissement du sol d'une partie de la France, la fin de cette même époque a été contemporaine d'un exhaussement qui a fait émerger au-dessus des eaux une partie du nord de l'Europe.

Avant cet exhaussement, pendant le règne de la mer jurassique, *une grande quantité de coraux florissaient en France* et en Angleterre. Les récifs coralliens sont intimement liés aux formations oolithiques. Le sable calcaire que la marée rejette sur les plages des récifs de coraux ne tarde pas à être cimenté par les eaux d'infiltration ; tantôt, les grains sont faiblement agglutinés et l'on peut reconnaître l'enduit calcaire qui en opère la réunion par points ; tantôt, le sable est devenu du calcaire solide, mais sans qu'on cesse de distinguer les petits grains de sable. Quelquefois, les sables sont mélangés de cailloux empruntés à l'île qui borde le récif. On peut observer actuellement ce même genre de formation oolithique et corallienne, dans l'île de l'Ascension, à Oahu, et sur plusieurs points de l'Océan Pacifique.

On trouve les restes de ces récifs coralliens dans le Jura, sur une épaisseur de 40 à 60 mètres (aux environs de Gray et de Besançon), dans l'Yonne, en Provence, dans les Basses-Alpes, dans le Dauphiné, aux environs de Grenoble, — où ils sont représentés par de puissantes masses de calcaires blancs remplis de polypiers, avec leur cortège habituel d'oursins, de dicéras et de nérinées, — en Normandie et en Angleterre, où trois divisions du corallien se montrent nettement, au-dessus de l'oxfordien, sur la côte de Weymouth.

Le fait que les coraux vivaient, à l'époque jurassique, en France et en Angleterre, prouve que le climat équatorial s'étendait jusqu'au-delà du 55° degré de latitude, circonstance absolument incompatible avec l'existence de glaces au pôle nord. La végétation fossile donne le même témoignage, puisque des plantes tropicales, cycadées, fougères, vivaient alors jusqu'en Sibérie, jusqu'au 71° degré de latitude. Donc à cette époque-là les saisons et les climats n'étaient pas encore bien marqués, probablement à cause de la prédominance des mers sur les régions polaires.

Sans doute, il est difficile de rétablir exactement les alternatives de retrait et d'envahissement de la mer. Les comparaisons géologiques permettent cependant de conclure que, comme on l'a vu plus haut, l'Europe, au commencement du jurassique, n'était qu'un archipel composé d'îles plus ou moins développées. A l'époque du lias, le plateau central de la France restait encore séparé du massif de la Vendée à l'ouest, de la région des Vosges et d'une partie des Alpes au nord-est et au sud-est, par les détroits d'une mer libre (carte n° 6). A la fin de l'oxfordien, ces îles s'étendent et se soudent, d'une part par l'isthme de Poitiers, d'autre part par celui de la

Côte-d'Or. Au corallien, les trois bassins qui se partagent la France, celui de Paris au nord, celui de l'Aquitaine au sud-ouest, celui du Rhône au sud-est, n'ont plus de communications directes, les détroits de Poitiers et de la Côte-d'Or se trouvant fermés. Ce mouvement d'exhaussement, bien évident surtout dans la partie occidentale et septentrionale de l'Europe, s'accentue à la fin du jurassique. La France se soude à l'Angleterre, et sur l'emplacement actuel de la Manche s'établit un vaste continent, sur lequel les espèces animales et végétales sont surtout lacustres (dépôt de Purbeck), ce qui montre que ces terres n'étaient pas fort élevées et qu'elles restèrent longtemps soumises à de fréquentes incursions de la mer. Pourtant on y retrouve un grand nombre de plantes et d'animaux d'eau douce ; les calcaires d'eau douce alternent avec les calcaires marins sur une épaisseur de 125 mètres : la période a donc été d'une longue durée. En France, le Boulonnais présente la même formation. Il y avait également des lacs d'eau douce dans le Jura.

Si l'on compare à notre carte n° 6, qui représente la formation des terrains jusqu'au commencement du jurassique, la carte dessinée par M. Contejean (*fig.* 288) dans l'intention de représenter l'état de 'a France à la fin du jurassique, on remarquera que dans celle-ci le soulèvement jurassique s'étend d'une part jusqu'à Boulogne, d'autre part jusqu'à Caen et Cherbourg (et à l'Angleterre par un isthme ponctué sur la carte). Ensuite une partie de ces terrains sont redescendus sous les eaux, non toutefois sans qu'une grande partie de la Manche ait été émergée, sous forme continentale, depuis Portland jusqu'à Boulogne.

Nous avons vu tout à l'heure que le corallien est représenté dans le midi de la France, Provence, Basses-Alpes, Dauphiné, par de puissantes masses de calcaires blancs remplis de polypiers. Là, il est recouvert immédiatement par le crétacé. On en conclut qu'après la période corallienne, pendant les siècles où se sont formés les dépôts kimméridgiens et portlandiens, ce sol était hors de l'eau et qu'il est resté émergé jusqu'à l'arrivée de la mer crétacée. Ce sont là des documents géologiques qui permettent de reconstruire ces cartes rétrospectives.

A la période jurassique succède la periode crétacée. Dès le début

de cette nouvelle période, tout change de nouveau dans la distribution des terres et des mers. Le mouvement d'exhaussement du sol
de la France, de l'Angleterre, du nord de l'Europe, qui avait été le
trait dominant des temps oolithiques, s'arrête et fait place à un
mouvement contraire. Une partie notable de l'Europe septentrionale descend sous les eaux et ne reçoit plus de dépôts que ceux où
l'action sédimentaire est sensiblement dépassée en intensité par

Fig. 287. — L'émersion du sol de la Manche à la fin de la période jurassique,
et ses principaux habitants.

(Marsupiaux, iguanodons, ptérodactyles, au milieu des fougères.)

celle des organismes microscopiques de l'Océan. C'est un temps de
calme pendant lequel les infiniment petits travaillaient au fond des
mers et préparaient la formation de la craie, qui est presque uniquement composée de leurs débris, sur plusieurs centaines de
mètres d'épaisseur. En France, une vaste mer baignait la base du
Jura, se reliant d'une part avec la mer parisienne, d'autre part
avec une mer méridionale s'étendant jusqu'aux régions de la
Méditerranée actuelle. Le midi de la France, qui était élevé au-

dessus des eaux depuis la période corallienne, s'est de nouveau
abaissé et a fait partie d'une vaste mer s'étendant sur tout lesud de
l'Europe. A cette époque, le plateau central, complètement émergé,
soudé d'une part aux Vosges et de l'autre à la Vendée, s'opposait à
toute communication entre cette mer méridionale et la mer parisienne, qui s'avançait jusqu'au sud de l'Angleterre. L'ouverture de
la période crétacée a donc été marquée par un remaniement considérable de la carte du monde et par le retour de la mer sur des
régions qu'elle avait longtemps abandonnées. Cette invasion marine
paraît avoir atteint son maximum lors du dépôt de la craie blanche.

L'examen géologique nous permet de reconnaître les régions
où, le fond de la mer s'étant élevé, la terre a pris la place de la
mer ; mais il ne nous permet pas facilement de déterminer les portions de terres qui ont été changées en mer, attendu que le son-
dage géologique du fond des mers est loin d'être fait. Nous ne pouvons donc pas nous flatter de la prétention de rétablir avec certitude
l'état de la France ou l'état de l'Europe pour quelque époque géologique particulière. Ce que nous pouvons faire de plus précis, car
nous possédons les documents suffisants pour y parvenir, c'est de
construire des cartes géologiques représentant les formations successives des terrains et leur émersion graduelle au-dessus du
niveau de la mer. Ainsi, nos différentes cartes représentent, en fait,
l'émersion des terrains de nos contrées : 1° à l'époque de la mer
silurienne ; 2° au commencement de la mer jurassique ; 3° à l'époque
de la mer crétacée ; 4° vers le milieu de l'âge tertiaire. Mais on serait
dans la plus grande erreur d'en conclure que cette émersion progressive du continent français a passé régulièrement par ces quatre
phases seulement. Loin de là, entre chacune de ces cartes on
pourrait en intercaler plusieurs autres qui seraient toutes différentes, et qui, à l'exception des terrains primitifs restés presque
tous en relief depuis l'époque silurienne et dessinant comme l'os-
sature de nos pays, montreraient des retours de la mer en un très
grand nombre de points, d'abord exhaussés, puis abaissés, mais élevés de nouveau et encore submergés.

Si l'on considère, par exemple, le soulèvement des massifs des
montagnes les plus importantes, telles que les Alpes, les Pyrénées, etc., on voit que ces soulèvements ont été soumis à bien des

alternatives. Les roches primitives des Alpes, granite, gneiss, schistes cristallins ne portent au-dessus d'elles aucun terrain de sédiment primordial et primaire : elles étaient donc émergées pendant les périodes laurentienne, cambrienne, silurienne, dévonienne et carbonifère. Elles ont dû subir un mouvement d'affaissement pendant la période permienne, car elles portent des sédiments anthracifères concordants avec les schistes cristallins. Pendant le dépôt du permien, les Alpes formaient une région littorale qui s'abaissa pour recevoir des sédiments de dolomies, de gypses et d'autres roches du trias. Ce mouvement d'affaissement n'a pas été général, mais particulier à certains points, et l'on constate au début de la période jurassique une série d'oscillations qui finit par un affaissement complet au-dessous du niveau de la mer. Alors, sur les Alpes englouties se déposent les sédiments oolithiques, entièrement marins, puis les sédiments de la période crétacée, dont les derniers seuls indiquent une tendance à l'émersion sous forme d'îles, sur l'emplacement des chaînes intérieures actuelles. Autour de ces îles, longtemps peu développées, se déposent les sédiments marins éocènes, du commencement de l'âge tertiaire. Mais ces chaînes intérieures continuent à s'élever et forment bientôt, au milieu de la mer éocène, un continent exposé par sa mobilité à de puissantes érosions et dont les débris vont s'entasser dans les couches de la mollasse, où les alternatives marines et terrestres accusent l'instabilité des rivages.

A peine la mollasse est-elle consolidée que l'effort de dislocation atteint son apogée, et les couches miocènes sont violemment refoulées sans que la période pliocène, avec le début de laquelle ce mouvement coïncide, puisse laisser d'autres traces que des dépôts torrentiels sur les flancs des montagnes et de petits bassins à lignite à une certaine distance. Ainsi le soulèvement des Alpes a été, si l'on peut s'exprimer ainsi, une œuvre de longue haleine, et il n'y a pas identité d'âge entre les chaînes successives qui partagent ce massif en plusieurs régions distinctes. Les chaînes intérieures sont d'âge éocène ou peut-être crétacé; celles qui suivent datent du début du miocène, et celles du bord sont pliocènes. Cette succession même n'est pas absolue, et il a pu se produire, à la faveur de l'un des ridements, des golfes profonds par lesquels

la mer s'avancait dans les chaînes intérieures déjà formées ([1]). On
en a le témoignage par un dépôt nummulitique au sein des Alpes
occidentales. L'histoire des Alpes orientales n'est pas identiquement la même que celle des Alpes suisses : leur émersion es
devenue définitive à l'époque du crétacé supérieur, et déjà, dans
les derniers temps de la période oolithique, elles formaient une
chaîne d'îles, le long de laquelle a eu lieu l'empiètement trans-
gressif de la mer cénomanienne Le redressement des chaînes
éocènes paraît s'y être accompli un peu plus tôt que dans les Alpes
centrales. La séparation des deux massifs s'opérait alors comme
aujourd'hui sur l'emplacement de la vallée du Rhin. Depuis le
silurien jusqu'au carbonifère, la contrée située à l'est du Rhin est
restée en partie immergée, tandis que l'ouest formait un continent
de roches primitives, probablement en relation avec les Vosges,
le plateau central et la Forêt-Noire. Puis les Alpes orientales
s'affaissent et de riches faunes triasiques s'y succèdent, pendant
que la plus grande partie des Alpes occidentales reste émergée.
A la fin de cette période, la mer rhétienne envahit la région suisse
qui va dès lors s'abaisser de plus en plus. Le principal soulèvement des Alpes occidentales est le résultat d'une série de mouvements, lents ou saccadés, qui se sont succédés pendant le dépôt
de la mollasse. Ces mouvements, en redressant sur les flancs des
premières chaînes alpines les assises inférieures et moyennes de
cette formation, rejetaient peu à peu, en dehors de la zone montagneuse, les eaux où se formaient les couches supérieures, et
donnaient naissance à des bassins d'eau douc au fond desquels
se sont déposés des argiles à lignites.

De même que les Alpes, les Pyrénées sont le résultat d'efforts
de dislocation plusieurs fois renouvelés. Toutefois, la chaîne des
Pyrénées est beaucoup plus simple comme structure que celle des
Alpes; elle ne présente qu'un seul massif de terrains anciens qui
forme l'axe de la chaîne, mais dont les deux versants sont loin
d'être constitués de la même manière. Le versant français est
beaucoup plus raide et plus abrupt que le versant espagnol; les
dislocations et les contournements y sont aussi nombreux que com-

1. De Lapparent, *Traité de Géologie*

pliqués. Sur le versant espagnol, les couches sédimentaires forment,
en général, des paquets séparés les uns des autres par des failles,
sans que les couches y soient très écartées de l'horizontale. Le

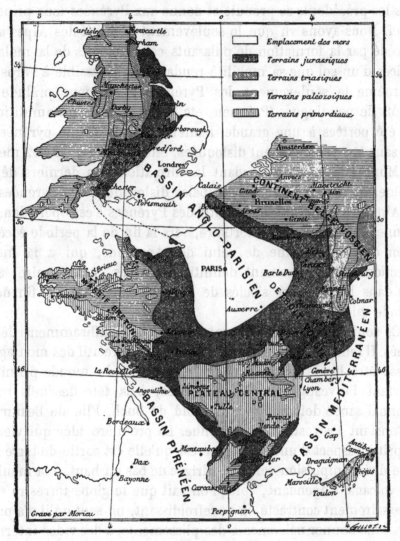

Fig. 288. — La France et l'Angleterre à la fin de l'époque jurassique
(D'après M. Contejean.)

premier mouvement de soulèvement semble s'être produit avant
le dépôt des couches carbonifères, car les schistes cristallins portent
des assises primaires concordantes avec eux. Ensuite apparaît, en
discordance avec la série précédente, une suite continue qui va
de l'étage houiller jusqu'aux couches infracrétacées. Ici s'est produit

un nouveau mouvement, introduisant une discordance entre la série précédente et celle des couches suivantes, du crétacé à l'éocène. A la fin de l'éocène, un mouvement plus considérable que tous les précédents se produit et donne aux Pyrénées leur principa relief. Nous avons vu que le soulèvement définitif des Alpes a été précédé par la formation de puissants conglomérats de la molasse, indices d'un sol que sa mobilité rendait très accessible à l'érosion ; de même le soulèvement des Pyrénées a eu pour prélude des dépôts de poudingues (Palassen, etc.). Les assises nummulitiques ont été portées à une grande hauteur dans la chaîne pyrénéenne où, sans être sensiblement disloquées, elles atteignent 3 352 mètres au Mont-Perdu. C'est pendant la formation des derniers dépôts éocènes qu'ont eu lieu les principales dislocations des Pyrénées (¹).

Ainsi, le soulèvement définitif des Pyrénées s'est opéré dans les premiers siècles de l'âge tertiaire, vers la fin de la periode éocène ; il en a été de même de celui des Apennins, qui a la même direction. Le soulèvement définitif des Alpes, au contraire, a eu lieu dans les derniers siècles de l'âge tertiaire, vers la fin de la période miocène.

Ce sont là des faits qui sont aujourd'hui suffisamment déterminés. Il semble difficile d'admettre que l'âge relatif des montagnes puisse être lu de la sorte dans les archives du monde primitif ; pourtant l'investigation des géologues, à la tête desquels notre reconnaissance doit nommer Léopold de Buch, Élie de Beaumont et Constant Prévost, y est parvenue. La première idée qui vient à l'esprit à l'aspect d'une montagne est qu'elle est sortie de terre par suite d'une impulsion verticale dirigée de bas en haut, à la manière des volcans. Cependant, lorsqu'on sait que le globe terrestre s'est nécessairement contracté en se refroidissant, on sent qu'il n'a pu le faire sans donner naissance à des plissements, à des vides internes, à des voûtes, à des dislocations de l'écorce extérieure, et que ces dislocations ont nécessairement produit des montagnes. Lorsqu'on analyse la structure des montagnes, on constate que la plupart du temps, au centre des massifs, la roche primitive surgit à travers les déchirures des étages sédimentaires, et vient former les cimes

---

1. De Lapparent, *Traité de Géologie.*

culminantes. Tout terrain sédimentaire s'étant déposé, comme nous l'avons vu, au fond des eaux, en couches plus ou moins horizontales, ne peut se présenter en couches inclinées que s'il a été soulevé par suite d'une dislocation postérieure à son dépôt. Une chaîne de montagnes est donc, comme ligne de relief, plus jeune que les couches qu'elle a redressées. Mais elle est plus ancienne que celles qui sont venues se déposer horizontalement sur ses flancs. Nous avons vu, dans un chapitre précédent, que les choses se passent encore de nos jours de la même façon. La principale cause de la formation des montagnes est la contraction lente et séculaire du globe. C'est cette formation actuelle des montagnes qui donne naissance aux tremblements de terre non volcaniques. L'état d'instabilité du noyau pâteux fait que, presque partout, le sol de la planète est en oscillation lente (¹).

Chaque siècle le niveau du sol est soulevé dans certaines de ses parties et déprimé dans d'autres; il en est de même du lit de la mer. Par suite de ces changements incessants et des causes météorologiques, l'écorce terrestre, remaniée à plusieurs reprises, a pris des formes toujours nouvelles, depuis qu'elle est habitée à sa surface par des êtres organisés et que le lit de l'Océan a été soulevé à la hauteur des montagnes les plus élevées. L'imagination est portée à s'effrayer, quand elle s'arrête à la considération de toutes les irrégularités qui, à partir de cette époque, se sont produites dans la croûte terrestre. Toutefois, si l'on tient compte du temps que ces irrégularités ont pu mettre à s'accomplir, il n'est plus nécessaire pour les expliquer de troubler le calme ordinaire de la nature. On voit, d'ailleurs, que le résultat de ces changements est, en général, insignifiant, car les chaînes de montagnes les plus hautes n'apportent qu'une modification presque insensible à la sphéricité parfaite du globe. Ainsi, le Gaorisankar, bien qu'il s'élève à 8840 mètres au-dessus du niveau de la mer, ne devrait être représenté sur un globe de 1ᵐ44 de diamètre que par un grain de sable d'un millimètre d'épaisseur.

On peut donc regarder les inégalités superficielles du globe

---

1. Voy. notre *Revue mensuelle d'Astronomie populaire*. Il ne se passe guère *de jours* sans que des tremblements de terre non volcaniques fassent sensiblement osciller le sol. Les montagnes continuent à se former — et à se déformer.

comme étant très peu considérables, et leur distribution, à une époque quelconque, peut être considérée, en géologie, comme une circonstance temporaire ; sous ce rapport, cette variation d'altitude pourrait être comparée à la hauteur et à la forme que présente le cône du Vésuve, dans l'intervalle de deux éruptions. Quelque peu importante, toutefois, que puisse être l'inégalité de la surface du globe, relativement à sa masse totale, il n'en est pas moins vrai que c'est de la position et de la direction de ces faibles inégalités que dépendent principalement l'état de l'atmosphère, ainsi que le climat général et local.

L'âge d'une dislocation se détermine d'après celui des terrains qu'elle affecte. Si deux assises sédimentaires reposent immédiatement l'une sur l'autre, de telle sorte que leurs couches, inclinées les unes et les autres, ne fassent cependant pas le même angle avec l'horizon, il est clair qu'on y doit voir la trace de deux redressements successifs, dont l'un a été antérieur et l'autre postérieur au dépôt de l'assise la moins ancienne. Une cassure est toujours plus récente que le dépôt des terrains qu'elle a brisés et dont l'âge fournit ainsi une limite inférieure pour l'époque de la dislocation. Comme, de plus, les accidents d'un même district obéissent en général à la loi de direction, tel accident, mal défini parce qu'il n'affecte qu'un petit nombre de couches, peut être légitimement rapporté au même âge que d'autres de même alignement, affectant un plus grand nombre d'assises. C'est une analyse délicate à poursuivre dans chaque cas particulier, en s'aidant de tous les caractères que l'observation permet d'enregistrer.

S'il est possible d'arriver à définir avec quelque précision l'âge d'une dislocation élémentaire, il est beaucoup plus difficile de déterminer l'époque de la formation d'une grande ligne de relief. A vrai dire, il n'est guère de chaînes de montagnes dont la structure ne porte l'empreinte de révolutions successives séparées, les unes des autres par des intervalles de repos plus ou moins complet

Quand une importante ligne de hauteurs se forme, elle modifie puissamment le domaine continental, rejette au loin certaines mers et change, en un mot, d'une manière appréciable la carte de la région. C'est donc cette carte qu'il faut reconstituer à diverses époques rapprochées, pour pouvoir reconnaître à quel moment les contours océaniques ont subi les modifications les plus profondes. Mais il ne suffit pas, pour cela, de noter soigneusement les points où l'on cesse d'observer telle ou telle formation marine ou lacustre. Il faut encore tenir compte des parties plus ou moins considérables que l'érosion a fait disparaître, et n'accepter, comme indices d'un rivage, que les formations qui, d'après la nature de leurs éléments minéraux ou celle de leurs fossiles, affectent un caractère incontestablement littoral.

« On comprend aisément les difficultés d'une telle tâche, dirons-nous avec un éminent géologue, si l'on songe que certains rivages ont disparu sans laisser de traces. La restitution des anciens rivages, fondée sur une exacte détermination des formations littorales, est le préliminaire indispensable des études orogéniques de détail. Or cette restitution ne peut être entreprise qu'à titre de résumé final des documents fournis par les cartes géologiques à grande échelle. Il ne s'agit pas, comme on le fait souvent, de donner une idée générale de la disposition respective des terres et des eaux à une certaine époque, par exemple. Il faut que ces contours maritimes s'appliquent avec rigueur à un moment bien déterminé de l'histoire géologique, c'est-à-dire au début ou à la fin d'un étage. Poser ce programme, c'est dire que l'heure d'une exacte détermination de l'âge des dislocations successives n'est pas encore venue, et qu'il convient d'attendre que les relevés géologiques de détail si activement poursuivis de nos jours, aient dit à peu près leur dernier mot » (¹). Jusqu'à présent nous devons nous borner à apprécier aussi justement que possible la *formation successive des terrains*, puis essayer de bien nous rendre compte de l'état de la nature terrestre aux époques correspondantes à ces formations.

Nous ne pouvons, sans compromettre la clarté de ces études, empiéter sur les formations de l'époque tertiaire pour compléter ce que nous aurions à dire ici des alternatives d'exhaussement et d'affaissement des Alpes, des Pyrénées, des diverses chaînes de montagnes, ainsi que des changements dans la configuration géographique des mers et des terres. Nous y reviendrons en décrivant ces formations ultérieures. L'important était de nous former

1. DE LAPPARENT, *Traité de Géologie.*

une idée exacte de ces changements géographiques et d'attribuer aux cartes rétrospectives la valeur relative qui appartient à chacune d'elles, sans aller au delà de la note exacte de ces documents.

L'intérêt capital qui nous frappe dans la contemplation de ces époques disparues réside surtout dans LA VIE qui les caractérisait, et certes aucune époque ne pourrait rivaliser avec celle que nous visitons en ce moment pour l'étrangeté des formes dominantes de cette population. C'est avec une curiosité mêlée de stupeur que nous voyons aujourd'hui apparaître devant nous les reptiles gigantesques de l'époque jurassique, notamment les ichthyosaures et les plésiosaures, caractéristiques de cette faune.

On peut dire des reptiles qu'ils représentent le passé ; ils ont pendant de longs siècles régné en maîtres à la surface du globe ; on voit apparaître une longue série d'animaux appartenant à des formes absolument disparues, en comparaison desquels les reptiles qui vivent aujourd'hui sont de véritables pygmées. Certains reptiles de l'époque secondaire peuvent être salués comme les plus gigantesques de tous les animaux terrestres connus : leur taille était supérieure à celle des éléphants et des cétacés ; on connaît a cette époque des fémurs de plus de deux mètres de haut, ce qui indique des bêtes d'une force si colossale qu'elle dépasse toute imagination. Des groupes entiers, dont rien dans la nature actuelle ne peut nous donner une idée, ont parcouru les océans, ont habité la terre ferme ou les marécages ; ils ont disparu sans retour et sans laisser de descendants ; certains de ces groupes sont à ce point isolés qu'ils diffèrent plus de nos animaux actuels que le serpent ne diffère du crocodile ; c'est par centaines que l'on commence à connaître ces anciens reptiles qui ont pendant longtemps joué à la surface du globe le rôle de nos mammifères ; on en trouve de carnassiers d'herbivores, d'insectivores, de frugivores ; ils sont partout, sur la terre ferme, au sein des eaux et dans les airs. Si l'époque primaire a pu, à juste titre, être appelée le règne des poissons, on peut dire de l'époque secondaire qu'elle a vu le summum du développement des reptiles.

Les étranges animaux qui font, pour ainsi dire, passage des reptiles aux batraciens, s'éteignent, et à tout jamais, dans les assises inférieures des formations jurassiques, les reptiles proprement dits sont, par contre, à leur sommet d'épanouissement ; ils sont représentés par tous les grands groupes que nous avons à l'époque actuelle, à l'exception du groupe des serpents qui n'apparaîtra que quand les premiers reptiles auront perdu leurs pattes. On trouve, en outre, des animaux de types absolument inconnus dans notre faune et qui ont disparu sans retour pendant l'époque crétacée ([1]).

Les plus anciennement connus de ces reptiles secondaires sont les ichthyosaures, car Scheuchzer, dès 1708, signale des vertèbres trouvées dans le lias d'Altdorf. Mais, comme nous le verrons plus loin, la nature de ces êtres si bizarres n'a été déterminée que dans la première moitié de ce siècle.

Les ichthyosaures ([2]) avaient les vertèbres d'un poisson, la tête d'un lézard, le museau d'un marsouin, les dents d'un crocodile, le sternum de l'ornithorynque et les nageoires de la baleine. On en connaît un grand nombre d'espèces différentes, parmi lesquelles plusieurs présentent une taille de dix et même douze mètres. Ils sont extrêmement nombreux dans les terrains jurassiques, surtout aux niveaux inférieurs. Leur tête (*fig.* 289), était longue et pointue, munie d'yeux énormes, leurs dents étaient pleines, longues, coniques et pointues (*fig.* 291), et fort nombreuses, car on a trouvé des mâchoires munies de cent quatre-vingt dents, qui se remplaçaient indéfiniment, comme chez les crocodiles. L'allure générale des ichthyosaures devait rappeler celle de nos cétacés actuels.

Abstraction faite de l'ensemble formidable de la structure de ce monstre, ses yeux, de la grosseur d'une tête humaine, devaient lui donner un aspect tout à fait terrifiant. A l'intérieur de l'orbite, on remarque un cercle, composé de 13 à 17 lames osseuses, qui servaient probablement de support au blanc de l'œil, à cause de sa grande dimension ; l'ouverture du cercle livrait passage à la lumière. Ce système organique, qui se rencontre dans les yeux de plusieurs oiseaux, dans ceux des tortues et des lézards, sert à repousser en avant la cornée transparente, ou à la ramener en arrière, de façon à diminuer ou à augmenter sa courbure, et à

1. Brehm et Sauvage. *Les Reptiles.*
2. *Étymologie :* ιχθυς, poisson ; σαυρα, lézard.

permettre ainsi la perception successive des objets à de petites et
à de grandes distances, c'est-à-dire à faire alternativement, et selon
les besoins de l'animal, office de lunette de myope ou de presbyte.
A partir des yeux, le crâne acquiert un volume considérable; le
front s'élève pour s'aplatir de nouveau à l'arrière; les os font saillie
au milieu et des deux côtés jusqu'à l'occiput, en laissant ouvertes
les cavités qui abritaient l'appareil musculaire destiné à faire
mouvoir la vaste et longue mâchoire inférieure.

A cette énorme tête, il fallait un puissant soutien ; c'est l'office
que remplissait le cou, gros et court, et dont les vertèbres s'avançaient dans l'intérieur de la tête, tandis que la mâchoire inférieure
se mouvait librement en avant et au-dessous d'elles. Les prolonge-

Fig. 289. — Tête fossile d'ichthyosaure.

ments épineux qui forment la colonne vertébrale vont en grossissant à partir de la tête jusqu'au milieu du dos ; ils servaient d'appui
aux cordons musculaires qui s'étendaient le long de la colonne vertébrale, entre celle-ci et les côtes, cordons qui avaient probablement la grosseur d'un câble. Les vertèbres mêmes sont à peu près
circulaires, plates et garnies d'échancrures pour les ligaments cartilagineux par lesquels elles sont reliées entre elles. La crête de
l'épine dorsale, laquelle, chez d'autres animaux, est pour ainsi dire
soudée aux vertèbres, n'y adhère que faiblement chez celui-ci, au
point qu'on ne la retrouve tout entière que lorsque le squelette,
enseveli dans la marne ou dans l'argile, s'est pétrifié avec le terrain
même

Chez les animaux de notre époque, le nombre des vertèbres
est si bien déterminé qu'il sert de caractère distinctif des familles;
chez les sauriens, au contraire, il varie, ce qui indique un développement imparfait : il ne s'était pas encore formé de type constant; l'épine dorsale se compose tantôt de 110, tantôt de 120,

voire même de 145 vertèbres, dont 45 forment la racine d'autant
de côtes, qui entourent tout le ventre.

La queue a de 80 à 85 vertèbres, dont les premières se continuent, des deux côtés, par des prolongements en forme de
demi-côtes, allant en diminuant et cessant au point où cesse la

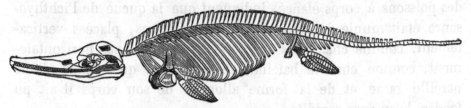

Fig. 290. — Squelette fossile de l'ichthyosaure.

crête du dos; à partir de là, la queue devient tout à fait ronde.

Les pieds, palmés, rappellent les nageoires de la baleine, avec
cette différence qu'ils ont un plus grand nombre de doigts; mais
ceux-ci se composent, comme la main de l'homme (moins le

Fig. 291 — Dent d'ichthyosaure.　　　　Fig. 292. — Dent de plésiosaure.

pouce), d'une série de phalanges, reliées entre elles par des
muscles et des ligaments cartilagineux. Ces pieds semblent faits
plutôt pour nager que pour marcher, mais ils ont pu servir aux
deux usages

Les quatre membres de l'ichthyosaure étaient cuirassés comme
un gantelet, tandis que le reste du corps restait dépourvu d'armure
défensive (¹).

I. La charpente osseuse de ces membres est très reconnaissable sur la gravure qui
précède (*fig* 290) . les membres de devant s'insèrent à l'omoplate, ceux de derrière à la

Le grand nombre et la surface biconcave des vertèbres permettent de conclure à une très grande agilité, grâce à laquelle ce monstre, si lourd en apparence, atteignait aisément sa proie. Si la longueur des quatre membres paraît insuffisante, par contre la structure des vertèbres caudales et leur comparaison avec celles des poissons à corps élancé, indiquent que la queue de l'ichthyosaure était munie de larges et fortes nageoires, placées verticalement, comme chez tous nos poissons, et non pas horizontalement, comme chez la baleine; on comprend qu'à l'aide d'une pareille rame et de la forme allongée de son corps il ait pu fendre l'eau avec rapidité.

On peut voir à la nouvelle galerie de paléontologie du Muséum de Paris un curieux fossile d'ichthyosaure dans le sein duquel se trouve encore enfermé un petit ichthyosaure parfaitement formé. La mère et l'enfant sont admirablement conservés (*fig.* 293). La paléontologie a donné là une preuve directe, prise sur nature, que ces reptiles étaient vivipares.

Cet ichthyosaure a été trouvé par le naturaliste Chaining Pearce, dans le terrain liasique du Somersetshire; ce squelette fossile était couché sur le ventre. Surpris par quelque cataclysme, l'animal avait été recouvert de sable, pétrifié depuis lors avec tout ce qu'il renfermait, moins les parties molles. En enlevant avec précaution l'argile durcie, on a mis à nu toute la face ventrale du monstre : elle était parfaitement conservée, ainsi que toute la charpente osseuse.

Mais quel ne fut pas l'étonnement du naturaliste, en découvrant, dans la cavité du bassin de l'ichthyosaure, un autre animal de même espèce, en miniature, dont le squelette était couché tout du long, la tête tournée vers la queue de l'animal-mère, et à moitié emprisonné par l'os du bassin, comme si la mère avait été soudain foudroyée avec son produit.

Le fait de la découverte d'un embryon fossile dans le corps pétrifié de sa mère est si prodigieux, qu'avant de l'admettre on n'a

hanche, chacun par un seul os très solide, qui se termine par une cavité d'où partent deux os; à la deuxième articulation, il s'en ajoute un troisième, puis successivement un quatrième et un cinquième; les membres de devant ont en plus, extérieurement, une série de petites phalanges, qui paraissent avoir formé un sixième doigt; le nombre des phalanges varie, de l'un à l'autre doigt, de 13 à 17. Les membres de devant étaient composés, au total, de 90 os, les membres de derrière de 60 seulement.

pas manqué de le scruter en tous sens; toute vérification faite, on n'a pu conserver aucun doute sur sa réalité. Ainsi que nous l'avons dit, le grand squelette a été dégagé de bas en haut, ce qui suffit déjà pour exclure l'idée que le petit squelette aurait été amené là par alluvion; il est tout aussi inadmissible que le grand squelette soit tombé sur le petit, déjà enseveli dans la vase, et lui ait fait contracter la position d'un embryon qui va naître La supposition que le petit animal ait été dévoré par le gros et soit venu ainsi se placer à l'orifice du tube intestinal, se réfute d'elle-même, puisque ce petit est tellement frêle que sa faible charpente (qui a d'ailleurs tous les caractères de celle de l'ichthyosaure) eût été broyée dans l'estomac du gros monstre, — en supposant même que les dents l'eussent laissée intacte. — Remarquons maintenant que la qualité de vivipare est inhérente à l'ordre des ichthyosauriens; les requins, qui ont aussi le gros intestin contourné en spirale, sont également vivipares, de même que plusieurs familles de serpents, — les vipères, entre autres, dont le nom même indique cette propriété (*viviparæ*, par opposition à *oviparæ*, couleuvres qui pondent des œufs), les salamandres et quelques autres reptiles.

Quand nous retrouvons ainsi les vestiges de cette vie lointaine, quand nous retrouvons, dit Buckland, dans le corps d'un ichthyosaure la nourriture qu'il venait d'engloutir un instant avant sa mort, quand l'intervalle entre ses côtes nous apparaît encore rempli des débris de poissons qu'il a avalés il y a bien des centaines de millions d'années, tous ces intervalles immenses s'évanouissent en quelque sorte; les temps disparaissent, et nous nous trouvons, pour ainsi dire, mis en contact avec tous les événements qui se sont passés à ces époques incommensurablement éloignées, comme s'il s'agissait de nos affaires de la veille ([1]).

Remarque assez curieuse, on n'a pas trouvé d'ichthyosaure dans les terrains secondaires des États-Unis. Cette absence a été longtemps un des faits paléontologiques les plus remarquables;

---

1. Il est très curieux de voir à quel degré de perfection la connaissance de ces espèces antiques, depuis si longtemps disparues, a été portée. Ainsi, par exemple, on sait ce que mangeaient les ichthyosaures, quelles espèces d'animaux ils dévoraient; on sait comment était construit le tube intestinal par lequel se terminaient leurs organes digestifs. Ces connaissances sont dues à la découverte de certaines concrétions, nommées *copro-*

car, jusqu'en 1879, pas le moindre ossement de ce genre n'avait été rencontré de l'autre côté de l'Atlantique. A cette époque, le professeur Marsh en obtint un spécimen presque complet, mesurant trois mètres de longueur, provenant du jurassique de la région des Montagnes-Rocheuses, *mais dépourvu de dents*. Les vertèbres, les côtes et les autres portions du squelette pouvaient à peine être distinguées des parties correspondantes d'un individu du genre Ichthyosaurus, et en beaucoup de points le crâne s'accordait aussi avec celui de ce dernier. Les prémaxillaires étaient proéminents; les susmaxillaires réduits; l'orbite vaste et défendue par un anneau sclérotique. Et cependant il n'y avait pas de dents; mieux que cela, une gouttière dentaire faisait même défaut. Le savant paléontologiste américain propose d'appeler le nouveau saurien « Sauranodon » ou saurien sans dents.

Quoiqu'on ait examiné dès 1708, comme nous l'avons vu, des restes fossiles d'ichthyosaures, on n'a commencé à les étudier que vers 1814; c'est cette année-là que sir Everard Home publia ses premiers travaux sur les ossements qui venaient d'être découverts dans le lias des environs de Lyme-Régis, sur la côte de Dorset. En 1816 et 1818, de nouvelles pièces furent retrouvées au même endroit, et en 1819 un squelette entier. En 1824, Cuvier publia un mémoire complet sur la restauration de ce singulier reptile. Depuis, on en a trouvé en plusieurs couches du liasique et du jurassique, mais jamais à partir du milieu du terrain crétacé. On en distingue quatre espèces principales : l'ichthyosaurus communis, la plus grande de toutes (douze mètres), dont les dents sont striées et en forme de couronne conique; l'ichthyosaurus platyodon, chez lequel les dents sont comprimées; l'ichthyosaurus tenuirostris, qui a le museau long et mince; et l'ichthyosaurus intermedius, qui ressemble à la première espèce, mais a les dents plus aiguës et moins profondément striées.

Plus étranges encore et souvent plus gigantesques que les ich-

---

lithes (κοπρος, excrément; λιθος, pierre), conservées à l'état fossile avec les squelettes des animaux. L'examen attentif des coprolithes de l'ichthyosaure y a fait reconnaître distinctement des écailles de poissons, des dents, etc. Par la forme des écailles, on a su déterminer l'espèce à laquelle appartenaient les poissons dévorés : on est même parvenu à établir que l'ichthyosaure dévorait des animaux de sa propre espèce.

thyosaures, les plésiosaures (¹) étaient leurs contemporains pendant les siècles dont nous écrivons l'histoire. Leur forme est bizarre : que l'on se figure une baleine dont le tronc serait continué par un cou ressemblant au corps d'un serpent, le tout terminé par une tête extrêmement petite, comparativement à la grandeur de l'animal; tels sont les plésiosaures qui, par certains points de leur organisation, participent tout à la fois des crocodiles, des sauriens, des tortues, des cétacés, tout en conservant des caractères qui leur sont absolument particuliers. Certaines espèces courtes et ramassées rappellent un peu les ichthyosaures. La taille de ces Plésiosaures

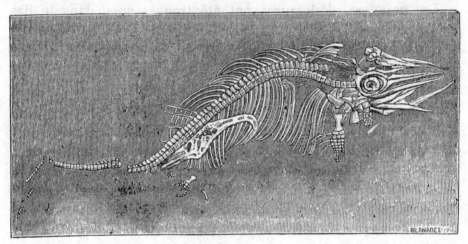

Fig. 293. — Petit ichthyosaure conservé fossile dans le sein de sa mère.
(Muséum de Paris.)

devait être énorme : leurs dents ont plus d'un pied de longueur, et certains os de la cuisse sont plus grands qu'un homme de moyenne taille! Des animaux que l'on connaît sous le nom de cétiosaures étaient non moins redoutables; leur fémur avait plus d'un mètre et demi de long, ce qui semble indiquer des animaux de dix-huit mètres de grandeur. Que nos reptiles actuels sont des pygmées en comparaison des animaux de ces anciens âges; qu'ils paraissent petits lorsqu'on les met en parallèle avec ces primordiaux !

Ces rois des mers jurassiques habitaient la haute mer; leurs membres, au nombre de quatre, aplatis comme des rames, étaient

1. *Étymologie* . πλησιος, voisin, σαυρα, lézard.

essentiellement conformés pour une natation d'autant plus puissante qu'elle était favorisée par la forme de la queue, haute et comprimée, qui leur tenait lieu de gouvernail. En raison de leur respiration aérienne, ils devaient nager, non dans la profondeur, mais à la surface des eaux, comme le cygne et les oiseaux aquatiques Recourbant en arrière leur cou long et flexible, ils dardaient de temps à autre leur tête robuste et armée de dents tranchantes, pour saisir les poissons. Ces animaux étant probablement vivipares, comme les ichthyosaures; ils se nourrissaient de proie vivante, que pouvaient saisir leurs dents nombreuses et souvent acérées.

Les premiers plésiosaures ont été trouvés aussi dans le lias d'Angleterre; c'est vers 1821 que Conybeare et De la Bêche en donnèrent la première description. Un squelette entier fut découvert en 1824. Ils vécurent, comme les ichtyosaures, pendant la période liasique et jurassique et jusqu'au milieu de la période crétacée, non seulement dans les mers anciennes de l'Europe, mais encore dans celles de l'Amérique, de la Nouvelle Zélande et de l'Australie. On en a déjà distingué 73 espèces différentes, dont 24 dans les terrains crétacés. La moitié supérieure des terrains jurassiques français ont donné 14 espèces, qui ont été principalement trouvées aux environs du Havre et de Boulogne-sur-Mer.

En 1839, le naturaliste anglais Richard Owen découvrit un reptile non moins gigantesque que le plésiosaure, auquel il donna le nom de pliosaure, qui diffère du précédent en ce qu'il a le cou moins allongé, beaucoup plus court et rentré dans les épaules, comme l'ichthyosaure. Malgré cette différence, le pliosaure appartient au type des plésiosaures.

Vers la même époque, Hermann de Meyer, en Allemagne, faisait connaître des reptiles provenant de la partie inférieure des terrains secondaires et trouvés dans les couches triasiques. Ces animaux, désignés sous les noms de nothosaures, pistosaures, simosaures, offrent aussi de nombreux rapports avec les plésiosaures. On voit là, comme dans les diverses races actuelles de chiens, si différentes de tailles et de formes, combien en histoire naturelle la qualification d'espèce est proche voisine de celle de race ou de variété, et combien il est difficile de l'enfermer dans des limites absolues.

Nos lecteurs se rendront compte de l'aspect des ichthyosaures et des plésiosaures, non seulement par les fossiles que nous en avons reproduit, mais encore par les dessins qui ont pour but de les reconstituer à l'état vivant. Notre figure 286, page 529, en donne une idée, que l'aquarelle de notre planche I (frontispice) rend d'une façon plus saisissante encore : dans cette aquarelle, le plésiosaure et l'ichthyosaure sont au milieu de la scène et ont pour compagnons des êtres non moins étranges, à la description desquels nous arrivons précisément en ce moment.

Les dernières découvertes de la paléontologie montrent en effet

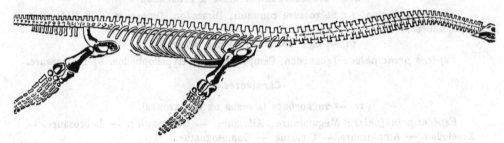

Fig. 294. — Squelette restauré du plésiosaure.

que les animaux dont nous venons de parler ne sont pas encore les plus extraordinaires de ces périodes antiques de l'histoire de la Terre. Nous pouvons avouer que les êtres les plus bizarres qui aient jamais existé sur notre planète sont assurément encore les *dinosauriens* de l'époque jurassique.

Comme leur nom l'indique (¹), c'étaient de terribles êtres, qui, précédant les mammifères, régnèrent sur la terre et sur la mer, et surent prendre une extension et une souveraineté comparables à celles des mammifères actuels. Les uns étaient carnivores et les autres herbivores; ils se nourrissaient des plantes croissant au sein des forêts profondes et se dévoraient entre eux. Depuis le trias jusqu'à la fin de l'époque crétacée, ils ont dominé le monde, tour à tour contemporains des ichthyosaures, des plésiosaures, des téléosaures, des mosasaures, etc Les découvertes récentes permettent aujourd'hui de se reconnaître au milieu de tous leurs débris fossiles, de reconstituer les principales espèces et d'établir

1. *Étymologie :* δεινός, terrible, étrange, prodigieux, σαυρα, lézard.

des groupes dans cette étrange population des siècles secondaires.

Tout d'abord, il est naturel de les grouper en deux classes : les herbivores et les carnivores Dans chacune de ces deux classes nous signalerons les espèces principales :

DINOSAURIENS

Herbivores

I. — SAUROPODES (A PIEDS DE LÉZARDS).

Espèces principales : Atlantosaure, Brontosaure. — Diplodocus. — Morosaure. — Cétiosaure

II. — STÉGOSAURES (SAURIENS A CARAPACE).

Espèces principales : Stégosaure commun, Diracodon, Omosaure. — Scélidosaure, Hylæosaure.

III. — ORNITHOPODES (A PIEDS D'OISEAUX).

Espèces principales : Iguanodon, Camptonotus. — Hypsilophodon. — Hadrosaure.

Carnivores.

IV. — THÉROPODES (A PIEDS DE CARNIVORES).

Espèces principales : Mégalosaure, Allosaure. — Cératosaure. — Labrosaure. — Zanelodon. — Amphisaure. — Cœlurus. — Compsognathe.

Prenons une idée rapide de chacun de ces genres :

Dans la première série, remarquons les atlantosaures et les brontosaures, véritables géants de la faune secondaire. Les premiers atteignaient trente mètres de longueur et les seconds environ seize mètres. C'étaient de gigantesques quadrupèdes herbivores. les plus grands quadrupèdes qui aient jamais existé : on peut en juger (*fig.* 297) par la comparaison de ses dimensions avec celles de l'éléphant. Le brontosaure était plantigrade et avait cinq doigts aux quatre pattes; sa tête était remarquablement petite, plus petite que chez aucun autre vertébré connu; il avait le cou long et flexible, le tronc court. Probablement amphibie. Le paléontologue américain Marsch en a restauré le squelette que nous reproduisons plus loin (*fig.* 298). Selon toute apparence, c'était une bête lente et stupide, dont le poids devait s'élever à trente mille kilogrammes. L'animal marchait à la façon des ours actuels, et chaque empreinte de ses pas occupait environ 90 centimètres carrés.

Le diplodocus mesurait quatorze mètres de longueur. Fort ressemblant au brontosaure quant aux membres et à l'allure; petite tête, narines au sommet, mœurs aquatiques, dentition réduite, pas de dents au fond de la mâchoire; herbivore. Cerveau minuscule, comme celui de *tous les dinosauriens*.

Le cétiosaure a laissé des fémurs fossiles de 1^m70 de haut; ce que l'on connaît de la tête et de la colonne vertébrale atteint douze mètres, ce qui représente un animal de seize à dix-sept mètres de long ! Ils pouvaient vivre sur la terre ferme et se réfugier dans les marais ou à l'embouchure des grands fleuves, habitant généralement

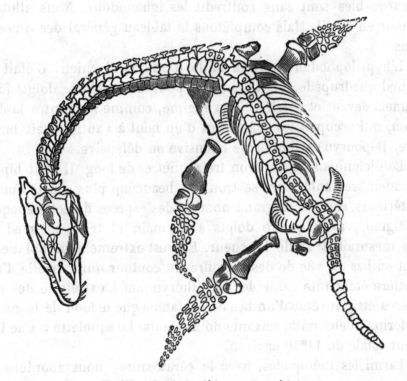

Fig. 295. — Fossile du plésiosaure macrocéphale.

parmi les fougères, les cycadées, les arbustes de conifères, circulant au milieu des forêts peuplées d'insectes et de petits mammifères. Herbivore.

« C'est parmi les sauropodes, écrit M. Sauvage, que se trouvent probablement les plus gigantesques de tous les animaux terrestres; à en juger par les débris déjà retrouvés, certains d'entre eux devaient atteindre plus de 35 mètres de long ! »

Les stégosaures étaient des reptiles bipèdes atteignant une taille de dix mètres environ de longueur; les membres antérieurs sont

beaucoup plus courts et moins forts que les membres postérieurs ;
cinq doigts devant et derrière ; petite tête, cerveau minuscule,
beaucoup moins volumineux même que la moelle épinière du bas
de la colonne vertébrale. Aquatique et se nourrissant de plantes.
Leur corps était protégé par une armure composée de plaques et
d'épines dont quelques-unes mesuraient jusqu'à 63 centimètres.

Parmi les ornithopodes, ou reptiles à pieds d'oiseaux, les plus
remarquables sont sans contredit les iguanodons. Nous allons y
revenir en détail. Mais complétons le tableau général des dinosauriens.

L'hypsilophodon avait la taille d'un grand chien. C'était un
animal quadrupède, digitigrade et pourvu de quatre doigts fonctionnels devant et derrière. Son régime, comme le montre la dentition, qui occupait les mâchoires d'un bout à l'autre, était herbivore. Dépourvu de tout arme offensive ou défensive.

Le diclonius avait environ treize mètres de long. Il était bipède
(les membres antérieurs se trouvant beaucoup plus courts que les
postérieurs, comme un grand nombre des espèces de cette époque),
digitigrade, avait quatre doigts à la main et trois au pied. Sa
tête mesurait 1^{m}18 de longueur. Elle est extrêmement aplatie de
haut en bas et, vue de dessus, offre un contour qui rappelle d'une
manière étonnante celui de l'ornithorynque. L'extrémité des mâchoires était revêtue d'un bec corné, tandis que le fond de la gueule
renfermait deux mille soixante-douze dents. Le squelette a une longueur totale de 11^{m}50 environ.

Parmi les théropodes, avec le cératosaure, nous abordons les
dinosauriens carnivores. Cet animal avait environ six mètres de
long. Il était bipède, dans les mêmes conditions que les stégosaures
et les ornithopodes. La dimension antéro-postérieure de sa tête est
d'environ 60 centimètres ; les mâchoires nous présentent des dents
fortes et tranchantes d'une extrémité à l'autre. Ainsi que le rhinocéros, il portait sur le nez une puissante corne. Le mégalosaure
était un bipède de la même classe. Il habitait, ainsi que le tératosaure, les estuaires et les marais et se nourrissait de poissons.

Un type voisin, l'allosaure, également bipède et digitigrade,
nous montre trois orteils et quatre doigts. Les membres postérieurs, qui portent seuls le poids du corps, sont terminés,

comme chez les sauropodes, stégosaures et ornithopodes, par de petits sabots. Les membres antérieurs, qui doivent servir à retenir la proie, sont garnis de griffes acérées.

Le compsognathe ne mesurait guère qu'un pied de long. Il avait trois doigts fonctionnels devant et derrière. Particulièrement intéressant à cause de ses relations avec les oiseaux. Comparés aux sauropsides actuels, les dinosauriens sont apparentés, d'un côté aux lacertiliens et aux crocodiliens; de l'autre, aux oiseaux. Le compsognathe est jusqu'à présent *le plus oiseau* des dinosauriens. Il paraît, comme le morosaure (animal voisin du brontosaure), avoir été vivipare ([1]).

Le compsognathe a été trouvé dans les schistes lithographiques de Solenhofen, en Bavière, qui se sont déposés un peu avant la fin des temps jurassiques; ces schistes à grains fins, formés sous des eaux peu profondes et tranquilles, nous ont laissé des animaux d'une admirable conservation, des poissons, des insectes et jusqu'à des êtres complètement mous, tels que des étoiles de mer et même des méduses. « L'animal de Solenhofen, dit M. Sauvage, est de petite taille et se fait remarquer par la disproportion entre les membres de devant et ceux de derrière, ces derniers fort longs, les autres très courts; les vertèbres antérieures sont convexes en avant, concaves en arrière; le cou, très long, est surmonté par une tête assez semblable à celle des oiseaux; les dents sont nombreuses; les pattes de devant et celles de derrière ne portent que trois doigts; un os du pied, l'astragale, est soudé avec le tibia, ainsi qu'on le voit chez les oiseaux. Le compsognathe, en un mot, bien qu'il soit reptile, est certainement un des dinosauriens ayant le plus d'affinités avec les oiseaux; c'est un de ces êtres comme nous commençons à en connaître, qui pendant les temps anciens, semblent avoir relié les divers groupes les uns aux autres, comme si ces derniers avaient eu une origine commune. »

Donnons maintenant une attention spéciale aux *iguanodons*, qui ne sont bien connus des géologues que depuis l'étonnante et précieuse découverte faite récemment en Belgique de toute une compagnie de ces dinosauriens ensevelis et merveilleusement con-

1. L. DOLLO. *Revue des questions scientifiques*, 1885.

servés. Nous résumerons dans ce récit la savante description qu'en a donnée M. Dollo, naturaliste du Muséum de Bruxelles [en compagnie duquel nous avons été heureux de visiter (octobre 1885) ces intéressantes et curieuses reliques des siècles disparus].

La première découverte de restes d'iguanodons date de 1822. Cette année-là, Gédéon Mantell, naturaliste anglais, recueillait, dans la formation wealdienne de Tilgate Forest (comté de Sussex),

Fig. 296. — Dent d'iguanodon.

les premières dents de l'animal auquel on devait donne , quelques années plus tard, le nom d'igua odon. Ces dents étaient si remarquables qu'elles auraient frappé, par leur apparence singulière, l'observateur le plus superficiel. Elles ne pouvaient, d'ailleurs, être confondues avec des dents de crocodiles, de mégalosaures et de plésiosaures, seuls reptiles dentés rencontrés jusqu'alors dans ces terrains. Trois ans plus tard, le même naturaliste crut pouvoir les assimiler à celles d'un iguane, et il en fut si fortement frappé qu'il déclare inutile d'insister plus longtemps sur leurs concordances, et propose d'appeler l'animal à dents d'iguane, *iguanodon*.

Le genre *iguanodon* était ainsi créé sur l'inspection d'une dent.

Neuf ans s'écoulèrent avant qu'on pût mettre la main sur une série d'os de quelque importance accompagnant des dents d'iguanodon. En 1834, on en mit au jour quelques fragments fossiles, mais il faut arriver jusqu'à l'année 1868 pour voir l'animal à peu près complètement décrit par Huxley.

Jusqu'à la découverte de Bernissart, on n'avait pas encore recueilli d'iguanodons entiers. On possédait des notions exactes sur la position de ce saurien dans l'échelle des êtres, mais on manquait encore de connaissances précises sur sa longueur totale, sur les proportions des diverses parties de son corps, sur son crâne, sur sa ceinture scapulaire et sur ses membres antérieurs.

Le 7 mai 1878, M. Van Beneden, professeur à l'Université de Louvain, annonçait, à l'Académie de Belgique, qu'une quantité considérable d ossements de reptiles gigantesques venait d'être rencontrée, à 322 mètres de profondeur, dans la fosse Sainte-Barbe du charbonnage de Bernissart, village situé entre Mons et Tournai, près de la frontière française. L'illustre paléontologiste insistait sur le mauvais état de conservation des fossiles et les rapportait dubitativement au genre Iguanodon. Avec ces débris s'en trouvaient beaucoup d'autres, notamment des restes de tortues, de crocodiles, de poissons, et un nombre considérable de plantes.

Cette extraction présentait de nombreuses difficultés : l'exécution était délicate et coûteuse, tandis que le résultat demeurait incertain. On remarqua d'abord que la galerie de reconnaissance avait

Fig. 297. — Forme et grandeur probables de l'*atlantosaure* : le plus grand des animaux qui aient jamais existé (longueur : 35 mètres).

traversé un iguanodon de part en part et l'avait détruit, depuis la tête jusqu'au bassin, de manière à ne laisser subsister intacts que les membres postérieurs et la longue queue de l'animal. Toutefois, les travaux de déblaiement, entrepris pour l'enlèvement des fossiles, mirent à découvert d'autres traces, qui furent poursuivies à leur-tour, et, bientôt, on acquit la conviction que l'individu traversé par la galerie était loin d'être seul, et que des squelettes complets pourraient être exhumés.

A mesure que l'on avançait dans l'extraction, on rencontrait de nouveaux débris et, dans les matériaux de déblai eux-mêmes, on ramassa tout un monde de petits reptiles, de tortues, de poissons et de végétaux. Finalement, après trois années d'un pénible labeur, et de déblais entrepris entre 322 et 356 mètres de profondeur, la science put compter à son actif vingt-neuf iguanodons, dont un bon nombre complets, cinq crocodiles, une salamandre, et des milliers de poissons et de végétaux (1).

Par leur forme générale, leur port, leur allure, ils rappellent le kanguroo, mais un kanguroo gigantesque. Leur tête est petite relativement et ressemble à celle des équidés.

Avec ces iguanodons, on a découvert, avons-nous dit, de nombreux restes de tortues terrestres et fluviatiles atteignant jusqu'à quatre mètres de long, et plusieurs centaines de poissons dont les espèces sont toutes d'eau douce.

Un cours d'eau douce traversait donc la crevasse de Bernissart; mais, d'après l'alternance de ses dépôts avec les argiles noirâtres, on peut conclure qu'il dépendait de crues périodiques. En dehors de ces crues, la crevasse devait former un marais : la végétation l'indique, ainsi que les fossiles animaux. Son fond était occupé par une boue ou limon bourbeux dans lequel venaient s'enfouir les débris de fougères amies de l'humidité, qui croissaient au bord de ce marécage. Les gigantesques iguanodons, en voulant la traverser, s'y sont

1. Si la découverte de cette importante série d'êtres éteints avait été difficile, leur extraction le fut encore davantage, et on ne put la mener à bonne fin qu'avec les plus grandes précautions. Les ossements n'avaient, en effet, aucune consistance et tombaient en poussière aussitôt qu'on les dégageait. Dans le but d'obvier à ce grave inconvénient, on eut recours à un procédé qui rappelle un peu celui qu'emploient les jardiniers pour transplanter du gazon. De même qu'ils n'arrachent pas les brins d'herbe les uns après les autres pour les transporter tour à tour, mais détachent successivement par plaques la terre qui porte ce gazon, de même fit-on pour les os des iguanodons. On découpa par blocs l'argile qui renfermait les ossements, et c'est dans cet état qu'on décida d'extraire ces derniers de la galerie et de les amener à la surface. Or ces blocs, dont plusieurs mesuraient 1m50 en longueur et en largeur sur une hauteur de 0m60, étaient exposés, à cause de leurs dimensions, à tomber en morceaux. C'est ce qu'il fallait éviter à tout prix. Pour y arriver, on imagina de les entourer d'une enveloppe rigide en les noyant dans du plâtre. Le bloc était ainsi enduit sur quatre de ses faces, après quoi on l'amenait jusqu'au sol. Là, on le consolidait par des ferrures annulaires, et on terminait son revêtement en recouvrant de plâtre ses deux extrémités. Ensuite, le bloc recevait un numéro, et tous les blocs appartenant à un même animal, étaient marqués d'une lettre commune : on évitait de cette façon de mettre la tête d'un individu sur le corps d'un autre, etc. En outre, un plan indiquant la situation des différents blocs de chaque spécimen fut soigneusement dressé, de manière à pouvoir les placer plus tard exactement dans les positions relatives qu'ils occupaient, alors qu'ils faisaient encore partie intégrante de la couche argileuse.

Cela fait, les blocs, dont le poids total ne s'élevait pas à moins de 110 000 kilogrammes, enveloppés dans leur gangue de plâtre, furent mis dans des tapissières et transportés par chemin de fer à Bruxelles, où ils arrivèrent sans encombre au Musée d'histoire naturelle.

enfoncés complètement ; et c'est grâce à cette circonstance que leurs squelettes entiers ont pu être conservés pendant des milliers de siècles et que nous pouvons les posséder aujourd'hui dans leur intégrité. On les a retrouvés couchés sur le côté, et plus ou moins déformés par la pression des terres sous lesquelles ils sont restés ensevelis.

Ce n'est pas là d'ailleurs un cas isolé. On a mis au jour, dans le limon pliocène de Dursart (Gard), des éléphants qui s'y étaient enfouis de la même façon. Malgré la distance de temps énorme qui sépare les deux dépôts, il existe un rapport évident entre leurs tombes respectives : la consistance et la couleur se ressemblent. Seulement, dans le Gard, on trouve des feuilles de chêne tandis qu'en Belgique, ce sont des fougères caractéristiques, propres à une localité envahie par l'eau.

Trois espèces d'iguanodons sont aujourd'hui bien caractérisées : l'Iguanodon Prestwichi, l'Iguanodon Mantelli et l'Iguanodon Bernissartensis.

I. L'Iguanodon Bernissartensis mesure 9^{m}50 du bout du museau à l'extrémité de la queue et, debout sur ses membres postérieurs, — attitude qu'il avait en marchant, — s'élève à 4^{m}36 au-dessus du sol.

Sa tête est relativement petite et très comprimée suivant le diamètre bilatéral. Les narines sont spacieuses et comme cloisonnées dans leur région antérieure. Les orbites sont de grandeur moyenne, allongées suivant la verticale. L'extrémité des mâchoires, supérieure et inférieure, est édentée ; elle était vraisemblablement revêtue d'un bec corné. Le reste de ces organes est garni de 92 dents, dont la structure indique un régime herbivore. Comme chez les reptiles actuels, les dents se remplaçaient indéfiniment, c'est-à-dire qu'aussitôt que l'une d'elles était usée, une autre lui succédait.

Le cou est modérément long et contient, sans compter le proatlas, dix vertèbres qui, sauf la première, portent toutes une paire de petites côtes. Il devait être très mobile.

Le tronc est composé de 24 vertèbres solidement réunies par des tendons ossifiés, derniers restes de la musculature si développée chez les serpents et servant dans ceux-ci à produire les mouvements latéraux de la colonne vertébrale.

La queue est un peu plus longue que le reste du corps ; elle a 5 mètres et renferme 51 vertèbres. Elle est très comprimée latéralement, rappelant celle du crocodile.

Les membres antérieurs sont plus courts que les postérieurs. Ils sont massifs et puissants, et se terminent par une main à cinq doigts. Le premier doigt, ou pouce, de celle-ci, a sa phalange unguéale transformée en un énorme éperon, qui, revêtu de sa corne, devait être une arme terrible. Le second, le troisième et le quatrième doigt possèdent chacun trois phalanges, dont la dernière, ou unguéale, portait un petit sabot corné. Le cinquième doigt, qui est très long et fort singulier, était probablement opposable comme notre pouce, permettant ainsi à l'iguanodon de saisir et de rapprocher éventuellement de lui les branches des arbres dont les fruits servaient à sa nourriture.

Les membres postérieurs sont les plus volumineux, et leur structure rappelle celle des pattes d'oiseaux.

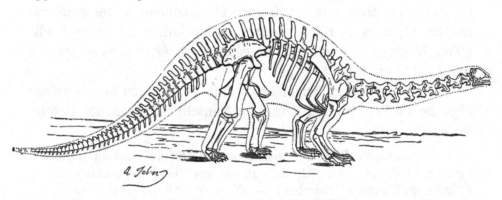

Fig. 298. — Animaux de la période jurassique : le brontosaure (1/125 de grandeur naturelle).

II. L'Iguanodon Mantelli, se distingue surtout de l'Iguanodon Bernissartensis par les caractères suivants :

1° Il n'a que cinq à six mètres, au lieu de dix mètres ;

2° Il n'a que cinq vertèbres au sacrum, au lieu de six ;

3° Les narines sont beaucoup plus spacieuses.

III. L'Iguanodon Prestwichi se fait remarquer par la présence de quatre vertèbres seulement au sacrum et par la moins grande complication de ses dents.

Nous pouvons maintenant nous représenter les iguanodons comme des animaux amphibies, qui se nourrissaient de végétaux. Ils coupaient ces derniers avec le bec corné qui terminait leurs mâchoires, et la trituration se faisait dans l'arrière-bouche à l'aide des 92 dents, continuellement renouvelées, dont nous avons parlé plus haut. Ils étaient probablement aquatiques. Les circonstances dans lesquelles les dinosauriens de Bernissart ont été trouvés, montrent que ces animaux devaient vivre au milieu de marécages et sur les bords d'une rivière.

Etant donné que les iguanodons passaient une partie de leur existence dans l'eau, nous pouvons nous figurer, à l'aide d'observations faites sur le crocodile et sur l'amblyrhynchus (grand lézard marin des îles Gallapagos), deux modes de progression de notre dinosaurien, très différents l'un de l'autre, au sein de l'élément liquide.

Quand il nageait lentement, il se servait des quatre membres et de la queue. Voulait-il, au contraire, avancer rapidement pour

Fig. 299. — Squelette du principal iguanodon de Bernissart.

échapper à ses ennemis, il ramenait ses membres antérieurs — les plus courts — le long du corps, et se servait uniquement de son appendice caudal. Dans ce dernier mode de progression, il est clair que plus les pattes de devant sont petites, plus elles se dissimulent aisément et moins, par conséquent, elles causent de résistance au déplacement· de l'animal dans l'eau. La conformation de tous les mammifères aquatiques donne le même témoignage.

A terre, ces animaux *marchaient* à l'aide des membres postérieurs seuls. En d'autres termes ils étaient bipèdes à la manière de l'homme et d'un grand nombre d'oiseaux, et non *sauteurs* comme les kangourous. De plus ils ne s'appuyaient point sur la queue, mais la laissaient simplement traîner.

Les iguanodons étant herbivores devaient servir de proie aux grands carnassiers de leur époque. D'autre part, ils séjournaient au milieu de marécages. Parmi les fougères qui les entouraient, ils auraient vu difficilement, ou pas du tout, arriver leurs ennemis. Debout, au contraire, leur regard pouvait planer sur une étendue considérable. Debout encore, ils étaient à même de saisir leur agresseur entre leurs bras courts mais puissants, et de lui enfoncer dans le corps les deux énormes éperons vraisemblablement garnis d'une corne tranchante, dont leurs mains étaient armées ([1]).

Nos lecteurs se rendront compte de la stature de ces êtres bizarres par le squelette fossile gravé plus haut (*fig.* 299) et mieux encore certainement par le beau dessin de la page 569, qui représente la rencontre d'un iguanodon et d'un mégalosaure dans une forêt jurassique wéaldienne ([2]).

Tout récemment, cette année même (1885), M. Dollo a restauré un nouveau reptile trouvé dans le crétacé du Hainaut et auquel il a donné le nom de hainosaure, « saurien de la Haine » (rivière), pour correspondre au terme de mosasaure « saurien de la Meuse » déjà donné à des reptiles du même ordre. La longueur du crâne mesure 1^{m}55, et la longueur totale du reptile devait être de treize mètres. C'est, jusqu'à présent, le plus grand des mosasauriens connus ([3]).

La tête du mosasaure, qui ne mesure pas moins de 1^{m}30 de long et peut atteindre jusqu'à 2^{m}50, ressemble à celle des monitors. Les mâchoires sont garnies de dents acérées. Le cou renfer-

---

1. L. Dollo. *Revue des Questions scientifiques*, Bruxelles, 1885.

2. Ce dessin, dû au crayon de M. Jobin (du Muséum de Paris), rétablit ces deux reptiles dans le cadre de leur époque. Le mégalosaure, qui est carnassier, est dans une attitude agressive. L'iguanodon (herbivore) se tient de son côté sur la défensive, tout prêt à faire usage du terrible éperon de son pouce.

La végétation est formée d'espèces appartenant aux genres suivants :

Fougères : Scleropteris, Lamatopteris, Stachypteris, etc.

Cycadées : Pterophyllum, Otozamites, Sphenozamites, etc. (Plantes ou petits arbres à tronc simple et formant le soubassement des bois.)

Conifères : Brachyphyllum, Pachyphyllum, Palyssia Widdringtonia, Araucaria, Baiera. (Arbres de haute futaie rappelant les Sequoia, les Araucarias d'Australie, les Cyprès, les Ginckos. — Il y avait même déjà de véritables Pins.)

3. Les premiers mosasaures ont été recueillis dès l'année 1766, en Hollande, à Maestricht, au bord de la Meuse, par Drouin, officier qui s'intéressa à acheter ces ossements fossiles à mesure que les carriers les découvraient. Hoffmann, chirurgien de la garnison.

mait vraisemblablement dix vertèbres au maximum et présentait sans doute les proportions de celui des ichthyosaures. La main, à cinq doigts, était terminée par des phalanges unguéales dépourvues de griffes et possédait la structure de la nageoire. Le plus long doigt portait six phalanges; le plus court, quatre. M. Marsh figure le pouce comme en ayant trois Les membres postérieurs sont semblables aux antérieurs dans leur organisation, mais un peu plus faibles en volume. L'armure dermique consistait en plaques de deux centimètres environ : ces plaques, lisses sur la face interne, étaient imbriquées; on ignore le mode exact de leur distribution sur le corps de ces colosses.

Somme toute, dit M. Dollo, les mosasaures étaient des reptiles qui devaient extérieurement avoir l'aspect des dauphins, de grands marsouins, par exemple. Ils s'en distinguaient aisément cependant :

continua les recherches commencées par Drouin et réunit un assez bel ensemble de matériaux, que Pierre Camper acquit, en 1782, à la mort de son possesseur.

Lorsque l'armée française s'empara de la ville de Maestricht, en 1793, Kléber envoya au Jardin des Plantes de Paris la tête fossile du mosasaure, qui était alors entre les mains du chapitre de l'Église. Faujas de Saint-Fons l'étudia et crut reconnaître dans l'animal de Maestricht, comme on l'appelait alors, un énorme crocodile. Cette tête mesure deux mètres de longueur.

Cuvier décrivit le crâne et la colonne vertébrale, en même temps qu'il apprécia sainement les rapports zoologiques du mosasaure. Il ne put, faute de documents, établir sûrement la véritable nature des membres. Néanmoins, il reconnut qu'ils devaient constituer des sortes de nageoires qu'il compare à celles des dauphins et des plésiosaures.

En 1841, sir R. Owen vint mettre à côté du mosasaure classique un nouveau genre, le leiodon, caractérisé par ses dents. Cette découverte augmenta le nombre des formes, mais l'ostéologie du groupe resta, ou peu s'en faut, stationnaire.

Un peu plus tard (1845), Goldfuss présenta comme une espèce nouvelle un mosasaure américain, dont le squelette est aujourd'hui conservé à Bonn. Ce travail, tout en nous gratifiant d'un type inédit, fit avancer considérablement notre connaissance générale du sous-ordre.

Il se produisit alors un grand silence, à la suite duquel les fouilles étonnantes exécutées de l'autre côté de l'Atlantique complétèrent, d'une manière inespérée, les renseignements fragmentaires recueillis auparavant.

Le professeur Cope, dans son grand ouvrage sur les vertébrés crétacés (1875), donna les diagnoses de trois genres nouveaux (Platecarpus, Clidastes, Sironectes), représentant ensemble vingt et une espèces.

Enfin le professeur Marsh, qui possède à présent les restes de quatorze cents individus du sous-ordre des mosasaures, fixa (1872) d'une façon définitive la structure des ceintures scapulaire et pelvienne ainsi que des membres. Huit ans plus tard (1880), il décrivit le sternum. On lui doit encore la découverte de la nature des téguments. Enfin, il caractérisa cinq genres nouveaux (Baptosaurus, Edestosaurus, Holosaurus, Lestosaurus, Tylosaurus), auxquels M. Dollo a ajouté les genres Pterycollasaurus et Plioplatecarpus.

parce que leur corps, au lieu d'être nu, comme celui des dauphins, était recouvert de petites plaques osseuses ; par la présence de deux paires de nageoires, tandis que ces cétacés n'en ont qu'une seule paire ; par la circonstance que leur queue était comprimée latéralement et non de haut en bas, et par la position subterminale de leurs narines, qui n'étaient point transformées en évents. — Nous les retrouverons plus loin, à la période crétacée.

D'un autre côté, aux États-Unis, M. Marsh a restauré récemment aussi (1884) un nouveau reptile trouvé dans le jurassique et auquel il a donné le nom de macelognate. C'est une espèce de tortue à dents et à bec corné, les dents étant au fond de la mâchoire.

A tous ces êtres déjà si variés il faudrait encore ajouter les champsosaures, dont on discute en ce moment même la vraie conformation. Nous avons fait connaissance, d'autre part, en visitant l'époque triasique, avec les singuliers dicynodontes (*fig.* 280 p. 516) de l'Afrique australe. Nous en retrouverons encore d'autres a l'époque crétacée Le naturaliste Cotta appelait ces dominateurs « les hauts barons du royaume de Neptune, armés jusqu'aux dents et recouverts d'une impénétrable cuirasse, vrais flibustiers des mers primitives. » Pourtant tous ces reptiles ne sont pas encore les plus étranges de cet âge si bizarre, car nous n'avons pas encore parlé des reptiles volants, les *ptérodactyles*, ni des oiseaux à dents, les odonthorithes.

Tous ces êtres semblent combler l'hiatus qui, dans la nature actuelle, sépare les plus parfaits des reptiles, les crocodiles et les tortues, des mammifères inférieurs, des marsupiaux et des *moins oiseaux* parmi les oiseaux, tels que l'autruche, l'émen, le casoar. Ils sont si loin des reptiles que l'on devrait former pour eux une sous-classe distincte, égale en valeur à celle que l'on admet pour les reptiles actuels ; les différences qu'ils présentent avec nos reptiles sont de beaucoup supérieures à celles que nous constatons entre les tortues et les serpents, par exemple, pour prendre les deux termes extrêmes de la série. Nous ne connaissons des dinosauriens que le squelette ; il est probable que s'il nous était donné de savoir quelle était leur organisation, comment se faisait leur circulation, quel était leur mode de développement, nous n'hésiterions pas à en former une classe intermediaire entre celle des mammifères

LES ROIS DE LA TERRE A L'ÉPOQUE JURASSIQUE.
Iguanodon et Mégalosaure dans une forêt de fougères, de cycadées et de conifères.

LE MONDE AVANT LA CRÉATION DE L'HOMME

et des oiseaux et celle des reptiles proprement dits. L'on commence à entrevoir parmi ces animaux des types très différents
indiquant des ordres tout aussi distincts que le sont ceux des
pachydermes, des ruminants, des carnivores parmi les mammifères.

La grandeur et la forme du crâne sont très différents suivant les
type sexaminés. Ce crâne, d'abord allongé comme celui des crocodiles
chez les dinosauriens triasiques, se raccourcit chez les animaux
plus récents. Chez certains animaux, comme l'hipsilophodon, les
os orbitaires sont en connexion avec les frontaux, comme chez les
mammifères et chez beaucoup d'oiseaux. Le cerveau est essentiellement reptilien et parfois extrêmement petit. Les os intermaxillaires sont séparés ; les branches de la mandibule ne sont unies
que par du cartilage et non soudés. La composition du crâne ressemble par certains points à ce que l'on voit chez les crocodiles et
chez les sauriens.

Le régime ayant été très varié chez les dinosauriens, la forme
des dents diffère considérablement suivant les types examinés.
Les carnassiers, tels que le mégalosaure, avaient des dents fortes
et tranchantes, crénelées sur les bords ; les maxillaires étaient
armés de ces dents, qui devaient être redoutables. Les herbivores
tels que l'iguanodon, le vectisaure, le laosaure, l'hypsilophodon,
avaient leurs maxillaires garnis de dents admirablement disposees
pour couper et broyer ; ces dents s'usaient comme celles des mammifères herbivores actuels, et se remplaçaient indéfiniment, c'est-
à-dire qu'aussitôt que l'une d'elles était usée, une autre lui succédait ; il existait, ce qu'on ne voit pas chez les reptiles actuels, des
mouvements de la mâchoire, comme chez les ruminants de notre
époque pour permettre aux dents de broyer les aliments ; la grandeur des trous et des canaux par lesquels passaient les nerfs montre
que ces animaux avaient des lèvres molles et des joues sans lesquelles la mastication des aliments eut été complètement impossible. Les hadrosaures, qui sont des herbivores, avaient les dents
disposées en plusieurs rangées formant, par l'usure, une surface
broyante en forme de damier. Chez les herbivores qui ont été
groupés sous le nom d'ornithopodes, les intermaxillaires ne portaient pas de dents ; il en est de même de l'extrémité de la mâchoire

inférieure qui était vraisemblablement revêtue d'un bec corné à l'aide duquel l'animal coupait les bourgeons et les feuilles dont il faisait sa nourriture.

Les temps secondaires, pendant lesquels vivaient ces singuliers et gigantesques dinosauriens nous présentent vraiment le règne des reptiles. C'est alors que ce groupe arrive à son maximum de développement. Les mammifères sont très chétifs à cette époque et représentés seulement par les plus inférieurs d'entre eux; les dinosauriens semblent avoir joué alors à la surface du globe le rôle que les grands carnassiers et les grands herbivores y jouent actuellement; mais tandis que les mammifères ont toujours été en se développant, de telle sorte qu'ils offraient déjà vers la fin des temps tertiaires, le magnifique épanouissement que nous voyons aujourd'hui, les reptiles ont été sans cesse en diminuant d'importance; les animaux supérieurs l'ont peu à peu emporté sur les êtres d'une organisation moins parfaite. A la fin de l'ère secondaire les dinosauriens disparaissent à tout jamais et sans laisser de descendance; ils n'ont pu se plier aux nouvelles conditions d'existence qui leur étaient imposées et ils sont morts, alors que les mammifères avançaient, au contraire, chaque jour davantage vers les types les plus élevés [1].

Pendant l'époque du jurassique supérieur, nos contrées devaient être découpées de lagunes, de marécages, d'estuaires fréquemment inondés; ces localités privilégiées avaient une végétation plus riche et plus variée que les parties montueuses; là poussaient de grandes fougères, aux frondes coriaces, tandis que les pentes et les hauteurs étaient recouvertes de plantes se rapprochant des pandanées, d'araucaria, de cycadées aux semences en formes d'amandes, nourriture des dinosauriens herbivores de l'époque. Il en était de même au commencement de la période crétacée, alors que se formaient les terrains wealdiens.

On a vu plus haut que les dinosauriens ont disparu vers le milieu des temps crétacés; cette disparition a eu pour cause les changements considérables qui se sont, à cette époque, opérés dans la température. « Jusqu'à présent, écrit Contejean, la distribution, à la surface du globe, des animaux et des plantes, et, en même temps,

---

1. E. SAUVAGE. *Les Reptiles*, édition française de l'ouvrage de BREHM.

la nature des genres et des familles qui composent les faunes et les flores, indiquent, à toutes les époques précédentes, une température uniforme et élevée, non excessive à l'équateur, et au moins tropicale jusque sous le 76ᵉ degré de latitude nord. En un mot, sur tout le globe régnait le climat de la zone torride actuelle. Durant cette longue suite de siècles, il ne semble pas que la chaleur ait subi les moindres fluctuations; tout au plus a-t-on essayé d'indiquer, d'après l'aspect des sédiments, les périodes de sécheresse et d'humidité relatives. Vers le milieu de l'époque crétacée, les choses pren-

Fig. 301. — Le Rhamphorynque.

dront une autre tournure, et l'on commencera à apercevoir les premiers indices d'un refroidissement dans le nord des continents. Ces indices sont l'absence de récifs et la rareté des coraux sur l'emplacement de l'Europe, l'absence et la rareté des rudistes au nord du 45ᵉ degré de latitude; enfin l'apparition, dans les mêmes parages, des familles végétales (amentacées, acérinées, et quelques autres), qui ne pénètrent qu'exceptionnellement dans les régions tropicales. »

Cette opulente époque jurassique est bien propre à nous faire apprécier l'étendue de la fécondité de la nature, car la Terre de cette époque était étrangement différente de celle de nos jours. Il est utile parfois d'envisager le cosmos au point de vue vivant et d'appliquer

les enseignements de la nature terrestre à notre conception générale de l'Univers. Ceux qui nient l'existence de la vie à la surface
des autres mondes, pourraient s'instruire et agrandir leurs idées
sans sortir de notre patrie.

Ainsi, par exemple, examinons (*fig.* 303) (') un paysage d'araucariées et de cycadées, au milieu duquel circulent le gigantesque
stégosaure au corps revêtu de plaques osseuses et d'épines lui
formant une puissante armure, aux membres antérieurs singuliè-

Fig. 302. — Le Ptérodactyle.

rement courts, — le compsonote, autre dinosaurien non moins
grotesque, — et les étranges reptiles volants, les ptérodactyles.

N'est-ce pas là un monde tout différent du nôtre? Qui l'eût osé
inventer si l'on n'en avait découvert les fossiles? Ces habitants de
l'époque secondaire ont tous disparu avec la fin des temps crétacés.
Sur le globe entier régnait alors le climat de la zone torride
actuelle; on a retrouvé jusqu'aux plus hautes latitudes les mêmes
plantes et les mêmes animaux. C'est l'âge des reptiles, et quels
reptiles! Le brontosaure atteignait, nous l'avons vu, une taille de

1. D'après BREHM, *Reptiles*, édition française de E. SAUVAGE.

seize mètres et devait peser trente mille kilogrammes! L'atlantosaure était plus gigantesque encore. Le cétiosaure d'Europe ne le
cédait guère en puissance à ses émules de l'Amérique : on en juge
facilement quand on sait que l'os de la cuisse atteint jusqu'à 1^{m}70
de haut, et que ce que l'on connaît de la tête et de la colonne
vertébrale a douze mètres, ce qui donne un animal d'environ seize à
dix-sept mètres. Les iguanodons atteignaient dix mètres; le plus
grand porte une tête de 1^{m}20 et ses pattes de devant surpassent 2^{m}50
de hauteur. « Que l'on se représente de tels animaux, écrit M. Zabo-
rowski, reposant sur leur train de derrière. Leur tête devait
atteindre la cime des arbres. Quel aspect terrifiant aurait leur
masse prodigieuse se mouvant dans le monde rabougri, étriqué, de
nos climats! A peine dépasserions-nous leur cheville. »

Sans parler même de tout l'ancien monde des ichthyosaures,
des plésiosaures, des labyrinthodontes, des paléothériums et de
leurs émules de la faune antique, la période des dinosauriens suffit
pour nous témoigner de la variété et de la diversité des productions
de la force vitale, même sur notre seule et médiocre petite planète.
La nature répond elle-même à ceux qui mettent en doute sa fécondité, et nous n'avons rien à ajouter à ses propres paroles.

Ni les bêtes imaginaires inventées par les mythologies de tous
les peuples, ni les chimères grimaçantes sculptées par les artistes
du moyen âge dans les gargouilles des cathédrales, ni les fantômes
créés par la peur dans les siècles les plus sombres où la pensée
humaine semblait sommeiller et rêver, ne pourraient rivaliser
avec les enfantements fantastiques de la nature terrestre pendant
tous ces essais informes à l'origine des quadrupèdes et des mammifères. Il semble que la nature ait tout essayé en des proportions colossales avant de se décider pour les formes qui devaient
un jour aboutir à l'humanité.

Pendant que les mers étaient sillonnées par de gigantesques reptiles, ichthyosaures, plésiosaures, pliosaures, nothosaures, dont rien
dans la nature actuelle ne peut donner la moindre idée, dirons-nous
avec M. Sauvage, pendant que sur la terre ferme régnaient en
maîtres les dinosauriens, les plus curieux peut-être de tous les
animaux que nous aient légués les anciens âges, les airs étaient
peuplés d'êtres non moins étranges, ni oiseaux, ni reptiles, pré-

sentant ce curieux caractère d'être à la fois des oiseaux dépourvus de plumes et armés de dents, et des reptiles à sang chaud, ne pouvant ni nager ni marcher. « Ce sont bien là les dragons de la fable, et l'imagination la plus déréglée ne peut enfanter, dans ses plus grands écarts, une collection de monstres qui n'aient vécu à l'époque jurassique » (¹).

« Ce n'était pas seulement par la grandeur que la classe des reptiles annonçait sa prééminence dans les anciens temps; c'était encore par des formes variées et plus singulières que celles qu'elle revêt de nos jours. En voici qui volaient non pas par le moyen de leur côtes comme les dragons, ni par une aile sans doigts distincts comme celle des oiseaux, ni par une aile où le pouce seul aurait été libre, comme celle des chauves-souris, mais par une aile soutenue principalement sur un doigt très prolongé, tandis que les autres avaient conservé leur brièveté ordinaire et leurs ongles. En même temps, ces reptiles volants, dénomination presque contradictoire, ont un long cou, un bec d'oiseau, tout ce qui devait leur donner un aspect hétéroclite » (²).

Ces animaux étranges sont les ptérodactyles. Leurs mâchoires, qui sont courtes et robustes, sont garnies de dents à leur extrémité antérieure, tandis que la mâchoire se prolonge en une sorte de bec, probablement revêtu de corne, et dépourvu de dents chez les rhamphorhynques et chez les dimorphodons. Par leur disposition, leur mode d'implantation, ces dents rappellent bien mieux ce que l'on voit chez les singuliers oiseaux à dents des terrains crétacés des États-Unis, tels que l'hesperornis, qu'à ce qui existe chez les reptiles proprement dits (³).

Les ptérodactyliens étaient des animaux au vol puissant et rapide; aussi chez eux le membre antérieur est-il complètement modifié et disposé en vue de cette fonction.

---

1. Contejean. *Éléments de géologie et de paléontologie.*

2. G. Cuvier. *Recherches sur les ossements fossiles.*

3. Une découverte des plus intéressantes faite dans les grès verts de Cambridge, en Angleterre, grès verts qui appartiennent à la partie supérieure des terrains crétacés inférieurs, a été celle du moulage naturel de la cavité crânienne d'un ptérodactyle. Cette pièce si intéressante a été étudiée par Seeley, et lui a montré que le cerveau ressemblait à celui des oiseaux, du hibou, en particulier; les hémisphères cérébraux ont le même développement; le cervelet et les nerfs optiques sont ceux de l'oiseau plutôt que ceux du

Chez les oiseaux, qui sont les animaux aériens par excellence, les ailes sont formées de plumes raides fixées par leur base à une sorte de moignon aplati et presque immobile; les deux os de l'avant-bras ne peuvent tourner l'un sur l'autre, et le poignet ou carpe ne se compose que de deux petits os placés sur un même rang; la main n'est constituée que par un pouce rudimentaire, un petit stylet représentant le doigt externe, et un doigt médian composé de deux phalanges. L'organe du vol est tout autre chez les mammifères aériens, tels que les chauves-souris. Chez ces dernières c'est un repli de la peau qui sert à frapper l'air, et pour le soutenir les doigts prennent une longueur extrême.

Comme plusieurs autres animaux de cette époque, le ptérodactyle présente un mélange de caractères bien différents. Le cou, formé de sept vertèbres cervicales, dénote un mammifère; les membranes qui servent au vol et s'étendent entre les pieds de devant et ceux de derrière, appartiennent à une famille déterminée de mammifères, celle des vespertiliens, tandis que, d'après la structure du pied, on doit ranger le ptérodactyle parmi les reptiles, les mammifères ayant à tous les doigts le même nombre de phalanges; les reptiles, au contraire, et notamment les sauriens, ont le plus petit nombre de phalanges au doigt qui occupe la place du pouce, et une phalange de plus à chaque doigt suivant, jusqu'au dernier, qui en a une de moins que le précédent.

Le ptérodactyle, ayant exactement cette conformation des doigts, est donc classé avec les sauriens; c'était une sorte de lézard volant, de grandeur modérée, et insectivore, à en juger par la quantité d'insectes que l'on découvre à proximité de ses débris, entre autres des libellules d'une très belle espèce et qui formaient probablement sa principale nourriture.

On a constaté que le ptérodactyle était dépourvu d'armure défensive et même de poils, les empreintes qu'il a laissées n'en portant aucune trace. Notre figure 304 fera juger de sa dimension, relativement à celle de la chauve-souris.

Dans ces schistes lithographiques de la Bavière qui nous ont fourni tant d'animaux intéressants, tant de spécimens remarquables par leur admirable état de conservation, on a trouvé, en 1873, un rhamphorynque sur lequel l'aile est intacte. Cet échantillon, qui a été étudié par le professeur Marsh, montre que l'aile était une membrane semblable à celle des chauves-souris, lisse et finement réticulée. La membrane s'attachait, en dedans, dans toute l'étendue du bras; le cinquième doigt, très allongé, la soutenait

Fig. 303. — Les dinosauriens : Stégosaure et Compsonote, dans un paysage d'araucariées.

jusqu'à la base de la queue. Celle-ci était très longue, et les vertèbres en étaient retenues par des tendons ossifiés; le singulier appareil que l'on voit à l'extrémité de la queue du rhamphorhynque remplissait évidemment le rôle de gouvernail et servait à prendre le vent.

Les caractères que nous venons d'indiquer sont tellement particuliers, qu'il n'est pas surprenant que les ptérodactyliens — qui ont
été désignés aussi sous le nom de ptérosauriens et d'ornithoscéli-
diens — aient été considérés tantôt comme des oiseaux, tantôt
comme des reptiles, tantôt comme des animaux intermédiaires entre
ces deux dernières classes. L'analyse des fossiles a singulièrement
modifié la notion classique que nous avons reçue des divers groupes
d'animaux; nous connaissons des oiseaux ayant des dents comme
les mammifères et des mammifères ayant un bec comme les oiseaux;
certains êtres sont si étranges qu'ils ont pu être alternativement
regardés, par les anatomistes les plus compétents, comme des reptiles ayant des plumes ou comme des oiseaux ressemblant à des
reptiles par une grande partie de leur squelette. C'est que les grou-
pements en classes, en ordres, en familles telles que nous les
admettons dans nos classifications, n'existent pas en réalité dans la
nature; il y a un enchaînement continu, sinon réel, du moins vir-
tuel des êtres, les uns par rapport aux autres; chaînons d'une même
chaîne, ils se relient entre eux. Si les dinosauriens représentent, en
quelque sorte, la transition entre les reptiles, les oiseaux et les
mammifères, les ptérodactyliens relient intimement les reptiles
aux oiseaux et se placent plus près de ceux-ci que des reptiles
proprement dits. — De même que les dinosauriens, les ptérosauriens n'ont encore été trouvés que dans les formations secondaires, aussi bien en Europe que dans l'Amérique du Nord. Eux
aussi, comprennent des types très divers ([1]).

Les ptérodactyles jurassiques de nos contrées avaient la taille
de moineaux, de grives et de pigeons. Mais aux États-Unis, Marsh
a trouvé dans les terrains crétacés du Kansas, des ossements qu'il
rapporte au genre ptéranodon et qui ont appartenu à des animaux
dont les ailes devaient avoir six à sept mètres d'envergure! Ces
bêtes monstrueuses devaient être bien communes aux États-Unis,
pendant l'époque crétacée, car le naturaliste américain assure qu'il
existe dans les collections de Yale-College à New-Haven, dans le Connecticut, des ossements de près de six cents ptéranodons gigantesques.

Cette population étrange des temps secondaires a commencé,

1. Brehm et E. Sauvage. *Les Reptiles.*

comme nous l'avons vu, avec les labyrinthodontes. Aux formes singulières, il faudrait ajouter les cris sauvages de tous ces reptiles.
Quels devaient être les beuglements et les hurlements de ces dinosauriens! Quel devait être le coassement du labyrinthodon, cette grenouille gigantesque, au bord des lacs saumâtres? Un bœuf se
mettant à coasser!

Tous ensemble allèrent porter le ravage dans le monde paisible
des mollusques. Ils en broient les coquilles nacrées et se repaissent
de poissons et de reptiles. Nul être ne peut résister à leurs mâchoires de carnivores; ils deviennent les souverains du monde.

Quelle faune bizarre et fantastique! La sculpture et la peinture,
chez les anciens et les modernes, ont agrandi le monde réel en
inventant des êtres qui n'ont jamais pu exister. Pense-t-on que les
sphynx des Égyptiens, accroupis sur le sable, les centaures, les
faunes, les satyres des Grecs, les griffons moitié hindous, moitié
perses, les goules du moyen-âge, les anges-serpents de Raphaël, ne
pussent trouver d'analogues dans les êtres vivants qui ont peuplé la
terre en ces temps antiques. Il semble, au contraire dirons-nous
avec Edgard Quinet, que les reptiles dinosauriens, les iguanodons,
les plésiosaures, pourraient rivaliser avec les dragons à la gueule
enflammée de Médée, les serpents volants avec les serpents de
Laocon, les plus anciens ruminants et les grands édentés, mylodon,
mégathérium, avec les taureaux couronnés de Babel, les mammifères incertains, les mystérieux dromathériums et dinothériums
avec les sphynx gigantesques de Thèbes, les ichthyosaures avec les
hydres d'Hercule et les harpies d'Homère, les cheval hipparion aux
pieds digités avec les chevaux de Neptune ou avec le monstre de
Rubens à la crinière soulevée, à la croupe colossale. On aimerait à
voir et entendre l'ancêtre des chiens, l'amphicyon, hurler au carre-
four de la création des mammifères tertiaires. Si les artistes grecs et
modernes étaient réduits à imaginer des alliances de formes impos-
sibles, l'artiste n'aurait, au contraire, qu'à puiser dans le monde
organisé; il aurait l'avantage de trouver sous la main des formes
toutes préparées dans l'atelier de la nature; il pourrait ainsi être
réaliste tout en dépassant les limites du monde actuel, ce qui
semble le but suprême de l'art.

Tout être a son cadre naturel. De même que, de nos jours, il est difficile de se représenter le chameau sans l'associer au désert, il est également difficile de ne pas associer les crocrodiliens de l'âge jurassiqne à la forme de la terre jurassique dont ils étaient les seuls habitants. Ils s'aventurèrent sur la plage. Mais quelle terre trouvèrent-ils devant eux? Basse, marécageuse, étroite, la petite île liasique ne sollicitait d'aucun être un effort puissant pour en prendre possession. Quand le troupeau des sauriens s'était traîné sur la vase, aucune proie ne l'attirait, il s'arrêtait. Une patte informe, courte, palmée, l'arrière-bras serré au corps, suffisait pour occuper et visiter le banc de terre informe, étroit, qui, tour à tour noyé et submergé, offrait un séjour amphibie à une vie amphibie. Et comme, sur cette vase desséchée, où chacun se traînait lentement, il n'y avait pas de péril à éviter, il n'y avait aussi ni nécessité ni de désir de fuir et de se hâter. C'est dans ce sens que l'on peut dire que cette antique figure du globe impose sa forme et ses habitants.

Cette forme fut celle des reptiles. Là où le sol manquait, le mode de progression terrestre ne pouvait se développer. Il n'était besoin ni de marcher, ni de courir, ni de voler; il suffisait de ramper. Avec les sauriens, se hasardaient les tortues; comme il s'agissait pour elles de se poser à terre, et que cette terre n'était qu'un point, elles n'eurent pas besoin de se hâter; sur cette terre rampante, elles n'eurent qu'à ramper pour conquérir leur domaine; elles reçurent là comme un sceau d'immobilité.

Sur cette langue de terre, si la patte, le pied ne pouvaient se développer par le mouvement et la rapidité, comment l'aile aurait-elle pu acquérir sa puissance? La nécessité de l'aile ne se comprend que lorsque de grands espaces terrestres s'ouvrent à l'horizon, qu'il faut les traverser pour atteindre une proie visible de loin, ou pour changer de climats par les migrations vers une autre contrée.

Mais sur les plages perdues des temps jurassiques, quel être avait besoin de prendre l'essor pour parcourir un si étroit domaine? Aussi les oiseaux manquent encore. Lorsqu'un premier vestige d'aile paraît, c'est l'aile d'un reptile, le ptérodactile, avec la gueule dentée d'un saurien, et deux ailes membraneuses. C'est assez pour lui car il ne s'agit pas de traverser de vastes océans pour aborder des continents qui n'existent pas encore; il ne s'agit pas de plonger

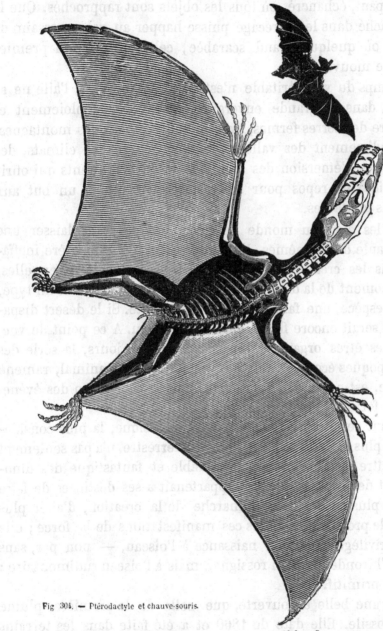

Fig. 304. — Ptérodactyle et chauve-souris.

en un clin d'œil du haut d'un roc inaccessible dans une vallée béante. Il n'y a encore ni montagnes, ni vallées, mais un sol uni, rare, rampant, échancré, où tous les objets sont rapprochés. Que le reptile, caché dans le marécage puisse happer au vol un essaim de libellules où quelque grand scarabée, cela suffit à son premier instinct de mouvement.

Le temps du vol véritable n'est pas encore venu; l'aile ne se déploiera, dans sa grande envergure, qu'avec le déploiement et l'envergure des terres fermes, avec le soulèvement des montagnes, l'approfondissement des vallées, le changement des climats, des températures, l'émersion des archipels et des continents qui offriront des lieux de repos pour les vastes traversées et un but aux migrations lointaines.

Ainsi les âges du monde ne s'écoulent pas sans laisser une figure vivante d'eux-mêmes. Ils s'impriment d'une manière ineffaçable dans les créatures qui se succèdent. Ils revivent en elles. Chaque moment de la durée s'est pour ainsi dire fixé dans un type, dans une espèce, une famille, qui le représente. Si le désert disparaissait, il serait encore figuré dans le chameau. A ce point de vue, la série des êtres organisés reproduit, de nos jours, la série des grandes époques écoulées. Chaque végétal, chaque animal, ramené à son type, est comme une date fixe dans la succession des événements qui forment l'histoire du globe [1].

Pourtant cette merveilleuse époque jurassique, la plus considérable et la plus féconde de toute l'histoire terrestre, n'a pas seulement vu apparaître cette population formidable et fantastique des dinosauriens et des reptiles ailés; il appartenait à ses destinées de faire un pas de plus encore dans la marche de la création, d'aller plus loin dans le progrès que toutes ces manifestations de la force; elle a eu le privilège de donner naissance à l'oiseau, — non pas, sans doute, à l'hirondelle ou au rossignol, mais à l'oiseau rudimentaire : à l'oiseau primitif.

Ce fut une belle découverte, que celle de la première plume d'oiseau-fossile. Elle date de 1860 et a été faite dans les terrains jurassiques supérieurs de la Bavière, dans la pierre lithographique de Solenhofen. Les géologues doutaient de l'authenticité de cette

---

1. Edgard Quinet. La Création.

plume, quand l'année suivante on trouva, dans ce même calcaire,
et tout près de l'endroit où la plume avait été recueillie, une partie
du corps de l'oiseau primitif, qui reçut le nom d'archéoptéryx ([1]).
Plusieurs années s'écoulèrent avant qu'il fût possible d'obtenir des
notions plus complètes. Owen, en 1863, donna une première description; Evans, en 1865, fit paraître une notice nouvelle. En 1877,
un nouveau spécimen, beaucoup plus beau et plus complet, fut
trouvé à quatorze kilomètres du point où le premier avait été
découvert. Le premier spécimen a été acheté par le Muséum de
Londres, le second par celui de Berlin. L'examen de celui-ci a
montré que le crâne a déjà la forme caractéristique de celui de
l'oiseau, mais qu'il est muni de mâchoires garnies de dents logées

dans des alvéoles. La grosseur de cet oiseau
primitif est celle d'un pigeon.

La queue est particulièrement remarquable.
Elle est très longue, formée par vingt vertèbres
portant chacune une plume de chaque côté.
C'est, par ses vertèbres, une queue de reptile
plutôt qu'une queue d'oiseau. Du reste, par
son organisation, l'archéoptéryx vient précisément se placer dans la lacune qui séparait les
reptiles des oiseaux. On savait depuis longtemps
déjà que les oiseaux sont des reptiles transformés ; mais on n'avait pas encore eu de fossiles
contemporains de cette transformation. L'archéoptéryx est, à tous les points de vue, l'une
des découvertes les plus importantes qui aient

Fig. 305.
Queue de l'archéoptéryx.

été faites en paléontologie.

Et pourtant ce reptile-oiseau n'était encore que le prélude des
découvertes récemment faites aux États-Unis sur les premiers
oiseaux fossiles, découvertes si considérables que l'ouvrage dans
lequel sont consignées les principales, et qui n'est en quelque
sorte que le catalogue anatomique des pièces examinées, forme un
énorme volume in-folio ([2]) contenant plusieurs centaines de figures

1. *Étymologie* : αρχαιος, ancien, πτερον, aile.
2. O.-C. MARSH. *Odontornithes, a monograph of the extinct toothed birds of north
America*. Washington, 1880.

de paléontologie. Dans cet immense travail du professeur **Marsh**, beaucoup trop spécial et trop technique pour que nous entreprenions même de le résumer ici, nous choisirons comme types intéressants des spécimens que l'on trouvera au chapitre suivant, en visitant la période crétacée, dans laquelle ils ont acquis tout leur

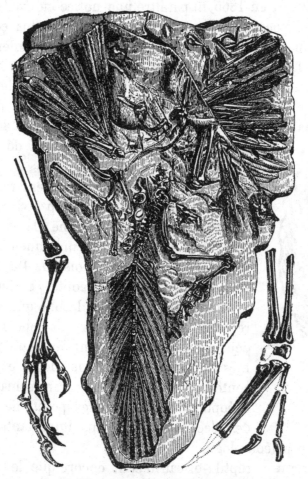

Fig. 306. — Restes fossiles de l'archéoptéryx
trouvés dans les terrains jurassiques de Solenhofen (Bavière).

développement. Tous ces *oiseaux à dents*, (plus d'un millier) ont été découverts en compagnie de ptérodactyles de vingt-cinq pieds d'envergure, de mosasaures, de sauropodes et de stégosaures gigantesques.

D'après M. Marsh, on rencontre dans le jurassique de l'Amérique de très petits dinosauriens dont les os séparés du squelette ne peuvent

pas être distigués de ceux des oiseaux des mêmes couches quand
le crâne manque. Quelques-uns d'entre eux vivaient sur les arbres
et ne différaient des oiseaux que par l'absence de plumes. Comment
la naissance de celles-ci a-t-elle été provoquée? « Nous en avons
une indication, dit M. Marsh, dans le vol du galéopithèque, des
écureuils volants, des lézards volants et des grenouilles volantes.

Fig. 307. — L'Archéoptéryx (plus ancien oiseau fossile découvert).

Dans les oiseaux primitifs, vivant sur les arbres, et qui sautaient
de branche en branche, des plumes, même rudimentaires, sur les
membres antérieurs, auraient été un avantage, car elles auraient
tendu à allonger un saut vers le bas ou à amortir la force d'une
chute. Comme les plumes croissaient, le corps serait devenu plus
chaud et le sang plus actif. Avec un nombre de plumes plus grand
encore se serait accru le pouvoir du vol, etc. L'augmentation d'activité aurait eu pour résultat une circulation plus parfaite, etc. »

Le Ramphorynchus peut sans doute donner une assez bonne
idée de ces petits dinosauriens volants.

L'embryogénie, d'ailleurs, a démontré depuis longtemps l'homologie existant entre les écailles, crêtes, piquants, etc., des reptiles, et les moignons, en forme de verrues, qui apparaissent, chez

l'embryon des oiseaux, comme premiers vestiges du plumage. Ce n'est pas une hérésie scientifique d'admettre qu'il y ait eu des reptiles revêtus de plumes; et tel était peut-être le cas du compsognathe et de l'archéoptéryx. D'après l'étude faite par M. Vogt sur le second exemplaire mis au jour, ce premier des oiseaux avait sans doute le corps nu, car il ne portait, outre les plumes des ailes, que des culottes comme nos faucons actuels et une collerette semblable à celle des condors. Bien plus, l'aile elle-même n'était chez lui guère autre chose que le résultat de cet emplumement partiel. Voici ce que dit ce naturaliste de l'exemplaire qu'il a étudié :

Il possède, à chaque main, *trois doigts*, longs, effilés, armés d'ongles crochus et tranchant. Le doigt radial ou pouce est le plus court; les deux autres sont presque d'égale longueur; le second est cependant celui qui l'emporte. Ces deux doigts étaient évidemment réunis ensemble par des aponévroses tendineuses et serrées. Le pouce est composé d'un métacarpien et de deux phalanges, et les autres doigts d'un métacarpien et de trois phalanges.

Les rémiges étaient fixées au bord cubital de l'avant-bras et de la main, *sans qu'on puisse remarquer, dans le squelette, une adaptation particulière dans ce but*. Le pouce était libre, comme les deux autres doigts, et ne portait point d'aileron. Qu'on enlève un moment, par la pensée, toutes les plumes, et on aura devant les yeux une main tridactyle de reptile, telle que le compsognathe et beaucoup d'autres dinosauriens paraissent l'avoir eue, à en juger par la trace de leurs pas. Je soutiens qu'aucun savant auquel on montrerait le squelette de l'archéoptérix seul et sans plumes *ne pourrait soupçonner que cet être ait été muni d'ailes pendant sa vie.*

Nous suivrons plus loin l'évolution des oiseaux en étudiant les phases de l'époque tertiaire.

Le monde des insectes, dont nous avons salué l'apparition dès les jours déjà lointains de l'époque carbonifère (V. plus haut, p. 389), va en se multipliant rapidement pendant la période jurassique, et surtout en se développant vers les espèces plus parfaites. Ici encore la grande loi du progrès se manifeste comme dans tout l'ensemble du règne animal. Nous avons vu (p. 456) que les insectes primaires ont appartenu aux espèces inférieures , orthoptères, névroptères et hémiptères (blattes, grillons, sauterelles, termites, libellules) et qu'on n'a pas encore trouvé dans ces terrains anciens de

débris d'insectes appartenant aux ordres plus élevés des hyménoptères, des diptères ou des lépidoptères, abeilles, fourmis ou papillons. Dans les sédiments les plus anciens de la période jurassique,
dans le trias, Oswald Heer a mis au jour, en Suisse seulement, deux
mille échantillons représentant 143 espèces, qui se partagent ainsi :

Orthoptères	7	espèces.
Névroptères	7	—
Coléoptères	116	—
Hyménoptères	1	—
Hémiptères	12	—

On voit que les coléoptères forment la grande majorité. Ces insectes fournissent la moitié des espèces fossiles, et nous démontrent
par leur existence même que la terre ferme était occupée par
des forêts. La famille de beaucoup la plus nombreuse est celle des
buprestes ; elle offre en même temps les plus grandes formes.

Nos lecteurs pourront remarquer ici (*fig*. 308 et 309) une aile
de scarabée et une de libellule fossiles, recueillies dans les terrains
oolithiques de Stonesfield, près Oxford.

La richesse de la faune entomologique est une preuve que la terre
ferme avait à cette époque une vaste étendue, et qu'ici nous n'avons
plus seulement sous les yeux les petites îles de la mer liasique. —
L'existence des insectes aquatiques (libellules, coléoptères, etc.),
qui étaient si nombreux, révèle la présence de fleuves ou de
bassins d'eau douce. Nous savons que toutes les petites îles de
l'Océan ne donnent asile qu'à fort peu d'animaux aquatiques : ainsi
les îles Canaries, Madère, les Açores, n'en possèdent qu'un petit
nombre. La raison en est simple : les ruisseaux sont trop petits et
presque complètement desséchés à certaines époques de l'année, ce
qui nuit aux conditions d'existence des animaux d'eau douce. Il faut
qu'une île ait une certaine étendue pour que les ruisseaux n'y taris-
sent pas. Tout en admettant qu'à l'époque jurassique il tombait probablement beaucoup plus de pluie que de nos jours, et que cette
pluie se répartissait plus uniformément pendant l'année que dans
les îles que nous venons de nommer, la quantité des insectes d'eau
douce que nous retrouvons nous porte à croire que ces îles étaient
fort grandes.

En Angleterre, ainsi que chez nous, pendant l'époque jurassique,
de petites cicadelles sautillaient dans les broussailles, les libellules

se balançaient dans les airs, tandis que les blattes et les termites cherchaient leur nourriture dans les forêts, que les punaises des bois donnaient la chasse à d'autres petits animaux, et que de joyeux essaims de gyrines s'ébattaient à la surface de l'eau.

Là aussi pullulaient les sauterelles aux bruits stridents et peu harmonieux. C'était déjà là pourtant la cigale d'été chantée par Homère.

On peut croire, par analogie avec d'autres classes d'animaux, que les insectes primitifs devaient avoir une taille remarquable et des formes plus ou moins différentes des formes actuelles. Nous avons vu, en effet, dès l'époque carbonifère (p. 457), la grandeur

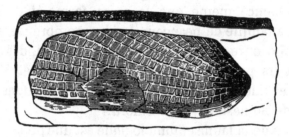

Fig. 308. — Élytre de scarabée conservée dans les terrains oolithiques.

géante du titanophasma. Mais dès les temps jurassiques les insectes offrent les mêmes dimensions que les nôtres.

Si nous observons la proportion numérique des familles, nous verrons qu'elle dénote un climat chaud ; nous rappellerons entre autres les buprestes, qui sont nombreux, ainsi que les termites et les blattes ; nous remarquerons aussi que parmi les premiers on trouve des formes vraiment tropicales, et que les blattes ont bien plus d'analogie avec celles des zones chaudes qu'avec les nôtres. Il en est de même pour les végétaux. Les cycadées ainsi que les grands roseaux et les fougères à nervures réticulées n'habitent que les zones chaudes et torrides.

D'autre part, les araucaria s'avancent depuis les zones chaudes jusqu'aux tempérées, et le thuya jusqu'aux latitudes Nord, néanmoins, parmi les conifères, ces deux arbres sont ceux qui descendent le plus au midi; ils ne modifient donc pas l'hypothèse que nous avons énoncée plus haut, quoique leur présence seule ne permette pas de conclure à un climat chaud. Ce n'est pas l'air seulement, mais aussi la mer qui avaient sous nos latitudes une température plus élevée que de nos jours ; les ammonites, proches parentes des nautiles qui vivent actuellement dans les Indes, en sont une preuve, ainsi que les pentacrinites, qui ne se trouvent que sur les côtes des Antilles.

Ainsi les insectes, déjà très nombreux et très variés à l'époque jurassique, donnent le même témoignage que les autres espèces animales et végétales en faveur de la température de ces anciens climats. Nous en aurons un témoignage plus direct tout à l'heure par les coraux des mers jurassiques. Mais avant d'oublier ces insectes et surtout ces coléoptères antiques, remarquons que chez

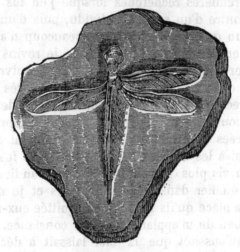

Fig. 309 — Libellule fossile de la période jurassique.

eux aussi nous pouvons observer des faits importants en faveur de l'adaptation des espèces aux conditions d'existence. Ainsi, par exemple, les insectes qui vivent dans l'eau sont en petit nombre, comparativement à ceux qui pullulent sur la terre ; quant à ceux qui vivent dans la mer, ils sont d'une rareté excessive : ces articulés en effet ne sont pas organisés pour la vie marine, et ils sont remplacés au sein des mers par l'immense population des crustacés. Pourtant il y a des insectes qui passent une grande partie de leur vie sous la mer. Écoutons un instant ce récit d'un observateur :

Dans un voyage que je fis, en 1822, écrit Audouin, sur les côtes de la Loire-Inférieure et de la Vendée, je visitai plusieurs des îles de l'Océan dans le but de récolter des crustacés et d'autres animaux marins. J'étais un jour, dans le courant de septembre, occupé à explorer l'île de Noirmoutiers, et j'avais profité d'une marée très basse pour m'avancer dans le lit de la mer jusqu'à la distance d'environ deux cents toises, lorsque je fus inopinément frappé par la présence, au milieu de ces profondeurs, d'un très petit animal que je reconnus aussitôt pour un insecte. Il courait précipitamment à la surface des pierres, sur les fucus, sur les éponges et sur les autres corps marins que l'eau venait à l'instant d'abandonner et qui étaient encore mouillés par la dernière vague.

Au premier abord, je soupçonnai que ce petit insecte qui, évidemment appartenait à la famille des carabignes dont, on le sait, toutes les espèces sont carnassières et constamment terrestres, se trouvait là accidentellement, et que peut-être moi-même je l'y avais transporté. Cependant, à tout hasard, et comme il me parut curieux, je le saisis. J'étais revenu de mes premières recherches lorsque j'en fus de nouveau distrait par la rencontre d'un second individu, puis d'un troisième. Plus loin j'en trouvai un quatrième et ailleurs beaucoup d'autres. En moins de six minutes, j'en recueillis jusqu'à dix..... Je revins le lendemain au moment où la mer commençait à baisser, afin de suivre graduellement le flot à mesure qu'il s'éloignait. D'abord je fus très surpris, malgré l'activité de mes recherches, de ne rencontrer aucun de ces insectes sur le terrain qui découvrait en premier Ce ne fut qu'après avoir dépassé le niveau des marées ordinaires et avoir atteint celui des basses mers, que je commençai à les observer..... Ce jour-là je fus mieux favorisé que la veille. J'en vis plus d'une quinzaine, mais au lieu de les saisir je m'attachai à les étudier dans leur manœuvres et je me décidai à ne pas abandonner la place qu'ils ne l'eussent quittée eux-mêmes.

Bientôt j'eus lieu de m'applaudir de ma constance. En effet, je pus me convaincre qu'aussitôt que la mer laissait à découvert l'endroit occupé par un de ces insectes, il en profitait pour se mettre immédiatement en course et parcourait avec agilité la surface humide du sol ; mais dès que la marée commençait son mouvement d'ascension et à l'instant où le flot allait couvrir le sol, je vis à plusieurs reprises ces petits insectes, au lieu de chercher leur salut dans la fuite, s'empresser de se cacher sous quelque pierre voisine qui, à l'instant était submergée et recouverte par une masse d'eau toujours croissante.

Il était donc hors de doute : 1° que ces petits animaux ne quittaient pas le fond de la mer pour gagner la côte; 2° que pendant tout le temps de la marée, c'est-à-dire au moins durant six heures, ils restaient dans son fond et recouverts, suivant les localités, par vingt, trente ou quarante pieds d'eau.

Il en résulte que ces petits êtres ne peuvent respirer librement l'air qu'à des intervalles très éloignés, pendant fort peu de temps, et que leur vie sous-marine est infiniment plus longue que leur vie aérienne. Mais la nature, qui est d'autant plus prévoyante lorsqu'il s'agit de la conservation des êtres, que ces êtres sont exposés à de plus grands dangers, a donné à notre petit insecte le moyen de s'entourer d'une bulle d'air, et de plus, elle a fait en sorte qu'elle ne puisse que très difficilement leur échapper.

Si l'on examine à l'œil nu et mieux encore à l'aide d'une loupe la surface de ses élytres, sa tête, son corcelet, ses antennes, ses pattes, tout son corps enfin, on voit qu'ils sont couverts de poils dont plusieurs atteignent une assez grande longueur.

Si ensuite, comme je l'ai expérimenté un grand nombre de fois, on fait passer immédiatement cet insecte de l'air dans l'eau de la mer, on remarque que chacun de ses poils retient une petite couche du fluide élastique qui, réunie d'abord en petits sphéroïdes, forme bientôt un petit globule, lequel entoure son corps de toute part, et qui, malgré l'agitation qu'il se donne en courant dans l'eau, au fond ou contre les parois du vase où on l'a placé, ne s'échappe jamais..... Toujours notre insecte emporte avec lui une petite couche d'air; et quand il se cache sous une pierre, il s'y trouve momentanément dans les conditions des insectes placés librement dans l'air.

L'insecte étudié par Audouin était l'æpus marinus; depuis, en 1848, Charles Robin a découvert à Dieppe une nouvelle espèce dont le Dr Laboulbène a retracé l'histoire; les observations sur l'æpus Robini sont venues confirmer celles d'Audouin; mais celles que le Dr Coquerel a pu faire depuis à Brest sont plus complètes encore; plus heureux que ses devanciers, il a découvert la larve.

L'æpus Robini, dit-il, comme M. Robin l'avait observé, ne se rencontre que sous les pierres fortement adhérentes au sol, dans les endroits recouverts d'un gravier grossier et toujours au-dessous des limites des marées. J'en ai trouvé pres de trois cents individus dans ces conditions et jamais au delà. Quand la mer vient de se retirer, et que le sable est encore détrempé, on n'en voit pas un seul; ils sont alors cachés dans de petits trous et à une assez grande profondeur. Ils n'en sortent que lorsque le sol commence à être moins humide, et on les voit accourir avec la plus grande vitesse, dès qu'on soulève la pierre qui leur servait d'abri.

L'existence de ces curieux insectes est donc entièrement dépendante du phénomène de la marée. Ils demeurent engourdis sous l'eau tant que la mer est haute, et ne sont actifs et libres que lorsqu'elle se retire. Et si, par une perturbation des lois physiques, l'Océan venait à découvrir nos côtes avec moins de régularité, l'espèce qui nous occupe périrait sans doute; exemple intéressant de ces harmonies admirables qu'on retrouve à chaque pas dans l'étude des lois de la nature. Il n'est pas sans intérêt de remarquer encore que cet insecte ne se rencontre pas sur les bords de la Méditerranée où il n'y a pas de marée. Je l'ai cherché bien des fois sans succès sur les côtes de la Provence.

Cet exemple, emprunté précisément à l'ordre des coléoptères, l'un des plus anciens parmi les fossiles, est bien propre à nous instruire sur les origines des espèces. L'être change pour s'adapter à

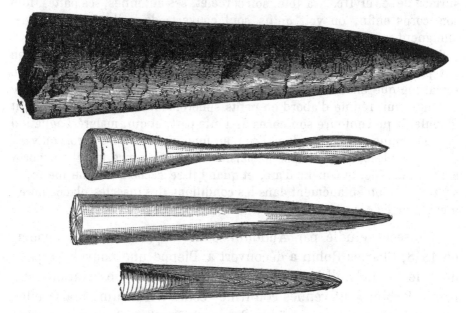

Fig. 310. — Divers rostres de bélemnites des terrains jurassiques.

de nouvelles conditions d'existence. Il en a été de même pour les insectes devenus aveugles qui habitent les cavernes : leurs poils se sont allongés, la sensibilité tactile ayant remplacé la sensibilité

Fig. 311. — Térébratula digona.
(Grandeur naturelle.)

Fig. 312. — Rynchonelles vues de différents côtés.
(Grandeur naturelle.)

optique. Mais revenons à l'époque jurassique et complétons-en la description générale. Nous avons passé en revue toute la population de cette époque ; il nous reste encore à parler des mollusques et des espèces inférieures qui continuent à subsister malgré le progrès. Et pourquoi ne subsisteraient-elles pas ? Celles dont les conditions d'existence ne changent pas, celles qui demeurent, par exemple, au fond des mers, ne changent pas elles-mêmes. D'autre part, la force vitale de la planète n'est pas épuisée . nous n'avons aucune preuve que le protoplasma ne continue pas à se former et à donner naissance aux organismes primordiaux.

Nous avons vu, au début de ce chapitre, que le terrain jurassique affleure à la surface du sol sur une partie importante de nos contrées (Voy. la carte géologique de la France, p. 204). Une bande remarquable s'étend de l'ouest à l'est, en allant en s'élargissant

Fig. 313. — Fragment de bloc uniquement composé de rynchonelles agglomérées.

considérablement lorsqu'on approche du Jura et de l'Argone: on la suit facilement de La Rochelle à Nevers, Dijon, Langres, Chaumont, Neufchâteau, Nancy, Metz, Luxembourg, ainsi que sa bifurcation vers le sud-est par le Jura et les Alpes. La richesse de ce terrain en fossiles fait que la plupart des enfants jouent dès leurs premières années, sans le savoir, avec la géologie et la paléontologie. Celui qui écrit ces lignes a en ce moment sous les yeux toute une collection commencée dès ces premiers jeux d'autrefois sur les collines de la Haute-Marne, du plateau de Langres et des bords de la Meuse. On y remarque d'abord une quantité de « quilles » (fig. 310) de toutes grandeurs, depuis un et deux centimètres jusqu'à quinze et vingt de longueur. Ces « quilles » noires et pointues sont appelées « pierres du tonnerre » par les vignerons. On les a considérées aussi comme des jeux de la nature, des concrétions pierreuses, des stalactites, des dents de poissons, et quelquefois aussi on leur a donné le nom de « griffes du diable », etc. ; elles sont si nombreuses qu'il n'y a, pour ainsi dire, qu'à se baisser pour en prendre. Ces pierres coniques pointues sont tout ce qui reste d'un mollusque céphalopode marin très répandu dans les mers de cette époque, ce sont des rostres de bélemnites : nous aurons lieu tout à l'heure de les étudier plus spécialement. Il y en avait tant, qu'on

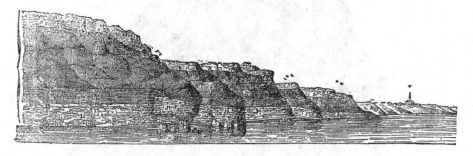

Fig. 314. — Terrains jurassiques moyens visibles sur les falaises du Calvados.

v. Vierville. — *vv.* Saint-Laurent. — *vvv.* Sainte-Honorine. *J'.* Étage oolithique inférieur :
1. Oolithe inférieure. — 2. Calcaire argileux. — 3. Argile de Port en Bessin. — 4. Calcaire de Caen ou grande oolithe.

les rencontre par tas énormes (on peut voir dans les collections géologiques du Muséum de Paris une plaque de schiste provenant du lias d'Angleterre sur laquelle on compte plus de neuf cents rostres de bélemnites réunis dans un espace de cinquante centimètres carrés). Ces morceaux étaient d'ailleurs d'une conservation facile sur le fond de la mer, lequel, soulevé depuis, les a portés avec le sol sur lequel nous marchons aujourd'hui à trois, quatre et cinq cents mètres de hauteur (pour ne parler que de nos pays). Avec ces rostres de bélemnites, les fossiles les plus communs que la nature place elle-même dans le panier d'une collection d'enfant sont les térébratules (*fig.* 311) et les rynchonelles (*fig.* 312). Un peu moins grosses que des noyaux d'abricots, ces coquilles pétrifiées offrent des formes qui ne sont pas sans élégance. Les premières sont allongées en amandes, l'une des deux valves empiétant sur l'autre par son sommet, les secondes ont les deux valves emboîtées sur des plans différents par des échancrures hermétiquement fermées. On les trouve parfois aussi en telles quantités que des blocs de pierre de plusieurs kilogrammes sont entièrement formés d'une agglomération exclusive de ces coquilles juxtaposées et

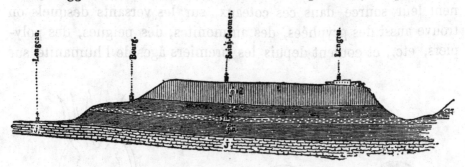

Fig. 315. — Coupe prise dans les terrains jurassiques moyens (Langres à Longeau).

J'. Étage oolithique inférieur. — j' a. Marnes brunes. — j' b. Calcaire argilo-ferrugineux et bélemnites. — j' c. Marnes feuilletées. — j' d. Calcaire à entroques, pointes d'oursins, etc.

que l'on peut facilement les détacher les unes des autres car elles ne sont reliées entre elles par aucun mastic. Les térébratules et les rynchonelles (*fig.* 312) étaient des mollusques brachiopodes, très répandus aussi dans les mers jurassiques.

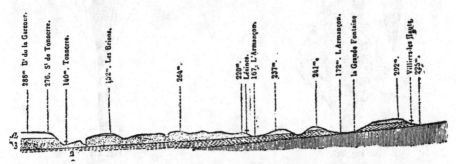

Fig. 316. — Coupe prise dans les terrains jurassiques supérieurs (environs de Tonnerre).

1. Étage bathonien. — 2. Oxfordien. — 3. Corallien. — 4. Kimméridgien.

On a dessiné ici (*fig.* 313) d'après nature et de grandeur naturelle, un fragment d'un bloc d'un kilogramme choisi dans la petite collection dont nous parlions tout à l'heure, uniquement composé de rynchonelles adhérentes ensemble en une même roche (').

1 Elles sont si communes que le balast de la voie ferrée de Langres à Neufchâteau en est pour ainsi dire pavé par places, notamment au pied de Bourmont · la vie rapide de nos jours humains circule sur les momies de millions d'êtres pétrifiés qui nous rappellent ces lointaines époques dont personne ne verra le retour.

Les pétrifications d'huîtres sont plus rares dans ces terrains, cependant la même collection enfantine en possède plusieurs, ainsi que des oursins. — Tous ces terrains appartiennent à l'étage oolithique inférieur, au bathonien. La Meuse comme la Marne prennent leur source dans ces coteaux, sur les versants desquels on trouve aussi des gryphées, des ammonites, des peignes, des polypiers, etc., et coulent depuis les premiers âges de l'humanité sur

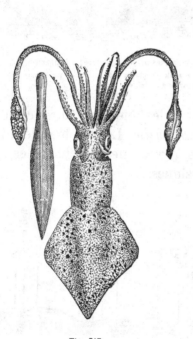

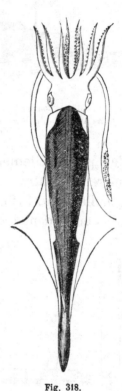

Fig. 317.

La seiche actuelle et son osselet.

Fig. 318.

Bélemnite restaurée.

ce sol que la mer jurassique recouvrait de ses ondes. — Nous y avons trouvé aussi des morceaux de bois pétrifié, dont nous possédons divers spécimens : il y a eu là, aux temps jurassiques, des rivages et des forêts. Qui pourrait dénombrer les oscillations et les plus légers frémissements de l'épiderme de l'être-Terre ?

Un autre lambeau de terrain jurassique part de la Loire, à l'est d'Angers, pour s'élever directement au nord en s'épanouissant sur les départements de l'Orne et du Calvados par Argentan et Caen (¹).

En Normandie, sur la côte du Calvados, les argiles inférieures particulièrement riches en fossiles, épaisses de 60 mètres et dépourvues de minerai de fer, affleurent au niveau de la mer auprès de Dives, sous la falaise des « Vaches-Noires ». Les argiles qui suivent alternant avec des bancs de calcaires noduleux, sont de même remplies de fossiles : l'ammonites cordatus, une grande huître dilatée, etc., forment des bancs entiers. Au pied de ces falaises dénudées, qui s'éboulent constamment sous les attaques des flots, on peut recueillir aisément les nombreuses espèces fossiles contenues dans ces argiles oxfordiennes. Les ammonites, à l'état pyriteux (sul-

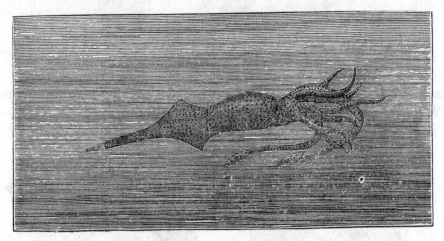

Fig. 319. — Bélemnite nageant.

fure de fer), brillent d'un vif éclat et sont bien conservées; des huîtres de diverses formes, des trigonies à grosses côtes, des téré-

1. Nous avons visité ces formations de Normandie au mois de juin 1885, en compagnie de M. Vimont, le savant et laborieux fondateur de la *Société scientifique Flammarion* d'Argentan, auquel nous devons un grand nombre de fossiles trouvés par lui-même dans les terrains secondaires et primaires de l'Orne, qui y sont simultanément représentés, depuis le silurien jusqu'au jurassique. Il y a là un contraste des plus frappants : le voyage de Bagnols à la vallée d'Auge est à la fois des plus pittoresques et des plus instructifs. Les eaux de l'époque quaternaire ont creusé les riches vallées du pays d'Auge. En se plaçant sur les hauteurs, par exemple sur la colline de Montreuil-la-Combe, non loin de Trun — où un observatoire météorologique serait admirablement placé — on domine toute la contrée et l'on se rend compte à première vue des rapports et des harmonies qui rattachent la préparation géologique des siècles antédiluviens aux productions de la terre et à l'état actuel de l'humanité.

bratules, sont particulièrement abondantes. Toutes ces espèces se voient également dans la falaise, disposées au milieu des argiles par cordons alignés dans les niveaux successifs.

Beaucoup moins étendue que celle de l'est de la France, cette

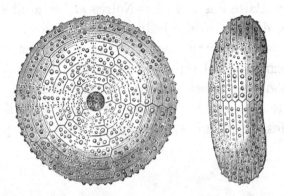

Fig. 320. — Oursins de la période jurassique.

langue jurassique n'en est pas moins du plus haut intérêt pour l'étude de la géologie. On peut en dire autant de celle de la Pro-

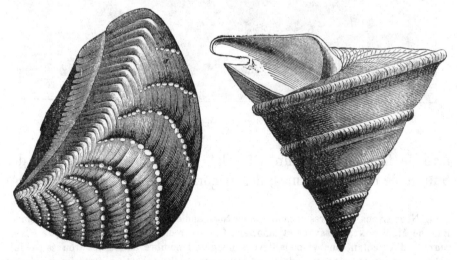

Fig. 321-322. — Mollusques acéphales et gastéropodes de la période jurassique.
Trigonia clavellata et pleurotomaria conoïdea.

vence. L'espace nous manque ici pour les décrire en détail; cependant quelques vues et coupes de terrains seront fort utiles pour compléter ce que nous en avons dit aux débuts de ce chapitre, et dans ce but nous avons reproduit plus haut quelques-unes de celles qui illustrent la « Description géologique de la France, » due aux travaux de Dufrénoy et Élie de Beaumont. L'une (*fig*. 314) nous met sous les yeux les terrains jurassiques moyens (étage oolithique inférieur) que l'on voit sur les côtes du Calvados, entre Vierville, Port en Bessin et Avranches, couches superposées qui donnent un aspect si pittoresque à ces falaises. Une autre (*fig*. 315) représente une coupe des mêmes terrains faite dans le département de la Haute-

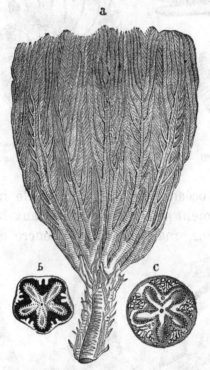

Fig 323. — Crinoïdes de la période jurassique.
Pentacrinus fasciculosus. — *a*. Grandeur naturelle. — *b*, *c*. Articles de la tige grossis.

Marne, sur le promontoire qui s'avance comme un cap de Longeau à Langres, à 473 mètres d'altitude, et dans les flancs duquel la Marne prend sa source, à 381 mètres d'altitude. Une troisième (*fig*. 316) atteint les étages supérieurs de l'époque jurassique, les étages bathonien, oxfordien, corallien et kimméridgien, dans une coupe faite en Bourgogne aux environs de Tonnerre. Ces coupes complètent fort utilement la classification des terrains donnée plus haut (p. 531).

Mais revenons aux êtres vivants de ces lointaines époques.

Nous parlions tout à l'heure des bélemnites et des pierres pointues qu'elles ont laissées. C'étaient des mollusques céphalopodes voisins des grands calmars actuels, qui vivent dans la haute mer, seiches, poulpes, pieuvres, etc. Les bélemnites étaient

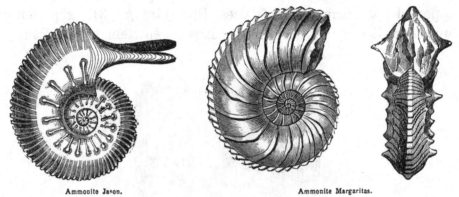

Ammonite Jason.   Ammonite Margaritas.

Fig. 324. — Mollusques céphalopodes de la période jurassique.

les pieuvres des océans secondaires. Tout le monde connaît les sépias, non seulement pour les avoir vues aux bords de la mer ou dans les aquariums, mais encore par l'encre de couleur connue

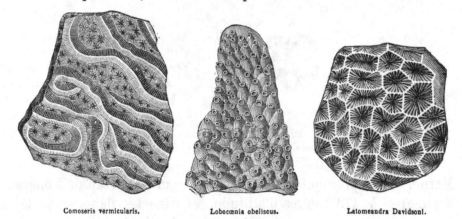

Comoseris vermicularis.   Lobocœnia obeliscus.   Latomeandra Davidsoni.

Fig. 325. — Débris fossiles des coraux vivant en France a l'époque jurassique.

sous leur nom et par les os de seiche que l'on donne aux oiseaux de volière pour aiguiser leur bec ou dont on se sert pour la fabrication de la sandaraque. Les bélemnites sécrétaient comme les seiches une encre foncée que l'on a même retrouvée dans la poche de l'animal à l'état de poussière fossile et dont on a pu se servir pour exécuter des dessins avec cette sépia *vieille de millions*

Fig 326. — La France, Jura, Franche-Comté, Bourgogne, à l'époque de la mer jurassique
d'après Oswald Herr.

d'années. D'après les recherches spéciales de Blainville et de d'Orbigny, on sait aujourd'hui que les bélemnites atteignaient parfois

une taille de deux mètres. On en connaît cinq espèces principales. C'était un céphalopode bon nageur, qui devait surtout nager à reculons, dans la position horizontale représentée (*fig.* 319). C'est dans les terrains jurassique que les bélemnites atteignent leur maximum. Il n'en existe plus depuis longtemps.

Les céphalopodes à tentacules, les ammonitides surtout, sont en progrès pour atteindre leur maximum pendant la période crétacée, où nous allons bientôt les retrouver. Signalons parmi les plus curieuses, l'ammonite Jason (*fig.* 324). Au nombre des acéphales et gastéropodes de cette époque, remarquons aussi les trigonia clavellata (*fig.* 321) et les pleurotomaria conoïdea (*fig.* 322). Les oursins sont nombreux et variés (*fig.* 320). Les crinoïdes atteignent un second et dernier maximum : désormais ils ne feront plus que décliner. A certains niveaux et en certaines contrées ils formaient de véritables champs sous-marins et leurs *entroques* constituent presque à elles seules des assises d'une grande épaisseur et d'une grande étendue dans le Jura de la Bourgogne et de la Franche-Comté. Les principaux genres sont les pentacrinus (*fig.* 323), les apiocrinus, les millericrinus, les isocrinus. Ils avaient en général une tige longue et droite et un calice formé de pièces très épaisses ; les bras étaient libres et quelquefois très rameux. Tous ces mollusques ont laissé leurs vestiges dans les terrains que nous étudions en ce moment, et en les ressuscitant par la pensée nous pouvons nous rendre compte de la population antique de ces mers.

Mais ce qui peut encore le plus nous frapper ce sont assurément les récifs de coraux qui ont caractérisé les derniers siècles de la période jurassique et qui ont donné à un étage tout entier le nom d'étage corallien. Cet étage est remarquablement développé dans la Meuse, où il mesure de cent vingt à cent cinquante mètres d'épaisseur, dans le Jura, en Suisse, en Provence, en Dauphiné, en Bourgogne, et en Normandie, vers Trouville. Dans toutes ces régions, les calcaires oolithiques, qui forment le cortège habituel des récifs coralligènes, sont très fréquents, ainsi que des calcaires compacts à grains fins, indice assuré de dépôts effectués dans les grands fonds, loin de l'agitation des vagues. Le terrain corallien se montre généralement constitué de puissantes assises de calcaires blancs massifs, formés

de coraux, les uns brisés, les autres ayant encore conservé la
position qu'ils occupaient au temps de leur développement. Inférieurs en puissance aux récifs de nos mers tropicales, ceux de
l'étage corallien l'emportaient cependant de beaucoup en superficie
puisqu'on les rencontre à toutes les latitudes. On trouvera ici les

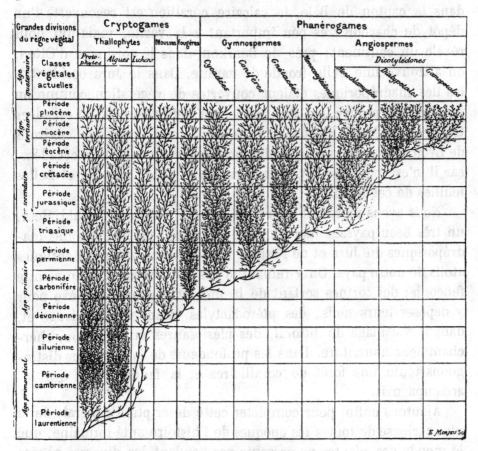

Fig. 327. — Arbre généalogique du règne végétal.

principaux spécimens (*fig.* 325) laissés dans ces terrains par les
divers polypes du corail.

Nous signalerons, avec le naturaliste suisse Oswald Heer, les
bancs de coraux qui parsemaient la mer jurassique dans les cantons
de Bâle, de Soleure et de Berne, jusqu'à Porrentruy et en France.
Ces bancs de coraux, écrit-il, ont joué en Europe un rôle semblable
à celui des coralliaires actuels de l'Océan Indien et des mers du
Sud. C'est une question intéressante et un problème à résoudre que

la distribution exacte et la configuration des bancs de coraux dans les mers jurassiques de l'Europe.

On peut se demander s'ils étaient recouverts par les eaux ou s'ils émergeaient et formaient des îles, comme on en voit en grand nombre dans les mers du Sud ; les deux cas existaient. En Suisse, dans le canton de Bâle, le calcaire corallien est recouvert d'un dépôt de charbon très peu important à la vérité, mais qui nous révèle un continent ; près de Dänikon, dans le voisinage d'Olten, on a trouvé une belle fronde de zamite. Dans le Jura occidental, les îles madréporiques étaient couvertes de végétation comme on en a eu la preuve par la présence de belles feuilles de cycadées trouvées au Mont Risoux et près de Dorche. Dans les environs de Lyon, il y avait une île madréporique avec une forêt de cycadées, car il n'est pas rare d'y rencontrer çà et là de grandes et belles feuilles de cet arbre.

Nous avons reproduit plus haut (*fig.* 326), d'après Oswald Heer, un très beau paysage marin qui donne une juste idée des îles madréporiques du Jura et de l'aspect que devaient avoir les antiques atolls de notre pays. On y remarque des îles couronnées du zamite feneonis; des tortues sortant de la mer et gagnant la grève pour y déposer leurs œufs, des ptérodactyles volant vers le rivage et, dans le voisinage du littoral, des plésiosaures au long cou, cherchant leur nourriture. Dans les profondeurs de la mer nous distinguons toute une forêt de coralliaires et la faune variée qui les accompagnait.

Ajoutons enfin, pour compléter cette description générale de la plus curieuse de toutes les époques de l'histoire anté-humaine, que le monde des plantes ne présente pas pendant les diverses phases sucessives de l'époque jurassique, depuis le lias inférieur jusqu'à l'oolithe supérieure, des formes caractéristiques aussi tranchées que le monde animal. Les espèces primitives s'éteignent lentement pour faire place à une végétation plus riche et plus diversifiée. C'est une ère de transformation. Les cryptogames dominent encore : fougères, prêles, etc.; mais les phanérogames angiospermes (cycadées conifères) commencent à s'imposer (voy. l'arbre généalogique du règne végétal, *fig.* 327), au rang horizontal de la période jurassique). *Il n'y a pas encore de saisons ni de climats :* les

Fig. 328. — AU BORD DE LA MER PENDANT LA PÉRIODE JURASSIQUE.

mêmes espèces végétales se retrouvent de l'équateur à la Sibérie et
au Spitzberg. En France même, sur les bords de la mer qui couvrait les régions où Paris fut fondé depuis, on aurait pu voir des
paysages analogues à celui qui a été dessiné ci-contre : au premier
plan des pandanées aux racines aériennes, des cycadées au tronc
bas, et, au loin, nageant sur les eaux, les plésiosaures aux longs
cous.

La période crétacée, qui succède à la période jurassique, va
compléter pour nous cette antique histoire des temps secondaires.

Paul Fouché

CHAPITRE III

LA PÉRIODE CRÉTACÉE

Si vous voulez bien, cher lecteur, retourner les feuillets de cet ouvrage jusqu'à la page 265 et considérer avec quelque attention la figure qui représente la coupe du puits artésien de Grenelle à Paris, vous aurez sous les yeux la meilleure introduction à l'étude que nous sommes amenés à faire en ce moment ensemble de la dernière période de l'ère secondaire, de *la période crétacée*.

Sur cette figure vous remarquerez, depuis 41 mètres au-dessous du niveau du sol parisien jusqu'à 506 mètres de profondeur, de la craie, encore de la craie, et toujours de la craie. Or toute cette craie s'est déposée au fond de la mer, lorsque la mer couvrait ces régions, actuellement habitées par l'homme, à l'époque à laquelle nous arrivons dans cette histoire des transformations graduelles de notre planète.

Cet épais massif de craie qui passe au-dessous de Paris est une sorte de fond de cuvette irrégulière dont les bords se relèvent et viennent affleurer à la surface du sol à une certaine distance tout autour de la grande cité, comme on s'en rend compte bien facilement sur la coupe de la page 272 et sur le plan de notre carte géologique de la France : le terrain crétacé affleure le long d'une bande que l'on peut tracer d'Arras à Saint-Quentin, Reims, Châlons-sur-

Marne, Vitry-le-François, Troyes, Sens, Auxerre, Bourges, Tours, Loudun, Le Mans, Dreux, Rouen, non sans irrégularités dues aux remaniements de la carte causés par les formations tertiaires. C'est cet affleurement de la craie sur une vaste étendue qui a donné à la Champagne pouilleuse son aridité et sa stérilité bien connues : sur des milliers d'hectares, la terre végétale de la surface n'a pas plus de quinze à vingt centimètres d'épaisseur, aucune végétation de quelque importance n'y peut croître, les vallées seules restent vertes et quelque peu fertiles ; lorsqu'on passe en ballon au-dessus de ces contrées, les prés étroits qui bordent les cours d'eau semblent des rivières qui serpentent sur un sol jaunâtre et aride, si singulièrement échauffé par le soleil que la réverbération suffit pour dilater l'aérostat et lui donner plus de force ascensionnelle, tandis que lorsqu'on traverse les rivières ou les canaux on rencontre des courants d'air frais qui changeraient la route de l'aérostat si l'on ne jetait du lest pour passer par-dessus. Cette vaste formation crayeuse se retrouve en d'autres points de la France ; elle affleure, par suite d'un relèvement local, tout près de Paris, dans les collines de Meudon, Bellevue, Bougival : une demi-heure d'exploration dans les carrières qui bordent la colline de Bellevue suffit pour récolter un nombre considérable de coquilles fossiles, mais friables et crayeuses comme les terrains qui les renferment (nous en avons en ce moment sous les yeux, recueillis par nous-mêmes il y a quelques jours). On la retrouve à Mantes, au Mans, à Gisors, dans la pittoresque colline de Canteleu, près de Rouen : le long des rives de la Seine, de Vernon au Havre : épaisse de cinquante mètres, elle forme à elle seule toute la partie supérieure des falaises du cap de la Hève (*fig.* 131, p. 285). Ici, c'est l'étage cénomanien. Dans le Boulonnais et en Angleterre, c'est l'étage turonien ; mais c'est toujours le terrain crétacé. On peut dire que la Manche s'est creusée son lit à travers la craie : nous avons vu, au chapitre des transformations actuelles du sol, qu'elle continue à l'élargir.

Cette même formation crayeuse peut être étudiée en bien d'autres régions, par exemple de Saintes à Cahors, sur les deux versants des Pyrénées, surtout sur l'espagnol, dans les Alpes françaises, sur la rive droite du Rhin, en Allemagne, en Angleterre, en Algérie, en Palestine, dans l'Amérique du Nord, au Groënland, en un mot un

peu partout sur la surface du globe, les mêmes causes ayant produit
les mêmes effets, à part quelques différences de détail, moins importantes toutefois qu'on ne serait porté à le croire d'après les dis-

Fig. 329. — Les ptérodactyles.

tances géographiques, car *jusqu'à la période crétacée notre
planète n'a connu ni les climats ni les saisons.*

Comme exemple de cette formation, outre la coupe du puits
artésien de Grenelle et les falaises du cap de la Hève, on peut
encore remarquer la coupe (*fig. 330*) prise dans les Pyrénées, sur
le versant français, près des Bains-de-Rennes. On n'y compte pas

moins de vingt-cinq couches de calcaires et de marnes appartenant à la période crétacée, superposées et relevées. Ces couches marines reposent sur les sédiments wealdiens d'eau douce.

De même que les formations antérieures, les terrains crétacés ont pris naissance au fond des eaux. Toutes les contrées à la surface desquelles ce terrain affleure étaient sous les flots, comme celles qui le renferment, à une profondeur quelconque, lorsque ces dépôts de craie se sont effectués. Ainsi, par exemple, à l'époque crétacée, une mer assez vaste s'étendait sur toute la région dont nous venons d'esquisser les contours, aux environs de Paris, depuis Bar-le-Duc à l'est jusqu'au Mans à l'ouest, et depuis Bourges au sud jusque sur l'Angleterre et au delà. Une autre couvrait une partie des Pyrénées, les Alpes maritimes, le Dauphiné, la Savoie, le Périgord. La chaîne du Jura s'est soulevée avant la période crétacée. La date du soulèvement de la Côte-d'Or est en général fixée entre la période jurassique et la période crétacée ; mais d'après des recherches nouvelles [1] elle présente, en plusieurs endroits de la lèvre affaissée, des dépôts kimméridjo-portlandiens, plus récents par conséquent que les calcaires coralliens, et, ce qui est plus récent encore, des sables albiens (à Marsaunay-le-Bois, Saint-Julien, Clénay, Brétigny, et sur les flancs du mont Affrique, à 550 mètres d'altitude). Le soulèvement de la Côte-d'Or a donc eu lieu après la période albienne.

Notre carte géologique n° 7 représente l'aspect probable de la France à cette époque : les terrains primitifs, primaires, triasiques et jurassiques sont formés, chacun suivant son âge chronologique ; mais le terrain crétacé n'existe pas encore et est en formation sous la mer partout où nous la voyons ici. La seule incertitude qui reste dans notre esprit à l'égard de cette distribution des terres et des eaux à une époque déterminée, c'est qu'il est possible que certains points des mers actuelles, Manche, Océan, Méditerranée, aient été émergés alors et soient redescendus depuis sous les eaux, et que certains golfes ou détroits aient existé en vertu de quelques affaissements locaux, la restitution des anciens rivages comportant plusieurs éléments en discussion, comme nous l'avons vu plus haut (p. 545). Mais l'ensemble ne pouvait s'éloigner beaucoup de

---

1. M. J. MARTIN. *Comptes rendus de l'Académie des sciences,* 1885.

l'aspect général de la carte, et le fait qui nous intéresse le plus en ce moment, celui de l'existence de la mer sur les pays que nous habitons aujourd'hui, est incontestable.

Comme son nom l'indique, le terrain crétacé est le gisement par excellence de la craie. Il renferme cependant, surtout à sa base, des calcaires compacts et des argiles; mais les roches peu cohérentes, les sables ou les grès faiblement cimentés et surtout la craie, dominent de beaucoup à la partie supérieure. En général les roches crétacées sont plus claires de nuance, plus détritiques, plus fraîches, en un mot, que les roches jurassiques; les fossiles ne sont pas aussi complètement transformés et paraissent plus jeunes que dans ce dernier terrain.

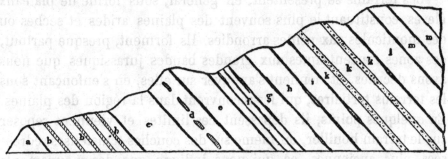

Fig. 330. — Coupe prise dans les terrains crétacés (Pyrénées : Bain-de-Rennes).

a. Calcaire saccharoïde avec dicérates. — *b.* Marnes noires schisteuses, avec petites couches de calcaire compact et contenant des ammonites, des exogyra. — *c.* Calcaire compact, avec ostrea cristata, exogyra sinuata, ex. columba. — *d* Grès siliceux avec veinules et amas de jaïet. — *e.* Marnes sableuses, avec spatangues et nombreux fossiles de la craie. — *f.* Grès schisteux, avec empreintes végétales et petites couches de lignite. — *g.* Calcaire avec hippurites, radiolites, polypiers et contenant quelques miliolites. — *h.* Calcaire à miliolites et nummulites. — *i.* Marnes avec spatangues et autres fossiles de la craie. — *k.* Alternance de marnes rougeâtres, de calcaire compact cristallin et de poudingue calcaire. — *l.* Calcaire à miliolites et marnes rougeâtres. — *m.* Marnes noires à miliolites, nummulites, etc.

Sans faire absolument défaut, le fer, le gypse, la dolomie, le sel gemme, sont fort rares dans la formation crétacée, où abondent, au contraire, les rognons de silex pyromaque, qui ont, dans la craie blanche, leur principal gisement. L'épaisseur maximum de ce terrain dépasse deux mille mètres. Presque entièrement marine, la formation renferme cependant, à divers niveaux, des assises d'eau douce, plus développées que celles du terrain jurassique, et fournissant quelquefois des lignites exploitables. En Angleterre et ailleurs, elle débute par des argiles et des sables, déposés dans des lagunes analogues à celles où se formait l'étage de Purbeck. Les oscillations du sol ont continué à se manifester pendant toute la durée de l'époque, de façon que les mers empiétaient dans certaines régions, où se constituaient des dépôts d'une grande épaisseur, et laissaient à sec d'autres lieux, où des étages entiers font défaut. Cependant le mouvement d'ascension continue dans l'Europe occidentale ; les bassins maritimes occupent à peu près les mêmes emplacements qu'à l'époque jurassique, mais diminuent insensiblement en surface. Il en résulte que les faunes et les sédiments diffèrent de plus en plus, même à des distances fort rapprochées, et deviennent comparables à ce qu'ils étaient à l'époque silurienne. Au contraire, dans l'Amérique du Nord, la mer envahit le littoral de l'Atlantique, et pénètre fort avant à l'ouest du Mississipi, où des dépôts d'une grande étendue témoignent de sa présence (¹).

Ces terrains se présentent, en général, sous forme de plateaux élevés, constituant le plus souvent des plaines arides et sèches ou des monticules aux pentes arrondies. Ils forment, presque partout, des zones concentriques aux grandes bandes jurassiques que nous avons décrites, et viennent s'appuyer sur elles, en s'enfonçant sous les terrains tertiaires, qui les recouvrent dans la région des plaines. En quelques points, ils dépassent ces limites et viennent reposer sur le terrain houiller, ou même sur des couches schisteuses redressées, plus anciennes, ce qui nous indique que des mouvements assez considérables du sol ont encore eu lieu à cette époque.

Les mers, dans lesquelles ils se sont déposés, couvraient encore une grande partie de l'Europe, mais leur configuration n'était plus la même qu'à l'époque jurassique. L'époque crétacée a été marquée par un retour de la mer sur des espaces qu'elle avait depuis longtemps abandonnés. C'est ainsi que la France méridionale, émergée depuis le corallien, s'est trouvée de nouveau sous les eaux et a fait partie d'une vaste mer qui s'étendait dans tout le sud de l'Europe.

A cette date, le plateau central, complètement émergé, soudé d'une part aux Vosges et de l'autre à la Vendée, s'opposait à toute communication entre cette mer méridionale et celle qui, largement étendue dans le nord, couvrait le bassin de Paris et se prolongeait dans le sud de l'Angleterre. Ce fait important permet d'expliquer les grandes différences que l'on remarque entre les terrains crétacés du nord et ceux du midi de la France.

1. CONTEJEAN. *Éléments de Géologie et de Paléontologie.*

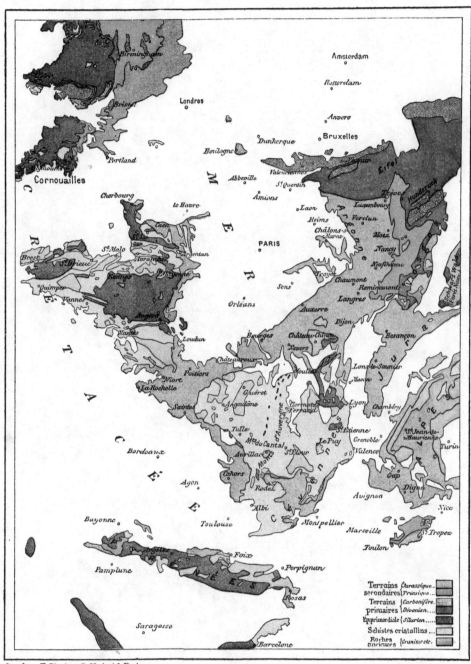

Gravé par E. Morieu, R. Vavin 45, Paris.

Imprimerie A. Lahure

FORMATION GRADUELLE DES TERRAINS
FRANCE
Terrains primitifs, primaires, triasiques et jurassiques

La période crétacée se partage, comme la jurassique, en deux parties bien distinctes. De même que dans les terrains jurassiques nous avons distingué le lias de l'oolithe, de même, dans les terrains crétacés, il convient de distinguer le système infracrétacé du crétacé proprement dit. Le premier, qui succède immédiatement au jurassique, ne contient pas de craie mais des calcaires, des sables et des argiles qui offrent de grandes analogies avec les sédiments jurassiques. Ces deux grandes séries, l'infracrétacé et le crétacé, se partagent à leur tour chacune en plusieurs étages :

PRINCIPALES DIVISIONS DE LA PÉRIODE CRÉTACÉE

1° Infracrétacé.

Étage néocomien ([1])
Étage urgonien ([2]). Gault, sables et argiles ([3]).
Étage aptien ([4]).
Étage albien ([5]).

2° Crétacé.

Étage cénomanien ([6]).
Étage turonien ([7]).
Étage sénonien ([8]) et campanien ([9]).
Étage danien ([10]) et garumnien ([11]).

La période infracrétacée se relie étroitement, par l'ensemble de ses caractères, à celle qui l'a précédée. La flore, où dominent les cycadées et les conifères et où les dicotylédones angiospermes sont encore inconnues, est une flore jurassique. Si des pins, des sapins et des cèdres s'y montrent associés aux types tropicaux, cette association prévaut aussi bien près du pôle, au Groënland, que dans l'Europe centrale, et atteste que les climats devaient offrir encore une grande uniformité. Toutefois, on ne peut manquer d'être

1. Ainsi nommé de Neuchâtel (Neocomium), en Suisse, où il est exploité pour les constructions.
2. D'Orgon, près d'Arles.
3. C'est le fond du puits artésien de Grenelle, et c'est un précieux réservoir pour les eaux d'infiltration. Ces argiles sont employées en Angleterre à la fabrication de tuiles et les ouvriers les ont qualifiées du nom peu distingué de gault.
4. D'Apt, où il est très développé.
5. Du département de l'Aube.
6. Du Mans.
7. De la Touraine (tuffau).
8. De Sens (craie blanche). — 9. **Craie de la Champagne.** — 10 et 11. Craie du Danemark et de la Haute-Garonne.

frappé de ce fait que les formations des polypiers qui, pendant la période oolithique, s'avançaient jusque dans le Yorkshire par plus de 50° de latitude ont sensiblement reculé vers le sud, car les calcaires à réquiénies (caprotines), qui sont pour la période infra-crétacée, l'équivalent des calcaires à dicérates, ne se montrent guère que dans la zone méditerranéenne. Il ne semble donc pas excessif d'en conclure que déjà les conditions tropicales, qui seules conviennent aux formations coralligènes, avaient abandonné la partie septentrionale de notre hémisphère. L'empire de la terre ferme, durant cette période, paraît avoir appartenu aux grands dinosauriens bipèdes, pourvu de caractères mixtes qui les font participer à la fois des mammifères, des oiseaux et des reptiles. Quant aux animaux marins, à part la prépondérance relative des céphalopodes à tours déroulés, on peut dire qu'ils ne font que continuer les types oolithiques ([1]).

Les terrains crétacés commencent par des calcaires, des sables et des argiles, qui ont encore quelque analogie avec les sédiments jurassiques ; c'est seulement dans les assises supérieures que se montre la craie véritable.

Le gault est reconnaissable à sa couleur foncée et se voit de loin tranchant par ses bandes sombres sur les teintes claires des roches qui l'environnent. C'est un calcaire ou un grès tantôt vert, tantôt noir, renfermant une quantité de graines vertes qui lui ont fait donner le nom de grès vert. Ces grains sont composés d'un silicate de fer oxydulé ; c'est par leur oxydation même qu'ils donnent à la pierre cette couleur sombre. Le gault renferme, par places, de nombreux rognons qui contiennent probablement du phosphate de chaux. Il est très répandu dans la zone alpine de la Suisse orientale, surtout au Sentis, au lac de Wallenstadt, à Pragel, près de Seeven, et jusqu'à Unterwald ; il manque au contraire dans les Alpes bernoises et lucernoises ; on le retrouve dans la vallée du Rhône et dans la Savoie, où il atteint de grandes proportions. A la perte du Rhône, il prend l'apparence d'un gris vert clair ; il en est de même à Sainte-Croix, dans le Jura, où il est recouvert par une argile bleue.

[1]. De Lapparent. *Traité de Géologie.*

Le fait que l'on rencontre partout de ces grains dans le crétacé, et surtout dans le gault anglais, doit provenir d'une cause générale qui a présidé à leur formation et à leur disparition. Pendant l'époque crétacée il a dû se produire, à deux reprises, une riche formation de fer provenant de l'intérieur de la terre et qui s'est répandue dans toute l'Europe sans que nous soyons, pour le moment, en état de donner une explication plausible de ce phénomène.

La puissance de la craie dans le bassin de Paris est considérable ; dans les falaises de la Manche elle surpasse cent mètres ; elle s'accroît en épaisseur dans l'intérieur du bassin ; à Paris, les sondages pour les puits artésiens ont rencontré la craie sur une profondeur de 460 mètres ; elle se divise en deux parties principales : la première, composée de craie d'abord noduleuse avec silex blonds, la seconde de craie blanche, avec silex zonés, renfermant, à divers niveaux, des oursins cordiformes de la famille des spatangues, et surtout les *Micrasters*, qui sont caractéristiques de cette première masse.

C'est à la craie à micraster que l'on doit entre autres les falaises de Dieppe et celles si singulièrement découpées d'Étretat. On la retrouve dans l'intérieur des terres, en Picardie, etc.

Tous ces étages crayeux dessinent dans le bassin de Paris, autour des terrains tertiaires qui en occupent le centre, une large plaine ondulée, disposée en fer-à-cheval, dont les deux branches ouvertes viennent aboutir sur la côte normande, d'une part entre Dieppe et le Tréport, et de l'autre entre Boulogne et Calais. Ces deux bandes crayeuses se poursuivent au travers de la Manche et viennent de nouveau affleurer sur la côte anglaise, où elles forment ces grandes falaises blanches, de chaque côté de Douvres, qui sont visibles de France par un temps clair. L'Angleterre leur doit son nom d'*Albion*. La craie s'y développe de même, autour des terrains tertiaires, sur lesquels la ville de Londres est établie, en formant une région de collines arrondies, qui portent les noms de Downs. Tous ces terrains — Orléans, Paris, Dieppe, Londres — étaient donc sous les eaux à l'époque à laquelle nous sommes actuellement arrivés dans cette histoire de la Terre. Dans les environs de Paris, à Meudon, on voit aussi, au-dessus de la craie blanche, un calcaire jaune formé de petits grains arrondis et de débris de fossiles, désigné sous le nom de calcaire pisolithique ; ce calcaire pisolithique, qui représente le dernier dépôt de l'époque crétacée, renferme un mélange d'espèces crétacées et d'espèces tertiaires. On y rencontre notamment, avec des ananchytes, de grands cérithes, comparables au cerithium giganteum que nous trouverons, très abondant, dans le terrain tertiaire parisien.

Ce même calcaire crétacé peut être observé à l'état de lambeaux isolés, adossés à la craie, en plusieurs points des environs de Paris. Il prend ainsi un caractère littoral très prononcé et témoigne, par sa distribution, d'un changement notable survenu dans les conditions du bassin parisien, primitivement occupé par la mer crétacée. Cette mer, qui venait du nord, s'est retirée successivement, de telle façon que toutes ces masses crayeuses que nous venons de définir sont disposées en retrait les unes au-dessus des autres. Après le dépôt du calcaire pisolithique qui, lui-même, est limité à une petite étendue, toute cette partie nord de la France était émergée ([).

Comment se sont formées ces épaisses couches de craie, qui atteignent cinq cent, mille et deux mille mètres d'épaisseur ? Par sédimentation, par dépôts au fond des eaux, comme les précédents terrains, mais pourtant d'une façon bien différente. La craie est du carbonate de chaux. Ce carbonate de chaux était en dissolution plus ou moins saturée dans les eaux des mers primitives, puisque des quantités innombrables de crustacés s'en sont servis pour construire leurs coquilles calcaires. Dans ce milieu liquide, sensiblement calcaire, les foraminifères, les polypiers, les rudistes pullulaient et formaient d'innombrables populations. Que devenaient, après leur mort, les corps de ces animaux, grands et petits, mais ordinairement d'une petitesse microscopique ? La matière animale destructible disparaissait, au sein de l'eau, par la putréfaction ; il ne restait que la matière inorganique indestructible, c'est-à-dire le carbonate de chaux, formant le test de leur enveloppe. Ces dépôts calcaires s'accumulèrent en épaisses couches sur le bassin des mers ; ils s'agglutinèrent bientôt en une masse unique, et formèrent un lit continu au fond des eaux. Ces couches se superposant, augmentant par la suite des siècles, ont fini par constituer des terrains : ce sont nos terrains calcaires actuels.

1. Ch. Vélain. *Géologie stratigraphique.*

Prenez un microscope, et, muni de cet œil artificiel, examinez un fragment de craie; vous n'y verrez plus une poudre informe et grossières, mais tous les grains vont prendre une forme régulière. Voici des fragments de coquilles, des ammonites lilliputiennes, et toute une armée de foraminifères (*fig.* 331 à 333). Tout ce monde des eaux antiques apparaît sous le microscope; ce massif de craie n'est pas autre chose que l'entassement séculaire de ces populations marines d'un autre âge !

Les coquilles de foraminifères forment à elles seules des chaînes

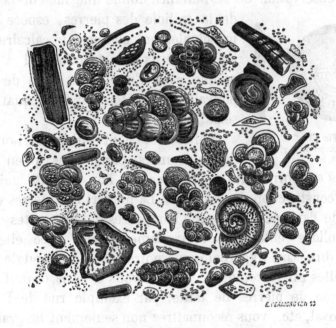

Fig, 331. — Fragment de craie vu au microscope.

entières de collines élevées et des bancs immenses de pierres à bâtir. Les foraminifères sont des coquilles marines à plusieurs loges dont les plus grandes atteignent tout au plus deux millimètres de diamètre, et dont cependant on est parvenu à distinguer près de huit cents espèces différentes. Combien n'a-t-il pas fallu de ces petits êtres pour que leurs débris accumulés forment des bancs de craie d'une aussi vaste étendue! Le calcaire grossier des environs de Paris est, dans certains endroits, tellement rempli de ces dépouilles, qu'un centimètre cube des carrières de Gentilly, carrières d'une grande épaisseur, en renferme au moins vingt mille; ce qui donne par mètre cube le chiffre énorme de vingt milliards.

Quand nous passons près d'une maison en démolition ou d'un édifice que l'on construit et que nous sommes enveloppés par un nuage de poussière qui pénètre dans notre gosier, nous avalons souvent, sans nous en douter, des centaines de ces infiniment petits. On donne aussi à ces fossiles microscopiques le nom de milioles parce que leur volume ne dépasse pas celui d'un grain de millet et même est souvent moindre.

Une observation de M. Defrance donne une idée de la petitesse

Fig. 332.
Les nummulites de la pierre
à bâtir.

de la miliole des pierres, espèce dont est principalement composé le calcaire grossier employé à la construction. Il a reconnu qu'une case d'une ligne cube de capacité pouvait en contenir jusqu'à quatre-vingt-seize!

Celles-ci étaient tellement nombreuses dans les mers parisiennes, qu'en se déposant elles ont formé des montagnes que l'on exploite aujourd'hui pour la construction de nos villes. La plupart des pierres des habitations de Paris ne sont même composées que de petites carapaces de miliolides entassées et étroitement liées avec elles; aussi peut-on dire, sans hyperbole, que notre splendide capitale est bâtie en coquilles microscopiques. Arrêtez-vous à Paris devant un mur quelconque de pierres de taille, par exemple rue de Rivoli, au Palais-Royal, etc., vous reconnaîtrez non seulement les grains de ce calcaire, mais aussi, en bien des points, les coquilles parfaitement visibles à l'œil nu. La pierre dite de Laon est formée d'un amas considérable de nummulites, charmantes espèces de forme lenticulaire, à cellules très nombreuses disposées en spirale, espèces non microscopiques.

Les pyramides d'Égypte sont construites avec des pierres analogues et fondées sur des roches de calcaire nummulitique. Nous avons déjà vu plus haut que les anciens prenaient pour des lentilles pétrifiées les débris tombés à la base. Ce nom de nummulites vient de leur ressemblance avec de petites pièces de monnaie (étymologie : nummularius).

Les foraminifères ont donc sécrété une partie du sol sur lequel nous marchons, des maisons qui nous abritent et des édifices que nous léguons à la postérité. Chaque animalcule a fourni son grain solide, chaque type a déposé sa couche imperceptible. Les espèces qui vivent encore aujourd'hui préparent en silence, au sein de l'Océan, des pierres de taille pour la construction des générations futures.

Ehrenberg, qui a examiné bien des centaines d'échantillons de vase recueillie dans toutes les mers, a étudié entre autres les boues ramassées à des profondeurs de trois à cinq cents mètres dans les sondages exécutés à l'occasion de la pose d'un câble télégraphique. Presque généralement les polythalames s'y trouvent dans une porportion considérable, ce qui n'a guère lieu de surprendre après qu'on les a vus apparaître en masses dans des points peu profonds du littoral. Le naturaliste berlinois a trouvé souvent, dans les coquilles retirées avec les sondages, des restes du corps mou de l'animal. Il a cru devoir en conclure que ces animaux vivent en réalité dans ces profondeurs lointaines, et que leur multiplication, par masses considérables, contribue à niveler graduellement sur place les vallées sous-marines.

Les plus grands de tous les foraminifères, les nummulidés, ont joué un grand rôle à diverses époques géologiques, dit Pouchet. On les rencontre en quantité prodigieuse dans les terrains secondaires et tertiaires, et ils ont tellement abondé parmi les mers qui recouvrirent quelques-uns de nos continents, que par leur simple agrégation, leurs carapaces calcaires forment d'imposantes montagnes.

Dans une vaste étendue, ces coquilles constituent absolument toute la chaîne arabique qui longe le Nil; là, elles sont tellement nombreuses et tellement tassées qu'il n'existe presque aucune gangue pour les lier. En diverses régions de la haute Égypte, le sol du désert ne consiste qu'en un épais matelas de nummulites, dans lesquelles glissent et s'enfoncent profondément les pieds des voyageurs et des chameaux.

Tout le terrain de la ville de Richmond et du district environnant, dans l'État de Virginie, en Amérique, se compose d'une couche de diatomées fossiles, de près de dix mètres d'épaisseur, appartenant à des espèces qui vivent encore aujourd'hui dans la mer Glaciale. Par contre, on a découvert, dans les lacs d'eau douce de l'Afrique occidentale, de semblables organismes vivants, d'une espèce qui est connue, à l'état fossile, en Suède et en Norwège, sous le nom de farine minérale.

Le duché de Lunébourg est généralement considéré comme une lande sablonneuse, ce qui n'est vrai que pour certaines parties superficielles; les terrains situés à quelque profondeur se composent, sur une étendue de plusieurs centaines de lieues carrées, d'une couche de diatomées, ayant une épaisseur de dix à vingt mètres. La couche de diatomées du Brandebourg, sur laquelle est bâtie la ville de Berlin, a une épaisseur encore plus considérable : elle atteint quarante à cinquante mètres ; mais elle est moins pure que celle du Lunébourg ; il s'y trouve beaucoup d'autres organismes et aussi des matières inorganiques.

Ce que l'on connaît sous le nom de farine minérale, schiste à polir, tripoli, etc., dans différents pays, notamment aux environs de Bilin, en Bohême, n'est autre qu'une masse de coquilles siliceuses d'êtres microscopiques. Humboldt raconte même que certaines peuplades des Antilles en font une friandise, consistant en petits rouleaux d'une pâte préparée avec ces infusoires, et séchée au feu pour en former une sorte de gâteau.

Ces êtres microscopiques sont répandus dans toutes les contrées du globe, depuis les pôles jusqu'à l'équateur. Tous les êtres organiques de notre époque sont diversifiés selon les climats ; les diatomées, au contraire, ne paraissent ressentir l'influence ni du froid ni de la chaleur : les espèces trouvées en Chine et au Japon ont été reconnues identiques avec celles qui vivent dans la mer Baltique. La Nouvelle-Hollande, dont tous les produits organiques se distinguent de ceux de l'ancien continent, possède des espèces qui sont répandues dans les régions torrides de l'Afrique et de l'Asie, aussi bien que dans les contrées froides de l'Europe et de l'Amérique ; les espèces que l'on a découvertes dans les sources chaudes de Carlsbad se montrent aussi dans le voisinage des pôles ; celles, enfin, qui vivent à la surface de la mer ont également été trouvées, au moyen de la sonde, à une profondeur de six cents mètres, où elles subissaient une pression de 60 atmosphères.

Or, comme nous l'avons vu, les couches les plus anciennes de l'écorce terrestre, celles qui, aussitôt après le refroidissement de la surface, ont été déposées par la mer encore en ébullition, ces couches-là, disons-nous, renferment déjà des diatomées analogues aux espèces actuellement vivantes. Les animaux les plus énormes du monde primitif, les atlantosaures, les brontosaures, les monstrueux crocodiles et lézards volants, les mammouths ont tous disparu de la nature vivante, sans laisser d'autre trace que leurs débris fossiles. Les imperceptibles diatomées, au contraire, ont survécu à toutes les révolutions du globe, à toutes les luttes des éléments déchaînés : leurs descendants peuplent encore ces mêmes mers

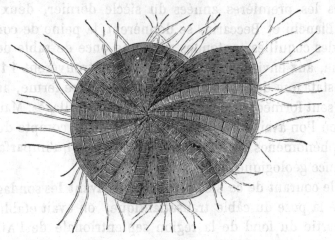

Fig. 333. — Miliole de la pierre à bâtir (calcaire grossier) très grossie.
Polystomella strigillata.

qui ont englouti les ossements des animaux gigantesques, dont pas un seul n'est resté pour reproduire sa race. Si, d'une part, l'extrême petitesse des diatomées explique leur force de résistance, d'autre part leur puissance inouïe de reproduction fait comprendre leur importance pour l'économie de la nature.

Ces organismes se multiplient par scission. D'un de ces corpuscules, il s'en forme soudain deux, dont chacun grossit, se fend à son tour, en forme encore deux, et ainsi de suite, à tel point qu'on a pu établir, par une observation attentive, que dans des circonstances exceptionnelles, une seule diatomée peut produire en quarante-huit heures un million, et, dans l'espace de quatre jours 150 billions d'individus de son espèce. Seulement, ils ne vivent pas longtemps; mais leurs débris restent. Une reproduction si énorme n'a pas lieu ordinairement; cependant en certaines conditions, elle peut se constater à vue d'œil. La vase qui se dépose dans le port de Pilau (près de Kœnigsberg, en Prusse) est à moitié composée d organismes microscopiques; elle nécessite une activité incessante pour le curage du port, attendu que les nouveaux dépôts remplissent tous les ans un espace de 14 000 pieds cubes. Si l'on n'y mettait obstacle, le port deviendrait impraticable, et au bout d un siècle on aurait là une couche de diatomées d'un million et demi de mètres cubes.

Dans le sable de la mer on trouve fréquemment de petits coquillages; dès les premières années du siècle dernier, deux savants italiens, Bianchi et Beccaria, se donnèrent la peine de compter le nombre des coquilles contenues dans une once de sable de la mer Adriatique, aux environs de Bologne : ils en trouvèrent 1 120. Beccaria constata que des collines entières de la terre ferme, au sud de Bologne, sont formées exclusivement de ces coquillages. Mais à cette époque, où l'on avait l'habitude de mettre sur le compte du déluge tous les phénomènes analogues, on ne comprit qu'imparfaitemeut l'importance géologique de ce fait.

Dans le courant de ce siècle, longtemps avant les sondages faits en vue de la pose du câble transatlantique, on avait établi qu'une grande partie du fond de la région septentrionale de l'Atlantique est constitué par un dépôt désigné aujourd'hui sous la dénomination de « vase des globigérines. » Il est formé de coquilles de petits foraminifères appartenant principalement au genre *globigerina ;* à l'état sec, cette vase offrait à peu près l'apparence d'un sable fin ; les petites coquilles se détachant les unes des autres, ont permis de reconnaître qu'elles constituaient presque exclusivement ce dépôt. Quand on recueillait, à l'aide d'un procédé spécial, des échantillons de la masse du fond située un peu plus profondément, on trouvait les coquilles de globigérines brisées et soudées ensemble, de telle sorte qu'elles formaient un limon presque uniforme, dans lequel on pouvait néanmoins distinguer encore un grand nombre de coquilles intactes et de fragments parfaitement reconnaissables. La masse entière était constituée presque uniquement par du carbonate de chaux, et la seule roche qui aurait pu provenir de là eût été une pierre calcaire. On a conclu de ces observations que sur une vaste étendue de la région septentrionale de l'Atlantique et sur beaucoup d'autres parties de la surface terrestre, il a dû se déposer des roches calcaires de ce genre. D'autres observations ont montré que c'était presque le même matériel qui composait la craie, et il paraît établi, d'une manière indéniable, que le dépôt qui continue à s'effectuer encore aujourd'hui est identique à la craie.

Ces petits êtres ont exercé une action plus puissante que celle des forces plutoniennes et volcaniques les plus formidables. Les unes et les autres n'ont pu que soulever du centre à la surface ce qui existait déjà, ou bien le détruire ou le bouleverser. Les polypes, au contraire, construisaient, *créaient*, et agissant lentement, mais sans cesse, étaient parfaitement aptes à transformer, dans le cours de millions d'années, la face de la planète. Schleiden dit à ce sujet, avec autant de vérité que de justesse : « Les modifications de la surface terrestre sont en partie l'ouvrage d'animaux et de végétaux que, d'ordinaire, on croit destinés seulement à se faire porter et nourrir par la terre, leur mère commune ; et, chose merveilleuse, ce ne sont pas les masses colossales des baleines et des éléphants, ni les troncs puissants des chênes, des figuiers et des boababs, mais bien les polypes, gros comme une tête d'épingle, les polythalames, imperceptibles à l'œil nu, les plus petites plantes microscopiques dont tous les marais recèlent l'existence ignorée, qui ont exercé une action efficace sur la strurture de la terre ».

Nous contemplons avec admiration une longue suite de montagnes, couvertes de vastes forêts de chênes et de hêtres, et nous passons dédaigneusement devant l'écume verdâtre d'une flaque d'eau stagnante ; et pourtant, dans cette écume méprisée se meut tout un monde de petits êtres, occupés à construire des montagnes. Il en est ainsi dans la mer, où une force productrice inépuisable couvre sans cesse les rochers d'êtres qui construisent des rochers nouveaux, et ces êtres sont des animalcules tellement petits, qu'ils se dérobent à l'œil humain.

Ainsi la craie est surtout un produit de l'activité organique. Elle est composée de particules calcaires amorphes auxquelles sont associées un grand nombre de carapaces microscopiques de foraminifères appartenant surtout au genre globigerina. Elle varie d'ailleurs beaucoup dans sa composition; tantôt elle s'associe avec de l'argile et devient *marneuse*, tantôt elle se charge de grains verts ferrugineux (glauconie); c'est la craie glauconieuse. Quand elle est dure et compacte, on lui donne le nom de craie blanche; la craie est dite tufacée quand elle est jaune et sablonneuse.

La craie renferme quelques substances accidentelles, parmi lesquelles on peut citer le silex et le sulfure de fer. Le silex, en particulier, est fréquent dans la craie blanche qui forme la partie supérieure du terrain crétacé, où il se présente disposé par rognons noduleux plus ou moins arrondis, souvent très irréguliers, alignés par cordons, espacés de un à deux mètres au travers de la masse crayeuse. Ces silex, de nature calcédonieuse, résultent de la concentration de la silice autour de corps organiques en décomposition, dont le squelette était siliceux, tels que les spongiaires.

Leur coloration varie : les uns sont gris et zonés, les autres blonds et transparents, d'autres sont complètement noirs. Ces dictinctions offrent cet intérêt particulier de permettre d'établir des niveaux dans la masse crayeuse.

Le sulfure de fer se présente fréquemment sous la forme de baguettes ou de globules à texture fibreuse, d'un jaune d'or (pyrite jaune), ou d'un blanc argentin (pyrite blanche) éclatant.

S'il n'est pas nécessaire d'admettre que la craie se soit formée à une grande profondeur, on doit du moins reconnaître que son dépôt a dû être exempt de troubles et que les rivages voisins n'y ont apporté aucun élément. Ce dépôt s'est d'ailleurs accompli avec lenteur; car il n'est pas rare de trouver des oursins sur le test desquels des individus de crania se sont librement développés pour servir, à leur tour et après la mort de l'animal, de surface d'attache à des serpules. Plusieurs générations d'animaux marins se sont donc succédé au même point avant qu'il se déposât, sur le fond, une quantité de boue crayeuse un peu épaisse.

La faune crétacée est la continuation de la faune jurassique, avec une tendance vers les progrès destinés à être réalisés pendant l'époque tertiaire. On connaît déjà près de six mille espèces caractéristiques de cette époque. Les types secondaires y dominent, mais vers la fin apparaissent déjà les types tertiaires. C'est toujours la

UNE FORÊT AUX PREMIERS SIÈCLES DE LA PÉRIODE CRÉTACÉE.

même loi de continuité qui s'est mise d'elle-même en évidence
dans tout le cours de cet ouvrage.

Parmi les classes inférieures de l'animalité, nous avons déjà
signalé le grand et remarquable développement des foraminifères
qui succéda à celui des polypiers et des spongiaires de l'étage corallien. Les coraux ne construisent plus de récifs dans nos contrées, et
vers la fin de la période abandonnent tout à fait les mers septentrionales, ce qui doit correspondre avec un abaissement de température. Les stellérides se maintiennent davantage; les échinides
sont en progrès (signalons, parmi les coquilles caractéristiques de
ces terrains, le micraster cor-anguinum (*fig.* 335), que l'on trouve
communément dans le bassin de Paris). Les mollusques bryozoaires
se multiplient, surtout dans les étages supérieurs. Les brachiopodes
s'enrichissent d'espèces nouvelles, notamment des térébratulines
(*fig.* 336 à 338), différentes des térébratules, et dont plusieurs
espèces existent encore aujourd'hui dans nos mers profondes.
Certaines couches sont très riches en huîtres. Les acéphales et les
gastéropodes se développent aussi, donnant naissance à la curieuse
famille des rudistes, caractéristique du terrain crétacé, dans les
limites duquel elle se trouve absolument renfermée.

Les rudistes sont des mollusques assez bizarres, qui ont exercé
la patience et la sagacité des naturalistes au moins autant que les
bélemnites. Massive et irrégulière, leur coquille ressemble à une
grosse corne allongée, à un tronc de cône, le tout généralement
criblé de perforations tubulaires. Les principaux genres de rudistes
sont les hippurites (*fig.* 339), les sphérulites, les radiolites, les
caprines (*fig.* 340), les caprotines. Leurs espèces vivaient souvent
en colonies agglomérées, formant des bancs très étendus où des
individns de tout âge se soudèrent les uns aux autres par la
substance même de la coquille. Elles abondent dans le crétacé du
sud-ouest de la France et n'ont guère dépassé au nord le 45° degré
de latitude, nouvel indice d'un abaissement probable de la température. On retrouve aujourd'hui de beaux types de ces récifs anciens
encore en place, et tels qu'ils se sont formés sous l'influence des
courants sous-marins qui accumulaient en certains points les
amas de ces animaux divers. Rien n'est plus curieux que cet
assemblage de rudistes encore perpendiculaires, isolés ou en

groupes, que l'on aperçoit aux flancs de certaines montagnes, principalement en Provence. Il semble, dit Alcide d'Orbigny, que la mer vienne de se retirer et de montrer encore intacte la faune sous-marine de cette époque telle qu'elle a vécu. En effet, ce sont des groupes énormes d'hippurites en place, entourés des poly-

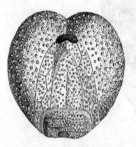

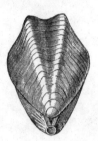

Micraster cor-anguinum.   Terebratula praelonga.

Fig. 335-336. — Fossiles du terrain crétacé.

piers, des échinodermes, des mollusques, qui vivaient réunis dans ces colonies animales, analogues à celles qui vivent sur les récifs des coraux des Antilles et de l'Océanie. Pour que cet ensemble nous ait été conservé, il faut qu'il ait été d'abord couvert subitement de sédiments lesquels, en se détruisant aujourd'hui par suite

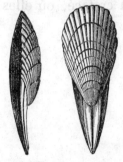

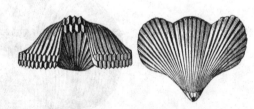

Terebrirostra neocomiensis.   Rynchonella vespertilio.

Fig. 337-338. — Fossiles du terrain crétacé.

des agents atmosphériques, nous découvrent dans ses plus secrets détails cette nature des temps passés.

Les ammonitides atteignent leur ère de souveraineté avec une profusion des types les plus variés. Le genre ammonite proprement dit prime tous les autres comme aux temps jurassiques; il serait long d'en décrire les formes même principales; signalons pourtant l'ammonite inflatus (*fig.* 341) et l'ammonite radiatus (*fig.* 342), qui peuvent assurément compter parmi les plus remarquables. Elles disparaissent ensuite pour toujours. Les bélemnites sont encore représentées par les genres actinocomax (pleines) (*fig.* 343) et

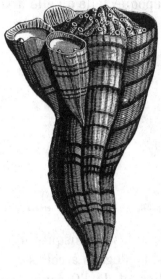

Fig. 339. — Groupe d'hippurites Toucasianus à différents âges.

belemnitella mucronatus (creuses) (*fig.* 344). On les rencontre souvent ovales et écrasées. Au-dessus du terrain crétacé, où elles

Fig. 340. — Rudiste du terrain crétacé. Caprina adversa.

commencent à être rares, on ne trouve plus ni ammonites ni bélemnites, de sorte que la seule présence de ces fossiles suffit pour donner la certitude que la formation du terrain qu'on examine n'est pas antérieure à l'époque du trias, ni postérieure à celle de la craie. C'est avec raison, on le voit, que les géologues considèrent les coquilles comme les médailles commémoratives des grandes

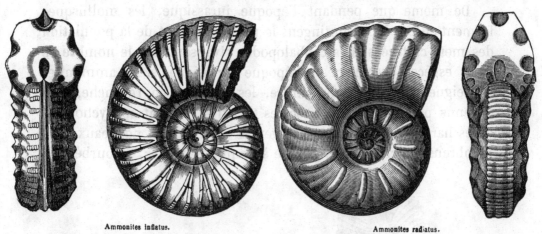

Ammonites inflatus.

Ammonites radiatus.

Fig. 341-342. — Ammonites du terrain crétacé.

époques du globe. Celui qui trouverait une bélemnite dans un

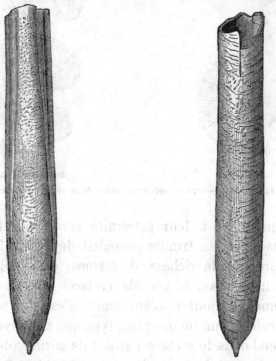

Actinocomax (pleine).

Belemnitelia (creuse).

Fig. 343-344. — Belemnites du terrain crétacé.

terrain houiller ferait une découverte analogue à celui qui trouverait une phrase de francais daus un manuscrit de Cicéron.

C'est dire qu'il y aurait là un anachronisme absolument impossible.

De même que pendant l'époque jurassique, les mollusques forment encore ici le contingent le plus important de la population des mers crétacées. Les céphalopodes rivalisent par le nombre de leurs espèces avec ceux de l'époque jurassique; si les ammonites n'atteignent pas le même chiffre, les nautiles, en revanche, sont devenus plus nombreux; avec les turrilites, baculites, ptychoceras et les hamites apparaissent des genres entièrement nouveaux. Les nombreuses formes de ce groupe à coquilles droites, recourbées et

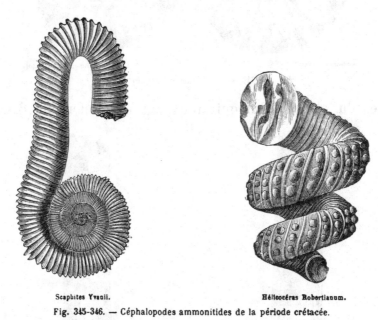

Scaphites Yvanii.   Héliocéras Robertianum.

Fig. 345-346. — Céphalopodes ammonitides de la période crétacée.

enroulées seulement à leur extrémité caractérisent en général l'époque crétacée. Cette famille possédait déjà dans la mer jurassique une remarquable richesse de formes; cette modification des genres continue pendant la période crétacée et de nouveaux types viennent même s'y ajouter. L'ammonite n'est plus seulement enroulée en spirale sur un même plan, type que nous avons vu dans le Jura; elle prend dans le crétacé l'aspect de cornes, de bâtons, elle s'enroule en vis ou à la façon des escargots. Ainsi donc, avant de disparaître pour toujours des faunes vivantes, ce remarquable type de mollusque possédait encore une grande variété de formes.

Parmi les classes supérieures de l'animalité, nous pouvons

observer la transformation lente des poissons et des reptiles. Les poissons ganoïdes sont en décadence et ont fait place aux genres à écailles cornées, aux téléostéens. Les reptiles qui ont caractérisé le jurassique s'éteignent peu à peu. Dans la seconde moitié de la période crétacée, on ne trouve plus ni ichthyosaures, ni plésiosaures, ni ptérodactyles. Les dinosauriens sont encore representés par les iguanodons, les mégalosaures, les hyléosaures, les pélorosaures, et surtout par les gigantesques *mosasaures*. Les crocodiles, descendants des sauriens du jurassique, font leur apparition pour durer jusqu'à nos jours.

Fig. 347. — Céphalopode ammonitide de la période crétacée.
Hétérocéras Emericianum.

Les poissons et les amphibies ne paraissent pas avoir été nombreux, quoiqu'on trouve cà et là quelques restes. Parmi les premiers, les squales sont remarquables; on en a découvert six espèces en Suisse, ils appartiennent à des genres dont quelques-uns vivent encore de nos jours, tels que les oxyrhina et les odontaspis; d'autres, aux genres otodus et corax, qui sont spéciaux à la craie et à la mer tertiaire. Nous retrouvons la famille des ganoïdes représentée comme à l'époque jurassique, par le genre pycnodus avec cinq espèces, dont une a été observée au Sentis, à la perte du Rhône et au Salève; une autre est commune dans le néocomien du Jura; ensuite viennent les genres sphænodus et gyrodus.

м. Pictet a décrit quatre espèces de poissons à forme de harengs, qu'il a trouvées dans le néocomien des Voirons; ils sont proches parents des genres élops et mégalops des tropiques. Parmi ces harengs et ces squales, les poissons de l'époque crétacés s'écartent de ceux de l'époque jurassique et se rapprochent de la faune actuelle.

Les reptiles marins achèvent leur règne. Si quelque observateur, quelque esprit, quelque regard pensif avait pu contempler alors les régions où la grande cité parisienne resplendit aujourd'hui et pénétrer les profondeurs de la mer au fond de laquelle se déposaient les bancs crétacés que nous avons remarqués dans la coupe géologique du puits artésien de Grenelle, ce précurseur de l'humanité future aurait vu dans ces eaux les poissons antiques de cette époque, les macropoma, les gyrodus, les belenostomus, les lepidotus, en compagnie des céphalopodes, des hippurites, des oursins, des éponges, vivant de cette existence primitive qui ne laisse rien deviner des destinées futures de la Terre, et dominés par les giganesques reptiles aquatiques de la surface, notamment par le fameux *mosasaure* décrit à la période précédente et qui règne jusqu'aux derniers temps de la mer crétacée. C'est ce que nous avons essayé de représenter dans le dessin de la page suivante.

Les oiseaux prennent graduellement possession de l'atmosphère. Aux archéoptérix de l'époque jurassique succèdent les *oiseaux à dents* avec lesquels nous avons déjà fait connaissance, les ichthyornis, les hesperornis, etc.

Le plus ancien et le mieux connu de ces oiseaux primitifs est l'hesperornis regalis. Il paraît avoir été abondant vers le milieu de la période crétacée. C'était un oiseau aquatique. Il habitait les rives de la mer qui s'étendait alors sur l'Amérique du Nord; il était très grand et pouvait ressembler à un énorme pingouin. Ses ailes étaient réduites à un seul osselet styliforme représentant l'humérus; son sternum aplati et sans carène ressemblait à celui des autruches, et son omoplate ainsi que l'os coracoïde rappelaient à la fois les ratitæ et les reptiles dinosauriens. Mais ses membres postérieurs, avec leurs pattes palmées, étaient très robustes, et il avait une forte queue qui, composée de douze vertèbres dilatées latéralement en torme de rame ou de palette horizontale, devait constituer un puissant organe de locomotion.

LA RÉGION DE PARIS PENDANT LA MER CRÉTACÉE, FIN DU RÈGNE DU GRAND MOSASAURE.

LE MONDE AVANT LA CRÉATION DE L'HOMME

Le bec était pointu comme celui du plongeon ou de la cigogne. La mâchoire supérieure portait quatorze dents sur le maxillaire et n'en portait pas à sa pointe, sur le prémaxillaire; la mâchoire inférieure en portait au contraire sur son bord entier, trente-trois de chaque côté, et ses deux branches, réunies par une articulation cartilagineuse, pouvaient peut-être se dilater afin de permettre à l'animal d'avaler des proies volumineuses, comme chez les serpents. Caractère essentiellement reptilien : les dents sont implantées avec de fortes racines dans une rainure commune; elles sont couvertes d'un émail lisse, coniques, à pointe dirigée en arrière, c'est-à-dire qu'elles sont propres à saisir les aliments, comme chez les reptiles, et non à les mâcher.

Le cerveau était aussi tout à fait reptilien par sa petitesse.

Cousin de l'hesperornis regalis, mentionnons l'ichthyornis. Les caractères qui le séparent du précédent le rapprochent de nos oiseaux actuels. Il est encore reptile par le cerveau, petit comme dans l'hesperornis, et par ses vertèbres biconcaves, mais il est oiseau par tout le reste. Il a en particulier des ailes bien développées. Sa taille ne dépasse pas celle du pigeon et du corbeau, et il était analogue à nos hirondelles de mer.

La comparaison de ces divers oiseaux primitifs conduirait à penser que des différences essentielles les séparent, et que les oiseaux ne sont pas dérivés d'une seule branche reptilienne, mais de plusieurs

Grâce à sa faculté de franchir les étroites limites où notre vie actuelle est enfermée, notre esprit peut embrasser cette longue période crétacée qui, pour se dérouler, a peut-être exigé un million d'années.

Si nous nous arrêtons par la pensée à l'époque néocomienne et que nous parcourions les côtes de nos mers, nous rencontrerons en plusieurs endroits de grandes masses d'animaux que l'océan a jetées ur le rivage. Maintes espèces se présenteront à notre regard; nous rencontrerons partout les formes étranges des bélemnites, dont la queue se termine en forme de fuseau, des ammonites et diverses espèces de céphalopodes.

Si notre esprit nous transporte à une époque postérieure, celle de l'urgonien, séparée de la précédente peut-être par cent mille années, et parcourt les mêmes localités, nous serons étonnés de ne plus rencontrer les céphalophodes qui, pendant la période néocomienne, formaient un des joyaux de la faune en égayant les bords de la mer par leurs brillantes coquilles nacrées ; ces demeures admirablement distribuées en compartiments et de formes si diverses, tout cela a disparu, sauf quelques rares débris. Cependant nous trouvons ici et là, le long des rives, quelques bancs de coraux.

Si, cent mille ans plus tard, pendant le gault, nous visitons les mêmes côtes, nous les voyons couvertes de nombreux oursins, de bivalves, d'univalves ; les céphalopodes ont changé de livrée et ne sont plus les mêmes que pendant le néocomien ; nous aurons lieu de nous étonner de voir non seulement de nouvelles espèces, mais en

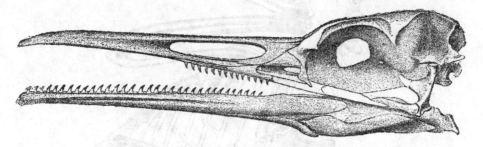

Fig. 348. — Tête d'oiseau à dents (crétacé des États-Unis).

partie aussi de nouveaux genres, tels que les turrilites et les hélioceras. Les mêmes proportions subsistent encore cependant quant au caractère général du mélange des espèces.

Ainsi, cette faune marine a conservé le cachet de chacun des étages de l'époque crétacée. Si, pendant cette époque, nous avions visité cent fois, à des intervalles de dix mille années, les rives de ces mers, nous aurions peut-être pu suivre les modifications successives de la faune qu'elles renfermaient, et nous aurions eu la démonstration que toutes ces faunes avaient entre elles une foule de rapports intimes et variés ; nous aurions pu de la sorte contempler vivants et animés les êtres innombrables qu'on a retrouvés, enfouis depuis tant de siècles. (OSWALD HEER.)

Aucun fossile nouveau ne montre de progression dans les mammifères, dont les plus rudimentaires sont des espèces nées, comme nous l'avons vu, pendant la période liasique.

Ce qui frappe, ce qui confond, dans les myriades de siècles accu-

mulés des mers jurassiques et crétacées, c'est de voir les éternités
s'ajouter aux éternités, l'incommensurable à l'incommensurable,

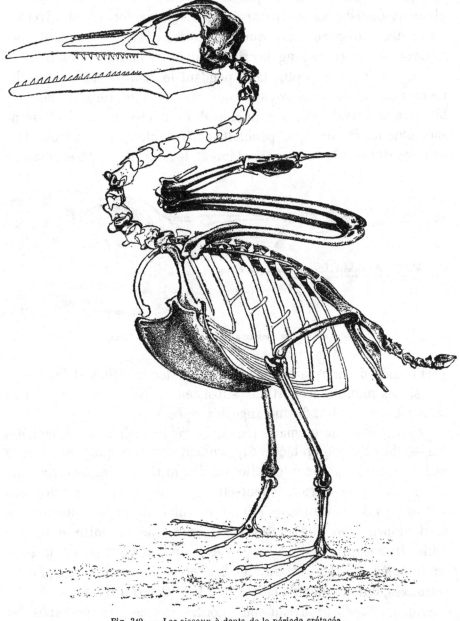

Fig. 349. — Les oiseaux à dents de la période crétacée.
L'Ichthyornis Victor de l'Amérique du Nord.

sans que la nature sorte du type des reptiles. Elle multiplie les sauriens : elle en grossit, amplifie les formes; elle s'obstine dans

ce type dont elle épuise les variétés, puis, par degrés, elle l'abandonne.

Déjà pourtant le type des mammifères et celui des oiseaux existaient quelque part, ébauchés dans les abîmes de l'époque du trias; ils y sont comme égarés, tant ils sont rares. Et s'ils n'ont pu se développer et envahir la scène, ce n'est pas que le temps leur ait manqué pour se transformer de génération en génération, c'est

Fig. 350. — Les oiseaux à dents : l'Hesperornis regalis.

qu'à travers le changement des temps, la figure du monde ne changeait pas. Le type des terres fermes restait insalubre; il marquait de son sceau une faune insulaire.

En vain les siècles s'accumulaient, ils ne pouvaient donner aux organisations vivantes le caractère continental qui manquait encore au globe. Les petits rongeurs insectivores restaient dans les îles jurassiques ce que leurs analogues sont dans les îles de l'Océanie. Tout au plus ils s'élevaient à l'ordre inférieur des kangourous didelphes de la Nouvelle-Zélande.

Le morcellement, l'éparpillement, la rareté des terres oppo-

saient une barrière invincible au développement des mammifères
terrestres, car ceux-ci pour s'élever aux grandes espèces, ont besoin
d'un vaste espace. Nomades, il leur faut un monde à parcourir
herbivores, des paturages toujours nouveaux. On ne peut imaginer
les grands carnassiers sans troupeaux d'herbivores et ces troupeaux
sans vastes plaines herbacées. Chaque organisation vivante suppose
ainsi une certaine forme du monde qu'elle réfléchit. Au chameau,
répond le désert; au cheval, les steppes; au chamois, à la chèvre,
les monts escarpés; à l'éléphant, au rhinocéros, les immenses
forêts; à la girafe, l'oasis; au bœuf, les plaines vierges; à l'hippopotame, les fleuves d'eau douce. Chacun de ces genres de mammifères est conforme à une certaine figure du globe; tous ensemble
supposent une variété inépuisable dans la conformation des terres,
principalement l'étendue telle que peut la fournir un continent.

Au lieu de cela, resserrez le continent dans l'étroite enceinte
d'une île, multipliez cette île tant que vous le voudrez, parse-
mez-en à profusion le vaste océan, imaginez partout une terre
étroite, basse, uniforme. Il est impossible de concevoir, dans ces
limites, la formation, la production, l'apparition des grands
mammifères, qui n'aurait aucun rapport avec le monde insulaire
dont ils étaient entourés. Tant que le globe ne s'élève pas de la
forme insulaire à la forme continentale, la faune ne peut s'élever
du reptile au mammifère, bien moins encore à l'homme.

Si vous trouviez quelque part, dans une île, les restes fossiles
d'un grand mammifère, il faudrait en conclure qu'il n'y est pas
indigène, mais qu'il y a été apporté ou que l'île a été détachée
d'un continent. La seule vue des ossements fossiles d'éléphants
et de rhinocéros découverts à Palerme dit assez que la Sicile a fait
autrefois partie d'une vaste terre ferme. Pour tirer cette conclusion, il n'est pas besoin de comparer les dépôts sous-marins. Le
grand mammifère exclut l'île, comme l'île exclut le mammifère.

Ne nous étonnons donc pas que les mers jurassiques et crétacées n'aient pu produire des types absolument nouveaux dans les
êtres animés, puisqu'elles ont gardé, à travers les métamorphoses
des rivages, le même type dans la configuration du globe. A la
surface de ces îles toutes semblables, qui émergent l'une après
l'autre, devaient se perpétuer des reptiles insulaires qui, sans doute,

se transformaient insensiblement, mais qui ne pouvaient sortir des conditions uniformes où ils étaient enfermés ([1]).

On le voit, la fin des temps secondaires signale la disparition du monde ancien et l'arrivée d'un monde nouveau. Les restes fossiles deviennent pauvres ; ceux des mammifères peuvent presque être considérés comme nuls. C'est un crépuscule qui précède une aurore.

Il en est de même du monde des plantes. Le nombre connu des espèces végétales particulières au crétacé ne dépasse guère trois cents. Ce sont encore des fougères, des conifères qui dominent. Mais elles ne tardent pas à faire place à des espèces nouvelles. Le caractère de la flore crétacée consiste dans l'apparition des plantes dicotylédones angiospermes. Dès lors la flore européenne présente la juxtaposition de deux catégories de types, les uns destinés à disparaître ou à être refoulés vers le sud, les autres devant former le fonds de notre végétation indigène. Ainsi les peupliers, les hêtres, les lierres, les châtaigniers et les platanes y sont associés aux palmiers, aux lauriers, aux pandanées.

Les conifères jurassiques étaient pour la plupart des arbres élevés, plusieurs de première grandeur. Les unes ressemblaient aux araucaria ou même faisaient légitimement partie de ce genre, les autres offraient l'aspect de nos cyprès, avec des rameaux plus forts et plus vigoureux ; d'autres enfin, n'offraient que des rameaux raides et des tiges nues ou peu divisées. Les feuilles de ces derniers se réduisaient aux proportions de simples écailles mamelonnées étroitement contiguës et dessinant à la surface des parties anciennes une mosaïque à compartiments réguliers, dont l'âge ne faisait qu'accroître le périmètre.

Lors du wealdien, premier terme de la craie ou, si l'on préfère, dernier terme de la série oolithique, la soudure continentale est évidente, et l'émersion effectuée sur une grande échelle, s'accuse sur une foule de points : en Angleterre, dans le nord de l'Allemagne, dans le Jura et ailleurs, par l'extension des eaux lacustres ou fluviatiles dont le rôle devient très considérable. Ce sont là les indices avant-coureurs de la révolution végétale qui se prépare.

L'évolution organique à laquelle les dicotylédones durent leur

1. EDGARD QUINET. *La Création.*

existence et ensuite leur extension s'accomplit sans doute sous
l'influence de conditions très diverses. Mais il est aujourd'hui certain qu'elle s'est produite pendant l'époque crétacée.

Partout alors les dicotylédones ou végétaux à feuillage, auparavant inconnus, sont devenus dominants ; partout une révolution,
aussi rapide dans sa marche qu'universelle dans ses effets, favorise
l'introduction de cette catégorie de plantes et partout aussi les cycadées et les conifères, jusqu'alors les dominateurs incontestés du
règne végétal, tendent à décroître et à reculer.

Les dicotylédones abondent dans l'Allemagne cénomanienne,

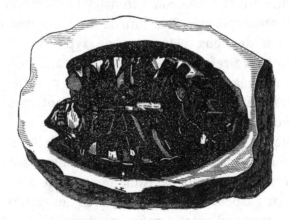

Fig. 351. — Tortue fossile de la période crétacée.

en Moravie, en Saxe, en Bohême, en Silésie, entre 49° et 50° de latitude. Au sein de cette région, située alors à proximité des plages
d'une mer septentrionale, les plantes à feuillage présentent un
mélange curieux de genres éteints, de genres devenus exotiques et
tropicaux, et de genres demeurés européens ou du moins encore
indigènes de la zone boréale extra-européenne. Le genre credneria
est un exemple des premiers ; le genre hymenea, qui fait partie du
groupe des légumineuses césalpiniées, atteste la présence des
seconds. Ces types, fixés dès lors dans leurs traits principaux, n'ont
plus donné lieu par la suite qu'à d'insignifiantes variations.

Le platane, le hêtre, le chêne, le châtaignier, ont été trouvés,
en Amérique comme en Europe, dans les sédiments de la période
crétacée. On le voit, ce sont les précurseurs du monde végétal
moderne.

Les premiers palmiers qu'on ait encore signalés, en ne tenant
pas compte des fausses indications souvent appliquées à des végétaux de la flore carbonifère, étrangers en réalité à cette classe, se

Fig. 352 — Paysage végétal de la période crétacée, en Bohème, d'après M. de Saporta.

montrent en Europe dans la seconde moitié de la période crétacée.

Ce type tenait le milieu entre celui des palmiers à frondes
pinnées, comme les dattiers, et celui des palmiers à frondes flabel-
lées, comme le sont les sabals. La plupart des palmiers portent

dans leur enfance des frondes construites sur ce modèle, avant de prendre leur entier développement et de revêtir leur forme définitive. Il est curieux d'observer un type semblable à l'origine du groupe, et l'exclusion de ce groupe des régions arctiques constitue également, comme nous l'avons fait remarquer précédemment, un précieux indice de l'abaissement de la température commençant à se prononcer dans l'extrême nord.

Un gisement cénomanien de plantes terrestres a été découvert à Atané (Groënland), par Nordenskjœld. On y observe un bambou, une cycadée, des fougères de la tribu subtropicale, des gleichéniés et des angiospermes parmi lesquelles domine un peuplier voisin du populus euphratica en compagnie de figuiers, de magnolias, etc. Des pins, des sequoia, un gingko complètent ce curieux ensemble, d'où les palmiers sont absents, tandis qu'à la même époque on en observe en Silésie et en Provence. Ce fait semble indiquer que la distinction des zones de climats commencait alors à se dessiner, au moins pour la région polaire.

« L'existence simultanée de deux séries qui nous semblent maintenant destinées à s'exclure, écrit M. de Saporta, avait sans doute alors sa raison d'être. En dépit de la chaleur, certainement tempérée par l'humidité et probablement assez uniforme, elles pouvaient vivre associées dans un ensemble des plus harmonieux. L'ampleur presque générale des formes végétales de cette époque annonce un temps et des saisons favorables au développement du monde des plantes, et ces conditions expliquent très bien l'extension rapide des divers types qui se partagent la classe des dicotylédones. La plupart d'entre eux effectivement, si l'on s'attache aux familles que l'on rencontre le plus ordinairement à l'état fossile, remonte nt jusqu'à cet âge et avaient, dès lors, les caractères qui les distinguent encore. La seconde moitié de la craie peut être considérée comme le point de départ de la végétation particulière à notre zone, de même que le temps des houilles a marqué celui du règne végétal tout entier. Dès le cénomanien, en effet, commence une évolution à l'aide de laquelle les tribus nouvelles vont en se multipliant et en se différenciant dans une proportion toujours croissante.

« Le climat européen, nous devons le constater, a varié à bien des reprises, et par là s'explique la prépondérance alternative, dans le cours des temps tertiaires, des associations d'espèces au feuillage maigre et coriace et des associations distinguées par l'ampleur de leurs organes appendiculaires. Les choses se passent encore de même sous nos yeux; les différences de région à région, d'une station à une autre station, retracent le tableau de celles que le temps fit naître et qui se succédèrent sur notre sol. De cette sorte, les phénomènes que nous observons maintenant, en comparant entre eux certains points de la surface terrestre, se sont manifestés autrefois à travers la suite des âges. Les procédés de la nature sont, au fond, restés les mêmes. Elle a réussi de tout temps à plier les organismes sous l'influence des milieux, et de cette influence elle a fait sortir une force susceptible de réveiller les tendances à la variabilité, inhérentes à tous les êtres vivants. C'est là une action d'autant plus énergique qu'elle est permanente et qu'enfin elle s'applique à des organismes fixés au sol, comme les végétaux, qui la subissent sans être capables de s'y soustraire par la fuite ([1]). »

Nous reproduisons plus haut (*fig.* 352), d'après l'éminent botaniste français, un paysage végétal de la période crétacée, reconstitué d'après les types reconnus dans l'étage cénomanien, en Bohême. On s'aperçoit que le monde s'avance vers notre époque. Ce ne sont plus les prêles et les calamites de la période dévonienne, les fougères des temps carbonifères (comparez le paysage de la page 425), les sigillaires, les lépidodendrons (p. 441), ni les haidingera et les voltzia de la période triasique (p. 489 et 513). On approche des aspects modernes. Mais ce ne sont encore ni nos paysages tropicaux, ni nos bois tempérés de chênes, de hêtres, d'ormes ou nos bosquets de tilleuls, de peupliers ou de saules.

Cependant, nous venons de le voir, les espèces modernes sont nées : elles n'auront plus qu'à se séparer des anciennes. Les sequoia, les pins, les bambous, les figuiers, les magnolias, les palmiers, les platanes, les peupliers, les chênes, les tilleuls, les châtaigniers, les hêtres, les saules, le lierre, etc., existent déjà. La Terre de l'homme se prépare. Si le lecteur veut bien se reporter encore à l'*arbre généalogique du règne végétal* publié plus haut (p. 603),

---

1. DE SAPORTA. *Le Monde des plantes avant l'apparition de l'homme.*

il verra que le développement de cet arbre s'est continué régulièrement comme celui du règne animal et que, précisément pendant
la période crétacée, le rameau des dicotylédones dialypétales s'est
détaché pour donner naissance aux branches supérieures du règne
végétal. Nous avons dès lors des variations de saisons, des arbres
dont le feuillage tombe en hiver et se renouvelle au printemps, des
aspects changeants que le regard humain contemplera dans l'avenir,
des perspectives au-dessus desquelles la pensée s'étendra et se repo-
sera, des sites qui charmeront l'artiste et le rêveur. Les hôtes des
forêts antiques ont disparu. Les iguanodons grotesques, les reptiles
grimpeurs au vol fantastique, les sauriens géants, tout ce monde
informe, rude, grossier, sans élégance et sans grâce, est maintenant
enseveli dans les couches fossilifères. Au-dessus de leurs tombes
gazouilleront les oiseaux, frémiront les insectes, voleront les papillons et, dans le calme de la nature, les rayons du soleil illuminent
les premières fleurs. Le cri sourd, rauque et sans suite, de la brute
qui s'agite de loin en loin est couvert maintenant par mille voix mo-
dulées sous le souffle des passions changeantes. A l'isolement morne
des premiers êtres a succédé la vie en troupeaux, précurseur de la vie
en société. Les marsupiaux ont créé le sentiment de la sollicitude
pour les petits. Des soins intelligents et gracieux sont devenus une
des conditions et la sauvegarde de l'existence des oiseaux. Les
plantes, comme les animaux, se sont elles-mêmes singulièrement
embellies; elles vont bientôt offrir, avec des fleurs brillantes, des
fruits savoureux. La température est plus modérée, l'air plus pur,
le ciel plus beau. La Terre marche vers la perfection. L'humanité
s'éveillera bientôt — dans quelques milliers de siècles — avec ses
aspirations supérieures, mais aussi avec les instincts animaux de
son origine, avec ses ongles, ses dents, ses appétits grossiers, ses
armes, son budget de la guerre et ses armées permanentes.

LIVRE V

L'AGE TERTIAIRE

CHAPITRE PREMIER

LA PÉRIODE ÉOCÈNE

Les années ont succédé aux années, les siècles ont suivi les siècles; des milliers, des myriades de siècles ont passé sur la face du monde depuis les origines de la création terrestre. A l'âge cosmique de la formation de la planète, antérieur à toute vie, a succédé l'âge primordial, l'ère des organismes primitifs, des êtres sans tête, dépourvus de sens et d'organes, des plantes sans feuilles, sans fleurs et sans fruits, monde insensible, aveugle et muet. Longtemps après, émanant des premiers par voie de perfectionnement, apparurent les êtres un peu plus avancés de l'âge primaire : les mollusques, les crustacés, les poissons, toujours sourds et muets, mais non plus aveugles. Nous avons assisté ensuite à l'éclosion des reptiles et des arbres à feuilles persistantes qui caractérisent les trois grandes périodes de l'âge secondaire, et déjà, vers la fin de cet âge, nous avons salué l'apparition des reptiles-oiseaux et celle, plus importante encore, des mammifères primitifs, les marsupiaux. Ainsi, lentement, progressivement, graduellement, l'histoire de la nature nous a conduits au vestibule des temps tertiaires, où nous pénétrons en ce moment, qui seront couronnés par le plus grand de tous les progrès organiques terrestres, par l'apparition de l'humanité.

L'ère tertiaire, dirons-nous avec M. de Lapparent, peut être
définie d'un mot : c'est celle où les conditions physiques et biologiques, jusqu'alors remarquablement uniformes, se sont différenciées
au point de produire la variété qui caractérise l'ère moderne. A la
fin des temps crétacés, l'Europe, réduite à un petit massif central et
pourvue d'un faible relief, commençait à prononcer un mouvement
d'émersion. A travers de nombreuses vicissitudes, ce mouvement
va désormais s'accentuer et les diverses phases en seront marquées
par le soulèvement de hautes chaînes de montagnes. Tandis qu'au
voisinage de la dépression méditerranéenne, les dépôts garderont
en général le caractère marin, dans les contrées septentrionales
une large part sera faite à l'élément lacustre ou saumâtre et peu à
peu la mer sera rejetée dans ses limites actuelles. La zone chaude,
après avoir longtemps défendu l'intégrité de son domaine, reculera
tout à fait vers le sud; il suffira bientôt de la différence de la latitude qui sépare la Provence de l'Angleterre pour passer d'une flore
subtropicale à des forêts de conifères, en attendant que le refroidissement polaire gagne de proche en proche et entraîne la retraite de
tous les végétaux qui ne peuvent s'accommoder des longs hivers.

L'accroissement des masses continentales et la variété des conditions qu'elles offrent désormais se traduisent par un changement
notable dans les faunes et les flores terrestres. On y voit apparaître
cette complication organique qui caractérise le progrès physiologique, comme la division du travail est le signe du perfectionnement des civilisations matérielles. Les mammifères, longtemps
atrophiés, se développent avec une vigueur extraordinaire et prennent possession du globe, tandis que le monde végétal déploie,
avant l'invasion finale des froids septentrionaux, une ampleur et
une diversité jusqu'alors inconnues. Le règne des gymnospermes
est fini, la prépondérance appartient aux palmiers et aux arbres à
saisons, dont le milieu de l'ère tertiaire verra l'apogée. Dans les
mers, les céphalopodes ne jouent plus qu'un rôle restreint, les brachiopodes sont pauvrement représentés et la famille des ammonitides a dit son dernier mot. En revanche, les lamellibranches
abondent et avec eux les gastropodes, dont le développement s'explique par le caractère littoral de la plupart des formations de
l'époque désormais émergées. Dans les régions plus franchement

Chromotypographie Sgap.

PAYSAGE D'EUROPE A L'ÉPOQUE TERTIAIRE

marines, les foraminifères prospèrent, du moins au début de la période, et édifient des assises calcaires qui deviennent la forme tertiaire du régime méditerranéen comme les bancs à rudistes en avaient été la forme secondaire. Les faunes locales se multiplient, sous l'empire de conditions extérieures chaque jour plus diversifiées, préparant la variété des provinces zoologiques modernes.

En même temps, l'activité interne, endormie pendant de longs siècles, se réveille en donnant lieu, sur toute la surface du globe, à des manifestations grandioses dont les phénomènes volcaniques actuels ne sont plus qu'un écho très affaibli. Les anciennes failles de l'écorce se rouvrent; de nouvelles crevasses prennent naissance, et, sur les parois des unes et des autres, les émanations internes déposent des matières diverses où dominent l'or et l'argent. Ainsi, peu à peu, la Terre se prépare pour recevoir dignement l'être qui doit régner en maître à sa surface (¹).

Cette époque inaugure l'ère des phénomènes volcaniques; pour la première fois, les roches ignées se montrent bulleuses et boursouflées, et surgissent accompagnées de cendres et de scories, qui témoignent d'un énorme dégagement de gaz. Vers la fin de la période apparaissent les volcans à cratères. En France, le Plateau-Central s'entr'ouvre et livre passage aux basaltes et aux trachytes. Ces derniers forment de nos jours, en Auvergne, des montagnes comme le Puy-de-Dôme et le Mont-Dore, qui atteignent de 1500 à 1800 mètres d'altitude. Il en a été de même sur toute la surface du globe. En Europe, la plaine centrale de l'Allemagne, la Hongrie et la Transylvanie sont les régions où ces éruptions ont été les plus actives.

Encore plus incessants qu'aux époques immédiatement antérieures, les mouvements d'oscillation du sol sont démontrés par les innombrables alternances d'assises d'eau douce et d'eau marine, presque pendant toute la durée de l'époque tertiaire. Au commencement de cet âge, les terres fermes avaient à peu près gardé leur ancienne configuration, et l'on reconnaît encore les trois bassins français, dont les isthmes seulement ont gagné en largeur; mais bientôt les continents se trouvent définitivement émergés et arrivent, peu à

---

1. A. DE LAPPARENT, *Traité de Géologie.*

peu, à leur configuration actuelle. C'est à cette époque que les Alpes, l'Himalaya et les Cordillères ont acquis leur gigantesque hauteur.

Les roches tertiaires sont extrêmement variées. Elles consistent en sables, plus ou moins purs, quelquefois cimentés de manière à fournir des grès de diverse consistance; en marnes, en argiles, en calcaires. Le gypse, le sel gemme, les minerais de fer, le soufre, les rognons siliceux, les lignites y abondent et forment quelquefois des lentilles ou des amas fort importants. Plusieurs roches proviennent directement des profondeurs du globe, d'où elles ont été injectées, dans des bassins plus ou moins circonscrits : tels sont les sables, les argiles et les fers sidérolithiques du Jura bernois, et peut-être les grès de Fontainebleau. Parfaitement horizontales et encore plus intactes que dans les formations antérieures, les assises tertiaires ne se montrent guère rompues et soulevées que dans les montagnes. La puissance du terrain tertiaire dépasse quelquefois 3 000 mètres, mais peut-être n'est-il complet nulle part (¹).

A l'époque où se forma ce terrain tertiaire qui, en se soulevant, donna à la France, encore reliée cependant à l'Angleterre, à peu près sa configuration actuelle, la vie végétale et animale prend ses derniers développements. Dégagées des formes archaïques particulières aux époques précédentes, la flore et la faune ressemblent tellement à l'état actuel que l'on a pu dire, avec raison, que nous vivons encore à l'époque tertiaire. Cette flore et cette faune nous sont, du reste, mieux connues que celles des époques antérieures, et elles renferment un grand nombre de types qui n'ont pas été conservés dans les terrains plus anciens où ils existaient probablement.

On voit la faune des reptiles se rapprocher de celle des temps actuels, notamment chez les vrais batraciens, grenouilles et salamandres ; des tortues, des crocodiles, des lézards et des serpents, apparaissent les derniers, descendance modifiée des lézards. Les oiseaux ont laissé des débris assez nombreux.

Ce sont les mammifères qui donnent à la faune tertiaire son principal caractère. Tous les ordres y figurent. Ce sont d'abord les pachydermes appartenant à des genres éteints et quelques carnas-

---

1. CONTEJEAN. *Géologie et Paléontologie.*

siers, quelques chiroptères, quelques rongeurs; les proboscidiens apparaissent ensuite, avec les amphibies, les ruminants, les insectivores, les quadrumanes et très probablement les bimanes.

La période tertiaire a été ainsi marquée par l'établissement définitif des continents actuels, mais il convient d'ajouter que l'ensemble des dépôts qu'elle comprend répond à une si longue durée, qu'il serait inexact de croire que la distribution des terres et des mers soit demeurée stable dans toute leur étendue. Le sol, au contraire, surtout au début, a été soumis à des oscillations incessantes, qui ont eu pour effet de transformer les golfes en lagunes, puis de les mettre à sec. Les eaux atmosphériques, en s'accumulant dans les dépressions, ont constitué des lacs, autour desquels une riche végétation, composée, cette fois, de plantes voisines de celles de nos forêts actuelles, s'est établie. Cet état de choses a duré jusqu'à ce qu'un mouvement en sens inverse ramenât les eaux marines sur les espaces qu'elles occupaient autrefois. Ce sont ces mouvements alternatifs d'exhaussement et d'affaissement qui ont progressivement donné aux continents leur configuration actuelle ([1]).

Les terrains tertiaires occupent, généralement, les parties basses des continents, et reposent en stratification discordante sur les terrains secondaires. Dans les pays de plaine, leurs couches restées sensiblement horizontales, c'est-à-dire dans les conditions originelles de leur dépôt, se correspondent exactement dans les coteaux qui séparent les vallées. Ces terrains ont beaucoup moins de consistance que les roches des terrains plus anciens; ce sont des argiles molles et plastiques, des sables pulvérulents ordinairement très purs, parfois consolidés sous forme de grès. Les calcaires terreux, généralement tendres, faciles à tailler, fournissent d'excellentes *pierres à bâtir*. La fréquence des *travertins*, c'est-à-dire de ces calcaires concrétionnés et celluleux qui se forment principalement quand des eaux chargées de calcaire tombent en cascade, indique l'abondance des sources et par conséquent des pluies.

L'époque tertiaire se divise en trois périodes, caractérisées chacune par des dispositions stratigraphiques spéciales ainsi que par des faunes distinctes, où la fréquence des espèces actuelles s'accuse

1. **Vélain.** *Géologie stratigraphique.*

de plus en plus : 1° Terrain tertiaire inférieur : *Eocène* (aurore des èspèces actuelles) ; 2° Terrain tertiaire moyen : *Miocène* (moins d'espèces actuelles); 3° Terrain tertiaire supérieur : *Pliocène* (plus d'espèces actuelles) (*).

Ces trois divisions principales, proposées par Lyell et acceptées depuis longtemps, tendent à se modifier et à se subdiviser avec les progrès des études géologiques. Quelques géologues même lui préfèrent un nouveau partage en périodes un peu différentes : ils appellent paléocènes les premiers dépôts tertiaires, oligocènes ceux qui leur ont succédé (pris sur l'éocène et sur le miocène) et néogènes ce qui reste du miocène et du pliocène pour compléter l'époque tertiaire. Nous ne nous éloignerons pas sensiblement des deux systèmes de divisions, et nous garderons les termes les plus généralement employés, en conservant le premier classement et en partageant la première période en deux, sous les désignations de paléocène et d'oligocène. L'ère tertiaire se présente dès lors sous l'aspect suivant :

ÉPOQUE TERTIAIRE

Période éocène.

1° PALÉOCÈNE	{ Étage suessonien ([1]). { Étage parisien ([2]).
2° OLIGOCÈNE.	{ Étage tongrien ([3]). { Étage aquitanien ([4]).

Période miocène.

MIOCÈNE INFÉRIEUR.	Étage langhien ([5]).
MIOCÈNE MOYEN	Étage helvétien, mollassique ([6]).
MIOCÈNE SUPÉRIEUR	Étage tortonien ([7]).

---

* *Étymologies :* εως, aurore; χαινος, récent. μειον, moins; χαινος, récent. πλειον, plus; χαινος, récent. Ces dénominations, quoique plus poétiques, ne sont guère plus heureuses que celles des terrains primaires et secondaires.

1. Sables du Soissonnais, argiles et lignites d'Épernay, marnes de Meudon.
2. Calcaire grossier de Paris, calcaire lacustre de Saint-Ouen, sables de Beauchamp.
3. Argile et sables de Tongres en Limbourg.
4. Calcaire de l'Aquitaine. Meulières de Montmorency.
5. Ainsi nommé des *langhue*, collines italiennes. Sables et grès de Fontainebleau
6. Couches marines de la mollasse suisse.
7. Argiles de Tortone, en Italie.

Période pliocène.

PLIOCÈNE INFÉRIEUR	Étage messinien ([1]).
PLIOCÈNE MOYEN	{ Étage plaisancien ([2]). { Étage astien ([3]).
PLIOCÈNE SUPÉRIEUR	Étage arnusien ([4]).

Ces étages ou horizons se reconnaissent partout où ils existent par leur nature minéralogique et par leurs fossiles, et ils sont désignés sous des noms rappelant les pays où ils ont été le mieux étudiés. Cependant on sent bien là que la langue de la géologie n'est encore que provisoire. Telle qu'elle est, elle a déjà peine à subsister. Quelle raison, par exemple, de donner le nom d'une province de Russie, d'Angleterre, de Suisse ou de France à un terrain qui se trouve disséminé sur tout le globe? Pourquoi imposer le nom de langhien à des grès que l'on rencontre à Fontainebleau, ou d'aquitanien aux meulières de Montmorency? A une science qui naît, il fallait une langue improvisée; chacun a donné le nom de son pays comme le premier qui s'offrait à lui. Mais la confusion commence à s'établir entre des dénominations qui souvent n'ont eu d'autre origine que le hasard.

Quoiqu'il en soit, nous allons essayer de revivre un instant au milieu de ces époques disparues, en suivant l'ordre de leur développement historique. Visitons d'abord la période éocène.

La nature nous fait assister à de grandioses transformations géognostiques. Comme s'il s'agissait d'un simple jeu plusieurs fois renouvelé, la mer couvre et découvre tour à tour des contrées qui semblent aujourd'hui le domaine fixe de l'humanité, inonde de vastes régions, se retire et revient encore. La période éocène a vu se produire les premiers efforts des continents et en particulier de l'Europe, pour conquérir leurs dimensions et leurs reliefs actuels. Déjà, vers la fin des temps crétacés, un mouvement d'émersion marqué avait succédé à la grande dépression de la craie. Les sédiments éocènes attestent, dès le début, la lutte de l'Océan et de la terre ferme, surtout dans les contrées du Nord, où abondent les

1. Correspondant à la formation de la mer Caspienne.
2. Invasion marine subapennine : Plaisance, etc.
3. Desséchement du bassin du Rhône.
4. Zone de l'elephas meridionalis du val d'Arno, en Italie.

formations d'eau douce , destinées à s'étendre de plus en plus
au Sud jusqu'à l'époque du soulèvement des Pyrénées.

Mais cette lutte n'a pas lieu dans le bassin de la Méditerranée,
où les formations marines gardent quelque chose du caractère particulier qui distinguait cette région pendant les périodes antérieures;
c'est-à-dire qu'on y voit dominer, se prolongeant sur de grandes étendues, des calcaires à la construction desquels les petits mollusques
ont pris une part notable. Seulement ce n'est plus à des dicérates ni
à des rudistes que cette tâche est dévolue ; c'est à de simples protozoaires et surtout aux nummulites, qui ont donné leur nom à l'ensemble du système éocène méditerranéen ou terrain nummulitique.

A cette époque, une méditerranée quatre ou cinq fois plus vaste
que la nôtre, la mer nummulitique, traversait diagonalement
l'Europe, allant de Nice en Crimée, en suivant la direction de la
chaîne des Alpes, qui ont, depuis, relevé ses dépôts jusqu'à leurs
sommets. A la place des Alpes il n'y avait alors que des îlots.

L'Europe offrait alors une physionomie tout africaine. Sous
l'influence d'une mer chaude, touchant au tropique vers le Sud,
s'établit un régime de saisons sèches et brûlantes, alternant avec
des saisons pluvieuses et tempérées, la température moyenne annuelle étant d'environ 25° sous la latitude de la Provence. Alors se
trouve réalisée la plus grande élévation thermique que l'Europe
ait connue dans les temps tertiaires. Les palmiers abondent en
France, les cocotiers et des arbres analogues prospèrent en Angleterre où les arbres à saisons semblent encore relégués sur les hauteurs, d'où ils ne descendront qu'à la fin de l'éocène. La période
s'achève à peu près dans ces conditions, sans que les régions les plus
voisines du pôle cessent de nourrir une végétation qui témoigne
d'une moyenne annuelle supérieure d'une vingtaine de degrés à
celle que l'on constate de nos jours dans les mêmes parages [1].

C'est d'ailleurs à ce moment que l'activité interne commence à
se faire sentir, surtout par des éruptions de roches serpentineuses,
qui accompagnent le soulèvement des Pyrénées et celui des Apennins, tandis que, plus au nord, d'abondantes émissions sulfureuses
et ferrugineuses arrivent jusqu'à la surface.

1. A. DE LAPPARENT, *Traité de Géologie.*

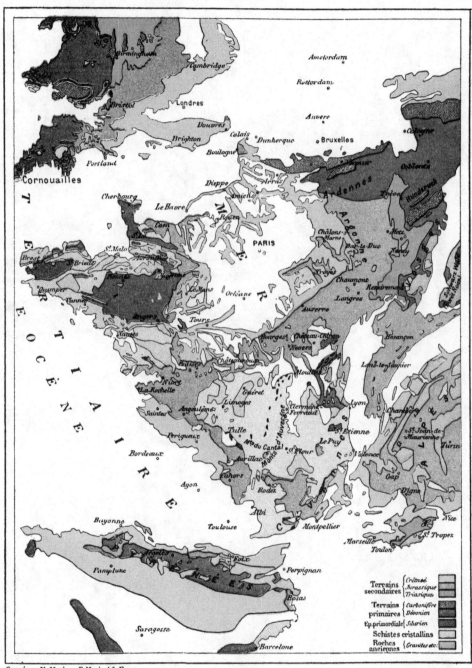

Terrains secondaires	{ Crétacé Jurassique Triasique
Terrains primaires	{ Carbonifère Dévonien
Ep. primordiale	{ Silurien
Schistes cristallins	
Roches anciennes	{ Granites etc:

Gravé par E. Morieu, R. Vavin 45, Paris.

Imprimerie A. Lahure

FORMATION GRADUELLE DES TERRAINS
FRANCE
Terrains primitifs, primaires et secondaires

Le terrain tertiaire inférieur est très développé dans les environs de Paris; il se poursuit dans l'est, en Belgique, et au nord-ouest, en Angleterre. Trois capitales, Paris, Bruxelles et Londres sont ainsi établies sur des dépôts de cet âge. La Manche n'existait pas à cette époque; la Bretagne, reliée à la presqu'île de Cornouailles, fermait. de ce côté, le golfe anglo-parisien, qui s'ouvrait largement à l'est, en passant au-dessus des Ardennes, pour s'étendre sur la Belgique.

Dans le bassin de Paris, l'éocène, devenu classique, se compose d'une alternance, fréquemment répétée, de couches marines et lacustres qui viennent se ranger dans les trois divisions suivantes :

ÉOCÈNE	SUPÉRIEUR	Marnes lacustres supragypseuses.
		Marnes gypseuses et travertin de Champigny.
		Marnes marines infragypseuses
	MOYEN	Calcaire lacustre de Saint-Ouen.
		Sables de Beauchamp.
		Calcaire grossier.
	INFÉRIEUR.	Sables supérieurs du Soissonnais (sables de Cuise).
	II.	Argile plastique et lignites.
		Sables inférieurs du Soissonnais (sables de Bracheux).
	I.	Calcaires et marnes lacustres de Meudon et de Rilly.
		Calcaire marin; poudingue de Nemours.

Nous décrirons ces diverses formations avec quelques détails parce qu'elles sont très développées et d'une observation facile dans nos contrées, surtout aux environs de Paris. Voici leur succession chronologique d'après M. Vélain (1) :

Commençons par la base, par les couches les plus anciennes.

ÉOCÈNE INFÉRIEUR. — I. *Calcaire marin et formation lacustre de Rilly*. — Les couches les plus inférieures de l'éocène sont représentées dans les environs immédiats de Paris, notamment à Meudon, où elles recouvrent le calcaire pisolitique qui termine le terrain crétacé, par des marnes blanches, onctueuses, strontianifères, renfermant : à la base, des nodules calcaires avec fossiles marins au sommet, des concrétions blanches qui contiennent des mollusques d'eau douce et terrestres. Elles attestent ainsi que le bassin de Paris, envahi au début par des eaux marines, a été plus tard en partie émergé et recouvert par des eaux douces. Cette formation marine de la base, qui révèle, pour les premiers siècles de l'éocène, une nouvelle invasion de la mer, est encore bien indiquée, plus au sud, par un cordon de galets roulés, aujourd'hui cimentés par de la

1. *Géologie stratigraphique.*

silice et transformés en un poudingue épais (poudingue de Nemours),
qui trace bien la limite de cette invasion de la mer. Dans l'est, en Belgique, ces dépôts marins, mieux accusés, donnent lieu à un calcaire
sableux, très coquiller, renfermant une belle faune marine. Au-dessus
se développe, comme à Meudon, un calcaire lacustre, rempli de coquilles
terrestres. Ce même calcaire se développe à Reims; à Rilly, il atteint plusieurs mètres de puissance et se montre particulièrement riche en fossiles. Plus loin, auprès de Sézanne, il se présente sous la forme d'un
travertin, adossé à une falaise crayeuse qui marque, en ce point, la
limite de l'emplacement occupé par cet ancien lac, où venaient se
déverser des sources incrustantes actives, qui, du haut de la falaise de
craie, se précipitaient en cascades. Dans ces eaux ruisselantes, très
ombragées, vivaient de nombreux mollusques, avec des insectes qui se
sont trouvés pétrifiés et sont si bien conservés, dans ces calcaires incrus-
tants, qu'on reconnaît tous les détails de leur organisation.

II. *Sables du Soissonnais*. — La mer est venue ensuite recouvrir toute
l'étendue du golfe anglo-parisien, elle y a déposé des sables glauconieux,
remplis de coquilles marines, très répandus dans les environs de Bra-
cheux, où ils se signalent par l'abondance d'une grande espèce d'huître,
qui forme des bancs entiers.

Argile plastique et lignites. — Le golfe où se sont déposés ces sables
était ainsi très étendu. Une émersion du bassin anglo-parisien qui a suivi,
accentuée surtout de l'est, a amené l'établissement, au centre de ce
bassin, dans les environs immédiats de Paris, d'un lac où se sont déposées des couches d'argile exploitées à Vaugirard et à Issy, pour briques
et poteries, à Montereau, où elle est plus pure, pour faïence et porce-
laine. Ces argiles à lignites sont bien plus étendues que l'argile plastique
inférieure. Il en est de même en Angleterre, où les sables et les argiles
à lignites, reliés à ceux du Soissonnais, sont surmontés par des argiles
brunes tenaces (*London clay*), dont l'épaisseur peut atteindre 150 mètres
à Londres. L'argile de Londres offre cet intérêt particulier de renfermer
des coquilles marines appartenant à des genres qui ne vivent que dans
les mers chaudes; avec ces fossiles on rencontre là un grand nombre de
tortues, plus de soixante espèces de poissons, enfin de nombreux ossements de mammifères, ainsi que des fruits très gros, comprimés, angu-
leux, assez analogues aux noix de coco, qui doivent avoir flotté à la surface des eaux avant de s'ensevelir dans les dépôts vaseux, où nous les
retrouvons aujourd'hui en un parfait état de conservation. On a retrouvé
de ces fruits des tropiques dans la vase marno-sableuse du Trocadéro,
en faisant les travaux de terrassement antérieurs à l'exposition de 1867 :
Paris était alors un estuaire chaud, voisin de la mer, qui, du reste,
allait y revenir.

Sables supérieurs du Soissonnais. — Alors que ces dépôts argileux s'effectuaient, d'une part dans le sud de l'Angleterre où ils représentent une formation d'estuaire, de l'autre en Belgique où ils appartiennent à une mer plus profonde, le bassin de Paris était encore immergé : les sables, fins, jaunes et souvent glauconieux, qui recouvrent, dans le Soissonnais, les argiles à lignites, et qui annoncent un retour de la mer dans cette région, renferment une grande abondance de nummulites.

Ces sables sont bien développés au nord-est de Paris, notamment dans la vallée de l'Aisne où ils atteignent 50 mètres d'épaisseur. En Belgique, ils prennent, au-dessus de l'argile des Flandres, une importance encore plus grande. Cette mer nummulitique est ainsi venue de l'est; passant sur les Flandres, elle a pénétré dans le bassin de Paris, par un détroit correspondant à la vallée actuelle de l'Oise, et ne s'est pas étendue au delà des environs immédiats de Paris. A Vaugirard, à Vanves, les sables glauconieux qui recouvrent les fausses glaises appartiennent à la série du calcaire grossier et marquent le début de l'éocène moyen.

ÉOCÈNE MOYEN. — *Calcaire grossier inférieur.* — Le calcaire . grossier comprend un ensemble varié de calcaires fossilifères, fournissant d'excellente pierre pour les constructions, dont l'épaisseur moyenne est de 30 à 35 mètres ; à la base, on remarque des sables grossiers, avec petits galets de silex noirs et grains verts de glauconie, souvent agglutinés par du calcaire, contenant avec des dents de squales, de petits polypiers, et surtout une nummulite d'assez grande taille, qui devint très abondante dans le calcaire grossier proprement dit.

Ces sables glauconieux marquent d'une façon constante le début de cette formation marine qui, cette fois, va s'étendre dans le sud-est de l'île de France, bien au delà des limites atteintes par les sables de Cuise.

Au-dessus, se développe un calcaire à texture grossière, très coquillier, pétri de nummulites, à ce point que, dans le Soissonnais, on le désigne sous le nom de *pierre à liards;* il contient, avec de grosses bivalves, des oursins et surtout une grande cérithe qui devient caractéristique de ce niveau.

Au delà de la saillie de l'Artois, on trouve, épars à la surface du sol, depuis Saint-Quentin, le Catelet jusqu'à Lille, des blocs siliceux à nummulites lœvigata, emballés parfois dans des argiles rouges bariolées, et offrant alors l'aspect de véritables meulières. Ce sont là les derniers témoins d'une couche, aujourd'hui démantelée, qui nous indique que la mer du calcaire grossier inférieur s'étendait de ce côté et se poursuivait en Belgique par un détroit qui, longeant la haute vallée de la Somme, traversait le département du Nord dans toute son étendue.

Calcaire grossier supérieur. — Le calcaire grossier supérieur, plus complexe, perd le caractère franchement marin des assises précédentes et représente une formation d'estuaire. Il comprend, à la base, un horizon d'eau douce, intercalé entre deux bancs marins caractérisés chacun par l'abondance des cérithes, qui se montrent là associées à des gastéropodes d'eau saumâtre. Le calcaire d'eau douce contient des limnées, des paludines avec des coquilles terrestres ; il s'entremêle parfois d'argiles ligniteuses qui renferment une belle flore d'un caractère *tropical* très prononcé, attestant la présence, autour de ce lac, des palmiers à éventails. C'est également là qu'on rencontre le lophiodon.

La mer du calcaire grossier, se retirant de plus en plus vers le nord, cette série se termine par lits minces de calcaires compacts ou siliceux, alternant avec des marnes feuilletées, quelquefois magnésiennes, désignées sous le nom de *caillasses*, où les fossiles font le plus souvent défaut.

Sables de Beauchamp. — Après ces alternances de formations lacustres et marines qui mettent fin au calcaire grossier, un retour offensif de la mer dans le bassin de Paris a donné lieu à des dépôts sableux, dont la faune diffère peu de celle du calcaire grossier. Avec un grand nombre d'espèces communes aux deux horizons, on trouve, comme espèce spéciale, une nummulite nouvelle.

Calcaire de Saint-Ouen. — Après le dépôt de ces sables, le golfe du bassin de Paris, déjà rétréci à la fin du calcaire grossier, se ferme à son embouchure et se transforme en un lac d'eau douce, où se déposent alors des calcaires et des marnes, avec lits de silex intercalés, dont l'épaisseur peut atteindre une vingtaine de mètres. Ce calcaire lacustre s'étend sur de grandes surfaces au nord de Paris, dans le Valois, et renferme des limnées et des planorbes, avec quelques coquilles terrestres. A la fin de l'éocène, les formations d'eau douce ont ainsi prédominé dans le bassin de Paris.

ÉOCÈNE SUPÉRIEUR. — *Marnes gypsifères.* — L'éocène supérieur se compose d'une longue série de marnes jaunes feuilletées, avec lits de gypse intercalés ; ces dépôts, qui peuvent atteindre jusqu'à 60 mètres, sont encore, en majeure partie, d'origine lacustre. A la base, une première série de marnes gypsifères peu épaisses est directement appliquée sur le calcaire de Saint-Ouen. Au-dessus, se développent les marnes gypsifères proprement dites, où le gypse se présente en trois masses principales de forme lenticulaire. Les deux premières sont épaisses de quatre à cinq mètres en moyenne ; la dernière est de beaucoup la plus étendue et la plus épaisse : elle atteint vingt mètres à Montmartre. Le gypse s'y présente sous l'aspect saccharoïde, et présente de remarquables divisions prismatiques comparables à celles des basaltes, qui ont valu à cette masse le nom de *hauts piliers*. Toute cette partie supérieure, franchement lacustre, se termine par des marnes pyriteuses et bleuâtres à la base, très blanches à la partie supérieure.

C'est dans la haute masse qu'on a rencontré tous ces pachydermes, paléothériums, anoplothériums, etc., avec lesquels nous allons bientôt faire connaissance, et qui doivent être considérés comme les animaux caractéristiques de l'éocène supérieur.

Telle est la succession des sédiments pétrifiés pendant la période éocène, facile à étudier, comme on le voit, dans nos régions françaises. Remarquons, en complétant cette description sommaire, que ces roches ont joué un rôle important dans les constructions humaines. Si la pierre à bâtir n'existait pas, on peut se demander sous quelle forme les habitations, les monuments, les villages, les villes auraient été édifiés. L'humanité tient non seulement au règne animal et au règne végétal, mais au règne minéral lui-même, qui se reflète dans les formes de son activité et dans son histoire.

On se rendra compte de cette succession assez compliquée de terrains par le tableau de la figure 354, dû à M. Stanislas Meunier. Il faut supposer ces couches placées au-dessus de celles qui ont été représentees dans la coupe du puits artésien de Grenelle (p. 265) : elles sont restées dans les régions que les eaux n'ont pas dévastées. Mais ce que ni la description ni le dessin ne peuvent rendre, c'est la *durée* que représentent ces alternatives de mers, de terre ferme et de lacs, qui, pendant cette seule période, se sont succédé sur ces régions de la France où nous vivons aujourd'hui : des centaines de milliers d'années ! Les cours d'eau diluviens de la fin de l'époque tertiaire et de l'époque quaternaire, dont on a pu prendre une idée par la largeur de la Seine aux temps préhistoriques (p. 348), ont creusé les vallées à l'état où nous les voyons aujourd'hui… et, comme nous l'avons vu, les niveaux continuent de changer de nos jours.

Pour se former une idée de l'extrème variété qui signale la période éocène, on peut remarquer que la partie inférieure de la formation tertiaire est représentée, dans le bassin de Paris, par une vingtaine d'horizons parfaitement distincts, possédant tous quelque trait minéralogique ou quelques fossiles particuliers, et dont les assises sont tantôt marines et tantôt d'eau douce; au contraire, elle consiste presque uniquement, dans les Pyrénées, le Midi de l'Europe et jusque dans la Chine, en un énorme massif d'un calcaire compact entièrement marin, d'aspect jurassique, où pullulent les foraminifères qui l'ont fait appeler calcaire à nummulites, et où les fossiles se trouvent différemment associés. Dans tous les bassins on observe d'ailleurs des passages de fossiles entre les divers étages ou horizons,

et en général ces passages sont d'autant plus nombreux que le niveau dans le terrain se trouve plus élevé. Aussi, l'époque tertiaire
se distingue-t-elle mieux de l'époque crétacée que des suivantes : un
grand nombre d'espèces miocènes passent à l'étage pliocène, et les
mers actuelles, la Méditerranée, par exemple, nourrissent encore une
telle quantité de mollusques pliocènes que la démarcation n'est pas
facile à établir entre les sédiments tertiaires et ceux de notre époque.
Ajoutons encore que les dragages récents ont amené la découverte d'un grand nombre d'espèces tertiaires que l'on croyait
éteintes, et qui n'en prospèrent pas moins dans les profondeurs
de la mer.

Les régions polaires, aujourd'hui désertes et glacées, étaient
alors couvertes, comme aux temps secondaires, d'une riche végétation forestière ; mais on remarque une tendance au froid. Ce ne
sont plus des plantes tropicales, mais des platanes, des tilleuls,
des châtaigniers, des hêtres, des sapins, des bouleaux, des noisetiers. Ces arbres se dissémineront plus tard vers nos contrées, lorsqu'elles seront assez refroidies. Mais alors la chaude France, l'Allemagne, la Belgique, l'Angleterre, étaient couvertes de palmiers !

Lentement, graduellement, de siècle en siècle, d'âge en âge, la
Vie s'est développée en se diversifiant et en progressant toujours.
Les invertébrés de l'âge primordial ont donné naissance aux vertébrés. Aux mollusques ont succédé les poissons, aux poissons les
reptiles aquatiques, à ceux-ci les amphibiens, et des reptiles se sont
dégagés les oiseaux. Issus des amphibiens, les monotrèmes, les
marsupiaux ont commencé le règne des mammifères qui, durant
l'âge tertiaire, ont acquis la domination définitive du monde. Nous
allons assister au développement de cette classe d'êtres supérieurs,
qui va donner naissance aux divers ordres : pachydermes, ruminants, carnivores, rongeurs, lémuriens, singes et hommes.

Nul tableau n'est plus instructif peut-être que celui qui représente la correspondance chronologique entre ce développement graduel du règne animal et la succession des époques géologiques. Si
nos lecteurs veulent bien s'y arrêter un instant (*fig.* 355) et l'étudier, ils auront sous un même coup d'œil la synthèse de cette grande
histoire.

Les ordres actuels des poissons existaient déjà pendant la période

crétacée et probablement même antérieurement ; la période de leur
évolution a été le dévonien et le carbonifère. Les ordres actuels des

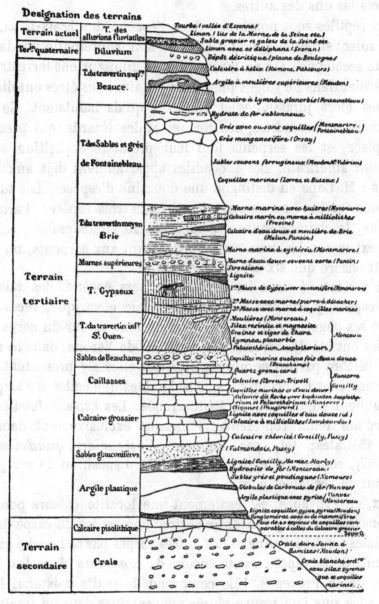

Designation des terrains

Terrain actuel		
Ter.ⁿ quaternaire	T. des alluvions fluviatiles	Tourbe (vallée d'Essonne)
		Limon (lits de la Marne de la Seine etc.)
		Sable gravier et galets de la Seine etc.
	Diluvium	Limon avec os d'éléphant (Sevran)
		Dépôt détritique (plaine de Boulogne)
Terrain tertiaire	T. du travertin sup.ʳ Beauce	Calcaire à hélix (Ramont, Pithiviers)
		Argile à meulières supérieures (Meudon)
		Calcaire à Lymnéa, planorbis (Fontainebleau)
	T. des Sables et grès de Fontainebleau	Hydrate de fer sablonneux
		Grès avec ou sans coquilles (Montmartre, Fontainebleau)
		Grès manganésifère (Orsay)
		Sables souvent ferrugineux (Meudon Mt Valérien)
		Coquilles marines (Lorrez et Buteux)
	T. du travertin moyen Brie	Marne marine avec huîtres (Montmartre)
		Calcaire marin ou marne à miliolithes (Provins)
		Calcaire d'eau douce et meulière de Brie (Melun, Pantin)
		Marne marine à cythérée (Montmartre)
	Marnes supérieures	Marne d'eau douce souvent verte (Pantin)
		Strontiane
		Lignite
	T. Gypseux	1ʳᵉ Masse de Gypse avec mammifère (Montmartre)
		2ᵉ Masse avec marne (pierre à détacher)
		3ᵉ Masse avec marne à coquilles marines
	T. du travertin inf.ʳ St Ouen	Meulières (Montereau)
		Silex résinite et magnésite
		Graines et tiges de Chara
		Lymnea, planorbis
		Palaeothérium, Anoplothérium } Monceau
	Sables de Beauchamp	Coquilles marine quelque fois d'eau douce (Beauchamp)
	Caillasses	Quartz grenu carié
		Calcaire fibreux-Tripoli } Nanterre, Gentilly
		Coquilles marines et d'eau douce
	Calcaire grossier	Calcaire dit Roche avec Lophiodon Anoplothérium et Palaeothérium (Nanterre)
		Cliquart (Vaugirard)
		Lignite avec coquilles d'eau douce (id.)
		Calcaire à miliolithes (Lambourde)
	Sables glauconifères	Calcaire chlorité (Gentilly, Passy)
		(Valmondois, Passy)
		Lignite (Gentilly, Nantes, Marly)
		Hydroxide de fer (Montereau)
	Argile plastique	Sables grés et poudingues (Nemours)
		Globules de Carbonate de fer (Vanves)
		Argile plastique avec pyrite (Vanves, Montereau)
	Calcaire pisolithique	Lignite coquiller, gypse, pyrite (Meudon)
		Conglomérat avec os de mammifères
		Plus de 20 espèces de coquilles comparables à celles du calcaire grossier (Seine Q.)
Terrain secondaire	Craie	Craie dure jaune à Bumites (Meudon)
		Craie blanche ord.ᵗᵉ avec silex pyromaque et coquilles marines

Fig. 354. — Tableau général des terrains parisiens.

reptiles étaient tous établis avant l'éocène; la période de leur évolution s'étend à travers les trois âges mésozoïques et spécialement
le permien... Les ordres actuels des mammifères n'ont été complè-

tement constitués que pendant la période miocène ; dans l'éocene,
ils étaient en voie de différenciation et se montrent peu ou point
distincts les uns des autres.

Les reptiles sont nombreux dans l'éocène des États-Unis, bien
qu'ils soient singulièrement déchus de leur suprématie pendant la
période secondaire. On ne trouve plus de dinosauriens terrestres, et
les ptérosauriens ne volent plus dans les airs : ces êtres ont disparu
avec les mers jurassiques et crétacées qu'ils habitaient. Ce sont
désormais des crocodiles, des tortues et des lézards, qui prennent
leur place, et les serpents font leur première apparition sur le
continent américain. Les crocodiles appartiennent déjà aux types
actuels : M. Cope en distingue une douzaine d'espèces. Les tortues
sont plus variées : on en connaît quarante-trois espèces. Parmi les
sauriens, le champsosaure est identifié au simœdosaure, ce type
ayant existé sur les deux continents. Quant aux serpents, on n'en
connaît encore que six espèces éocènes.

On a retrouvé dans les dépôts des mers éocènes des raies de
toute espèce, y compris la torpille ou raie électrique, reconnaissable à ses nageoires disposées en cercle tout autour du corps. Des
torpilles ont été découvertes aux environs de Vérone, dans le mont
Bolca, célèbre par ses nombreux fossiles ; elles s'y présentent avec
des dimensions beaucoup plus considérables que celles des torpilles
qui habitent aujourd'hui la Méditerranée. Les espèces fossiles ont
aujourd'hui leurs représentants presque exclusivement dans les
mers australes ; tel, par exemple, l'*ostracion quadricornis*
(*fig.* 357), remarquable par la singulière disposition de ses yeux,
fixés sur de véritables cornes.

Aix, en Provence, est également une localité célèbre pour ses
poissons fossiles. On y rencontre surtout une espèce de carpe (lebias
cephalotes), qui se distingue des autres carpes par sa bouche garnie
de dents. Cette espèce existe encore de nos jours dans les eaux
douces de la Provence. Elle comprend de petits poissons, longs
d'un pouce, que l'on trouve réunis par centaines dans un fragment,
gros comme la main, du schiste qui les renferme à l'état fossile.
Le naturaliste Agassiz en a dessiné dans son excellente icono-
graphie des poissons fossiles ; la figure 356 a été gravée d'après ses
dessins.

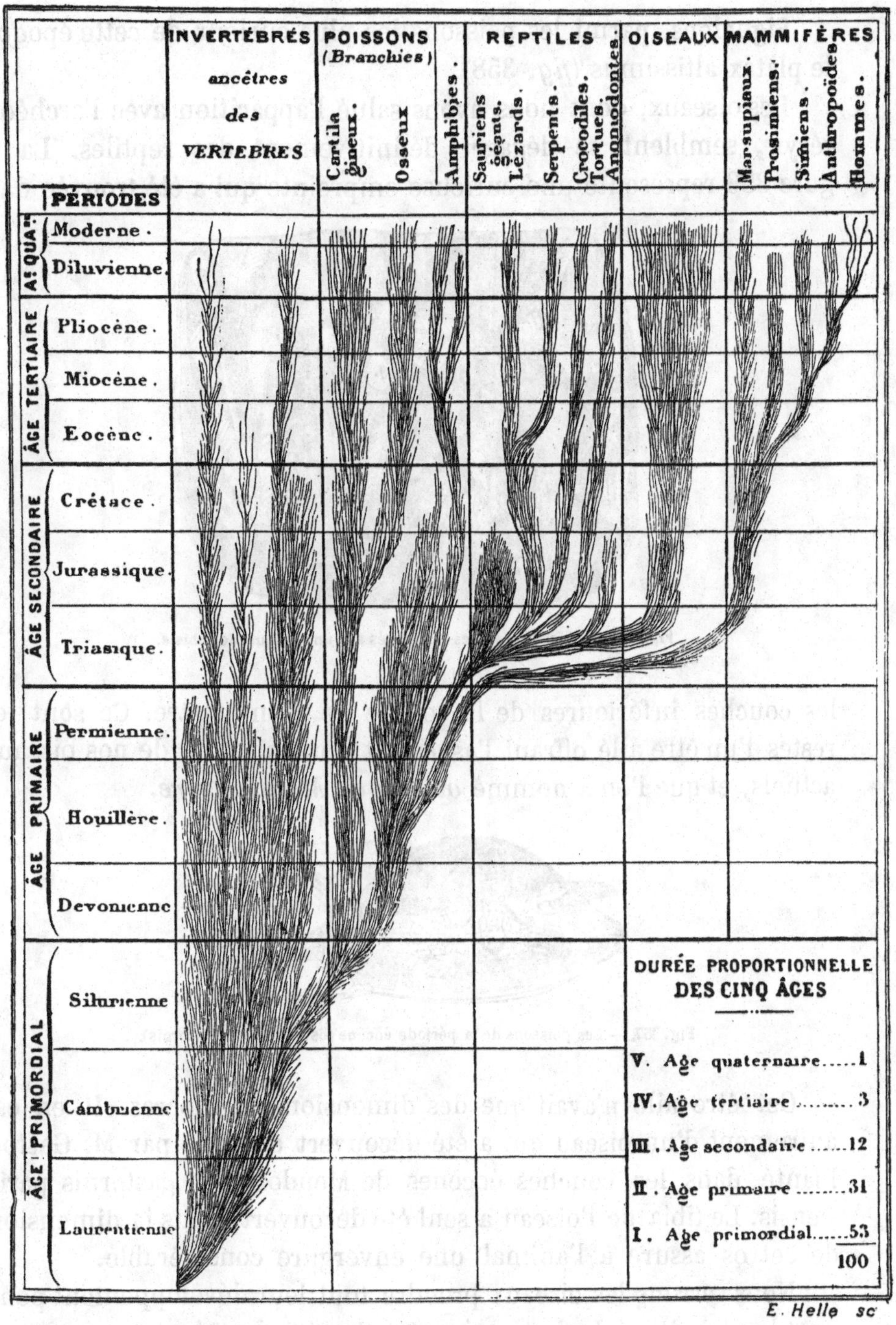

PÉRIODES		INVERTÉBRÉS ancêtres des VERTÉBRES	POISSONS (Branchies)			REPTILES					OISEAUX	MAMMIFÈRES				
			Cartilagineux.	Osseux	Amphibies.	Sauriens géants.	Lézards.	Serpents.	Crocodiles. Tortues.	Anomodontes.		Marsupiaux.	Prosimiens.	Simiens.	Anthropoïdes.	Hommes.
Â. QUA.	Moderne.															
	Diluvienne.															
ÂGE TERTIAIRE	Pliocène.															
	Miocène.															
	Eocène.															
ÂGE SECONDAIRE	Crétacé.															
	Jurassique.															
	Triasique.															
ÂGE PRIMAIRE	Permienne.															
	Houillère.															
	Devonienne.															
ÂGE PRIMORDIAL	Silurienne															
	Cambrienne															
	Laurentienne															

DURÉE PROPORTIONNELLE DES CINQ ÂGES

V. Âge quaternaire.....1
IV. Âge tertiaire.........3
III. Âge secondaire......12
II. Âge primaire.........31
I. Âge primordial.....53

100

E. Helle sc

Fig. 355. — Correspondance entre le développement du règne animal et la succession des époques géologiques.

Signalons, parmi les poissons les plus curieux de cette époque, le platax altissimus (*fig.* 358).

Les oiseaux, dont nous avons salué l'apparition avec l'archéoptéryx, semblent se dégager définitivement des reptiles. La figure 359 représente une curieuse empreinte qui a été trouvée dans

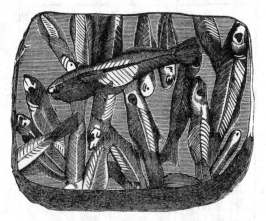

Fig. 356. — Poissoñs fossiles conservés sur une plaque de schiste.

les couches inférieures de la colline de Montmartre. Ce sònt les restes d'un être ailé offrant l'aspect et l'organisation de nos oiseaux actuels, et que l'on a nommé *oiseau de Montmartre*.

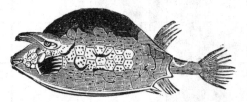

Fig. 357. — Les poissons de la période éocène (ostracion quadricornis).

Cet être ailé n'avait que des dimensions médiocres. Il en est autrement d'un oiseau qui a été découvert en 1855 par M. Gaston Planté, dans les couches éocènes de Meudon : le gastornis parisiensis. Le tibia de l'oiseau a seul été découvert; mais la dimension de cet os assure à l'animal une envergure considérable.

Nous verrons les oiseaux prendre tout leur développement penpant la période géologique suivante : la période miocène.

Comme nous l'avons déjà remarqué, ce sont les mammifères qui caractérisent essentiellement l'ère tertiaire. Nous avons assisté

plus haut à leur naissance dans l'ordre primitif et rudimentaire des
marsupiaux. Ces mammifères inférieurs ont précédé dans nos pays
les placentaires; après y avoir vécu pendant les temps secondaires,
ils y sont devenus rares pendant l'époque éocène et ils ont disparu
au milieu de l'époque miocène. M. Gaudry pense que plusieurs
d'entre eux se sont transformés en placentaires. « Ceux qui n'ont pas

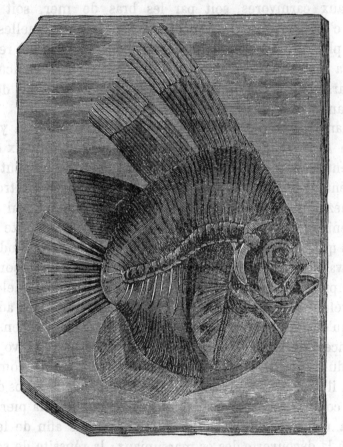

Fig. 358. — Les poissons de la période éocène (platax altissimus).

subi de changement ou qui n'ont pas émigré ont eu des désavantages
dans la lutte pour la vie. Quels que soient en effet leur courage et
leur sollicitude maternelle, leurs petits, êtres chétifs, venus avant
terme, sont plus exposés aux attaques des bêtes de proie que ceux
des placentaires et surtout des ruminants et des pachydermes qui
arrivent au jour dans un état très parfait. En outre, les marsupiaux
ne peuvent traverser les fleuves avec leurs petits dans leur poche ou

sur leur dos sans risquer de les voir asphyxier dans l'eau ; les placentaires, dont les petits viennent au jour dans un état assez avancé pour qu'ils puissent courir et nager, n'éprouvent pas les mêmes difficultés. Comme la destinée des herbivores est d'aller de campagnes en campagnes cueillir les plantes que chaque saison fait épanouir, les herbivores ont dû être plus gênés que les marsupiaux carnivores, soit par les bras de mer, soit par les fleuves ; c'est peut-être là une des raisons pour lesquelles ils ont disparu plus tôt de nos contrées, car il est digne de remarque qu'on n'a signalé encore dans nos terrains tertiaires aucun véritable marsupial herbivore, tandis qu'on y rencontre des débris de marsupiaux carnivores ».

Pendant la première moitié des temps tertiaires, il y a eu à Paris, en Auvergne, en Vaucluse, en Suisse, des animaux qui ressemblaient extrêmement aux sarigues actuels. On ne peut douter qu'ils aient eu une organisation analogue, car Cuvier a retrouvé en place chez l'un d'eux les os appelés os marsupiaux, qui servent à maintenir la poche où logent les petits. Cette découverte est une de celles qui semblent avoir le plus intéressé notre grand anatomiste ; avant d'avoir vu le bassin, il était persuadé qu'il portait des os marsupiaux, parce que l'étude des dents et du squelette lui avait révélé des ressemblances avec les sarigues. Cuvier admettait une loi qu'on appelle la loi de connexion des organes ; il pensait que la présence d'un organe entraîne un autre organe, et voyant un animal du gypse de Montmartre, qui avait des dents comme les sarigues, il assurait d'avance qu'il devait aussi avoir des os de marsupiaux comme les sarigues. Au moment de creuser la pierre pour mettre à nu le bassin, il réunit quelques amis afin de les faire assister à la découverte des os marsupiaux ; la réussite de son opération fit admirer une fois de plus sa perspicacité anatomique.

Cependant, remarque M. Gaudry, « Cuvier aurait pu n'être pas toujours aussi heureux ; il faut prendre garde d'exagérer la loi de connexion des organes. L'illustre fondateur de la paléontologie, croyant à l'immutabilité des espèces, supposait qu'un chien est constamment chien, qu'un sarigue est constamment sarigue. Je ne pense pas qu'il en ait forcément été ainsi ; un animal peut avoir eu à la fois les caractères d'un genre et ceux d'un autre genre, les caractères d'un

ordre et ceux d'un autre ordre. Il est même possible qu'il ait formé
un intermédiaire entre les deux principales divisions de la classe
des mammifères ». On en a eu la preuve par les reptiles-oiseaux
et les dinosauriens. Cette loi de continuité, déjà établie dans tous
les précédents chapitres de cet ouvrage, s'affirme ici mieux que
jamais.

La population éocène offrait comme caractère essentiel une
remarquable abondance et une grande variété des divers genres de
pachydermes, qui manquent entièrement parmi les quadrupèdes de
nos jours; ceux de cette époque se rapprochaient plus ou moins des
tapirs, des rhinocéros et des chameaux. Ces genres, dont la décou-

Fig. 359. — Restes fossiles d'oiseau trouvés à Montmartre (1/2 gr. nat.).

verte entière est due à Cuvier, sont : les *paléothériums*, les
lophiodons, les *anaplothériums*, les *anthracothériums*, les
chéropotames, les *adapis*. Décrivons-les sommairement.

Les paléothériums (¹) ressemblaient aux tapirs par la forme
générale, par celle de la tête, notamment par la brièveté des os du
nez, qui annonce qu'ils avaient, comme les tapirs, une petite
trompe; enfin par les six dents incisives et les deux canines à
chaque mâchoire; mais ils ressemblaient aux rhinocéros par leurs
dents mâchelières, dont les supérieures étaient carrées, avec des
crêtes saillantes diversement configurées, et les inférieures en forme
de doubles croissants, et par leurs pieds, tous les quatre divisés en

1. *Étymologie :* παλαιος; ancien; θηριον, animal.

trois doigts, tandis que dans les tapirs ceux de devant en ont quatre ([1]).

C'est un des genres les plus répandus et les plus nombreux en espèces dans les terrains de cet âge.

« Nos plâtrières des environs de Paris en fourmillent, écrivait Cuvier : on y trouve des os de sept espèces. La première (paleotherium magnum), grande comme un cheval ; trois autres de la taille d'un cochon, mais une avec des pieds étroits et longs ; une avec des pieds plus larges ; une avec des pieds encore plus larges et surtout plus courts ; la cinquième espèce, de la taille d'un mouton, est bien plus basse et a les pieds encore plus larges et plus courts ; une sixième est de la taille d'un agneau, et a des pieds grêles, dont les doigts latéraux sont plus courts que les autres ; enfin une septième n'est pas plus grande qu'un lièvre ».

On a trouvé aussi des paléothériums dans d'autres contrées de la France : au Puy-en-Velay, dans des lits de marne gypseuse ; aux environs d'Orléans, dans des couches de pierre marneuse ; auprès d'Issel, dans une couche de gravier ou de mollasse, le long des pentes de la Montagne-Noire. Mais c'est surtout dans les mollasses du département de la Dordogne que le paléothérium a été rencontré non moins abondamment que dans nos plâtrières de Paris.

Les *lophiodons* se rapprochent encore un peu plus des tapirs que ne font les paléothériums, en ce que leurs dents mâchelières inférieures ont des collines transverses comme celles des tapirs. Ils en diffèrent cependant par certains détails.

Cuvier en a découvert jusqu'à douze espèces, toutes de France, ensevelies en des pierres marneuses formées dans l'eau douce, et

1. Nous donnons plus loin (*fig.* 364) le squelette du grand *paléothérium*, et ici (*fig.* 360) l'animal restauré. On peut voir à la nouvelle galerie de paléontologie du muséum de Paris un immense bloc de pierre dans lequel le squelette presque entier de cette espèce de rhinocéros a été conservé. On l'a découvert dans la carrière-Michel, à Vitry-sur-Seine, près de Choisy-le-Roi. Pour l'obtenir dans son entier, il a fallu tailler un bloc de pierre long de 2ᵐ45, large de 1ᵐ80 et épais de 8ᵐ25, au fond d'une galerie souterraine dont il formait le toit. Ce bloc est dressé de sorte que l'animal est à peu près debout comme dans l'état de vie ; mais quand le squelette a été trouvé, il était couché horizontalement dans la pierre.

Loin d'être lourd et presque massif, comme on le pensait, le paléothérium était un animal d'un port assez élégant, dont l'encolure était peut-être aussi allongée que celle du cheval, et qui semble assez exactement modelé sur le même type que le lama.

remplies de limnées et de planorbes, qui sont des coquilles d'étang et de marais. La plus grande se trouve près d'Orléans, dans la même carrière que les paléothériums; elle approche du rhinocéros. Il y en a dans le même lieu une autre, plus petite; une troisième se trouve à Montpellier; une quatrième près de Laon; deux près de Bichsweiller, en Alsace; cinq près d'Argenton, en Berry. On en a trouvé également près de Gannat.

Ces espèces diffèrent entre elles par la taille, qui dans les plus

Fig. 360. — Le grand paléothérium, mammifère pachyderme de la période éocène (1/20 de gr. nat.).

petites devait égaler à peine celle d'un petit agneau, et par des détails dans les formes de leurs dents, qu'il serait trop long d'exposer ici. On a recueilli un grand nombre d'ossements fossiles de lophiodons dans les couches supérieures du calcaire grossier de Paris.

Les anoplothériums, retrouvés surtout dans les plâtrières des environs de Paris, présentent certains caractères qui ne s'observent dans aucun autre animal: des pieds à deux doigts dont les métacarpes et les métatarses demeurent distincts et ne se soudent pas en canons comme ceux des ruminants, et des dents en série continue et que n'interrompt aucune lacune. L'homme seul a les dents ainsi contiguës les unes aux autres, sans intervalle vide.

Ce genre extraordinaire, qui ne peut se comparer à rien dans la nature vivante, se subdivise en trois sous-genres : les *anoplothériums.*proprement dits, dont les molaires antérieures sont encore assez épaisses, et dont les postérieures d'en bas ont leurs croissants à crête simple; les *xiphodons,* dont les molaires antérieures sont minces et tranchantes, et dont les postérieures d'en bas ont vis-à-vis la concavité de chacun de leurs croissants une pointe qui prend aussi en s'usant la forme d'un croissant; les *dichobunes,* dont les croissants extérieurs sont pointus, et qui ont ainsi sur leurs arrière-molaires inférieures des pointes disposées par paires.

L'anoplothérium le plus répandu était un animal haut comme un sanglier, mais bien plus allongé, et portant une queue très longue et très grosse, en sorte qu'au total il avait à peu près les proportions de la loutre, mais plus en grand. Il est probable qu'il nageait bien et fréquentait les lacs, dans le fond desquels ses os ont été incrustés par le gypse qui s'y déposait.

Le xiphodon était svelte et léger comme la plus jolie gazelle.

Le dichobune avait la taille du lièvre. Outre ses caractères sous-génériques, il diffère des anoplothériums et des xiphodons par deux doigts petits et grêles à chaque pied, contigus aux deux grands doigts.

Le genre des *anthracothériums* est à peu près intermédiaire entre les paléothériums, les anoplothériums et les cochons. Deux de ces espèces ont été trouvées dans les lignites de Cadibona, près de Savone. La première approchait du rhinocéros pour la taille ; la seconde était beaucoup moindre. On en rencontre aussi en Alsace et dans le Velay. Leurs dents mâchelières ont des rapports avec celles des anoplothériums; mais ils ont des canines saillantes.

Le genre *chéropotame* vient de nos plâtrières, où il accompagne les paléothériums et les anoplothériums, mais il est beaucoup plus rare. Ses molaires postérieures sont carrées en haut, rectangulaires en bas, et ont quatre fortes éminences coniques entourées d'éminences plus petites. Ses canines sont petites. La taille était celle d'un cochon de Siam.

Le genre *adapis* a offert une espèce de la taille du lapin : il vient aussi de nos plâtrières, et devait tenir de près aux anoplothériums.

Ainsi voilà près de quarante espèces de pachydermes de genres entièrement éteints, et dans des tailles et des formes auxquelles le règne animal actuel n'offre de comparables que trois tapirs et u daman ([1]).

Ce grand nombre de pachydermes est d'autant plus remarquable, que les ruminants, aujourd'hui si nombreux dans les genres des cerfs et des gazelles, et qui arrivent à une si grande taille dans ceux des bœufs, des girafes et des chameaux, ne se montrent presque pas dans les terrains dont nous parlons.

Mais nos pachydermes n'étaient pas pour cela les seuls habitants des pays où ils vivaient. Dans nos plâtrières, du moins, nous trouvons avec eux des carnassiers, des rongeurs, plusieurs sortes d'oiseaux, des crocodiles et des tortues ; et ces deux derniers genres les accompagnent aussi dans les mollasses et les pierres marneuses du centre et du midi de la France. Signalons notamment une chauve-souris découverte à Montmartre, et du genre des vespertilions.

Montmartre a aussi donné les os d'un renard, différent du nôtre, et qui diffère également des chacals, des isatis et des renards d'Amérique ; ceux d'un carnassier voisin des ratons et des coatis, mais plus grand ; ceux d'une espèce particulière de genette, et de deux ou trois carnassiers problématiques.

Les crocodiles de l'âge dont nous parlons se rapprochent de nos crocodiles vulgaires par la forme de la tête, tandis que dans les bancs de l'âge du Jura on ne voit que des espèces voisines du gavial. Les tortues de cet âge sont toutes d'eau douce ; les unes appartiennent au sous-genre des émydes ; et il y en a, soit à Montmartre, soit surtout dans les mollasses de la Dordogne, de plus grandes que toutes celles que l'on connaît vivantes ; les autres sont des trionyx, ou tortues molles. Ce genre, que l'on distingue aisément à la surface vermiculée des os de sa carapace, et qui n'existe aujourd'hui que dans les rivières des pays chauds, telles que le Nil, le Gange, l'Orénoque, était très abondant sur les terrains qu'habitaient les

1. CUVIER. *Discours sur les révolutions du globe.*

paléothériums. Il y en a une infinité de débris à Montmartre, et dans les mollasses de la Dordogne et autres dépôts de graviers du midi de la France.

Les lacs d'eau douce autour desquels vivaient ces divers animaux, et qui recevaient leurs ossements, nourrissaient, outre les tortues et les crocodiles, quelques poissons et quelques coquillages. Tous ceux que l'on a recueillis sont aussi étrangers à notre climat, et même aussi inconnus dans les eaux actuelles, que les paléothériums et les autres quadrupèdes leurs contemporains. Les poissons appartiennent même en partie à des genres inconnus.

Fig. 361. — Xiphodon gracile (Terrain éocène de Paris).

Ainsi l'on ne peut douter que cette population, que l'on pourrait appeler d'âge moyen, cette première grande production de mammifères, n'ait été en partie détruite ; et en effet partout où l'on en découvre les débris il y a au-dessus de grands dépôts de formation marine, en sorte que la mer a envahi les pays que ces races habitaient, et s'est reposée sur eux pendant un temps assez long.

Tout récemment, en 1884, M. le docteur Lemoine a découvert dans le terrain éocène inférieur des environs de Reims, un mammifère auquel il a donné le nom de « pleuraspidotherium ». Cet animal se rapprochait des marsupiaux et du paléothérium.

Tout récemment aussi, en établissant le nouveau chemin de fer de Saint-Cloud à Marly-le-Roi, on a mis au jour sur une grande étendue l'étage géologique des sables de Fontainebleau avec les marnes coquillières. Au milieu de cette tranchée, M. Chouquet a

trouvé, parmi de nombreux débris fossiles, quatorze côtes d'un
poids et d'un volume vraiment extraordinaires. Ces côtes sont longues de 43 centimètres, et elles sont aussi épaisses que larges.
M. Gaudry soupçonne qu'elles ont dû appartenir au plus gros mammifère marin qui ait été encore découvert aux environs de Paris. Cet
animal antédiluvien devait se rapprocher de notre lamantin actuel,
grand cétacé herbivore, plus connu sous le nom de « bœuf marin ».
Les nageoires se composent de cinq doigts qui forment de véritables
mains. Les femelles portent sur la poitrine deux grosses mamelles.

Fig. 362. — L'anoplothérium, mammifère pachyderme de la période éocène
(1/20 de gr. nat.).

L'énorme lamantin devait avoir une cage thoracique énorme.
On ne connaît aucun animal muni de côtes aussi lourdes et aussi
grosses.

Mais c'est aux États-Unis que ces terrains ont récemment offert
les plus belles richesses à la paléontologie. Depuis l'établissement du
chemin de fer qui traverse l'Amérique, de l'Atlantique au Pacifique, des contrées jusqu'alors fermées à la civilisation et à la
science ont été explorées. On y a trouvé une multitude d'animaux
fossiles dont plusieurs sont très différents de ceux d'Europe.

La région du Wyoming, comprise entre les Montagnes-Rocheuses, à l'est, et la chaîne de Wahsatch, à l'ouest, est une de
celles qui réservaient le plus de surprises aux paléontologistes. A
l'époque éocène, la mer qui l'avait occupée pendant l'époque crétacée
a été remplacée par de vastes lacs d'eau douce, sur les bords desquels

s'est épanouie une riche végétation et s'est développée la famille
des gigantesques pachydermes auxquels on a donné le nom de
Dinocératidés. M. Marsh vient de publier un grand ouvrage sur
ces étranges créatures ([¹]); nous l'avons sous les yeux : il est encore
plus volumineux et plus riche en documents que celui dont nous
avons parlé plus haut sur les oiseaux à dents.

L'inspection des crânes de dinocératidés explique pourquoi on
leur a donné leur nom ([²]). Jamais on n'avait vu de têtes aussi cornues :
les os du nez portent en avant deux petites protubérances osseuses ;
les maxillaires produisent au-dessus des canines deux fortes protubérances ; une troisième paire de protubérances encore plus grosses
et plus extraordinaires est formée par les pariétaux ; elles se continuent avec une énorme crête qui borde le haut de la partie postérieure de la tête. Quel pouvait être l'aspect d'une pareille tête à
l'état vivant? On a essayé de reconstituer cet étrange animal sur le
dessin de la page 677.

Le cerveau n'est pas moins étonnant; il laisse complètement à
découvert les lobes olfactifs ainsi que le cervelet, et il est plus petit
que dans aucun autre mammifère; il a l'aspect d'un cerveau de
reptile. La petitesse du cerveau est un caractère propre à plusieurs
mammifères du tertiaire inférieur; cet organe a pris plus de développement chez les genres du tertiaire moyen et surtout chez ceux
de l'époque actuelle. Comme il y a en général une relation
entre le développement du cerveau et celui de l'intelligence,
on peut croire que les anciens mammifères ont eu moins d'intelligence que ceux d'aujourd'hui.

L'animal fossile qui, par ses membres et sa dentition, se rapproche le plus des dinocératidés, est le coryphodon ; mais cet animal
est encore bien éloigné des dinocératidés. Malgré leur taille énorme
et certaines dispositions de leurs membres, les grandes bêtes cornues des Western-Territories ne peuvent être rapprochées des proboscidiens, car elles n'avaient ni trompes, ni incisives supérieures,
et, bien que leurs pattes présentent quelque ressemblance avec
celles des éléphants, elles en diffèrent à plusieurs égards. En réalité,

1, Marsh. *Dinocerata, a monograph of an extinct order of gigantic mammals*,
Washington, 1884.
2. *Etymologie :* δεινός, terrible ; κέρας, corne.

les dinocératidés sont des êtres qui, après avoir contribué à donner une physionomie assez bizarre au monde éocène, ont disparu sans laisser de postérité.

On éprouve quelque étonnement en voyant apparaître, dès l'époque du tertiaire inférieur, des bêtes si puissantes, car les recherches qui ont été faites dernièrement en Amérique, comme celles qui ont eu lieu en Europe, n'avaient jusqu'à présent fourni que des mammifères secondaires assez chétifs (1).

De 1870 à 1883, M. Marsh est parvenu à recueillir les restes de plus de deux cents individus de dinocerata, sans compter les innombrables fossiles appartenant à d'autres groupes. On en connaît déjà près de trente espèces différentes. C'est sur l'étude de ces magnifiques matériaux qu'est basée sa belle monographie.

Comme nous l'avons dit, le cerveau est un des organes les plus curieux des dinocerata : il est plus petit que dans aucun autre mammifère connu. Il n'est même pas plus gros que l'ensemble de toute la colonne vertébrale. Au surplus, l'évolution du cerveau, pendant les temps tertiaires, a obéi, d'après M. Marsh, aux lois suivantes :

1. Tous les mammifères tertiaires avaient de petits cerveaux.

2. Il y a eu accroissement graduel du cerveau pendant les temps tertiaires.

3. Cet accroissement portait surtout sur les hémisphères.

4. Dans quelques groupes, les circonvolutions cérébrales deviennent plus complexes.

Les vertèbres cervicales des dinocerata ressemblent à celles des proboscidiens, mais elles sont plus longues. Le cou entier était d'un tiers plus grand que celui de l'éléphant. Une trompe était donc inutile puisque la tête pouvait atteindre le sol. Les os des membres sont en général très solides, de même d'ailleurs que tout le squelette, à l'exception d'une partie du crâne. Les membres antérieurs ont une ressemblance générale avec ceux des proboscidiens. Les pattes de devant sont plus volumineuses que celles de derrière.

Si l'on compare le dinoceras à quelques-uns des plus grands mammifères ongulés d'aujourd'hui, on observe qu'il présente cer-

1. ALBERT GAUDRY. *Comptes rendus de l'Académie des sciences*, 19 octobre 1885.

taines ressemblances avec le rhinocéros et certaines autres avec
l'éléphant. Quant aux dimensions, il est intermédiaire entre les
deux. Par plusieurs autres points, il rappelle aussi l'hippopotame.
La petitesse remarquable du cerveau et la lourdeur des membres
indique un animal se mouvant lentement, peu adapté à se soustraire
aux changements de climat, et condamné par conséquent à périr à
la suite de ceux qui marquèrent la fin de la période éocène.

Les mammifères de l'époque tertiaire nous offrent des conditions particulièrement favorables pour étudier les questions relatives à l'évolution. Ces êtres, dont la peau est le plus souvent délicate, nue ou couverte seulement de poils, n'ont eu leur complet
développement que lors de l'extinction des énormes reptiles secondaires, auxquels une peau coriace et quelquefois cuirassée donnait
des avantages dans la lutte pour la vie: Pendant la plus grande
partie des temps tertiaires, les mammifères ont été très différents
des animaux actuels; ils étaient encore en pleine évolution.

Arrêtons-nous un instant sur les pachydermes qui ont eu pour
tombeaux les carrières à plâtre des environs de Paris. Montmartre
et Pantin furent leur dernier refuge. Chaque bloc qui sort de ces
carrières renferme quelque fragment d'un os de ces mammifères,
et combien de millions d'ossements ont été détruits avant que l'attention se fût portée sur cette étude !

Les pachydermes se partagent en deux groupes principaux :
ceux à doigts impairs, tels que les rhinocéros et les tapirs, et
ceux à doigts pairs, tels que les cochons et les hippopotames. De
nos jours, quel que soit celui de ces deux groupes auquel elles
appartiennent, les espèces de pachydermes sont pour la plupart
isolées les unes des autres et, sous ce rapport, elles forment un
contraste avec l'ordre des ruminants, dont plusieurs membres se
ressemblent tellement qu'il est impossible de tracer leurs limites
génériques. Assurément, les pachydermes modernes ont dû contribuer à faire repousser l'idée que les espèces différentes sont descendues les unes des autres; mais comme M. Gaudry l'a fait remarquer,
lorsque nous pénétrons dans les temps géologiques, nous voyons les
lacunes se combler : « Les espèces se montrent si rapprochées les
unes des autres qu'il est difficile d'échapper à la pensée que ces
ressemblances prouvent une parenté commune. »

Comme exemple de pachydermes actuels qui paraissent dérivés d'espèces tertiaires, on peut citer les rhinocéros. Ceux de ces animaux qui habitent l'Afrique sont assez différents de ceux qui vivent en Asie; par conséquent, il n'y a pas lieu de supposer qu'ils descendent directement des uns des autres. Il est au contraire naturel de penser qu'ils proviennent de leurs prédéces-

Fig. 363. — Le dinoceras Période éocène de l'Amérique du Nord.

seurs tertiaires, car ils s'en rapprochent extrèmement; les rhinocéros actuels d'Asie rappellent les rhinocéros Schleiermacheri de Pikermi, d'Eppelsheim et de Sansan; le rhinocéros bicorne d'Afrique a une étonnante ressemblance avec le rhinocéros pachygnathus de Pikermi.

Les rhinocéros ne remontent pas très loin dans les âges tertiaires; ils ont été précédés par les acérothériums, les paléothériums, les paloplothériums. Le tronc et les membres de ces animaux offrent de remarquables ressemblances. C'est sur l'examen du crâne et de la dentition que leurs distinctions génériques ont été basées;

leurs différences ne sont pas tellement tranchées qu'on ne puisse concevoir qu'ils sont descendus d'ancêtres communs.

Afin que nos lecteurs puissent juger par eux-mêmes de cette parenté, nous reproduisons plus loin (*fig.* 364 et 365), d'après M. Gaudry, les squelettes fossiles dont la comparaison établit une similitude véritablement révélatrice de leur descendance. Le premier est celui du paléothérium magnum de l'éocène supérieur; le second est celui du rhinocéros pachygnatus du miocène supérieur. Ainsi s'établit par une série d'observations différentes la doctrine moderne de la transformation des espèces.

Il faut bien avouer que la soudaine apparition des grands mammifères, paléothériums, anoplothériums, dans le terrain tertiaire, aux flancs de la colline de Montmartre, était faite pour causer aux géologues le même étonnement que l'apparition des pyramides d'Égypte, des grands temples de Palmyre, de Pœstum et de la Grèce dans le désert, à un esprit sans culture.

Le premier sentiment des peuples qui ont rencontré les temples, les pyramides, les dolmens, a été d'en attribuer la construction à des êtres imaginaires, génies, démons, fées, qui remplacent la puissance évanouie des civilisations antiques. De là le grand nombre de légendes, de superstitions, de poésies populaires qui s'attachent à chacune des ruines du désert.

En vain les découvertes nouvelles ont montré les divers degrés par où l'homme a passé, combien d'ébauches, de tâtonnements, de formes, de genres de vie, ont servi d'intermédiaires entre l'âge de pierre et l'âge de fer, par combien d'états antérieurs a été préparée chacune des stations humaines; combien les peuplades aryennes ont précédé de loin l'épanouissement du sanscrit et du zend; comment par delà chaque antiquité se révèle une antiquité plus lointaine, par delà chaque génération une autre génération, et combien de siècles de siècles pèsent déjà sur ceux que nous prenons pour les premiers-nés de la première journée du monde humain. En vain ces intermédiaires sont placés sous nos yeux, l'habitude de l'esprit l'emporte.

Ne nous étonnons pas si, à la première révélation des grands ossements des mammifères épars dans la période tertiaire, une stupeur semblable a envahi l'intelligence. Ici, l'esprit humain était mis véritablement au défi de dénouer l'énigme. Comment les plus sages, les plus savants, les plus méthodiques, ne se seraient-ils pas contentés de répondre d'abord : « Ceci dépasse les facultés humaines. Ne tentons pas l'impossible. Les grandes organisations dont nous venons de découvrir les ruines ont été dès l'origine ce qu'elles furent plus tard. Elles sortent toutes achevées de la main du Créateur. En demander davantage, c'est outrepasser les limites de notre entendement. Prenez garde au vertige : arrêtez-vous. Ne cherchez pas à voir Dieu face à face. »

Voilà, en d'autres termes, ce que répondait Cuvier, qui avait ouvert ces abîmes nouveaux à l'intelligence. Mais, comme le dit avec raison Edgard Quinet, il était impossible que la curiosité humaine, ainsi attirée et repoussée en même temps, se renfermât toujours dans une si grande prudence.

L'impossibilité de l'ancienne solution éclatait. Comment consentir à se représenter le chêne surgi tout à coup de sa hauteur centenaire? Comment, en un clin d'œil, aurait-il enfoui ses racines sous terre.

Comment le lion se serait-il élancé du néant sans avoir été lionceau?

Et l'homme, qu'il fallait se représenter adulte, vers l'âge de trente ans, sans mère, sans berceau, sans enfance, déjà plein de forces et même d'expérience! Car il en faut pour le moindre mouvement, pour la plus petite action, pour le plus simple usage des sens. Que ferait cet homme de trente ans, subitement apparu, qui ne saurait ni voir, ni toucher, ni entendre? Que lui serviraient ses bras vigoureux s'il ne savait pas saisir, ses yeux s'il ne savait pas regarder, juger la distance ; ses pieds, s'il ne savait pas marcher? Sa force même se tournerait contre lui.

La solution devait venir, comme nous l'avons vu, de divers points à la fois. Tout d'abord on aperçoit çà et là des enchaînements qui peuvent servir de fils conducteurs. A côté de leurs différences, les êtres qui se sont succédé dans les diverses époques ont souvent gardé des traits de ressemblance. Étant les derniers venus de la création, nous n'avons pas assisté à leur naissance ; d'Archiac disait : « Nous sommes comme les éphémères qui meurent au soir du jour qui les a vus naître, nous n'avons pas eu le temps de contempler les métamorphoses du monde organique ». Cependant lorsque nous étudions les débris enfouis dans les couches terrestres, les analogies que nous découvrons entre les animaux des temps présents et leurs prédécesseurs nous portent souvent à admettre leur parenté. Par exemple, on trouve à l'état fossile des hyènes, des civettes, des chats, des éléphants, des rhinocéros, des tapirs, des cochons, des cerfs, des gazelles, des dauphins, des rorquals, etc., qui se distinguent à peine des espèces actuelles, on est porté à supposer qu'ils en sont les ancêtres, attendu que leurs différences ne

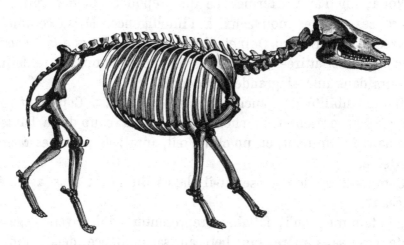

Fig. 364. — La transformation des espèces : squelette du paléothérium

dépassent guère celles des races issues d'une même origine ; dans les temps géologiques aussi bien que dans les temps actuels, les espèces se sont fractionnées en races, et il est impossible de dire où commence l'espèce, où s'arrête la race.

Ce ne sont pas seulement les espèces d'un même genre qui ont des indices de parenté. « Quand je remarque, écrit M. Gaudry, que le cheval a succédé à l'hipparion, l'éléphant au mastodonte, le rhinocéros au paléothérium, le tapir au lophiodon, la loutre au lutrictis, l'hyène à l'ictithérium, le chien à l'amphycion, le semnopithèque au mésopithèque, etc., je pense que ces genres ont eu des liens étroits, car la somme de leurs ressemblances l'emporte infiniment sur celles de leurs différences. Si je crois à la parenté d'animaux de genres distincts, je crois aussi à celle des animaux d'ordres distincts ; en effet, je vois des ruminants, des solipèdes remplacer des pachydermes qui s'en rapprochent tellement que *nul ne peut tracer la limite* des ordres des pachydermes, des solipèdes et des ruminants. Ainsi il me semble que les paléontologistes sont autorisés à dire qu'ils ont découvert de nombreux liens de parenté entre les animaux actuels et les mammifères qui les ont précédés dans les temps géologiques.

« A mesure que j'ai étendu mes observations, ajoute l'éminent naturaliste, je me suis confirmé dans la croyance que les êtres n'ont point paru isolément sur la Terre, sans liens les uns avec

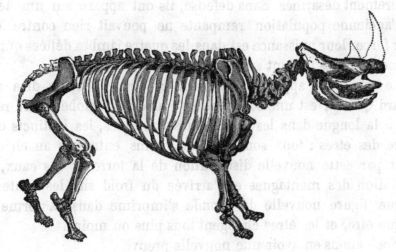

Fig. 365. — La transformation des espèces : squelette de rhinocéros.

les autres; j'ai pensé que, sous l'apparente diversité de la nature, domine un plan où l'Être infini a mis l'empreinte de son unité. Dès lors, l'idée de découvrir quelque chose de ce plan a dirigé mes recherches paléontologiques ».

Cette loi de la nature s'affirme de plus en plus, à mesure que nous avançons dans l'histoire de la Terre. A mesure que les milieux changent, les espèces vivantes changent en même temps.

Les nouveaux venus de la période éocène ne rampent plus, ils marchent, ils courent, ils bondissent, ils ne se tiennent plus attachés à la vase d'un marécage. Ils sont maîtres de la terre et semblent la connaître, car ils errent au loin en troupeaux.

Les uns grimpent sur les arbres et vont au bout des branches ronger les fruits que la flore tertiaire vient de mûrir pour eux;

d'autres s'élancent de rocs en rocs sur la cime des montagnes nouvellement émergées ; presque tous ont dépouillé l'armure écailleuse des reptiles. Ce sont les mammifères à peau épaisse garnie de poils. Aucune barrière ne les arrête ; quand un sol est épuisé, ils vont plus loin. C'est l'anoplothérium, le xiphodon, le paléothérium.

Il y en a déjà qui creusent la terre et qui la fouillent de leurs groins énormes ; d'autres déracinent les arbrisseaux de leurs longues dents d'ivoire. La plupart, comme l'anoplothérium, sont entièrement désarmés. Sans défense, ils ont apparu sur une terre, où l'ancienne population rampante ne pouvait rien contre eux. Leur force, leur puissance est dans les quatre jambes déliées qui, en un moment, les portent au bout de l'horizon.

Ce que nous appelons centre de création, peut-on dire avec Edgard Quinet, est une constitution nouvelle du globe qui se réfléchit à la longue dans les mœurs, les habitudes, les instincts et la figure des êtres : tous sont plus ou moins entraînés au changement par cette nouvelle distribution de la terre et des eaux, par l'élévation des montagnes et l'arrivée du froid sur les hauteurs ; chaque figure nouvelle du monde s'imprime dans la forme de chaque être, et les êtres changent tous plus ou moins.

Nous allons en avoir une nouvelle preuve.

La région du Jura et une notable partie des abords du plateau central de la France sont recouverts, en un grand nombre de points, par une formation très spéciale, à laquelle l'abondance du minerai de fer en grains a fait donner le nom de terrain sidérolithique. Ce terrain date de la seconde moitié de la période éocène (oligocène inférieur de M. A. de Lapparent). Les dépôts de phosphorite ou phosphate de chaux, si répandus dans le Quercy, constituent un ensemble analogue, à beaucoup d'égards, à la formation sidérolithique et paraissent, comme elle, appartenir, au moins en majeure partie, à l'oligocène inférieur. Ces dépôts renferment un nombre considérable de fossiles, surtout de mammifères.

Or ces phosphorites du Quercy ont fourni un genre particulièrement intéressant comme intermédiaire entre les marsupiaux et les placentaires ; c'est un carnivore que M. Filhol a signalé sous le

nom de cynohyœnodon ([1]). M. Gaudry l'a inscrit sous celui de proviverra ([2]).

M. Daubrée, qui a été l'un des premiers à attirer l'attention des
naturalistes sur les phosphorites du Quercy, a rapporté de ces curieuses formations un crâne remarquable qui a été spécialement
étudié par M. Gervais. « Le moule de la cavité crânienne, dit ce
naturaliste, montre que les hémisphères étaient pourvus de circonvolutions multiples, disposées longitudinalement, peut-être au
nombre de quatre, et dont les deux intermédiaires offriraient des
commencements de sinuosités; quant au cervelet, il était fort et
complètement à découvert ». Le nom de thylacomorphus, sous
lequel ce crâne a été inscrit, montre que dans l'opinion du savant
professeur du Muséum, il annoncait des affinités avec les marsupiaux.

On a trouvé aussi dans le tertiaire inférieur, un carnivore qui
appartient à un tout autre type que tous les précédents : ses
dents ne sont pas coupantes; elles indiquent le régime omnivore
des ours; cet animal est l'arctocyon ([3]) du grès de la Fère; il est le
plus ancien de tous les mammifères connus jusqu'à présent dans
les terrains tertiaires. D'habiles paléontologistes l'ont cru voisin
des ratons et l'ont rangé parmi les placentaires; mais M. Gervais
a récemment reconnu qu'il se rapprochait des marsupiaux par la
forme de son cerveau et par la grandeur des trous palatins.

En présence de ces remarques, on peut se demander si les
placentaires ne sont pas les descendants des marsupiaux. « Cette
interrogation doit paraître bien naturelle aux embryogénistes, dit
à ce propos M. Gaudry, car pour concevoir le passage d'un marsupial à un placentaire, il suffit de supposer que l'allantoïde s'est
agrandie. Quand je réfléchis que le ptérodon, l'hyœnodon, la paléo-
nictis, la proviverra, l'arctocyon ont vécu à l'époque où les marsupiaux étaient sur le point de disparaître de nos pays pour faire
place au règne des placentaires, quand d'autre part je considère
que ces carnassiers ont à la fois des caractères de marsupiaux et
de placentaires, je suis porté à croire qu'ils sont les descendants

---

1. Animal qui tient à la fois des chiens ou des cynodons et des hyœnodons : χυων,
chien; υαινα, hyène; οδων, dent. — 2. Étymologie : Pro, devant; viverra, civette. —
3. Étymologie : αρχτος, ours; χυων, chien.

des marsupiaux des temps secondaires, chez lesquels auraient persisté certains caractères des parents. »

Des réminiscences de l'état marsupial se retrouvent même chez des animaux qui ont les apparences de vrais placentaires, ainsi l'amphicyon, qui appartient à la famille des chiens, a le même nombre d'arrière-molaires supérieures que les marsupiaux, et son humérus ressemble plus à celui de ces animaux qu'à celui des chiens. Le cynodon est voisin des chiens et des civettes.

Il semble donc naturel de conclure que les êtres actuels sont une dérivation des êtres des temps passés. L'histoire d'une époque a en partie sa raison d'être dans l'histoire de l'époque qui l'a précédée.

La période éocène a vu la naissance des lémuriens ou prosimiens, de ces êtres que les naturalistes classaient encore naguère parmi les singes, mais qui ne méritent pas ce titre et semblent plutôt intermédiaires entre les chéiroptères et les singes. On se rendra compte des différences qui séparent les lémuriens des singes si l'on remarque qu'aux premiers appartiennent les makis, les loris, les galagos, les tarsiers, les galéopithèques, tandis qu'aux seconds appartiennent les sajous, les cynocéphales, les macaques, les cercopithèques, les semnopithèques, les gibbons, les orangs-outangs, les chimpanzés et les gorilles. La distinction est grande, comme on le voit, les quadrumanes comprennent donc deux groupes bien séparés : celui des lémuriens et celui des singes.

La première mention d'un lémurien fossile a été due à Rütimeyer. En 1862, parmi les fossiles éocènes recueillis dans le sidérolithique d'Egerkingen, près de Soleure, le savant professeur de Bâle rencontra un morceau de mâchoire pourvu seulement de trois molaires, dans lequel il sut découvrir un lémurien ; il le désigna sous le nom de cœnopithecus ([1]).

En 1873, Delfortrie a signalé dans les phosphorites du Lot une tête presque entière d'un lémurien primitif auquel il a donné le nom de palœolemur.

Plus récemment, M. Filhol a trouvé dans ces mêmes terrains la tête d'une seconde espèce du même genre, qui se distingue par sa

---

1. *Étymologie* : καινος, récent ; πίθηκος, singe.

dimension plus grande et surtout par son allongement. Le même
naturaliste a fait connaître un bien plus petit lémurien qu'il a
appelé necrolémur.

« En examinant les espèces découvertes dans les phosphorites, écrit
M. Gaudry, je me suis demandé si les lémuriens n'auraient pas eu une
communauté d'origine avec plusieurs des pachydermes éocènes. Une telle
question doit paraître plus naturelle aujourd'hui que MM. Alphonse

Fig. 366. — Le galéopithèque, lémurien de la période éocène.

Milne-Edwards et Grandidier, dans leur grand ouvrage sur les mammifères de Madagascar, ont prouvé combien les lémuriens ont d'analogie
avec les ongulés. Pour montrer que plusieurs des anciens lémuriens ont
eu des caractères entre ceux des lémuriens actuels et ceux des pachydermes éocènes, il suffit de mentionner les circonstances de leur découverte. Quand M. Delfortrie eut achevé d'étudier le crâne du petit lémurien du Lot, il voulut bien me l'envoyer en communication; en même
temps il m'adressa plusieurs échantillons qui avaient été trouvés dans les
phosphorites. Parmi ces échantillons, il y avait une mandibule, qui me
rappela une pièce du gypse de Paris dont la détermination m'avait autre-

fois beaucoup préoccupé, j'avais reconnu qu'elle ressemblait à une mandibule décrite par M. Gervais sous le nom d'aphélothérium, mais il était
bien difficile d'aller plus loin et de dire à quel groupe l'aphélotherium
devait être rapporté. La comparaison des mandibules de ce genre avec les
pièces découvertes par M. Delfortrie et les mâchoires des lémuriens
vivants, m'apprit que les échantillons du savant naturaliste de Bordeaux
et les mâchoires d'aphélothérium provenaient sans doute d'une même
espèce de lémuriens. Je me souvins en même temps qu'il y avait dans
l'éocène supérieure un fossile dont la détermination n'était pas moins
embarrassante que celle de l'aphélothérium : ce fossile, c'est l'adapis
parisiensis ; il me vint à la pensée que l'adapis était également du même
genre que le lémurien des phosphorites. Je suis encouragé à croire que
cette opinion est vraisemblable, parce qu'elle a été adoptée par MM. Gervais et Filhol. Si elle est fondée, elle fournit la preuve qu'autrefois les
lémuriens ont été moins éloignés des pachydermes qu'ils ne le sont
aujourd'hui, car Cuvier a rangé l'adapis parmi les pachydermes. M. Gervais a provisoirement classé aussi l'aphélothérium près des pachydermes ;
on ne concevrait pas que des naturalistes, d'une première habileté,
eussent fait ces rapprochements, si les lémuriens n'avaient pas eu anciennement des traits de ressemblance avec les pachydermes.

Ainsi, malgré la pauvreté des découvertes, on saisit déjà la
parenté qui a dû faire descendre les lémuriens des pachydermes.
M. Gaudry est aussi d'opinion, après l'examen des mâchoires
trouvées, que, comme les lémuriens, les singes peuvent aussi
descendre des pachydermes.

Comme on le voit, suivant la progression organique observée
depuis le commencement du monde terrestre, les lémuriens
sont arrivés en leur temps, pendant la période éocène, et nous
verrons les véritables singes apparaître pendant la période suivante.
Notre figure 366 représente l'un de ces lémuriens ou prosimiens,
l'un des plus curieux assurément, le galéopithèque ([1]), encore voisin
des chéiroptères. Le caractère physiologique le plus remarquable de
ces êtres indécis, c'est la membrane en forme d'aile qui fonctionne
comme parachute et leur permet, non de voler comme les chauves-
souris (autres *mammifères* voisins), mais de se soutenir dans les
airs. Il est peut-être regrettable que l'humanité ne descende pas
des galéopithèques. Avec le progrès des fonctions et des organes,
elle serait sans doute parvenue à voler.

1. *Étymologie :* γαλη, chat ; πιθηξ, singe.

La fin des temps éocènes, désignée sous la qualification de période oligocène, a vu à ses débuts le principal soulèvement des Pyrénées et, à son déclin, celui des Alpes principales. La configuration géographique se modifie. Déjà nous avons remarqué qu'une invasion marine venant du Nord s'est fait sentir, en France, jusque dans le Gâtinais, dans la vallée du Rhin jusqu'à Bâle, tandis que, dans les régions méridionales, le domaine maritime semblait plutôt reculer vers le Sud. Sous l'influence de cette mer septentrionale, le climat européen devient plus tempéré et moins extrême.

Après cette première phase, la mer se retire vers le Nord, et toute l'Europe, ou à peu près, devient terre ferme. C'est une époque de grands lacs, aussi bien dans la Beauce et la Limagne qu'à Manosque, en Provence, près de Narbonne, en Languedoc, en Savoie, en Suisse, enfin en divers points de l'Allemagne, de l'Autriche, de l'Italie et de la Grèce. En même temps, l'Allemagne du nord voit prédominer les lagunes tourbeuses, favorables à la production des lignites. L'extension des lacs et l'abondance des dépôts d'eau douce, ainsi que l'opulence des formes végétales, attestent l'humidité croissante du sol, jointe à une chaleur égale et modérée. Les arbres à saisons prennent visiblement leur essor dans cette seconde phase, sans toutefois exclure les palmiers, qui prospèrent encore au delà du 50e parallèle, c'est-à-dire au nord de Paris, ni les camphriers, dont la limite boréale dépasse le 55e degré. La période se termine par un mouvement qui provoque l'assèchement des grands lacs et fait naître sur le sol un régime fluvial, bientôt accentué par l'invasion de la mer mollassique.

C'est probablement à l'éocène qu'il convient d'attribuer les gisements de lignites avec plantes fossiles, découverts au Groënland, par 70° de latitude nord, ainsi que dans le Canada septentrional, l'Islande et le Spitzberg. Ces gisements contiennent, d'après Heer, 9 grandes fougères, 31 conifères, 11 monocotylédones et 93 dicotylédones, noyers, platanes, hêtres, chênes, érables, peupliers, etc.

Le refroidissement du globe ayant commencé par les pôles, il est assez logique de considérer cette flore, malgré ses espèces miocènes, qui d'ailleurs ne forment pas plus du quart de l'ensemble, comme antérieure à la flore miocène européenne, c'est-à-dire à la migration vers le Sud des plantes qui devaient caractériser cette

dernière. Le point le plus septentrional où l'ensemble végétal qui
nous occupe ait été observé est la terre de Grinnel, située vers
le 82° parallèle. Sur ce point, le sapin argenté et le cyprès chauve
croissaient à côté du peuplier et du bouleau, auprès des lacs couverts de nénuphars, nymphœa arctica ; c'est-à-dire que le climat
de l'époque, à quelques pas du pôle, était celui des Vosges actuelles.
Mais les magnolias y faisaient défaut, tandis qu'ils existaient alors
au Groënland, par 70° de latitude. La moyenne annuelle du Groënland septentrional devait être de + 12° centigrades, c'est-à-dire celle
de la Californie, tandis qu'à 80° de latitude, régnait au Spitzberg
une moyenne de + 8° à + 9°. En outre M. de Saporta a fait remarquer
que la flore du Groënland offre un parallélisme remarquable avec
celle de l'éocène inférieur parisien. Aussi est-il d'avis que les diverses
flores arctiques ont précédé les nôtres et ont émigré en Europe et
en Amérique, tandis que les palmiers, qui se sont montrés pour la
première fois en Europe à l'époque crétacée, n'ont jamais pénétré
dans l'intérieur du cercle polaire (¹).

Quoique nous soyons entrés dans l'ère moderne de l'histoire de
la Terre et que l'époque tertiaire soit récente relativement à l'antiquité secondaire, cependant les changements géographiques arrivés
depuis cette époque sont loin d'être insignifiants. Le géologue
Charles Lyell a construit une carte fort intéressante et dont nous
donnons ici un extrait (fig. 367), destinée à représenter l'étendue
de la surface qui, en Europe, a été couverte par la mer depuis le
commencement de la période éocène. Dans cette carte, les parties
ombrées comprennent, outre la mer actuelle, tout l'espace dont la
submersion est manifeste par les dépôts qu'on y retrouve. Cet espace
ombré, il est vrai, n'a jamais pu être complètement immergé *en
même temps*, mais ses diverses parties l'ont été successivement,
ou sont passées *plusieurs fois* et alternativement de l'état de terre
sèche à celui de mer, suivant les oscillations du sol. Les places
laissées en blanc représentent des surfaces actuellement sèches et
qui l'ont toujours été (sauf leur occupation par des lacs d'eau douce)
depuis la première partie de la période éocène.

On voit sur cette carte que, depuis cette époque, la mer est re-

---

1. A. de LAPPARENT. *Traité de Géologie.*

venue à Paris, à Londres, à Bruxelles, à Berlin, à Vienne, etc. On
voit aussi un bras de mer aller de Bordeaux à Montpellier, à Lyon,

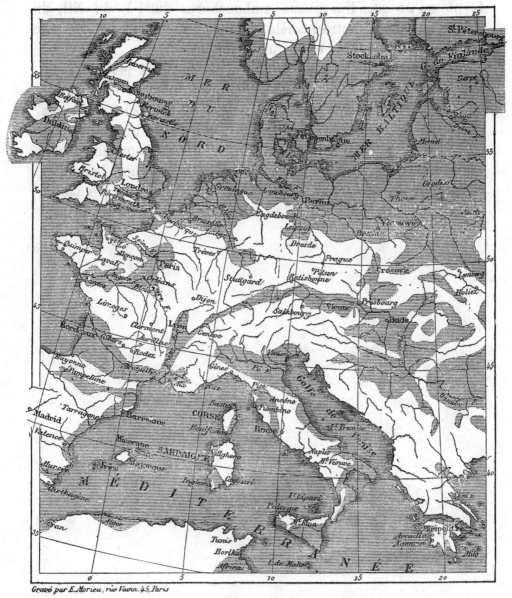

Fig. 367. — Carte montrant l'étendue de la surface qui a été couverte par la mer
depuis le commencement de la période éocène.

à Genève et jusqu'en Autriche. Nous avons vu plus haut, au chapitre des transformations actuelles du sol, que ces oscillations de
la surface terrestre se continuent de nos jours et que la mer gagne

de nouveau à l'ouest et au nord de la France, en Belgique, en Hollande, au sud de la Suède, etc., tandis qu'elle se retire au nord de la presqu'île scandinave aux embouchures du Pô, du Nil, du Rhône, etc. Ainsi notre planète se transforme d'âge en âge, elle aussi, comme tous les êtres qui l'habitent.

Pour compléter la physionomie générale de la période, ajoutons, comme déjà nous l'avons remarqué, que c'est vers les derniers temps de l'éocène que les Pyrénées ont acquis leur principal relief dans le soulèvement qui a porté les assises nummulitiques à 3 352 mètres de hauteur. Les Apennins sont de la même époque, c'est-à-dire de la fin de l'éocène, des temps oligocènes. Les Alpes, au contraire, n'ont atteint leur plus grande hauteur que pendant la période miocène, dont l'étude va faire l'objet du chapitre suivant.

CHAPITRE II

LA PÉRIODE MIOCÈNE

La période miocène, l'ère moyenne de l'âge tertiaire, succède aux temps dont nous venons d'esquisser l'histoire, en continuant de faire avancer le monde organique et le monde inorganique vers l'état dans lequel nous les voyons aujourd'hui. C'est pendant cette période nouvelle que la géographie a pris à peu près sa forme actuelle, que les Alpes, s'exhaussant jusqu'à la hauteur des neiges éternelles, comme les Pyrénées l'avaient fait à la période précédente, marquent l'Europe occidentale de son relief définitif et qu'au centre même de la France les éruptions de basalte jaillissant de l'antique plateau granitique central, préparent les volcans d'Auvergne qui vont jeter leurs flammes au milieu de nos contrées. — Cette période produit aussi les mammifères supérieurs, les singes. Progrès immense !

Dans le Cantal, les éruptions volcaniques élèvent au-dessus du massif granitique primitif, déjà porté à huit et neuf cents mètres d'altitude, des montagnes qui, de nos jours encore, malgré les érosions considérables dont le temps les a dénudées, atteignent dix-huit et dix-neuf cent mètres. Les dinothériums et les hipparions ont été témoins de ces éruptions et ont laissé leurs restes dans les graviers qui recouvrent ces basaltes éruptifs. La sortie du basalte miocène a été suivie, après une période de repos, pendant laquelle le relief de la contrée s'est modifié par érosion, d'épanchements visqueux de nature domitique, exploités aujourd'hui comme pierre à bâtir. Ensuite un cratère s'est ouvert entre les lacs de Murat et d'Aurillac. Une énorme brèche s'est formée, à laquelle ont succédé d'épaisses coulées de basaltes porphyroïdes qui ont brûlé les forêts développées sur les flancs de la montagne. Puis un cratère s'ouvrit et rejeta jusqu'à vingt et trente kilomètres de distance une pluie de cendres qui, ensevelissant la végétation du voisinage, donna naissance aux cinérites du Cantal. Ces mouvements volcaniques ont duré jusqu'à la période pliocène, pendant laquelle se sont ouverts à leur tour les volcans du Mont-Dore et des Puys.

Pour la première fois, la terre semble véritablement sortie des eaux. Ce ne sont plus ces linéaments qui sillonnaient çà et là les étendues maritimes; ce sont maintenant des masses émergées qui offrent une large base au développement de la vie terrestre. Les Alpes ne sont encore, il est vrai, que des collines. Pourtant onze piliers ont surgi des eaux, premier soubassement, ou plutôt colonne vertébrale de l'Europe centrale, car ces îles alpines s'unissent entre elles et marquent le dessin des terres inférieures.

Entre le Jura déjà parvenu à moitié de sa hauteur, et les Alpes naissantes, la mer persiste dans un golfe étroit; elle bat de ses flots leur double rivage; elle accumule à leurs pieds de nouvelles coquilles et de nouveaux siècles; mais elle ne pourra effacer les deux lignes si fièrement tracées des Alpes et du Jura.

Longtemps incertaine de son domaine, la Méditerranée s'avance et se retire par la vallée du Rhône, la Suisse, la Bavière jusqu'à la mer Pannonienne. La mer des Indes communique avec la Méditerranée par-dessus l'Égypte d'Isis encore submergée. Mais, quoiqu'elles fassent, il y a de vastes espaces que ces mers ne peuvent reprendre : il faut qu'elles s'accoutument à leur lit actuel.

On devine la Grèce, qui n'est point séparée de l'Asie Mineure. Voici un long segment échancré, mutilé, l'épine dorsale de l'Italie, où les places de Rome et de Florence manquent encore. L'Afrique s'unit à l'Europe par l'isthme émergé de Tunis à Gênes et par celui de Gibraltar. Au nord, la terre ferme s'étend de l'Oural à l'Angleterre, et elle se prolonge par continents et archipels (Atlantide?) jusqu'aux rivages des deux Amériques.

La période miocène a vu s'accomplir, dans la géographie de l'Europe, des changements notables. Dès le début, les grands lacs

LES VOLCANS FRANÇAIS PENDANT LA PÉRIODE MIOCÈNE

qui existaient à la fin de la période éocène perdent leurs eaux, sans doute par suite d'un mouvement du sol en relation avec les prémisses du soulèvement alpin. Les vallées fluviales se dessinent et, sur le sol français, des graviers de transport se substituent aux dépôts lacustres de la Beauce. Bientôt le relief s'accentue davantage et la mer de la mollasse ou mer helvétienne envahit une notable partie de l'Europe occidentale. Cette mer pénètre en France, par la vallée de la Loire, jusqu'aux portes de Blois, et l'un de ses bras va rejoindre la Manche par l'Ille-et-Vilaine, isolant l'Armorique devenue île. La mer se répand dans la vallée du Rhône, couvre une partie de la Suisse et de l'Autriche, longeant ce qui forme aujourd'hui le pied des Alpes, se répand sur l'Asie Mineure orientale jusqu'à l'Euphrate et au lac Ourmiah. Par cette mer, l'Europe est découpée en une sorte d'archipel indien, où les conditions deviennent éminemment propres à l'épanouissement du monde végétal. Aussi ce dernier, dans son ensemble, ne s'est-il jamais montré plus opulent. L'hiver est encore particulièrement doux, ne suspendant jamais d'une manière complète l'activité de la végétation, et, quand la période s'achève, le camphrier garde encore le privilège de fleurir, dès le mois de mars, sur les bords du lac de Constance, comme il le fait de nos jours à Madère. Pour retrouver les associations végétales de la période miocène, il faudrait aujourd'hui descendre de 25 à 30 degrés vers le Sud. S'il y avait déjà une différence manifeste entre la végétation des terres voisines du pôle et celle de nos régions, du moins les glaces ne faisaient pas sentir leur influence et l'Islande était couverte de riches forêts. En même temps, les manifestations volcaniques se multipliaient et l'Auvergne, la vallée du Rhin, la Hongrie, le versant occidental des Montagnes-Rocheuses et bien d'autres pays encore devenaient le théâtre de prodigieux épanchements de roches éruptives. — Les volcans d'Italie, le Vésuve, les champs phlégréens, l'Etna, en Sicile, sont de l'âge quaternaire. — Enfin l'écorce terrestre était partout en mouvement et ses efforts pour conquérir une situation d'équilibre finirent par dresser au milieu des airs les hautes chaînes des Alpes, des Cordillères et de l'Himalaya ([1]).

1. A. DE LAPPARENT, *Traité de Géologie.*

Nous avons vu plus haut que pendant l'époque éocène l'Europe offrait déjà un continent d'une vaste étendue et parcouru par de nombreux bras de mer. Une distribution à peu près semblable régnait aussi durant la période mólassique. Une île immense qui comprenait tout le territoire alpin actuel, s'était agrandie. A l'Ouest, cette île s'étendait jusqu'au sud de la France et elle était en connexion directe par le Piémont avec la presqu'île italienne. A l'Est, elle comprenait tout le pays qui s'étend jusqu'au 35° degré de longitude, et se prolongeait vers le Sud par la Dalmatie jusqu'en Grèce. Au Nord elle était bornée par la mer qui formait là une grande baie, couvrait les plaines de la Hongrie et traversait toute l'Europe centrale par un bras relativement étroit. A l'Est, nous voyons la mer hongroise en communication avec le Grand Océan ; elle s'étendait sur la Russie méridionale ; la mer Noire, la mer Caspienne et la mer d'Aral n'en sont que de faibles restes. Cet océan couvrait probablement l'est de l'Oural et se répandait sur les vastes plaines de la Sibérie, séparant l'Europe de l'Asie par sa réunion avec la mer polaire.

D'autre part, la mer miocène s'étendait sur l'Arménie et l'Asie Mineure orientale, et se trouvait en communication avec la Méditerranée, ainsi que le prouvent les nombreux fossiles communs à tous ces pays. En revanche, le détroit des Dardanelles était fermé, et la mer Égée n'existait pas. La Grèce formait un continent qui se prolongeait jusqu'en Asie Mineure : les îles de l'archipel égéen sont les montagnes d'un pays qui s'est enfoncé plus tard. Si nous tournons nos regards du côté du Sud, nous verrons que la Méditerranée se réunissait à l'Océan Indien en couvrant l'Égypte ; elle s'étendait sur la Mésopotamie où elle était probablement en communication avec l'océan aralo-pontique. La mer mollassique ne couvrait pas la ligne même des Alpes, comme la mer nummulitique, mais roulait ses flots tout autour de ce relief qui s'accentuait.

La flore et la faune du Maroc et de l'Algérie ayant par leurs traits fondamentaux et par une certaine communauté des espèces, une grande analogie avec celles des côtes européennes, on a pensé depuis longtemps que ces pays étaient autrefois reliés les uns aux autres par des isthmes tels que ceux qui existaient à Gibraltar et probablement aussi entre la Corse et la Sardaigne ; en effet, ces pays touchaient d'une part aux côtes méditerranéennes et d'autre part à l'Afrique.

Cette hypothèse serait confirmée par les restes d'os que l'on a découverts récemment en Sicile et qui nous apprennent que l'éléphant
africain, l'hippopotame et la hyène tachetée vivaient en Sicile, et
que par conséquent ce pays avait sans doute été en communication
avec l'Afrique avant la formation actuelle.

L'emplacement actuel de la mer Baltique devait vraisemblablement être à sec et en communication avec la Scandinavie primi-

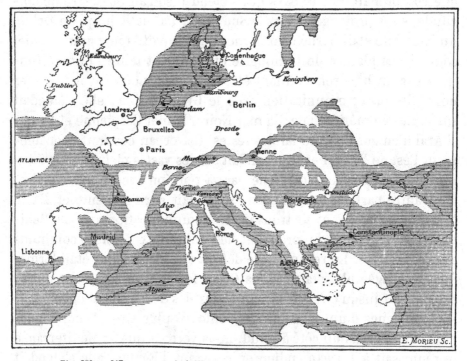

Fig. 370. — L'Europe centrale à l'époque de la mer mollassique (miocène moyen).

tive; cette mer est la patrie du succin, ou ambre jaune, qui n'est
autre chose que le produit des conifères de l'époque tertiaire.

Le Danemark, la Hollande et le nord de la Belgique étaient
immergés et la mer s'avançait jusqu'à Cologne; d'autre part, la formation géologique des côtes de Bretagne et d'Angleterre, et la
nature du sol anglais nous autorisent à croire que ces deux pays
communiquaient directement. Il est vraisemblable aussi que les îles
Britanniques ne représentent, comme déjà nous l'avons remarqué,
qu'une faible partie d'un grand continent qui, traversant l'Océan
Atlantique, aurait rejoint l'Amérique.

C'est l'exhaussement du relief des Alpes, opéré après la mer

Fig. 371. — Paysage de la période miocène à La sanne, d'après Oswald Heer.

mollassique, qui a donné à l'Europe son relief, et par là sa configuration géographique. Quelques centaines de mètres de différence

(souvent quelques dizaines) suffisent pour mettre la mer à la place
de la terre et réciproquement. Les terrains que nous avons vu se
former graduellement sur nos cartes géologiques ont subi plusieurs
fois depuis leur formation des mouvements d'abaissement et
d'exhaussement qui tour à tour les ont immergés et émergés.
L'état qui vient d'être décrit pour le milieu de la période miocène
nous donne une carte (*fig.* 370) bien différente assurément de la
carte actuelle, et pourtant cette configuration géographique a précédé immédiatement la nôtre avant l'exhaussement des Alpes.
A mesure qu'elles se sont élevées, celles-ci ont progressivement
repoussé la mer dans ses limites actuelles. A l'ouest, le continent
atlantique qui, selon toute probabilité, occupait une partie de
l'Océan Atlantique est descendu sous les flots et l'Océan est venu
rejoindre la mer du Nord en ouvrant le détroit de la Manche.

Comme nous l'avons vu (p. 652), le système miocène peut être
subdivisé en trois étages : l'inférieur ou langhien correspond à la
période d'émersion, avec régime fluvial, qui a précédé l'invasion
de la mer mollassique. L'étage moyen ou helvétien comprend les
couches marines des faluns de la Touraine et de la mollasse suisse.
Enfin dans l'étage supérieur ou tortonien viennent se ranger les
couches contemporaines des argiles de Tortone, en Italie, et notamment la plupart des dépôts du bassin de Vienne et de la Galicie.

Au début du miocène, une grande mer est arrivée sur Paris
par le nord-est et est venue occuper le bassin de Paris, où ses
dépôts sableux ont donné lieu aux *sables de Fontainebleau ;* cette
mer, contournant la Normandie, entame à peine l'Angleterre dans
le sud ; au nord-est elle couvre encore une bonne partie de la
Belgique, puis bientôt cette mer se retire à son tour, et sur son
emplacement s'établit un grand lac, très étendu dans le sud, où
se dépose le calcaire de Beauce.

Les sables de Fontainebleau sont extrêmement curieux à
visiter sur le sommet de ces collines. On croirait que la mer est
retirée d'hier. Leur étage est situé entre deux formations d'eau
douce, le calcaire de Brie au-dessous, le calcaire de Beauce au-
dessus.

Ensuite, pendant le miocène moyen, les eaux douces ont déposé les sables de l'Orléanais, au milieu desquels ont été conservés

sous la forêt d'Orléans actuelle, les dinothériums et les mastodontes. Plus tard la mer est revenue à l'ouest de Paris et a donné naissance aux faluns de la Touraine, de l'Anjou, du Maine, de la Bretagne, du Cotentin et du Bordelais. Ces faluns sont des dépôts marins composés de coquilles brisées, de polypiers, de bryozoaires mélangés d'une certaine quantité de sable siliceux plus ou moins grossier. A cette époque, la mer a également laissé les mêmes dépôts dans le golfe de l'Aquitaine, dans le Bordelais et dans la vallée du Rhône. En Provence et en Dauphiné, elle a déposé des calcaires.

C'est à cette même époque que la mer a envahi la Suisse presque entière, au-dessus des Alpes non encore élevées (petites îles). Le nom de « mollasse » a été donné aux terrains — ce sont principalement des grès — qui ont été formés au fond de la mer helvétienne (miocène moyen). On peut presque dire que le terme « miocène moyen » a la même signification que celui de « mollasse. »

Les dépôts de cette époque sont très considérables et s'élèvent maintenant sur le bord des Alpes en montagnes assez hautes, entre autres la Speer (2 000 mètres) et le Rigi (1 800 mètres) au-dessus de la mer. Vers le nord, le terrain mollassique est moins élevé ; on peut en conclure que l'eau trouva son écoulement dans cette direction en formant des fleuves et des ruisseaux qui se sont fait jour par de larges et profondes vallées. Les roches qui se déposèrent pendant cette époque sont des grès, de la marne, du nagelfluh et du calcaire. (Le nagelfluh consiste en cailloux roulés de toutes les grosseurs qui sont cimentés ou réunis les uns aux autres par une marne arénacée ou par du grès.)

Tandis que le calcaire joue un rôle important dans les dépôts jurassiques et crétacés, il n'occupe qu'un rang médiocre dans les sédiments mollassiques. Les conditions qui ont présidé à la formation des puissantes masses calcaires font défaut dans cette nouvelle période ; nous ne retrouvons plus ces myriades de petits ouvriers marins qui travaillaient sans relâche à la construction de l'écorce terrestre. — On rencontre fréquemment du lignite dans les gisements mollassiques.

Le retrait de la mer mollassique a été marqué, au sud-est de la France, par le plus grand événement géologique dont cette contrée ait jamais été le théâtre : la constitution définitive du puissant massif montagneux des Alpes date, en effet, de cette époque. Ces hautes montagnes ont acquis leur principal relief, à la suite de mouvements postérieurs au dépôt de la mollasse, qui se trouve violemment refoulée sur ses bords. Pendant le miocène supérieur, l'Europe septentrionale s'exhausse graduellement.

En étudiant une localité spéciale particulièrement riche en fossiles végétaux et animaux caractéristiques de cette période, la localité d'Œningen, située en Suisse, près du lac de Constance, Oswald Heer a, depuis longtemps déjà, merveilleusement reconstitué toute la vie de ces siècles antiques.

Le savant naturaliste suisse a ressuscité la flore tertiaire de nos contrées dans ses espèces végétales essentielles. Il a retrouvé notamment des sequoias, des cyprès, des graminées (entre autres du riz et du millet), des roseaux, la plupart de nos herbes et de nos buissons actuels, huit espèces différentes de peupliers, une espèce de tremble, des charmes, des noisetiers, des chênes, des ormes, dix-sept espèces de figuiers, vingt-cinq de lauriers, des camphriers, des banksia aux fruits en amande, des frênes, des lianes, des renoncules, des clématites, de la *vigne*, des magnolias, des myrtes, des tilleuls, des acacias, des mimosas, des érables, des houx, des noyers, des cerisiers, des pruniers et des amandiers. Mais on n'a encore retrouvé ni pommiers ni poiriers.

Comme plantes caractéristiques de cette époque, nous avons reproduit plus haut (*fig.* 371), d'après le laborieux naturaliste suisse, le paysage remarquable qui représente l'aspect du site de Lausanne à l'époque miocène. On y voit, réunis ensemble, des palmiers, des acacias, des chênes, des charmes, des noyers, des pins, des houx. Des rhinocéros, des tapirs, des crocodiles, sont attirés par la fraîcheur de l'eau. Le climat des vallées de la Suisse et de la France centrale devait être alors celui de la Louisiane ou du nord de l'Afrique : 20° à 21° comme moyenne, pendant le miocène inférieur, et celui de Madère, Malaga, Sicile (18° à 190°) pendant le miocène supérieur. Le mélange des plantes tropicales avec les tempérées indique des hivers doux et des étés pas trop chauds : climats marins. Les végétaux retrouvés montrent qu'en même temps la température s'abaisse dans le nord. Au Spitzberg elle est déjà descendue à +8°

et il en est de même au Groënland, où l'on a retrouvé des magnolias, des sequoias, des peupliers, des châtaigniers, des chênes et même de la vigne. Aujourd'hui la température moyenne de ces contrées est de 7° à 8° *au-dessous* de zéro. Les arbres tempérés, sapins, chênes, peupliers, etc., descendent à cette époque du nord

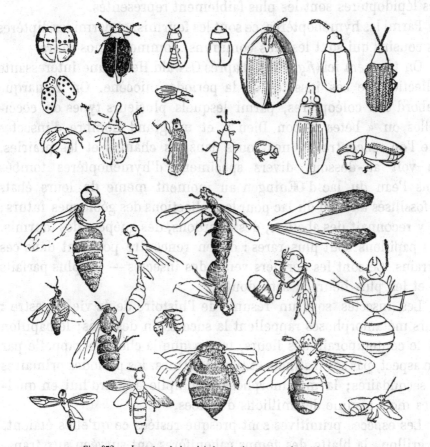

Fig. 372. — Insectes de la période miocène retrouvés à l'état fossile.

dans nos contrées, commençant par occuper les montagnes, dont la température est plus fraîche. Les palmiers ne se rencontrent plus que dans les plaines et les vallées. Climats et saisons s'établissent. Les insectes retrouvés donnent le même témoignage.

Dans les époques primitives, comme de nos jours, les insectes ont fourni le contingent principal du règne animal. Malgré leur petitesse et la fragilité de leur organisation, il nous est parvenu un si grand nombre d'espèces qu'il ne peut y avoir aucun doute à cet egard. Oswald Heer a réuni 876 espèces de fossiles de cette période. Ces insectes se divisent ainsi : 543 coléoptères, 20 orthoptères, 29 névroptères, 81 hyménoptères, 3 lépidoptères, 64 diptères et 136 hémiptères. Les plus nombreux sont donc les coléoptères; viennent ensuite les hémiptères, les névroptères et les diptères. Les lépidoptères sont les plus faiblement représentés.

Parmi les hyménoptères, ce sont les fourmis, et parmi les diptères les cousins qui sont les plus communs, comme de nos jours.

On trouvera ici (*fig.* 372), d'après Oswald Heer, une intéressante collection de ces insectes de la période miocène. On remarque d'abord des coléoptères, parmi lesquels plusieurs types de cocci- nelles ou « bêtes à bon Dieu » et un grand nombre d'insectes que l'on rencontre de nos jours dans les champs et les prairies. On voit au-dessous divers spécimens d'hyménoptères tombés dans l'eau du lac d'Œningen au moment même de leurs ébats et fossilisés au fond du lac pour les collections des géologues futurs; on y reconnaît des abeilles, des bourdons, des guêpes, des fourmis. Les papillons sont plus rares : on en rencontre pourtant dans ces terrains. Ce sont les derniers venus des insectes — les plus parfaits — et les plus heureux sans doute.

Les insectes sont un résumé de l'histoire de la vie terrestre : leurs métamorphoses rappellent la succession des âges; le papillon est le contemporain des fleurs, tandis que la chenille rappelle par son aspect, par ses instincts et par ses armes, les périodes primaires et secondaires; la métamorphose accomplie aujourd'hui en quel- ques mois résume des millions d'années.

Les espèces primitives sont presque restées ce qu'elles étaient. Le grillon, la blatte des temps cabonifères ont survécu aux trans- formations du globe en persistant dans leurs mœurs et leur régime : nous les retrouvons aujourd'hui blottis près des fours de boulan- gers ou des fourneaux des antiques cuisines, se chauffant comme au temps de la température houillère et dévorant la farine moderne comme autrefois la farine des cycadées et des équisétacées. Ils cherchent la chaleur et évitent la lumière, ne sachant pas, sans doute, que le monde a beaucoup changé depuis leurs forêts primitives.

Dans le murmure confus des insectes nous devons reconnaître l'écho des âges évanouis. Il n'y avait encore ni oiseaux, ni voix, ni chant, les élytres de la cigale, de la sauterelle, du grillon, les bourdonnements de ce vague murmure des champs et des bois à la fin d'une journée d'été, répandent dans l'air tiède des bruits confus qui ne sont pas encore des voix, mais qui pourtant nous parlent de ces temps primitifs. L'ombre du soir leur rappelle à tous l'époque crépusculaire qui leur a donné naissance.

Nos connaissances sur les insectes fossiles sont dues surtout aux recherches de M. Charles Brongniart, Grand'Eury, Fayol (paleontologie française), Oswald Heer (fouilles d'Œningen). Avant de quitter les fossiles d'Œningen, souvenons-nous que cette célèbre localité géologique, si riche en fossiles de tout ordre, insectes, poissons, reptiles, etc., avait déjà, au siècle dernier, frappé le monde des naturalistes par une découverte problématique assez bizarre.

C'est là, en effet, que l'on trouva, en 1725, ce fameux fossile qui bouleversa le monde savant — et l'autre — pendant plus d'un demi-siècle, et qu'un pieux naturaliste, Scheuchzer, crut reconnaître pour un homme fossile et qualifia du titre d'*homo diluvii testis*, « homme témoin du déluge ». C'était, en réalité, le squelette en mauvais état d'une énorme grenouille, ou pour mieux dire d'une salamandre, reptile dont la taille atteignait 1ᵐ26 de longueur.

La tête, la colonne vertebrale, les bras, les jambes, — pour les naturalistes de ce temps-là, — étaient ceux d'un squelette humain. Pendant assez longtemps, ce *préadamite* fit grand bruit ; mais, bien qu'on invoquât à l'appui de son existence la découverte, sur les côtes de la Guadeloupe, de véritables squelettes humains pétrifiés, on finit par reconnaître sa nature réelle, grâce à l'anatomie comparée. On constata que les fragments trouvés à Œningen avaient appartenu à une salamandre gigantesque, ce que ne tarda pas à confirmer la découverte, sur les bords du Rhin et au Japon, de squelettes complets de ces animaux antédiluviens. Et quant aux « hommes fossiles » de la Guadeloupe, il fut reconnu que la pétrification de ces squelettes avait été produite par de l'eau qui, s'infiltrant à travers la mince couche de terre d'un cimetière (établi depuis la conquête de l'Amérique par les Européens), avait enduit les ossements d'une sorte de tuf calcaire.

Scheuchzer en avait pourtant fait l'objet d'une dissertation spéciale. Cette dissertation était accompagnée de la figure sur bois

de l'**Homme témoin du déluge**. Scheuchzer revint sur ce sujet
dans un autre de ses ouvrages, *Physica sacra*. « Il est certain,
écrivait-il, que ce schiste contient une moitié, ou peu s'en faut, du
squelette d'un homme ; que la substance même des os, et, qui plus
est, des chairs et des parties encore plus molles que les **chairs**,

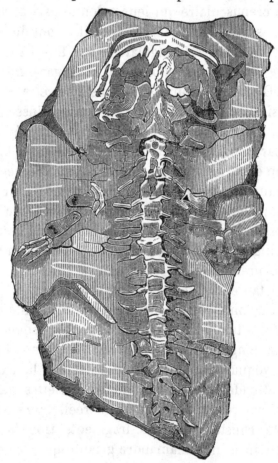

Fig. 373. — L'homme témoin du déluge, de Scheuchzer (1725).
Fossile de salamandre.

sont incorporées dans la pierre ; en un mot, que c'est une des reliques les plus rares que nous ayons de cette race maudite qui fut
ensevelie sous les eaux. La figure nous montre le contour de l'os
frontal, les orbites avec les ouvertures qui livrent passage aux gros
nerfs de la cinquième paire. On y voit des débris du cerveau, du
sphénoïde, de la racine du nez, un fragment notable de l'os maxillaire et des vestiges du foie ».

Et notre pieux auteur de s'écrier, en prenant cette fois la forme lyrique :

> D'un vieux damné déplorable charpente,
> Qu'à ton aspect le pécheur se repente !

Le lecteur a sous les yeux la figure du fossile du schiste d'Œningen (*fig.* 373). Il est évidemment impossible de trouver dans ce squelette ce que voulait y voir l'enthousiaste savant.

Prenez, disait Cuvier à ce propos, un squelette de salamandre et

Fig. 374. — Paysage de la période miocène en France.

placez-le à côté du fossile, sans vous laisser détourner par la différence de grandeur, comme vous le pouvez aisément en comparant un dessin de salamandre de grandeur naturelle avec le dessin du fossile réduit au sixième de sa dimension, et tout s'expliquera de la manière la plus claire. Je suis persuadé même, ajoutait-il, que si l'on pouvait disposer du fossile, et y chercher un peu plus de détails, on trouverait des preuves encore plus nombreuses dans les faces articulaires des vertèbres, dans celles de la mâchoire, dans les vestiges de très petites dents, et jusque dans les parties du labyrinthe de l'oreille.

Notre grand naturaliste eut la satisfaction de procéder lui-même à l'examen dont il avait parlé pour la confirmation de ses vues. Se trouvant à Harlem, il demanda au directeur du Musée de faire creuser la pierre qui contenait le prétendu homme fossile, afin d'y mettre à découvert les os qui pouvaient encore y rester cachés. L'opération se fit en présence du directeur du Musée et d'un autre naturaliste. Un vrai dessin du squelette de la salamandre avait été placé près du fossile par Cuvier. Il eut la satisfaction de reconnaître qu'à mesure que le ciseau creusait la pierre, les restes que ce dessin avait annoncés d'avance apparaissaient au jour.

Ainsi la salamandre d'Œningen, un instant métamorphosée en homme fossile, retomba dans l'oubli d'où elle avait été exhumée, et il en a été de même d'un grand nombre de découvertes apocryphes sur le même sujet. Les véritables restes d'hommes fossiles n'ont été reconnus qu'en notre siècle, comme nous le verrons plus loin.

C'est aussi pendant cette même période miocène que l'oiseau, non plus seulement l'oiseau-reptile, mais l'oiseau véritable, a pris définitivement possession de l'atmosphère et du monde aérien. Ce n'est plus seulement l'archéoptéryx qui voletait dans les bois de cycadées, sans s'éloigner de la lagune ni chercher des sommets qui manquaient encore. D'immenses contrées se déroulent, liées l'une à l'autre par des isthmes. Qui les visitera le premier, si ce n'est l'oiseau? Il a des yeux perçants pour découvrir les lointains, et ces lointains se prolongent, et la terre s'étend et les continents se développent à mesure qu'il avance. Il faut qu'il se donne, au lieu de cette aile engourdie de l'archéoptéryx, une aile infatigable.

Voilà la puissance du vol née de la forme nouvelle de la Terre. L'oiseau était emprisonné dans l'âge jurassique. Il ne pouvait déployer ni sa force, ni son instinct, aussi son aile n'était qu'un bras dont il s'aidait pour se soutenir plutôt que pour fendre l'air. Le monde tertiaire se déroule devant lui; il poursuit cet horizon qui fuit toujours; son instinct lui est révélé, il se confie à la vaste étendue. Un type nouveau éclate avec un univers nouveau. Qu'il y a loin de là au mollusque silurien, au reptile jurassique!

L'oiseau! poésie vivante! le vol absolument libre, l'aile et son essor aérien, la liberté au-dessus du monde, le chant, le nid, l'amour, l'œuf, le berceau! tout à la fois.

La nature vivante était restée muette jusqu'à la fin des temps primaires. Aux bruits des flots, des vagues, du vent dans le feuillage, de l'orage, de la foudre, des ouragans et des tempêtes, les mollusques, les poissons, les crustacés étaient restés sourds. Les insectes commencèrent à bourdonner, les cigales frappèrent leurs élytres, les grenouilles coassèrent, les premiers mammifères gémirent, les sauriens géants beuglèrent ou crièrent. Mais nul être n'avait encore chanté.

Voici l'oiseau, voici le ciel bleu, voici les fleurs. Décidément, la terre se forme. Bientôt l'humanité pourra naître à son tour.

Doux progrès, sois le bienvenu ! Tu nous parles mieux que toutes les évolutions antérieures, tu résumes en toi seul la loi générale de la création ; en t'appréciant, nous sommes plus instruits que par toute l'histoire de l'humanité même. Tu nous apprends, tu nous prouves que dans l'œuvre divine tout marche vers le beau, vers la lumière et vers l'harmonie. Inquiète préparation du nid, douces et mystérieuses sensations de la couveuse, naissance et éducation des petits : n'est-ce pas ici l'œuf de l'humanité elle-même ?... Hélas ! c'est peut-être même un symbole trop beau : l'humanité n'a pas d'ailes !

Pendant l'époque miocène, les oiseaux sont très nombreux. Dans les terrains fossiles du département de l'Allier, M. Alphonse Milne-Edwards n'a pas découvert moins de soixante-dix espèces d'oiseaux différentes, appartenant à des groupes très variés, notamment des pélicans, des grues, des marabouts, des flamants, des ibis, des hirondelles salanganes, des perroquets, des couroucous ces oiseaux indiquent un climat plus chaud que le nôtre ; le centre de la France devait ressembler au centre actuel de l'Afrique. La figure précédente reproduit, d'après M. Contejean, l'aspect probable de ces paysages.

Le progrès se développe dans toutes les branches du règne animal. Nous avons vu plus haut (p. 665) que *les mammifères pachydermes*, lophiodons, paléothériums, anoplothériums, *sont issus*, selon toute probabilité, *des marsupiaux*, au commencement de la période éocène. Les pachidermes, à leur tour paraissent avoir donné naissance aux *ruminants*, d'une part, aux *carnivores* d'autre part.

L'étude de la paléontologie nous montre, comme nous l'avons

vu, des espèces fossiles qui peuvent être les ancêtres des espèces des carnivores actuels; de plus elle commence à nous révéler des traits d'union entre des genres qui paraissent aujourd'hui très séparés les uns des autres. Tous les animaux que l'on réunit sous le nom de carnivores sont loin d'avoir le même régime : le lion est un mangeur de chair fraîche, l'hyène dévore les cadavres, certains ours sont aussi omnivores que les cochons. De là résultent des différences considérables dans la forme des dents; plus un animal est carnivore, plus ses dents sont coupantes et plus ses carnassières sont grandes; quand son genre de vie se rapproche des omnivores, ses dents tuberculeuses, qui servent à broyer, prennent de l'importance. Les membres des carnivores présentent aussi des différences considérables correspondant à celles de leur genre de vie; l'ours, qui court peu et grimpe aux arbres, ne peut avoir les mêmes membres que le chien, animal coureur; les pattes avec lesquelles le lion déchire ses victimes ne doivent pas être faites comme celles de l'hyène. Les nombreuses variations des carnivores ont permis de diviser ces animaux en six familles :

Ours,	Martes,
Chiens,	Hyènes,
Civettes,	Chats.

Les savantes études de M. Gaudry établissent que ces familles ont entre elles bien des liens d'affinité et de parenté. Ainsi malgré la séparation qui paraît exister entre le chien et l'ours, on connaît des carnivores fossiles qui rendent possible l'idée d'une parenté entre ces animaux. Tel est, par exemple, l'amphicyon ([1]); ce quadrupède, qui est un des fossiles les plus caractéristiques du milieu de l'époque tertiaire, appartient certainement, ainsi que son nom l'indique, au groupe des chiens; cela est si vrai que les paléontologistes sont quelquefois embarrassés pour distinguer les restes d'amphicyon d'avec ceux des chiens. Cependant l'amphicyon était plantigrade et peut-être grimpeur comme les ours, au lieu que les vrais chiens sont digitigrades, coureurs et non grimpeurs.

Il y a un genre fossile chez lequel les affinités avec les ours sont encore plus marquées que chez l'amphicyon, c'est l'hyœnarctos ([2]) trouvé dans le miocène moyen de Sansan.

---

1. *Étymol.* : αμφι, autour du; χυων, chien. — 2. *Étymol.* : υαινα, hyène; αρκτος, ours.

Les hyènes sont aujourd'hui assez distinctes des civettes ; mais il n'en a pas toujours été ainsi : par l'examen des dents, la paléontologie nous montre le passage des hyènes aux civettes.

Les carnivores des temps actuels se lient à ceux des temps passés ; mais, de même que beaucoup d'herbivores se sont éteints sans arriver jusqu'à nos jours, on doit croire aussi que certains carnivores ont eu leur règne dans les temps géologiques et sont

Fig. 375. — Le mastodonte. Précurseur de l'éléphant. Période miocène.

morts sans laisser de postérité. M. Gaudry cite comme exemple le machœrodus ([1]) ; ainsi que son nom l'indique, cet animal avait des canines allongées et aussi tranchantes que des lames de poignard, avec lesquelles il devait enlever des lanières dans le cuir épais des pachydermes ; aucune bête de notre époque ne paraît être la descendante de ce terrible carnivore.

Nous avons déjà vu que c'est dans cette même période miocène que les mammifères paraissent avoir atteint leur plus haut degré de développement. Dès l'époque langhienne, on voit s'effacer, chez les

---

1. *Étymologie* : μαχαιρα, poignard ; οδους, dent.

placentaires terrestres, les quelques caractères qui les reliaient
encore aux marsupiaux. Les proboscidiens apparaissent avec les
genres pachydermes dinothérium et mastodonte, que nous pouvons considérer l'un et l'autre comme précurseurs des éléphants,
avec lesquels ils offrent d'ailleurs les plus grandes ressemblances.

Le dinothérium (¹) est le plus grand des mammifères terrestres
qui ait jamais vécu. Longtemps on ne posséda de cet animal que
d'incomplets débris, qui conduisirent Cuvier à le ranger à tort parmi
les tapirs. La découverte d'une mâchoire inférieure presque complète, armée d'une défense dirigée en bas, vint démontrer plus tard
que cet être mystérieux était le type d'un genre nouveau et des
plus singuliers. Toutefois, comme on connaissait des animaux de
l'ancien monde dont les mâchoires supérieures et inférieures étaient
toutes les deux garnies de défenses, on crut pendant quelque temps
qu'il avait pu en être de même pour le dinothérium. Mais, en 1836,
des fouilles faites à Eppelsheim (Hesse-Darmstadt) mirent au jour
un crâne presque entier ne portant que les deux défenses de la mâchoire inférieure. D'après l'ensemble des membres retrouvés, son
aspect devait offrir une grande ressemblance avec celui du mastodonte.

Le mastodonte (²) a d'abord été découvert en Amérique, au
siècle dernier, et Buffon avait donné à ce grand fossile le nom
d'*éléphant de l'Ohio*. Cuvier lui donna celui de *mastodonte*.

Le mastodonte de la période miocène avait quatre défenses, les
plus petites étant placées à la mâchoire inférieure.

De tout temps on a trouvé des ossements d'éléphants fossiles,
mastodontes, etc., et ce sont ces ossements qui ont donné naissance
aux histoires fabuleuses de l'exhumation de squelettes d'anciens
géants; car dans un temps où l'anatomie avait fait si peu de
progrès, l'amour du merveilleux pouvait d'autant mieux s'emparer de pareils événements pour accréditer des idées qui frappent l'imagination, que l'éléphant est un animal dont le squelette présente (aux dimensions près) assez de ressemblance avec
celui de l'homme. On composerait un volume entier des histoires
d'ossements fossiles de grands quadrupèdes que l'ignorance ou la
fraude ont fait passer pour des débris de géants humains. La plus

---

1. *Étymologie* : δεινος, terrible; θηριον, animal. En réalité, il était gigantesque, mais
non terrible. — 2. *Étymologie* : μαστος, mamelon ; οδους, dent.

célèbre de toutes est celle du squelette que, sous Louis XIII, on a présenté pour celui de Teutobochus, cet antique roi des Cimbres qui combattit contre Marius. Voici ce qui donna lieu à ce conte.

Le 11 janvier 1613, on trouva dans une sablonnière, près du château de Chaumont, en Dauphiné, entre les villes de Montricaux, et Saint-Antoine, des ossements dont plusieurs furent brisés par les ouvriers; un chirurgien de Beaurepaire, nommé Mazurier, averti de cette découverte, s'empara des os, et résolut d'en faire son profit; il prétendit les avoir trouvés dans un sépulcre long de trente pieds, sur lequel était écrit TEUTOBOCHUS REX; il ajoutait avoir découvert en même temps une cinquantaine de médailles à l'effigie de Marius. Il inséra tous ces contes dans une brochure propre à piquer la curiosité du public, et parvint à montrer pour de l'argent, tant à Paris que dans d'autres villes, les os du prétendu géant. Gassendi cite un jésuite de Tournon comme l'auteur de la brochure, et montre que les prétendues médailles antiques étaient controuvées; quant aux os, dont le Muséum de Paris est devenu possesseur, ce sont des os de mastodonte (comme on le voit au premier coup d'œil à la forme des dents), et non pas des os d'éléphant ainsi qu'on l'avait supposé quand on n'avait pour guide, dans cette détermination des débris, qu'une espèce d'inventaire des différentes pièces qui furent montrées en public, et quelques vagues indications des formes, éparses dans les écrits des médecins et chirurgiens qui prirent part à la discussion pour combattre ou soutenir les assertions mensongères de Mazurier.

Des faits semblables, mais mieux observés et décrits avec plus de précision à mesure que leur date est plus récente, nous conduisent jusqu'au dix-huitième siècle. A cette époque le progrès des sciences naturelles ne permit plus de méprises aussi grossières que celle dont il vient d'être question : lorsqu'on trouva des ossements d'éléphants, on les prit pour ce qu'ils étaient; mais on se persuada qu'ils avaient été ensevelis sous le sol au temps des Romains.

Le mastodonte, dont l'apparition est de date miocène, est le précurseur et probablement l'ancêtre de l'éléphant. M. Gaudry a admirablement montré comment les dents du mastodonte le plus ancien se sont graduellement modifiées jusqu'à celles de l'éléphant actuel. Le doute n'est plus permis sur ce point. *On voit l'espèce se transformer insensiblement d'un type parfait d'omnivore en*

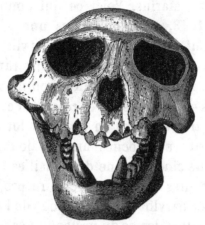

Fig. 376. — Crâne du singe mésopithèque de la période miocène.

un type non moins parfait d'herbivore. Le progrès marche dans l'ordre intellectuel comme dans l'ordre physique, car nos lecteurs

Fig. 377. — Singe mésopithèque de la période miocène en Grèce.

savent que l'éléphant est l'un des animaux les plus intelligents et l'un des meilleurs.

Comme nous l'avons dit, pendant la période miocène tous les

ordres de mammifères sont représentés, pachydermes, carnassiers, cheiroptères, rongeurs, proboscidiens, amphibies, ruminants, insectivores, quadrumanes. Les plus caractéristiques sont ceux que nous venons de signaler, les dinothériums et les mastodontes. Ils étaient accompagnés d'un grand nombre d'autres habitants des bois, des campagnes et des rivages, tels que : l'antracothérium, pachyderme armé d'incisives et de canines tranchantes qui pouvaient servir

Fig. 378. Le siamang, singe gibbon de la période miocène.

d'instruments de défense (on en trouve les ossements dans le calcaire de Beauce). Les tapirs et les rhinocéros se montrent, ainsi que les premiers ancêtres des ruminants. Dans la Grèce seule, qui faisait alors partie d'un continent, M. Gaudry a mis au jour cinquante et une espèces différentes, parmi lesquelles nous signalerons, outre les singes dont nous parlerons tout à l'heure, des hipparions, des antilopes, des gazelles, des girafes, des sangliers, des chats sauvages, des civettes, etc. Un édenté aux doigts crochus a reçu le nom d'ankilothérium. Un animal qui paraît être moitié ours, moitié chien et même un peu chat, a reçu le nom de simocyon. Une sorte de girafe dont le cou est peu allongé a reçu le nom de helladothérium.

Deux ruminants qui se rapprochent de nos chèvres ont reçu les noms de paleoceras et tragoceras. A tous ces contemporains de la période miocène, il faudrait encore ajouter les castors, les marmottes et un grand nombre d'échassiers.

Nous avons signalé plus haut (à la période éocène, p. 686) les recherches de M. Gaudry sur l'origine des singes par les pachydermes et la naissance des lémuriens pendant cette période. Quelle que soit cette origine, les principaux types de *singes* se montrent constitués dès le milieu de l'époque miocène : on trouve dans les terrains de cette époque les singes ordinaires et les singes anthropomorphes.

Le premier singe fossile que l'on ait connu est le semnopithecus subhimalayanus, rencontré en 1836 par Baker et Durand, dans le miocène supérieur de l'Himalaya; il avait la grandeur d'un orang-outang. Bientôt après, Falconner et Cautley ont extrait des mêmes terrains une autre espèce plus petite de semnopithèque. M. Gervais a signalé à Montpellier quelques pièces qu'il a attribuées également à un semnopithèque. Une mâchoire de macaque a été tirée du pliocène du Val d'Arno.

On a trouvé dans les lignites d'Elgg, en Suisse, une belle mâchoire de singe munie de ses dents, caractérisant un singe de la famille des catharrhiniens. Cette mâchoire offre la plus grande analogie avec une autre mâchoire simienne découverte à Sansan, près d'Auch (Gers), par M. Lartet, et doit se rapporter à la même espèce de singes. M. Gervais en a fait un genre spécial éteint, le pliopithèque, tandis que M. Rütmeyer estime que c'est un gibbon indien, un hylobate; en tous cas, ces derniers singes, sans queue et à bras longs, sont ceux avec lesquels il a le plus d'analogie. D'après M. Rütmeyer, ce gibbon primitif serait un proche parent, certainement un ancêtre, du siamang de Sumatra.

M. Albert Gaudry a recueilli à Pikermi les restes de vingt-cinq individus du genre mésopithèque; d'après tous ces matériaux, on peut se faire une idée de son aspect et de ses mœurs (voy. *fig*. 376 et 377). Son angle facial de 57 degrés semble indiquer un singe dont l'intelligence était dans la bonne moyenne; ses dents montrent qu'il n'était pas essentiellement frugivore, mais qu'il se nourrissait de bourgeons de feuillages. L'égalité de ses membres de devant et de derrière prouve que c'était plutôt un marcheur qu'un grimpeur; il vivait en petites troupes. La connaissance que nous avons des diverses parties du squelette de mésopithèque a révélé que ce singe forme la transition entre deux genres actuellement vivants, entre les semnopithèques et les gibbons, et c'est pour cette raison qu'on l'a nommé *méso*pithèque (¹).

La découverte des singes fossiles du groupe anthropomorphe est due à M. Gaudry. En 1835, il a signalé à Sanşan le pliopithèque (²), animal probablement voisin des gibbons. Plus tard, il a décrit le dryopithèque (³); on n'en possède malheureusement que la mâchoire inférieure et l'humérus. « Le dryopithèque, dit l'éminent professeur, était un singe d'un caractère très élevé. Il se rapprochait de l'homme par plusieurs particularités. Sa taille devait être à peu près la même; ses incisives étaient petites; ses arrière-molaires avaient des mamelons moins arrondis que dans les races européennes, mais assez semblables aux mamelons des molaires d'Australiens; on a supposé que la dernière molaire poussait après la canine, comme la dent de sagesse chez l'homme. A côté de ces ressemblances, il y a une différence qui frappe dès que l'on compare une mâchoire humaine à la mâchoire du dryopithèque : dans une mâchoire humaine, où la première arrière-molaire est plus forte que chez le dryopithèque, la canine et les prémolaires sont au contraire plus faibles; cette différence est d'une importance considérable, car le raccourcissement des dents de devant est en rapport avec le peu de saillie de la face, et par conséquent est une marque de la supériorité humaine; ce qui caractérise essentiellement la tête de l'homme, c'est un développement extrême des os qui entourent l'encéphale, siège de la pensée, et une diminution des os de la face tellement grande qu'au lieu de former un museau, ils ne sont plus que la facade de la tête. » Ainsi, de progrès en progrès, dans les règnes organiques qui peuplent la Terre, s'achève la préparation au règne humain.

---

1. *Étymologie* : μεσος, milieu; πιθηκος, singe.
2. *Étymologie* : πλείον, plus; πιθηκος, singe.
3 *Étymologie* : δρυς, chêne; πιθηκος, singe

CHAPITRE III

LA PÉRIODE PLIOCÈNE

La troisième et dernière période de l'ère tertiaire a reçu, comme nous l'avons vu, le nom de pliocène. Assez intimement liée à l'époque actuelle pour que quelques auteurs ne croient pas devoir l'en distraire, elle offre cependant une individualité distincte et représente un état de choses assez différent de celui qui prévaut de nos jours. Sans doute, vers la fin de la période, les contours des configurations des mers et des continents s'éloignaient peu de ceux des configurations actuelles. Toutefois, sur plus d'un point, les sédiments de cet âge sont aujourd'hui inclinés et portés à des hauteurs notables, et la faune dont ils ont conservé les débris, antérieure au refroidissement des régions boréales, marque plutôt la fin que l'inauguration d'une ère.

Au début de la période pliocène, la géographie des régions méditerranéennes a subi une modification passagère, mais considérable. En effet, les premiers sédiments de cet âge accusent des conditions plutôt saumâtres que marines. Des couches à congéries, répandues sur divers points de la Provence, de l'Italie et de la Corse, en même temps qu'elles occupent des espaces considérables dans l'Europe orientale, attestent qu'alors la Méditerranée ne s'avançait pas au delà du méridien de la Sardaigne et que toute sa partie orientale avait fait place à une série de mers caspiennes sur les bords desquelles voyageaient librement de grands troupeaux d'herbivores. Mais bientôt le relief de la région s'accentue, la continuité du régime marin se rétablit et la mer avance, par de longues échancrures, au delà des estuaires actuels de nos fleuves, notamment dans la vallée du Rhône et dans celle du Pô. En France, la mer pliocène s'est avancée jusqu'aux portes de Lyon, en Italie le long des Apennins,

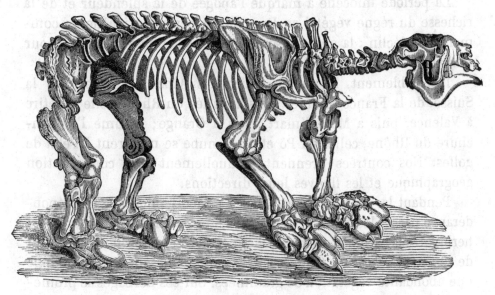

Fig. 380. — Squelette fossile du mégathérium.

surtout dans la Ligurie centrale; Rome, les collines du Vatican et et du Monte Mario étaient alors sous les flots, destinées dans le mystère des âges à leur gloire future. On retrouve, sous le Vatican même, les coquilles pliocènes datant de plusieurs milliers de siècles avant l'ère que les croyances chrétiennes attribuaient naguère encore à la création du monde.

A cette même époque aussi, d'imposantes manifestations volcaniques prolongent l'activité éruptive de la période miocène. « Un climat relativement très doux permet à l'Europe de nourrir une végétation où les types des riches forêts du Nord sont associés à ceux des îles Canaries et des confins de la région caucasienne. Mais la température s'abaisse peu à peu, en même temps que la mer se retire; la flore s'appauvrit pour ne plus rien acquérir désormais;

les espèces les plus délicates émigrent vers le Sud, et les palmiers ne se trouvent plus qu'à des latitudes inférieures de dix degrés à celles qu'ils atteignaient lors du miocène. Enfin, la période s'achève avec une flore qui, assez riche encore pour fournir une abondante nourriture à de gigantesques herbivores, ne contient plus en chaque point, d'espèces qu'il ne soit aujourd'hui facile de retrouver en descendant de quelques degrés vers l'équateur ([1]). »

La période miocène a marqué l'apogée de la splendeur et de la richesse du règne végétal en Europe. La période pliocène en commence le déclin : la chaleur se perd, la végétation s'appauvrit pour toujours.

Insensiblement, la mer se retire des Alpes soulevées, de la Suisse, de la France entière. Dans la vallée du Rhône, elle se retire à Valence, puis à Montélimart, puis à Orange; comme l'embouchure du Rhône, celles du Pô et du Danube se montrent à l'état de golfes. Nos contrées prennent graduellement leur configuration géographique et les fleuves leurs directions.

Pendant la première partie de la période pliocène, la prépondérance parmi les animaux terrestres, appartient sans conteste aux herbivores. Les mers miocènes viennent de se dessécher, ou plutôt de se transformer en grands lacs salés, autour desquels se développe une abondante végétation de graminées. Sur ces herbages se promènent les innombrables troupeaux d'antilopes, de cerfs, d'helladothériums, de girafes, de palæotragus, de palæoreas, dont les fossiles de Grèce, de Suisse et de France ont révélé l'existence. A ces animaux s'associent l'hipparion, le mastodonte et le singe mésopithèque.

Dans l'ensemble de la période, la nature se rapproche de plus en plus de ses aspects modernes. La végétation de nos contrees voit disparaître les palmiers et revèt un caractère tempéré, non seulement par ses arbres, mais encore par ses arbustes et par ses fleurs. Après avoir conservé quelque temps les sequoias et les bambous, l'Europe se peuple d'espèces très voisines de celles qu'elle possède aujourd'hui, mais destinées à reculer vers le sud dans les âges suivants. La flore pliocène témoigne d'un climat déjà plus froid. Les differences climatériques entre le nord et le sud de l'Europe

---

1. A. DE LAPPARENT. *Traité de Géologie.*

commencent à s'accentuer; c'est ainsi qu'un palmier (Chamœrops humilis), associé à des chênes (Quercus lusitanica) qui ne se rencontrent plus que dans le sud de l'Espagne, se maintenait dans les environs de Marseille, tandis que l'érable, le peuplier, le noyer et le mélèze étaient prépondérants dans le centre de la France, offrant quelques types dont les identiques doivent être aujourd'hui

Fig. 381. — Le mégathérium (période pliocène de l'Amérique du Sud).

demandés à la flore de l'Algérie, à celle du Portugal ou même du Japon. Plusieurs des espèces végétales du pliocène européen sont aujourd'hui indigènes des grandes forêts d'Amérique.

Le règne animal voit le développement et le progrès des mammifères; de nouveaux mastodontes remplacent les anciens pour disparaître bientôt à jamais.

Le mastodonte, que nous avons étudié dans la période précédente, vivait encore à l'époque pliocène. La figure 384 représente un squelette fossile de l'espèce qui vivait à cette époque, le *Mas-*

todonte de Turin, qui n'avait que les deux grandes défenses de la mâchoire supérieure. Le mastodonte qui vivait pendant la période miocène avait quatre défenses, comme on l'a vu plus haut.

Les dinothériums sont éteints ; les éléphants se perpétueront par de nouvelles espèces (mammouth ou elephas primigenius) qui assureront la durée du genre jusqu'à nos jours ; les hippopotames,

Fig. 382. — Le mylodon (période pliocène de l'Amérique du Sud).

les rhinocéros se multiplient, ainsi que les tapirs et les chameaux. On voit arriver des bœufs énormes, qui vivent en troupeaux dans les forêts de nos contrées ; des cerfs à grands bois, des ours, des hipparions et des chevaux (plus petits que ceux de nos jours). On assiste aussi à la naissance de nouvelles espèces de singes ; mais les singes quittent bientôt l'Europe, devenue trop froide, pour aller vivre en Afrique.

Dans le nouveau continent on remarque, parmi les mammifères les plus curieux de cette époque, le mégathérium, découvert dans le Paraguay, à Buenos-Ayres, appartenant à l'ordre des paresseux ; d'une allure gauche et bizarre, il était herbivore et mesu-

HABITANTS DE LA GRÈCE, DE LA SUISSE, DE LA PROVENCE, AUX PREMIERS SIÈCLES DE L'ÉPOQUE PLIOCÉNE.

LE MONDE AVANT LA CRÉATION DE L'HOMME

rait deux mètres et demi de hauteur; son squelette est conservé au
Muséum de Madrid. Adjoignons lui son contemporain, le mylodon,
qui se nourrissait surtout des feuilles des arbres et des bourgeons.
Il était un peu moins grand que le mégathérium et portait aussi
des sabots et des griffes à chaque pied. — Mais revenons aux habitants de nos contrées.

Les grands proboscidiens dominent, surtout l'elephas méridionalis, dont les incursions s'étendent jusqu'en Angleterre; à la fin
du pliocène, les mastodontes disparaissent de l'Europe pour survivre plus longtemps en Amérique. Les rhinocéros et les hippopotames sont à leur apogée, les cerfs et les bœufs se montrent :
tous ces herbivores attestent la grande abondance de la nourriture
végétale.

On peut voir à la nouvelle galerie de paléontologie du Muséum
de Paris le squelette fossile de l'elephas meridionalis, découvert
en 1872 à Durfort (Gard) par M. Cazalis de Fondouce; sa hauteur
est de 4^{m}10 et la plus grand largeur du crâne atteint 1^{m}65.

C'est aussi à l'époque pliocène que le plus grand de tous les cerfs
prend naissance ; ses ossements ont été trouvés dans les Indes, au
sein des monts Sivaleks, où les habitants adorent l'antique idole
connue sous le nom de Siva; aussi l'a-t-on désigné sous le nom de
sivatherium.

Le sivatherium avait la taille de l'éléphant; il appartenait au
genre des cerfs: c'est donc le cerf le plus gigantesque qui ait jamais
existé. Il ressemblait à notre élan actuel, mais il était beaucoup plus
gros et plus massif. Sa tête présentait une disposition que l'on
n'a trouvée sur aucun animal connu: elle était armée de quatre
bois, dont deux au haut du front, et les deux autres, plus grands,
plantés à la région des sourcils. Ces quatre bois, très divergents,
devaient donner à ce cerf colossal un aspect des plus étranges.

L'histoire géologique des ruminants est très différente de celle
des pachydermes. Ceux-ci ont eu leur règne dans nos contrées
pendant la première moitié des temps tertiaires, et on n'en voit
plus aujourd'hui que des reliquats isolés. Au contraire, les ruminants ont eu leur règne dans la seconde moitié des temps tertiaires,
et de nos jours encore leur ordre est très florissant.

Les plus anciens ruminants qui ont été trouvés en Europe sont le

xiphodon, le dichodon, et l'amphiméryx ; les deux derniers sont
imparfaitement connus ; quant au xiphodon, on peut dire qu'il a
autant de titres à être classé parmi les pachydermes qu'à être rangé
parmi les ruminants. En Amérique, les ruminants paraissent s'être
multipliés plus tôt qu'en Europe ; cependant, à la fin des temps
éocènes, ou même au commencement de l'époque miocène, la
plupart de leurs espèces avaient conservé quelques caractères de
pachydermes.

Lorsque nous voyons les ruminants se développer pendant

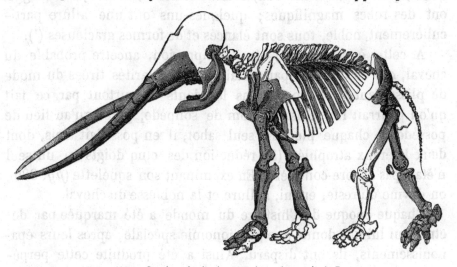

Fig. 384. — Squelette fossile du mastodonte du musée de Turin.

l'époque tertiaire au fur et à mesure que les pachydermes diminuent, il est naturel de penser qu'ils pourraient être des *pachydermes transformés*. Or, c'est précisément là la conclusion que
M. Gaudry a déduite de la comparaison des dents, à ce point même
qu'il est difficile de décider quels sont les genres de pachydermes
qui ont le plus de titres à être regardés comme les ancêtres des
ruminants.

La tardive extension des herbivores, soit solipèdes, soit ruminants, est un fait très digne d'être noté ; elle favorise la doctrine
du développement progressif. Comme ce sont les herbivores qui
forment les grands troupeaux, leur arrivée indique un accroissement de fécondité dans la nature. Ce n'est pas seulement par leur
nombre, c'est aussi par la vivacité de leurs allures, la rapidité de

leur course qu'ils donnent de l'animation aux campagnes. Pour s'en
emparer, les carnivores sont obligés de mettre en jeu toute leur
intelligence et leur force. Du contraste des efforts que font les herbivores et les carnivores pour assurer leur vie, les uns en évitant
les attaques, les autres en poursuivant leur proie, il résulte une
somme d'activité que le monde n'avait pas eue dans les anciennes
époques. Les herbivores constituent aussi un progrès au point de
vue esthétique, car les solipèdes rivalisent de beauté avec les ruminants; plusieurs d'entre eux, comme le zèbre, le daw, le conagga,
ont des robes magnifiques; quelques-uns ont une allure particulièrement noble, tous sont élancés et de formes gracieuses ([1]).

A cette époque aussi, vivait l'hipparion, ancêtre probable du
cheval, qui en différait par certaines particularités tirées du mode
de plissement de l'émail dans les dents et surtout par ce fait
qu'on pourrait lui refuser le nom de solipède, parce qu'au lieu de
posséder à chaque pied un seul sabot, il en possédait trois, dont
deux latéraux atrophiés. (La réduction des cinq doigts en un seul
n'était pas encore complète.) En examinant son squelette (*fig.* 386),
on devine du reste, en lui, l'allure et la noblesse du cheval.

Chaque époque de l'histoire du monde a été marquée par de
êtres qui lui ont donné une physionomie spéciale; apres leurs épanouissements, ils ont disparu. Ainsi a été produite cette perpétuelle diversité qui charme les géologues en leur révélant une infinie puissance d'activité.

Si maintenant nous essayons de tracer un résumé de l'époque
tertiaire, d'après tout ce que la géologie et la paléontologie ont pu
nous apprendre, nous devons, avec M. Contejean, nous figurer des
continents assez étendus, exhaussés de montagnes déjà élevées, mais
toujours fort disséminées. En Europe, les grandes terres ressemblaient sans doute aux régions planes ou ondulées de l'intérieur de
l'Afrique; elles étaient semées de lacs et de marécages, et nourrissaient une végétation luxuriante. D'immenses troupeaux d'herbivores parcouraient ces savanes à demi noyées sous les eaux, aussi
nombreux et plus variés que les troupes d'éléphants, de zèbres et
d'antilopes de l'Afrique centrale. Les rhinocéros, les tapirs, divers

---

1. ALBERT GAUDRY. *Mammifères tertiaires.*

Chromotypographie Sɢᴀᴘ.

LA FRANCE AVANT L'HOMME
COMBAT DE MAMMOUTHS ET DE CHATS GÉANTS

LA FRANCE AVANT L'HOMME.

sangliers, des antilopes, des anchitériums semblables aux chevaux, paissaient dans les mêmes régions que les paléothériums, les anthracothériums, les helladothériums, les sivathériums, les mastodontes, non moins remarquables par la bizarrerie de leurs formes que par celle de leurs noms. De nombreux carnassiers venaient modérer

Fig. 358. — Le sivathérium, mammifère de la classe des temps pliocènes.

ce que cette population aurait pu présenter de trop exubérant. Des oiseaux coureurs, semblables à l'autruche, traversaient les plaines acides, de grands lézards, des serpents de diverses sortes se glissaient entre les arbres des forêts hantées par une population assez variée de singes précurseurs de l'homme. Des insectes et des oiseaux de toute espèce sillonnaient les airs. Repaires de crocodiles, les lacs et les marécages nourrissaient aussi des poissons analogues à ceux de nos rivières. Sur les rivages des mers se traînaient des phoques et des lamantins ; et les océans, peuplés de dauphins, de baleines et de cachalots, étaient ravagés par des squales énormes. Dans son ensemble, la nature avance lentement vers l'ordre des choses actuel.

Peut-être, comme nous le verrons bientôt, l'homme existait-il déjà, à l'état primitif et sauvage, mais il ne connaissait pas encore le chemin de l'Europe et vivait au milieu des forêts de l'Asie méridionale, inconscient de ses destinées autant que de sa propre existence. Il est né à son heure, après les singes anthropoïdes, orangs, chimpanzés et gorilles.

A la fin de la période, la température est à peu près ce qu'elle est de nos jours; les mastodontes, les tapirs, les singes ne se rencontrent plus en Europe, mais en Afrique et au midi de l'Asie.

La création du monde est continue. La découverte des vestiges enfouis dans l'écorce terrestre nous apprend qu'une constante harmonie a présidé aux transformations du monde organique. Quels que soient les fossiles dont nous entreprenions l'étude, la beauté de la nature se révèle à nous.

Cette beauté de la nature qui apparaît à toutes les époques est le secret de l'entraînement que subissent tant de naturalistes dont la vie est vouée aux recherches paléontologiques et dont l'esprit trouve dans ces recherches un charme toujours renaissant. Lorsque Georges Cuvier put, dans sa pensée, redonner l'existence aux quadrupèdes du gypse de Paris, il dut éprouver de singuliers mouvements d'étonnement et de plaisir; là où s'étend aujourd'hui notre grande ville, il pensait voir des lacs ou se baignaient les anoplothériums; sur leurs rives bordées de palmiers, il apercevait des paléothériums d'espèces et d'allures variees, s'entre-croisant avec les chœropotames et les dichobunes; d'élégants xiphodons et des amphiméryx couraient dans les plaines; à côte d'eux, de plus petits animaux de différents ordres contribuaient à donner de la diversité aux paysages; c'étaient des écureuils, des sarigues, des chauves-souris et différentes espèces de singes, notamment les anthropoïdes, precurseurs de notre race.

« J'ai compté parmi les meilleurs moments de ma vie, écrit M. Gaudry, les mois que j'ai passés dans le ravin de Pikermi, à extraire les débris des quadrupèdes qui animaient autrefois les campagnes de la Grèce. En vérité, ces animaux de Pikermi devaient former de magnifiques spectacles : ici des singes gambadaient, là errait l'énorme ancylothérium, aux doigts crochus. Les plaines étaient au loin couvertes de troupeaux d'hipparions et de ruminants; les cornes de ces animaux présentaient des dispositions variées; les unes étaient en forme de lyre, d'autres rappelaient celles des gazelles actuelles, d'autres encore ressemblaient à celles des chèvres. Avec ces bêtes aux allures légères, contrastaient de lourds rhinocéros et d'énormes sangliers. Enfin, au milieu d'animaux si divers, on voyait un rassemblement de puissants quadrupèdes. Quelle ampleur de formes et quelle variété sur le théâtre de la vie! Bêtes géantes et innombrables de Pikermi, la pensée de vos imposantes cohortes a souvent transporté mon esprit; je

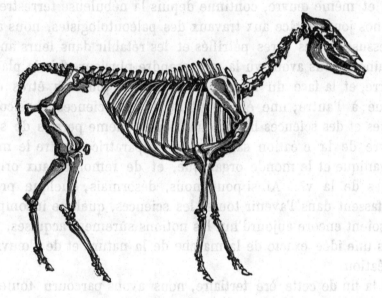

Fig. 386. — Squelette fossile de l'hipparion, ancêtre probable du cheval. (1/20 gr. nat.)

ne puis songer à vous sans m'élever jusqu'à l'Artiste infini dont vous êtes l'ouvrage, et sans lui dire merci de nous faire assister aux grandes scènes qui semblaient réservées pour lui seul, jusqu'au jour où a été soulevé le voile sous lequel la paléontologie était cachée...

« Des trésors de poésie sont enfouis dans l'écorce de notre globe. Combien d'hommes qui ont soif du beau, éprouveraient de douces jouissances s'ils se mettaient à la recherche des sources mystérieuses de la vie! Combien s'en vont par des chemins où ils cueilleront des fruits insipides et quelquefois amers, qui seraient heureux en scrutant les merveilles de la nature! A ces hommes, je dirai :

venez nous aider, notre science a de quoi charmer les âmes des artistes aussi bien que les âmes des philosophes. »

Ce sont là de belles pensées, dignes des hautes contemplations qui les ont inspirées. L'étude de la nature restera toujours la plus captivante et la plus profonde des études ; ses tableaux, ses perspectives, ses harmonies charmeront toujours nos esprits. N'est-ce pas pour nous une émotion agréable que de voir revivre en quelque sorte devant nous tous ces siècles depuis si longtemps disparus, et d'assister ainsi à la création du monde, création qui n'est qu'une seule et même œuvre, continue depuis la nébuleuse terrestre jusqu'à nos jours. Grâce aux travaux des paléontologistes, nous avons pu ressusciter ces êtres pétrifiés et les rétablir dans leurs anciens domaines ; nous avons vu la mer prendre plusieurs fois la place de la terre, et la face du monde changer avec tous ces êtres d'une epoque à l'autre ; une étude attentive des sciences physico-chimiques et des sciences biologiques nous a même permis de suivre l'œuvre de la création sans lacunes séparatrices entre le monde inorganique et le monde organique, et de remonter aux origines mêmes de la vie. Ainsi pour nous, désormais, quelque progrès que fassent dans l'avenir toutes les sciences, quelque incomplètes que soient encore aujourd'hui les notions sûrement acquises, nous avons une idée exacte de la marche de la nature et de l'œuvre de la création.

A la fin de cette ère tertiaire, nous avons parcouru toutes les phases de cette « histoire naturelle ». La création est terminée, puisque l'homme est en germe dans les anthropoïdes et que la tendance au mieux, but suprême de l'existence de tout être, va faire progresser ces anthropoïdes et les élever au rang d'hommes sauvages. C'est là une vaste question, que nous examinerons rigoureusement sous tous ses aspects au Livre suivant, et elle y sera à sa place, attendu que c'est à l'aurore de l'ère quaternaire que l'humanité paraît s'être dégagée de l'animalité. En ce moment, à la fin de l'époque tertiaire, elle ne mérite pas encore son nom. Dans les bois existent des familles de grands singes, semnopithèques, orangs, gorilles, chimpanzés. L'éléphant, l'hippopotame, le rhinocéros, le cerf, le cheval, le chat sauvage, le chien sauvage, le loup, l'ours, l'hyène, le tigre, le lion, en un mot, les espèces modernes, contemporaines de l'âge de l'humanité, existent dans la nature, au milieu d'une végétation analogue à celle qui revêt encore aujourd'hui la surface de la Terre. Montagnes et vallées, alpes couvertes de neiges, vallons ombragés, sources et ruisseaux, cascades et fleuves, forêts vierges, prairies aux herbes puissantes, sables stériles et déserts, climats et saisons, troupeaux pâturant, oiseaux chanteurs dans les bois, douces clairières, rayons et ombres, pluies et soleils, fleurs des champs, fruits sauvages, tout est formé, tout est prêt pour la race conquérante. L'ancien monde est mort. Le monde moderne est né.

LIVRE VI

L'AGE QUATERNAIRE

CHAPITRE PREMIER

LE QUATRIEME AGE DE LA VIE TERRESTRE
ET LES PREMIERS JOURS DE L'ÈRE ACTUELLE

Avec le quatrième âge de l'histoire de la Terre nous entrons dans l'ère moderne, dans l'état actuel de la création sur notre planète. Cependant le commencement de cet âge date de loin déjà, de plus de cent mille ans assurément, et bien des evenements se sont accomplis dans la géographie physique, dans la distribution des terres et des mers, dans les climats, dans les manifestations de la vie, depuis les premiers siècles de cette ère moderne, dont l'histoire entière de l'humanité n'est que le dernier chapitre, — le plus important et le plus glorieux de tous, mais, jusqu'à présent, le plus court. — L'humanité intellectuelle ne date que d'hier.

Les débuts de l'époque quaternaire ont été marqués par un événement météorologique considérable, un changement momentané de climat qui, en imprimant, dans toute la zone tempérée, une activité extraordinaire en précipitations atmosphériques, a donné naissance à des *glaciers immenses*, à des pluies et à des phénomènes d'érosion et d'alluvionnement considérables. Comme conséquence de ce changement, de grandes nappes de neiges et de glaces ont couvert les massifs montagneux, ainsi que les régions septentrionales, produisant, dans les diverses parties du monde, un refroidissement marqué, avec lequel l'âge des grands cours d'eau a pris fin. Plus tard seulement, la température s'est radoucie et le régime actuel s'est établi avec l'âge des tourbières et des habitations lacustres. De cette manière, tandis que, de nos jours, l'action des glaciers, des rivières et de l'atmosphère sur la surface terrestre est réduite à des proportions presque insignifiantes, cette action a suffi, au début de l'ère moderne, pour répandre sur de vastes étendues des dépôts parfois très épais.

L'âge quaternaire a débuté par le refroidissement général qui ui a valu le nom d'époque glaciaire. Dans la péninsule scandinave, l'abaissement de la température se trahit par l'aspect des roches, qui sont striées et quelquefois polies par les anciens glaciers jusqu'au niveau de la mer; il se reconnaît encore à des traînées de blocs erratiques accompagnées d'argiles, de sables et de graviers qui se trouvent disséminées sur tout le pourtour méridional de la péninsule, rayonnant autour d'un point des Alpes scandinaves voisin de l'emplacement actuel de Stockholm, et ne s'arrêtant, dans l'Europe centrale, qu'à une ligne qui passerait à peu près par Vikaltkoï, Coula, Cracovie, Breslau, Leipzig, Hanovre, Arnheim, et le nord de l'Angleterre. Tous les matériaux, ainsi disséminés, ont traversé l'emplacement de la Baltique et de la mer du Nord, et proviennent des Alpes scandinaves; ils ont reçu des géologues étrangers le nom de drift. Mêmes stries, même drift sur le nouveau continent; seulement les marques de l'action glaciaire s'étendent beaucoup plus au sud, et s'observent jusque vers le 39e degré de latitude, dans la Pennsylvanie, l'Ohio, l'Indiana, l'Illinois et l'Iowa; ce qui montre que les lignes isothermes existaient déjà avec leurs inflexions actuelles. Les traînées glaciaires renferment des débris de mollusques qu'on ne retrouve plus que dans les contrées circumpolaires. Tout récemment (Académie des sciences, 11 janvier 1886), le terrain glaciaire a été également signalé dans l'Afrique équatoriale, en Assinie, par 5° de latitude nord et 5° de longitude ouest.

On rencontre des témoignages de cette curieuse époque un peu partout. Arrêtons-nous un instant sur nos contrées, sur la France, l'Italie et la région des Alpes.

Les glaciers anciens, comme les glaciers actuels, ont laissé des traces irrécusables de leur passage; un rapide coup d'œil jeté sur la longue chaîne des Alpes et dans les vallées qui s'ouvrent à leur pied, suffit pour nous montrer le développement de ces mers de glace et les espaces parcourus qui, pour quelques-unes, ont été de plus de 400 kilomètres.

Il faut se representer, avant tout, les cimes de nos montagnes beaucoup plus élevées qu'elles ne le sont actuellement. L'une des dernières oscillations du sol, vers le déclin de l'époque tertiaire, avait achevé l'exhaussement le plus important de notre système de montagnes. Le calcul du volume des roches que les courants fluviatiles et surtout glaciaires ont arrachées à ces sommets pour aller combler au loin de profondes vallées, indique pour ces monts une élévation de plusieurs centaines de mètres supérieure à celle qu'ils présentent actuellement.

Du Mont-Blanc, du Mont-Rose, du Splugen, du Gothard, du Brenner, du Mont-Viso, du Mont-Cenis, en un mot, de toute la chaîne des Alpes, ces glaces sont descendues et ont envahi les vallées et les plaines en vertu de leur force propre d'expansion. La nature du sol pouvait offrir des obstacles à la marche d'un glacier et même en faire dévier le cours; dans ce cas, le sol résistant apparait profondément creusé parfois, mais surtout rayé, poli et moutonné par le frottement de ces débris de roches dures que la glace retient enchâssés et qu'elle entraine dans son cours: Mais lorsque le terrain n'était formé que d'anciennes alluvions, les ondes glacées se sont facilement frayé un passage et ont atteint des distances énormes.

Ces courants de glace, pareils aux courants des eaux, ont déposé à leurs côtés et à leur extrémité ces amas de boue, dite glaciaire, qui forment de vraies collines ou moraines, et ont semé çà et là sur leur parcours les blocs erratiques, énormes parfois, dont la présence dans nos contrées a été, de tous temps, l'objet des plus étranges légendes.

Les anciens géologues désignent encore tous ces matériaux erratiques sous le nom de *diluvium*, terme légué par la théorie ancienne et erronée du déluge universel auquel leur transport était attribué.

C'est en suivant ces dépôts morainiques, qui diffèrent essentiellement des alluvions anciennes par le manque absolu de stratification et par ces pierres anguleuses et striées qu'ils contiennent, que l'on peut tracer, avec certitude, l'étendue des anciens bassins glaciaires.

Par les rayures qu'ils ont gravées sur les rochers sous-jacents ils ont marqué eux-mêmes les directions qu'ils ont suivies dans leur progression.

Aujourd'hui, dirons-nous avec M. Chantre, on sait quels ont été les anciens glaciers des deux versants des Alpes, et quel a été leur parcours. Sans parler des glaciers de la Reuss, de la Linth et de tant d'autres de l'intérieur de la Suisse, citons l'immense glacier du Rhône qui, depuis le Valais, s'est étendu jusqu'au collines lyonnaises. Il a été, pour ainsi dire, le centre de tout le réseau glaciaire formé par les glaciers inférieurs de l'Arve, de l'Isère, du Drac et de la Romanche, et a environné tout le versant Ouest-Nord et Nord-Est des Alpes. Il s'est, en outre étendu, d'un côté, *jusqu'au delà de Lyon*, et, par une autre branche projetée au nord, il s'est *approché des Vosges* par le Jura. Sa masse de glace, après avoir rempli les vallées entre les Alpes et le Jura, au sortir de l'étroit débouché du Bugey et du Dauphiné, s'est étendue en éventail, et sa dernière moraine frontale s'est étalée en demi-cercle depuis Bourg, au plateau de la Bresse, aux collines lyonnaises et aux environs de Vienne.

Sur le versant italien, les anciens glaciers ont été très nombreux, mais aucun d'eux n'a atteint les proportions gigantesques du glacier du Rhône, puisque la glace n'a jamais dépassé les rives du Pô. Les glaciers de la Stura, de la Maira, de la Vraita, du Pô, du Pellice, en partant des Alpes-Maritimes, sont plus considérables si on les compare à ceux des régions du Nord et du Nord-Est. La Doire Ripaire a porté ses moraines jusqu'à Rivoli, près de Turin; la Doire Baltée s'est avancée jusqu'à Ivrée, où ses moraines terminales forment presque un cercle. Le glacier du Tessin, au cours tortueux, s'est étendu depuis le Gothard jusqu'au delà du lac Majeur; celui de l'Adda s'est prolongé jusqu'à Monza; le glacier de l'Oglio a atteint le petit lac d'Iseo, et, enfin, tout à fait à l'extrémité orientale de la chaîne des Alpes italiennes, on signale les glaciers de l'Adige, de la Brenta, de la Piave, dont le premier, le plus considérable, réunissait à lui seul tous les glaciers du Tyrol, et, depuis le Brenner, s'étendait jusqu'au Sud du lac de Garde.

Quoi de plus imposant que cette masse mouvante de glace, descendant le long des pentes de ces monts gigantesques, gagnant peu à peu les vallées et les plaines, n'étant arrêtée par aucun obstacle; moutonnant et rayant les roches inférieures, et laissant sur son passage, semblables à des digues immenses, cette suite de collines morainiques latérales et frontales, qui montrent jusqu'à quel niveau elle a pu s'élever? Et quelle force devait avoir ce courant

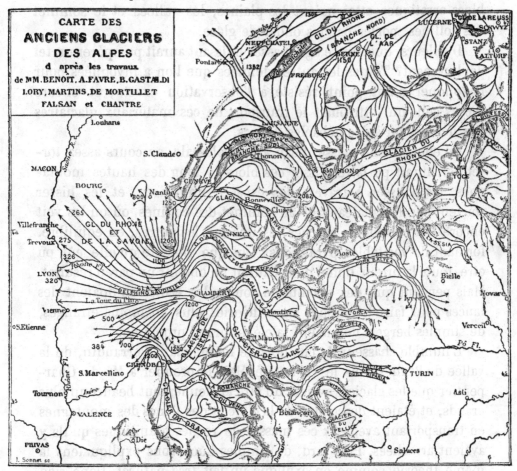

Fig. 389. — Extension des glaciers des Alpes jusqu'à Lyon et au Mâconnais

glaciaire pour trainer à des distances prodigieuses des blocs énormes de pierres granitiques et autres, arrachés au mont où ils avaient pris naissance! Il n'est pas rare de rencontrer à de grandes distances de nos sommets alpins des roches cubant plusieurs centaines de mètres, gisant sur un sol de nature bien différente, telles, par exemple, la pierre de la « Mule du Diable », bloc erratique de 624 mètres cubes, provenant de la Maurienne, et gisant à Artas, entre Bourgoin et

Lyon, la Pierre de Rancé, à Villards-les-Dombes, bloc de granit de cent mètres cubes, provenant du col du Bonhomme, à la base sud du Mont-Blanc, et tant d'autres parsemés sur toute l'étendue glaciaire, dont l'origine et la nature sont parfaitement reconnues.

De même que le navire sillonne la mer, porté par les flots, les blocs erratiques atteignaient les plaines, les vallées et le sommet des collines, portés par les ondes de glace.

D'ailleurs, quel autre agent assez puissant aurait pu opérer un tel déplacement? Toutes les autres données que l'on a invoquées pour l'expliquer n'ont point résisté à l'observation exacte, et encore moins celle qui attribuait le transport de ces matériaux glaciaires aux déluges ou à des débâcles de lacs.

En effet, quelle masse d'eau assez colossale, au cours assez torrentiel, aurait pu faire glisser ces blocs le long des hautes montagnes, les pousser à travers des espaces immenses, et les hisser souvent sur les plateaux et au sommet des collines, où on les voit encore fréquemment, perchés les uns sur les autres, en équilibre, formant de véritables pyramides? Quelque violente qu'elle eût pu etre, toute la fureur d'une mer n'aurait pu obtenir un pareil résultat. Mais pendant que des savants de toutes les écoles rompaient des lances pour faire triompher leurs théories plus ou moins etranges, de simples bergers donnaient la clé du grand problème.

L'humble chasseur de chamois, le montagnard Perraudin, de la vallée de Bagnes dans le Valais, révélait le premier à M. de Charpentier que les glaciers avaient dû être anciennement beaucoup plus grands, et étaient descendus de la cime et des flancs des montagnes en transportant avec eux ces masses de roches granitiques qu'ils y avaient arrachées. Plus tard, de simples bûcherons expliquaient la même théorie comme on explique un fait très naturel. Donc rien d'anormal dans la marche des glaciers. Cette révélation fut la base des recherches et des études de M. de Charpentier, et servit de guide sûr à tous ceux qui entreprirent depuis de développer et d'approfondir cette importante question.

Le climat devenu plus sec, moins uniforme, l'évaporation moins abondante, les glaciers furent de moins en moins alimentés; par suite, leur volume diminua peu à peu, et atteignit les proportions qu'on leur connaît actuellement.

Ce travail de retrait, lent et intermittent, a donné lieu à la formation d'autres moraines secondaires, parallèles aux terminales, qui marquent les différentes stations de ces mers de glace dans leur marche en arrière.

Si quelques points de détail restent incertains, l'ensemble des faits est suffisamment démontré pour qu'il soit impossible de nier qu'à l'aurore de l'époque quaternaire, il s'est produit, surtout au centre de l'Europe, une grande extension glaciaire. En présence de la théorie rationnelle et positive, basée sur cette démonstration de faits purement physiques, les traditions bibliques, la légende du Déluge universel érigée en théorie diluvienne, ne se soutenant que par l'intervention du surnaturel, de l'incompréhensible, sont enfin tombées. Faut-il encore croire à l'extermination de la race humaine pendant cette époque (à l'exception cependant des hôtes privilegiés de l'arche miraculeuse) et à la submersion totale par conséquent de tout ce qui germait et vivait dans le sein et à la surface de la Terre? En réponse à cette antique légende, la paléontologie nous montre l'homme vivant partout aux bords de ces masses de glace, chassant le renne, l'antilope saïga, le cheval et même le mammouth. Partout, à la limite des régions glaciaires, on retrouve des traces de son séjour et des débris nombreux de son petit mobilier primitif répondant aux besoins principaux de la vie. De son côté, la paléontologie végétale et animale a prouvé, par ses dernières découvertes, qu'à cette époque, faune et flore vivaient en face de ces glaciers, et témoignaient même d'un climat relativement tempéré.

La grande extension des glaciers quaternaires a été commune à toutes les régions du globe et, de nos jours encore, d'importants et de nombreux glaciers se forment et se meuvent dans des conditions identiques, sinon dans des proportions aussi vastes, sur toutes les grandes chaînes de montagnes, non seulement de l'Europe, mais du monde entier, principalement au Caucase, à l'Himalaya, aux Andes de Patagonie, où le fleuve de glace s'étend jusqu'à la mer, et à la Nouvelle-Zélande, où les blocs de glace qui se détachent du glacier tombent au milieu d'une végétation luxuriante de fougères arborescentes. Notons encore que la latitude de toutes ces contrées ne dépasse guere 40°. Un froid excessif n'est donc pas nécessaire pour produire et alimenter un glacier, et sa présence n'influe pas sur les contrées environnantes au point d'y paralyser toute la vie organique.

Les glaciers dominant toujours le sommet de nos monts, il suffirait d'une légère modification dans la température pour leur faire reconquérir leurs anciennes proportions.

Toutefois, il n'est pas probable que nous soyons jamais les témoins d'un tel fait, étant donnée la lenteur d'un courant de glace relativement à la rapidité si grande du courant de la vie humaine. C'est peut-être là une des causes les plus puissantes qui nous empêchent, trop souvent, de concevoir les phénomènes les plus grandioses de la nature ([1]).

Les géologues admettent généralement qu'après une première époque de froid, à laquelle correspondent le polissage des roches du nord des continents, le drift, la première extension des glaciers et peut-être les alluvions de la Bresse et de la Crau, il y eut une élévation de température, marquée par un premier retrait des glaciers, par la dissémination des blocs erratiques du Jura et par le diluvium de la vallée du Rhône. Ensuite un retour du froid amena la réapparition des glaciers. C'est à cette deuxième période glaciaire qu'on rapporte le limon de la vallée du Rhin et du nord de la France. La température se relève ensuite peu à peu, et dès qu'elle ne diffère plus de celle qui règne aujourd'hui, l'époque quaternaire cède la place à l'état actuel.

Il semble donc que nous puissions nous représenter ces âges anciens comme une époque de grandes perturbations climatériques. Des pluies, d'une violence et d'une continuité extraordinaires, inondaient les terres fermes de véritables déluges. Elles recouvraient tout le sol émergé de nappes d'eau qui s'écoulaient vers les niveaux inférieurs en suivant les pentes, creusant peu à peu les vallées d'érosion, et charriant en même temps les matériaux diluviens abandonnés sur le pourtour des massifs montagneux. Ces eaux retombaient en neiges dans le voisinage des pôles, aussi bien que sur les cimes élevées. Grâce à la vapeur d'eau, aux nuages et aux pluies de neige, au moins autant qu'à l'abaissement de la température, ces glaciers envahirent bientôt les montagnes et formèrent

1. ERNEST CHANTRE. *Revue mensuelle d'Astronomie populaire*, septembre 1885.

autour des pôles des vastes bordures se développant graduellement.
Pendant les débâcles, des radeaux de glace flottante transportèrent
au loin des blocs erratiques, qu'il n'est pas toujours facile de distinguer de ceux qui ont abandonné les glaciers. Les torrents courent à
plein bord, leur lit se creuse de plus en plus. Réfugiés sur les plateaux
élevés et dans les cavernes, les animaux continuent néanmoins à se
propager. Beaucoup sont victimes de la fureur des éléments; cependant leurs espèces se succèdent et se remplacent comme aux époques antérieures. Insensibles à toutes les catastrophes, les animaux
marins continuent au fond des eaux leur tranquille existence. Après
un grand nombre d'alternances de froid et de chaud, de pluies et de
débâcles, dont on arrivera sans doute à determiner le nombre et la
durée relative, les climats finissent par demeurer stationnaires et
les temps actuels commencent. Mais les phénomènes dont il a été
question ne sont pas les seuls qui aient marqué l'époque quaternaire. Le désordre de la nature se trouvait compliqué par de
violents mouvements du sol. C'est, en effet, à cette époque, que
des montagnes énormes, telles que les Cordillères, prennent leur
relief, et il est évident qu'un pareil exhaussement, même en le
supposant aussi lent que possible, n'a pu s'effectuer sans amener de
grandes perturbations sur d'immenses surfaces.

En même temps, beaucoup de plages s'affaissent ou se soulèvent,
la Baltique et la Méditerranée prennent leur forme moderne, le
canal de la Manche s'ouvre et les îles Britanniques se séparent
du continent ([1]).

Si l'existence d'une ou même deux périodes glaciaires est incontestablement démontrée par le fait des blocs erratiques transportés
par les glaciers, par les stries et rayures visibles le long des routes
suivies par ces transports et par la conservation des animaux memes,
ensevelis dans ces glaces (rhinocéros, mammouths, etc.), la *cause*
de cette production de glace et de cette immense extension du
froid n'est pas encore déterminée avec certitude.

Plusieurs causes sont possibles. Et d'abord le Soleil qui nous
donne la lumière et la chaleur peut, comme beaucoup d'autres
soleils de l'immensité, subir des fluctuations d'éclat et voir parfois

---

1. Ch. Contejean *Géologie et Paléontologie.*

diminuée l'intensité de son rayonnement. L'astronomie nous a fait
connaître l'existence d'un grand nombre de soleils variables, parmi
les millions d'étoiles qui parsèment les champs de l'infini, et plusieurs d'entre ces astres deviennent même en certaines périodes
complètement invisibles par l'extinction temporaire de leur lumière.
Notre soleil, n'étant qu'une étoile, peut, lui aussi, être une étoile
variable, se couvrir de taches immenses, perdre une partie de sa
lumière et de sa chaleur rayonnantes, et, pendant des années, des
siècles même, laisser la Terre et les autres planètes de son système rouler dans l'espace en ne recevant plus qu'une chaleur insuffisante et stérile. Le résultat de cet abaissement de température
serait celui qui se produit en hiver : le froid, la neige, la glace. Un
tel hiver pourrait être rigoureux, général, et durer plusieurs siècles. Puis, l'astre du jour ayant repris son éclat, le printemps sera
revenu, avec la fonte des neiges, les pluies, les cours d'eau, la
végétation nouvelle et le cours naturel des choses.

On peut objecter à cette explication que rien ne prouve que notre
soleil, malgré ses taches périodiques bien connues, soit variable à
ce degré, et que la période glaciaire n'a pas éteint la vie terrestre.
Cependant elle reste plausible, car il suffirait d'une différence de
quelques degrés dans la chaleur reçue pour expliquer l'extension
des glaciers constatée par la position des blocs erratiques.

Une seconde explication a été demandée à la variation de l'excentricité de l'orbite terrestre. Nos lecteurs savent (*Les Étoiles*,
p. 773) que l'ellipse décrite annuellement par la Terre dans son
cours autour du Soleil se gonfle et se dégonfle tour à tour, qu'elle
est parfois à peine différente d'un cercle — comme dans 23 980
ans, par exemple — et parfois très allongée — comme il y a 850 000
ans. — La variation s'étend depuis 0,0033, comme chiffre minimum
de l'excentricité, jusqu'à 0,0747 comme chiffre maximum, c'est-à-
dire que dans ce second cas elle est 22 fois plus forte que dans le
premier. Actuellement, cette excentricité est de 0,0168 : telle est
la distance du centre de l'ellipse au foyer, en fonction du demi
grand axe, soit, en kilomètres, 148 000 000 × 0 0168, ou 2 486 400.
La différence entre le périhélie et l'aphélie est donc actuellement
de 4 972 800 kilomètres : la Terre est de toute cette quantité plus
près du Soleil le 1ᵉʳ janvier que le 1ᵉʳ juillet, et l'hémisphère aus-

tral, alors tourné du côté du Soleil, a un été·plus chaud que le nôtre, qui n'est tourné vers le foyer qu'à l'aphélie.

Mais il y a une compensation produite par la différence des durées : la période estivale dure huit jours de moins dans l'hémisphère austral que dans l'hémisphère boréal, notre planète ne mettant que 179 jours pour aller de l'équinoxe de septembre à celui de mars et en employant 186 pour aller de l'équinoxe de mars à celui de septembre. Cette différence de 187 heures en faveur de notre hémisphère compense la distance, d'autant plus que, par suite du plus long espace de temps pendant lequel le pôle arctique reste incliné vers le Soleil, le nombre des heures du jour dépasse dans les régions boréales le nombre des heures de nuit qui prédominent. La compensation est-elle complète ? Dans l'état actuel de nos connaissances, il serait téméraire de l'affirmer comme de le nier.

A son maximum d'excentricité, la distance du centre de l'orbite terrestre au foyer s'élève à $148\,000\,000 \times 0,0747$, soit à $11\,055\,600$ kilomètres. La différence entre le périhélie et l'aphélie s'élève donc alors à plus de 22 millions de kilomètres. Les quantités de chaleur recues au périhélie et à l'aphélie sont alors entre elles dans le rapport de 26 à 19. La différence de durée entre la section de l'orbite du côté du périhélie et celle du côté de l'aphélie subit une augmentation corrélative, la Terre voguant d'autant plus vite qu'elle est plus proche du soleil et d'autant moins vite qu'elle est plus éloignée ; à l'époque de la plus grande excentricité, la section périhélique est parcourue en 164 jours et l'aphélique en 201.

L'hémisphère terrestre tourné vers le Soleil à l'époque du périhélie a ses étés plus chauds et plus courts, ses hivers plus longs et plus froids. L'hémisphère tourné vers le Soleil à l'époque de l'aphélie a ses étés moins chauds et plus longs, ses hivers plus courts et moins froids. Si, lors d'une grande excentricité, les hivers sont très longs et très froids, la rapidité des étés, quelque chauds qu'ils puissent être, peut n'être pas suffisante pour fondre les neiges et les glaces du sol gelé (comme il arrive en Sibérie), mais seulement être cause d'une évaporation active qui ne fera qu'accroître la quantité de vapeur d'eau, les pluies, les brouillards et les neiges. D'ailleurs, sans vapeur d'eau, pas de neiges possibles. L'hiver de

notre hémisphère arrivant à l'aphélie pendant une période de
grande excentricité serait bien préparé pour une période glaciaire.
Or l'excentricité a été très forte de l'an 210 000 à l'an 100 000
avant notre ère. Les saisons faisant le tour de l'année en 21 000
ans, il se pourrait qu'il y eût eu pendant cette période cinq phases
glaciaires pour chaque hémisphère, l'intensité de chacune d'elles
dépendant d'ailleurs de la direction des courants, des exhaussements
continentaux et de plusieurs autres causes.

Cette seconde explication de la période glaciaire est plus probable que la première ; mais elle paraît avoir plutôt aidé le phénomène que l'avoir produit à elle seule, en coïncidant, il y a un
millier de siècles, avec une transformation géographique et clima-
tologique que M. de Lapparent définit comme il suit.

Quelles qu'aient été les phases diverses de l'époque quaternaire, il est évident que la première et la majeure partie de sa
durée a été marquée dans les régions accidentées de notre hémisphère, par la grande extension des glaciers, et en dehors des montagnes, par l'extrême activité des agents d'érosion et d'alluvionnement. Or ces deux phénomènes ne sont que deux manifestations
différentes d'une même cause, qui est l'exagération momentanée
des précipitations atmosphériques. Pour substituer aux cours d'eau
de nos contrées des fleuves coulant à pleins bords dans des lits
larges de plusieurs kilomètres ; pour permettre sur toutes les pentes un ruissellement capable de donner naissance au loess ; pour
alimenter les sources qui produisaient les tufs de Moret et de
Cannstadt ; pour garnir les cavernes d'un épais revêtement de sta-
lagmites, il fallait que la pluie fût infiniment plus abondante que
de nos jours, et cela dans toute la zone qui s'étend depuis le
Sahara jusqu'au centre de l'Angleterre, comme depuis la Louisiane
jusqu'aux grands lacs américains.

Ce troisième mode d'explication est confirmé par l'examen de
la faune quaternaire : les innombrables ossements de pachydermes
dont le diluvium du Nord est rempli, disent assez quelle abondante
végétation, conséquence d'un climat doux et humide, devait s'offrir
aux herbivores.

On sait d'ailleurs qu'aux époques antérieures, de très grands
lacs d'eau douce occupaient les vallées des principaux fleuves en

Europe, ainsi que le versant occidental des Montagnes-Rocheuses en Amérique. L'entretien de ces nappes d'eau suppose un régime particulièrement humide, dont celui de l'époque quaternaire peut n'avoir été que la continuation.

Mais ce qui tombe en pluie sur les régions de faible altitude prend, dans les montagnes, la forme neigeuse. L'établissement

Fig 389. — Mammouth retrouvé au milieu des glaces de la Sibérie, avec sa chair et sa peau.

d'un régime humide a donc eu pour conséquence nécessaire la formation de champs de névé, et par suite, celle de grands glaciers. Cette formation, impossible auparavant (si ce n'est peut-être, depuis l'éocène supérieur dans la région pyrénéenne), faute de condenseurs suffisamment importants, a pu se faire dès la fin du pliocène, c'est-à-dire au moment où les Alpes et tant d'autres chaînes venaient d'acquérir leur principal relief. Ce n'est donc pas le froid qui a fait naître le régime glaciaire; à lui seul, le froid est impuissant à nourrir des glaciers, comme en témoignent suffisamment par 5 000 et 6 000 mètres d'altitude, les plateaux dénudés du

Tibet. C'est la combinaison d'une grande humidité atmosphérique avec l'existence, jusqu'alors à peu près inconnue, de *condenseurs* montagneux, aussi importants par leur masse que par leur relief absolu ; condenseurs d'autant plus actifs qu'au début, la masse des Alpes, par exemple, était plus grande de tout ce que les érosions lui ont arraché depuis, en meme temps que l'altitude des sommets pouvait être, par suite d'un relèvement momentané de la région supérieure de plusieurs centaines de mètres à ce qu'elle est aujourd'hui.

On voit donc que le ruissellement et les grands cours d'eau dans les plaines, d'une part, les grands glaciers dans les montagnes, d'autre part, ont été deux phénomènes nécessairement concomitants, et c'est pourquoi plus d'un auteur a voulu, non sans raison, substituer au mot, souvent employé, de période *glaciaire*, celui, plus général et tout aussi significatif, de période *pluviaire*.

Sans doute, les progrès du refroidissement polaire, qui avaient commencé à se faire sentir nettement dès le milieu de l'ère tertiaire, n'ont pas été tout à fait étrangers à ce résultat; mais ils n'eussent pas suffi, à beaucoup près, et l'étude des dépôts quaternaires des régions tempérées, de celles qui échappaient à l'influence du voisinage immédiat des glaciers, atteste que de l'elephas meridionalis à l'elephas antiquus et de celui-ci à l'elephas primigenius la transition s'est faite graduellement, sans qu'il y ait eu, dans cet intervalle, une *subite* invasion du froid.

Partant de ces prémisses, reportons-nous au moment où les grandes montagnes venaient d'acquérir leur relief, c'est-à-dire au début de la période pliocène.

Déjà, depuis longtemps, l'émersion de l'Europe se préparait; il n'y avait plus guère, en France et en Angleterre, que des lacs d'eau douce et, dès l'époque langhienne, la plus grande partie du nord de la France, définitivement émergée, subissait, sous forme de soubresauts successifs, le contre-coup des mouvements orogéniques voisins. Un régime hydrographique devait donc nécessairement s'y établir, et les premiers rudiments de nos cours d'eau commençaient à y creuser leurs lits. La période pliocène n'a pu qu'accentuer le mouvement, en y faisant participer les régions montagneuses de nouvelle formation. Aussi ces dernières, où les détails du relief avaient certainement commencé à se dessiner dès le début de leur soulevement, ont-elles été, à l'époque pliocène, le théâtre d'une activité dont témoignent, entre autres dépôts, les conglomérats du bassin du Rhône et les alluvions anciennes de la Suisse. Il est donc permis de penser que, quand le pliocène prit fin, les principales vallées étaient déjà découpées jusqu'au cœur des massifs et avaient leur fond tapissé d'alluvions et de graviers, tandis que, sur les plateaux, s'étalaient déjà les plus anciens limons. Les bassins de réception des neiges, aussi bien que les canaux d'écoulement des glaciers, étaient constitués au commencement de l'époque quaternaire et, pour les remplir de grandes masses de glaces il a suffi qu'il arrivât dans nos régions occidentales des courants d'air plus abondamment chargés d'humidité qu'aux époques précédentes.

L'étude de la distribution des anciennes formations glaciaires fournit un puissant argument en faveur de l'hypothèse qui en attribue l'origine à une exagération, dans le sens de l'humidité, des conditions climatériques actuelles. En Angleterre comme en Scandinavie et en Amérique, les districts où l'on remarque aujourd'hui les plus fortes chutes de pluie ont été à l'époque quaternaire les centres de dispersion des plus grands systèmes de glaciers. Au contraire, la région de l'Amérique située dans le Wisconsin et connue sous le nom de Driftless Area, à cause de l'absence du dépôt erratique, est justement celle où, de nos jours, les précipitations atmosphériques sont le moins abondantes.

En un mot, l'humidité et l'altitude ont été les deux grands facteurs du phénomène glaciaire, et ce qui prouve bien que l'influence de la température générale n'a été que secondaire, c'est ce fait que, sur une partie considérable de la Cordillère américaine, les districts d'où les glaciers ont actuellement disparu ont une température moyenne plus basse que celle des régions où la glace s'est conservée. La sécheresse de l'air a donc été plus efficace comme agent d'ablation, que le froid comme agent d'alimentation.

D'après M. de Lapparent, la cause principale de l'extension des glaciers, à l'époque quaternaire, semble devoir être cherchée dans des changements de climat déterminés par des circonstances géographiques du même ordre que celles qui, en donnant naissance au courant chaud de l'Atlantique, ont si fortement dévié vers le Nord les isothermes de l'Europe occidentale.

A la fin de la période pliocène, et pendant l'époque quaternaire, le Sahara, l'Arabie, la Perse, ces pays aujourd'hui désolés par la sécheresse, étaient soumis à un régime de pluies intenses, faisant naître des alluvions d'une puissance extraordinaire. Ce régime s'étendait encore plus loin vers l'Est, sur les déserts actuels de la Mongolie et, dans les bassins pourvus d'un large débouché, comme celui du fleuve Jaune, il donnait lieu à d'énormes accumulations de

Fig. 390. — Squelette et forme probable du cerf à bois gigantesques.

loess. Il est certain que la zone pluvieuse s'est déplacée vers le Nord, et sans doute ce déplacement se fait encore sentir, car le littoral méditerranéen de l'Afrique et de l'Asie Mineure est singulièrement déchu des conditions climatologiques favorables qui en faisaient sous la domination romaine, une terre si fertile. En revanche, le climat de la Gaule et de la Germanie est loin de justifier la réputation de sévérité que lui ont fait les anciens historiens Or les vents, qui produisent la sécheresse ou l'humidité, dépendent avant tout de la distribution des mers et des terres et leurs changements de régime doivent coïncider avec des variations d'ordre géographique. La disparition de l'Atlandide a dû apporter une modification considérable dans les courants. Cette époque a été aussi celle des volcans de France, d'Espagne et des bords du Rhin.

Dans ces variations géographiques, le relief du sol n'a pu rester absolument fixe; du reste, nous avons vu plus haut qu'il n'est pas

Fig. 391. — Le mammouth, elephas primigenius.

encore stable aujourd'hui. Quelques centaines de mètres de plus dans le relief général du nord de l'Europe suffiraient pour avoir diminué la température au degré caractérisé par l'extension des glaciers.

Ainsi peut s'expliquer cette fameuse époque glaciaire, dont le dénouement fut l'époque diluvienne qui laissa à la surface des vallées ces dépôts désignés aujourd'hui sous le nom de diluvium. Tous les dépôts postérieurs aux terrains tertiaires, et qui forment les parties les plus superficielles de l'écorce terrestre, se distinguent des formations précédentes en ce qu'ils n'offrent plus, en général, les caractères de sédiments effectués tranquillement au sein de grandes masses d'eau, mais plutôt ceux de dépôts irréguliers, résultant d'un transport rapide, plus ou moins violent, par des eaux courantes.

Ces dépôts, généralement meubles, limoneux ou caillouteux, se composent, à la base, de couches ou d'amas irréguliers de gros galets roulés, entremêlés de sables et de graviers, qui reposent toujours sur un sol profondément raviné.

Dans le haut, les graviers diminuent de volume, et passent à des sables grossiers qui deviennent de plus en plus fins. Ces sables sont alors zonés, entremêlés de petits lits de cailloux, ils deviennent terreux et se mélangent avec des limons jaunes, souvent fort épais, qui recouvrent le tout.

On reconnaît là tous les caractères des alluvions, c'est-à-dire des dépôts effectués dans les eaux courantes. On les rencontre dans les plaines, sur les plateaux, sur les pentes des collines; ils remplissent aussi les vallées, mais dans une situation telle, que leur masse, au lieu d'être augmentée par les eaux actuelles, tend à diminuer tous les jours, étant creusée et sillonnée continuellement par les rivières modernes qui y établissent leur lit et les remanient, en donnant lieu à de nouveaux dépôts, très distincts.

Cette disposition est la même partout; ils s'échelonnent ainsi, à diverses hauteurs, depuis le fond des vallées jusqu'au sommet, en constituant des terrasses successives qui représentent les diverses phases du creusement des vallées. Mais leur composition présente certaines différences, qui tiennent à la diversité de la constitution géologique des contrées qui en ont fourni les matériaux. Ainsi, dans les alluvions anciennes de la vallée de la Seine, on remarque de nombreux blocs roulés de granite et de porphyre qui viennent du Morvan, où ils ont été arrachés par un cours d'eau, qui suivait le tracé actuel de l'Yonne et se déversait comme elle dans la vallée de la Seine; tandis que, dans la vallée de la Marne, ces mêmes alluvions sont principalement composées de galets calcaires et de silex roulés, provenant des plaines crayeuses de la Champagne et du plateau jurassique de Chaumont et de Langres.

Ces graviers et ces sables renferment, en grand nombre, des ossements pour la plupart brisés, ayant appartenu à des espèces aujourd'hui perdues, ou bien à des espèces analogues à celles qui vivent actuellement, mais dans des lieux bien éloignés de ceux où se trouvent leurs ossements. Ainsi, on rencontre là, dans toute l'Europe, des débris d'éléphants gigantesques (elephas primigenius), de grands rhinocéros, qui portaient deux cornes sur le nez rhinoceros tichorhinus), avec des ossements nombreux de chevaux et de grands ruminants (cerfs à grandes cornes, daims, élans, bœufs, etc.). Des dents et des portions de squelettes de tigres (felis spelæa), d'hyènes (hyæna spelæe) et d'un grand ours (ursus spelæus), qui atteignait la taille d'un bœuf, indiquent également que les carnassiers étaient nombreux dans la faune quaternaire. Des hippopotames (hippopotamus major) vivaient aussi, en Europe, dans les grands fleuves de cette époque. Toutes ces espèces sont aujourd'hui éteintes; parmi les espèces émigrées figurent le renne (cervus tarandus) et le glouton (gulo luscus), aujourd'hui retirés dans la zone glaciale ([1]).

Le mammouth était répandu dans tout l'hémisphère boréal, et non pas seulement en Asie, où l'on en a trouvé les premiers débris. Depuis Otto de Guérike, l'inventeur de la machine pneumatique, qui fut témoin, en 1663, de la découverte d'ossements fossiles, défenses prises alors pour des cornes; depuis Leibnitz qui s'avisa de composer de ces débris un animal étrange, fantastique, portant une défense (en guise de corne) au milieu du front, et une douzaine de molaires longues d'un pied, depuis les nombreuses trouvailles faites en Allemagne, en Russie et en Sibérie pendant tout le siècle dernier, les mammouths ont cessé d'être des animaux fabuleux, grâce surtout aux discussions auxquelles de nouvelles et fréquentes découvertes ont donné lieu dans notre siècle.

On sait que sur les rives de la Léna et dans les glaces de la Sibérie, il n'est pas rare de retrouver, non seulement l'ivoire fossile (employé dans le commerce depuis un temps immémorial), mais encore des cadavres entiers conservés avec la chair, la peau et la fourrure.

Le musée de Saint-Pétersbourg possède l'un des plus beaux spécimens retrouvés, un squelette entier mis au jour en 1804, au milieu des glaçons de la Léna. Il ne mesure pas moins de six mètres de hauteur, et ses défenses recourbées atteignent quatre mètres de longueur. Le mammouth était beaucoup plus grand que l'éléphant

---

(1) Ch. Vélain. *Géologie stratigraphique.*

Ces rencontres ne sont pas très rares, et tout récemment encore les glaces en ont rejeté un nouveau presque aussi gigantesque que celui du musée de Saint-Pétersbourg.

Parmi les rhinocéros, remarquons le rhinocéros tichorinus, ainsi nommé parce qu'une cloison osseuse séparait ses deux narines. C'est le rhinocéros aux narines cloisonnées, qui joua un grand rôle en ces siècles antiques et dont on retrouve les ossements fossiles un peu partout. Ses cornes ont donné lieu à bien des légendes, notamment au fameux « Oiseau Rock » du moyen âge que l'on prétendait trouver dans le sein de la terre, et aux têtes de dragons de l'ancien temps. La reconnaissance anatomique de ce fossile date de 1772, année pendant laquelle le naturaliste Pallas put étudier un squelette entier fraîchement retiré des glaces, sur les bords d'un affluent de la Léna — et non seulement un squelette, mais un cadavre presque entier, chair, peau, poils et téguments. — Le corps du rhinocéros tichorinus était couvert de poils, et sa peau n'offrait pas les callosités rugueuses de celle qui recouvre aujourd'hui notre rhinocéros d'Afrique.

Un des plus magnifiques animaux antédiluviens a dû être aussi le cerf-géant, dont les débris se présentent très fréquemment en Irlande, dans les environs de Dublin, entremêlés de coquillages, à la hauteur de soixante-dix mètres au-dessus du niveau de la mer, aussi bien que dans les dépôts et les tufs calcaires qui s'étendent sous les immenses tourbières, et dans la tourbe même, au niveau de la mer. Près Curragh on trouve des squelettes de cerf-géant par monceaux accumulés dans un espace restreint, comme s'il y en avait eu des troupeaux entiers d'ensevelis. Il est à remarquer que tous les individus s'y présentent dans la même attitude : la tête haute, le cou tendu, les bois rabattus sur le dos, comme si, enfoncés dans le terrain marécageux, ils s'étaient efforcés de humer l'air le plus longtemps possible.

Le genre éléphant paraît avoir suivi la progression marquée successivement par les espèces suivantes :

DINOTHERIUM	Miocène.
MASTODONTE	Miocène.
ELEPHAS MERIDIONALIS	Pliocène.
ELEPHAS ANTIQUUS	Quaternaire ancien.
ELEPHAS PRIMIGENIUS (Mammouth)	Quaternaire.
ÉLÉPHANTS ACTUELS	

LES CONTEMPORAINS DE L'HOMME PRIMITIF : L'OURS DES CAVERNES

LE MONDE AVANT LA CRÉATION DE L'HOMME

Au commencement de l'âge quaternaire, l'elephas meridionalis a disparu pour faire place à son successeur immédiat l'èlephas antiquus. Celui-ci régnait en souverain sur la faune de nos contrées, et ses troupeaux se promenaient paisiblement au milieu des

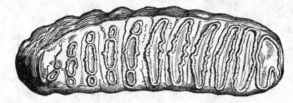

Fig. 393. — Dent molaire de l'elephas antiquus, 1/3 de grandeur naturelle.

forêts immenses qui s'étendaient sur les régions où Paris resplendit de nos jours (¹). L'inspection des dents, entre autres (*fig* 393 et 394) a conduit les naturalistes à conclure que la seconde espèce est une

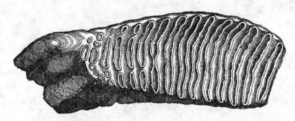

Fig. 394. — Dent molaire du mammouth (alvéoles serrées, transformation de la dent de l'elephas antiquus).
1/3 de grandeur naturelle.

transformation de la première, due surtout au changement de nourriture.

L'elephas antiquus caractérise le premier âge de l'ère quaternaire, l'elephas primigenius le second âge, plus froid, le rhino-

1. Au moment où nous mettons la dernière main à cet ouvrage (2ᵉ édition : février 1886), un lecteur des premières livraisons, M. Tony Giroudon, nous apporte une défense presque entière d'elephas antiquus trouvée en novembre 1885, aux portes de Paris, à Livry (Seine. et-Oise), dans une carrière à plâtre, à 45 mètres de profondeur. Cette défense, droite et très légèrement recourbée, mesurait environ 1ᵐ50 de longueur. Quoique passée elle-même à l'état de plâtre et d'une trop facile désagrégation, on y reconnaît à première vue les couches concentriques de l'ivoire, et le fossile est resté intact. L'animal était couché là, dans le gypse, depuis cent mille ans peut-être.

L'elephas antiquus et l'elephas primigenius étaient très répandus dans nos contrées. Nous remarquions encore dernièrement, chez un de nos camarades d'enfance M. J. Legrand, à Montigny et à Bourmont (Haute-Marne), une magnifique collection de curieux spécimens trouvés en divers points de l'est et du centre de la France.

céros tichorhinus le troisième âge, et le renne le quatrième. Cette appréciation se rapporte à l'Europe. La faune est sensiblement différente en Amérique.

Une grande quantité des animaux terrestres actuels existaient dès le commencement de la période pendant la durée de laquelle beaucoup de types nouveaux se formèrent. Il y a donc un passage tout à fait insensible de la faune quaternaire à la faune contemporaine ; aussi les deux époques sont-elles plutôt séparées par la cessation des phenomènes physiques et climatériques de la période glaciaire et diluvienne, et par l'inauguration de la tranquillité actuelle que par une différence dans la faune et dans la flore. Cela est d'autant plus manifeste, que si les animaux contemporains remontent souvent à l'époque quaternaire, et même à l'époque tertiaire, plusieurs espèces quaternaires n'ont pris fin que dans les temps modernes. Le mammouth a survécu aux dernières catastrophes, l'urus existait encore, il n'y a pas fort longtemps, dans les forêts de la Gaule et de la Germanie, et l'aurochs n'a pas encore tout à fait disparu de celles de la Lithuanie et du Caucase.

En Europe, les mammifères quaternaires étaient des ours, des lions, des hyènes, des rhinocéros, des éléphants, des cerfs, des bœufs, presque tous de taille gigantesque ; puis des insectivores, des rongeurs, des carnassiers, des ruminants, des chevaux, des sangliers, etc., dont la plupart subsistent encore. L'ours des cavernes était grand comme un cheval, l'éléphant laineux ou mammouth dépassait de beaucoup ses congénères actuels, il portait des défenses énormes recourbées un peu en spirale ; le cerf des tourbières, aux bois palmés, avait au moins la stature de nos bœufs, et certaines espèces de bœufs atteignaient des dimensions extraordinaires. Ce mélange d'animaux des contrées froides et tempérées avec d'autres que nous sommes habitués a regarder comme habitants des pays chauds, n'a plus rien d'étonnant, depuis que l'on sait que le mammouth et le rhinocéros à narines cloisonnées étaient revêtus d'une *épaisse fourrure de laine et de crins*, ainsi que le témoignent les spécimens trouvés dans les glaces de la Sibérie. Il est donc naturel de rencontrer à la fois, dans le midi de la France, les débris des ours et des hyènes des cavernes, des rhinocéros, du mammouth, de l'autruche, du cheval, du renne, du glouton, et

même du bœuf musqué des régions arctiques. La durée de cette
époque glaciaire a été considérable ; les animaux terrestres s'en
sont ressentis et, pour vaincre les rigueurs du climat, ils se sont
recouverts d'une épaisse fourrure.

En Amérique, les dépôts diluviens sont très étendus et, de plus,
particulièrement riches en ossements; mais cette faune présente avec
celle que nous venons de voir en Europe, de grandes différences.
Ainsi, dans les limons et les tufs calcaires qui recouvrent les immenses plaines de la Plata, dans l'Amérique du Sud, qu'on nomme les
Pampas, on trouve un nombre considérable de mammifères, dont

Fig. 395. — Le mégalonyx, mammifère édenté quaternaire du continent américain.

les squelettes sont pour la plupart entiers, et parmi lesquels on
remarque surtout d'énormes édentés, tels que le mégathérium et
le mylodon, avec lesquels nous avons fait connaissance pendant
la période pliocène en Europe, et tels que le singulier mégalonyx (*fig*. 395) plus spécial au continent américain. On y rencontre
aussi des tatous géants, dont le plus remarquable était le glyptodon,
associés à des castors, à des chevaux, à des tapirs, etc., tandis que
les grands animaux les plus fréquents et les plus remarquables de
la faune quaternaire européenne, le mammouth, le rhinocéros,
l'ours des cavernes, l'hippopotame, manquent complètement.

Le glyptodon (*fig*. 396) était un tatou géant, mesurant plus
de trois mètres de long ; il était enveloppé et protégé par une
cuirasse épaisse, composée de pièces osseuses solidement ajustées.

En Australie, les mammifères quaternaires étaient exclusivement des marsupiaux ; il en est de même aujourd'hui, mais leurs représentants actuels ne sont que des nains par rapport aux espèces d'autrefois.

Enfin, dans la Nouvelle-Zélande, les mammifères faisaient presque défaut comme aujourd'hui ; ils étaient remplacés par des oiseaux géants, les moas (*dinornis*), qui pouvaient atteindre quatre mètres de hauteur et dont les œufs, longs de 32 à 34 centimètres, avaient une capacité de neuf litres.

Ces faits sont importants, ils nous montrent qu'aux temps

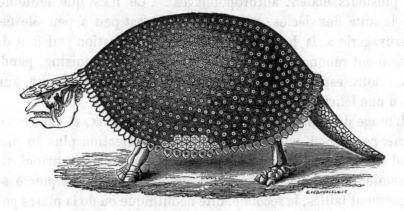

Fig. 396. — Squelette restauré du glyptodon (Amérique du Sud).

quaternaires, les distinctions entre les diverses faunes, qui sont si marquées à l'époque actuelle, étaient déjà bien accusées.

Nous nous occuperons au chapitre suivant de l'époque de l'apparition de l'homme ; mais nous pouvons dire dès maintenant qu'on a recueilli dans le diluvium et dans les cavernes du commencement de l'époque quaternaire non seulement des silex taillés. des os façonnés, des croquis d'animaux et une foule de vestiges de l'industrie grossière des premiers âges, mais encore des restes fossiles de l'homme lui-même. Les premiers hommes ont donc assisté aux phénomènes que nous venons de décrire; ils ont contemplé les inondations diluviennes, ont été témoins de la prodigieuse extension des glaciers, ont vu s'élever des chaînes de montagnes, ont pu observer la formation d'un grand nombre d'espèces animales. Mais ils n'étaient pas encore observateurs. Tout ce qui s'est con-

servé dans la mémoire de l'humanité, c'est un vague souvenir des
périls auxquels elle était en butte, et des animaux qui menacaient
son existence. Les monstres et les géants abondent dans les premiers récits, et les traditions de tous les peuples mentionnent des
inondations et des déluges singulièrement travestis par la fable.
Ce n'est pas ici le lieu de chercher à débrouiller l'histoire encore si
obscure des premiers âges de l'humanité; constatons seulement, avec
le géologue Contejean, qu'on a trouvé les vestiges de races humaines·
diverses ; que les plus anciennes paraissent se rapprocher des populations les plus dégradées de l'Afrique du Sud et de l'Australie, et
que plusieurs étaient anthropophages : « Ce n'est que lentement,
et à la suite des siècles, que l'humanité s'est peu à peu élevée de
la sauvagerie à la barbarie , puis à la civilisation ; il faut donc
absolument renoncer au rêve si séduisant d'un édénisme, pendant
lequel notre espèce, sortie parfaite des mains du Créateur, aurait
joui d'une félicité sans égale. »

L'usage de la pierre a précédé celui des métaux, et dans cet *âge
de pierre*, on peut, en raison du degré de perfection plus au moins
grand des outils de silex employés, constater deux ères principales :
la première, dite paléolithique, où les instruments de pierre sont
simplement taillés, la seconde, dite néolithique ou de la pierre polie,
parce que ces instruments, plus finement travaillés, sont le plus
souvent polis.

Il est désormais prouvé que l'homme existe sur la terre depuis
une époque très reculée. Les documents écrits ne nous ramènent
qu'à cinq ou six mille ans en arrière, les restes les plus anciens
des édifices bâtis à une époque antérieure, et qui sont aussi des
archives de pierre, datent peut-être de vingt siècles auparavant,
mais par delà cette bien courte période historique, comprenant à
peine la durée de cent cinquante générations successives, s'étend la
période, certainement beaucoup plus longue, de la tradition pure.
Alors, dirons-nous avec Élisée Reclus, l'humanité, naissant à la
conscience d'elle-même, rattachait les siècles aux siècles par les
légendes, les hymnes, les formules symboliques, les souvenirs des
grands événements. Migrations, guerres de races, alliances, exter-
minations, conquêtes du travail, s'incorporaient dans la religion
même, et, sous une forme de plus en plus altérée, se transmettaient

d'âge en âge, comme l'héritage des peuples. Plus anciennement encore, dans le lointain inconnu des temps, nos ancêtres vivaient de la vie des bêtes fauves dans les forêts et les cavernes. La tradition non moins que l'histoire, est muette sur cette période de la race humaine ; mais les assises de la terre, interrogée de nos jours par les anthropologistes et les géologues commencent à nous révéler à la fois l'existence et les mœurs de ces aïeux naguère inconnus.

Tant de débris humains, tant de produits de l'industrie primitive ont été découverts dans les derniers temps, qu'il ne reste plus de doute relativement à la longue durée de notre espèce. Non seulement nos barbares aïeux habitaient les forêts en même temps que le bison, mais avant cet âge, ils vivaient aussi pendant la période glaciaire, quand la France et l'Allemagne avaient l'aspect de la Scandinavie actuelle et que les rennes, aujourd'hui relégués dans le voisinage de la zone boréale, parcouraient les glaciers des Alpes et des Pyrénées. Antérieurement encore, à une époque où le climat européen, qui plus tard devait tellement se refroidir, était au contraire beaucoup plus chaud que de nos jours, l'homme des cavernes avait pour contemporains des espèces de rhinocéros et d'éléphants, maintenant disparues, et déjà des artistes, humbles devanciers des Phidias et des Raphaël, s'essayaient à graver sur leurs outils des figurines de femmes et des images de mammouths et de cerfs, qui se sont conservés dans l'argile des grottes. Avant cette époque, l'homme se retrouve encore, luttant pour la domination contre un redoutable ennemi, le grand ours des cavernes, dont il nous a laissé également des dessins sur la pierre ; et plus loin, dans l'immense profondeur des âges, d'autres restes, ceux des éléphants *antiquus* et *méridionalis*, nous apprennent que nos ancêtres étaient déjà nés durant une période de la vie terrestre que l'on croyait naguère avoir été séparée de l'époque actuelle par une série de brusques renouvellements ([1]).

Telle a été la dernière des périodes géologiques esquissée dans des grandes lignes. Le but de cet ouvrage étant atteint par l'arrivée du genre humain antérieurement à cette époque même, ce n'est

---

1. Élisée Reclus. *La Terre*, II, p. 625.

pas ici le lieu de nous étendre sur l'histoire spéciale de l'époque quaternaire et sur celle des *premiers âges de l'humanité*. Pour nous, notre mission, dans ce long travail, était de montrer comment, par la succession des espèces, la nature a progressivement conduit la vie depuis le protoplasma jusqu'à l'homme, sur une planète devenue habitable après avoir été nébuleuse et soleil. C'est à nos lecteurs à décider s'ils ont maintenant entre les mains' tous les témoignages conquis par la science pour donner enfin la solution du grand problème.

Ce splendide sujet des premiers âges de l'humanité va faire l'objet d'un ouvrage plus spécial, qui succèdera tout naturellement à celui-ci, et qui sera dû à la plume si compétente de M. Henri du Cleuziou, le chercheur auquel on doit tant de travaux spéciaux sur ce sujet, notamment son grand ouvrage sur *L'Art national*. Nul auteur n'était mieux préparé que cet anthropologiste pour présenter au public désireux de s'instruire sur ces âges antiques, si mysté-rieux encore, un ouvrage populaire exposant les documents déjà innombrables qui ont été reconnus et recueillis, depuis un quart de siècle surtout, sur l'état primitif du genre humain. Aussi est-ce avec une grande satisfaction que nous voyons M. du Cleuziou pré-parer la publication de ce magnifique ouvrage, qui continuera celui-ci sous un aspect qui nous intéresse de plus près encore, puisqu'il a pour sujet l'humanité elle-même et sa primitive histoire.

Notre devoir personnel n'est pas encore complètement accompli, pourtant. Avant de clore ce volume, il importe que nous résumions sous un aspect général l'ensemble de tout ce qui a été dit depuis les premières pages, et que nous sachions en dégager la grande inconnue, la question finale de *la Création de l'Homme*. Nos lec-teurs sont entièrement préparés pour le faire eux-mêmes. Le fruit est mûr : il suffit d'étendre la main pour le cueillir. Et c'est là le vrai fruit de l'arbre de la science, auquel il n'est plus interdit de toucher, comme dans la légende, gracieuse mais un peu trop inexacte, du paradis terrestre.

LA CRÉATION DE L'HOMME

Au titre de cet ouvrage, *Le Monde avant la création de l'homme*, on pourrait substituer celui de *Monde avant l'apparition de l'homme*, et il a semblé à plusieurs critiques éclairés de la littérature et de la science que le second serait plus exact que le premier. Dans la conception scientifique actuelle que nous pouvons nous former de la création des choses et des êtres, les deux expressions sont absolument synonymes. L'étude de la nature nous a montré, dans tout le cours de cet ouvrage, que le sens autrefois attribué à ce mot de création est purement imaginaire et que l'on n'observe nulle part de création directe. Jamais on n'a vu quelque chose sortir de rien. Non seulement pas un être animé, le plus élémentaire soit-il, pas une plante, pas un brin de mousse ne naît de rien, mais encore pas la moindre concrétion minérale, pas la moindre molécule, et même pas la moindre quantité de chaleur, de lumière, d'électricité; aucune force comme aucun atome ne sort du néant. Il faut donc laisser aux théologiens qui y tiennent encore le soin de défendre ces conceptions surannées : elles appartiennent à l'âge de l'enfance de l'humanité, et le mieux que nous puissions faire est de les oublier dans le musée des reliques, que l'on ne visite plus qu'au point de vue du sentiment de la curiosité historique. Pour l'esprit sincère qui, sans aucune idée préconçue et sans embarras pusillanimes, étudie librement le spectacle splendide de l'univers vivant, cet univers est, dans toutes ses parties, une évolution progressive des choses et des êtres. Nous devons donc entendre le mot création dans le sens de *création naturelle*. Compris de la sorte, le titre « création de l'homme » est aussi exact et plus légitime que celui d'apparition. L'homme n'est pas apparu subitement, il a été graduellement créé par les forces naturelles.

Ce n'est point à dire pour cela que l'étude positive de la nature nous autorise à nier l'existence d'une Cause première, agissant d'une manière permanente dans l'œuvre de l'évolution de l'univers, force invisible régissant le développement des êtres et des choses dans un dessein spirituel dont le but nous est présentement inconnu. Il importe à l'éclairement de nos esprits d'apprécier à leur juste degré les limites de la science. Ceux qui prétendent que l'on ne sait rien et qu'il est inutile d'étudier sont des hommes habiles, instruits ou non eux-mêmes, qui trouvent bon d'exercer une influence facile sur des personnes faibles, préparées à abandonner entre leurs mains la conduite de leur conscience. En fait, *on sait* quelque chose, et toute âme juste doit être pénétrée de reconnaissance envers les chercheurs de tous les siècles qui ont consacré leur existence entière au travail, et dont les labeurs ont donné à l'humanité les richesses intellectuelles et matérielles de la science et de la pensée. Mais si l'on sait quelque chose, on ne sait pas tout, et la science expérimentale a des limites. Elle ne peut pas encore trancher la question si importante de l'existence de Dieu et de l'immortalité de l'âme, et surtout elle ne peut pas la trancher par la négative. C'est le devoir de tout penseur, qui a le respect de la vérité, de dire franchement ce qu'il sait, et de tenir en garde ceux qui l'écoutent contre toute conclusion exagérée et étrangère à la science. Les religions qui prétendent raconter la création de l'homme par les mains d'un magicien divin et qui fondent toute l'histoire de l'humanité sur la pointe d'une pyramide renversée, font peut-être un prodige d'équilibre; mais il est certain qu'elles sont dans l'erreur la plus complète. Les systèmes philosophiques qui nient au nom de la science l'existence de l'âme humaine et prétendent ecraser sous le poids d'un matérialisme grossier les plus nobles aspirations de l'humanité, font peut-être parade d'une certitude bien déguisée; mais ils ne voient qu'un côté de la création, et non le plus beau. Sans doute il est difficile de se dégager de toute chaîne, d'apprécier les choses telles qu'elles sont et de penser librement. Mais c'est là, en vérité, le plus grand mérite que nous puissions avoir, et le plus noble exercice que nous puissions faire des facultés intellectuelles que nous avons reçues. Et c'est l'un des derniers progrès de la civilisation, dont nous ne saurions trop sentir le prix, de pouvoir aujourd'hui penser et parler selon notre conscience, sans hypocrisie comme sans châtiment de la part d'une société à la fois fausse, fourbe et ignorante. Il est enfin permis d'être sincère. Pourtant tout le monde ne l'ose pas.

La création naturelle de l'homme, tous nos lecteurs l'ont déjà compris, ne commence pas historiquement avec le titre de ce chapitre; elle remonte, par ses origines, aux premières pages de ce volume. C'est insensiblement, graduellement, progressivement, que l'évolution des êtres est parvenue au point où nous la voyons actuellement dans l'humanité. Il serait aussi impossible de dire quand l'homme a commencé, que de dire quand la rose a commencé. Contemplez cette rose magnifique, aux pétales multipliés, de nos jardins modernes, respirez son parfum exquis, admirez les nuances si tendres et si délicates de cette chair végétale, et cherchez sa naissance. Vous remonterez à la rose sauvage, vous remonterez à l'aubépine ; mais ce n'est plus la rose. Cherchez la naissance de la pêche, à la fois si belle et si succulente; cherchez la naissance du chasselas doré dont chaque grain emprisonne des rayons de soleil; cherchez la naissance du lis ou de l'orchidée; en remontant aux origines, vous perdez insensiblement de vue l'objet de votre recherche. De la Terre actuelle, couverte des produits de l'humanité militante, parsemée de champs, de prairies, de cités, de villages, de routes, de chemins de fer, vous remontez insensiblement à la Terre des iguanodons, des dinosauriens, des labyrinthodontes, aux âges primaires, à la nébuleuse. Tout n'est que transition, transformation, évolution.

Entre minuit et midi, la différence est grande, le contraste est absolu. Décidez cependant à quelle heure, à quelle minute, à quelle seconde, à quel moment précis le jour a commencé. Il en est de même de l'homme.

Observant l'humanité dans son état actuel, nous avons une

tendance à croire qu'elle a toujours été telle que nous la voyons.
Pourtant nous assistons nous-mêmes à son évolution et nous pouvons nous rendre compte de la rapidité avec laquelle tout change.
Dans moins d'un siècle nos descendants ne s'imagineront pas facilement l'époque à laquelle il n'y avait ni chemins de fer ni télé-
graphes, et pourtant c'est d'hier. Nous jetons une lettre à la poste
pour Madrid, où elle arrive le lendemain, et en traversant la gare
d'Orléans, nous lisons sans admiration sur le wagon poste : « Paris-
Pyrénées ». Notre mémoire est courte et notre indifférence est
bizarre. Charlemagne saluerait une conquête plus grande que celle
de tout son empire, s'il ressuscitait une heure seulement dans
l'express qui fond de Paris sur Rome en 34 heures ou dans celui
qui vole de Paris à Constantinople en 60 heures ; il n'en croirait pas
ses yeux et encore moins sa raison, si quelque ingénieur essayait
de lui expliquer que c'est tout simplement de la vapeur émanée de
quelques litres d'eau bouillante qui produit cette merveille. Nous
voyons des villes, des maisons confortables fermées par du verre,
des boulevards, des théâtres, des académies, des églises ; nous voyons
des étoffes, des costumes, des meubles ; nous entendons de la musique, nous lisons des journaux et des livres, et nous sommes
portés à croire que tout cela a toujours existé. Mais, au contraire, en
fait, tout n'est arrivé que successivement.

L'homme s'est fait ce qu'il est aujourd'hui, comme il se fait
actuellement ce qu'il deviendra demain. Corps, esprit, mœurs,
idées, langage, tout change, et très vite. Charlemagne n'entendrait
déjà plus la langue que l'on parle aujourd'hui à Paris. Que dis-je,
Charlemagne ? Saint Louis, qui rendait la justice sous un chêne du
bois de Vincennes, ne comprendrait plus le francais. Insensiblement
l'homme a acquis ses idées, son langage, ses facultés intellectuelles ;
insensiblement il a produit ses œuvres diverses ; insensiblement
l'humanité est devenue ce qu'elle est. Encore devrions-nous dire
l'humanité civilisée ; car il existe sur notre planète, notamment
dans l'Afrique centrale, au sud de l'Amérique et dans les îles de
l'Océan Pacifique bien des groupes d'êtres nommés humains et qui
n'en ont guère que la forme. Et quelle forme ! Ces sauvages primitifs, incapables de toute conception intellectuelle, moins intelligents
que plusieurs de nos animaux domestiques, rebelles à toute éduca-

tion, sans mémoire historique, sans calendrier, vivant au jour le jour, incapables de compter au delà des cinq doigts d'une main, brutes et barbares dans tous leurs actes, n'allant pas plus loin dans le sentiment de la famille que certaines espèces de singes, d'oiseaux ou même de kangourous, ces sauvages (dont on peut apprécier les types en visitant les salles d'anthropologie du Muséum d'histoire naturelle de Paris, depuis les Boschismans jusqu'à la Vénus hottentote), ces êtres primitifs ne doivent assurément pas encore être inscrits dans les rangs de l'humanité dont nous célébrions tout à l'heure l'avancement intellectuel.

La parenté de l'homme avec les organismes qui l'ont précédé dans l'ordre de la vie terrestre est démontrée par des faits absolument incontestables. Ces faits, nombreux et divers, peuvent être classés en plusieurs séries, éloquemment concordantes : 1° l'anatomie comparée montre l'identité de construction du corps humain avec celui des espèces animales les plus élevées dans la hiérarchie zoologique, depuis le squelette jusqu'aux organes et jusqu'aux moindres détails du corps; 2° la physiologie établit que l'organe le plus caractéristique de l'espèce humaine, le cerveau, s'est progressivement formé et développé dans les espèces animales pour aboutir graduellement et sans transition brusque au cerveau humain; 3° l'observation de l'intelligence des animaux prouve qu'ils possèdent, à un degré moindre, toutes les facultés intellectuelles de l'homme, ordinairement en un état très rudimentaire, mais quelquefois développées d'une manière remarquable; 4° cette parenté physique et morale de l'homme avec les animaux supérieurs a laissé de plus des traces irrécusables dans les organes atrophiés qui existent dans l'organisme humain, héritage des ancêtres primitifs, et dans les faits d'atavisme ou de retour de l'homme vers ses origines; 5° l'embryologie constate que, maintenant encore, tout être humain passe, dans le sein de sa mère, par les phases animales antérieures et, qu'avant d'être humain, chacun de nous a été œuf, reptile et quadrupède; 6° la géologie et la paléontologie établissent qu'en réalité c'est bien ainsi que les choses se sont passées, puisque les êtres dont on retrouve les fossiles, depuis les zoophytes et les mollusques jusqu'à l'homme, progressivement et se perfectionnant sans cesse, montrent un arbre grandissant des racines au sommet et un parallélisme complet entre l'ordre logique indiqué par la physiologie et la succession réelle des espèces dans l'histoire du monde. De ces diverses séries, qui comprennent l'ensemble des observations scientifiques auxquelles nous pouvons recourir pour la solution du grand problème, la sixième a fait l'objet de cet ouvrage tout entier, et nos lecteurs en ont apprécié surabondamment l'intérêt et la valeur. Les cinq autres ont déjà été esquissées dans leurs grandes lignes lorsque nous avons étudié les origines et la progression de la vie; il importe cependant de placer sous nos yeux leurs arguments essentiels et d'essayer ensuite de découvrir de quelle espèce animale l'humanité s'est dégagée et vers quelle époque s'est accomplie cette importante transformation.

Et d'abord, nous disons que l'anatomie comparée établit une identité de construction entre le corps humain et celui des animaux supérieurs. C'est ce que tout le monde sait aujourd'hui. Il n'est personne qui n'ait vu, au naturel ou en modèles, soit dans les musées, soit dans les collections, soit même simplement aux étalages de bouchers ou de charcutiers des animaux écorchés, bœufs, veaux, moutons, porcs, chevreuils, etc., et sans être nécessairement pour cela grand observateur, on ne peut pas ne pas avoir remarqué l'analogie qui existe entre la position des principaux organes de ces corps avec celle des organes du corps humain. Ce premier coup d'œil poussé un peu plus loin conduit aux éléments de l'étude anatomique, et si l'on pénètre jusqu'à l'examen spécial des organes : cerveau, cœur, poumons, membres, tête, dentition, yeux, oreilles, mains, etc., on constate très vite que dans tous ses détails notre corps est construit absolument sur le même modèle que celui des mammifères supérieurs. Si l'on va plus loin dans l'examen et que l'on cherche, parmi ces mammifères supérieurs, quels sont ceux dont l'organisation anatomique et physiologique offre la plus grande ressemblance avec la nôtre, on ne tarde pas à constater que ce sont les singes.

C'est là un *fait* que nulle objection de sentiment ne peut détruire. Est-ce à dire que ce rapprochement suffise pour établir que nous descendions du singe? Assurément non. Et puis, il faudrait d'abord examiner *à quel singe* on peut offrir la palme.

N'allons pas si vite. Mais ne fermons pas les yeux pour cela. Notre corps est construit comme celui des animaux supérieurs. Si l'homme avait été l'objet direct d'une création spéciale, étrangère à celle des autres espèces vivantes, cette ressemblance organique n'aurait aucune raison d'être. Elle serait même étrange, inexplicable et humiliante, surtout inexplicable, si l'homme avait été créé à l'état de perfection angélique. Au contraire, elle s'explique tout naturellement si nous appartenons à l'arbre de la vie terrestre.

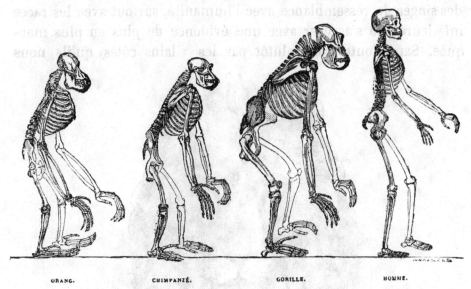

ORANG.   CHIMPANZÉ.   GORILLE.   HOMME.

Fig. 398. — Squelettes comparés de l'orang, du chimpanzé, du gorille et de l'homme.

Si nous comparons au squelette humain celui des singes les plus voisins de l'homme par leur organisation, nous avons sous les yeux la figure ci-dessus, qui est bien significative par elle-même. On ne saurait refuser de convenir que la ressemblance entre ces squelettes est grande. La stature générale, les côtes, les jambes, les bras, la colonne vertébrale, la tête laissent une impression de ressemblance bien réelle. Des différences de détails se manifestent. Le crâne des singes est bestial, les bras sont très longs, et surtout la stature humaine, droite, verticale, est empreinte d'une certaine noblesse à laquelle ne pourraient prétendre les autres. Mais ne sent-on pas comme une ascension graduelle du squelette animal vers la noblesse humaine? Comparez un squelette de quadrupède : chien, cheval ou lion (voyez par exemple *fig.* 386, *p.* 727) avec celui de l'orang, et vous sentirez qu'il y a plus de distance entre le cheval ou le lion et le singe, qu'entre le singe et l'homme. Pourtant le lion peut être considéré comme l'un des animaux supérieurs, son visage, son regard, sa fierté, son aspect (*fig.* 399) n'ont-ils pas déjà presque quelque chose d'humain ?

Si, du squelette nous allons plus loin et considérons l'ensemble de l'organisation corporelle ; si, allant encore un peu plus loin, nous observons l'organisation intellectuelle, la vie et les mœurs des singes, la ressemblance avec l'humanité, surtout avec les races inférieures, va s'accuser avec une évidence de plus en plus marquée. Sans doute, c'est plutôt par les vilains côtés qu'ils nous

Fig. 399. — Tête de lion du Sennaar, vue de face.

ressemblent ; mais ils ne manquent ni de finesse ni d'esprit. Écoutons à ce propos l'un des meilleurs observateurs, Brehm, qui pourtant ne paraît pas les aimer beaucoup. Le lecteur qui lira, avec attention, la description suivante, prise sur nature, recevra l'impression qu'entre le singe et l'homme non civilisé il n'y a qu'une différence de degré.

L'on ne peut nier, écrit ce naturaliste, qu'ils ne soient méchants, malicieux, perfides, rageurs et furieux, haineux, sensuels sous tous les rapports, querelleurs, batailleurs, despotiques, irritables et moroses, en un mot, soumis à toutes les passions les plus détestables; ils éprouvent un malin plaisir à faire toutes sortes de mauvais tours; mais il faut recon naître aussi qu'ils manifestent souvent de la prudence et de la gaîté, de la douceur et de la bonté, de l'amitié et de la confiance; ils sont sociables,

Fig. 400. — Singes cercopithèques en maraude.

courageux, dévoués à leurs semblables qu'ils défendent vigoureusement, même contre des ennemis supérieurs en forces. Tous montrent une certaine grandeur dans leur amour envers leurs enfants, dans leur compassion pour les êtres faibles, non seulement dans leur race ou dans leur famille, mais pour les petits d'espèces ou même de classes différentes.

La vie sociale de ces animaux est pleine d'attraits pour l'observateur. Peu d'espèces de singes vivent solitaires; la plupart d'entre elles se réunissent par bandes. Chacune de ces bandes choisit un domaine fixe, plus ou moins étendu, toujours dans les contrées les plus favorables sous tous les rapports et surtout sous celui de l'alimentation. Lorsque la nourriture manque, la bande pousse plus loin. Les forêts voisines des lieux habités par l'homme et dans lesquelles se trouvent des plantations de maïs, de cannes à sucre, de bananes, des arbres fruitiers, des melonnières, sont pour eux un véritable paradis. Ils ne dédaignent pas non plus les villages, où la superstition grossière défend à tout le monde de châtier ces voleurs impudents. Lorsque la bande est tombée d'accord sur l'endroit où elle doit se fixer, la véritable vie de singe commence avec ses plaisirs et ses agréments, ses disputes et ses batailles, ses besoins et ses misères. Le mâle le plus fort de la troupe en devient le conducteur, le guide, mais ce n'est pas le suffrage des autres individus de sa société qui lui confère cet honneur; il est contraint de l'acquérir à force de luttes et de combats contre les autres vieux mâles ses rivaux. Les dents les plus longues et les bras les plus puissants, chez les singes comme chez les hommes, décident de la victoire. Quiconque ne veut pas se soumettre de bonne grâce y est contraint par la force. L'empire est donc au plus fort; le plus sage est celui qui a les plus longues dents. Cela s'explique, du reste, par ce fait que les singes les plus forts sont généralement les plus âgés, et les jeunes sont bien obligés de se reconnaître inexpérimentés devant eux. Le guide exige une obéissance absolue et il l'obtient dans toutes les circonstances. Sultan jaloux et brutal, il s'arroge un droit exclusif sur toutes les femelles, éloigne celles qui s'oublient; aussi peut-on dire qu'il est le père de sa troupe.

Lorsque la colonne devient trop nombreuse, une partie s'en détache sous la direction d'un autre mâle devenu assez fort pour lutter avec le chef, et une nouvelle lutte commence pour la direction générale des intérêts de la société qui vient de se former. Il y a toujours lutte là où plusieurs visent au même but. Chez les singes, il ne se passe pas un jour sans disputes et querelles : il suffit d'observer une troupe pendant quelques instants pour voir que la discorde règne au milieu d'elle sans cause apparente.

Le guide exerce son emploi avec beaucoup de dignité. L'estime qu'il a su conquérir, exaltant son amour-propre, lui donne une certaine assurance qui manque à ses sujets; ceux-ci lui font toujours la cour. On voit même des femelles s'efforcer de recevoir de lui la plus grande faveur qu'un singe puisse accorder ou obtenir : elles mettent tout leur zèle à débarrasser son pelage des parasites incommodes, et il se prête à cette opération avec une grotesque majesté. En retour, il veille fidèlement au salut commun. Aussi est-il, de tous, le plus circonspect; ses yeux errent constamment de côté et d'autre; sa méfiance s'étend sur tout, et il arrive presque toujours à découvrir, à temps, le danger qui menace sa colonie.

Le langage des singes paraît être assez varié, du moins chaque espèce exprime-t-elle par des sons différents ses diverses impressions ; l'observateur parvient bien vite à reconnaître la signification des sons que pousse un guide pour conduire son troupeau, et le cri plein de terreur qui ordonne la fuite. Ce cri, qu'il est difficile de décrire et encore plus d'imiter, consiste en une série de sons courts, saccadés pour ainsi dire, tremblants et discordants, que les contractions de la figure rendent encore plus expressifs. Dès qu'il se fait entendre, toute la bande prend la fuite. Les mères rappellent leurs petits, qui s'attachent rapidement à elles ; puis, chargées de leur doux fardeau, elles gagnent au plus vite le premier arbre ou le rocher voisin. Le vieux singe prend les devants et indique le chemin, que toute la bande suit avec la plus grande confiance ; et quand la halte et le calme du guide annoncent que tout danger est passé, la bande se réunit de nouveau, rebrousse chemin et va achever le pillage que l'on avait empêché d'accomplir.

Cependant tous les singes ne fuient pas devant l'ennemi ; les plus forts se défendent contre les carnassiers les plus redoutables et même contre l'homme, plus terrible pour eux ; ils livrent alors des combats dont l'issue est souvent douteuse. Les grands singes, par exemple les cynocéphales, possèdent dans leurs dents des armes si terribles, qu'ils peuvent bien accepter la lutte avec l'ennemi qui se présente seul, tandis que les singes de petite taille se défendent en masse et se secourent mutuellement avec une fidélité digne d'éloges. Les femelles ne se battent que lorsqu'elles sont forcées de défendre leur vie ou leur petit ; dans ce cas, elles font preuve de tout autant de bravoure que les mâles. La plupart des singes combattent à l'aide de leurs mains et de leurs dents, ils déchirent et mordent ; cependant quelques auteurs ont avancé qu'ils se servent quelquefois de branches cassées, en guise de bâtons. Ce qu'il y a de certain, c'est que, du haut de leur refuge, ils lancent des pierres, des fruits, des morceaux de bois sur leurs adversaires. Aucun indigène, surtout lorsqu'il n'a pas d'arme à feu, ne se mesure avec le cynocéphale. Les orangs, et notamment les gorilles, sont si forts et si dangereux que, lorsqu'un chasseur est aux prises avec l'un deux, il ne peut se servir de son fusil que pour la défense et ne peut jamais l'employer à l'attaque. La rage excessive des singes, qui décuple leurs forces, est beaucoup à craindre, et leur grande adresse enlève trop souvent au chasseur l'occasion de leur porter un coup mortel.

A l'état de nature, chaque espèce fait bande à part ; toutefois, quelques-unes de celles qui sont très voisines et presque semblables, se supportent et font société. En captivité, toutes les espèces vivent en bonne amitié, et on observe alors les mêmes lois de domination que dans une colonie libre. Le plus fort a toujours de l'empire sur les autres. Les grandes espèces s'occupent des espèces plus petites et les mâles rivalisent avec les femelles pour les soigner. Les femelles des grandes espèces recrutent même de jeunes enfants ou de petits mammifères qu'elles peuvent porter sur leurs bras. Autant le singe est méchant contre tous les animaux, autant il est aimable et doux envers les enfants ou d'autres pupilles; aussi, l'amour maternel des singes est-il devenu tout à fait proverbial. Naturellement, cet amour s'observe surtout envers leurs propres petits.

Le nouveau-né n'est pas beau; mais ce petit monstre fait les joies de

Fig. 401. — Le semnopithèque nasique.

sa mère, qui le caresse et le soigne avec tant de démonstrations, que ce grand amour en paraît ridicule. Quelque temps après sa naissance, le jeune singe se suspend avec ses deux mains de devant au cou de sa mère, tandis que ses mains de derrière embrassent les flancs de celle-ci; il prend ainsi la position la moins gênante pour la nourrice et la plus commode pour téter. Devenu plus grand, il saute, à la première alerte, sur les épaules ou sur le dos de ses parents.

Le petit être est d'abord insensible à toutes les caresses de sa mère, qui n'en est que plus aimable envers lui. Elle s'en occupe constamment. Tantôt elle le lèche, tantôt elle l'épouille; elle le presse contre son cœur ou le prend dans ses deux mains pour mieux le contempler, elle le replace au sein, ou le balance dans ses bras comme si elle voulait l'endormir... Au bout de quelque temps le petit singe devient plus indépendant et prend un peu plus de liberté. Sa mère le laisse maître de ses mouvements

Fig. 402. — Le gibbon oa.

et lui permet de s'ébattre avec les autres singes de son espèce, mais elle ne le quitte pas un instant des yeux, suit tous ses pas, surveille ses actes et ne lui permet que ce qui ne peut lui nuire. Au moindre danger, elle se précipite sur lui en poussant un cri particulier, qui est une invitation à venir se réfugier dans ses bras. Lorsqu'il désobéit, ce qui arrive rarement — les jeunes singes étant en général très soumis — elle le punit en le pinçant ou en le secouant, quelquefois même, en lui donnant de vrais soufflets.

Dans la captivité, la mère partage fidèlement ce qu'elle mange **avec** son petit, prend part à tout ce qui lui arrive et lui donne de touchants témoignages d'affection. La mort de ce petit entraîne fatalement la sienne; le chagrin que lui cause cette perte la tue (¹). Lorsqu'une mere meurt, un individu quelconque de la bande, mâle ou femelle, adopte l'orphelin et lui témoigne presque autant d'amour qu'à sa propre progéniture.

Quelques voyageurs ont fait une peinture des combats des nègres avec le gorille, réellement épouvantables à les en croire; ceux qui vont chercher l'ivoire craignent au plus haut degré le gorille et redoutent surtout sa manière d'attaquer. Les indigènes prétendent que lorsque des chasseurs cheminent tranquillement en troupe à travers la forêt, un gorille suspendu à l'une des branches inférieures d'un arbre, saisit habilement l'un d'eux par la nuque, l'attire vers lui, l'entraîne jusqu'au sommet de l'arbre, où il l'étrangle sans qu'il puisse seulement pousser un cri, et le laisse retomber inerte sur le sol. Des nègres sortent quelquefois horriblement mutilés d'un combat qu'ils ont eu à soutenir avec ces terribles animaux et dont ils sont sortis vainqueurs. Lorsque le gorille est entouré de sa famille, il attaque sans être provoqué, et le combat entre l'homme et lui se termine ordinairement par la mort de l'un des combattants; malheureusement, presque toujours, c'est l'homme qui succombe. Il est plus difficile de s'emparer d'un jeune gorille que d'une dizaine de chimpanzés. Les femelles se sauvent avec leurs petits sur les arbres dès que les chasseurs s'approchent, tandis que les mâles se préparent immédiatement au combat. Leurs grands yeux verts étincellent, leur crin se dresse, ils grincent des dents, poussent un cri aigu que l'on peut exprimer par kahi! kahi! et se précipitent avec fureur sur l'ennemi. Lorsqu'on manque le gorille, on ne peut même plus se servir du fusil comme d'une massue; le singe furieux le tord ou le brise facilement avec ses dents. C'est aussi avec ses dents qu'il déchire le chasseur. Il n'est donc pas étonnant de voir passer pour un héros dans sa tribu, le nègre qui a réussi à tuer un gorille, et l'on ne doit pas être surpris de voir les indigènes refuser de procurer au poids de l'or un gorille vivant aux voyageurs européens.

Les indigènes croient que ces grands singes sont de véritables

1. Les singes pourraient parfois donner des leçons à l'humanité. Au moment où nous corrigeons cette épreuve (1ʳᵉ édition: novembre 1885), nous venons précisément de lire le fait suivant, qui vient de se passer dans le département du Nord :

« Au mois d'août dernier, la femme Gorin, d'Herbignies, avait vendu pour 40 francs ses trois enfants : Clovis, âgé de neuf ans; Clarisse, sept ans, et Clémence, cinq ans, à des saltimbanques qui se rendaient à la foire de Lille.

« Pendant toute la durée de la foire, les pauvres enfants, exploités par les saltimbanques, durent mendier dans les rues de Lille, et quand la récolte n'était pas suffisante, les coups ne se faisaient pas attendre. Lassé de cette misérable vie, Clovis se sauva, emmenant avec lui sa sœur Clarisse, et tous deux parvinrent à retrouver le chemin d'Herbignies, où ils revinrent après avoir mendié sur les chemins. Quand la mère vit revenir ses deux enfants,

hommes, et qu'ils font seulement semblant d'être si féroces et si bêtes parce qu'ils ont peur de devenir esclaves et d'être forcés de travailler Être esclave c'est, pour le véritable Africain, le sort le plus affreux. Ils prétendent aussi que les âmes de leurs rois habitent après leur mort le corps des gorilles, et que si ceux-ci les haïssent et les tourmentent, c'est par une vieille habitude.

Paul Du Chaillu a donné des renseignements très étendus et pleins d'intérêt sur le gorille. Ce qu'il en raconte confirme une partie des faits généraux que nous venons d'indiquer. Empruntons-lui les témoignages les plus intéressants pour la question qui nous occupe.

Le tableau suivant, que trace Du Chaillu, de la rencontre d'un gorille à la mort duquel il prit part, donnera une idée de l'impression que doit produire ce terrible quadrumane.

Pendant que nous rampions au milieu d'un silence tel que notre respiration en sortait bruyante, la forêt retentit tout entière du terrible cri du gorille. Les broussailles s'écartèrent des deux côtés, et nous fûmes en présence d'un énorme gorille mâle. Il avait traversé le fourré à quatre pattes ; mais quand il nous aperçut, il se redressa de toute sa hauteur, et nous regarda hardiment en face. Il se tenait à une quinzaine de pas de nous. C'est une apparition que je n'oublierai jamais. Il paraissait avoir près de six pieds ; son corps était immense, sa poitrine monstrueuse, ses bras d'une incroyable énergie musculaire. Ses grands yeux gris et enfoncés brillaient d'un éclat sauvage, et sa face avait une expression diabolique. Tel apparut devant nous ce roi des forêts de l'Afrique.

Notre vue ne l'effraya pas. Il se tenait là à la même place, et se battait la poitrine avec ses poings démesurés, qui la faisaient résonner comme un immense tambour. C'est leur manière de défier leurs ennemis. En même temps il poussait rugissement sur rugissement.

elle les mit brutalement à la porte et leur fit entendre que leur devoir était de retourner chez ceux à qui elle les avait vendus.

« Les pauvres petits, éplorés, durent se remettre à courir les chemins, et, il y a quelques jours, M. Dutertre, professeur au collège d'Avesnes, trouva Clovis mourant de faim et de froid auprès d'un mur. Il emmena chez lui l'enfant, qui raconta en pleurant sa dramatique histoire. M. Dutertre, révolté, se hâta de prévenir l'autorité et une enquête a été ouverte.

« Le petit Clovis ne sait pas ce que sont devenues ses deux sœurs : la plus jeune, Clémence, doit être encore avec les saltimbanques ; quant à Clarisse, qui avait suivi son frère jusqu'à Herbignies, on pense qu'elle a été recueillie dans une ferme des environs d'Avesnes. »

De tels faits, qui ne sont pas absolument rares dans l'espèce humaine, se passent de commentaires. Hier aussi, les journaux rapportaient l'histoire d'un récidiviste qui vient d'assassiner un passant, sans le connaître, et sans aucun but, tout simplement pour être envoyé à la Nouvelle-Calédonie. Non, notre espèce n'est pas aussi éloignée de l'animalité qu'on aimerait à le croire.

Le rugissement du gorille est le son le plus étrange et le plus effrayant qu'on puisse entendre dans ces forêts. Cela commence par une sorte d'aboiement saccadé, comme celui d'un chien irrité, puis se change en un grondement sourd qui ressemble littéralement au roulement lointain du tonnerre, si bien que j'ai été parfois tenté de croire qu'il tonnait, quand j'entendais cet animal sans le voir. La sonorité de ce rugissement est si profonde qu'il a l'air de sortir moins de la bouche et de la gorge que des spacieuses cavités de la poitrine et du ventre. Ses yeux s'allumaient d'une flamme ardente pendant que nous restions immobiles sur la défensive. Les poils ras du sommet de sa tête se hérissèrent, et commencèrent à se mouvoir rapidement, tandis qu'il découvrait ses canines puissantes en poussant de nouveaux rugissements de *tonnerre*. Il me rappelait alors ces visions de nos rêves, créations fantastiques, êtres hybrides, moitié hommes, moitié bêtes, dont l'imagination de nos vieux peintres a peuplé nos régions infernales. Il avança de quelques pas, puis s'arrêta pour pousser son épouvantable rugissement; il avança encore et s'arrêta de nouveau à dix pas de nous : nous fîmes feu et nous le tuâmes.

Le râle qu'il fit entendre tenait à la fois de l'homme et de la bête. Il tomba la face contre terre. Le corps trembla convulsivement pendant quelques minutes, les membres s'agitèrent avec effort, puis tout devint immobile; la mort avait fait son œuvre. J'eus tout le loisir alors d'examiner l'énorme cadavre; il mesurait cinq pieds huit pouces, et le développement des muscles de ses bras et de sa poitrine attestait une vigueur prodigieuse.

Il est de principe chez tous les chasseurs qui savent leur métier, dit ailleurs Du Chaillu, qu'il faut réserver son feu jusqu'au dernier moment. Soit que la bête furieuse prenne la détonation du fusil pour un défi menaçant, soit pour toute autre cause inconnue, si le chasseur tire et manque son coup, le gorille s'élance sur lui, et personne ne peut résister à ce terrible assaut. Un seul coup de son énorme pied, armé d'ongles, éventre un homme, lui brise la poitrine ou lui écrase la tête. On a vu des nègres, en pareille situation, réduits au désespoir par l'épouvante, faire face au gorille et le frapper avec leur fusil déchargé; mais ils n'avaient pas même le temps de porter un coup inoffensif, le bras de leur ennemi tombait sur eux de tout son poids, brisant à la fois le fusil et le corps du malheureux. Je crois qu'il n'y a pas d'animal dont l'attaque soit si fatale à l'homme, par la raison même qu'il se pose devant lui face à face, avec ses bras pour armes offensives, absolument comme un boxeur, excepté qu'il a les bras bien plus longs, et une vigueur bien autrement grande que celle du champion le plus vigoureux que le monde ait jamais vu.

Jamais la femelle n'attaque le chasseur; cependant des nègres m'ont dit qu'une mère qui a son petit avec elle, se bat quelquefois pour le défendre. C'est un spectacle charmant qu'une mère accompagnée de son petit qui joue à côté d'elle. J'en ai souvent guetté dans les bois, désireux d'avoir des sujets pour ma collection ; mais, au dernier moment, je n'avais pas le cœur de tirer. Dans ces cas-là, mes nègres montraient moins de faiblesse : ils tuaient leur proie sans perdre de temps.

Lorsque la mère fuit la poursuite du chasseur, le petit s'accroche par les mains autour de son cou, et se suspend à son sein, en lui passant ses petites jambes autour du corps.

A l'histoire du gorille vivant en liberté, du Chaillu a joint l'étude qu'il a pu faire sur des jeunes dont il a tenté l'éducation.

Fig. 403. — La gourmandise.

Fig. 404. — Le premier miroir.

Quelques chasseurs, qui avaient été battre les bois, écrit-il, me ramenèrent un jeune gorille vivant. Je ne puis décrire les émotions que je ressentis à la vue de ce petit animal qui se débattait pendant qu'on le trainait de force dans le village. Ce seul instant me récompensa de toutes les fatigues et de toutes les souffrances que j'avais endurées en Afrique.

C'était un petit être de deux à trois ans, qui avait deux pieds six pouces, aussi farouche d'ailleurs et aussi indocile que s'il eût atteint tout son développement.

Mes chasseurs, que j'aurais embrassés, l'avaient pris dans le pays. Ils allaient, au nombre de cinq, gagner un village, près de la côte, et traversaient sans bruit la forêt, lorsqu'ils entendirent un cri qu'ils reconnurent aussitôt pour celui d'un petit gorille qui appelait sa mère. Tout, du reste, était silencieux dans la forêt ; il était près de midi ; ils se décidèrent à se porter du côté d'où venait le cri, qui se fit entendre une seconde fois. Le fusil à la main, ils se glissèrent tout doucement dans un fourré épais où devait être le petit gorille ; quelques indices leur

firent reconnaître que la mère n'etait pas loin ; il y avait même à croire
que le mâle, le plus redoutable de tous, se trouvait aussi aux environs.
Pourtant les braves gens n'hésiterent pas à tout risquer pour prendre, s'il
était possible, un sujet vivant, sachant quelle joie me ferait cette capture.

Ils virent remuer les buissons ; ils se faufilèrent un peu plus avant,
silencieux comme la mort, et retenant leur respiration. Bientôt ils aper-
çurent, spectacle bien rare même pour ces nègres, un jeune gorille assis,
mangeant quelques graines à peine sorties de terre ; à quelques pas était
aussi la mère, assise de même et mangeant du même fruit. Ils se décidèrent à tirer ; il était temps, car au moment où ils levaient leurs fusils,
la vieille femelle les aperçut : ils n'avaient plus qu'à faire feu, sans un
instant de retard. Heureusement, ils la blessèrent à mort.

Elle tomba. Le petit gorille, au bruit de la décharge, se précipita vers sa
mère, et se colla contre elle, se cachant sur son sein, et embrassant son
corps. Les chasseurs s'élancèrent avec un hourra de triomphe ; mais leurs
cris rappelèrent à lui le petit animal qui, lâchant le corps de sa mère,
s'enfuit vers un arbre et grimpa avec agilité jusqu'au sommet où il s'assit.

Nos gens étaient bien embarrassés pour l'atteindre ; ils ne se sou-
ciaient pas de s'exposer à ses morsures, et, d'un autre côté, ils ne vou-
laient pas tirer sur lui. A la fin, ils s'avisèrent d'abattre l'arbre et de jeter
un pagne sur la tête du petit ; ce qui n'empêcha pas un des hommes
d'être mordu grièvement à la main, et un autre d'avoir la cuisse entamée.

On construisit une petite cabane de bambous très forte, avec des bar-
reaux solidement fixes et assez espacés pour que le gorille pût etre vu
et voir lui-même au dehors. Il fut jeté de force là-dedans ; et pour la
première fois je pus jouir tranquillement du spectacle de ma conquête.
C'était un jeune mâle, qui, évidemment, n'avait pas encore trois ans ;
tout à fait en état de marcher seul, il était doué pour son âge d'une force
musculaire extraordinaire. Sa face et ses mains étaient toutes noires, ses
yeux moins enfoncés que ceux des adultes. Les poils de sa chevelure com-
mencaient juste aux sourcils et s'élevaient au sommet de la tête, où ils étaient
d'un brun rougeâtre, pour redescendre des deux côtés de la face jusqu'à la
mâchoire inférieure, en dessinant des lignes assez pareilles à nos favoris.

Quand je vis le petit camarade solidement enfermé dans sa cage, je
m'approchai pour lui adresser quelques paroles d'encouragement. Il se
tenait dans le coin le plus reculé ; mais, dès que j'avançai, il rugit et
s'élança sur moi, et, quoique je me fusse retiré le plus vite possible, il
réussit à saisir mon pantalon qu'il déchira avec un de ses pieds ; puis il
retourna vite dans son coin. Cette attaque me rendit plus circonspect ;
pourtant je ne désespérais pas de parvenir à l'apprivoiser. Mais il ne
tarda pas à mourir (¹).

1. Du Chaillu. *Paysages et Aventures dans l'Afrique équatoriale.*

Les nègres se considèrent comme les cousins des orangs. Ils voient dans le chimpanzé un membre d'une race humaine particulière, que sa mauvaise conduite a fait rejeter hors de la société des hommes et que sa persistance dans le mal a fait descendre peu à peu au degré d'abjection dans lequel il vit actuellement. Cette considération n'empêche nullement ces indigènes de manger les singes qu'ils parviennent à tuer.

Le capitaine Grandpret cite l'histoire d'un chimpanzé femelle qui donnait les preuves les plus remarquables d'une intelligence développée.

Elle se trouvait sur un vaisseau qui devait la conduire en Amérique. On lui avait appris à chauffer le four, et elle s'acquittait de cet emploi à la satisfaction générale; elle prenait un soin particulier pour empêcher les charbons ardents de tomber sur le sol et reconnaissait très bien quand le four avait atteint le degré de chaleur voulu. Elle allait ensuite avertir le boulanger par des signes très expressifs; aussi celui-ci se fiait-il entièrement sur son aide et ne surveillait-il jamais le feu. Elle savait remplir toutes les fonctions d'un matelot avec autant d'adresse que d'intelligence, hissait le câble de l'ancre, serrait les voiles, les liait solidement et travaillait de manière à contenter tous les matelots, qui finirent par la considérer comme un compagnon. Malheureusement, cette magnifique bête mourut avant son arrivée en Amérique, par suite de la cruauté du pilote. Celui-ci l'avait maltraitée, sans tenir compte des prières qu'elle semblait lui adresser. Elle joignait les mains en suppliante, pour toucher le cœur de son persécuteur; mais le barbare n'avait pas de cœur, et le langage si expressif de cet intelligent animal ne le touchait point. Il persista dans sa cruauté grossière. La pauvre bête supporta patiemment ses mauvais traitements, mais à partir de ce moment, elle refusa toute espèce de nourriture, et cinq jours après, elle mourut de faim et de douleur. Tout l'équipage la pleura comme si un matelot était mort.

Brosse avait amené deux chimpanzés en Europe, un mâle et une femelle, qui se mettaient à table comme des humains, mangeaient de tout et se servaient du couteau, de la cuillère et de la fourchette. Ils buvaient de toutes nos boissons; le vin et l'eau-de-vie leur plaisaient surtout. Lorsqu'ils avaient besoin de quelque chose, ils appelaient les mousses; s'ils éprouvaient un refus de leur part, ils se fâchaient, les saisissaient par le bras, les mordaient et les jetaient à terre. Le mâle étant tombé malade, le médecin du bord le saigna; plus tard, dès qu'il se sentait indisposé, il tendait le bras au médecin.

Le chimpanzé qui fut élevé par Buffon marchait presque toujours debout, même lorsqu'il portait des objets très lourds. Il avait l'air triste et sérieux,

tous ses mouvements étaient posés et raisonnables. Il n'avait aucun des
hideux défauts des cynocéphales, et n'était pas aussi espiègle que le sont
en général les cercopithèques. Une parole ou un signe de son maître suffisait pour le faire obéir. Il offrait le bras aux personnes qui venaient visiter
Buffon, et se promenait avec elles ; il se mettait à table, connaissait l'usage
de la serviette, s'essuyait la bouche chaque fois qu'il avait bu, se versait
lui-même du vin et trinquait avec ses voisins. Il se cherchait une tasse
avec sa soucoupe, y mettait du sucre, versait du thé et le laissait refroidir

Fig. 405. — Le gorille du Muséum de Paris un mois avant sa mort
(photographie directe).

avant de boire. Jamais il ne faisait de mal à personne ; au contraire, il
s'approchait avec beaucoup de convenance des visiteurs, et témoignait
tout le plaisir qu'il éprouvait à être caressé. Tous les amis de Buffon ai-
maient son *domestique* et lui apportaient des biscuits et des fruits. Malheureusement, la phtisie l'enleva en moins d'un an.

Le docteur Traill avait amené en Angleterre un chimpanzé qui n'aimait pas la marche verticale et s'appuyait toujours sur les mains. Il était
timide, mais devenait familier avec les personnes qu'il voyait souvent.
Quand il avait froid, il s'enveloppait d'une couverture. Un jour, on lui

présenta une glace, qui fixa immédiatement son attention ; à sa grande mobilité habituelle succéda le calme le plus absolu. Il examinait avec curiosité le merveilleux instrument et restait muet d'étonnement. Il interrogeait son ami du regard, examinait de nouveau le miroir, tournait tout autour, considérait son image et cherchait, en touchant le miroir, à s'assurer s'il avait réellement sous les yeux un être de chair et d'os comme lui, ou bien s'il ne voyait qu'une simple apparence : en un mot il fit absolument ce que font les peuples sauvages lorsqu'on leur présente pour la première fois un miroir (¹).

Il est vraiment dommage que la phtisie enlève si rapidement les chimpanzés et les gorilles que l'on éloigne de leur pays natal. Peu de temps après leur arrivée en Europe, ils commencent à tousser et deviennent plus tristes. A mesure que la maladie fait des progrès, leur calme et leur douceur paraissent augmenter ; bientôt ils font réellement pitié à voir. Ils penchent la tête en avant comme les personnes dont les poumons sont attaqués, toussent de temps en temps et posent leurs mains sur leur poitrine malade ; leurs yeux brun foncé prennent une si grande expression de douleur, que l'homme ne peut les voir sans être ému. Ordinairement ils succombent à cette terrible maladie dès la première annee et rarement dans la seconde ; notre climat rigoureux ne peut jamais rendre leur belle patrie à ces heureux enfants du Midi (²).

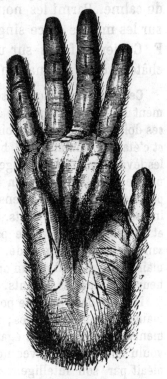

Fig. 406.
Main de gorille.

On a souvent essayé de conserver de jeunes gorilles au Jardin des Plantes de Paris ; les observations confirment tout ce qu'on vient de lire, et malheureusement aussi l'impossibilité de les voir vivre longtemps sous nos climats. La figure 405 représente, *d'après une photographie*, le dernier que l'on y a possédé. Dans ce grand sentiment de mélancolie, n'a-t-on pas l'impression de l'exilé regrettant la patrie ?

1. On a pu remarquer plus haut (*fig.* 403 et 404) deux petits dessins pris sur nature, au Jardin des Plantes de Paris, de charmants petits singes révélant déjà quelques vestiges non déguisés de sentiments tout humains.
2. BREHM. *L'Homme et les Animaux.*

L'examen de la main du gorille (*fig*. 406) parle aussi bien que celui de sa tête en faveur de la ressemblance humaine. On pourrait presque y faire de la chiromancie.

Quelques mots encore sur une autre espèce, l'orang-outang. C'est un animal très doux et tres paisible. Il n'est pas timide et ne fuit pas devant l'homme, qu'il regarde au contraire avec beaucoup de calme. Parmi les nombreuses observations que nous possédons sur les mœurs de ce singe (en captivité), on doit signaler celles que F Cuvier a faites sur une jeune femelle qui a vécu un mois au château de la Malmaison, en 1808.

Cet animal employait ses mains comme nous employons généralement les nôtres. Il portait le plus souvent ses aliments à sa bouche avec ses doigts ; mais quelquefois aussi il les saisissait avec ses longues lèvres, et c'était en humant qu'il buvait, comme le font tous les animaux dont les lèvres peuvent s'allonger. Il se servait de son odorat pour juger de la nature des aliments qu'on lui présentait et qu'il ne connaissait pas, et il paraissait consulter ce sens avec beaucoup de soin. Il mangeait presque indistinctement des fruits, des légumes, des œufs, du lait, de la viande, et il aimait beaucoup le pain, le café et les oranges ; une fois il but, sans en être incommodé, tout le contenu d'un encrier tombé sous sa main. Il ne mettait aucun ordre dans ses repas, et pouvait manger à toute heure, comme les enfants.

Nous avons dit que pour manger, il prenait ses aliments avec ses mains ou avec ses lèvres ; il n'était pas fort habile à manier nos instruments de table, et à cet égard il était dans le cas des sauvages que l'on a voulu faire manger avec nos fourchettes et nos couteaux ; mais il suppléait par son intelligence à sa maladresse ; lorsque les aliments qui étaient sur son assiette ne se plaçaient pas aisément sur sa cuillère, il la donnait à son voisin pour la faire remplir. Il buvait très bien dans un verre, en le tenant entre ses deux mains. Un jour, qu'après avoir reposé son verre sur la table, il vit qu'il n'était pas d'aplomb et qu'il allait tomber, il plaça sa main du côté où ce verre penchait, pour le soutenir.

Presque tous les animaux ont besoin de se garantir du froid, et il est bien vraisemblable que les orangs-outangs sont dans ce cas, surtout dans la saison des pluies. J'ignore quels sont les moyens que ces animaux emploient dans leur état de nature pour se preserver de l'intempérie des saisons. Notre animal avait été habitué à s'envelopper dans ses couvertures, et il en avait presque un besoin continuel. Dans le vaisseau, il prenait pour se coucher tout ce qui lui paraissait convenable. Aussi lorsqu'un matelot avait perdu quelques hardes, il était presque toujours sûr de les retrouver dans le lit de l'orang-outang. Le soin que cet animal prenait de se couvrir nous mit dans le cas de nous donner encore une très belle preuve d'intelligence. On étendait tous les jours sa couverture sur un gazon devant la salle à manger, et après ses repas, qu'il faisait ordinairement à table, il allait droit vers ce vêtement, qu'il plaçait sur ses épaules, et revenait dans les bras d'un petit domestique pour qu'il le portât dans son lit. Un jour qu'on avait retiré la couverture de dessus le gazon et qu'on l'avait suspendue sur le bord d'une croisée, pour la faire sécher, notre orang-outang fut comme à l'ordinaire pour la prendre, mais de la porte ayant aperçu qu'elle n'était pas à sa place habituelle, il la chercha des yeux et la découvrit sur la fenêtre; alors il s'achemina près d'elle, la prit et revint comme à l'ordinaire pour se coucher (1).

Ces relations prises sur nature, qu'il serait facile de multiplier, et qui pourraient s'étendre sur plusieurs volumes de la dimension de celui-ci, mettent, croyons-nous, sous le jour d'une évidence peu contestable les rapports physiques et moraux qui rattachent les races simiennes supérieures aux races humaines inférieures. Les rapports purement physiques ont été démontrés par les analogies du squelette et par les enseignements de l'anatomie comparée. Ceux-ci, à certains égards, nous paraissent plus importants encore. L'âme humaine s'est graduellement formée comme le corps.

Cette double ascension physique et morale de l'animalité vers l'humanité a été corrélative du développement du cerveau. C'est là aussi un fait de la plus haute importance à reconnaître. Les sauriens, les dinosauriens, les quadrupèdes et les mammifères de l'époque secondaire sont tous remarquables par l'exiguïté de leur cerveau. Cet organe de la pensée s'accroît pendant les temps tertiaires pour arriver graduellement jusqu'au cerveau des singes supérieurs. La loi est générale, quoiqu'il y ait diverses exceptions chez certaines espèces d'oiseaux, chez les souris, etc., mais l'accroissement est remarquable dans l'ensemble du développement du règne animal. Ce n'est pas que le degré de l'intelligence soit toujours en rapport avec le volume et le poids du cerveau; nous verrons tout à l'heure que c'est plutôt avec le nombre et la profondeur des circonvolutions cérébrales; cependant, le cerveau étant

1. Geoffroy Saint-Hilaire et Frédéric Cuvier. *Histoire naturelle des mammifères.*

l'organe de la pensée, on conçoit que le développement de la pensée se soit fait corrélativement avec l'accroissement de l'organe.

Le poids du cerveau est, en moyenne, de 1485 grammes pour l'homme européen, et de 1262 pour la femme de la même race. Il s'agit ici des tailles moyennes également. Le volume et le poids du cerveau étant naturellement en rapport avec la taille du corps tout entier, le poids absolu ne doit jamais être considéré indépendamment de la taille du corps auquel il a appartenu. La différence du poids entre le cerveau masculin et le féminin a surtout pour cause la même différence entre le poids de l'homme et celui de la femme. L'homme européen pèse en moyenne 70 kilogrammes et la femme 65; la taille moyenne de l'Européen est de 1^m,65 et celle de la femme de 1^m,53; la taille de la femme est à celle de l'homme comme 93 est à 100, et le poids des cerveaux comme 85 est à 100. Toute proportion gardée, la cervelle féminine est donc en réalité un peu plus légère que le cerveau masculin.

Le cerveau s'accroît, toutes choses égales d'ailleurs, avec le travail et l'activité dont il est le siège. Son poids, que nous venons de voir égal à 1405 grammes pour l'homme européen adulte, varie depuis 2000 grammes jusqu'à 1000. On en a même trouvé de supérieurs et d'inférieurs à ces deux limites, mais il s'agissait sans doute là de cas pathologiques.

On voit que, chez l'Européen, le poids du cerveau est environ le 50e du poids total du corps normalement constitué (ni obèse ni étique).

Ce poids diminue à mesure qu'on descend dans l'ordre intellectuel, comme l'indiquent les mesures suivantes :

	Grammes.	RAPPORT au poids du corps.
Poids moyen du cerveau de l'homme européen.	1405	$\frac{1}{50}$
— — du métis demi-sang. .	1334	$\frac{1}{52}$
— — du nègre	1300	$\frac{1}{55}$
Poids de quelques cerveaux australiens	1000	$\frac{1}{70}$
— — de gorilles	475	$\frac{1}{140}$

Ces différents êtres offrant à peu près la même taille et le même poids, les proportions sont à peu près celles que nous avons inscrites dans la seconde colonne. Ces proportions diminuent lorsqu'on examine d'autres mammifères, éléphants, chiens, chevaux, lions, tigres, bœufs ; voici quelques-uns de ces rapports :

	RAPPORT au poids du corps.
Chiens	$\frac{1}{2.7}$
Éléphants	$\frac{1}{300}$
Chevaux	$\frac{1}{633}$
Bœufs	$\frac{1}{700}$

Mais, comme nous le remarquions tout à l'heure, ces rapports

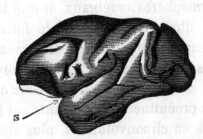

Cerveau de macaque.

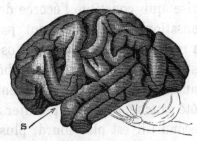

Cerveau de chimpanzé.

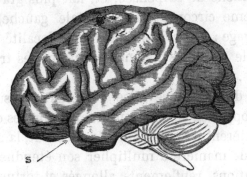

Cerveau de la Vénus hottentote.

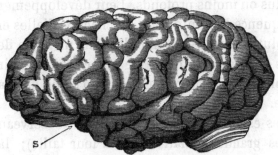

Cerveau du mathématicien Gauss.

Fig. 407. — Les circonvolutions du cerveau et l'intelligence.
S. — Partage du cerveau par la scissure de Sylvius.

ne suffiraient pas pour apprécier le degré intellectuel : il faut leur ajoindre la nature des circonvolutions. Examinez par exemple le cerveau humain européen, vous remarquerez, à première vue, les nombreuses circonvolutions qui le caractérisent. Sans entrer dans aucun détail anatomique, qu'il nous suffise de dire qu'en thèse générale les cerveaux qui travaillent ont les circonvolutions plus marquées, plus tourmentées que ceux qui restent inertes. L'âme pétrit en quelque sorte la substance cérébrale. On sait que les actes de pensée, d'initiative personnelle se passent dans la substance grise qui constitue l'écorce des hémisphères cérébraux et que les sensations se transmettent par les fibres dont l'ensemble forme la masse blanche centrale. Nos lecteurs savent aussi que le cerveau est partagé en deux hémisphères symétriques, que l'hémisphère gauche préside aux mouvements du côté droit et le droit à ceux du côté gauche, et que le premier a une prééminence importante sur le second : il est plus lourd, plus riche en circonvolutions, plus actif dans les opérations de la pensée, et, fait plus grave, c'est en lui (dans la troisième circonvolution frontale gauche) que réside la faculté du langage : un accident dans cette localité du cerveau supprime la parole ou apporte dans le langage les troubles les plus extraordinaires.

Plus il y a de substance grise et de surface sur laquelle elle puisse se développer en couche continue, et plus les opérations intellectuelles acquièrent de puissance ; dans ce but, la surface se plisse, se contourne, de manière à multiplier son étendue. Tel est l'office des circonvolutions, renflements allongés et tortueux, séparés par des sillons plus ou moins profonds. Leur développement en nombre a pour conséquence la diminution de chacune d'elles en particulier. Des circonvolutions grosses et simples sont un signe de faible intelligence, dans quelque race humaine que ce soit ; les circonvolutions petites et à plissements nombreux sont un signe de grande capacité intellectuelle.

Les petites espèces de mammifères ont le cerveau plus développé que les grandes (relativement à leur taille) ; la souris, par exemple a, par rapport à son corps, plus de cerveau que l'homme. Mais ces espèces ont le cerveau entièrement lisse, pas de circonvolutions. L'organisation atteint le même résultat par deux procédés dont chacun a son importance.

Si l'on compare au cerveau humain celui des espèces qui sont anatomiquement et physiologiquement les plus voisines de nous, on constate que le nombre des circonvolutions s'accroît depuis les espèces de singes les plus inférieures jusqu'à l'homme. L'ouistiti, le plus inférieur de tous, a le cerveau absolument lisse; le macaque présente quelques circonvolutions; le nombre en augmente rapidement d'espèce en espèce, et, tout à coup, presque sans transition, chez les anthropoïdes, chimpanzés, orangs et gorilles, elles se révèlent avec leurs merveilleuses complications. Les circonvolutions essentielles, seules communes à tous les cerveaux humains, se retrouvent, sans exception, sur les cerveaux de l'orang et du chimpanzé. Il y a un abîme entre le cerveau du ouistiti et celui du chimpanzé; il n'y a qu'une nuance entre celui-ci et le cerveau humain; comparez, du reste, les dessins de la figure 407. Ce sont là des *faits*. Celui qui, pour une raison ou pour une autre, refuse de les reconnaître, est un aveugle volontaire.

La comparaison des diverses races humaines et des singes donne des résultats analogues, si nous examinons la capacité crânienne et l'angle facial :

CAPACITÉ DU CRANE

	Centimètres cubes.
Européens	1568
Chinois	1518
Néo-Calédoniens	1460
Nègres de l'Afrique	1430
Australiens	1347
Nubiens	1329
Gorilles	531
Orangs	439
Chimpanzés	421
Lions	321
Chiens de Terre-Neuve	105

On a remarqué que les crânes du douzième siècle trouvés dans les anciens cimetières de Paris, sont un peu plus petits que ceux des Parisiens actuels. La proportion est de 1 504 centimètres cubes à 1 558.

L'angle facial est d'autant plus ouvert que le front est plus développé, et que la race est plus intelligente. Voici quelques mesures :

	Moyennes
Races blanches	82° à 77°
Races jaunes	76° à 69°
Races noires	69° à 60°

Celui des Français est, en moyenne, de 78°; celui des Chinois, de 72°; celui des Néo-Calédoniens, de 70°; celui des nègres de l'Afrique occidentale, de 67°; celui des Boschimans, de 60°.

Les races humaines inférieures établissent une transition physique et intellectuelle entre les singes anthropoïdes et les races européennes. Les exemples ne manquent pas de races placées si bas qu'on les a tout naturellement rapprochées des singes. Ces races, beaucoup plus près que nous du véritable état de nature, méritent par cela même toute l'attention de l'anthropologiste et du linguiste qui, tous deux, peuvent aller chercher chez elles la solution de problèmes insolubles ailleurs. C'est pour n'avoir pas étudié les caractères physiologiques de ces races, qu'on est tombé dans d'étranges méprises.

L'exemple le plus souvent cité est celui des indigènes de l'Australie. « Ils ont toujours montré une profonde ignorance, disent Lesson et Garnot, un véritable abrutissement moral... Une sorte d'instinct très développé pour conquérir une nourriture toujours difficile à obtenir, semble avoir remplacé chez eux plusieurs des facultés morales de l'homme. Si la police anglaise n'y veillait de fort près, ils braveraient chaque jour, dans les villes des colonies, les lois de la décence publique, sans plus de souci que des singes dans une ménagerie. »

Hale écrit qu'ils ont presque la stupidité de la brute, qu'ils ne savent compter que jusqu'à quatre, quelques tribus jusqu'à trois. « La faculté de raisonner, dit-il, paraît chez eux très imparfaitement développée. Les arguments dont font usage les colons pour les convaincre ou les persuader, sont souvent de ceux qu'on emploie avec les enfants ou les gens presque idiots.

Quoy et Gaymard, racontent ainsi leur entrevue avec ces populations misérables : « Notre présence leur causait une sorte de gaîté; ils cherchaient à nous communiquer leurs sensations avec une loquacité à laquelle nous ne pouvions répondre, car nous n'entendions pas leur langage. Dès que la rencontre s'opérait, ils venaient à nous les premiers, en gesticulant et en parlant beaucoup; ils poussaient de grands cris et, si nous leur répondions sur le même ton, leur joie était extrême. Bientôt l'échange de nom avait lieu, et ils ne tardaient pas à demander à manger en se frappant sur le ventre. Le tableau que ces voyageurs avaient devant eux est tellement triste et navrant qu'ils ajoutent aussitôt, comme par acquit de conscience : « Cependant, ils ne sont point stupides. » Non, sans doute, mais ils ne semblent même pas mériter l'épithète de : « malin comme un singe. » Ils ne sont point stupides, et voilà tout.

Les Australiens ne sont pas seuls dans ce cas; Bory de Saint-Vincent nous a tracé un tableau à peu près aussi triste des habi-

Fig. 408. — Les races primitives actuelles. Patagons, en 1882.

tants du sud de l'Afrique, beau et fertile pays. A l'extrémité de l'Amérique du Sud, en Patagonie, les Fuégiens sont tout aussi misérables et aussi primitifs.

A l'autre extrémité du monde, sur ce continent de glace qui environne le pôle boréal, nous retrouvons la même abjection.

John Ross, perdu dans les glaces, se trouva en présence d'une peuplade qui n'avait jamais vu un Européen. Le navigateur anglais, d'une religion profonde, était dans les meilleures conditions pour envisager avec indulgence les seuls êtres à portée de son affection, et cependant,... observateur attentif et scrupuleux, sincère avant tout, il dut désespérer de trouver dans ces âmes l'étincelle vivifiante qu'il y cherchait. « L'Eskimau, dit-il, est un animal de proie, sans autre jouissance que celle de manger; dépourvu de tout principe, sans aucune raison, il dévore aussi longtemps qu'il peut, et tout ce qu'il peut se procurer, comme le vautour et le tigre. » Et plus loin : « L'Eskimau ne mange que pour dormir, et ne dort que pour remanger aussitôt qu'il le peut. »

Nous allons descendre encore, trouver des hommes tels que ceux qui les ont vus, ont pu dire que dans les branches touffues ou les ombres des forêts, ils auraient été embarrassés pour décider s'ils avaient devant eux des singes ou des hommes. Et, qu'on y fasse attention, ce n'est pas dans des terres pauvres ou reléguées au bout du monde, que vivent ces déshérités de la forme humaine, c'est sur le continent asiatique même, au sud de la chaîne de l'Himalaya, au centre de l'Indoustan, dans ces régions qui ont été le berceau de quelques grandes espèces de singes, à l'époque sans doute où les îles de l'archipel indien reliées à l'Asie ne formaient qu'un immense continent, patrie de la race malaise.

Piddington, établi au centre de l'Indoustan, raconte lui-même qu'il vit arriver avec une bande d'ouvriers Dhangours qui venait chaque année travailler à la plantation, un homme et une femme d'étrange aspect, et que les Dhangours désignaient sous le nom de peuple-singe.

Ils avaient un langage à part. Autant qu'on en put apprendre par signes, ils vivaient bien au delà des Dhangours dans les forêts et les montagnes et n'avaient que peu de villages. Il paraîtrait que l'homme s'était sauvé avec la femme à la suite de quelque accident, peut-être d'un meurtre volontaire. Ce qui est certain, c'est que les Dhangours les avaient recueillis perdus dans les bois, épuisés et presque morts de faim. Ils disparurent une nuit, au moment où Piddington se disposait à les envoyer à Calcutta. Piddington décrit ainsi l'homme : Il était petit, avait le nez plat, des rides en demi-cercles couraient autour des coins de la bouche et sur les joues; ses bras étaient disproportionnellement longs, et l'on pouvait voir un peu de poil roussâtre sur sa peau d'un noir terne. Blotti dans un coin obscur ou sur un arbre, on eut pu se tromper et le prendre pour un grand orang-outang.

Piddington avait beaucoup voyagé, avait vu tour à tour des Boschimans, des Hottentots, des Papous, des Alfours, les indigènes de la Nouvelle-Hollande, de la Nouvelle-Zélande et des Sandwich, ce qui lui donnait une certaine expérience d'observateur.

Le nom que les Cafres donnent à l'Être divin témoigne qu'ils n'avaient autrefois aucune idée de rien de semblable. Ce nom est Tixo et son histoire est trop curieuse pour n'être pas rapportée; c'est un composé de deux mots qui, ensemble, signifient le genou blessé. C'était, dit-on, le nom d'un médecin ou sorcier célèbre parmi les Hottentots et les Namaquas, il y a quelques générations, en conséquence d'une blessure qu'il avait reçue au genou. Ayant été tenu en grande réputation pour son pouvoir extraordinaire pendant sa vie, le Genou-Blessé continua d'être invoqué, même après sa mort, comme pouvant encore soulager et protéger; et, par la suite, son nom devint le terme qui représenta le mieux à l'esprit de ses compatriotes leur confuse conception du Dieu des missionnaires.

Pour les Eskimaux, dès 1612, Whitebourne écrivait « qu'ils n'avaient aucune connaissance de Dieu, et ne vivaient sous aucune forme de gouvernement civil ». Et nous pouvons joindre à ce témoignage déjà ancien les lignes suivantes du journal de John Ross qui habita longtemps au milieu d'eux : « Comprirent-ils quelque chose de tout ce que j'essayai de leur apprendre, leur expliquant les choses les plus simples de la manière la plus simple que je pus m'imaginer? Je ne saurais le dire. Aurais-je mieux réussi si j'avais mieux compris leur langue? j'ai beaucoup de raisons pour en douter. Qu'ils possèdent quelque rudiment d'une loi morale écrite dans le cœur, je ne saurais le nier, et de nombreux traits de leur conduite le montrent; mais au delà de ces indices, je n'ai jamais pu arriver à une conclusion satisfaisante. Quant à leurs opinions sur les points essentiels dont j'aurais pu déduire l'existence d'une religion, je ne suis jamais parvenu même à asseoir une conjecture qui valût la peine d'être rapportée. Force me fut, pour le moment, d'abandonner toute tentative en désespoir de cause. » Ce fragment est d'autant plus important qu'on y croit sentir à chaque mot le chagrin d'un homme qui n'a pas trouvé dans le cœur d'autres hommes un écho fraternel à ses sentiments les plus chers (¹).

Un grand nombre d'hommes primitifs vont entièrement nus. Le docteur Schweinfurth, dont on connaît les expéditions récentes au cœur de l'Afrique, rapporte que chez les Dinkas, entre autres, « un appareil quelconque, si restreint qu'il soit, paraît indigne du sexe fort ». Les Nubiens, qui portent une légère ceinture, sont traités de femmes par les Dinkas, dont les femmes, en effet, portent des tabliers de peaux. Les Chillouks et les Diours, autres tribus de l'Afrique centrale, n'ont pas d'autre costume que celui de la nature et vont entièrement nus comme les Dinkas. La couleur de leur peau est celle du chocolat. Les uns se taillent les incisives en pointes pour mieux mordre leur adversaire, tandis que d'autres se les arrachent pour obéir à la mode. Les Bongos portent une ceinture, mais leurs femmes « refusent opiniâtrément toute parcelle de cuir ou d'étoffe » : une branche souple et garnie de feuilles ou un petit bouquet d'herbe compose toute leur garde-robe. Les uns et les autres se mettent aux bras et aux jambes, quelquefois au cou, de lourds anneaux de fer ou de cuivre, et les femmes, à peine mariées, se percent la lèvre inférieure dans laquelle elles font entrer d'énormes chevilles de plus en plus grosses atteignant jusqu'à deux et trois centimètres de diamètre. Les Bongos n'ont pas la moindre conception de l'immortalité. Toute

Fig. 409.

Boucherie humaine dans l'Afrique centrale, en 1598, d'après le voyage de Pigafetta.

1. Georges Pouchet. *De la Pluralité des races humaines.*

religion, dans le sens que nous donnons à ce mot, leur est étrangère. En dehors du terme « loma », qui signifie également heur et malheur, ils n'ont pas dans leur idiome un seul équivalent du mot divinité. Ils appellent bien loma-gobo le dieu des Turcs dont ils ont entendu parler, mais pour eux, ce mot est synonyme de chance.

Fig. 410. — Anthropophages de l'Afrique centrale, en 1870, d'après le voyage de Schweinfurth.

Lorsqu'ils reviennent de la chasse sans avoir rien pris, ils disent : « loma nyan », « je n'ai pas de chance ». Les termes les plus ordinaires par lesquels nous exprimons des idées abstraites leur manquent d'une manière absolue; chez eux, les équivalents des mots esprit, âme, immortalité, infini, temps, espérance, pensée, réflexion, sentiment, couleur, odeur, etc., n'existent pas, et il en est de même chez toutes ces races inférieures. Leur langage n'est en quelque sorte qu'une imitation plus ou moins bien combinée. Ainsi le chat se nomme mbriahou; ronfler se dit marougôun; une boule, koulloukoùle; une cloche, gùlongolo, etc. Les noms des

individus sont des noms d'animaux ou de plantes. Chez les Diours,
le mode de salutation le plus noble est de cracher l'un sur l'autre,
et le crachat est toujours parfaitement accueilli.

Les Niams-Niams portent généralement une ceinture disposée de
manière à simuler une queue. A côté d'eux, les femmes a-banga
n'ont pour tout costume qu'un lambeau d'écorce de figuier grand
comme la main. Les Niams-Niams sont encore anthropophages;
leurs hameaux ont toujours à leur entrée des poteaux et des arbres
servant à l'exhibition des trophées de chasse et de guerre. « Il y
avait là, raconte Schweinfurth dans son voyage, des massacres
d'antilopes de maintes espèces, des têtes de sangliers, de petits
singes, de babouins, de chimpanzés, auxquelles s'ajoutaient des
crânes d'hommes, les uns dans leur entier, les autres par
fragments : tout cela pendait aux branches comme les étrennes à
celles d'un arbre de Noël. Enfin, témoignage non équivoque
d'anthropophagie, on voyait près des huttes, dans les débris de
cuisine, des os d'hommes qui portaient des traces évidentes de la
hache ou du couteau; et aux arbres voisins étaient accrochées des
mains et des pieds à moitié frais qui répandaient une odeur révoltante. L'hospitalité en pareil endroit n'avait rien d'engageant;
toutefois, surmontant notre répugnance, nous nous installâmes du
mieux possible ».

Cette région de l'Afrique centrale, habitée par ces hommes primitifs, paraît être aussi la patrie des chimpanzés. Du moins, le
voyageur que nous venons de citer a-t-il rencontré là un nombre
considérable de crânes dans les hameaux, et les Niams-Niams leur
font-ils une chasse habituelle dans toutes les forêts du pays. Les indigènes assurent, de même que ceux de l'ouest de l'Afrique, que
ces singes à forme humaine enlèvent les femmes et les jeunes né-
gresses et qu'il est très difficile de les leur reprendre. « Ces troglo-
dytes se défendent avec rage : acculés dans un coin, ils arrachent
les armes des mains des agresseurs, et, à leur tour, en usent contre
l'ennemi. »

Voisins des Niams-Niams, les Mombouttous mettent en pratique
l'anthropophagie à un plus haut degré que ceux-ci, non par besoin,
car ils ont à leur disposition un grand nombre d'animaux, mais par
pure gourmandise. Elle est habituelle chez eux, lorsqu'ils peuvent

avoir des victimes sous la main (¹). Ils sont entourés de tribus noires plus inférieures qu'eux encore dans l'ordre intellectuel et social, et leur font une chasse assidue, comme ailleurs aux singes ou comme nous le faisons en Europe pour le gibier. Les corps de ceux qui

Fig. 411. — Boschismans à la chasse.

tombent sont immédiatement découpés en morceaux, taillés en longues tranches, grillés sur place et emportés comme régal. Les

(1) On a rappelé plus haut (*fig.* 410) cette scène de cannibalisme d'après le texte même de l'auteur. Ce n'est point nouveau. On trouve dans les voyages de Pigafetta, rédigés sur les manuscrits de Lopez, qui visita au XVI⁰ siècle le Congo et l'Afrique centrale, la figure 409, qui n'a peut-être qu'un défaut, celui d'avoir dessiné la race blanche au lieu de la race noire. L'anthropophagie est ancienne dans l'humanité. Humboldt rapporte que dans les pays où l'on fait rôtir des singes pour la cuisine, la transition du singe à l'homme paraît à peine sensible.

prisonniers sont conservés, parqués comme des moutons et égorgés les uns après les autres comme viande fraîche. Les enfants sont réservés en friandise pour les chefs. « Pendant notre séjour, dit Schweinfurth, on tuait tous les matins un enfant pour la table du roi (Mounza). Un jour, passant près d'une case où se trouvait un groupe de femmes, je vis celles-ci en train d'échauder la partie inférieure d'un corps humain, absolument comme chez nous on échaude et l'on racle un porc après l'avoir fait griller. L'opération avait changé le noir de la peau en un gris livide. Quelques jours après, dans une autre case, je remarquai un bras d'homme suspendu au-dessus du feu ». En cuisine, on se sert surtout de graisse humaine : c'est le beurre frais des fins gourmets.

« La polygamie règne sans réserve. L'union matrimoniale de la famille n'existe guère que pour la forme. Les femmes elles-mêmes sont d'une obscénité révoltante. Elles vont entièrement nues, comme les Bongos, dont un bouquet de feuilles constitue le seul voile, mais leur nudité à elles est différente et reste sans excuses ». Tout cela est plus singe qu'humain.

Les Ounyamézi des grands lacs peuvent être réunis aux tribus qui précèdent. Naguère encore, ils laissaient leurs morts sans sépulture, se contentant de les jeter dans quelque fourré pour les faire dévorer par les hyènes; aujourd'hui un certain nombre imitent la coutume des Arabes et enterrent leurs morts. Près du cadavre d'un chef on enterre vivantes trois esclaves pour lui épargner les horreurs de la solitude! Toutes les cérémonies de ces populations sont accompagnées de libations copieuses.

Parmi les races inférieures de l'Afrique, on peut citer aussi les Hottentots et les Boschismans. Les premiers se distinguent par leur petite taille, leur peau d'un jaune sale, leur physionomie repoussante; leurs cheveux sont noirs, longs, laineux et insérés par petites touffes, de telle sorte que, lorsqu'ils commencent à pousser, ils forment des petites masses de la grosseur d'un grain de poivre. Ils ont le crâne petit et très allongé, le front étroit, mais élevé.

La face du Hottentot présente un aspect tout particulier : elle a une forme triangulaire très accusée, ce qui tient à la saillie des pommettes et au rétrécissement du bas de la figure jusqu'au menton. Cette forme fait paraître la tête maigre et trop petite pour le corps. Les yeux sont obliques comme chez les Chinois, avec lesquels les Hottentots ont une certaine ressemblance due à la saillie des pommettes et à la couleur de la peau. Le nez est extrèmement épaté, les narines très grosses et les mâchoires fort saillantes; la bouche est grande et entourée de lèvres retroussées et volumineuses.

Chaque tribu nomme un chef dont les pouvoirs sont limités; en cas de guerre, chacun combat à sa façon, sans être guidé par des chefs militaires. Ils ont les sens fort développés; à la trace la plus fugitive, ils reconnaissent les hommes et les animaux qui y ont passé, et devinent à première vue à quelle race, à quelle tribu un homme appartient.

Il serait facile de pousser plus loin ces relations. Qu'il nous suffise d'avoir compris, par l'observation directe, que ces tribus inférieures de l'humanité, ces êtres matériels, grossiers, ignorants, inaptes à toute abstraction morale, scientifique ou artistique, sont plus rapprochés de leurs voisins les chimpanzés, les orangs et les gorilles que de la race intellectuelle à laquelle nous devons des esprits tels que Newton, Leibniz, Kepler, Archimède, Phidias, le Dante, Shakespeare, Léonard de Vinci, Pascal, d'Alembert, Raphaël, Mozart, Chopin, Hugo et leurs émules à différents titres. Et remarquons que déjà il devient très difficile de trouver des races primitives naturelles, car depuis longtemps les voyageurs et les missionnaires ont infiltré un peu partout les idées appartenant au progrès de notre civilisation supérieure. Sans doute, on pourrait, à certains égards, contester la supériorité de notre propre état intellectuel et moral. Aux religions les plus pures on peut reprocher les infamies les plus grossières : aux chrétiens les horreurs, les crimes, les supplices de l'inquisition et des guerres de religion ; aux musulmans les tueries et les mutilations qui ont ensanglanté leurs conquêtes ; aux gouvernements les plus sages de l'Europe, l'ignominie de la paix armée, le sang qui coule aux quatre veines de l'humanité, la diplomatie qui suce le sang des citoyens, etc., etc., et, un peu partout, le règne avoué ou hypocrite du droit du plus fort. Sans doute, un habitant du système de Sirius ou de quelque monde véritablement intellectuel ne ferait pas une bien grande différence entre les Européens,

les Américains, les Asiatiques d'une part, et les tribus australiennes
ou africaines dont nous venons de parler, et peut-être envelopperaient-ils tous les habitants actuels de notre planète dans la même
pitié. Mais enfin, tout est relatif. Il n'est pas contestable que nous
sommes moins imparfaits que ces tribus sauvages et que nos intelligences vivent dans une sphère supérieure à la leur. Le résultat de
cette étude a été de nous montrer les rapports qui relient l'humanité au règne animal, dont elle s'est difficilement et lentement
dégagée.

On a dit que, comme l'humanité a pris possession de la planète
et a dominé le règne animal tout entier par l'exercice de ses facultés
supérieures, de même nous pourrions craindre que le jour vienne où
une nouvelle race sortît de terre, autant supérieure à nous que nous
le sommes aux autres mammifères, et nous asservît à son tour comme
nous avons dominé les races inférieures. L'idée a été discutée et
célébrée en différents ouvrages de toutes les langues. C'est là une
erreur. Les races ne sortent pas de terre. L'humanité de l'avenir ne
sera certainement pas la nôtre ; mais elle se sera formée *progressivement,* elle sera le développement insensible de ce que nous
sommes. C'est nous qui aurons grandi, qui serons devenus plus
sages, qui aurons supprimé l'asservissement physique et moral
de l'homme, et qui aurons créé, par le bien futur, le règne de la
lumière et de la liberté.

Ainsi, on ne saurait trop le répéter, et la question est hors de
cause, l'homme occupe par son intelligence la première place dans la
série des êtres; il règne donc à juste titre sur tout ce qui a vie sur sa
planète. Mais, il faut aussi le reconnaître, il ne présente pas de différence radicale avec ses plus proches voisins, les singes anthropoïdes.
Anatomiquement, ce sont les mêmes organes, construits et disposés
de la même façon et ne s'écartant que par des nuances secondaires
les pieds, les mains, la colonne vertébrale, le thorax, le bassin, les
organes des sens, tout est organisé de même; le cerveau dans sa structure et ses circonvolutions est aussi identique physiologiquement, ce
sont encore les mêmes fonctions s'exerçant d'une manière unique;
leurs maladies enfin sont semblables. Toutes les différences physiques sérieuses résident dans le volume du cerveau, qui est trois
fois plus développé chez l'homme, et dans ses propriétés dont la

pondération et coordination donnent à celui-ci le jugement, la raison et l'intelligence, qui sont le plus beau fleuron de sa couronne. Au point de vue moral, nous avons reconnu la *gradation de l'esprit* depuis les animaux jusqu'à l'homme. Mais la question suivante s'impose tout naturellement : parmi les quatre genres dont les singes anthropoïdes se composent, en est-il un qui soit plus voisin de l'homme?

Le gibbon doit être mis de côté. Par ses circonvolutions cérébrales et l'ensemble de sa colonne vertébrale, il est réellement supérieur, mais par les proportions de ses membres, l'étroitesse de son bassin, la disposition de ses muscles, il établit la transition aux pithéciens.

L'orang occupe également une place défavorable par quelques caractères anatomiques qui lui sont propres, par les proportions de son squelette, par ses pieds et ses mains défectueux; mais il se relève par ses circonvolutions cérébrales, par son angle facial, par ses côtes, par ses dents, et peut-être aussi par son intelligence.

Le chimpanzé a pour lui la richesse des circonvolutions cérébrales, les proportions de son squelette, la disposition de ses fémurs et la physionomie générale de son crâne.

Le gorille enfin a en sa faveur le volume du cerveau, la direction de son regard, sa taille, les proportions générales de ses membres, la disposition de ses muscles, de sa main, de son pied, de son bassin; mais il a treize paires de côtes, une colonne vertébrale défectueuse, et des canines fort longues.

Chacun des trois grands singes anthropoïdes se rapproche plus ou moins de l'homme par certains caractères, mais aucun ne les réunit tous. De même, dans les races humaines inférieures, aucune n'est plus particulièrement indiquée, pas même la race boschismane, comme descendant d'un anthropoïde; elles ne font que s'en approcher plus ou moins par tel ou tel caractère. Nous pouvons donc penser que l'homme ne descend d'aucune des espèces *actuelles* de singes : il n'est que cousin germain de l'anthropoïde; l'ancêtre commun est au delà (¹).

---

1. Nous avons vu que l'embryologie prouve que l'homme et les mammifères passent dans le sein de leur mère par les phases ancestrales et que chacun de nous a été pendant quelques jours reptile, quadrupède, etc. Nous avons vu également (livre II, chap. 1ᵉʳ) que les organes atrophiés restent encore dans notre organisme comme témoignages du passé. On a discuté de longue date si l'embryon humain est pendant quelque temps doué d'une véritable queue, munie de vertèbres comme celle des singes et des quadrupèdes.

Les singes d'Amérique diffèrent de ceux d'Afrique, d'Asie et d'Europe en ce qu'ils ont le nez aplati, de telle sorte que les narines ne sont pas dirigées en bas, mais en dehors; on les nomme à cause de cela singes platyrrhiniens. Les singes de l'ancien monde (orangs, gorilles, chimpanzes, etc.), au contraire, ont une mince cloison nasale et leurs narines sont dirigées en bas comme chez l'homme, et on les appelle pour cela catarrhiniens. En outre, ceux-ci ont la même dentition que l'homme : chaque mâchoire portant quatre incisives, deux canines et dix molaires, en tout trente-deux dents, tandis que les singes américains ont quatre molaires en plus, c'est-à-dire trente-six dents. Nous devons en conclure qu'il y a eu une dérivation ancienne dans la généalogie des singes et que l'espèce humaine (les Américains autochtones comme tous leurs frères) descend des singes catharriniens de l'ancien continent. Mais aucun des singes actuels ne peut être considéré comme notre souche ancestrale. Depuis longtemps les ancêtres pithécoïdes de l'homme ont disparu. Peut-être le dryopithèque, auquel M. Gaudry a attribué la possibilité d'avoir taillé les silex, était-il assez proche parent de cet ancêtre, dont le règne remonte à plus de cent mille ans.

Conclusion : l'homme est le dernier produit de la vie terrestre, le couronnement actuel de tout l'arbre généalogique du règne animal, le dernier-né et le plus parfait des mammifères, et, en définitive, un singe perfectionné et transformé.

Cette idée froisse et révolte ceux qui se plaisent à entourer d'une auréole brillante le berceau de l'humanité, et si nous mettions notre

---

Cette question vient d'être définitivement résolue. A la séance de l'Académie des Sciences du 8 juin dernier (1885), M. H. Fol a montré que l'embryon humain de 5 millimètres et demi c'est-à-dire de 25 jours, porte 32 vertèbres; que celui de 9 à 10 millimètres, c'est-à-dire de 35 à 40 jours, possède 38 vertèbres. Or, on sait que le squelette humain n'a que 24 vertèbres. Ces additions caudales n'ont qu'une existence éphémère. Déjà sur les embryons de 12 millimètres, c'est-à-dire de six semaines, la trente-huitième, la trente-septième et la trente-sixième se confondent en une seule masse, et la trente-cinquième elle-même n'a plus des limites parfaitement nettes. Un embryon de 19 millimètres n'a plus que 34 vertèbres. Il résulte de ces faits que l'embryon normal, pendant la cinquième et la sixième semaines de son développement, est muni d'une queue incontestable, régulièrement conique, composée de vertèbres et détachée du corps.

Remarquons encore que tous les enfants sont de véritables et charmants petits singes, quant à leur *esprit d'imitation* perpétuel, auquel ils doivent leurs premiers progrès dans la vie.

gloire dans notre généalogie et non dans nos propres œuvres, nous pourrions en effet nous croire humiliés. Mais qu'est-ce pourtant que ce nouvel échec à notre amour-propre, en comparaison de celui que l'astronomie nous a déjà infligé? Lorsqu'on fixait la Terre au centre du monde et qu'on croyait l'univers créé pour la Terre et la Terre pour l'homme, notre orgueil pouvait être satisfait. Cette doc trine *géocentrique* par rapport à la Terre et *anthropocentriqu* par rapport à l'homme, était parfaitement coordonnée, mais elle s'écroula le jour où il fut démontré que notre planète n'est que l'humble satellite du Soleil, qui lui-même n'est qu'un des points lumineux de l'espace : c'est ce jour-là et non pas aujourd'hui que l'homme fut vraiment rappelé à la modestie. Ce n'était plus pour lui que le Soleil se levait chaque matin, que la voûte céleste allumait chaque soir ses feux innombrables; la création n'était plus faite exprès pour lui, pas plus que pour les habitants de tout autre monde de l'infini.

De même que ce paysan qui avait rêvé l'empire du monde, il se réveillait dans une simple chaumière. Ce n'est pas sans regret qu'il se vit ainsi diminué; longtemps le souvenir de son rêve évanoui vint troubler sa pensée, mais il fallut se résigner, s'habituer à la réalité, et aujourd'hui il se console de n'être plus ce roi de la création en songeant qu'il est réellement le roi de la Terre ([1]).

Cette royauté incontestée, il a le droit d'en être fier. Mais en quoi est-elle menacée ou amoindrie par la connaissance de la transformation graduelle des espèces? Sera-t-elle moins réelle s'il l'a conquise par lui-même ou s'il la tient de ses premiers ancêtres? Loin d'humilier le berceau de notre race, la doctrine nouvelle nous ennoblit, en montrant à l'homme qu'il a acquis lui-même sa valeur par son travail et par l'exercice de ses facultés.

D'excellents esprits, animés des meilleures intentions, nous ont parfois exprimé le regret de nous voir heurter certaines idées reçues, certaines croyances respectables. A leurs yeux, ces considérations philosophiques paraissent déplacées dans un ouvrage de science ou d'instruction populaire, et elles nuisent au succès du livre en

---

1. TOPINARD. *Anthropologie.*

l'empêchant de se répandre indistinctement parmi l'entière géné-
ralité des lecteurs. Nous saisirons cette circonstance pour donner
ici quelques mots d'explication.

Très certainement, la Science, considérée en elle-même, l'astronomie, la géologie, la paléontologie, a sa valeur intrinsèque absolue
Mais le but du savoir est d'éclairer l'esprit. Un astronome, un
géologue, un naturaliste, qui connaît à fond tous les arcanes de sa
science de prédilection, peut fort bien garder, malgré tout, un esprit
fermé et, tout en étant très instruit, ne pas savoir penser. Or, la plus
haute faculté humaine est la faculté de *penser*, de juger, d'abstraire,
de généraliser, en définitive, d'appliquer le savoir au jugement.
Un astronome qui admet le miracle de Josué manque de logique,
et sa science ne lui sert à rien, ni à lui, ni à ceux auxquels il l'enseigne. Un anthropologiste qui admet la création d'Ève tirée d'une
côte d'Adam, ou, plus simplement encore, la création d'Adam et
d'Ève en dehors de la généalogie naturelle des êtres vivants, est
dans le même cas que son confrère, etc., etc. Sans qu'il soit nécessaire d'entrer ici dans une série d'applications superflues pour
l'intelligence de nos lecteurs habituels, nous déclarons qu'à nos
yeux la science qui n'éclaire pas l'esprit, qui ne le guide pas, qui
ne l'affranchit pas graduellement des erreurs de l'ignorance, est
moins utile, moins recommandable, moins digne de respect que
celle qui remplit entièrement son devoir d'émancipatrice. Certes,
nous savons personnellement que cette conduite n'est pas sans
périls ; nous nous voyons attaqué par des écrivains (dont beaucoup
sont de mauvaise foi, il est vrai) qui prétendent que nos ouvrages
ont *pour but* (!) de blesser des croyances chères à un grand
nombre, et nous constatons que certains esprits intolérants défendent par la presse ultramontaine, par leur bons conseils —
voire même au confessionnal — de lire et de propager nos ouvrages.
Jamais aucun sentiment d'intérêt matériel n'a guidé aucun acte de
notre vie. Et alors même que l'apostolat de la vérité devrait nous
conduire à n'avoir pour lecteurs qu'une minorité d'élite, nous n'hésiterions pas à parler selon notre conscience. D'ailleurs, il faut bien
l'avouer, ce ne sont jamais les hommes de science qui ont ouvert le
feu. Mais il y a des esprits aussi orgueilleux qu'ils sont étroits, qui,
dans un cerveau muré, à travers lequel aucune impression ne peut

passer, s'imaginent pourtant penser réellement; ils n'ont rien appris ni rien oublié; ils travestissent constamment l'histoire pour se donner raison; ils prétendent aujourd'hui que Galilée n'a jamais été condamné et que la croyance au mouvement de la Terre n'a jamais été tenue pour hérétique; ils passent leur temps depuis dix-huit siècles à torturer la Bible pour lui faire dire ce qu'elle n'a jamais voulu dire; et dès qu'une découverte importante est faite dans les sciences, dès que les savants mettent en lumière, comme résultat de laborieux efforts et de persévérants travaux, une vérite qui touche de près ou de loin à l'histoire de la création dont ils se prétendent les seuls interprètes, ils se mettent à clamer comme des paons en déployant un plumage superbe et en s'imaginant que leurs cris empêcheront la Terre de tourner. S'ils se taisaient, s'ils ne s'occupaient que de moraliser les esprits et de les diriger vers le bien avec tolérance et charité, il y a longtemps que les savants, les penseurs, les philosophes s'abstiendraient de répondre à des attaques et à des prétentions qui n'existeraient plus. Mais non. Ils continuent à parler avec un dédaigneux mépris de questions dont ils ignorent le premier mot, à travestir les plus laborieuses conquêtes de la science et à publier dans leurs sermons des affirma-tions d'une telle audace, que l'on se demande parfois si vraiment ils croient eux-mêmes à ce qu'ils avancent. C'est contre ces énergu-mènes de toutes les religions (tristes défenseurs d'un principe plus noble qu'eux) qu'il est du devoir de tout honnête homme de réagir lorsque les circonstances s'en présentent.

Sans doute, un certain nombre de nos lecteurs, fixés dans leur foi, ne se préoccupent en aucune façon des remarques philoso-phiques auxquelles nous faisons allusion ici, et ils ont raison, car s'ils sont satisfaits dans leur conscience, pourquoi se troubleraient-ils! On peut prendre dans nos ouvrages l'instruction scientifique qu'ils comportent sans se croire obligé de nous suivre dans les déductions qui nous paraissent en émaner logiquement. La science en elle-même est indépendante de toute opinion religieuse, ces opinions étant surtout une affaire de sentiment dérivant de l'éduca-tion première que nous avons reçue et du milieu dans lequel nous avons vécu. On peut donc s'instruire dans toutes les branches du savoir humain sans cesser d'être catholique, protestant, grec orthodoxe, israélite, musulman, boudhiste, etc., etc. Il y a même des savants qui se vantent d'être athées, ce qui ne les empêche pas d'être de véritables savants. Pour nous, Dieu est inconnaissable, et celui qui nie son existence nous paraît aussi complètement dans l'erreur que celui qui s'imagine l'enfermer dans un culte quelconque. Le but suprême de la science nous paraît être de nous élever à lui par un idéal de plus en plus pur, en nous affranchissant de tous les poids de la matière, en nous faisant mieux concevoir l'essence des forces immatérielles qui régissent l'univers et l'emportent vers un but inconnu. A ce titre-là, le savant est l'ennemi de tout fanatisme et de toute intolérance, le défenseur de la liberté de conscience, l'apôtre de la lumière et du progrès. Il doit avoir le courage de ses opinions et préférer toujours, sans réflexion, l'intérêt de la vérité à son intérêt personnel. La devise empruntée à Juvénal par J.-J. Rousseau doit rester dans son cœur : *Vitam impendere Vero*, « consacrer sa vie à la Vérité ».

Mais revenons à l'homme primitif.

Ainsi la nature elle-même nous enseigne **par toutes ses voix** que l'homme descend du singe, que le singe descend du marsupial, le marsupial de l'amphibien, l'amphibien du poisson, le poisson de l'invertébré, l'invertébré du protoplasma, le protoplasma du règne minéral. Nous avons suivi cet arbre de vie naissant et grandissant à travers les âges, depuis l'époque primordiale inorganique jusqu'à l'ère actuelle. Assurément, il reste encore bien des lacunes dans une synthèse aussi nouvelle d'un ensemble de sciences nouvelles elles-mêmes, puisque ces sciences modernes ne datent pas encore de plus d'un siècle ; mais telle qu'elle est, notre synthèse nous a permis de concevoir les grandes lignes de l'histoire naturelle de la création.

Arrivés au point où nous sommes, nous pouvons nous demander maintenant à quelle date remonte l'apparition de l'humanité sur la Terre.

Cette question est beaucoup plus complexe qu'elle ne le paraît à première vue. Si, par le mot « Humanité » nous entendons la faculté caractéristique de cette race qui domine aujourd'hui la planète, l'existence de *l'esprit humain*, on peut répondre que l'humanité date d'hier, de quelques milliers d'années seulement, du commen-

Chromotypographie Scap.

LES PREMIERS AGES DE L'HUMANITÉ
ÉPOQUE DE L'OURS DES CAVERNES

cement de l'histoire, qui ne remonte pas même à dix mille ans,
même pour l'Egypte antique, le plus ancien peuple dont nous pos-
sédions des documents historiques authentiques. Tant que l'humanité n'a pas eu l'écriture, le langage écrit, elle n'a pas existé historiquement. Les tribus inférieures qui, actuellement encore, sont sans
langage écrit — et même presque sans langage parlé — ne font pas
partie de l'humanité pensante et agissante. Le langage écrit est le
plus grand progrès que l'humanité primitive ait accompli, et c'est
lui, sans contredit, qui l'a lancée dans sa véritable voie intellectuelle. Le premier langage écrit a été très rudimentaire, et avant
lui, le langage parlé était plus rudimentaire encore.

Nous avons aujourd'hui la preuve que l'homme primitif est antérieur de plusieurs dizaines de milliers d'années à l'âge de l'humanité historique, car on a retrouvé déjà un grand nombre de
types de *l'homme fossile*.

Non pas pourtant depuis longtemps. C'est en 1823 seulement
qu'Amy Boué présenta à Cuvier des ossements humains trouvés par
lui dans le loess du Rhin, aux environs de Lahr, dans le pays de
Bade. Cuvier qui avait, comme nous l'avons vu, un système arrêté
par des idées théoriques préconçues sur la nature de la création et sur
l'immutabilité des espèces, se refusa à les admettre comme fossiles,
et ce refus eut une action funeste sur le progrès de la science.

Cela n'empêcha pas des restes d'hommes fossiles d'être découverts, en 1828, dans l'Aude, par Tournal ; — en 1829, dans le Gard,
par Christol ; — en 1833, en Belgique, par Schmerling ; — en 1835,
dans la Lozère, par Joly ; en 1839, dans l'Aude, par Marcel de
Serres ; — en 1844, au Brésil, par Lund, etc., etc. Mais la science
officielle objectait, *a priori*, que les restes humains ou les objets
fabriqués par l'homme trouvés dans ces terrains quaternaires y
avaient été amenés par des eaux ou par des éboulements.

En 1847, il y eût un grand coup porté à la question par les
efforts vigoureux et indépendants de Boucher de Perthes, qui, dans
des carrières de graviers situées près d'Abbeville, recueillit une
quantité considérable de silex travaillés de mains d'hommes.

Mais il faut arriver jusqu'en 1861 pour voir le fait de l'homme
fossile affirmé hors de doute par le déblaiement de la grotte d'Au-
rignac, dû à M. Lartet. Ici, le doute n'était plus possible. Cette

grotte, ou mieux cet abri, était fermée au moment de la découverte
par une dalle apportée de fort loin. M. Lartet découvrit dans cette
grotte les ossements de huit espèces animales sur neuf qui caractérisent essentiellement les terrains quaternaires. Quelques-uns de
ces animaux avaient été évidemment mangés sur place ; leurs os,
en partie carbonisés, portaient encore la trace du feu dont on retrou-
vait les charbons et les cendres ; ceux d'un jeune rhinocéros tichorinus présentaient des entailles faites par des outils de silex et
avaient été rongés par des hyènes dont on retrouva des vestiges.
Ajoutons que la position de cette grotte la mettait à l'abri de tout
apport dû au diluvium. Ces faits établirent que l'homme primitif a
vécu au milieu de la faune quaternaire, utilisant pour sa nourriture jusqu'au rhinocéros et suivi par la hyène de cette époque qui
profitait des débris du repas. La coexistence de l'homme et de ces
espèces fossiles était démontrée.

L'année suivante, une découverte capitale vint confirmer les
faits antérieurement acquis. Le 28 mars 1862, M. Boucher de Perthes eût le bonheur de déterrer lui-même, dans le diluvium gris de
la vallée de la Somme, à Moulin-Quignon, près d'Abbeville, une
mâchoire humaine, sans doute fort incomplète, mais néanmoins
bien précieuse : elle provient d'un homme quaternaire.

Il y aurait plus. En 1868, M. Laussedat a présenté à l'Académie
des sciences une mâchoire de rhinocéros provenant du miocène de
Billy (Allier), sur laquelle se voit une entaille que plusieurs naturalistes ont pensé avoir été faite par l'homme. M. l'abbé Delaunay a
rencontré dans le miocène de Pouancé (Maine-et-Loire) une côte
d'halithérium, portant des entailles qui ont été également attribuées à l'action humaine ; M. Garrigou a émis l'opinion que certains ossements trouvés à Sansan avaient été brisés par l'homme.
M. le baron de Ducker a exprimé la même croyance au sujet d'ossements trouvés à Pikermi. Mais ces entailles peuvent avoir été faites
par des carnassiers ou même par de simples frottements. Un prêtre
géologue, l'abbé Bourgeois, mort en 1878, a trouvé dans le miocène de Thenay, près de Pontlevoy (Loir-et-Cher), des silex qu'il
regarde comme ayant été taillés par un être plus intelligent que les
animaux actuels, et son opinion a été partagée par des anthropologistes très habiles.

D'après ces derniers témoignages, auxquels il serait facile d'en adjoindre un grand nombre d'autres, il semble que nous devrions être autorisés à admettre aussi l'existence de l'homme tertiaire miocène. Cependant nous croyons que les documents ne suffisent pas encore pour cette affirmation. M. de Quatrefages, M. Hamy, admettent que les silex de Thenay ont été taillés par des *hommes*. M. Bourgeois, M. Gaudry, M. de Mortillet, pensent qu'ils peuvent l'avoir été par des *singes*. Dans cette hypothèse, le précurseur de l'homme serait le dryopithèque ou quelque anthropomorphe de ce genre. Mais les opinions restent contradictoires sur le fait lui-même de décider si, oui ou non, ces silex sont vraiment *taillés*. Pour nous, très profane dans la question et sans compétence spéciale sur ce point, ils ne le sont pas : nous en avons trouvé d'analogues en cherchant dans des tas de pierres naturelles; de plus, chacune des discussions faites chaque année sur ce même sujet dans les sessions de l'Association française pour l'avancement des sciences a apporté de nouveaux doutes; enfin, d'après l'examen géologique de la région faite à la dernière réunion de Blois, le terrain dans lequel se trouvent ces gisements de silex serait encore plus ancien qu'on ne l'avait cru; l'assemblée a été disposée à le considérer comme tertiaire inférieur, c'est-à-dire comme éocène. La présence d'objets travaillés, c'est-à-dire d'œuvres d'êtres intelligents dans l'éocène est difficile à admettre, car non seulement les espèces, mais tous les genres de cette époque sont différents des genres d'animaux actuels; on n'y rencontre encore ni vrais ruminants, ni solipèdes, ni proboscidiens, ni singes.

Les silex signalés à Otta, près de Lisbonne, et à Puy-Courny, près d'Aurillac, ne sont pas plus démonstratifs : leur gisement est certainement miocène, mais il n'est pas sûr qu'ils soient taillés.

Il y a, du reste, des considérations d'ordre général qui ne permettent guère de faire remonter l'existence de l'homme à une époque aussi lointaine. « A quelque point de vue que l'on se place, remarquerons-nous avec M. de Lapparent, l'homme ne peut apparaître que comme le couronnement du monde organique, après que le règne végétal et le règne animal ont reçu l'un et l'autre tous leurs développements. Or, à l'époque miocène, ces développements sont encore trop incomplets pour que la présence de l'homme sur la Terre ne soit pas considérée comme un véritable *anachronisme ;* et cela suffit à nos yeux pour permettre de rejeter des faits aussi insuffisamment établis que ceux qui précèdent. »

Actuellement, il est impossible de douter de l'existence de l'homme dès l'origine de l'époque quaternaire et, sans doute même, dès la fin de l'époque tertiaire. La transformation simienne à laquelle nous devons d'exister *date* très probablement *de la période*

Fig. 412. — L'homme fossile trouvé en 1872, dans une caverne, à Menton, actuellement au Muséum de Paris.

pliocène. Il serait long d'exposer ici toutes les découvertes faites, tant de restes humains fossiles que de silex taillés ou d'objets fabriqués par l'homme primitif. Au musée de Saint-Germain, on peut admirer tout un monde exhumé, grâce aux travaux persévérants de l'archéologie préhistorique. Au musée de Bruxelles, il n'y a pas moins de quatre-vingt mille silex taillés de mains d'homme, et plus de quarante mille ossements d'animaux contemporains de l'homme primitif. On a déjà pu classer la succession de ces races humaines disparues ; les unes ont été contemporaines de l'ours des cavernes, d'autres du mammouth, d'autres du renne, et d'autres enfin de l'auroch. Le remarquable homme fossile de Menton, trouvé il y a une dizaine d'années par M. Rivière dans une grotte voisine de la frontière française (*fig.* 400), paraît être de l'âge du renne. L'année dernière, étant à Nice, nous avons été nous-même témoin de nouvelles fouilles faites en ce même point par M. Wilson, consul des États-Unis.

Ces documents, toutefois, ne suffisent pas encore pour nous permettre de définir l'homme primitif. Du reste, comme le remarque M. de Quatrefages, le type primitif de l'espèce humaine a nécessairement dû s'effacer et disparaître. A elles seules, les migrations forcées et les actions de milieu devaient amener ce résultat. L'homme a traversé la distance de l'époque tertiaire à l'époque quaternaire; peut-être son centre d'apparition n'existe-t-il plus; en tout cas, les conditions y sont tout autres qu'au moment où l'homme débutait. Quand tout changeait autour de lui, l'homme ne pouvait rester immuable.

Nous ne connaissons pas l'homme primitif; nous le rencontrerions que, faute de renseignements, il serait impossible de le reconnaître. Tout ce que la science naturelle permet de dire à son sujet, c'est que, selon toute apparence, il devait présenter un certain prognathisme et n'avait ni le teint noir, ni les cheveux laineux. Il est encore assez probable que son teint se rapprochait de celui des races jaunes et accompagnait une chevelure tirant sur le roux. Tout enfin conduit à penser que le langage de nos premiers ancêtres n'a d'abord consisté qu'en monosyllabes et en onomatopées.

Avant qu'ils eussent inventé la charrue, la bêche, le pilon, le moulin, le four, la cuve, le tonneau, l'écuelle, la cuiller, la fourchette, le couteau, etc., avant qu'ils eussent fait *la première* invention, les êtres qui sont devenus des hommes, mais qui alors n'étaient que des animaux peu raisonnables et peu perfectionnés, vivaient dans les bois et dans les cavernes, cherchant leur nourriture (que personne ne venait leur apporter) comme leurs contemporains, amis ou ennemis, les singes, les loups, les tigres, les chevaux sauvages, les éléphants, les ours, les hyènes, les chacals, les castors, etc. Le titre d'homme leur convient-il? Il ne le semble pas. Se défendre des pieds, des mains et de la tête, quand on est attaqué, ce n'est pas en-

core là le propre de l'homme, car le singe le fait. Prendre un fruit
et le jeter à la tête de son adversaire, le singe le fait aussi. Saisir
une branche à terre, ou bien en casser une (exprès ou non) et en
frapper l'attaquant, le singe le fait encore. Protéger la mère et les
enfants, presque tous les animaux en prennent souci. Le premier
acte de perfectionnement de l'espèce a dû être tout à fait élémentaire. Une pierre pointue, acérée, aura servi mieux que les ongles
et les dents pour couper une peau d'animal assommé. Des êtres
très intelligents pour l'époque auront pu remarquer que les pierres
tranchantes et pointues valaient mieux que les rondes pour fendre
quelque chose, et ils s'en seront servi à leur avantage. Ils auront été
imités ou pillés par d'autres, sans souci de la propriété future des
brevets d'invention. Plus tard, des indigènes, non moins sauvages
assurément, mais plus intelligents encore, auront remarqué que le
choc d'une pierre contre une autre faisait des morceaux, dont plusieurs étaient tranchants ou pointus. L'animal, candidat à l'humanité sans le savoir, inaugurait ainsi les âges primitifs de la pierre
taillée dont on retrouve aujourd'hui les documents épars un peu
partout. La découverte du feu, par le frottement du bois sec, a été
a elle seule un progrès immense.

De même que l'organisme corporel de l'homme, son organisme
intellectuel, si l'on peut s'exprimer ainsi, s'est formé graduellement
et progressivement par l'animalité elle-même. Si le corps humain
est le fruit de l'ascension de la nature à travers toutes les phases
du règne animal, l'esprit humain en est la fleur, et lui aussi a été
graduellement acquis et développé. Les animaux supérieurs ont une
intelligence digne d'être comparée à celle de l'homme, de la sensibilité, de l'entendement, de la mémoire, de la volonté, des fantai-
sies, en un mot des facultés essentiellement intellectuelles. Ce n'est
qu'une question de degrés. La nature entière est construite sur le
même plan et manifeste l'expression permanente de la même
idée.

Il y aurait des volumes entiers à écrire sur l'intelligence des
animaux — et en effet, il y en a de considérables publiés sur ce
grand sujet — et nous ne pouvons nous étendre ici sur les développements qui se présentent à l'esprit.

Le point essentiel était d'appeler l'attention de nos lecteurs sur *le fait* de l'intelligence des animaux. Chacun peut, soit par ses propres observations, soit par celles qu'il connaît, compléter son jugement et apprécier comme il mérite de l'être ce caractère intellectuel des races antérieures à la nôtre. L'âme humaine n'est pas plus isolée que le corps du reste de la nature : elle s'est graduellement formée dans la série des âges.

D'autres considérations non moins intéressantes pourraient encore être ajoutées à toutes les précédentes et combler en quelque sorte la mesure déjà pleine de notre argumentation. Mais il est impossible que la conviction des esprits libres et impartiaux ne soit pas irrévocablement arrêtée depuis longtemps. Comment cependant nous refuser à considérer encore, ne serait-ce qu'à titre de curiosité, les ressemblances souvent si singulières qui se remarquent assez fréquemment entre certaines têtes, certaines physionomies humaines, et certains types animaux ? N'y a-t-il pas là comme une sorte d'écho du passé, comme une sorte de retour, d'atavisme vers les formes antérieures ? Les ressemblances humaines avec les singes, surtout dans les races inférieures, sont trop évidentes pour que nous nous y arrêtions davantage. Mais dans notre propre race blanche, distinguée et hautement civilisée, il n'est pas très rare de remarquer sur les figures et même dans les caractères de certains individus des rapports incontestables avec certains animaux, tels, par exemple, que le lion, le chat, la fouine, l'oiseau, le reptile, le poisson même. Jetez, par exemple, un coup d'œil sur les dessins originaux dans lesquels un peintre éminent, Charles Lebrun, s'est plu, dès le siècle de Louis XIV, à représenter les rapports typiques entre humains et animaux il serait assurément difficile de se soustraire à l'impression de l'authenticité des ressem blances. Quant aux caractères — de noblesse — de perspicacité — de sottise — d'emportement — de servilité — de bonté — de méchanceté — de désintéressement — d'avarice — de bes- tialité, etc., etc., accuses par les physionomies, il n'est pas néces- saire de les étudier dans les œuvres de Lavater pour les reconnaître chaque jour autour de soi.

L'homme ne s'est dégagé que lentement, insensiblement, de sa grossièreté primitive. Le plus grand pas dans la voie du progrès intellectuel et artistique n'a pu être fait tant que les besoins maté-

LION

OURS

RESSEMBLANCES HUMAINES ET ANIMALES, PAR CHARLES LEBRUN

HIBOU

BOUC

RESSEMBLANCES HUMAINES ET ANIMALES, PAR CHARLES LEBRUN

PERROQUET

CHAT

RESSEMBLANCES HUMAINES ET ANIMALES, PAR CHARLES LEBRUN

CHAMEAU

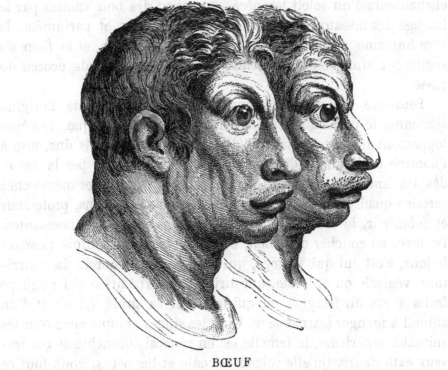

BŒUF

RESSEMBLANCES HUMAINES ET ANIMALES, PAR CHARLES LEBRUN

riels et la lutte pour l'existence ont imposé leur dur et constant labeur. C'est à la faveur de circonstances heureuses, d'un climat plus doux, au milieu des fruits nouveaux d'une terre plus fertile, en une ère de prospérité et de tranquillité, que la matière a quelque jour cédé le pas à l'esprit. Le premier homme qui a dessiné une tête de mammouth, une silhouette de cerf, un portrait, sur quelque corne polie, le premier qui a composé un bouquet de fleurs sauvages pour l'offrir à sa bien-aimée, le premier qui chanta la plus simple mélopée des âges d'enfance ou qui sut faire résonner une corde harmonieuse, le premier artiste, le premier contemplateur, le premier rêveur, n'avait, à ce moment-là, ni faim ni froid. L'humanité pensante n'a pu s'éveiller que sous la douce température d'une contrée fertile, également éloignée des glaces polaires et des bêtes féroces des tropiques. C'est la famille humaine ainsi favorisée du ciel qui ouvrit l'ère du progrès. Les autres, moins privilégiées par leur situation, forcées de combattre sans trêve pour vivre et pour se défendre, n'ont pu avancer que bien peu. Mais sous les rayons enchanteurs d'un soleil tempéré, au milieu des bois animés par le langage des oiseaux, devant les clairières fleuries et parfumées, la sève humaine s'épura sous la chair des adolescents, et la fleur du sentiment vint s'élever et briller au-dessus de la rude écorce du passé.

Peut-être l'épuration animale, le dégagement de l'origine simienne, le perfectionnement dans la beauté physique, le développement du goût, l'insatiable désir du mieux, sont-ils dus, non à l'homme proprement dit, mais à la femme. Maître par la force, dès les familles simiennes, comme nous l'avons vu, et même chez certains quadrupèdes, subvenant aux besoins des siens, protecteur et défenseur, le mâle était chargé de préoccupations incessantes. Du lever au coucher du soleil, et pendant la nuit comme pendant le jour, c'est lui qui protège, qui surveille, qui cherche la nourriture, végétale ou animale, qui dirige une expédition s'il s'agit de fruits à cueillir (singes), ou qui fond sur sa proie s'il s'agit d'un animal à manger (carnassiers). Chez les singes comme chez tous les animaux supérieurs, la femelle est en général affranchie de ces travaux exté rieurs. Qu'elle soigne le mâle et les petits, voilà tout ce qu'on lui demande. Elle a donc tout le temps de songer. Ce n'est pas là un vain mot, chez les singes comme chez les lions ou chez les oiseaux — mais surtout chez les mammifères. Elle reste au logis, et quelque rudimentaire que puisse être son cerveau, il fonctionne. A quoi pense-t-elle ?

Son sentiment est plus développé que celui du mari. Elle est mère. Dès leur naissance, ses enfants lui ont coûté des souffrance. Elle les nourrit de son lait. Elle les aime. Sa fonction est d'aimer. Dès l'origine simienne et animale la plus reculée, les cellules de son cerveau se sont ainsi disposées naturellement. Elle est faite pour le sentiment, et c'est le sentiment qui la fait vivre. Telle est sa nature ; tel est son caractère essentiel.

L'affection, quelque élémentaire qu'on la suppose dans l'origine, ne vit pas sans retour. Si la mère aime ses enfants, à leur tour elle veut en être aimée, elle les protège tendrement, et au moindre danger, c'est dans ses bras qu'ils se réfugient. C'est d'elle qu'ils reçoivent les premières leçons et c'est à elle qu'ils donnent leurs premiers baisers. Si la femme aime son mari, elle entend que son mari l'aime, car il ne lui semble pas possible d'aimer sans être aimée. Nous nous demandions tout à l'heure à quoi pense la femme. C'est à être aimée.

L'homme, lui, peut penser à tout autre objet ; il peut être ambitieux, chercher la fortune, s'aventurer à la guerre ou à la chasse, s'adonner au jeu ou au vin, s'occuper d'études absorbantes, s'abandonner aux jouissances sensuelles, etc., etc. Son cerveau, lui aussi, s'est organisé spécialement. Son premier devoir lui paraît toujours, comme au temps des ancêtres simiens, de subvenir aux besoins de sa famille, et il sent, lorsqu'il y manque, qu'il est à côté des lois de la nature. Lui aussi a besoin d'aimer. Mais il ne passe pas sa vie absorbé dans cet unique sentiment.

Née pour aimer et pour être aimée, la femme doit plaire, être belle, charmer. C'est là aussi, comme conséquence, sa fonction primordiale et sa perpétuelle tendance. Dès que son cerveau a été suffisant pour concentrer cette idée, ses cellules cérébrales se sont organisées dans ce sens. Elle commence son règne ; car elle règne, en fait, sur l'homme, et depuis cent mille ans au moins, c'est dans ce but qu'elle travaille. L'homme a disséminé ses efforts ; il a inventé les sciences, les philosophies, les religions, les gouvernements politiques et militaires, les lois, les écoles, les arts, l'industrie; la femme n'a eu qu'une passion dominante : être aimée et régner par l'amour. Elle y a réussi. Aujourd'hui l'homme est à ses pieds. Chez les animaux, c'est le mâle qui est le plus beau, le mieux paré, le plus élégant, le plus brillant par ses charmes extérieurs. Comparez le coq à la poule, le paon ou le faisan à leurs femelles, les oiseaux entre eux, les insectes, les quadrupèdes, les mammifères, le lion à la lionne, le tigre à la tigresse, etc., etc., partout le mâle est supérieur en beauté à la femelle. Il en était de même à l'origine de l'humanité (chez les sauvages, ce sont les hommes qui se tatouent avec le plus de soins, qui se mettent le plus d'ornements aux oreilles, au nez, aux bras, aux chevilles). En poursuivant sans cesse le même but, la femme a changé le cours de la nature.

Ses yeux ont acquis une plus grande douceur en même temps qu'une expression plus captivante, ses bras arrondis ont reçu leur souplesse, l'épiderme s'est adouci, satiné, son visage est devenu plus noble, sa chevelure plus soyeuse et plus longue, les pieds et les mains se sont faits plus petits, son corps a senti se modeler ses formes élégantes, et insensiblement, comme la lumière de l'aurore, Ève s'est élevée, dominante et splendide dans la beauté du jour. Charmé par ces perfections nouvelles, l'homme a constamment choisi pour compagnes les plus belles et les plus séduisantes, et celles-ci devenues mères de préférence aux moins privilégiées, ont donné naissance à leur tour à des filles choisies plus tard sous une inspiration analogue. Dans l'humanité, c'est l'homme qui choisit, et telle est la cause principale du progrès dans la beauté féminine et, comme conséquence, dans la beauté humaine tout entière. Dans le règne animal, ce sont les mâles qui font de la coquetterie autour des femelles pour être agréés, et ce sont les plus beaux — et les plus forts — qui entretiennent et développent l'espèce. Il en est de même chez les singes et dans les tribus sauvages. Dans l'humanité, la femme a particulièrement soigné sa beauté. Si, plus tard, elle a inventé les vêtements et les modes, c'est encore inspirée par un sentiment de coquetterie habilement dissimulé.

Cette fonction essentielle de la femme — l'amour — est accompagnée comme conséquence d'une passion dominante, la jalousie. Le désir, le besoin d'être souveraine de dominer, de briller, ont été

et sont, malgré des ombres, une cause favorable au progrès et au perfectionnement de l'espèce. La femme veut être belle, veut posséder
un beau mari, veut avoir de beaux enfants. Qu'elle s'en rende compte
ou non, c'est là son désir le plus intime et le plus naturel. Si elle
ambitionne la fortune ou quelque position supérieure donnée par la
gloire de son mari, c'est surtout pour briller. L'homme, à son tour,
est forcé de la suivre dans l'élégance, d'adoucir des angles un peu
durs, de soigner sa personne, d'affiner son esprit, et, tout en gardant
la supériorité primitive que lui donna la force et que lui conserve
l'exercice incessant de sa raison, de ne pas trop se laisser dépasser par l'esthétique féminine. De là l'adoucissement des mœurs,
le perfectionnement du langage, la naissance des beaux-arts. Sans
l'influence de la femme, la musique, le théâtre, la peinture, la sculpture, l'architecture même, comme l'ameublement et la decoration
des habitations diverses, les temples eux-mêmes, les églises, les religions aussi, la poésie, en un mot tout ce qui dans les œuvres humaines est inspiré par le sentiment et par le goût serait certainement
resté en un état très rudimentaire. Une émulation incessante a poussé
l'homme en avant, et ses facultés intellectuelles en ont reçu un de
leurs développements les plus précieux.

A ces qualités extérieures lentement acquises par la persévérance
féminine se sont unies, dans le même progrès, des qualités intérieures
émanées comme les précédentes de la même origine, du sentiment
d'affection. La femme est devenue d'une extrême tendresse, d'un
dévouement profond pour tout ce qui souffre, et son besoin d'aimer
la rend capable de se consacrer sans réserve au bien de l'humanité
entière. Elle a soif de l'idéal, et lorsqu'elle ne trouve pas dans
l'amour ou dans la maternité la satisfaction de ses ardeurs spiri-
tuelles, souvent elle se plonge et se noie dans le mysticisme religieux
plutôt que de renoncer à ses aspirations.

Nous devons donc reconnaître à « la plus belle moitié du genre
humain », une part très importante dans le progrès physique et
moral de notre espèce. Si nous ne sommes plus des singes, c'est en
grande partie à la femme que nous le devons : elle n'a pas voulu
rester dans cet état qui finit par lui paraître ridicule. Ce n'est pas
qu'il n'y ait plus d'atavisme. Malgré tous les progrès accomplis, on
rencontre encore quelquefois, en Europe, en France, à Paris même,

des têtes qui ne pourraient certainement pas renier leur origine. Mais il faut avouer que ces physionomies malheureuses sont plus fréquentes dans le sexe masculin. Du reste, on n'y accorde pas une attention démesurée : « l'homme » a encore le droit d'être laid.

La distinction des sexes a donc exercé une influence heureuse sur le progrès. Si la reproduction des êtres avait continué de s'effectuer par bourgeonnement ou fissiparité, comme elle a eu lieu primitivement pendant des millions d'années, chez les organismes inférieurs, il n'y aurait pas eu de sexes sur notre planète, et les êtres eussent été tout différents de ce qu'ils sont. Ils n'auraient certainement pas progressé comme ils l'ont fait. Il n'y aurait pas eu d'amour, et l'amour a tout embelli, élevé, purifié.

Pendant que l'esthétique féminine agissait en faveur de la beauté, de l'élégance, de la finesse matérielle et intellectuelle, du bon goût, de l'éducation des enfants et du progrès moral dans la famille, le travail de l'homme agissait en faveur des arts extérieurs, du perfectionnement des outils nécessaires à l'entretien de la vie ; il inventait successivement les instruments de pierre, d'abord grossièrement taillés, marteaux, haches, couteaux, têtes de flèches ou de lances, grattoirs pour les peaux écorchées, aiguilles d'os ou de corne ; puis ces outils se sont perfectionnés à l'âge de la pierre polie ; on avait trouvé le moyen de faire du feu en frottant du bois sec dans un trou creusé dans une pierre ; on construisit plus tard des instruments en bronze et en fer. Tout cela d'abord fut bien primitif, comme on le constate sur les quantités d'objets retrouvés. Mais insensiblement la faculté d'invention s'accroît elle-même dans le cerveau humain. Lorsqu'on eût remarqué la germination de certaines plantes utiles, on inventa la charrue, les semailles et la moisson ; mais il fallut bien longtemps se contenter de ce qu'on trouvait sous la main avant de songer à l'avenir. Un bloc d'arbre tombé fut longtemps la première table, et longtemps les lèvres et les mains précédèrent l'invention des écuelles de bois ou de terre ou celle des cuillers et des fourchettes. Longtemps aussi des feuilles mortes, des branches d'arbres, des cavernes, précédèrent la plus humble cabane de terre et d'herbe. La pêche commença par celle des coquilles, notamment des huîtres, dont on retrouve les écailles dans les anciens séjours de l'homme. La navigation commença par un tronc d'arbre creusé. Quelques animaux, l'éléphant, le renne, le cheval, le bœuf, purent être apprivoisés, domestiqués, utilisés (l'homme avait été précédé par les fourmis qui avaient su domestiquer leurs troupeaux de pucerons). Dans tous ces travaux qui ont pour but de rendre la vie matérielle moins difficile et plus sûre, on voit jusqu'à présent peu d'abstraction. La faculté de penser se développe, mais lentement. On compte peut être déjà jusqu'à cinq, avec les doigts, peut-être jusqu'à dix, mais c'est tout. On est encore sauvage et barbare, on s'assomme entre soi sans pouvoir encore raisonner et s'expliquer (les armes sont nombreuses et variées dans les outils primitifs). On ne fait pas encore de combinaisons bien longues et tout jugement est sommaire. On parle, mais quel langage! par interjections, par monosyllabes. Les langues monosyllabiques ont été les premières parlées, et on en retrouve encore aujourd'hui la descendance dans les langues parlées par les races aînées. Les langues agglutinatives, plus perfectionnées sont venues ensuite, et en dernier lieu les langues à flexion. Le langage est sans doute l'un des plus grands progrès qui, des singes anthropomorphes ont fait des hommes sauvages ; mais il ne faut pas oublier que le langage ne consiste pas essentiellement dans la voix, mais plutôt dans la faculté d'exprimer ses idées. Or la plupart des animaux possèdent cette faculté : les chiens savent bien se faire comprendre de nous-mêmes; le langage antennal des fourmis paraît assez riche, etc. Plus tard, le langage s'est développé, diversifié, enrichi, parallèlement avec les idées, et a servi lui-même au développement des idées. Le langage écrit n'est arrivé que beaucoup plus tard. Il est tout récent, comme l'histoire, et ne date pas de plus de six ou sept mille ans.

Tel fut l'homme préhistorique. Mérite-t-il le titre d'HOMME? Sans doute, et nous lui devons d'être ce que nous sommes. Mais qu'il y a loin de cet être essentiellement matériel à celui qui pour nous représente réellement le type de l'humanité, à l'homme pensant! Qu'il y a loin de ces sauvages aux Égyptiens des premières dynasties, à Moïse et aux prophètes, aux Grecs contemporains d'Homère, d'Hésiode, de Thalès ou d'Archimède! L'humanité historique ne date que du trentième siècle avant notre ère — Hoang-Ti en Chine, Abraham en Mésopotamie, les Hindous chantés par le

Zend-Avesta — peut-être du quarantième ou du quarante-cinquième siècle, de l'époque des Égyptiens de la cinquième dynastie. Mais, nous qui parlons aujourd'hui, en France, en Italie, en Europe, qu'étions-nous alors, il y a six mille ans, lorsque déjà cette antique civilisation brillait dans la vallée du Nil, lorsque déjà l'écriture et l'histoire existaient pour une race religieuse et réfléchie? Nos ancêtres en étaient encore à l'âge de la pierre — non polie — et vivaient au milieu des bois, sur les rives de la Seine, de la Loire et du Rhône, en compagnie de l'ours des cavernes, du rhinocéros, de l'éléphant, de l'hippopotame, ne se préoccupant point encore des grands problèmes de la métaphysique ni des petites questions de la politique. Ils vivaient au jour le jour, rudes, grossiers et assez barbares.

On ne peut préciser de date pour l'apparition de l'humanité, puisque cette apparition n'a pas été subite et que notre race s'est *graduellement* formée. Les documents manquent d'autre part pour indiquer la contrée où ce progrès s'est manifesté. Cependant nous avons de bonnes raisons de penser que l'humanité primitive, possédant un rudiment de langage, vivant à l'état d'associations, sachant se fabriquer des instruments de pierre, dessiner sur la corne, etc., date de *plus de cent mille ans*, et nous pouvons aussi placer cette origine du progrès humain définitif en Asie, vers la région du Golfe Persique, d'où la race intelligente s'est répandue sur le monde.

Le caractère psychique essentiel de l'homme est sa faculté *d'abstraction*, et c'est même là le propre de l'âme humaine. Supprimez cette faculté, l'homme redescend à l'état d'animal. Mais cette faculté aujourd'hui caractéristique est relativement récente, et nous pouvons signaler les phases de son développement. Les mathématiques, par exemple, sont à juste titre considérées comme l'une des manifestations les plus élevées de l'esprit humain, surtout dans leurs applications transcendantes aux plus profonds problèmes de l'astronomie. Or il n'est pas difficile d'en suivre la filière. On a commencé par l'arithmétique élémentaire, par les doigts de la main, jusqu'à dix, et telle est même l'origine de la numération décimale. Pour les mesures de longueur, on a pris le pied, le pas, la coudée (du bout de la main au coude), pour les mesures de profondeur la brasse, toutes dimensions empruntées au corps humain. Dans l'écriture cunéiforme des Chaldéens, les nombres sont tout simplement représentés par des trous (autant de trous que d'unités jusqu'à dix, et combinaisons au delà). Chez les Grecs, les chiffres ne sont autres que les lettres de l'alphabet surmontées d'un accent : $\alpha' = 1$, $6' = 2$, $\gamma' = 3$, etc., jusqu'à 20 ; au delà on combine les lettres. La géométrie a sans doute commencé par l'arpentage et l'architecture. L'arithmétique et la géométrie élémentaires sont aussi anciennes qu'elles sont simples, et elles dépassent à peine les facultés de certains animaux (abeilles, fourmis, pies, corneilles, castors, chiens, etc.). Les vraies mathématiques paraissent n'avoir commencé qu'avec Thalès et Pythagore, au sixième siècle avant notre ère, comme développement de l'arithmétique et de la géométrie égyptiennes. Comme corps de doctrine, par démonstrations inattaquables, la géométrie ne date que d'Euclide, au point de vue de la méthode, et d'Archimède comme science de mesure; les sections coniques, devenues plus tard si fécondes, datent d'Apollonius de Perge, l'algèbre a commencé avec Diophante, l'astronomie de précision (relative) avec Hipparque et Ptolémée, la démonstration du véritable système du monde date de Copernic, la connaissance des mouvements est due à Képler, et celle des lois à Newton, l'astronomie physique commence avec la lunette de Galilée, l'application de l'algèbre à la géométrie appartient à Descartes, les logarithmes, qui rendent tant de services dans les calculs, ont été inventés par Neper, la théorie des nombres n'a jamais été poussée aussi loin que par Fermat, le calcul différentiel a été inventé par Leibniz, le calcul intégral a été développé par Jean Bernoulli et Euler; Lambert, Clairaut, d'Alembert, Lagrange, Laplace, Leverrier, ont donné les derniers développements à la mécanique céleste. Tout cela est d'hier. La philosophie astronomique ne date même pas d'hier : elle est à peine fondée, c'est à peine si l'on commence aujourd'hui à étudier les conditions de la vie sur les autres mondes, à sentir la vie animer l'univers immense et à apprécier le rang de notre planète dans la vie universelle et éternelle. On le voit, nous pouvons suivre historiquement, pas à pas, les progrès de l'esprit humain. Ce que nous venons de dire pour les mathématiques et l'astronomie, pourrait l'être, tout aussi facilement, pour la physique, pour l'optique, pour la chimie, pour toutes les sciences, pour

tous les arts, pour toutes les œuvres de l'esprit. Ce qui fait que
parfois le progrès ne paraît pas aussi manifeste, c'est que dans certains cas, comme dans la sculpture, la peinture — la médecine peut-
être — le changement n'est pas remarquable depuis deux mille ans ;
mais on ne réfléchit pas que deux mille ans, c'est un jour. En fait,
pour celui qui remonte aux origines, impartialement, sans aucun
parti pris et de bonne foi, tout ce qui constitue aujourd'hui la
valeur matérielle, intellectuelle et morale de l'humanité a été acquis
successivement par le long travail des siècles. Dans les sciences les
plus modernes même, dans les inventions les plus nouvelles, dans
les applications les plus ingénieuses, l'esprit le mieux doué, le plus
instruit, le plus laborieux et le plus adroit, ne crée pas : il se sert
des éléments qui lui sont fournis par l'état actuel de la science pour
faire un pas de plus et aller plus loin. Ainsi marche, ainsi a toujours marché le Progrès.

Certes, l'humanité actuelle est encore loin d'être parfaite. Nous
n'avons pas encore l'âge de raison. Tant qu'on verra des gouvernements agir comme ils le font ; le suffrage universel se faire représenter par les fruits secs de tous les clochers ; les Chambres incapables
de discerner le faux du vrai, le juste de l'injuste ; les esprits les plus
avancés aveugles sur l'idéal ; le droit grossier du plus fort ; les
armées permanentes ; le ministère le plus absorbant de chaque
nation s'appeler le ministère de la guerre ; le travail de tous spolié
par des impôts toujours grandissants ; les administrations routiniè-
res ; les parasites de tout ordre ; les fortunes scandaleuses et les
misères abrutissantes ; les vols et les assassinats — tout cela produit
par un ordre humain mal équilibré — on ne pourra se vanter d'appartenir à une race véritablement intelligente. Mais son avancement
passé est un sûr présage de son progrès futur. Certes, l'ignorance
est encore très générale ; il y a encore aujourd'hui beaucoup d'humains *qui ne pensent pas*, qui vivent sans rien chercher, sans rien
savoir, sans avoir aucune idée, ni de la constitution de l'univers, ni
de la planète qu'ils habitent, ni de l'histoire de l'humanité ; larves
étranges d'une race en formation ! Cependant le monde marche.
Sciences, arts, littérature, goût, morale, tout s'élève malgré les
lourdauds. Le règne de l'esprit arrive. Le sentiment du bien s'affirme comme celui du vrai ; la vertu, comme le savoir, **agrandit**

DÉGAGÉE DE LA CHRYSALIDE ANIMALE, L'HUMANITÉ DOMINE AUJOURD'HUI LE MONDE,
ASPIRANT AU PROGRÈS ÉTERNEL

l'homme et le purifie. Il est doux de reconnaître dans l'histoire
des âmes telles que celles de Jésus, Socrate, Platon, Marc-Aurèle
ou Vincent de Paul, dont le bienveillant souvenir repose la pensée.
Nous pouvons saluer l'ère définitive de la race humaine terrestre.
Notre planète avance. Dégagée de la chrysalide animale, l'Humanité domine aujourd'hui le monde, aspirant au progrès éternel.

Tel est l'état actuel des connaissances humaines sur les grandes
questions qui ont de tout temps inquiété la pensée des mortels,
sur l'éternel problème des origines du monde, de la vie et de
l'humanité (1) Nous avons fait nos efforts pour exposer dans cet ouvrage la synthese de ces connaissances, avec la sincérité la plus
absolue et sans être jamais détourné de la contemplation directe
des choses par aucun esprit de système. Nous espérons n'avoir
rien omis d'important dans cette synthèse, ayant puisé directement aux sources d'informations les plus sûres, pour toutes les
questions de détail qui, au sein de ce vaste ensemble, s'éloignaient
le plus de l'ordre habituel de nos travaux, c'est-à-dire de l'étude
générale de l'univers à laquelle notre vie a été consacrée. Il serait
long de citer toutes ces sources; mais en dehors de nos recherches
astronomiques sur les origines du monde, en dehors de nos observations directes sur les fossiles, sur la géographie physique et sur les
transformations du sol, nous devons tout particulièrement signaler,
parmi les ouvrages spéciaux auxquels nous avons eu le plus souvent recours : le nouveau *Traité de géologie*, de M. A. DE LAPPA-
RENT (édition de 1885) ; la *Géologie et Paléontologie*, de M. CH.
CONTEJEAN ; les *Enchaînements du Monde animal*, de M. AI BERT
GAUDRY ; le *Monde des Plantes avant l'apparition de l'homme*,
de M. DE SAPORTA ; les *Colonies animales*, de M. EDMOND PERRIER ;
les *Merveilles de la nature*, de BREHM (édition de M. E. SAUVAGE);
l'*Histoire de la Création naturelle*, de HAECKEL ; les *Leçons sur
l'homme*, de CARL VOGT ; la *Géologie stratigraphique*, de M. CH.
VÉLAIN ; les *Comptes rendus* de l'Académie des sciences de Paris,

---

1. L'ouvrage qui fait suite à celui-ci, *La Création de l'homme et les premiers âges
de l'humanité*, et qui, dans le principe, devait être écrit par M. CARTAILHAC, a été
rédigé par M. DU CLEUZIOU, l'érudit auteur de l'*Art national* : il va être publié immédiatement à la suite de ces dernières pages et sous la même forme.

de l'Académie de Belgique, etc.; les publications américaines du géologue MARSH, les publications anglaises de HUXLEY, WALLACE, DARWIN, CROLL; les publications allemandes de BREHM et HAECKEL, ouvrages récents auxquels il n'est que juste d'ajouter des œuvres plus anciennes et non moins riches en documents, telles que le *Monde primitif de la Suisse*, d'OSWALD HEER; l'*Origine des espèces*, de DARWIN; les *Principes de géologie*, de LYELL; l'explication de la *Carte géologique de la France*, par DUFRÉNOY et ÉLIE DE BEAUMONT; les travaux de Cuvier, Geoffroy Saint-Hilaire et Brongniart; la *Philosophie zoologique*, de LAMARCK, etc., etc. Nos lecteurs ont pu remarquer encore un grand nombre d'autres sources mentionnées dans le cours de ce volume.

Sans doute, la géologie proprement dite, la paléontologie, la zoologie, l'histoire naturelle, la physiologie végétale, l'anatomie comparée, l'embryologie, l'anthropologie, sont des études en apparence bien étrangères à l'astronomie, et la sublime science du ciel est si vaste en elle-même que l'esprit le plus laborieux d'un seul homme a déjà beaucoup de peine à la bien connaître. Il était donc assurément téméraire pour un astronome d'entreprendre une tâche telle que celle-ci. Mais comment se défendre de l'attrait exercé par ces grands problèmes d'origines? Comment rester étranger à toutes ces merveilleuses découvertes d'une science qui grandit tous les jours? On commence par vouloir se rendre compte de l'origine du monde au point de vue purement astronomique. Ensuite, lorsqu'on est à peu près satisfait des lueurs que la science du cosmos apporte sur le berceau de la Terre et qu'on assiste à la première condensation des eaux, à la formation de l'atmosphère, à l'émersion des premières îles, on ambitionne de savoir comment les premiers organismes sont venus au monde... et ainsi de suite jusqu'à l'état actuel de la nature, y compris le règne de l'humanité. Tout se touche, tout s'enchaîne. Et puis, le hasard, la fantaisie, certains souvenirs d'enfance, ne sont peut-être pas de vains mots, comme on peut en juger par la petite anecdote suivante, qui n'a qu'un tort, celui d'être un peu personnelle. Mais je la raconte telle qu'elle est en terminant.

Avant d'entrer à l'Observatoire de Paris, comme élève-astronome — il y a longtemps de cela : en 1858 — l'auteur de cet ouvrage avait été sur

le point d'entrer (d'après les encouragements de M. Pasteur) au Muséum
d'histoire naturelle, et déjà avec un gros manuscrit sous le bras, manuscrit de cinq cents pages, illustré de cent cinquante dessins et portant pour
titre ronflant : COSMOGONIE UNIVERSELLE, ou *Histoire de la création*. Ce
gros manuscrit est même double, l'un, de la main de l'auteur, très bar-
bouillé de ratures, l'autre, beaucoup plus élégant, de la main de sa sœur.
En 1857, date la rédaction de cet essai de jeunesse, l'auteur comptait trois
lustres, comme on disait au siècle dernier, soit quinze ans, et sa sœur
treize.

Cet ouvrage était resté oublié dans une ombre aussi légitime que
discrète, bien anéanti par le soleil de l'Astronomie, lorsqu'il y a quelques
années, le frère de l'auteur — on voit que l'anecdote ne sort pas de la
famille, et c'est en cela qu'elle est un peu personnelle — fut conduit, à
propos de transactions de librairie, à acquérir l'ouvrage bien connu de
Zimmermann sur *Le Monde avant la création de l'homme*. Mais cet
ouvrage datant de plus d'un quart de siècle, il était désirable de ne pas
le publier sans une revision qui le mît au courant des grands progrès
accomplis.

On le voit, l'auteur n'a fait que revenir « à ses premières amours »
en entreprenant cette revision. Seulement, il a été conduit, par la force
même des choses, à outrepasser le but. Les connaissances nouvelles
acquises par la science depuis vingt-cinq ou trente ans, sont telles que
pas une seule page de l'œuvre, alors remarquable, du naturaliste allemand, n'a pu rester dans cet ouvrage-ci, qui est *absolument nouveau dans
toutes ses parties :* pas une seule page! Le titre seul est resté. Encore, à
certains égards, si l'on y tenait beaucoup, pourrait-on lui substituer
celui de *Monde avant l'apparition de l'homme*.

Par son origine même, ce livre pourrait donc être considéré comme
le premier que l'auteur ait préparé, la *Pluralité des Mondes habités* n'ayant
été écrite qu'en 1861.

Ce petit récit, véridique dans ses moindres détails — et facile à
vérifier d'ailleurs pour ceux que cette vérification intéresserait —
n'a d'autre but que de nous excuser de notre grande témérité
d'avoir entrepris une telle œuvre, en expliquant les causes qui
nous y ont conduit, et qui nous y avaient prédisposé d'ancienne
date. Il n'a, au fond, ce petit récit, rien de bien encourageant. Il
nous ouvre en perspective que dans un nouveau quart de siècle,
plus ou moins, la science aura fait de nouveaux progrès devant lesquels cette édition-ci paraîtra à son tour antédiluvienne. L'auteur
lui-même sera déjà fossile ou à peu près. Un nouveau soleil, celui
du vingtième siècle, éclairera le monde. Et les fils de ce siècle pro-

chain marcheront en avant, étonnés sans doute de nos réticences actuelles, qui nous semblent, à nous, des témérités.

Hélas! c'est l'histoire de toutes choses. Mais pourquoi dire *hélas !* Soyons heureux, au contraire, de la continuité du progrès. Naguère encore, je passais en ballon au-dessus de Paris, et je voyais sous un même coup d'œil, ces milliers, ces millions d'êtres humains, courant fort affairés dans les rues, sur les places publiques, occupant les villes, les villages, les champs, les ateliers, circulant à la vapeur dans les trains multipliés ou les navires, préoccupés de mille désirs, de mille besoins, de mille querelles, — troupeaux ou armées — s'agiter, travailler, rire, pleurer, aimer, souffrir... et je me disais : « D'aujourd'hui en cent ans, il y aura là autant de monde, et encore davantage ; mais tous ceux-ci seront dans la tombe; qu'est-ce que la vie, et à quoi sert-elle? » Eh bien! elle sert au progrès, au progrès individuel et au progrès de l'humanité. Soyons heureux de mourir pour faire place à d'autres. Nous ne sommes peut-être que les iguanodons de l'humanité future.

Oui, le progrès est la loi de la nature ; toutes les pages de cet ouvrage en sont un constant témoignage ; le but attractif de toutes les tendances de l'esprit humain est la recherche de la Vérité. Tout le reste n'est qu'ombre. La destinée de chacun de nous est de nous élever de plus en plus dans la sphère intellectuelle. Sans doute, l'avenir a plus de nuages que le passé : il reste encore enveloppé de mystères ; mais hier encore la création des choses et des êtres nous paraissait aussi impénétrable que leur destinée. Maintenant, déjà quelques voiles sont écartées, et nous commençons à distinguer de quelle façon ces phases se sont produites. C'est là un garant et une esperance en faveur du progrès de notre savoir. Bientôt peut-être nous saurons résoudre l'énigme de la vie future comme nous avons commencé à voir se dissiper les brouillards qui cachaient le passé. Gardons pour devise : VÉRITÉ ! LUMIÈRE ! ESPÉRANCE !... Et continuons de vivre dans le divin monde de l'esprit.

FIN.

TABLE ALPHABÉTIQUE

DES MATIÈRES

TABLE DES FIGURES

TABLE DES MATIÈRES

LIVRE IV

L'Age secondaire.

LIVRE V

L'Age tertiaire

LIVRE VI

L'Age quaternaire.

PLACEMENT DES PLANCHES DANS CETTE ÉDITION

CARTES GÉOLOGIQUES

(Ces cartes sont toutes coloriées pour la distinction des terrains.)

PAYSAGES (Aquarelles).

Cartes et tableaux géologiques insérés dans le texte.

PARIS. — IMP. C. MARPON ET E. FLAMMARION, RUE RACINE, 26.

Printed in the United States
By Bookmasters